灾害风险科学系列专著型教材

灾害风险科学

史培军 ◎ 著

DISASTER RISK SCIENCE

北京师范大学出版集团
BEIJING NORMAL UNIVERSITY PUBLISHING GROUP
北京师范大学出版社

图书在版编目(CIP)数据

灾害风险科学/史培军著. —北京：北京师范大学出版社，2016.12
灾害风险科学系列专著型教材
ISBN 978-7-303-21754-0

Ⅰ. ①灾… Ⅱ. ①史… Ⅲ. ①自然灾害-风险管理-教材 Ⅳ. ①X43

中国版本图书馆 CIP 数据核字(2016)第 302797 号

营销中心电话　010-62978190　62979006
北师大出版社科技与经管分社　www.jswsbook.com
电子信箱　jswsbook@163.com

ZAIHAI FENGXIAN KEXUE

出版发行：北京师范大学出版社　www.bnup.com
　　　　　北京市海淀区新街口外大街 19 号
　　　　　邮政编码：100875

印　　刷：北京玺诚印务有限公司
经　　销：全国新华书店
开　　本：787 mm×1092 mm　1/16
印　　张：35
字　　数：727 千字
版　　次：2016 年 12 月第 1 版
印　　次：2016 年 12 月第 1 次印刷
定　　价：178.00 元
审 图 号：GS(2017)2378 号

策划编辑：刘风娟　邢　颖　　责任编辑：刘风娟　何　锐
美术编辑：刘　超　　　　　　装帧设计：刘　超
责任校对：赵非非　　　　　　责任印制：赵非非

版权所有　侵权必究

反盗版、侵权举报电话：010-62978190
北京读者服务部电话：010-62979006-8021
外埠邮购电话：010-62978190
本书如有印装质量问题，请与印制管理部联系调换。
印制管理部电话：010-62979006-8006

灾害风险科学系列专著型教材编委会

主　任　史培军
编　委　高尚玉　李　京　王静爱　黄崇福　刘连友　李　宁
　　　　叶　谦　韩国义　邹学勇　方修琦　哈　斯　严　平
　　　　武建军　张　强　周　涛　张春来　方伟华　汪　明
　　　　王　瑛　徐　伟　杨赛霓　张　朝　苏　筠　程　宏

序

2016年是联合国开展世界减轻自然灾害风险活动的第27个年头，自然灾害对人类造成的影响并没有得到明显的缓解。为此，2015年3月联合国在日本仙台召开第三次世界减轻灾害风险大会，通过了联合国减轻自然灾害风险的新的行动框架——《2015—2030年仙台减轻灾害风险框架》，明确到2030年，明显减轻自然灾害对人员伤亡、社会影响及对GDP造成的损失。

中国是世界上自然灾害较为严重的国家之一，近年来，每年因灾死亡人口平均超过2 000人，造成的损失达到3 000亿元，每遇特别重大灾害会造成更大的损失。为此，中国政府通过每5年制定一次综合减灾规划，动员社会各界力量，以实现明显减轻自然灾害造成损失和影响的目标。

北京师范大学响应联合国减轻自然灾害风险的号召，于1989年率先成立对自然灾害开展研究的专门机构——中国自然灾害监测与防治研究室（民政部—教育部减灾与应急管理研究院的前身），开启了对中国和世界自然灾害与风险防范的系统研究。在国家科技攻关、863、973、重点科技专项、自然科学基金等有关科技计划与项目的支持下，先后完成了《中国自然灾害地图集》（中英文版，1992）、《中国自然灾害系统地图集》（中英文对照版，2003）、《中国自然灾害风险地图集》（中英文对照版，2010）、《世界自然灾害风险地图集》（英文版，2015）的编制。与此同时，还与国家基础地理信息中心等单位合作，完成了《汶川地震灾害地图集》（中文纸质版，英文数字版）和"十二五"国家重点图书出版规划项目——综合灾害风险防范关键技术研究与示范丛书（共15本）。这些地图集和系列专著的出版，不仅总结了北京师范大学与国内外合作者的相关研究成果，也为培养综合减灾与灾害风险防范领域的人才起到了重要的"参考教材"的作用。

然而，从建设和发展灾害风险科学的角度，这些专著还不能够很好地满足综合减灾和灾害风险防范领域人才培养对高质量教材的需求。为此，在北京师范大学系统开展灾害风险研究迎来30年（2019年）之际，北京师范大学地表过程与资源生态国家重点实验室、环境演变与自然灾害教育部重点实验室、减灾与应急管理研究院、地理科学学部联合起来，在多年培养地理学（自然灾害学）和公共安全科学与工程一级学科硕士与博士生的基础上，利用所取得的大量研究成果，组织有关教师，撰写灾害风险科学系列专著型教材。北京师范大学出版社积极响应这一计划，并投入大量人力、物力和财力资源于这一系列专著型教材的出版之中。

这一系列专著型教材，包括《灾害风险科学》《灾害管理学》《自然灾害科学》《区域自然灾害》《灾害测量方法》《灾害模型与模拟》《灾害经济学》《灾害社会学》《灾害保险学》《灾害教育学》，初步覆盖了灾害科学、应急技术、风险管理等灾害风险科学领域的基本内容。

灾害风险科学、可持续性科学、全球变化科学与地球系统科学，是当今世界较活跃和较有广泛影响力的新型交叉性科学。到目前为止，还没有可资借鉴的、国内外成熟的灾害风险科学教科书或专著型教材。承担这一系列专著型教材撰写的各位老师，克服困难，尽最大可能把自己开展相关研究的成果总结出来，形成逻辑严密、论述有据、系统性与代表性案例相

结合的学术著作。作为专著，每本书都是作者开展相关研究后，取得创新成果的凝练，是对已发表相关成果和未发表相关研究结果的再升华、再分析、再思考后，进而撰写的研究成果总结；作为教材，每本书都是作者教授这一课程的实践总结，并尽可能吸收本领域国内外所取得的最新成果。这套系列专著型教材，从读者的角度出发，尽可能地做到通俗易懂，便于学习和掌握灾害风险科学知识、方法与技术的关键点；便于读者学习这些灾害风险科学知识、方法和技术，并熟练地应用到综合减灾与风险防范的广阔实践中。

作为这套系列专著型教材的编委会主任，我代表所有作者和编委，感谢30年来指导、支持、关心北京师范大学建立和发展灾害风险科学的所有尊敬的相关专家、同行、朋友及各相关单位。

我们首先铭记已故的周廷儒学部委员（现称院士）在北京师范大学率先发展古地理学的同时，关注对自然灾害的研究，把地理环境渐变与突变过程有机地联系在一起，全面认识地理环境的演变过程及其对人类的影响。

我们特别感谢赵济先生，在他时任地理系主任时，于1989年创建北京师范大学中国自然灾害监测与防治研究室，并聘请时任北京师范大学教务长的张兰生先生担任这一研究室的主任。从此，开启了北京师范大学系统性开展自然灾害研究的时代。此后，继任地理系主任的邬翊光先生，以及张兰生先生、已故的武吉华先生的大力支持，为北京师范大学建立和发展灾害风险科学奠定了良好的基础。

我们非常感谢张新时院士、刘昌明院士、林学钰院士、安芷生院士、徐冠华院士、王永炎院士、周卫健院士在受聘北京师范大学双聘院士期间，对发展灾害风险科学的指导与支持。

我们诚挚地感谢孙鸿烈院士、李德仁院士、李吉均院士、郑度院士、石玉林院士、陈颙院士、秦大河院士、程国栋院士、陆大道院士、王颖院士、朱日祥院士、刘燕华研究员、蔡运龙教授、陶澍院士、叶嘉安院士、郭华东院士、姚檀栋院士、傅伯杰院士、王浩院士、龚健雅院士、夏军院士、周成虎院士、郭正堂院士、崔鹏院士、陈发虎院士、王光谦院士、杨志峰院士、倪晋仁院士对北京师范大学开展自然灾害综合研究的指导与关心。

我们还要感谢林海研究员、宋长青教授、冷疏影研究员、葛全胜研究员、李秀彬研究员、吴绍洪研究员、邬建国教授、刘宝元教授、宫鹏教授、梁顺林教授等对北京师范大学发展灾害风险科学的支持和关心。

我们感谢在北京师范大学近30年建立和发展灾害风险科学过程中，与我们共同努力从事地理学（自然灾害）与公共安全科学与工程的所有硕士和博士研究生，以及博士后合作研究人员，他们与老师共同发表的论文和完成的学位论文，为这套系列专著型教材增添了丰富的内容，有的内容就是依据他们的成果改写而成的。

最后让我们共同努力，在从事中国减轻自然灾害的广阔实践与研究和人才培养过程中，吸收营养与智慧，发展具有深厚中国文化基础的灾害风险科学，为造福人类、减轻世界灾害风险作出贡献。

史培军　教授
北京师范大学地理科学学部
民政部—教育部减灾与应急管理研究院

目 录

绪论 1

第 1 章 灾、害、风险 4
1.1 灾 4
1.2 害 17
1.3 风险 35

第 2 章 区域灾害系统 48
2.1 灾害系统学派 48
2.2 区域灾害系统 56
2.3 区域灾害系统的复杂性 60
2.4 灾害系统复杂性的测度——凝聚度 70

第 3 章 灾害形成过程 86
3.1 自然灾害过程 86
3.2 环境(生态)灾害过程 108
3.3 人为(生产事故)灾害过程 127

第 4 章 灾害测量、统计与评估 138
4.1 灾害测量 138
4.2 灾害统计 152
4.3 灾害评估 154

第 5 章 灾害风险评估 179
5.1 广义灾害风险评估 179
5.2 狭义灾害风险评估 187
5.3 综合灾害风险评估 233

第 6 章 灾害风险地图 257
6.1 灾害风险数据库的建立 257
6.2 灾害风险地图的编制 272
6.3 灾害风险地图(集)编制案例 286

第 7 章　灾害风险区划 ……………………………………………………… 317
7.1　世界自然灾害风险 ………………………………………………… 317
7.2　中国自然灾害风险 ………………………………………………… 335
7.3　综合灾害风险区划 ………………………………………………… 364

第 8 章　灾害风险管理 ……………………………………………………… 386
8.1　灾害风险管理的基础 ……………………………………………… 386
8.2　中国灾害风险管理的制度建设 …………………………………… 391
8.3　中国灾害风险管理的制度建设案例 ……………………………… 395

第 9 章　灾害应急管理与响应 ……………………………………………… 411
9.1　灾害应急管理 ……………………………………………………… 411
9.2　灾害应急响应 ……………………………………………………… 427
9.3　深圳市自然灾害应急管理体系研究 ……………………………… 448

第 10 章　综合灾害风险防范 ……………………………………………… 467
10.1　综合灾害风险防范的结构体系与优化 ………………………… 467
10.2　综合灾害风险防范的功能体系与优化 ………………………… 493
10.3　综合灾害风险防御范式 ………………………………………… 499
10.4　社会—生态系统综合灾害风险防御的凝聚力模式 …………… 526

附录　作者指导相关灾害风险研究方向的硕士、博士学位论文题目 …… 545

后　　记 …………………………………………………………………… 549

绪　　论

为什么要建立和发展灾害风险科学？

减灾与灾害风险防范是当前地理学、生态学、环境科学、资源科学等学科极为关注的科学前沿问题，也是未来地球研究计划的热点，更是可持续发展的关键。

减灾是联合国于 20 世纪 80 年代末期发起的世界性的减轻自然灾害十年行动(International Decade for Nature Disaster Reduction，IDNDR)，旨在通过科技和所有利益相关者的努力，减轻自然灾害对人类造成的损失。该行动启动十年后，即从 21 世纪起，调整为减轻灾害国际战略(International Strategy for Disaster Reduction，ISDR)，关注为了世界可持续发展，建设抗灾国家与社区。从 2005 年起，该战略又明确把目标定为减轻灾害风险(Disaster Risk Reduction，DRR)。

灾害风险防范则是探讨如何应对各类灾害可能造成对人类健康的影响、社会经济的破坏，以及防御包括气候变化及其引发的各类环境风险。未来地球(Future Earth)计划把理解地球动态变化、通过资源环境保障、防范包括灾害风险在内的各种风险，作为实现联合国千年发展目标的有效途径。

因此，为了实现减灾与灾害风险防范，世界各地的政要、企业家、科技专家、教育家及社会各界有识之士展开了广泛而长久的探索。人们在对我们生存所依赖的地球系统并不深刻了解的情况下，试图设计区域环境与发展相互协调的可持续发展模式，以此来指导人类科学地利用自然和改造自然，并以此模式寻求缓减人类已经承受或防范将要面临的资源短缺、环境污染、生态系统受损、灾害频发等一系列资源与环境风险问题。这些问题是摆在地理学、生态学、环境科学、资源科学等学科广大学者面前的一道道难题。我们有责任积极投身其中，通过学科建设，在培养相关人才的同时，加深对这些问题的理解，探求解决这些难题的科学且可行的措施。这也正是要建立和发展灾害风险科学的缘由。

什么是灾害风险科学？

提起灾害似乎家喻户晓，然而灾害风险到底是如何形成的，却是一个异常复杂的地球表层系统科学的问题。国内外许多灾害研究者、灾害管理者及相关工作者，对灾害形成过程进行了长期的分析、探讨，并把研究成果发表在与许多灾害研究相关的期刊中或出版学术著作。这些研究促进了对灾害风险形成机制认识的深化，逐渐形成了灾害风险科学的一些基本理论框架，并以此指导灾害风险防御的实践。

然而，在全世界灾害风险防范的广泛实践过程中，人们又逐渐发现了一些灾害风险科学难以解释的灾害现象，从而促使灾害风险科学理论的进一步完善。据此可以认为，减灾实践是灾害风险科学得以提出、渐趋完善，并系统化的真正推动者。联合国倡导在全世界范围内开展减轻灾害风险的活动，大大促进了灾害风险科学的发展，从而使灾害风险科学研究日趋成熟，并得到系统性的总结。

因此，我们认为灾害风险科学就是研究灾害形成与防御范式的科学。灾害是各种致灾因子给人类社会造成的人员伤亡、财产损失及资源环境与生态系统破坏的结果。灾害

的形成、灾害风险的变化则是灾害系统时空演变的产物。灾害系统是由孕灾环境、致灾因子、承灾体与灾情共同组成的地球表层之异变系统，即是灾害风险科学研究的对象。着眼于从理论、方法与应用的角度，灾害风险科学可进一步划分为灾害科学、应急技术与风险管理三个分支学科。

灾害风险科学属于交叉学科的范畴，需要从理学、工学、人文和社会科学等多学科的角度，构建其研究理论、方法与应用实践的科学体系。因此，灾害风险科学要求研究者与学习人员，要具备地学、生命科学、经济学、管理科学，以及数理科学、信息科学与技术、社会学等学科广博的知识基础。

灾害风险科学的主要内容有哪些？

从基础理论看，灾害风险科学包括灾害系统、机理与过程，在本书中，共包括3章的内容，即第1章：致灾因子(Hazards)、灾情(Disasters)、风险(Risks)；第2章：灾害系统学派、区域灾害系统、区域灾害系统的复杂性、灾害系统复杂性的测度——凝聚度；第3章：自然灾害过程、环境(生态)灾害过程、人为(生产事故)灾害过程。

从技术方法看，灾害风险科学包括灾害的测量与评估、灾害风险地图编制与区划，在本书中，共包括4章的内容，即第4章：灾害测量、灾害统计、灾害评估；第5章：广义灾害风险评价、狭义灾害风险评价、综合灾害风险评价；第6章：灾害风险数据库的建立、灾害风险地图的编制、灾害风险地图(集)编制案例；第7章：世界自然灾害风险、中国自然灾害风险、综合灾害风险区划。

从应用实践看，灾害风险科学包括灾害管理、应急响应与防御范式，在本书中，共包括3章的内容，即第8章：灾害风险管理的基础、中国灾害风险管理的制度建设、中国灾害风险管理的制度建设案例；第9章：灾害应急管理、灾害应急响应、深圳市自然灾害应急管理体系；第10章：综合灾害风险防范的结构体系与优化、综合灾害风险防范的功能体系与优化、综合灾害风险防御范式、社会—生态系统综合灾害风险防御的凝聚力模式。

如何开展灾害风险科学研究？

灾害风险科学所具有的交叉学科属性，决定了其研究的复杂性、综合性、系统性。

灾害风险成因复杂，不仅致灾多样、成害时空差异明显，而且防御广度和难度都很大。因此，要从多尺度、多要素、多过程入手，理解灾害风险的形成机理和变化过程、构建灾害风险评估指标体系与模型、研发应对灾害的关键技术、发展灾害风险防御范式。

灾害风险变化多样，不仅表现方式不同、突变与渐变并存，而且难以科学而准确地预估。因此，要从多角度、多维度、多途径综合入手，实地定位观测和多精度遥感测算结合、结构与非结构分析并重、动力学与非动力学模拟同步，加深对灾害风险变化多样性的认识，以期提高人类综合应对灾害风险的能力。

灾害风险影响领域广泛，不仅可能对社会、经济、生态造成危害，而且还可能对政治、文化产生深刻的影响。因此，要从多领域、多部门、多措施系统入手，统筹资源合理利用，减轻灾害风险，整合生态环境保护与防灾减灾救灾机制，利用工程与非工程措施，动员政府与社会力量，完善次灾害风险管理与区域灾害风险管理体系，以期把经济、政治、社会、文化、生态建设与灾害风险防御一体化，实现除害与兴利并举。

怎样学习灾害风险科学？

灾害风险科学涉及面很广，对学习它提出很广、很高、很深的要求。

博览群书。学习灾害风险科学，要多读书、读好书。系统地阅读自然灾害方面的图书，如陈颙等编著的《自然灾害》（第三版，2014）、Burton 等著的 *The Environment as Hazard*（第二版，1993）、Blaikie 等著的 *At Risk：Nature Hazards，People's Vulnerability and Disasters*（第二版，2004）等灾害领域的专著，以此扩大灾害风险领域的知识面。

广读文章。学习灾害风险科学，要多读论文，读好论文。*Nature*、*Science*、*Risk Analysis*、*Natural Hazards*、*Environment Hazards*、*International Journal of Disaster Risk Science*、*International Journal of Disaster Risk Reduction*、*Disasters* 等刊物都及时刊登对灾害风险研究的最新成果，及时了解灾害风险科学的最新进展，以此提高对灾害风险的认识和分析能力。

深入实践。学习灾害风险科学，要多到灾区、多进灾害现场。2004 年的印度洋特大地震海啸，2005 年美国特大飓风"卡特里娜"，2008 年中国罕见的低温雨雪冰冻灾害、汶川大地震，2011 年日本大地震等巨灾，给这些灾区和国家造成巨大的人员伤亡和财产损失。深入这些灾区不仅可以详细了解灾情，而且能加深对次灾害过程的认识，提升对灾害风险多样性和复杂性的研究能力。

灾害风险防御是人类共同的事业，需要我们广泛的合作，需要我们更多的关注，需要政府与社会的大力投入。

灾害风险科学是一门新学科，需要我们共同建设与发展，需要我们志存高远，需要我们投入毕生精力。

第1章 灾、害、风险

本章阐述灾害风险科学的三个最基础的术语：灾（Hazards），就是致灾因子；害（Disasters），就是灾害或灾情；风险（Risks），就是潜在的、可能的影响，以及与这三个术语相关的分类、指标体系等基础性科学问题。

1.1 灾

灾是致灾因子的简称。UN-ISDR 定义的术语"致灾因子"，特指可能对经济、社会、生态环境产生不利影响的一种自然过程或现象，它包括自然因素和与自然因素相关联的人文因素。灾是害之源，灾就是给人类发展造成的危害因素，也是人类社会可持续性的障碍。

在人类发展的历史长河中，人们逐渐了解或经历了各种各样的致灾因子，灾害风险科学研究者从不同的视角，对致灾因子进行分类，图解其时空分布规律，揭示其发生的原因。

本节着重阐述致灾因子的不同分类，关于致灾因子时空分布规律可参阅自然灾害学、灾害地理学等相关内容；关于致灾因子发生的原因可参阅地球科学、生命科学、环境科学中的相关研究成果。

1.1.1 致灾因子的成因分类

发生在人类社会中的致灾因子多种多样，但从成因角度考虑，可把致灾因子划分为两大类，即由自然因素引发的致灾因子和由与自然因素相关联的人文因素引发的致灾因子。事实上，完全由自然因素引发的致灾因子占比在减少，而由与自然因素相关联的人文因素引发的致灾因子占比则在增多。

(1) ICSU IRDR 科学计划中的分类

国际科学理事会（ICSU）的"减灾综合研究（IRDR）"科学计划（ICSU，2012）把致灾因子分为 6 个灾类（Family）、20 个主要灾型（Main Event）、47 个灾种（Peril），如图 1-1 所示。

6 个灾类划分如下：

①地球物理类，致灾因子源于固体地球，通常与地质致灾因子交换使用；

②水文类，致灾因子源于表面和次表面淡水和咸水的发生、发展及分布；

③气象类，致灾因子源于持续几分钟到几天、短历时、微到中尺度极端天气和大气条件；

④气候类，致灾因子源于从季变到多年代气候变率引发的长历时、中到大尺度极端大气过程；

⑤生物类，致灾因子源于活体携带的细菌、病毒或有毒物；

⑥外星体类，致灾因子源于流过近地球或撞击地球从而改变或影响地球内部磁圈、离子圈、热圈的小行星、流星和彗星。

20个主要灾型分别为：地震（Earthquake）、岩溶流（Mass movement）、火山活动（Volcanic activity）；洪水（Flood）、滑坡（Landslide）、波浪（Wave action）；对流暴雨（Convective storms）、外热带暴雨（Extratropical storms）、热带暴雨（Tropical storms）、极端温度（Extreme temperature）、雾（Fog）；干旱（Drought）、冰湖溃决（Glacial lake outburst）、野火（Wildfire）；动物事件（Animal incidents）、疾病（Diseases）、昆虫侵扰（Insect infestation）；外空影响（Extraimpacts）、气暴（Airburst）和空间天气（Space weather）。

47个灾种如图1-1所示。

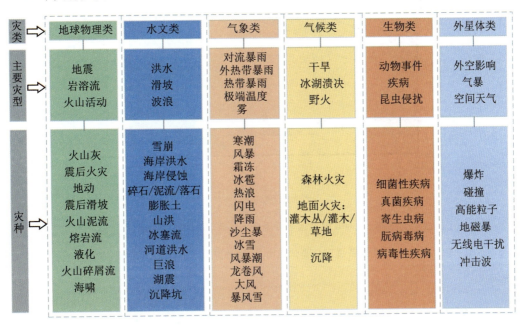

图1-1　ICSU-IRDR的致灾因子成因分类体系（ICSU，2012）

(2) Joel C. Gill 的分类

Gill等（2014）把自然致灾因子分为以下6个组，并给出各灾组（Hazard groups）和21个灾型（Hazard type）的时空尺度：

①地球物理组（geophysical），含：地震、海啸、火山爆发、滑坡、雪崩；

②水文组（hydrological），含：洪水和干旱；

③地表过程组（shallow Earth），含：区域性沉降、地面塌陷、地方性沉降和地面隆起；

④大气组（atmospheric），含：热带气旋、龙卷风、冰雹、暴雪、闪电、雷暴、长期气候变化和短期气候变化；

⑤生物物理组（biophysical），含：野火；

⑥空间组（space），含：地磁暴和外空影响事件。

Gill等（2014）的灾组与ICSU-IRDR的灾类相当，其把ICSU-IRDR的气象类和气候类合并为大气组；单设了地表过程组，强调了地表变化的致灾作用。Gill等列出了6个致灾因子组所包含的21种不同的自然致灾因子类型，并列出了它们的代码。对于每种自然致灾因子都给出了它们的定义及具体表现（表1-1）。图1-2展示了16种致灾因子的时间和空间尺度，并分为5种类型。

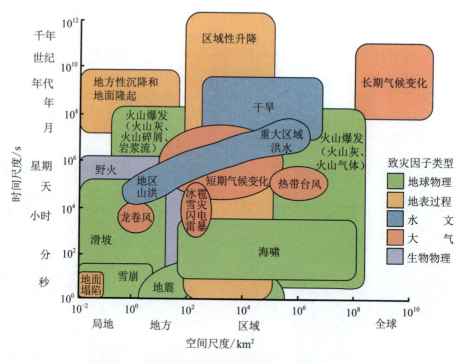

图 1-2　Gill 致灾因子成因分类体系（Gill 等，2014）

表 1-1　Gill 致灾因子成因分类体系中 21 种致灾因子的含义（Gill 等，2014）

致灾因子组	致灾因子	代码	定义	致灾因子组成（适用情况）
地球物理组	地震	EQ	由于突然的地壳运动或者地质脆弱带发生断裂，导致地壳能量瞬间释放出来，产生地震波	地面震动、地表破裂和砂土液化
	海啸	TS	大量水体流动而产生一系列具有较长波长和低振幅的波动。随着波动靠近浅水区，它们的振幅也会随着波动浅化而迅速变大	
	火山喷发	VO	在围压和过热的蒸汽和气体影响下岩浆产生地下运动并从火山中喷发出来，同时伴随有火山碎屑、火山灰和天然气等物质的喷发	气体和气溶胶的排放、火山灰和火山碎屑的喷发、火山碎屑流和熔岩流
	滑坡	LA	在重力作用下地表物质的向下移动（主要指岩石和土壤）	落石、旋转和平移滑动、泥石流、火山泥流和土壤蠕动
	雪崩	AV	在重力作用下地表物质的向下移动（主要指冰和雪）	

续表

致灾因子组	致灾因子	代码	定义	致灾因子组成（适用情况）
水文组	洪水	FL	通常干地表被水淹没	山洪、河道洪水、农村积水、城市洪水、沿海洪水、风暴潮、冰川湖溃决性洪水和冰川湖爆裂
	干旱	DR	降水量长期低于正常水平而导致的严重水文不平衡,或者由于糟糕的农业生产实践和水流改道导致长期可利用水出现亏缺	气象干旱、农业干旱、水文干旱
地表过程组	区域性沉降	RS	在区域范围内地面突然或逐渐向下垂直运动	构造沉陷
	地面塌陷	GC	地面快速向下垂直运动而陷入空洞	岩溶和蒸发岩塌陷、管道和亚稳土壤
	地方性沉降	SS	在地方范围内地面逐渐向下垂直运动	土壤收缩和自然固结沉陷
	地面隆起	GH	地面突然或逐渐向上垂直运动	构造抬升、土壤和岩石膨胀
大气组	风暴	ST	大气系统的强烈扰动,通常伴有强降水和大风	热带气旋、飓风、台风、中纬度风暴
	龙卷风	TO	由于积雨云与地表的接触所产生的空气柱的剧烈旋转	
	冰雹	HA	大气系统的强烈扰动,在含有大量过冷却水的对流风暴中产生强烈的上升气流,当它们达到足够重量时就会离开大气系统而发生严重冰雹	
	暴雪	SN	大气系统的强烈扰动,伴有强降雪过程	
	闪电	LN	正负电荷之间空气的电阻被克服,大气静电的释放过程	
	极端高温	ET(H)	一段时间内温度长期高于平均水平(时间尺度可以是短期或长期,空间尺度可以是地方、区域或全球)	热浪、气候变化
	极端低温	ET(C)	一段时间内温度长期低于平均水平(时间尺度可以是短期或长期,空间尺度可以是地方、区域或全球)	寒潮、气候变化

续表

致灾因子组	致灾因子	代码	定义	致灾因子组成（适用情况）
生物物理组	野火	WF	自然植被燃烧，发生无法控制的火灾	
空间组	地磁暴	GS	由于宇宙空间变化而使地磁层发生扰动，如太阳风强度的变化	
	撞击事件	IM	天体撞击地球表面	小行星、陨石

(3) 学术专著 *Regions of Risk* 中的分类

Hewitt 在 *Regions of Risk* 一书中对致灾因子有如下分类(表 1-2)(Hewitt, 1997)。

① 自然类(Natural hazards)，包括大气、水文、地质/地貌、生物与病虫致灾因子 4 个子类；

② 技术类(Technological hazards)，包括有害材料、有害过程、有害设备 3 个子类；

③ 社会暴行类(Social violence)，包括武器、犯罪、有组织暴行 3 个子类；

④ 复合类(Compound hazards)，如雾霾、溃坝、空袭/风暴性大火等；

⑤ 复杂类(Complex disasters)，如饥荒、难民危机、有毒洪水、有害核试验和核电站爆炸。

表 1-2　学术专著 *Regions of Risk* 中的致灾因子分类体系(Hewitt, 1997)

类别	单一条件过程（媒介）	合成致灾因子（灾型）
自然类	大气	
	温度、雾、雨	打雷/雹暴、龙卷风
	(强)风、闪电、冰雹	雨/风暴，热带气旋
	降雪	暴风雪
	冻雨(雨凇)	
	水文	
	径流(地表，河流)	洪水：河道型、沿海型(海洋型)，自然溃坝与堰塞湖决堤型洪水
	地面降雪	
	冻融	冰川前进和急涌
	海冰、冰山	冰海区
	地质/地貌	
	地震动、火山	地震、火山爆发
	海啸(地震海浪)	岩崩、泥石流
	地球/岩石物质：流土、流沙	海底滑坡

续表

类别	单一条件过程（媒介）	合成致灾因子（灾型）
自然类	块体运动	地表沉降
	放射现象	氡气致灾因子
	地热	
	生物与病虫致灾因子	
	病毒（如：麻疹、艾滋病病毒，登革热）	疾病爆发/流行病、黑死病、瘟疫、黄热病、流感、性传播疾病
	细菌（如：肺炎）	
	原生生物（如：贾第鞭毛虫、疟疾）	
	真菌（如：肺孢子虫）	赤潮（有毒藻华）
	藻类	植物感染，植物侵扰
	植物（杂草）	昆虫瘟疫/入侵
	昆虫（害虫）	鼠患，贝毒
	动物（有害的）	
技术类	有害材料	
	放射性材料	污染：建筑、土壤、地表和地下水
	有毒物质（如：二噁英）	工业污染
	有害气体（如：一氧化碳）	农业污染
	诱变剂	
	致癌物	
	有害过程	
	放射现象	释放有害物质、气体媒介（放射性核素、SO_2），水媒介（污水、冷却剂）
	火灾	结构倒塌碰撞、爆炸事故传播
	有害设备	
	车辆	
	发电站	工厂
	炸药	
	避孕工具	医疗、外科
社会暴行类	社会暴力	
	武器	轰炸（火炮，军舰）
	火器、燃烧弹、原子能、化学、毒素、毒气、生物武器	空袭 游击战 CBT 战争

续表

类别	单一条件过程(媒介)	合成致灾因子(灾型)
社会暴行类	犯罪	环境战争
	武装力量	围攻,恐怖行动
	政府	释放过量危险品、石油泄漏/火灾/化学品
	恐怖组织	
	手段	
	战争、恐怖行动、颠覆政权、蓄意破坏、种族屠杀	
复合类	雾霾(雾+空气污染)(逆温+阳光+污染)	
	溃坝(事故+洪水波)	
	空袭/风暴性大火(轰炸+大火+风暴)	
复杂类	饥荒(干旱+歉收+食物囤积+贫困)	
	难民危机(饥荒+战争)	
	有毒洪水(尾矿坝溃坝+有毒废料+洪水)	
	有害核试验和核电站爆炸(核爆炸和污染+大气环流+雨涤和原子尘+迁徙)	

1.1.2 致灾因子的发生分类

基于致灾因子发生环境(孕灾环境)的致灾因子分类,与基于致灾因子的成因分类有所不同。致灾因子成因分类,强调灾源,突出自然因素、人文因素、自然因素与人文因素的共同作用。致灾因子发生环境分类,强调产生灾源的环境基础,特别是地球的圈层差别,相对淡化了成因。事实上,当今各种致灾因子,都不同程度地含有自然与人文因素的共同作用。这也正是联合国把开展世界减灾活动由减轻自然灾害(Nature Disaster Reduction),调整为减轻灾害风险(Disaster Risk Reducting)的重要原因。

(1)史培军的分类

1991 年,史培军在《南京大学学报(自然科学版)》发表了对致灾因子的分类,即把致灾因子分为系(Systems)、群(Groups)、类(Types)、种(Kinds)四个层级(图 1-3),既突出了致灾因子发生环境(孕灾环境),又强调了致灾因子成因,明确先分层级,再分类型(史培军,1991)。

该分类体系第一层级突出灾源,强调灾因;第二层级突出灾源环境;第三层级突出致灾类型;第四层级突出具体灾种。

致灾因子系分为自然(Nature)、人为(Human)、环境(Environment)三个系。

自然致灾因子系再划分为大气圈、岩石圈、水圈、生物圈四个群,主要灾源来自于自然环境因素(孕灾环境)。

人为致灾因子系划分为技术、冲突、战争三个群,主要灾源来自于人文环境因素(孕灾环境)。

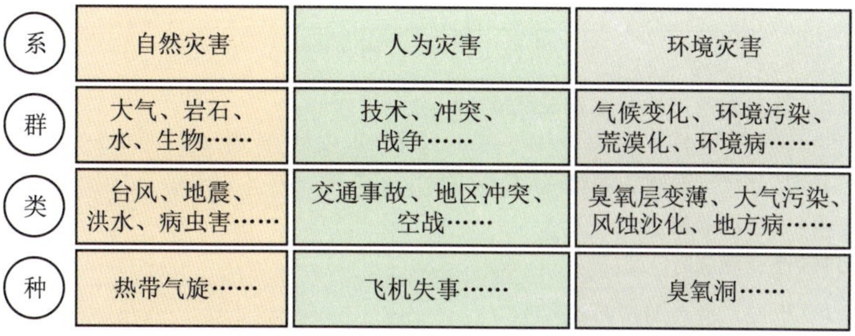

系	自然灾害	人为灾害	环境灾害
群	大气、岩石、水、生物……	技术、冲突、战争……	气候变化、环境污染、荒漠化、环境病……
类	台风、地震、洪水、病虫害……	交通事故、地区冲突、空战……	臭氧层变薄、大气污染、风蚀沙化、地方病……
种	热带气旋……	飞机失事……	臭氧洞……

图 1-3　史培军提出的致灾因子分类体系（史培军，1991）

环境致灾因子系划分为气候变化、环境污染、荒漠化、植被退化、环境病五个群，主要灾源来自于自然与人文的综合环境因素（孕灾环境）。

(2) 中国自然灾害地图集的分类

1992 年，科学出版社（北京）出版了由北京师范大学与中国人民保险公司合作、张兰生与刘恩正主编的《中国自然灾害地图集》（中、英文版）。据此，王静爱等发表了《中国主要自然致灾因子的区域分异》一文，给出了基于孕灾环境差异的中国主要自然致灾因子的灾种和亚灾种分类体系（表 1-3）。该文把中国主要自然致灾因子分为 5 个孕灾环境类、31 个种、106 个亚种（王静爱等，1994）。

① 大气圈类，含干旱、台风、暴雨、冰雹、低温、霜冻、冰雪、沙尘暴、干热风 9 种自然致灾因子。

② 水圈类，含洪水、内涝、风暴潮、海浪、海啸 5 种自然致灾因子。

③ 岩石圈类，含滑坡、泥石流、沉陷、风沙流、地震 5 种自然致灾因子。

④ 生物圈类，含作物病害、作物虫害、森林病虫害、鼠害、毒草、赤潮 6 种自然致灾因子。

⑤ 地理圈类，含土壤侵蚀、沙漠化、盐渍化、冻土、地方病、环境污染 6 种自然致灾因子。

表 1-3　中国主要自然致灾因子（王静爱等，1994）

孕灾环境	主要自然致灾因子（灾型或灾种）	灾种数/个
大气圈	干旱（春旱，夏旱，秋旱，冬旱，夏半年旱，盛夏旱，牧区春旱，全年旱） 台风（台风暴雨出现日数，登陆台风强度） 暴雨（多年平均暴雨日数，72 h 最大雨量，24 h 最大雨量） 冰雹（多年平均降冰雹日数，年最大降冰雹日数） 低温（多年最大极端低温，多年平均极端低温） 霜冻（冬小麦冻害，亚热带经济果林冻害，热带作物寒害，东北作物冷害，寒露风） 冰雪（多年平均积雪，风雪流与冰冻，最大积雪深度与基本雪压、海冰） 沙尘暴（年最大沙暴日数，多年平均沙暴日数，多年平均起沙风频度） 干热风（北方小麦产区干热风）	30

续表

孕灾环境	主要自然致灾因子（灾型或灾种）	灾种数/个
水　圈	洪水（最大流量，最大地表径流量） 内涝（洪涝程度） 风暴潮（台风风暴潮、温带气旋风暴潮） 海浪（风浪、潮浪） 海啸（地震海啸）	8
岩石圈	滑坡（滑坡，滑坡泥型石流） 泥石流（泥石流） 沉陷（沉陷，塌陷，崩塌） 风沙流（流沙，风沙流，风蚀与风积） 地震（地震震级，地震断层，地震引起的基岩崩塌与滑坡，黄土崩塌与滑坡，砂土液化）	14
生物圈	作物病害（水稻病害，水稻病毒病害，小麦锈病病害，麦类赤毒病、白粉病、病毒病） 作物虫害（水稻螟虫，水稻迁移害虫，棉铃虫，红铃虫，棉蚜，棉长管蚜，棉蜘蛛，黄萎病，枯萎病，飞蝗虫） 森林病虫害（松毛虫，蛀杆害虫，大袋蛾，竹蝗，落叶病与松鞘蛾，松材线虫） 鼠害（草原鼠害，森林鼠害） 毒草（变异黄芪，狼毒大戟，狼毒，毒芹，小花棘豆，醉马草，甘肃棘豆） 赤潮（外源性赤潮、内源性赤潮）	33
地理圈	土壤侵蚀（水力侵蚀，风力侵蚀，冻融侵蚀，风水复合侵蚀，水化学侵蚀，草皮滑动，重力侵蚀） 沙漠化（潜在的草原沙化，发展的草原沙化，现有的草原沙化） 盐渍化（盐碱地，次生盐渍化） 冻土（多年冻土，季节冻土，季节冻害） 地方病（克山病，大骨节病，甲状腺肿大，氟骨症） 环境污染（废气排放强度，废水排放强度，固体废物占地面积，固定废物堆存量）	23
合计	31	108

1.1.3　致灾因子强度划分

(1) 单致灾因子强度划分

单致灾因子强度划分都是依据致灾因子观测规范、标准进行的。不同成因、不同孕灾环境下的致灾因子采用不同的计量指标表达，如地震用震级，暴雨用雨强，台风用中心最大风力，洪水用水位等。这些致灾因子观测规范、划分标准都可在国际或国家标准计量部门的网站中查到。

一般来说，气象部门制定大气圈类，水文或水利与海洋部门制定水圈类，地质地震部门制定岩石圈类，农林及卫生部门制定生物圈类，环保和国土资源部门制定地理圈类等灾种的观测规范与划分标准。

大量的观测资料表明,各灾种致灾因子的强度与其频度呈反比关系,致灾强度越大,发生的频度越低,重复的周期越长,且致灾因子强度大小和其发生的频度呈幂函数关系(陈颙等,2013)。

关于对单致灾因子强度划分可参阅地学、生命科学、资源环境科学等领域的教材或专著。

(2)多致灾因子强度划分

从区域和综合角度,开展灾害风险科学研究,就需要对不同时空尺度下致灾因子的多样性加以了解,并对多灾种强度予以划分。上述对单致灾因子强度的划分,由于各自的计量指标不一,难以用统一的量纲计测,这就难以满足对致灾因子多样性的区域和综合研究。

基于目前的资料,为了综合区域内致灾因子相对强度,对每一种不同量纲表达的致灾因子强度进行综合是非常困难的。因此,把每一种致灾因子强度划分为相对的等级,然后根据各种致灾因子在一定时期占所在区域的面积比例,进行加权平均,这样可以近似地反映在一定时空条件下区域综合致灾相对强度。然而,这样做的问题是各类致灾因子相对强度一致,但对承灾体的影响是不同的。为此,可按各类致灾因子在特定时空条件下,发生频次比、造成的损失比例和与灾情的相关关系比,进行加权平均,相对消除这种影响。

我们曾提出参考植被研究中对样方资料的处理,例如:刻画区域致灾因子多少,可以利用多度计算的方法;也可以参考土地利用研究中对区域复种指数的计算。本书在《中国主要自然致灾因子的区域分异》一文所提出的自然致灾因子多度、相对强度、被灾指数的基础上(王静爱等,1994),提出用致灾因子多度、被灾指数反映区域内多致灾因子的相对群聚程度,以及影响的范围。

多度(H_D):致灾因子在一定区域内的群聚性程度,它是一个相对值,随对比的区域而变化,其计算公式如式1-1:

$$H_D = n/N \qquad 式1\text{-}1$$

式1-1中,H_D为某区域致灾因子多度(%),n为该区域致灾因子数,N为上一级区域(世界、亚洲、中国等)致灾因子数。在计算中国县级自然致灾因子的多度时,此值取为108。

相对强度(H_i):致灾因子造成的相对破坏或毁坏能力的程度为致灾因子相对强度,它也是一个相对值,它只表达致灾因子本身的量值,并不与灾情呈明显的正相关关系,而是造成区域灾情的基本原因(条件),其计算公式如式1-2:

$$H_i = \sum_{i=1}^{n} P_i \cdot S_i, \quad i=1, 2, \cdots, n \qquad 式1\text{-}2$$

式1-2中,H_i为某区域致灾因子相对强度(等级);P_i为第i种致灾因子的相对强度;S_i为区域某一种致灾因子影响面积的百分比,取值为0.01~1.00,即1%~100%;i为致灾因子种类数。

被灾指数(H_C):某区域所受各种致灾因子影响面积的百分比,其计算公式如式1-3:

$$H_C = \sum_{i=1}^{n} S_i, \quad i=1, 2, \cdots, n \qquad 式1\text{-}3$$

式1-3中S_i定义同式1-2。

综合指数(H)：以上三个指标的具体值分别除以这三个数值的最大值的总和，即

$$H = H_D/\max(H_D) + H_i/\max(H_i) + H_C/\max(H_C) \qquad 式1\text{-}4$$

式1-4中，H_D为某区域致灾因子多度，H_i为某区域自然致灾因子相对强度，H_C为某区域致灾因子被灾指数，max()为该指标的最大值。

1.1.4 中国自然致灾因子区域分异

为了说明上述四个表达区域内多致灾因子指标的应用，本书用《中国主要自然致灾因子的区域分异》一文中的计算结果(王静爱等，1994)，说明致灾因子多度、相对强度、被灾指数、综合指数的实际应用。

自然致灾因子多度 中国自然致灾因子多度高低值相差达8倍，从0.04以下到0.30，显示出中国自然致灾因子有突出的空间群聚性特征(图1-4)。从总体来看，以华北为中心，向东北、西北和东南沿海延伸。H_D值＞20%的区县，有90%的范围分布于25°~45°N的中纬度带内。在H_D值相对较小的西南地区，一些高低地转换地段，H_D值相对增加。据此可以认为，自然环境过渡地带，如中纬度带、海陆过渡带、高低地过渡带、半干旱气候区的农牧交错带等，都显示出自然致灾因子相对群聚。几种自然环境过渡的交错区域则形成H_D值高的集中连片区，中国的华北地区正处在这样的位置；因此，成为中国自然致灾因子最群聚的地区，亦属世界环太平洋和中纬度多灾带的重要组成部分。由此可见，从区域自然环境变化的程度上看，区域自然致灾因子对环境变化幅度有重要影响。

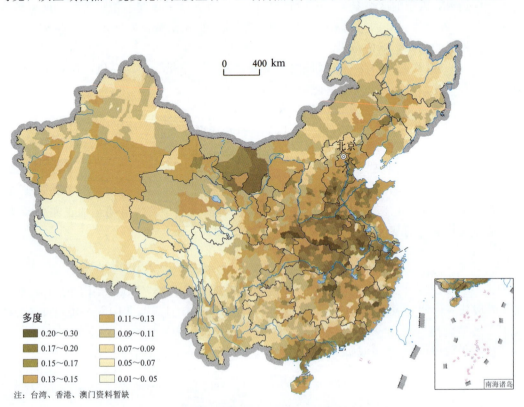

图1-4 中国自然致灾因子多度(史培军等，2011)

自然致灾因子被灾指数　中国自然致灾因子被灾指数高低相差很多,从小于0.02到大于11.0,显示出明显的区域分异(图1-5)。从总体来看,以齐齐哈尔、哈尔滨、天水和杭州为顶点连成的梯形区域,成为全国H_C值高值区,H_C值一般大于8.0。此高值区内的东北平原、华北平原,H_C值一般在9.0以上,H_C值大于10的高值中心形成"人"字形分布格局,即齐齐哈尔—通辽—北京—太原—宝鸡—天水一线和从河北南部开始至杭州顺大运河沿线。H_C值低值区以藏北高原为中心,且向外侧增大。长江以南地区有两条H_C值高值区,一是东南沿海地带,二是西南地区的云南、贵州、四川一带。H_C值的大小不仅与H_D值有直接关系,一般二者呈正相关关系。对比图1-4和图1-5,即可看出二者在分布上的一致性,其中最突出的是华北地区;而且与各种自然致灾因子的分布特征有关。通常呈面状分布的自然致灾因子,如大气圈、水圈、生物圈中的自然致灾因子影响的地区,H_C值相对增高,前述H_C值高值区的华北平原、东北平原、黄土高原地区均属气象、洪涝和生物类致灾因子集中分布区,也是影响面很广的区域。

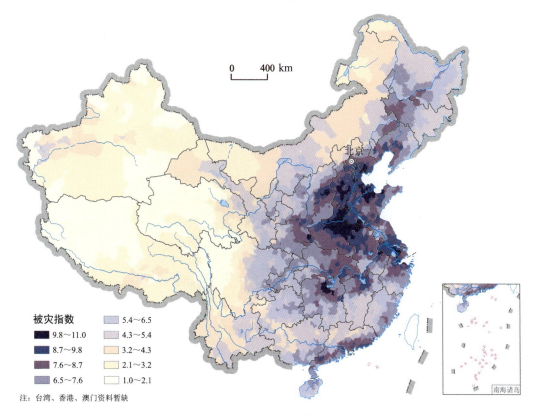

图1-5　中国自然致灾因子被灾指数(史培军等,2011)

自然致灾因子相对强度　H_i值多为6.0～19.0,H_i值大于19.0的地区呈斑点状分布(图1-6)。H_i值在16.0以上的相对高强度区位于从华北到西南的集中分布带。此带东南侧又有湘赣集中分布区。广大的青藏高原中北部及西北内陆地区为相对低强度区。自然致灾因子相对强度的区域分异与几种主要致灾因子的区域分布密切相关。第一,中国的地震构造活动带,即环太平洋构造活动带与喜马拉雅构造活动带,与致灾因子相对强度高值区相对应,发生过8级以上大地震地区往往形成高值小中心,如华西、唐山等。第二,中国暴雨集中区与相对强度高值区重叠,如沿海台风暴雨带、冀北山地—太行山地—大别山地暴雨带、川西和湘西暴雨带等。第三,中国洪涝多发频发区,如辽河平原、华北平原,特别是苏北平原,以及两湖平原,均为相对致灾强度高值区。第四,中国泥石流、滑坡集中分布区,主要在青藏高原以东的二级阶梯,大部分为相对致灾强度高值区。由此可见,综合自然致灾因子相对强度是由几种主要自然致灾因子所控制的,这些相对强度较高的自然致灾因子之间的相互作用,使得中国自然致灾因子相对强度的区域分异复杂化,且使自然致灾强度高值区范围扩大。每一个自然致灾强度高值区,至少可以找出一种主导性致灾因子。

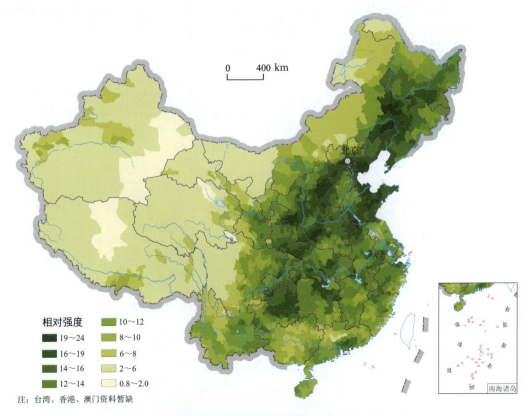

图1-6 中国自然致灾因子相对强度(史培军等,2011)

自然致灾因子多度、相对致灾强度及被灾指数相互关系 自然致灾因子的多度、相对致灾强度和被灾指数三者的综合作用,在不同的区域具有不同的匹配规律,图1-7表明中国自然致灾因子综合指数的区域分布规律。华北地区为自然致灾因子的多度、相对强度和被灾指数三者综合作用的高值区,属中国的多灾、巨灾区。沿海地区为三者综合指数的次高值区,成为中国沿海多灾、强灾区。其次是北方农牧交错带和干草原区以及西南地区的川西、云南、黔西及青藏东南部等地区。藏北为H低值区。此为中国大陆自然致灾因子区域分异的基本格局。中国自然致灾因子的东西分异和南北分异也有不同程度的显现。从东西分异看,自然致灾因子多度、相对强度和被灾指数均为东高西低,其中东部华北为高值中心,西部藏北为低值中心。从南北分异看,东部 25°～45°N 的广大区域自然致灾因子多度、相对强度和被灾指数明显高于其南侧和北侧地区,而且在 30°～40°N 为最高值区。西部地区的南北分异不突出,其中资料记录不完备是主因,特别是藏、青、新三省区的相接壤地区,即可可西里地区,受资料记录不完备影响突出,使自然致灾因子的多度、被灾指数、相对强度三者均为全国最低值区。

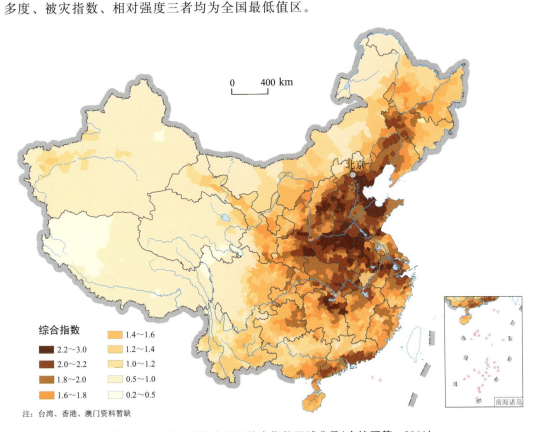

图 1-7 中国自然致灾因子综合指数区域分异(史培军等,2011)

自然致灾因子的区域分异与其孕灾环境背景的关系极为密切,环境演变的敏感区域通常是自然致灾因子的多度、相对强度和被灾指数的高值区,或是多灾区,或是强灾区,但也有少数自然环境脆弱地区的致灾因子多度和强度均较小,如贵州东部就是最为突出的一例。自然环境恶劣地区,自然致灾因子的多度和相对强度不一定高,广大西部地区便是如此。由此也表明,环境状况与自然致灾程度并没有直接的关系,但与缓发性的土地退化灾害关系密切。

1.2 害

害是灾造成的直接与间接的损失与影响,通常包括人员伤亡、财产损失、资源环境破坏、生态系统受损、社会秩序失常,以及生命线、生产线等受到危害不能正常运转。

害的分类与致灾因子和承灾体有密切关系。因此,在中文文献中,灾与害不分,常合并使用,故称"灾害"。而在西方文献中,灾与害分别为两个术语,即 Hazard 与

Disaster。据此，在西方文献中，很少论及害的分类，多以灾的分类表述；而在中文文献中，则常常用"灾害"分类表述害的分类，不能准确理解灾与害的差别，且把致灾与成害混淆，用灾学代替害学(例如常把地震学作为地震灾害学，暴雨气象学代替暴雨灾害学等)，这大大影响了灾害风险科学的健康发展。

随着人类社会的发展，承灾体的种类增多、分布(暴露)扩大，防御灾害的能力也在逐渐提升。因此，即便同样的灾因，其害相差很大。在对灾之害的分析研判中，人们把注意力主要集中于承灾体，即关注人类的防御水平，也就是西方文献中广泛使用的人类对致灾因子的脆弱性(Vulnerability)、恢复性(Resilience)和适应性(Adaptation)。

1.2.1 灾害的分类

如前所述，在西方文献中，很少涉及害的分类研究，多以灾的分类而代之。在中国的官方文件中或学者的研究文献中，灾害分类很多，且从灾害成因与规模角度划分者较多。从灾害成因划分的结果来看，与西方文献中的灾因划分基本相同。

(1) 灾害学导论的分类

马宗晋等(1998)在《灾害学导论》中，从灾害发生的原因角度，把灾害划分为自然态灾害和人为态灾害(图1-8)，并进一步把自然态灾害划分为自然人为灾害与自然灾害；把人为态灾害划分为人为自然灾害和人为灾害。

与此同时，考虑到灾害的管理，马宗晋等针对灾因划分了5大灾害类，并进一步划分了30个灾害种，明确了各灾害种的管理部门(表1-4)。这一分类体系对灾源环境的划分与众不同，没有文献中的"水圈"，而单设了"海洋圈"，且把水旱灾源归入大气圈。同时，这一分类体系与《中华人民共和国减轻灾害报告》(中国国际减灾十年委员会，1993)和《中国重大自然灾害及减灾(总论)》(马宗晋等，1994)对中国的主要灾害种类划分基本一致(表1-5)。

表 1-4　中国灾害分类及专业管理责任表(马宗晋等，1998)

成因分类	灾种	灾害专业管理部门
大气圈	干旱、雨涝、洪泛	水利部
	热带气旋、冷、热、雹、霉、陆地风	气象局
海洋圈	风暴潮、海冰、海潮、海浪、海雾	海洋局
岩石圈	地震、火山	地震局
	滑坡、泥石流、山崩、地陷、地裂	地质矿产部
生物圈	农业病虫害、鼠害	农业部
	林业病虫害、林火	林业部
社会圈	火灾、交通事故	公安部
	工矿及企业事故	劳动部及有关部、局
	疫病、中毒	卫生部

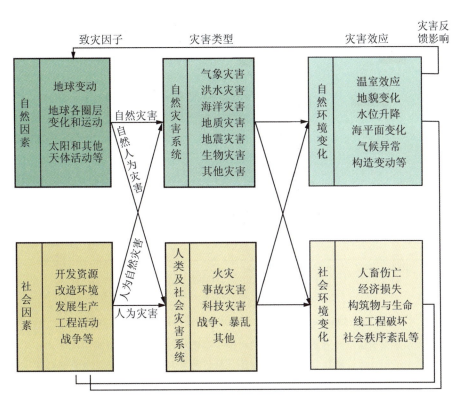

图 1-8 《灾害学导论》中的灾害分类体系(马宗晋等，1998)

表 1-5 中国主要自然致灾因子划分

灾害类	灾害种	资料来源
未划分	干旱、洪涝、台风、地震、冰雹、冷冻、暴风雪、天然林火、病虫害、崩塌、滑坡、泥石流、风沙暴、风暴潮、海浪、海冰、赤潮	《中华人民共和国减轻灾害报告》(中国国际减灾十年委员会，1993)
地震灾害 气象灾害 海洋灾害 洪水灾害 地质灾害 农作物生物灾害 森林灾害	地震 旱、涝、台风、飓风、龙卷风、冷害 海啸、风暴潮、巨浪、海冰、赤潮 洪水 崩塌、滑坡、泥石流、地裂缝灾害 病害、虫害、草害 病害、虫害、鼠害、火灾	《中国重大自然灾害及减灾（总论）》(马宗晋等，1994)

与《灾害学导论》的分类相类似，陈颙等(2013)在《自然灾害》一书中，基于地球系统的内、外部和重力能量的差异，把自然灾害划分为地震灾害、海啸灾害、火山灾害、气象灾害、洪水灾害、滑坡和泥石流灾害、空间灾害 7 种重要的灾害，不仅体现了地球系统的整体灾害观，还强调了地球系统灾害与环境过程的时间尺度(图 1-9)。

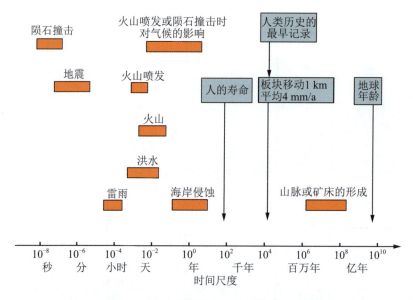

图 1-9　地球系统灾害与环境过程的时间尺度（陈颙等，2013）

注：该图表示了人类活动和地质过程的不同尺度。地质过程包含很宽的时间尺度：从几秒完成的地震到千万年造山运动。无论从社会上、经济上还是从政治上对人类来说，最重要的时间尺度是从几天到几年。

（2）中国防灾减灾科技发展专项规划的分类

2012 年公布的中国国家防灾减灾科技发展"十二五"专项规划，把中国自然灾害划分为地震与地质灾害、气象水文灾害、海洋灾害、生物灾害和生态环境灾害 5 个大类、19 个类型（中华人民共和国科技部，2012）（图 1-10）。

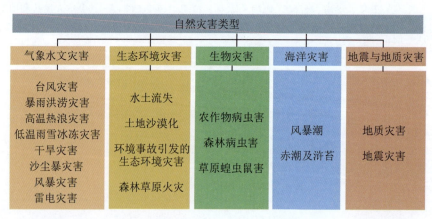

图 1-10　中国国家防灾减灾科技发展专项规划中的灾害分类体系（中华人民共和国科技部，2012）

其中，地震与地质灾害分地质灾害和地震灾害两大类，共包括地震、崩塌、滑坡、泥石流、地裂缝、地面塌陷等灾害种类；气象水文灾害包括台风、暴雨洪涝、干旱、低温雨雪冰冻、高温热浪、沙尘暴、大雾、风暴、雷电等灾害种类；海洋灾害包括风暴潮、赤潮、浒苔、海冰等灾害种类；生物灾害包括作物病虫害、森林病虫害、草原蝗虫鼠害

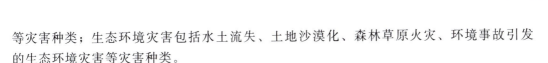

等灾害种类;生态环境灾害包括水土流失、土地沙漠化、森林草原火灾、环境事故引发的生态环境灾害等灾害种类。

(3)中国国家标准的分类

针对综合防灾减灾救灾的要求,为了统计自然灾害造成的损失和损害,中国民政部国家减灾中心组织专家,制定了中国自然灾害的分类,并给出了各大类灾害和灾种的含义与编号。该自然灾害分类体系把中国自然灾害划分为5大类、40种灾害。气象水文灾害包括13种灾害,地质地震灾害包括9种灾害,海洋灾害包括6种灾害,生物灾害包括7种灾害,生态环境灾害包括5种灾害(表1-6)(中华人民共和国国家标准,2012)。

表1-6 自然灾害分类及代码(中华人民共和国国家标准,2012)

代码	名称	含义
010000	**气象水文灾害**	由于气象和水文要素的数量或强度、时空分布及要素组合的异常,对人类生命财产、生产生活和生态环境等造成损害的自然灾害
010100	干旱灾害	因降水少、河川径流及其他水资源短缺,对城乡居民生活、工农业生产以及生态环境等造成损害的自然灾害
010200	洪涝灾害	因降雪、融雪、冰凌、溃坝(堤)、风暴潮等引发洪水、山洪、泛滥以及渍涝等,对人类生命财产、社会功能等造成损害的自然灾害
010300	台风灾害	热带或副热带洋面上生成的气旋性涡旋大范围活动,伴随大风、暴雨、风暴潮、巨浪等,对人类生命财产造成损害的自然灾害
010400	暴雨灾害	因每小时降雨量16 mm以上,或连续12 h降雨量30 mm以上,或连续24 h降雨量50 mm以上的降水,对人类生命财产等造成损害的自然灾害
010500	大风灾害	平均或瞬时风速达到一定速度或风力的风,对人类生命财产造成损害的自然灾害
010600	冰雹灾害	强对流天气控制下,从雷雨云中降落的冰雹,对人类生命财产和农业生物造成损害的自然灾害
010700	雷电灾害	因雷雨云中的电能释放、直接击中或间接影响到人体或物体,对人类生命财产造成损害的自然灾害
010800	低温灾害	强冷空气入侵或持续低温,使农作物、动物、人类和设施因环境温度过低而受到损伤,并对生产生活等造成损害的自然灾害
010900	冰雪灾害	因降雪形成大范围积雪、暴风雪、雪崩或路面、水面、设施凝冻结冰,严重影响人畜生存与健康,或对交通、电力、通信系统等造成损害的自然灾害
011000	高温灾害	由较高温度对动植物和人体健康,并对生产、生态环境造成损害的自然灾害
011100	沙尘暴灾害	强风将地面尘沙吹起使空气混浊,水平能见度小于1 km,对人类生命财产造成损害的自然灾害
011200	大雾灾害	近地层空气中悬浮的大量微小水滴或冰晶微粒的集合体,使水平能见度降低到1 km以下,对人类生命财产特别是交通安全造成损害的自然灾害

续表

代码	名称	含义
019900	其他气象水文灾害	除上述灾害以外的气象水文灾害
020000	**地质地震灾害**	**由地球岩石圈的能量强烈释放剧烈运动或物质强烈迁移，或是由长期累积的地质变化，对人类生命财产和生态环境造成损害的自然灾害**
020100	地震灾害	地壳快速释放能量过程中造成强烈地面振动及伴生的地面裂缝和变形，对人类生命安全、建（构）筑物和基础设施等财产、社会功能和生态环境等造成损害的自然灾害
020200	火山灾害	地球内部物质快速猛烈地以岩浆形式喷出地表，造成生命和财产直接遭受损失，或火山碎屑流、火山熔岩流、火山喷发物（包括火山碎屑和火山灰）及其引发的泥石流、滑坡、地震、海啸等对人类生命财产、生态环境等造成损害的自然灾害
020300	崩塌灾害	陡崖前缘的不稳定部分主要在重力作用下突然下坠滚落，对人类生命财产造成损害的自然灾害
020400	滑坡灾害	斜坡部分岩（土）体主要在重力作用下发生整体下滑，对人类生命财产造成损害的自然灾害
020500	泥石流灾害	由暴雨或水库、池塘溃坝或冰雪突然融化形成强大的水流，与山坡上散乱的大小块石、泥土、树枝等一起相互充分作用后，在沟谷内或斜坡上快速运动的特殊流体，对人类生命财产造成损害的自然灾害
020600	地面塌陷灾害	因采空塌陷或岩溶塌陷，对人类生命财产造成损害的自然灾害
020700	地面沉降灾害	在欠固结或半固结土层分布区，由于过量抽取地下水（或油、气）引起水位（或油、气）下降（或油、气田下陷）、土层固结压密而造成的大面积地面下沉，对人类生命财产造成损害的自然灾害
020800	地裂缝灾害	岩体或土体中直达地表的线状开裂，对人类生命财产造成损害的自然灾害
029900	其他地质灾害	除上述灾害以外的地质灾害
030000	**海洋灾害**	**海洋自然环境发生异常或激烈变化，在海上或海岸发生的对人类生命财产造成损害的自然灾害**
030100	风暴潮灾害	热带气旋、温带气旋、冷锋等强烈的天气系统过境所伴随的强风作用和气压骤变引起的局部海面非周期性异常升降现象造成沿岸涨水，对沿岸人类生命财产造成损害的自然灾害
030200	海浪灾害	波高大于 4 m 的海浪对海上航行的船舶、海洋石油生产设施、海上渔业捕捞和沿岸及近海水产养殖业、港口码头、防波堤等海岸和海洋工程等造成损害的自然灾害
030300	海冰灾害	因海冰对航道阻塞、船只损坏及海上设施和海岸工程损坏等造成损害的自然灾害

续表

代码	名称	含义
030400	海啸灾害	由海底地震、火山爆发和水下滑坡、塌陷所激发的海面波动,波长可达几百千米,传播到滨海区域时造成岸边海水陡涨,骤然形成"水墙",吞没良田、村庄和城镇,对人类生命财产造成损害的自然灾害
030500	赤潮灾害	海水中某些浮游生物或细菌在一定环境条件下,短时间内爆发性增殖或高度聚集,引起水体变色,影响和危害其他海洋生物正常生存的海洋生态异常现象,对人类生命财产、生态环境等造成损害的灾害。见生物灾害中的赤潮灾害
039900	其他海洋灾害	除上述灾害之外的其他海洋灾害
040000	**生物灾害**	**在自然条件下的各种生物活动或由于雷电、自燃等原因导致的发生于森林或草原,有害生物对农作物、林木、养殖动物及设施造成损害的自然灾害**
040100	植物病虫害	致病微生物或害虫在一定环境下爆发,对种植业或林业等造成损害的自然灾害
040200	疫病灾害	动物或人类由微生物或寄生虫引起突然发生重大疫病,且传播迅速,导致高发病率或高死亡率,给养殖业生产安全造成严重危害,或者对人类身体健康与生命安全造成损害的自然灾害
040300	鼠害	害鼠在一定环境下爆发或流行,对种植业、畜牧业、林业和财产设施等造成损害的自然灾害
040400	草害	杂草对种植业、养殖业或林业和人体健康等造成严重损害的自然灾害
040500	赤潮灾害	海水某些浮游生物或细菌在一定环境条件下,短时间内爆发性增殖或高度聚集,引起水体变色,影响和危害其他海洋生物正常生存的海洋生态异常现象,对人类生命财产、生态环境等造成损害的灾害
040600	森林/草原火灾	由于雷电、自燃或在一定有利于起火的自然背景条件下由人为原因导致的,发生于森林或草原,对人类生命财产、生态环境等造成损害的火灾
049900	其他生物灾害	除上述灾害之外的其他生物灾害
050000	**生态环境灾害**	**由于生态系统结构破坏或生态失衡,对人地关系和谐发展和人类生存环境带来不良后果的一大类自然灾害**
050100	水土流失灾害	在水力等外力作用下,土壤表层及其母质被剥蚀、冲刷搬运而流失,对水土资源和土地生产力造成损害的自然灾害
050200	风蚀沙化灾害	由于大风吹蚀导致天然沙漠扩张、植被破坏和沙土裸露等,导致土壤生产力下降和生态环境恶化的自然灾害
050300	盐渍化灾害	易溶性盐分在土壤表层积累的现象或过程对土壤和植被造成损害的灾害
050400	石漠化灾害	在热带、亚热带湿润、半湿润气候条件和岩溶极其发育的自然背景下,因地表植被遭受破坏,导致土壤严重流失,基岩大面积裸露或砾石堆积,使土地生产力严重下降的灾害
059900	其他生态环境灾害	除上述灾害之外的其他生态环境灾害

对比《中国国家防灾减灾科技发展"十二五"专项规划》的灾害分类与《中国国家标准的自然灾害分类》(表 1-6),可以看出,在自然灾害大类上是一样的,都划分为 5 类,但在自然灾害种类划分上有明显区别,后者比前者多 15 种。

此外,《中华人民共和国突发事件应对法》指出,为了应对突发事件,加强公共安全管理,把突发事件定义为:"突然发生,造成或者可能造成严重社会危害,需要采取应急处置措施予以应对的自然灾害、事故灾难、公共卫生事件和社会安全事件"(中华人民共和国全国人民代表大会常务委员会,2007)。

1.2.2 灾害大小的划分

灾害大小的划分至今没有统一的标准。虽然不同的领域有不同的标准,但主要考虑的都是承灾体因灾成害规模的大小程度。一般来说,大多依人员伤亡的数量、财产损失的大小,以及因灾受害的范围和致灾因子的强度等指标划分。

(1)联合国减灾署(UNISDR)计量灾害的指标

联合国《2015—2030 仙台减轻灾害风险框架》(以下简称《仙台框架》)给出了 7 项减灾指标,其中 4 项涉及灾害的计量,即因灾死亡人口,受灾人数,因灾造成的直接经济损失,直接经济损失占全球或国家与地区国内生产总值(GDP)的比例,重要基础设施的损坏和基础服务的中断,特别是卫生和教育设施的因灾损害程度(UNISDR,2015)。此处的灾害事件包括特定时空条件下发生的自然或人为的灾害(表 1-7)。

表 1-7 联合国减灾署(UNISDR)灾害指标中的灾害类型(UNISDR,2015)

灾类	次灾类	致灾因子
自然致灾因子	地球物理类	地震
		地块运动
		火山活动
	水文类	洪水
		滑坡
		波浪运动
	气象类	对流风暴
		外热带风暴
		极端温度
		雾
	气候类	热带气旋
		干旱
		冰湖溃决洪水
		野火
	外来星球类	碰撞
		空间天气

续表

灾类	次灾类	致灾因子
环境致灾因子	环境退化	侵蚀
		采伐森林
		盐碱化
		荒漠化
		亚洲粉尘云
		湿地减少/退化
		冰川消退/融化
生物致灾因子	生物类	传染病
		流行病
		动物流行病
		害虫
		虫害
		动物事件
		污染
人为致灾因子（人文致灾因子）	技术致灾因子	工业灾害
		结构崩塌
		动力故障
		火灾
		爆炸
		矿难
	化学辐射类致灾因子	化学品泄漏
		石油泄漏
		辐射污染
	重大交通事故	航空事故
		铁路事故
		道路事故
		航海事故
		太空事故

死亡人口(Mortality) 因灾死亡和失踪人口数，其中死亡人口数是指灾害期间直接或灾后死亡人口；失踪人口数是指灾害期间无法找到的受灾人口。

在计量死亡和失踪人口时，除绝对数外，还要强调占比，即每 10 万人口中的死亡和失踪人口。这样可在对比时空差异时，消除人口基数的影响。

受灾人口(Affected people) 受灾害影响的人口数，包括直接和间接影响的人口数。

直接影响的人口数指因灾受伤(Injured)、生病(Ill)或其他健康影响的人口,以及避难(Evacuated)、转移(Displaced)、安置(Relocated),或承受因灾对生计、设施、社会文化与环境财产直接破坏的人口。同时,还特别统计因灾受房屋损坏、房屋倒塌影响的人口及接受食物援助的人口。

间接影响的人口数指承受因灾害的原因或后果附加影响的人口,即主要是因为其经济、关键设施、基础服务、商业、工作或社会、健康和生理等受到了灾害的扰乱或改变。因灾受房屋损坏、房屋倒塌的影响人口及接受食物援助而影响的人口。

在实际工作中,计量间接影响的人口数是困难的,一般只统计直接影响的人口数。在计量受灾害影响的人口数时,除绝对数外,也要强调占比,即每10万人口中的受灾害影响的人口。这样亦可在对比时空差异时,消除人口基数的影响。

此外,在统计死亡和失踪、受灾害影响的人口时,还可进一步区分这些人口的年龄、性别、居住地,以及是否残疾等。

直接经济损失(Direct economic loss) 直接经济损失就是因灾造成的实物损失,即财产损失,如房屋、工厂、基础设施等。一般在灾害发生后,需要尽快评估财产损失,以估计灾后恢复的费用和要求保险赔付。

在计量直接经济损失时,除绝对数外,还要强调占比,即占全球或国内生产(Gross Domestic Product,GDP)的比例。这样可在对比时空差异时,消除经济基数的影响。

直接经济损失可进一步细分为农业、工业和商业设施、房屋、关键设施与基础设施的损失等。

直接农业损失(Direct agriculture loss),是指受灾农用地(耕地和草地)作物(含牧草)和畜牧损失,也应包括家禽(Poultry)(奶牛、猪、绵羊、山羊、菜牛等)、渔场(Fishery)、林木(林场)(Forestry)的损失。

工业设施损失(Industrial facilities damaged or destroyed),是指受灾破损的制造与工业(厂)设施的损失。

商业设施损失(Commercial facilities damaged or destroyed),是指受灾破损的商户设施(贮藏、仓库、货站等)的损失。

房屋破坏损失(Houses damaged),是指轻度受灾、非结构或建筑损坏,且经过维修或清洁后可继续居住的房屋单元的损失。

房屋倒塌损失(Houses destroyed),是指房屋因灾塌平、火烧、坍塌、冲移或破坏后不能长期居住房屋的损失。

关键基础设施损失(Critical infrastructure damaged or destroyed),指教育设施、健康设施、道路因灾造成的损失。

教育设施损失(Educational facilities damaged or destroyed),是指儿童游戏室、幼儿园、小学、中学(初级和高级)、职业技术学校、学院、大学、培训中心、成教、军校、监狱学校因灾损毁设备数量。

健康设施损失(Health facilities damaged or destroyed),是指健康中心、诊所、地方和区域医院、门诊中心,以及提供初级健康服务的设施因灾损毁设备数量。

道路(公路)损失(Roads damaged or destroyed),是指用千米计量的路网损毁的长度。

基础设施损失(Infrastructure damaged or destroyed),是指关键基础设施损失之外的基础设施损失，包括铁道、港口、机场等因灾损毁的数量。

铁道损失(Railways damaged or destroyed)，是指用千米计量的铁道网损毁的长度。

港口损失(Ports damaged or destroyed)，是指因灾损毁的港口数。

机场损失(Airports damaged or destroyed)，是指因灾损毁的机场数。

基础服务(Basic Services) 基础服务是指各种公共服务设施因灾扰乱或低质量服务的时间损失，包括健康设施，教育设施，运输系统(火车和汽车站)，信息联络网(ICT system)，供水，固废管理，电力能源系统和应急响应等。

健康设施、教育设施、运输系统在关键设施和基础设施损失中已述及。

信息联络网(ICT system)，含设备和电话(通信)网，包括电台、电视台、邮局、公共信息办、互联网、有线和无线电话等。

供水(Water supply)，包括饮用水和污水系统。

饮用水系统(Drinking water supply system)，含排水、水处理厂、饮用水输送的渠道(水槽、导水管)和运河、储水罐(塔)等。

污水系统(Sewerage system)，含公共卫生设施、设备污水处理系统、公共卫生固废收集与处理等。

固废管理(Solid waste management)，除公共卫生固废外的其他固体废物收集与处理等。

电力能源系统(Power/energy system)，含一般电力设施、变电及输送系统、调度中心和其他服务。

应急响应(Emergency Response)，含灾害管理办、消防办，警务、军务和控制中心。

(2) 中国计量特别重大自然灾害的指标体系

中国民政部与国家统计局于2013年出台了《特别重大自然灾害损失统计制度》(以下简称《统计制度》)，使自然灾害损失综合评估步入了法规体系(史培军等，2014)。《统计制度》明确了重大灾害统计的目的和意义、统计范围、主要指标内容、统计报送程序、组织方式和数据采集，设计损失统计报表26张(含损失汇总表1张)、基础报表1张，指标738个，包括人员受灾、房屋受损、居民家庭财产损失、农业损失、工业损失、服务业损失、基础设施损失、公共服务系统损失、资源与环境损失等指标及基础指标等(表1-8)。

表1-8 中国《特别重大自然灾害损失统计制度》报表体系(史培军等，2014)

表号	表名	损失类型
Z01表	经济损失统计汇总表	经济损失
A01表	人员受灾情况统计表	人员受灾数量
B01表	农村居民住宅用房受损情况统计表	
B02表	城镇居民住宅用房受损情况统计表	
B03表	非住宅用房受损情况统计表	
C01表	居民家庭财产损失统计表	
D01表	农业损失统计表	
E01表	工业损失统计表	
F01表	服务业损失统计表	

续表

表号	表名	损失类型
G01 表	基础设施(交通运输)损失统计表	
G02 表	基础设施(通信)损失统计表	
G03 表	基础设施(能源)损失统计表	
G04 表	基础设施(水利)损失统计表	毁损实物量、
G05 表	基础设施(市政)损失统计表	经济损失
G06 表	基础设施(农村地区生活设施)损失统计表	
G07 表	基础设施(地质灾害防治)损失统计表	
H01 表	公共服务(教育系统)损失统计表	
H02 表	公共服务(科技系统)损失统计表	
H03 表	公共服务(医疗卫生系统)损失统计表	
H04 表	公共服务(文化系统)损失统计表	
H05 表	公共服务(新闻出版广电系统)损失统计表	
H06 表	公共服务(体育系统)损失统计表	
H07 表	公共服务(社会保障与社会服务系统)损失统计表	
H08 表	公共服务(社会管理系统)损失统计表	
H09 表	公共服务(文化遗产)损失统计表	毁损实物量
I01 表	资源与环境损失统计表	毁损实物量
J01 表	基础指标统计表	

图 1-11 给出了中国因灾直接经济损失 GDP 占比与人口死亡率(1990—2012，未包括汶川地震)的变化，表明中国因灾直接经济损失 GDP 占比与人口死亡率在下降，显示了综合减灾的效果。

图 1-11 中国因灾直接经济损失 GDP 占比与人口死亡率(1990—2012)

注：损失率为直接经济损失的 GDP 占比；统计未包括汶川地震。

对比联合国仙台框架给出的灾害指标,《统计制度》只适用自然灾害,而前者含人为灾害;《统计制度》更强调体系完整,而前者突出重点;《统计制度》包括自然灾害造成的资源环境损害,而前者强调了因灾造成的基础设施服务失效与质量的损失。可见两套灾害计量指标有其多方面的共同性,也有因其受社会文化的差异影响而显示出的不同之处,特别是即使一些指标名称一致,其含义仍有一定差别。这就需要在实际应用这些指标时,根据情况有针对性地选择。

目前对于灾害等级的划分,主要采用各单灾种致灾因子标准化划分方法,对多灾害等级的划分仍没有标准的划分办法,一般通过定性方法进行灾害强度等级区分,即建立连续的定量或半定量指标,如 ARMONIA(Applied Multi Risk Mapping of Natural Hazards for Impact Assessment)将灾害分成高、中、低3个等级用于比较各个灾害的强度。Odeh Engineers Inc. (2001)基于每个灾种的等级、频次、受影响面积占研究区域面积比例等指标,给出了致灾因子分数(hazard score)。如果分数越高,则致灾因子强度越大。世界银行将风险评估的单元设为 2.5°×2.5°的栅格,并基于历史数据对每一灾种建立相应的灾种指数,然后将每个栅格点中出现过的灾害所对应的灾种指数进行相加,确定了全球灾害热点。

(3)巨灾(害)指标体系

"巨灾(害)"(以下简称"巨灾")一词最早出现在 21 世纪初,具体年份难以考证。"巨灾"的英文通常用"Very large-scale disaster"表达。

20 世纪末,世界范围相继发生对人类社会经济产生重大影响的灾害。例如,1992 年美国的安德烈飓风(Hurricane Andrew),造成 65 人死亡、260 亿美元(1992 年美元价)损失;1995 年日本神户 7.3 级地震(Kobe earthquake),造成 6 434 人死亡、1 300 亿美元(1995 年美元价)损失;1998 年中国南方 50~100 年一遇水灾,造成 1 562 人死亡,1 070 亿元(1998 年人民币价,约 160 亿 1998 年美元)损失;1999 年土耳其中西部玛玛拉地区接连发生 7.4 级和 7.2 级地震(Marmara earthquake),造成 18 373 人死亡、90 亿~130 亿美元(1999 年美元价)损失(OECD,2004)。

21 世纪以来,对人类社会经济产生重大影响的灾害有增无减。2001 年 9 月 11 日,美国遭遇恐怖袭击,造成 2 996 人死亡、1 200 亿美元(2001 年美元价)损失(OECD,2004);2002 年年底至 2003 年春季,中国暴发了"重症急性呼吸综合征"(Severe Acute Respiratory Syndrome,SARS),致全球 813 人死亡,其中中国大陆死亡 348 人;报告病例 8 437 人,其中中国大陆报告病例 5 327 人。SARS 为一种由 SARS 冠状病毒(SARS-CoV)引起的急性呼吸道传染病,世界卫生组织(WHO)将其命名为重症急性呼吸综合征。同年,欧洲暴发了大范围热害,使 70 000 人死亡(Robine et al.,2008)。

这些大灾或巨灾的发生,造成了深远影响,促使人们加快对大灾或巨灾的研究。2004 年,OECD 出版了《大灾——经验与教训》(*Large-Scale Disasters—Lessons Learned*)一书;2008 年,英国剑桥大学出版了 Mohamed Gad-el-Hak 编著的《大灾——预报、控制与减缓》(*Large-Scale Disaster—Prediction,Control,Reduction*)一书;2010 年启动了旨在研究应对巨灾的"综合风险防范"国际科学计划。随后,巨灾的研究才受到学术界普遍的关注。

巨灾的定义 "巨灾"一词在中国最早出现于 1986 年,是把西方文献中的"Catastrophic disaster"误译为"巨灾"。在中国媒体和学术界,"巨灾"一词的出现与建立惨重灾难(Catastrophic disaster)保险基金有关。据中国知网数据库统计，截至2011年年底，仅题目中包含"巨灾"的文献就多达1 359篇，且文章数量逐年增加，到2008年达到顶峰(504篇)，其中"巨灾保险"一直是关注焦点(文章数量比例在50%以上)。随着近年来巨灾的频繁发生，"巨灾防范""巨灾救助""巨灾评估"等新词语不断出现，且文章数量增长迅速。

在中国学术文献中，最早把西方文献中的"Large-scale disaster"译为"大灾(害)"(以下简称"大灾")，"Very Large-scale disaster"译为"巨灾(害)"的中文文献，是本书作者于2006年7月在参加经济合作与发展组织(OECD)金融局在其本部法国巴黎举办的"大灾金融管理高级咨询委员会研讨会"后，在国内发表的中文文献(史培军，2006，2007)。

在众多相关文献中，不乏与"巨灾"定义及划分标准相关的研究成果，但分析发现，至今学术或金融界对"巨灾"仍没有较公认的定义和统一的划分标准，不同学者根据自己研究的需要有着不同的理解。

在西方文献中，有影响的巨灾定义或划分标准如下：

2004年，OECD出版了《大灾——经验与教训》(*Large-Scale Disasters—Lessons Learned*)一书，提出大灾(Large-Scale Disasters，Mega-disasters)、巨灾(Very Large-Scale Disasters)的术语，但没给出具体的量化标准。OECD认为巨灾可造成大量人员伤亡、财产损失和基础设施的大面积破坏，使受灾地区及邻近地区的政府束手无策，甚至引起广大公民的恐慌，强调在巨灾应对时需要成员国间通力合作和帮助(OECD，2004)。

2008年，英国剑桥大学出版了Mohamed Gad-el-Hak编著的《大灾——预报、控制与减缓》(*Large-Scale Disaster—Prediction，Control，Reduction*)一书(Gad-el-Hak，2008)，针对灾害发生的范围和造成的人员死亡数量划分大灾及巨灾(表1-9)。从中可以看到，其认为造成死亡人口10 000人以上或受灾面积大于1 000 km²为巨灾。

表1-9 《大灾——预报、控制与减缓》一书的巨灾标准(Gad-el-Hak，2008)

巨灾标准划分			
灾害等级	灾害标准	人员死亡数量/人	灾害发生范围/km²
1级	小灾	<10	<1
2级	中灾	10~100	1~10
3级	大灾	100~1 000	10~100
4级	特大灾	1 000~10 000	100~1 000
5级	巨灾	>10 000	>1 000

从事保险及金融管理研发的专家，以造成的承保财产损失大小定义"惨重灾难(Catastrophic disaster)"，如美国联邦保险服务局(ISO)将"惨重灾难"定义为造成至少2 500万美元直接承保财产损失，且影响相当数目的保险人和被保险人的事件；瑞士再保险公司则将这一损失额定为3 870万美元。由这些财产损失的数量就可看出"惨重灾难"远远达不到巨灾的规模，也达不到大灾水平。这也再次表明，20世纪80年代后期在中文文献中出现的"巨灾"，就是"惨重灾难"的规模。

据此认为，在西方文献于21世纪初出现的大灾(Large-Scale Disasters，Mega-disasters)、巨灾(Very Large-Scale Disasters)的术语之前，中国文献中的"巨灾"实为"惨重灾难(Catastrophic disaster)"。

从事地学研究的专家，通常从致灾因子强度及其造成的人员伤亡和财产损失或受灾范围等方面来界定巨灾。马宗晋等(1994)认为巨灾须达到以下标准中的2项：死亡10 000人以上；直接经济损失(按1990年价格计算)≥100亿元，或损失超过中国一个省(市、自治区)前3年的年平均财政收入；干旱受灾率70%以上，或洪涝受灾率70%以上；或粮食损失超过中国一个省(市、自治区)前3年年平均粮食收成的36%；倒塌房屋30万间以上；牧区成畜死亡100万头以上。史培军(2009)定义巨灾为由100 a一遇的致灾因子(地震 M7.0及以上)造成的人员伤亡多、财产损失大和影响范围广，且一旦发生就使受灾地区无力自我应对，必须借助外界力量进行处置的重大灾害(表1-10)。据表1-10的标准，表1-11列出了1990—2015年全球因自然致灾造成的巨灾。

表1-10 灾害划分标准(史培军，2009)

分级 \ 指标类型	致灾强度(年遇水平)	死亡人口/人	直接经济损失/亿元	成灾面积/km²
巨灾	M7.0(地震)或超过 1/100 a	≥10 000	≥1 000	≥100 000
大灾	M6.5~7.0(地震)或 1/50~1/100 a	1 000~9 999	100~999	10 000~99 999
中灾	M6.0~6.5(地震)或 1/10~1/50 a	100~999	10~99	1 000~9 999
小灾	<M6.0(地震)或 <1/10 a	≤99	≤10	≤1 000

注：(1)各类灾害等级的标准，必须达到该指标的任何2项以上；(2)死亡人口包括因灾死亡人口和失踪1个月以上的人口；(3)直接财产损失为因灾造成的当年财产实际损毁的价值；(4)成灾面积为因灾造成的有人员伤亡或财产损失，或生态系统受损的灾区面积。

表1-11 1990—2015年世界巨灾案例

年份	灾害名称	强度(年遇水平)	死亡人数/人	受灾面积/10⁴ km²	经济损失/亿元
1992	美国安德烈飓风	1/100 a	65	不详	约1 820亿元人民币(260亿美元)
1995	日本神户地震灾害	M7.3	6 434	约12	7 175
1998	中国长江流域水灾	1/50~1/100 a	1 562	22.3	1 070
1999	土耳其中西部玛玛拉地区地震	M7.4, M7.2	18 373	不详	910亿~1 330亿元人民币(130亿~190亿美元)

续表

年份	灾害名称	强度（年遇水平）	死亡人数/人	受灾面积/10^4 km²	经济损失/亿元
2003	中国 SARS	1/50～1/100 a	336	约 500	2 100
2003	欧洲热害	1/50～1/100 a	37 451	约 100	1 300
2004	印度洋地震—海啸灾害	M8.9	230 210 人死亡 45 752 人失踪	800 km 海岸线严重受损，深入内陆达 5 km	约 70
2005	美国卡特里娜飓风灾害	1/100 a	1 300 人死亡	约 40	约 8 750
2005	南亚克什米尔地震灾害	M7.6	约 80 000 人死亡	约 20	约 350
2008	缅甸飓风灾害	1/50～1/100 a	78 000 人死亡 56 000 人失踪	约 20	约 280
2008	中国南方低温雨雪冰冻灾害	1/50～1/100 a	129 人死亡 4 人失踪	约 100	1 517
2008	中国汶川地震灾害	M8.0	69 227 人死亡 17 923 人失踪	约 50	8 451
2010	智利地震	M8.1	802	约 60	1 050～2 100
2010	巴基斯坦洪灾	1/80～1/100 a	3 000	约 16	约 700
2010	海地地震	M7.3	222 500	约 1.5	约 550
2011	东日本地震	M9.0	28 000	约 0.1	13 000～22 000
2015	尼泊尔地震	M8.8	802	约 14	349

注：本表中的美元按 1∶7 折算人民币。涂黄色的指标为达到表 1-10 中的巨灾标准。

由表 1-11 可以看出，巨灾的特征主要有：致灾强度大，巨灾通常由某一种特大致灾因子或者重、特大致灾因子和其引发的一系列次生灾害形成的灾害链构成，或者一个特定地区和特定时段、多种致灾因子并存或并发形成的多灾种叠加构成；灾害损失重，巨灾通常造成大量人员伤亡和巨额财产损失，产生严重的经济社会和自然环境影响，形成大范围的灾区；救助需求高，巨灾的应急救助和恢复重建等通常需要更大区域甚至国家层面的扶持救助，甚至有时国际援助也不可或缺。

以上讨论的主要是突发性致灾因子引发的巨灾，对由渐发性致灾因子累积形成的巨灾，其所用指标与相应标准应与突发性致灾因子有所差异（张卫星等，2013）。

目前尚未见到渐发性巨灾划分标准的讨论。旱灾是世界也是中国主要的自然灾害类型之一。新中国成立以来，中国造成重大人员伤亡和财产损失的旱灾也有发生，例如 1959—1961 年 3 年大旱造成数万人死亡。下文以旱灾为例，探讨渐发性巨灾的划分标准。

旱灾巨灾的划分标准不适合用致灾强度表达。旱灾致灾与成害过程复杂，仅干旱致灾就可划分为气象干旱、水文干旱、土壤干旱和社会经济干旱，不同类型的干旱其表征

第1章 灾、害、风险

表1-12 中华人民共和国成立以来中国重大旱灾损失基本情况（张卫星等，2013）

序号	灾害名称	重灾区域	农作物受灾面积/10^4 hm²	农作物成灾面积/10^4 hm²	需救助人口/万人	受灾人口/万人	农作物成灾面积/10^4 km²	农作物成灾比/%	成灾人口/万人	需救助人口比例/%	直接经济损失/亿元
1	1959—1961年3年大旱	河南、山东、安徽、湖北、河北、内蒙古、陕西、山西、四川等	10 980	4 600	58 643	161 122	46.0	42	38 141	36	—
2	1972年北方大旱	北京、天津、河北、山东、山西、内蒙古	2 149	1 061	1 034	8 483	10.6	49	4 189	12	—
3	1978年长江流域大旱	江苏、安徽、江西、湖北、湖南、四川	1 527	673	1 547	15 903	6.7	44	7 014	10	—
4	1982年东北大旱	辽宁、吉林、黑龙江	665	323	154	1 306	3.2	49	634	12	—
5	1986年全国严重干旱	山东、陕西、山西、内蒙古、湖南、湖北、江苏、安徽	3 104	1 476	1 881	16 630	14.8	48	7 910	11	—
6	1988年东中部夏伏旱	山东、河南、湖北、安徽、湖南、江苏	1 800	843	2 580	17 647	8.4	47	9 542	15	—
7	1989年东北、山东大旱	山东、辽宁、吉林、黑龙江	2 349	1 021	778	5 756	10.2	43	2 993	14	—
8	1990年南方伏秋旱	湖南、湖北、广西、四川	752	403	1 180	8 231	4.0	54	4 408	14	—

续表

序号	灾害名称	重灾区域	农作物受灾面积/$10^4 hm^2$	农作物成灾面积/$10^4 hm^2$	需救助人口/万人	受灾人口/万人	农作物成灾面积/$10^4 km^2$	农作物成灾比/%	成灾人口/万人	需救助人口比例/%	直接经济损失/亿元
9	1990年全国大旱	—	3 298	1 705	2 139	16 010	17.1	52	8 276	13	—
10	1992年全国大旱	—	3 028	1 784	2 550	14 700	17.8	59	8 658	17	—
11	1999—2001年3年大旱	—	10 910	6 709	10 014	52 961	67.1	61	32 568	19	约2 600
12	2006年川渝大旱	四川、重庆	378	203	1 537	6 647	2.0	54	2 289	23	223
13	2009年蒙辽夏伏旱	辽宁、内蒙古	429	317	179	1 096	3.2	74	723	16	179
14	2010年西南大旱	云南、贵州、四川、重庆、广西	648	425	1 817	7 405	4.3	66	4 800	25	447
15	2011年长江中下游春夏连旱	湖南、湖北、江西、安徽和江苏	428	240	619	4 269	2.4	56	2 384	14	191

注：(1) 灾情数据来源于文献(Leroy, 2006)；(2) 指标解释：农作物受灾面积——农作物减产一成以上的农作物播种面积；农作物成灾面积——农作物减产三成以上的农作物播种面积；因灾减产一成以上的农作物受灾面积与农作物受灾面积的比值；受灾人口——因自然灾害遭受得到损失的人员数量(含非常住人口)；成灾人口——因农作物成灾面积与受灾省份人均耕地面积推算得到，书中按照农作物成灾面积与受灾省份人均耕地面积推算得到；需救助人口——因自然灾害直接造成需政府予以口粮、饮用水等临时生活救助或病救治的人员数量(含非常住人口)；需救助人口比例——需救助人口与受灾人口总数的比例；直接经济损失——承灾体遭受自然灾害后，自身价值降低或丧失造成的损失，本处为当年财产实际损毁的价值；(3) 序号1~11案例中成灾人口按照人均耕地面积推算得到，部分案例的受灾人口、需救助人口根据上述资料推算得到；(4) 涂灰色的栏目表示达到了旱灾巨灾标准(表1-13)。

指标不同，衡量标准不一，所用的数据与方法也存在较大差异，且以上4种类型的干旱强度与旱灾损失之间的关系也是非线性的，各类型干旱致灾与成害的关系尚不明确。

通常，从农作物损失和需救助人口角度表征旱灾巨灾。旱灾导致农作物歉收或绝收、人畜饮水困难等问题，工业生产、城市供水、生态环境等都会随着干旱持续而受到不同程度影响。中国《国家自然灾害情况统计制度》（中华人民共和国民政部，2012）中将"受灾人口、饮水困难人口、饮水困难大牲畜、农作物受灾面积、成灾面积、绝收面积、草场受灾面积、需口粮和饮水救助人数"等指标列入旱灾情况统计中。不难看出，统计制度中饮水困难人口、需救助人口等体现"以人为本、民生优先"救灾理念的指标成为新亮点。中国《国家自然灾害救助应急预案》（中华人民共和国国务院办公厅，2011）中也提出"干旱灾害造成缺粮或缺水等生活困难，需政府救助人数占到农牧业人口一定比例，或者达到一定数量级别时，国家启动相应等级的救灾响应"。基于此，得到中国重大旱灾损失情况（表1-12）。

依据表1-12中的中国发生的严重旱灾案例，提出从旱灾农作物损失、需救助人口和直接经济损失三方面，农作物成灾面积、农作物成灾比例、成灾人口、需救助人口比例和直接经济损失五个指标确定旱灾巨灾标准（表1-13）。

表1-13 旱灾巨灾标准（据张卫星等2013年文献修改）

巨灾类型	指标	划分标准	备注
突发性巨灾	①致灾强度（年遇水平） ②死亡人口 ③直接经济损失 ④成灾面积	①≥7.0（地震）或超过100年一遇 ②≥10 000人 ③≥1 000亿元 ④≥100 000 km^2	必须满足任何2项 死亡人口包括因灾死亡和失踪1个月以上的人口 直接财产损失为因灾造成的当年财产实际损毁价值 成灾面积为因灾造成的有人员伤亡或财产损失，或生态系统受损的灾区面积
旱灾等渐发性巨灾	①农作物成灾比例 ②农作物成灾面积 ③成灾人口 ④需救助人口比例 ⑤直接经济损失	①≥60% ②≥50 000 km^2 ③≥5 000万人 ④≥30% ⑤≥1 000亿元	必须满足任何3项 农作物成灾比例为作物成灾面积与受灾面积的比值 成灾人口为成灾作物所影响的人口 需救助人口比例为需救助人口总数与受灾人口总数的比值 直接财产损失为因灾造成的当年财产实际损毁的价值

1.3 风险

风险（Risk）是某区域未来某时期内灾害损失可能性的大小。风险的核心特征是未来致灾事件发生的可能性，以及由其所造成的影响，即损失和损害，或损失，或损害。UNISDR指出风险就是自然或人为致灾因子、脆弱性、暴露和能力相互作用的不确定性和造成损失或损害。要特别强调社会因素对风险的影响，以及致灾因子强度和分布的预估(UNISDR，2004)。

灾害风险通常就是指自然灾害或与自然因素相关联的环境风险。灾害风险受到广泛关注，其原因一方面与灾害(特别是惨重灾难)保险有关；另一方面与新风险和巨灾风险防范有关。

2003年在瑞士日内瓦成立了"国际风险防范(治理)理事会"(International Risk Governance Council)，高度关注新风险(Emerging risk)和缓慢发展的惨重灾难风险(Slow-developing catastrophic risks)的防范，明确由风险管理向风险防范(治理)转变。

2006年，由全球变化人文因素中国国家委员会(CNC-IHDP)向全球变化人文因素计划国际组织(IHDP)提出，开展全球变化下的综合风险防范(Integrated Risk Governence，IRG)研究。这一国际科学计划项目于2010年获IHDP科学委员会批准并开始执行(史培军等，2012)。该项目特别重视巨灾风险防范。2015年，这一国际科学计划项目，正式被列为ICSU未来地球(Future Earth)科学计划下的核心项目，更加关注巨灾风险防范与绿色发展。

2006年，达沃斯世界经济论坛首次发布全球风险报告(Global Risk Report 2006)。此后，每年发布一份，截至2016年，已发布11份全球风险报告。该系列报告关注传统风险的同时，高度重视非传统风险。

1.3.1 达沃斯世界经济论坛的风险分类体系

达沃斯世界经济论坛于2014年年初发表了2014版全球风险报告，把全球风险划分为5大类和31个小类(表1-14)(WEF，2014)，并从中筛选出2014年最关切的全球十大风险，即主要经济体的财政危机、结构性失业率/不充分就业率高企、水资源危机、严重的收入差距、气候变化适应与减缓措施失败、极端天气事件(如洪水、风暴、林火)发生更频繁、全球治理失败、粮食危机、某个主要金融机制/机构崩溃、政治和社会严重不稳定(WEF，2014)。由此可以看出，全球风险防范在对传统风险关注的同时，要加快应对一系列非传统的风险。

表1-14 达沃斯世界经济论坛全球风险分类体系(WEF，2014)

大类	小类
经济风险 (7小类)	①主要经济体的财政危机；②某个主要金融机制或机构崩溃；③流动性危机；④结构性失业率/不充分就业率高企；⑤石油价格震荡冲击全球经济；⑥关键性基础设施失灵/不足；⑦美元作为主要货币的重要性下降
环境风险 (6小类)	①极端天气事件(如洪水、风暴、林火)发生更频繁；②自然灾害(如地震、海啸、火山爆发、地磁暴)发生更频繁；③人为环境灾害(如原油泄漏、核事故)发生更频繁；④主要区域生物多样性丧失和生态系统崩溃(陆地和海洋)；⑤水资源危机；⑥气候变化适应与减缓措施失败
地缘政治风险 (8小类)	①全球治理失败；②某个具有地缘政治重要性的国家陷入政治危机；③腐败加剧；④有组织犯罪和非法贸易大幅增加；⑤大规模恐怖袭击；⑥大规模杀伤性武器的部署使用；⑦影响地区局势的国家间暴力冲突；⑧经济和资源日益国有化

续表

大类	小类
社会风险 （7 小类）	①粮食危机；②流行病爆发；③慢性疾病负担失控；④严重的收入差距；⑤耐抗生素细菌；⑥城市化管理不善（如规划失灵、基础设施和供应链不足）；⑦政治和社会严重不稳定
技术风险 （3 小类）	①关键信息基础设施和网络崩溃；②大规模网络攻击升级；③重大的数据欺诈/窃取事件

2016 年达沃斯世界经济论坛的全球风险报告（Global Risk Report 2016）仍保留把全球风险划分为 2014 年的 5 大类，但小类划分为 29 个，比 2014 少了 2 个小类（表 1-15）（WEF，2016）。在该系列报告中，对全球风险和趋势的定义是：

表 1-15　达沃斯世界经济论坛全球风险分类体系（WEF，2016）

主要经济体的资产泡沫	极端天气事件（例如，洪水、风暴等）	城市规划不当
主要经济体的通货紧缩	减缓和应对气候变化不力	粮食危机
主要金融机制或机构崩溃	主要生物多样性和生态系统崩溃（陆地或海洋）	大规模非自愿性移民
关键性基础设施失灵/不足	重大自然灾害（例如，地震、海啸、火山爆发、地磁风暴）	影响深远的社会不稳定
主要经济体的财政危机	人为环境灾害（例如，石油泄漏、放射性污染等）	水资源危机
结构性失业率高或不充分就业	国家治理失败（例如，法律制度失败、腐败、政治僵局等）	技术进步带来的不良后果
非法贸易（例如，非法资金流动、逃税、人口贩卖、有组织犯罪等）	具有区域影响力的国家间冲突	关键性信息基础设施和网络崩溃
严重能源价格冲击（增加或减少）	大规模恐怖袭击	大规模网络袭击
无法控制的通货膨胀	国家解体或危机（例如，国内冲突、军事政变、国家治理失败等）	重大数据欺诈/窃取事件
	大规模杀伤性武器	

在未来 10 年内，全球风险是指一种不确定的事件或情形，这种事情或情形一旦发生，将在未来 10 年对多个国家或行业造成重大负面影响；全球趋势是指正在发生的一种长期性规律，这种规律有可能放大全球风险和/或改变全球风险之间的相互关系（WEF，2016）。

在 2016 年达沃斯世界经济论坛的全球风险报告中，给出了 2016 年全球风险的格局（The Global Risks Landscape 2016）。从中可以看出，高影响和高可能性的风险依次是减缓和适应气候变化措施不力（Failure of climate-change mitigation and adaptation）、水资源危机(Water crises)、大规模非自愿性移民(Large-scale involuntary migration)、财政危机(Fiscal crises)、国家间冲突(Interstate conflict)、影响深远的社会不稳定(Profound social instability)、网络攻击(Cyber attacks)和失业或不充分就业(Unemployment or underemployment)(图1-12)。

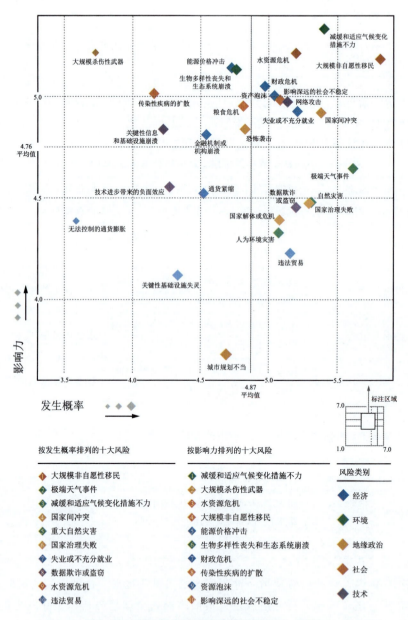

图1-12　2016年全球风险的格局(WEF，2016)

资料来源：2015年全球风险认知调查。

注：本调查要求受访者按照从1到7的标准，对每一项全球风险的发生概率和影响力进行评分。1代表既不可能发生又不会产生影响的风险，而评分为7的风险则非常可能发生，且伴有巨大和毁灭性的影响力。

全球风险关联图表明，气候变化缓减与适应的失误、严重的社会不稳定、大规模非自愿性移民、失业或未充分就业风险为全球最高关联（权重最高）的风险（图 1-13）。

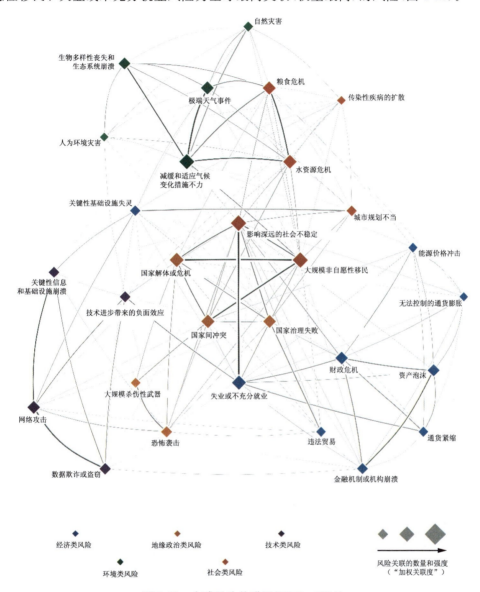

图 1-13　全球风险关联图（WEF，2016）

资料来源：2015 年全球风险认知调查。

注：本调查要求受访者选择 3～6 种趋势，并为每种趋势确定一项他们认为与之关联最紧密的风险。

1.3.2　国际风险防范（治理）理事会的风险分类

2005 年，国际风险防范（治理）理事会基于高度关注新风险和缓慢发展的惨重灾难风险的防范，提出了其风险的分类体系（IRGC，2005）。该分类体系把风险分为 6 大类，即物理因素、化学因素、生物因素、自然力、社会—沟通致灾因子、复杂（复合）致灾因子引致的风险。在一级分类基础上，进一步划分了 33 种风险（表 1-16）。

表 1-16　国际风险防范（治理）理事会的风险分类体系（IRGC，2005）

物理因素
- 电离辐射（Ionizing radiation）
- 非电离辐射（Non-ionizing radiation）
- 噪声（工业、休闲等）（Noise）
- 动能（爆炸、崩塌等）（Kinetic energy）
- 温度（火、超温、低温）（Temperature）

化学因素
- 有毒物质（临界值）（Toxic substances）
- 基因毒性/致癌物质（Genotoxic/carcinogenic substances）
- 环境污染物（Environmental pollutants）
- 化合物混合（Compound mixtures）

生物因素
- 真菌和藻类（Fungi and algae）
- 细菌（Bacteria）
- 病毒（Viruses）
- 转基因生物（GMOs；Genetically modified organisms）
- 其他病原体（Pathogens）

自然力
- 风（Winds）
- 地震（Earthquakes）
- 火山活动（Volcanic activities）
- 干旱（Droughts）
- 洪水（Floods）
- 海啸（Tsunamis）

社会—沟通致灾因子
- 恐怖主义和破坏活动（Terrorism and sabotage）
- 人类暴力（犯罪活动）（Human violence）
- 羞辱、暴动、污蔑（Humiliation，mobbing，stigmatizing）
- 人体试验（如创新的医疗应用）（Experimentation with humans）
- 集体发疯/集体歇斯底里（Mass hysteria）
- 身心失调综合征（Psychosomatic syndromes）

复杂类致灾因子（复合）（与社会沟通致灾因子相同）
- 食物（化学和生物）（Food(chemical and biological)）
- 消费品（化学、物理等）（Consumer products(chemical，physical，etc.)）
- 技术（物理、化学等）（Technologies(physical，chemical，etc.)）
- 大型建筑，如楼房、大坝、高速公路和桥梁（Large constructions, like buildings, dams, highways and bridges）
- 关键公共设施（物理、经济、社会组织与沟通）（Critical infrastructures, in terms of physical, economic, social-organizational and communicative）

达沃斯世界经济论坛涉及广泛的全球风险，包括了经济、地缘、技术、社会、环境等领域，这与中国政府提出的经济、政治、文化、社会、生态建设相对应，即经济建设与经济风险对应，政治建设可与地缘风险对应，文化建设可与技术风险对应，社会建设与社会风险对应，生态建设可与环境风险对应，可见，达沃斯世界经济论坛的全球风险划分更强调与生产实践的结合。

国际风险防范（治理）理事会则从致灾因子的角度划分风险，与 1.2 节分析的灾害相类似，强调了风险成因的分类，与生产实践结合不够，但该分类关注新风险和缓慢发展的重特大风险，包括巨灾风险的防范。与此同时，还提出了系统的风险评价和风险管理的框架。

在中国，风险的划分与安全的划分和灾害的划分关联度非常高，如中国政府提出的总体国家安全观，就与达沃斯世界经济论坛涉及广泛的全球风险相对应，即政治安全、国土安全、军事安全与地缘风险对应；经济安全、资源安全与经济风险对应；文化安全、社会安全与社会风险对应；科技安全、信息安全、核安全与技术风险对应；生态安全与环境风险对应（习近平，2016）。又如中国政府提出的四类公共安全就与国际风险防范（治理）理事会提出的六类风险中的五类相对应，即自然灾害与自然力相对应，事故灾难与物理因素相对应，公共卫生事件与化学因素、生物因素相对应，社会安全事件与社会—沟通致灾因子相对应。复杂（复合）致灾因子通常与中国政府提出的四类公共安全都有关联，也与综合灾害有关。

在中国致灾因子与灾害的分类基础上，加上"风险"二字，就构成风险分类的体系，例如基于致灾因子三分方案的自然灾害风险、人文灾害风险、环境灾害风险；基于致灾因子四分方案的自然灾害风险、事故灾难风险、公共卫生事件风险、社会安全事件风险。

1.3.3 风险水平划分标准

自然灾害风险水平划分通常以年遇型（超越概率或重现期）表达，且与自然致灾因子强度分级一致。气象、水文、海洋灾害风险水平的划分为 10 年一遇、20 年一遇、50 年一遇、100 年一遇，分别对应气象、水文、海洋灾害风险水平的小灾风险、中灾风险、大灾风险和巨灾风险。地震灾害风险水平则常用地震震级表达，如 7 级及以上为巨灾风险，$6.5 \sim 7.0$ 级为大灾风险，$6.0 \sim 6.5$ 级为中灾风险，6.0 级以下为小灾风险。由于自然灾害风险不仅与自然致灾因子强度有关，还与承灾体的脆弱性和暴露有关，自然灾害风险水平的划分在具体操作时，常常比上述更为复杂；因此，多用相对大小差异的等级划分，如一级风险、二级风险、三级风险、四级风险、五级风险等，风险级越高，风险水平越大。《中国综合自然灾害风险地图集》（中英文对照版）（史培军，2011）、《世界自然灾害风险地图集》（史培军，2015）就是用灾害风险、灾害风险等级和灾害相对风险等级多指标展现中国和世界主要综合自然灾害风险时空格局的（图 1-14，图 1-15，图 1-16）。

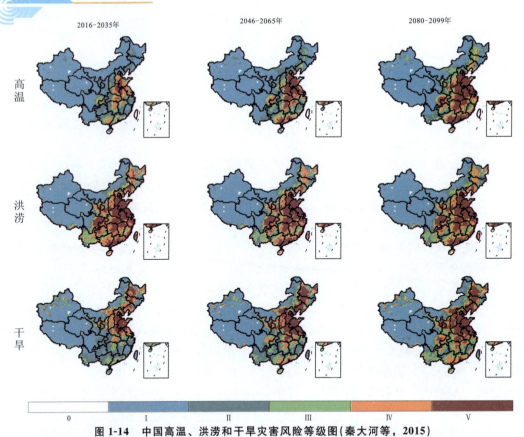

图 1-14　中国高温、洪涝和干旱灾害风险等级图（秦大河等，2015）

注：Ⅰ～Ⅴ表示风险等级逐渐增大，Ⅰ为最低等级，Ⅴ为最高等级，高温图中台湾、香港、澳门资料暂缺

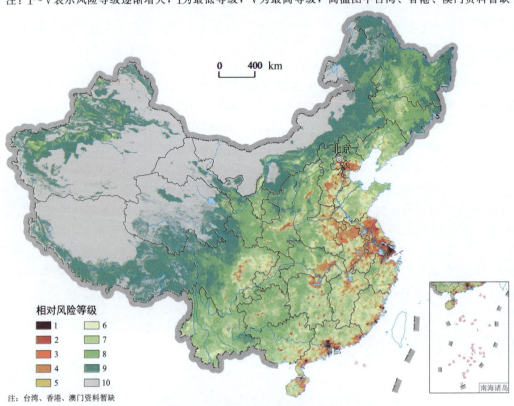

注：台湾、香港、澳门资料暂缺

图 1-15　中国综合年均期望自然灾害风险等级图（史培军，2011）

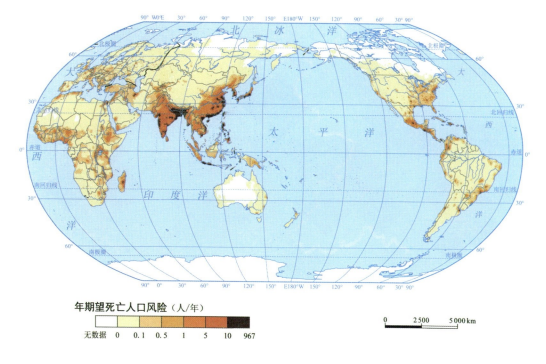

图 1-16 世界综合自然灾害风险图(Shi et al., 2015)

人为和环境风险的划分难度更大,定量化的标准甚少,一般多用相对大小进行等级划分,或用人为和环境风险的趋势和变化表述其水平的高低。达沃斯世界经济论坛全球风险趋势(Trends)就是这样反映全球风险水平的。2015 年全球风险趋势增大的为人口老龄化(Ageing population)、气候变化(Climate change)、环境恶化(Environmental degradation)、新兴经济体的中产阶级不断增长(Growing middle class in emerging economies)、民族情绪与日俱增(Increasing national sentiment)、社会日趋两极分化(Increasing polarization of societies)、慢性病增多(Rise of chronic diseases)、超级链接更紧密(Rise of hyperconnectivity)、地理流动性加剧(Rising geographic mobility)、收入差距扩大(Rising income disparity)、权力更迭(Shifts in power)、城市化(Urbanization)和国际治理弱化(Changing landscape of international governance)(WEF,2015)。

达沃斯世界经济论坛全球区域最高信度的风险类型,是相对排在前三位的风险类型,反映了 2016 年全球区域最高信度的风险(The Most Likely Global Risks 2016:A Regional Perspective),即北美:网络攻击、极端天气事件、数据诈骗或盗窃;拉丁美洲和加勒比海(中美、南美):国家治理失败、社会极度动荡、失业或不充分就业;欧洲:大规模非自愿性移民、失业或不充分就业、财政危机;中东和北非:水资源危机、失业或不充分就业、国家治理失败、社会极度动荡;撒哈拉以南的非洲:国家治理失败、失业或不充分就业、关键性基础设施崩溃;中亚和俄罗斯:能源价格冲击、国家冲突、国家治理失败;东亚和太平洋地区:自然灾害、应对气候变化失败、国家治理失败;南亚:水资源危机、失业或不充分就业、极端天气事件(图 1-17)。

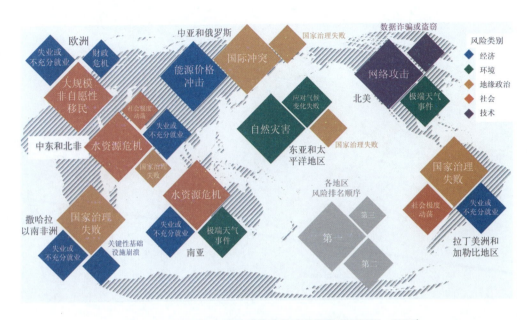

图 1-17　2016 年全球区域最高信度的风险图（WEF，2016）

上文中提及的超越概率的概念多应用在自然灾害风险研究之中，它是指在一定时期内，某工程场地、流域或区域，可能遭遇大于或等于给定的地震烈度值或地震动参数值，或洪水水位，或台风中心最大风速等的概率。通俗地说，就是要求的值超出给定值的概率，用数学表达为

$$P_{exceed}=P(u>u_{limit})\qquad\text{式 1-5}$$

其中，P_{exceed} 为一个数据序列中要求值 u 超过指定值 u_{limit} 的可能性大小，即超越概率。例如一组数据 $X(x_1,x_2,\cdots,x_n)$ 有 n 个原始数据，从小到大排列成数列，则对数据 x_i 的超越概率为

$$P=\left[\frac{n-i+1}{n}\right]\times 100\%\qquad\text{式 1-6}$$

下面以地震为例，阐述一般意义上超越概率的计算。

在 t 年内，某地区发生 n 次地震的概率 $P(n)$，可用概率分布表达如式 1-7

$$P(n)=F(n)\qquad\text{式 1-7}$$

由上式易知，在 t 年内，某地区都不发生地震的概率为

$$P(0)=F(0)\qquad\text{式 1-8}$$

则该地区在 t 年内至少发生 1 次地震的概率（超越概率）为

$$F(t)=1-P(0)=1-F(0)\qquad\text{式 1-9}$$

其概率密度 $f(t)$ 为

$$f(t)=F'(t)\qquad\text{式 1-10}$$

在地震研究中通常使用泊松分布，在 t 年内，某地区发生 n 次地震（不管震级大小）的概率 $P(n)$，可用泊松分布表达如下：

$$P(n)=\frac{e^{-vt}\times vt^n}{n!}\qquad\text{式 1-11}$$

由上式易知，在 t 年内，某地区不发生地震的概率为

$$P(0)=\frac{\mathrm{e}^{-vt}\times vt^0}{0!}=\mathrm{e}^{-vt} \qquad \text{式 1-12}$$

则该地区在 t 年内至少发生 1 次地震的概率（超越概率）为

$$F(t)=1-P(0)=1-\mathrm{e}^{-vt} \qquad \text{式 1-13}$$

其概率密度 $f(t)$ 为

$$f(t)=F'(t)=v\times \mathrm{e}^{-vt} \qquad \text{式 1-14}$$

其中，v 为某地震年平均发生的概率，它与重现期 T_0 为倒数关系，即

$$T_0=\frac{1}{v} \qquad \text{式 1-15}$$

于是易得重现期 T_0 与超越概率 $F(t)$ 的关系为

$$T_0=\frac{1}{v}=\frac{-t}{\ln(1-F(t))} \qquad \text{式 1-16}$$

据上式即算出事件某时间段内各种超越概率的重现期。

如 50 年超越概率为 63% 相当于 50 年一遇；50 年超越概率为 10% 相当于 474 年一遇；50 年超越概率为 2%~3% 相当于 1 600~2 500 年一遇。

通过对灾、害、风险的阐述，可以看出：灾是对人类不利的因素，可用历史观测记录的数据对比分析，揭示其时空变化规律；害是灾对人类的影响，可用灾造成的损失和损害计量；风险就是未来某时某地致灾所成的害。简言之，灾害风险科学就是研究灾、害、风险之间相互作用机理、过程、动力学和防御、减轻灾害风险的科学，图1-18 给出了三者之间的关系。

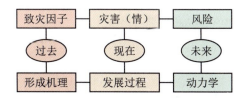

图 1-18　灾、害、风三者之间的关系

参考文献

Gill J C, Malamud B D. Reviewing and visualizing the interactions of natural hazards [J]. Reviews of Geophysics, 2014, 52(2): 111-116.

Hewitt K. Regions of risk: a geographical introduction to disasters [M]. Addison wesley longman, 1997.

Renn O. Risk Governance: Towards an Integrative Approach [R]. International Risk Governance Council, 2005.

Leroy S A G. From natural hazard to environmental catastrophe: Past and present [J]. Quaternary International, 2006, 158(1): 4-12.

Odeh D J. Natural hazards vulnerability assessment for statewide mitigation planning in Rhode Island [J]. Natural Hazards Review, 2002, 3(4): 177-187.

OECD（Organisation for economic co-operation and development）：Large-scale disasters lessons learned[C]. Paris：OECD Publications Service，2004.

Robine J M，Cheung S L K，Roy S L，et al. Death toll exceeded 70000 in Europe during the summer of 2003[J]. Comptes Rendus Biologies，2008，331(2)：171-178.

Shi P J，Kasperson R. World atlas of natural disaster risk[M]. Springer, Berlin Heidelberg，2015.

UN ISDR. Disaster risk reduction for sustainable development. Guidelines for mainstreaming disaster risk assessment in development[C]. Geneva：A Publication of the United Nations' International for Disaster，2004.

UN-ICSU. Integrated Research on Disaster Risk. Peril Classification and Hazard Glossary(IRDR DATA Publication No.1)[C]. Beijing：Integrated Research on Disaster Risk，2014.

UNISDR. Sendai Framework for Disaster Risk Reduction 2015—2030[C]. Geneva：United Nations Office for Disaster Risk Reduction，2015.

World Economic Forum. Global risks 2015[R]. World Economic Forum Report，2015.

World Economic Forum(WEF). Global risks 2014 Ninth Edition[R/OL]. [2016-12-14]. http://reports.weforum.org/global-risks-2014/.

World Economic Forum(WEF). Global risks 2015 Ninth Edition[R/OL]. [2016-12-14]. http://reports.weforum.org/global-risks-2015/.

World Economic Forum(WEF). Global Risks Report 2016 11th edition [R/OL]. [2016-12-14]http://reports.weforum.org/global-risks-2016/.

百科名医. 重症急性呼吸综合征[EB/OL]. [2016-12-14]. http://www.baikemy.com/search/searchlist.

陈颙，史培军. 自然灾害[M]. 3版. 北京：北京师范大学出版社，2013.

国务院办公厅. 国家自然灾害救助应急预案[EB/OL]. (2011-10-16)[2012-11-19]. http://www.mca.gov.cn/article/ym/jzjz/fgwj/201507/20150700851607.shtml.

马宗晋. 中国重大自然灾害及减灾对策(总论)[M]. 北京：科学出版社，1994.

马宗晋. 灾害学导论[M]. 长沙：湖南人民出版社，1998.

民政部. 关于印发《自然灾害情况统计制度》的通知[EB/OL](2011-10-14)[2012-11-19]. http://www.hrbmzj.gov.cn/zwgk/bmwj/jzjjc/2012/08/34746.html.

秦大河，等. 中国极端天气气候事件和灾害风险管理与适应国家评估报告[M]. 北京：科学出版社，2015.

史培军，邵利铎，赵智国，等. 论综合灾害风险防范模式——寻求全球变化影响的适应性对策[J]. 地学前缘，2007，14(6)：43-53.

史培军，汪明，王静爱，等. 从中国汶川地震和南方雨雪冰冻灾害看巨灾划分的标准和巨灾保险[C]. 国家综合防灾减灾与可持续发展论坛，2010.

史培军，叶涛，王静爱，等. 论自然灾害风险的综合行政管理[J]. 北京师范大学学报：社会科学版，2006(5)：130-136.

史培军，袁艺. 重特大自然灾害综合评估[J]. 地理科学进展，2014，3(9)：1145-1151.

史培军. 论灾害研究的理论与实践[J]. 南京大学学报，1991，11：37-42.

史培军. 中国自然灾害风险地图集[M]. 北京：科学出版社，2011.

史培军. 综合风险防范：IHDP综合风险防范科学计划与综合巨灾风险防范研究[M]. 北京：北京师范大学出版社，2012.

王静爱，史培军，朱骊. 中国主要自然致灾因子的区域分异[J]. 地理学报，1994(1)：18-26.

习近平. "平语"近人——习近平谈国家安全[EB/OL]. [2016-12-14]. http://news.xinhuanet.com/politics/2016-04/15/c_128892192.htm.

张卫星，史培军，周洪建. 巨灾定义与划分标准研究——基于近年来全球典型灾害案例的分析[J]. 灾害学，2013，28(1)：15-22.

中国国际减灾十年委员会. 中华人民共和国减轻自然灾害报告[R]. 1993.

中华人民共和国国家标准. 自然灾害分类与代码：GB/T 28921—2012[S]. 北京：中国标准出版社，2012.

中华人民共和国科技部. 科技部关于印发国家防灾减灾科技发展"十二五"专项规划的通知[EB/OL]. [2016-12-14]. http://www.most.gov.cn/mostinfo/xinxifenlei/fgzc/gfxwj/gfxwj2012/201206/t20120608_94919.htm.

中华人民共和国全国人民代表大会常务委员会. 中华人民共和国突发事件应对法[J]. 中华人民共和国全国人民代表大会常务委员会公报，2007(6)：535-543.

第 2 章 区域灾害系统

本章阐述区域灾害系统(Regional Disaster System，RDS)的理论体系。前两节重点论述区域灾害系统致灾因子论、孕灾环境论、承灾体论和区域灾害系统论学派，区域灾害系统结构与功能体系、特性等内容。2.3 节重点论述由区域多灾种、灾害链、灾害遭遇，以及气候变化构成的区域灾害系统的复杂性。2.4 节重点论述区域灾害系统的凝聚度，及其在理解区域灾害系统形成机理、过程和动力学应用中的可能性。

2.1 灾害系统学派

灾害的形成与多种因素有关，包含着一系列复杂的致灾成害过程。就单次灾害形成而言，致灾因子是其必要条件，没有致灾因子，就没有灾害。灾害(情)的大小，除致灾强度外，还与承灾体有很大的关系。就单次灾害形成而言，承灾体是其充分条件，没有承灾体，就没有灾害，或有灾无害。灾害的形成除其必要条件与充分条件外，还与灾害发生地的自然与人文环境有联系。同样的致灾与承灾体条件，但灾害的影响却有很大差距，这是因为孕灾环境不同造成的。

从不同的角度看灾害形成，有不同的解释，就形成不同的学术流派。采众家之长，补己之短，完善对灾害形成的认识。中国有"瞎子摸象"的典故，只有从多角度看灾害的形成，才有可能建立一个全面而系统的灾害形成理论体系。

国内外大量灾害研究的文献中，虽然很多文献阐述的是某一灾害事件、某个区域或某个时期灾害的状况，然而也有不少文献已开始研究灾害形成的理论问题。根据本书作者的理解，可将它们归纳为四种，即灾害形成的致灾因子论、孕灾环境论、承灾体论，以及区域灾害系统论。

2.1.1 致灾因子论

持致灾因子论的研究者认为，灾害的形成是致灾因子对承灾体作用的结果，没有致灾因子就没有灾害。致灾因子论的主要内容包括，对致灾因子的分类，如在第 1 章所述，大都采用成因分类体系，且以自然致灾因子、人文致灾因子、自然和人文共同作用而表现的环境致灾因子为主；对致灾因子形成机制与危险性的探讨；对致灾因子的预测、预报和预警，也不同程度地涉及预估对承灾体的影响(史培军，1996)。

《自然灾害》(陈颙等，2013)从"能量"这条线入手，认为我们生活的地球是一个活动的星球，它每时每刻都在发生着变化。这些变化，特别是快速变化易造成自然灾害。但地球为什么会变化呢？作者试图从地球的外部能量(太阳能)、内部能量(地球地热能)和重力能量的角度，阐述变化的原因和变化的特点，用能量分析把不同的自然灾害串在一起。作者还试图从地球大气圈、水圈、生物圈(人类圈)和岩石圈四个子系统构成的地球系统角度，着眼于"地球系统科学"，从能量平衡和各圈层相互作用出发，深入浅出地阐明了主要自然灾害背后的物理学机制，即地球内部的热机形成的地幔对流，推动地球板块运动。地幔内的高温物质上升到岩石圈底部，并开始水平运动，冷却下沉及再加热上升,形成一个周而复始的物质循环。地球的磁场记录了地球内部运动状态的变化,利用地磁场的测量结果,可分析地球热能驱动的地震和火山的活动。来自太阳的能量导致了台风(飓风)灾害的产生,而重力是产生滑坡和泥石流的主要原因。由此可以看出灾害的分布与大小主要与地球的内、外部能量及重力能的时空格局和地球圈层运动强度相关。

人文(或人为)灾害的形成,也是一个很复杂的过程。地缘关系紧张、民族冲突、人为决策失误、管理失控、技术失常等,是引发战争、地区冲突、恐怖袭击、金融与经济危机、社会治安事件、生产与医疗事故、公共卫生(食品药品)等对人类社会影响的事件的主要原因。因此,人文(或人为)灾害是自然人与自然人、自然人与法人、法人与法人,或地区与地区、地区与国家、国家与国家,或国家与国际组织、国际组织与国际组织之间,矛盾的激化、利益的冲突、价值观扭曲等的结果。

与自然环境相关的环境(生态)灾害的形成,更是一系列地表过程的产物。从致灾因子看,环境(生态)灾害都与人类对自然资源或环境的利用不当、超限、过度,甚或破坏有关。这些不合理的人类活动,影响了可更新资源的再生能力、生态系统的服务水平、地理空间(景观)的可持续性。因此,环境(生态)灾害是自然致灾因子、不合理的人类活动与自然环境相互作用的结果。

持致灾因子论的学者,对致灾因子的预测、预报和预警非常关注,但迄今为止,受科技水平的限制,对致灾因子的预测、预报准确性还没有根本性突破(EL-Sabh et al.,1994)。但由于信息、网络、通信、计算机技术的飞速发展,对致灾因子的预警有了很大的进步,大大降低了自然致灾因子对人类的伤害;也通过对话、谈判、协商等途径,在人类向往和平、追求美好生活的大背景下,明显缓减了人文(或人为)灾难。

对自然灾害来说,持致灾因子论的学者,着重研究自然致灾因子产生的机制与危险性评估,并重点改进和完善灾害预测、预报和预警系统(Gad-el-Hak,2009;Bolt et al.,1977)。

目前研究最为深入的是地震发生机制及其危险性评估,即对地球岩石圈的力学机制的宏观与微观尺度的系统分析,以及对大地震灾害案例的整理与分析,其目的在于突破地震中短期预报,以及地震风险评估在震灾防御中的应用。伴随地震发生机制的研究逐步深入,近年对滑坡、泥石流、崩塌等块体运动发生机制也进行了理论总结,并进一步在生产实践中开展了小区危险性区划。

另一研究较多的是台风(飓风)灾害的产生机制及其危险性评估,即对台风动力学机制,以及台风预报模型的研究,其中台风预报的研究有了重大突破。由于大气观测技术(气象卫星技术、气象雷达技术),以及对空间观测信息处理技术(地理信息系统技术、非线性台风动力学模型)的发展,使对台风过程的监测能力大大增加,进而提高了台风预报信息的完备程度,促进了对台风预报模型的改善。并在此基础上,大大改进了台风暴雨的预报模型,完成了大量流域低湿地的暴雨洪水危险性区划。伴随对台风暴雨洪水机制的研究,近年从气象学、水文学及水资源利用方面,对干旱机制也进行了深入分析,使人们逐渐认识到旱灾常常是人类利用水资源不当的结果。因此,一些学者将旱灾归为承灾体论的讨论内容。

除了对地震、洪水动力学机制及其危险性评价的研究外,对生物病虫害、火山灾害的动力学机制,及其危险性评价研究也做了大量工作,但目前还处在案例分析阶段,系统的理论总结还不够。由此可以认为,致灾因子论的主要理论认识是致灾因子分类、致灾因子形成机制及其危险性评价,其实践的目的是提高致灾因子的预报准确率和完善预警系统,以及为工程建设提供技术参数(地震烈度区划、洪水危险性区划等)。

2.1.2 孕灾环境论

孕灾环境包括孕育产生灾害的自然环境与人文环境。持孕灾环境论的研究者认为,近年灾害发生频繁,损失与年俱增,其与区域及全球环境变化有密切关系,其中最为主要的是气候与地表覆盖的变化,以及物质文化环境的变化。

孕灾环境论强调包括由全球化与全球环境变化组成的全球变化,进而关注全球化与灾害、风险的关系。目前,更加关注全球气候变化与城市化对灾害、风险的影响(Eddy, et al., 1986; Committee on Environmental and Natural Resources Research of the National Science and Technology Council, 1995; Parsons, 1995)。

由于不同的致灾因子产生于不同的环境系统,因此,在对孕灾环境进行深入分析时,常常从地球系统的不同圈层变化进行分析。全球气候变暖对地球上许多地区的灾害发生起着很重要的诱发作用,其突出的表现就是海平面的上升,使沿海低地洪涝灾害的发生频率增加,冰缘地区增温使季节性冻土分布范围改变,进而导致滑坡与泥石流的发生频率增加;干旱地区相对湿度下降,干旱灾害的范围扩大且相对强度增加,发生频率也明显增多;增温作用,使农作物以及森林与牧草病虫害的分布范围有所改变,结果导致病虫害分布区域扩大,空间分布规律改变;一些发展中国家城市化的加速,导致环境(生态)灾害加剧;全球化带来的地区差异加大,进而引发许多地区人为灾难的发生。

从环境演变与全球化的长期趋势分析,区域各种灾害的组合、灾害链将发生变化,导致区域灾害的空间分布格局、灾害程度及风险发生变化。

孕灾环境论的主要内容包括区域环境要素时空分异格局演变的重建,如气候、水文、地貌、植被等自然要素的变化,以及人口、土地利用、产业布局、城镇分布等人文要素的变化;基于对这些环境要素变化的重建,建立环境变化与各种致灾因子时空分异格局的关系,即建立渐变过程与突变过程的相互联系,从而寻找在不同环境演变特征时期,区域灾害的空间分布规律,进而结合区域承灾体的变化,对区域风险进行评估。

对于中、长时期尺度环境演变与灾害的关系,往往空间尺度愈小其评估的结果与实际情况相差愈大。近年来,该学派充分应用现代遥感技术,以及地面观测网络(气象、水文、地震、环境、生态系统等观测站),通过监测孕育各种自然致灾因子的圈层的变化,例如通过对云量的变化监测,判断可能降水量与降雪量的分布与数量,进而通过模型预测洪涝灾害、雪灾以及旱灾的发展。

在对区域环境演变与灾害关系研究的基础上,考虑各种致灾因子与承灾体之间的关系,例如干旱程度与农作物旱灾的关系,地震与建筑物破坏(震害)的关系,土地利用与土地退化的关系,经济发展与收入差距的关系等,从而按不同的时空尺度,评定环境演变引起灾害的临界值域,以此来评定区域灾害的状况,预估未来的灾害风险。

事实上,孕灾环境论的主要研究成果多是在研究环境恶化(气候变暖、土地退化、森林枯竭、生物多样性减少、水土流失、沙漠化、地面沉降、海水入侵等)的基础上,得以逐渐发展而形成一种解释区域灾害的理论体系,即主要关注环境(生态)灾害的形成机制。据此可以认为,孕灾环境论的主要理论是区域环境稳定性与自然灾害或环境(生态)灾害的时空分布规律；环境演变渐变与突变的关系；环境演变引起自然灾害或环境(生态)灾害的临界值域的厘定；特征气候时段(冷期与暖期，干期与湿期)自然灾害或环境(生态)灾害分布模式相似型重建，其实践的目的是为区域制定综合减灾规划提供依据(史培军，1996)。

2.1.3 承灾体论

承灾体就是各种致灾因子作用的对象，是人类及其活动所在的社会与各种资源的集合，即暴露于各种致灾因子的人类社会经济的总体(西方文献多用暴露表述)。其中，人类既是承灾体，又是致灾因子。承灾体的划分有多种体系，一般先划分人类、财产与自然资源(环境)两大类。因此，持承灾体论的有关研究者认为，没有承灾体就没有灾害(Chung，1994；Carrara and Guzzetti，1995)。

承灾体论的主要内容包括承灾体的分类与设防能力的评价。承灾体的分类有二分体系或三分体系，二分就是人与物；三分就是在二分基础上，对物的再化分，即把物化分为财产与自然资源(环境)两类(Merchant，1995)。

一般的体系是把人类划分为富人、中等收入人、穷人三类人群，这是因为收入不同则抵御灾害、防范风险的能力就不同，一般二者呈正相关关系；或男与女之分，这是因为男人与女人的生理、心理的差异；或按能力，即儿童、老人、病人、残障人之分，他们的身体状况不同，对灾害应急反应的能力就不同。在灾害发生后，妇女、儿童、老人、病人、残障人等，易受灾害的影响，是承灾的脆弱群体，这在历次灾害的死亡、伤残人员统计数据中都有明显反映。

把财产划分为不动产和动产两部分。不动产主要包括各种土地利用和其上的设施，如设备与装备、房屋、厂矿、道路、管网、港口、机场、农田、牧场、水域、森林等；动产是指能够移动而不损害其经济用途和经济价值的物质，如运输中的货物、各种交通工具。

自然资源(环境)主要包括水、矿产、土地、生物、生态系统、自然与文化遗产等(Turner Ⅱ and Meyer，1991；Forman，1991)。

设防能力对灾害的形成起着重要的作用，常用脆弱性表达其差异。在对承灾体分类的基础上，可进一步进行承灾体的脆弱性(易损性)评价，即设防能力的评价。

结构设防是承灾体设防能力评价中，最为普遍和关注的内容。把不同建筑结构，如土结构、土木结构、砖木结构、钢筋混凝土结构的建筑物，分别划分为非常易灾建筑、易灾建筑、次易灾建筑和不易灾建筑等。常用设防水平表达区域的脆弱性(易损性)评价结果，如设防 10、20、50、100 a 等不遇的洪灾流域或城市。与设防能力相关的研究，还涉及承灾体的恢复性(Resilience)和适应性(Adaptation)。

承灾体动态变化，例如土地利用变化，对区域灾害的影响广泛而深刻，近年来人类向高危险区集聚。因此，当前社会对由此引起的灾害尤为重视，并充分利用现代遥感手段进行承灾体的动态监测，从而评价由于承灾体的动态变化导致的区域灾害变化。

由于承灾体间的网络联系不同，同样的致灾因子可能导致完全不同的灾害，近年来社会网络对灾害的放大作用得到了高度关注。这在全球化发展迅速的当今世界，生产链、供应链间联网密切的现实中，显出更加重要的作用。

承灾体论用大量区域灾害案例，较完善地解释了近年来世界各国灾害扩大的原因。

据此可以认为，承灾体论的主要理论是承灾体的分类、承灾体脆弱性（易损性）评估和承灾体动态变化监测，其目的是为区域制定资源开发与综合风险防范规划，防灾、抗灾、救灾工程建设提供科学依据（史培军，1996）。

2.1.4 区域灾害系统论

由以上所述可以看出，致灾因子、孕灾环境与承灾体的相互作用都对最终灾害（情）的时空分布、受灾程度造成影响。灾害形成就是承灾体不能适应环境变化与致灾强度变化的结果。所以，在灾害（情）形成过程中，致灾因子、孕灾环境与承灾体缺一不可。

上述三种灾害理论都有其突出的特点——强调主导因素而忽视次要因素，因而都具有其片面性。实际上，对于区域灾害（情）的发展来说，这三种因素在不同时空条件下，对灾害（情）形成的作用会发生改变。因此，我们认为灾害是地球表层异变过程的产物，是致灾因子、孕灾环境与承灾体综合作用的结果。

这一理论体系与作者曾提出的区域灾害系统论是一致的，故在下面列专题详细阐述这一理论体系的基本内容。

科学家在研究大量区域灾害案例的基础上，系统地进行了理论总结，相继出版了三本影响广泛的专著，一本是由 Burton、Kates、White 三人合著的《作为灾害之源的环境》（*The Environment as Hazard*），1978 年首次发行，1994 年进行了修改，即第二版（Burton et al.，1993）。这是以美国著名地理学家 Gilbert White 在 1945 年发表的《人类对洪水的调适》（*Human Adjustment to Floods*）一文为开端，从人类行为的角度系统地分析了资源开发与自然灾害的关系，进而对世界各国的灾害案例进行了分析，以此为内容写成此书。

另一本是 1994 年由 Blaikie、Cannon、Davis 和 Wisner 四人合著的《风险：自然致灾因子、人类的脆弱性和灾害》（*At Risk：Natural Hazards，People's Vulnerability and Disasters*），他们从致灾因子、孕灾环境、承灾体的综合作用的角度，系统地总结了区域资源开发与自然灾害的关系（Wisner et al.，2003）。

第三本是 1999 年由 Mileti 撰写的《设计之灾》（*Disasters by Design*），他从灾害系统入手，全面总结了美国自然灾害的评价，阐释了人类活动对自然灾害的影响，特别是结构建设的设防水平在自然灾害形成中的作用（Mileti，1999）。

这三本书基本上阐述了当前国际上区域灾害系统研究理论的核心。这三本书的主要理论体系与作者 1991 年所提出的"区域灾害系统论"的观点有许多相同之处，但作者深感一方面这三本书中都缺少中国灾害案例的分析，另一方面有必要对作者提出的区域灾害系统理论框架进行补充完善。在此一并进行介绍和阐述。为此，我们首先把这三本书中的理论核心一一作介绍，进而阐述作者关于区域灾害系统论的基本理论认识（史培军，1996）。

巴顿-凯特-怀特的区域灾害论 《作为灾害之源的环境》一书共有 9 章，其中关于区域灾害的理论阐述主要集中在"致灾因子、反应和选择"这一章。他们认为，区域自然灾害是一个致灾因子与人类相互作用过程的产物，人类的各种调整（Adjustment）是减轻灾害的根本途径（图 2-1）（Burton et al.，1993）。在这一理论体系中，把自然致灾因子从成因的角度划分为地球物理与生物灾害，前者进一步划分为气象与地貌因素，后者划分为植物和动物因素。

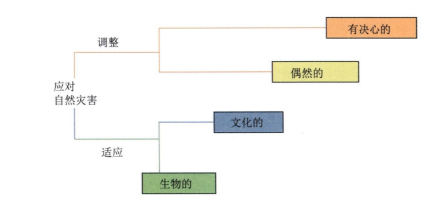
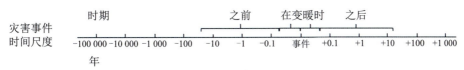

图 2-1　巴顿-凯特-怀特的区域灾害系统（Burton et al.，1993）

在此基础上，进一步利用灾害事件的大小、频率、持续时间、区域范围、起始速度、空间扩散、时间间隔（重现期）等特征参数，描述灾害事件。与此同时，又进一步把应对自然灾害的模式划分为选择、减轻、承受、共享、改变五种（图 2-2），进而分析人类在减轻自然灾害中的作用（Burton et al.，1993）。由此可见，仅仅从自然致灾因子或孕灾环境理解灾害形成机制是远远不够的。关于自然灾害的成因，该理论认为至少可以划分为自然、技术、社会三种基本成因机制，并对某个区域灾害来讲，往往是多种成因的综合，只不过是其中某种因素更突出一些。作者在该书的第二版中，特别强调了环境变化（全球变化与区域变化）与社会变化在灾害形成中的地位，显示出作者吸收了近年孕灾环境论的一些观点，使这一理论体系更趋完善。

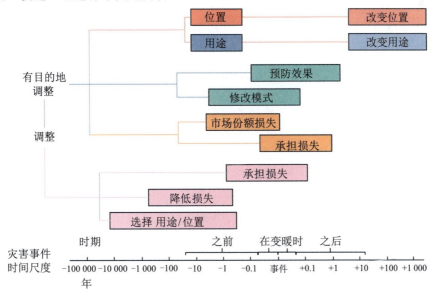

图 2-2　巴顿-凯特-怀特应对灾害的模式（Burton et al.，1993）

布莱凯-坎农-戴维斯-威斯纳的区域灾害论 《风险：自然致灾因子、人类的脆弱性和灾害》一书的核心包括两个模型，一是"压力与释放"模型（PAR），如图2-3所示，即灾害是脆弱性承灾体与致灾因子相互综合作用的结果（Wisner et al.，2003）。改变致灾因子是困难的，所以减灾的关键是降低承灾体的脆弱性，增加承灾体的设防与抗灾能力。

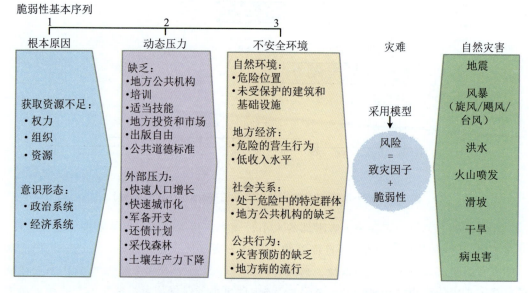

图2-3　PAR简化概念模型（Blaikie et al.，1994）

为此，必须发展经济，增加资源，这就是这一理论的第二个模型——"途径"模型（图2-4）（Wisner et al.，2003）。它是对第一个模型中主要因素的深入分析，即对人类脆弱性根源与致灾因子相互作用的分析，也就是对于经济和治理过程是如何产生脆弱性的理解。它表明要降低脆弱性，就必须改进防灾与恢复的能力。后一模型也是对前一简单化模型的深化。由此可以看出，在这一理论体系中，承灾体与致灾因子的相互作用在灾害形成的基本过程中因经济与社会的不发达造成很大的脆弱性，而脆弱性的发展与致灾因子共同作用，必然导致灾害，形成如图2-5所示的灾害发展过程（Wisner et al.，2003）。这一理论体系对孕灾环境的理解，显然不及前一理论体系全面，而且对承灾体对灾害形成中的正、反两个方面的论证不够全面，这也是两个灾害理论体系的主要区别。在这一理论体系中，还特别注重引起承灾体脆弱性累进发展之根源、动态压力、不安全条件的动态变化，并指出目前对脆弱性形成机制的理解还不深入，即对有些影响脆弱性变化的因子理解不够。2003年，该书第二版问世，首先，把第一版的灾害风险模型作了修订，即把R（风险）$=H$（致灾因子）$+V$（脆弱性）修改为R（风险）$=H$（致灾因子）$\times V$（脆弱性），明确灾害形成过程中，致灾因子与承灾体缺一不可；其次，对近年来灾害增加的解释与前一理论相近，即强调全球变化的因素，特别是人口增长、迅速城市化、全球经济压力、土地退化和环境破坏、全球环境变化、战争等因素在灾害增加中的作用。因此，根据这一理论，增强抵抗自然灾害的能力，即降低承灾体的脆弱性是区域减灾的关键。

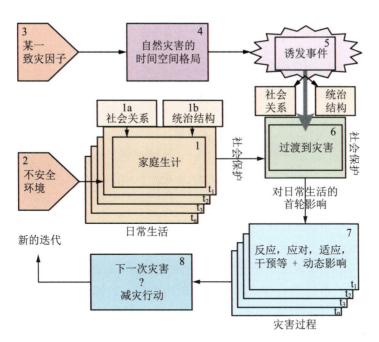

图 2-4　缓减灾害的"途径"模型(1)(Wisner et al., 2003)

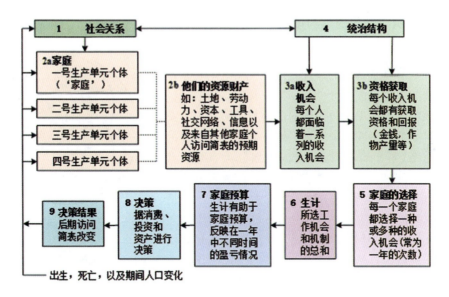

图 2-5　缓减灾害的"途径"模型(2)(Wisner et al., 2003)

Mileti 的区域灾害系统论　《设计之灾》一书的核心为构建区域灾害系统,阐释了结构建设在自然灾害形成中的作用(Mileti, 1999)。Mileti 认为,灾害是地球自然系统与人文系统及建筑结构系统的产物(图 2-6)。

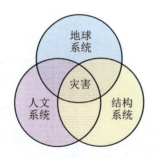

地球系统：
大气圈，生物圈，土壤圈，水圈，岩石圈

人文系统：
人口、文化、技术、经济、社会阶层、政治等

结构系统：
建筑物，路，桥，房屋，公共基础设施

图 2-6　Mileti 的区域灾害系统（Mileti，1999）

2.2　区域灾害系统

区域灾害系统的特性与其结构和功能有着密切的关系。区域灾害系统的结构与构成因素及其关系有关，区域灾害系统的功能与构成因素的功能及其关系有关。

区域灾害系统的本质是人与自然相互作用的产物。不同领域的研究者，对这一"产物"的认识有所不同。地理学者认为，它是人地关系地域系统的组成部分；环境与生态学者认为，它是社会—生态系统的组成部分。无论是"人地关系地域系统"，还是社会—生态系统的组成部分，都具有时空分异规律。因此，可进行区域差异的划分，或予以区划。

2.2.1　区域灾害系统的结构体系

灾害系统是由孕灾环境、致灾因子、承灾体与灾情共同组成且具有复杂特性的地球表层异变系统，它是地球表层系统的重要组成部分（图 2-7）（史培军，1991）。

由于致灾因子可以划分为不同的类型，所以灾害系统也相应可划分为不同的子灾害系统。依据本书作者的灾害分类体系（第 1 章），把致灾因子划分为自然、自然—人文（环境或生态）、人文三种类型，故灾害系统也可划分为自然、环境（生态）和人文三大子系统，灾情（害）是孕灾环境、致灾因子、承灾体相互作用的产物。

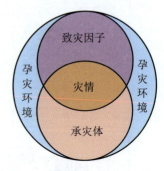

图 2-7　灾害系统（史培军，1991）

孕灾环境（E）：从广义上来说，孕灾环境就是自然环境与人文环境。自然环境可划分为大气圈、水圈、岩石圈、生物圈；人文环境则可划分为人类圈和技术圈。孕灾环境具有地带性或非地带性、波动性与突变性、渐变性和趋向性。灾害孕育于地球的不同圈层中，有大气圈、水圈、岩石圈、生物圈、人类圈和技术圈。不同孕灾环境的物质与非物质运动的渐变与突变，常常分别形成了环境（生态）与自然或人文（为）灾害。

致灾因子（H）：基于致灾因子的成因（动力）分类体系，致灾因子系统包括自然、人为活动和环境（生态）三个致灾因子子系统。此外，致灾因子也可划分为突发性与渐发性两类体系。

承灾体（S）：承灾体包括人类本身及生命线系统、生产线系统、文化与社会系统，以及各种自然资源与生态系统。在承灾体中，除人类本身外，其他部分也可划分为不动产与动产两部分。

灾情(D)：灾情包括人员伤亡及灾害造成的心理影响、直接和间接经济损失(或损失与影响)、建筑物(结构)破坏、社会网络(非结构)失常、生态系统退化、环境污染、资源损毁等(史培军，2002)。

由特定空间的孕灾环境、致灾因子、承灾体相互联系，复合组成了区域灾害系统的结构体系(D_S)(图 2-8)，即 $D_S = E \cap H \cap S$。

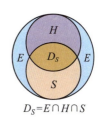

图 2-8 区域灾害系统的结构体系(史培军，2005)

区域灾害系统的结构有着明显的地域差异，这种差异主要是由孕灾环境决定的。从狭义来讲，顾名思义，孕灾环境就是孕育致灾因子的环境；广义来讲，孕灾环境就是包括孕育致灾因子环境在内的致灾成害的环境总体。例如，地震发生在高起伏山区，就很可能引发山崩、滑坡、泥石流；地震发生在中深海域，就很可能引发海啸。因此，发生在高起伏山区和中深海域的区域灾害系统有着很大的结构差异。

这一结构体系与 Mileti(1999)提出的灾害系统的结构体系有一定的相似性，不同的是本书作者所提出的灾害系统的结构体系，强调把致灾因子与孕灾环境分开，而 Mileti 的体系是将这二者均归为环境体系；此外，本书所提出的结构体系强调把承灾体概括为一个完整的子系统(结构与非结构同等重要)，而 Mileti 强调把人类系统与其形成的结构体系分成两个部分(强调结构的重要性)。这一结构体系还与 Okada(2003)提出的灾害系统的"塔"体系也有一定的相似性，不同的只是 Okada(2003)的"塔"体系强调各要素的等级关系(图 2-9)，而本书提出的结构体系强调系统中各要素具有同等的重要性。这一结构体系还与马宗晋等(1998)提出的灾害系统有区别，马宗晋提出的与 Mileti(1999)的体系相近，强调把致灾因子与孕灾环境归一(图 2-10)。

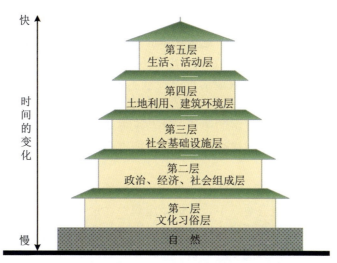

图 2-9 灾害系统的"塔"体系(Okada，2003)

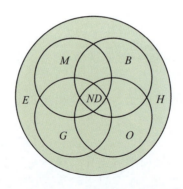

图 2-10　马宗晋的自然灾害系统（马宗晋等，1998）

注：M—气象　O—海洋　B—生物　G—地质　H—人类　E—地球　ND—自然灾害。

2.2.2 区域灾害系统的功能体系

区域灾害系统的功能体系（D_f）是由孕灾环境稳定性（Stability，S）或敏感性（Sensitivity，S）、致灾因子危险性（Hazardous，H）和承灾体脆弱性（Vulnerability，V）共同构成的（图 2-11），即为 $D_f = S \cap H \cap V$。

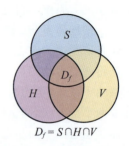

图 2-11　区域灾害系统的功能体系（史培军，2005）

孕灾环境稳定性可表达孕灾环境指标的波动特征与承灾能力，如降雨距平百分率、河床水位变率、活动构造的年位移量、地上生物量变率、地貌坡度等；创新技术的稳定特征，如使用寿命、材料耐用期等；环境容量、土地承载力等。孕灾环境敏感性与致灾因子和承灾体类型间的关系有关，如滑坡对地貌坡度与降水波动敏感，农业与生态系统对降水和温度波动敏感等。

致灾因子危险性就是其强度大小对承灾体的危害程度，这与承灾体的敏感性和设防有关，同样的致灾因子强度，如承灾体对其敏感，则危险性就大；反之，危险性就小，如农业对地震不敏感，则地震对农业的危险性就不大。危险性与敏感性呈正比的关系，与设防水平呈反比的关系。

承灾体脆弱性就是致灾与成害的关系，这与承灾体的综合风险防范能力有关，常常与设防水平呈反比的关系；在同样综合风险防范能力和敏感性程度下，承灾体脆弱性与致灾因子强度呈正比的关系。

这一功能体系与 Burton 等（1993）提出的灾害系统的适应功能与调整功能有一定的差别，Burton 等更强调该系统各要素中，承灾体脆弱性在这一系统中的功能，而本书则强调该系统各要素间、所具有的相互作用机制这一不可替代的整体功能。此外，这一功能体系与 Wisner（2003）提出的灾害系统的累进与释放功能也有一定的一致性，但是 Wisner 更强调致灾因子与承灾体在灾害系统中的相互作用，而作者视致灾因子危险性、承灾体脆弱性与孕灾环境稳定性在灾害功能系统中的作用具有同等的重要性，即在一个特定的孕灾环境条件下（S），致灾因子与承灾体之间的相互作用功能，集中体现在区域灾害系统中致灾因子危险性（H）与承灾体脆弱性（V）之间的相互转换机制（D_{ft}）方面（图2-12）。

2.2.3 区域灾害系统的本质

(1)"区域灾害系统"是地球表层系统中的"社会—生态系统"

人类不是一个孤立的系统，是"复杂社会—生态系统"的一部分，也有人称其为"社会—生态系统"或"人类—环境复合系统"。"社会—生态系统"可以在不同的空间尺度上展现在人类面前，在任何一个"社会—生态系统"中，人类与生态（或称环境，或称自然，或称生物物理）子系统都

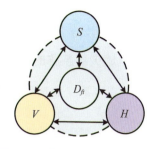

图 2-12 区域灾害系统功能要素相互作用关系（史培军，2005）

处在相互作用的状态。在"区域灾害系统"中，承灾体就是人类及其活动组成的社会系统，孕灾环境就是生态系统，致灾因子则是由社会系统与生态系统相互作用所产生的对人类构成危害的渐发或突发性因素。因此，可以认为，"区域灾害系统"就是地球表层系统中的"社会—生态系统"。它表现出一般生态系统所具有的能量流动、物质循环与信息传递的特征。正因如此，基于"区域灾害系统"的结构体系，可以借鉴建立区域生态系统动力学模型的方法，将致灾因子作为自变量，把承灾体作为因变量，而把孕灾环境作为一种限制（或催化）条件，建立"区域灾害系统"动力学模型（史培军，2009）。

(2)"区域灾害系统"是地球表层系统中的"人地关系地域系统"

吴传钧先生认为，"人地关系地域系统"是地理学理论研究的核心。他反复强调，地理学要"着重研究人地系统中人与自然的相互影响与反馈作用"，人地关系地域系统研究的核心目标是协调人地关系，从空间结构、时间过程、组织序变、整体效应、协同互补等方面，去认识和寻求人地关系系统的整体优化、综合平衡及有效调控的机理，为有效进行区域开发和区域管理提供理论依据。由此可见，"区域灾害系统"就是由作为承灾体的人类及其形成的社会经济系统，与其依存的由孕灾环境和致灾因子组成的地域系统，共同组成的对人类可持续发展产生不同程度影响的"人地关系地域系统"。正因如此，在建立"区域灾害风险防范模式"时，基于"区域灾害系统"功能体系，可以应用建立"人地关系地域系统"的整体优化、综合平衡及有效调控的模式，把承灾体与孕灾环境和致灾因子的行为统筹考虑，探索发展与综合减轻灾害风险相互协调的区域范式，为区域可持续发展模式的建立提供科学依据，以及可操作的模式（史培军，2009）。

(3)"区域灾害系统"是可以在时空两个方面进行类型划分与区划的多级体系

无论是从"社会—生态系统"，还是从"人地关系地域系统"的角度，来审视"区域灾害系统"，都可以看出，无论从其结构体系，还是功能体系，可在时空两个方面对其进行划分。当今在探索区域可持续发展模式的过程中，一要保障资源，二要保护环境，三要防灾减灾与防范风险，还提出通过确定主体功能区的途径，协调发展与保护的矛盾。因此，对"区域灾害系统"进行类型划分或予以区划，都将对建立"因害设防，防抗救一体化"的综合减灾体系有着极为重要的作用，也可为确定具有不同灾害风险水平的地区的可持续发展模式提供重要的科学依据，这也为建立区域综合风险防御范式提供了在空间上布局的依据。通过基于"区域灾害系统"结构体系的动力学模拟，评价不同区域的灾害风险水平，并进行类型等级的划分；通过基于"区域灾害系统"功能体系的除害与兴利优化、协

调模式的确立,并进行区划。这样就可为不同区域创建综合灾害风险防范与促进可持续发展模式提供科学依据(史培军,2009)。

2.3 区域灾害系统的复杂性

区域灾害系统是典型的复杂网络系统,具有其所有的特性。

区域灾害系统所具有的多灾种、灾害链、灾害遭遇等特性,以及气候变化的影响,共同显示了区域灾害系统复杂性的本质。

其动力学与非动力学行为的存在,不仅显示出系统各要素的"联结度",而且还表现出"凝聚度"的行为。

区域灾害系统的"凝聚力"不仅可以反映区域灾害系统机理、过程的差异,亦可反映区域灾害系统结构与功能的综合特性,也使对区域灾害系统过程的定量分析与模拟成为可能。

2.3.1 灾害系统复杂性的特性

尽管对于灾害之间相互影响的重要性的认知程度已经有了很大的进步,但目前仍缺乏一套明确且统一的概念术语来描述它们。基于灾害系统复杂性的特征,可以将灾害间的关系类型分为灾害群、灾害链和灾害遭遇三大类(史培军等,2014)。本书试图从灾害系统复杂性角度区分三大类不同的灾害间的相互关系,并清晰和明确这些灾害间的异同性。这与第1章中提到的致灾因子间的关系有一定的联系,但也有本质性的区别。

(1)灾害群

灾害群是指灾害在空间上群聚、时间上群发的现象,可以用以衡量在某一特定区域或某一特定时段,灾害聚集程度的严重性。根据灾害在空间和时间异质性分布的特征看,灾害群可以分为空间群聚与时间群发两大类别(图2-13)(Shi et al.,2010)。

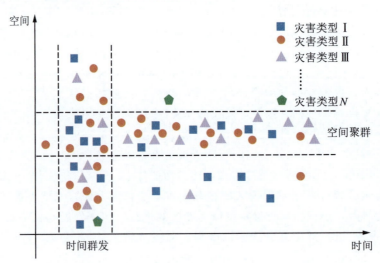

图 2-13 区域灾害的群聚与群发(Shi et al.,2010)

灾害在空间群聚和时间群发的多度与频度可用式 2-1 衡量：

$$SC=\frac{n}{N} \quad TC=\frac{t}{T} \qquad \text{式 2-1}$$

式 2-1 中，SC 表示灾害空间群聚的特性——灾害多度，n 是特定区域内所有已经发生过的灾害总数，N 是在所有研究区域内所有已经发生过的灾害总数；TC 表示灾害时间群发的特性——灾害频度，t 表示在特定时段内所有已经发生过的灾害总数，而 T 则表示整个历史时期所有已经发生过的灾害总数。

灾害群接近狭义上的多灾种(Multi-hazards)的概念，灾害间的相互关系可以忽略，灾害间相互独立，并主要受特定区域的孕灾环境，如气候类型、地形地貌、地表覆盖特征等地理要素的影响。比较典型的灾害空间群聚现象，如全球环太平洋区域集中了大量的地震、火山、海啸、风暴潮等自然灾害；20°～50°N 的区域也聚集了大量的地震、台风、雪灾、滑坡等自然灾害。同样，在中国也有两个比较典型的灾害群发的时段：1480—1720 年的地震活跃期和 1479—1691 年的干旱活跃期(史培军等，2014)。

灾害空间群聚或是时间群发，都可以认为灾害间是彼此独立的，即灾害发生间隔时段很长以至于灾害间的相互影响可以忽略不计。

因为区域灾害群的存在，灾害多度越大，造成的影响就越大，灾害多度与灾情呈正相关关系。如第 1 章中所介绍的中国自然灾害多度图(图 1-4)，在自然环境过渡地带，如中纬度带、海陆过渡带、高低地过渡带、半干旱气候区的农牧交错带等，都显示出自然致灾因子相对群聚的特征。相应在这些区域，灾情就比其他地区严重。

(2) 灾害链

灾害链(Disaster Chains，或 Cascading)是因一种灾害的发生而引起一系列灾害发生的现象，并且根据链式特征可以将其分为并发性灾害链(涟漪，ripple)与串发性灾害链(多米诺效应，Domino Effect)(图 2-14)(史培军等，2014)。并发性灾害链则是指由于某种诱发原因导致某个区域在某一时段很多种致灾因子群发，并相应引起多连串的灾害事件的发生；串发性灾害链是指由单一致灾因子引发的一连串灾害事件的发生。

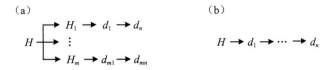

图 2-14 灾害链(Disaster Chains)(史培军等，2014)

注：(a) 并发性灾害链中，$H_1 \cdots H_m$ 表示原生灾害；$d_1 \cdots d_n$，$d_{m1} \cdots d_{mn}$ 表示次生灾害。(b) 串发性灾害链中，H 表示原生灾害，$d_1 \cdots d_n$ 表示次生灾害。

在此基础上，作者又依据中国大量灾害链的统计分析，提出了地震、台风－暴雨、干旱和寒潮 4 种常见的灾害链(图 2-15)。

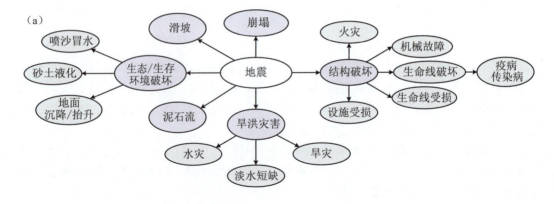

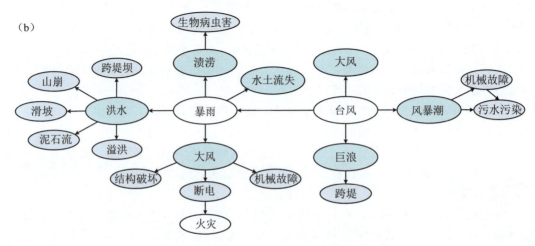

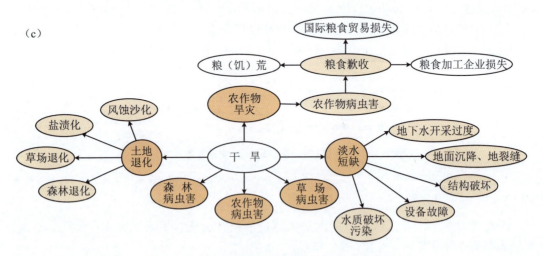

图 2-15 中国四种典型的灾害链（史培军，2002）

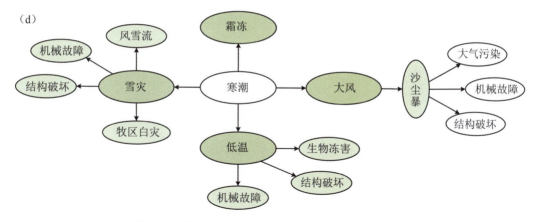

图 2-15　中国四种典型的灾害链（史培军，2002）（续）

（a）地震灾害链　（b）台风—暴雨灾害链　（c）干旱灾害链　（d）寒潮灾害链

灾害链有如下 3 点特征：

诱生性　灾害链存在引起与被引起的关系，即一种或多种灾害的发生是由另一种灾害的发生诱发的。不存在这种诱生作用而发生的多种灾害，不能被称为灾害链。

时序性　灾害链的诱生作用使得灾害发生有一定的先后顺序，即原生灾害在前，次生灾害在后。有些灾害的发生可能在几年、几十甚至几百年后诱生另一种灾害。这种诱生作用的时间尺度过长，完全可以视为单灾种。灾害链的时间尺度相对而言较短。

扩围（展）性　重大灾害发生时，往往会产生次生灾害，使其影响范围扩大。不同灾种对环境的敏感性不同，有的灾种甚至对特定环境基本不敏感；因此，不同灾种的影响范围（大小）也不尽相同（图 2-16）（Shi et al.，2010）。

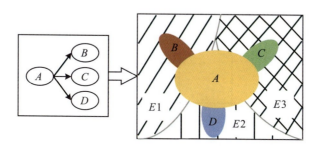

图 2-16　灾害链影响范围的确定（Shi et al.，2010）

注：A 代表原生灾害，B、C、D 分别代表不同的次生灾害，$E1$、$E2$ 和 $E3$ 代表不同的孕灾环境。当原生灾害 A 发生后，其影响范围包括 $E1$、$E2$ 和 $E3$，由于各灾种对孕灾环境的敏感性不同，在 A 与 $E1$ 的相互作用下，可能诱生次生灾害 B。B 与 $E1$ 相互作用下，其影响范围不局限在 A 的影响范围内，甚至有可能超出 A 的范围。当 B 发生后，类似于 $A \rightarrow B$ 的过程，B 与环境作用后又可能诱发二级次生灾害。类似地，当 A 与 $E2$ 和 $E3$ 作用后，可能分别诱生出次生灾害 D 和 C。

基于灾害链的三大特征，确定灾害链影响范围时，需要分别考虑每种致灾因子对应的影响范围，以及各灾种发生区域的地理特征。通过图 2-16 的流程可以确定灾害链影响的范围。

(3)灾害遭遇

Hewitt 和 Burton(Kenneth and Ian，1971)提出了灾害遭遇(Hazards compound，或 Disasters compound)的概念——"多个可产生社会风险的灾害同时发生的现象，如一场风暴同时伴随着强烈的暴风、冰雹、闪电灾害"。IPCC(2012)认为灾害遭遇是极端气候事件的特殊类别，通常是多于两种以上的极端气候事件组合。

灾害遭遇的特征为多于两种以上的极端事件同时或者相继发生；极端事件的组合会放大事件的影响；单独的事件发生时，其本身强度可能并不极端，但是由于遭遇效应，导致遭遇事件成为极端事件。遭遇事件既可以是由性质相近也可以由完全不同类别的灾害事件形成的组合(史培军等，2014)。

本书提出的灾害遭遇事件的概念与 IPCC 的概念相近，即由两种或两种以上本源上没有成因关系的灾害事件同时发生或相继发生，即使单个事件本身并不极端，也会由于遭遇效应而使极端性扩大的事件。例如，1607 年一场常见的风暴潮与罕见强度的春季涨潮遭遇在一起，导致英国遭遇了 500 a 来最严重的风暴潮洪水(Horsburgh and Horritt，2007)。蒙古国的暴风雪灾害也是典型的遭遇事件。在暴风雪期间，时常伴随着干旱、大暴雪、极端低温和风暴。这种暴风雪甚至可以持续 1 a，可以导致大量畜禽死亡以及带来极端的社会经济影响——较高的失业率、贫穷以及大量的人口从农村迁移至城市，给城市基础设施和社会—生态系统带来严重的挑战(Morinaga et al.，2003；Batima et al.，2000)。

灾害遭遇中各个灾种并无成因上的联系，其在空间和时间上都有可能发生叠加(图 2-17)(史培军，2014)。

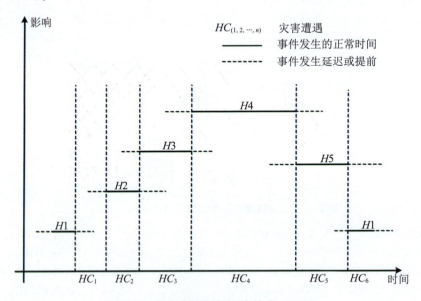

图 2-17　灾害遭遇的确定(史培军，2014)

注：灾害遭遇中各种灾害间关系示意图。$H1 \sim Hn$ 代表了在一个时期内某一区域不同的灾种。

遭遇效应不仅会影响到整体致灾因子的强度，同样也会影响到承灾体的脆弱性。承灾体的脆弱性会随着致灾因子的强度放大，以及它们相互间叠加的程度而发生改变。例如，在某些极端情况下，假设承灾体已经被超过9级的地震或者超级台风完全损毁，而在下一个致灾因子再次影响承灾体时，由于承灾体没有时间恢复，从而导致不存在承灾体可以受灾的情况，也就意味着脆弱性已经极低了。然而，当前多数研究并不关注这种脆弱性随着致灾因子的动态变化而变化的情况，只是假设脆弱性是静态的，不发生变化的（史培军，2014）。

(4) 多灾种、灾害链、灾害遭遇之间的区别

灾害在社会—生态系统中的转入与转出机制可以帮助我们更好地理解灾害系统的复杂性，以及前述的三种灾害的复杂性。"转入"与"转出"是指灾害发生前后的过程。转入意味着社会—生态系统状态变化，如灾害决策转变，重新调度人力与物力资源以及部署应对行动等。转出是指在灾害事件发生后社会—生态系统回归到"正常"状态（扰动没有超过人类的应对能力），或者进入新的状态（扰动超出了人类的应对能力）的过程（史培军等，2013）。本章多次提及灾害之间是否独立，存在怎样的相互关系是判断灾害类型的基础条件。那么应该如何理解灾种独立呢？我们认为，每个灾害事件都会有其相应的转入、影响持续与转出过程，如果极端事件与极端事件之间的转入、影响持续、转出过程中不存在相互重叠的情况，就可认为灾害事件之间是相互独立的。灾害群不同于灾害链与灾害遭遇的关键点就在于此，灾害群中各个灾害事件是可假定为相互独立的，与狭义上的多灾种的概念相似。

灾害链与灾害遭遇的共同点在于，灾害事件与灾害事件之间是相互影响的，但是影响的方式存在以下三个方面的明显差别：成因上，灾害链中原生灾害与次生灾害之间存在直接的因果关系，它们之间在时间上也有明确的先后关系，必然是原生灾害在前，次生灾害发生在后。而遭遇事件中，各个灾害事件不存在因果关系，它们遭遇仅仅是由于时间上共同发生或者相继发生。遭遇事件中各个灾种遭遇在一起具有极大的偶然性，但灾害链却存在某种内在的机理，受致灾过程与孕灾环境的共同作用。空间范围上，灾害链中原生灾害导致次生灾害的发展中，由于孕灾环境的特征不同，灾害链会导致影响区域的扩张。在次生灾害再次诱发次生灾害的过程中，灾害影响区域也会有范围地变化。换言之，灾害影响区域会随着灾害链式过程的扩展而发生动态扩张，并呈现出灾害累加效应。而与之相对应的是，灾害遭遇是某一明确区域的灾害事件之间相互影响的情况，所以其影响区域是不变的。强度上，两种灾害形式都会产生灾害强度放大加强的效应。灾害链通过链式效应不断扩大影响承灾体的范围，并逐渐累加其对社会—生态系统影响的致灾成害效应，而灾害遭遇则是通过不断打击相同承灾体，叠加不同致灾因子的打击力度而加强致灾成害效应。

2.3.2 灾害系统与灾害系统的复杂性

从近年来发生在不同地理环境区域，不同承灾体暴露区域的灾害来看，仅从灾害系统中致灾因子之间的相互作用来认识灾害系统的复杂性，远远不能满足对灾害系统复杂性的认识。需要从灾害系统组成要素的角度，加深对灾害系统复杂性的认识；需要从促进全球可持续发展的角度，加深对巨灾复杂性的认识。

(1) 孕灾环境、承灾体与灾害系统的复杂性

孕灾环境的区域差异不仅对致灾因子的产生有着深刻的影响，亦对致灾因子所造成

的人员伤亡和财产损失影响明显。2011年3月11日东日本大地震,发生在较深的海域,震级达到9级的地震不仅本身的破坏性巨大,而且引发了规模巨大的海啸,且地震与海啸的结合,摧毁了震区沿海的福岛核电站,造成核泄漏事故,进而引发了一系列生产事故,大大加重了灾情,并对海洋生态系统造成了严重的影响。据此可以认为,孕灾环境在时空两个方面对致灾因子的影响,使灾害系统的复杂性更加突出,不仅表现为多灾种、灾害链和灾害遭遇的特征,且使致灾强度明显增加、影响范围(受灾与成灾面积)显著扩展,进而造成难以估量的巨大损失。

各种致灾因子发生在不同的承灾体暴露区域,不仅对脆弱性有着深刻的影响,亦对总体的灾情水平影响明显,特别是对单位面积上的灾情影响突出。2014年8月3日,中国云南鲁甸地震发生在西南乌蒙山连片贫困地区,这里人口比较稠密、地势险峻、山大沟深,导致震级仅6.5级的地震就造成700多人遇难。这次地震是在中国境内,相同的地震震级中,造成的遇难人数最多的。究其原因,除地震呈明显单脉冲型的集中释放能量外,还与灾区地处贫困山区,地震设防水平低,且人口相对稠密,地理环境恶劣有密切关系。

承灾体暴露规模与脆弱性不仅对灾害系统致灾与成害的复杂性产生明显影响,而且对最终的灾情影响巨大。发生在青藏高原昆仑山的8.1级地震比汶川地震震级还高,但因昆仑山区荒无人烟,极少暴露,因而造成的灾情甚小;唐山地震和汶川地震都发生在人口密度较大,区域经济较为发达的城市区域或城乡过渡区域与平原向山区过渡地带。对于小灾来说,经济发达地区,因灾害设防水平较高,灾情甚微;而经济欠发达地区,因几乎无设防能力,灾情更加严重;而对大灾来说,因超过区域设防水平,经济发达地区灾情巨大;经济欠发达地区,则酿成灭顶之灾。

在超过人类应对能力的前提下,城市化与工业化水平较高的地区所遭受的灾害程度较高;如果在人类应对能力范围之内,城市化与工业化水平较高的地区,其遭受风险程度则可能较低(史培军等,2006)。农业化水平与农业用地比例较高的地区,对水旱灾害敏感,从而影响着水旱灾害造成的农业灾情水平。在一些快速城市化地区,经济增长过快,灾害设防水平没有及时跟上,一遇重特大自然致灾因素,必将发生巨大的灾情,如2013年经历快速城镇化的中国浙江宁波余姚市遇台风、暴雨袭击,因设防水平偏低(城市排涝能力低),又遇多灾相碰(两个台风的过程性暴雨与海域高潮位及北方冷空气顶托相遇),从而形成重大灾情。由此可以看出,区域发展过程中,快速城市化与灾害设防水平相互是否协调,直接影响着灾害系统的复杂性与灾情严重程度。

中国通过加强综合减灾,使自然灾害造成的损失占国内生产总值的比例明显下降,由国际减灾活动开始之1989年的5%~6%下降到2013年的1.5%以下。然而,防御巨灾的能力并没有得到明显的提高,对比1976年7月28日的唐山大地震与2008年5月12日的汶川大地震,虽然人员遇难的数量由近23万人下降到8万多人,但造成的直接经济损失占上一年全国国内生产总值比由3.5%上升到3.8%。由此可以认为,区域发展水平、灾害设防水平,以及区域发展模式都对灾害系统的复杂性产生影响。承灾体暴露规模与脆弱性不仅对灾害系统致灾与成害的复杂性产生明显影响,而且对最终的灾情影响巨大(史培军等,2014)。

因此,不仅要加深对灾害系统中致灾因子间的相互作用复杂性的认识,更要加深对于孕灾环境对致灾因子复杂性程度的影响机制的认识,以及对于承灾体对脆弱性和致灾与成害机制复杂性的理解,这样才能够从灾害系统各要素之间的相互作用机理与过程,全面认识灾害系统的复杂性,进而加深对其致灾成害动力学机制的全面理解。

(2) 气候变化灾害的复杂性

在已有的研究中,对于极端天气和气候事件引发的灾害有了一定的认识,但是对于全球变化特别是气候变化形成的灾害系统的复杂性认识不足。研究表明,气候变化灾害是由其趋势性形成的得失不定(Trade-off)的影响、波动性形成的不确定性(Uncertainty)的影响和极端天气和气候事件(Extremely events)的影响组成(史培军等,2014)。

气候变化趋向影响,主要由其地理位置所确定。如在高纬度地区和高山地区,气候变暖趋势对作物的影响,与其作物播种的地理位置有关,一般利大于弊;而在广大中低纬度干旱、半干旱地区,气候变暖加剧气候干旱的程度,不利于减轻农业灾害。

气候变化波动性影响,主要由其变化的阈值所决定。当气候要素如温度与降水的波动低于人类的设防水平时会造成一定影响;但当其波动超出人类的设防水平,进而由波动达到突变,必然形成极端天气和气候事件,酿成重特大天气或气候灾害,则必然引致损失。

地理区域、设防水平、气候变化,对气候变化灾害形成都有明显的影响,从而使气候变化灾害的复杂性大大加深。如果再考虑承灾体的差异和暴露水平,必将使人们认识气候变化灾害的难度加大。因此,既要对极端天气和气候条件(致灾因子)的形成加深理解,还要针对孕灾环境与承灾体,加深对气候变化趋势性与波动性影响的认识,从而寻求以适应与减缓等多途径有效地应对全球气候变化的对策。

2.3.3 灾害系统的复杂性与凝聚力

近年来,若干重要科学概念被用于描述社会—生态系统的可持续能力,包括脆弱性、恢复性与适应性,这些概念很快就被用于灾害系统的研究之中。然而,这些术语之间彼此交叉,在不同的研究领域具有不同的内涵与界定(Marco et al.,2006)。深入理解灾害系统中脆弱性、恢复性与适应性之间的关系,可加深对灾害系统复杂性的认识,亦可由此发现诸如灾害系统等复杂网络系统的新特性。灾害系统的凝聚力就是对灾害系统复杂性的一种新的认识与解释。

(1) 脆弱性、恢复性、适应性与灾害系统的复杂性

脆弱性最早源自经济学、人类学、心理学等多个学科,而人文地理学家则构建了针对环境变化的脆弱性(Adger et al.,2006)(物理的和社会的两个方面),以及针对灾害与风险的脆弱性理论。

恢复性最早源自生态学领域(Gilberto et al.,2006),曾被一些学者定义为系统应对外部压力与扰动的能力(Adger et al.,2000),因而也被认为与脆弱性是同一事物的两个方面(Folke et al.,2002),并在一些文献中被等价地使用(Adger et al.,2005)。然而,从系统科学角度理解的恢复性是重点表达系统从动态变化中(特别是在受到扰动和外部压力后)在一定吸引域内维持或"恢复"其结构和功能的能力(Pimm et al.,1984;Holling et al.,1996),与脆弱性有着重要的区分。

适应性表达系统针对外部环境特征的演变(如变化的条件、压力、致灾因子等)进行

自我学习、调整与演化的能力（Barry et al.，2006），最早源自20世纪初的人类学研究。近年来，在气候变化与应对领域，适应性研究成为研究的热点（Adger et al.，2005）。

灾害风险以及全球变化风险领域的研究进展，丰富了承灾体脆弱性的内涵与外延。用于描述承灾体内在属性的指标，在狭义的脆弱性（表达系统丧失结构和功能的能力，可用承灾体在不同致灾因子强度条件下的损失程度计量）的基础上增加了恢复性（表达系统从其动态变化中恢复的能力，可用承灾体在遭受打击后恢复的速度与程度计量）与适应性（表达系统针对外部环境特征进行自我学习、调整与演化的能力）。

然而，这三者之间到底是怎样的关系在当前的研究中仍然存在许多争论。系统的脆弱性、恢复性和适应性表达的是同一概念的不同方面，还是存在互相包含的关系（Gallopín et al.，2001）？全球变化研究领域倾向于将恢复性的概念广义化，即恢复性包含了系统应对和承受打击的能力（脆弱性）以及从打击中恢复的能力，并特别强调系统恢复性的动态特征。在区域灾害系统研究中，本书更倾向于将脆弱性的概念广义化，即承灾体的广义脆弱性包含了狭义脆弱性、恢复性与适应性三者，其中既包含系统的动力特征，也伴随着系统的非动力特征（图2-18）。

图2-18　灾害系统中的脆弱性、恢复性与适应性间的关系

敏感性、暴露性与应对能力，分别是承灾体广义脆弱性在孕灾环境、致灾因子与承灾体三个方面的外延。承灾体对应某一特殊种类的致灾因子的敏感性，受到局地孕灾环境特征的显著影响，也就是通常所说的局地孕灾环境对灾情产生的放大/缩小作用。暴露性是指孕灾环境中的扰动形成的致灾因子在承灾体子系统表面的投影，承灾体对致灾因子的暴露是损失形成的前提。承灾体的敏感性与暴露性通常被用于结构化的定量评估狭义脆弱性；敏感性与应对能力能够很好地表达承灾体子系统从扰动中恢复的能力，即恢复性。应对是承灾体在灾害发生时采取的短期与临时性的系统功能改变。应对能力与适应性的关系相对较为复杂。承灾体对致灾因子的应对往往通过改变系统的暴露性实现，而同时也会影响扰动本身，如强度（Intensity）和作用时长（Duration）等属性。

以洪水为例，洪水来临时垒堤坝、转移安置群众等应对措施可以降低人员、财产的暴露性，但这是暂时的。一旦洪水超越这种临时设防能力，措施失效，被人为增高水位的洪水将更加具有破坏性,而堤坝周边的承灾体的敏感性(如房屋抵抗洪水冲击与长时间浸泡的能力)却并未改变。应对是承灾体子系统针对外部扰动的及时性反馈,而当这种反馈得以不断重复并被系统学习从而导致长期性的结构与功能变化时,就形成了适应。同以洪水为例,将临时性增高堤坝改为永久性增高,将转移安置更改为从洪泛区退出,应对措施就变成了适应措施。应对能力(Coping capacity)与适应能力本身存在一定的差别,此处我们仅强调二者在时间尺度上的区分:即长时间尺度的应对能力可被视作适应能力。

承灾体广义脆弱性的内涵与外延决定了主动防范灾害风险需要在多个维度有效减轻系统脆弱性,而减轻灾害的能力决定于构成系统的经济、社会与制度子系统的要素,要素之间、要素与子系统之间以及子系统之间的关系(系统结构),以及由这种结构所实现的系统功能。其核心是制度系统对系统结构和功能的设计,决定着承灾体系统的内涵(脆弱性、恢复性、适应性)和外延(敏感性、暴露性和应对能力),这样构成了系统应对由孕灾环境和致灾因子交互作用而产生的灾害事件以及防范灾害风险的整体能力。

(2) 凝聚力与灾害系统的复杂性

在澄清灾害系统的脆弱性、恢复性、适应性,及其外延的敏感性、暴露性和应对能力后,一个极为重要的问题由此引出:由于承灾体子系统的结构(设防、应对、救助、转移)和功能(备灾、应急、恢复、重建[①])与区域经济、社会、制度等子系统内各要素之间密切的网络联系,时刻改变着灾害系统的脆弱性、恢复性、适应性,以及敏感性、暴露性和应对能力,从而使灾害系统变得更为复杂。

如何全面理解灾害系统由于承灾体子系统的结构与功能调整与优化,改变其广义脆弱性的大小,进而影响灾害系统的复杂性?目前仍然缺乏一种概念或模式来阐释该问题。

在区域灾害系统中,在特定的孕灾环境条件下,与致灾力(强度)相伴生的另一动力(因素),就是承灾体综合应对致灾力的能力,其大小取决于承灾体子系统的结构与功能,也取决于在应对致灾的过程中,体现出的有效和有序地进行协同运作的优良能力。为此,本书把这种促使承灾体子系统协同运作的能力称为"凝聚力"(史培军等,2012),其英文为"Consilience"。

"Consilience"一词最早出现于1847年Whewell所著的 *The Philosophy of the Inductive Sciences*(Whewell,1847)一书中,该书尝试用"Consilience"来阐释科学理论构建的基础:预测、解释和各领域的统一化,强调的是综合的过程。由Wilson所著的 *Consilience:The Unity of Knowledge*(Wilson,1999)一书,更为清晰地用"Consilience"一词解释知识的一体化。承灾体子系统的"凝聚力"表达了参与应对灾害的系统中的各子系统、各要素、各行为主体达成共识("凝心")和形成合力("聚力")的能力,"凝聚力"的大小是针对"凝心"和"聚力"的过程而言,即该过程产生的效果、效率和效益。

"凝聚力"是对承灾体子系统参与应对灾害的"凝心"和"聚力"能力的一种测量和表达,是该系统内在的状态属性,它与承灾体子系统的结构和功能有关。"凝聚力"概念中"凝心"指的是承灾体子系统中各相应单元达成共识的过程,而"聚力"指的是各单元形成合力的过程。达成共识和形成合力,均是针对承灾体子系统应对致灾子系统而言的。

---

① 仙台框架将此修订为备灾、应急、安置、恢复与重建。

应对和防范灾害风险的主体是政府、事业单位、企业和个人，他们通过调整应对灾害的结构（设防、应对、救助、转移）与功能（备灾、应急、恢复、重建）的行动与行为，各自在自己的维度上进行单主体的优化，形成四个分合力；然后对四个主体的分合力进一步优化，形成合力，并同时作用于社会—生态系统中的社会子系统、经济子系统、生态子系统和制度子系统上（在中国为：社会建设、文化建设、经济建设、生态文明建设、政治建设子系统），形成"除害兴利"并举的局面；在此基础上，通过合作、协作、沟通和共建的途径，形成应对灾害的综合系统。这样通过多要素、多维度、多级序、多过程的"凝心聚力"后，形成应对灾害的总体合力——"凝聚力"，可用凝聚度表达。灾害系统凝聚力与致灾力的相互作用，构成了灾害系统的形成、发展的全过程。凝聚度与致灾力（度）可作为测量灾害系统复杂性的定量指标，凝聚度是承灾体子系统复杂性的计量，致灾力（度）是致灾子系统的计量。

2.4 灾害系统复杂性的测度——凝聚度

在全球气候变化加剧、世界经济一体化加速、极端灾害事件增多的大背景下，针对灾害系统复杂性的定量研究，迫切需要各种有效的理论和方法（胡小兵等，2014）。传统的"脆弱性""恢复性""适应性"等模型（Gallopin et al.，2006；Adger，2006）对推进发展灾害系统复杂性的研究工作都作出了重要的贡献。然而，这些已有方法在开展灾害系统复杂性的定量研究时都遇到了严重的瓶颈（OECD，2011）。灾害系统是一个复杂网络系统，必须应用复杂网络系统的理论和方法来分析和解决。

2.4.1 从联结度到凝聚度

正如文献（Wilson，1999；胡小兵等，2014；Gallopin et al.，2006）所指出的，社会—生态系统是一个复杂网络系统，其中的综合灾害风险管理是一个全局化、网络化、整体化的系统抗干扰问题，需应用复杂网络系统的理论和方法来分析和解决。

(1) 凝聚度

复杂网络系统涵盖了我们生活的方方面面。网络"联结度"（Node Degree）是用以研究网络系统的最基本的一个概念。联结度表述了一个结点和网络中的多少个其他结点有联结。基于联结度派生发展出的一系列的网络属性和模型，已成为近20年推动复杂系统科学研究高速发展的坚实理论基础（OECD，2011；Ball，2012；Helbing，2013；Boccaletti et al.，2013；Albert et al.，2002；何大韧等，2009；Newman et al.，2003；Newman，2001；Adamic et al.，1999）。例如，"联结度分布" $P(k)$ 就是这样一个基于联结度发展出来的网络属性，它表述了网络中一个结点的联结度为 k 的统计概率。得益于联结度分布的概念，复杂系统科学领域很快有了一个具有里程碑意义的重大发现：现实世界中的许多复杂网络系统的联结度分布并不满足以联结度均值为中心的泊松分布（Poisson Distribution），而是具有明显的无尺度的特性，即绝大多数结点的联结度都很小，而极个别的结点却具有很大的联结度，也就是说，联结度分布概率 $P(k)$ 随联结度 k 的增大而按幂指数减小。基于联结度分布的规律，人们又进一步研究了网络系统抵抗干扰的结构鲁棒性，其中最具影响的发现就是高联结度结点对提高系统抵抗蓄意攻击的能力至关重要（Callaway et al.，2000；Cohen et al.，2001）。

然而，最新的一项研究表明，当论及网络系统抵抗干扰的动态鲁棒性时，即便是抵抗蓄意攻击，低联结度的结点反而变得比高联结度的结点重要（Morino et al.，2012）。这个结论与前面研究结构鲁棒性的结论截然相反。为什么会这样呢？其实原因很简单，在研究结构鲁棒性时，我们只关心网络的拓扑结构，而忽略了结点的功能（所有结点都被当成同质的空间点而已）；而在研究动态鲁棒性时，结点的功能成了考虑的重点，结点被当成异质的功能个体。显然，一个现实的复杂网络系统绝不仅仅是一个拓扑结构而已，而是由许多异质的功能个体通过拓扑结构联系到一起的，从而在相互动态的影响中形成了整个系统的互补功能特性，其中就包括系统抵抗干扰的能力。这提醒了我们，只考虑拓扑结构的联结度，以及在联结度基础上发展起来的一系列网络属性和模型的理论体系，其实是不足以充分描述复杂网络系统的，也难以满足研究现实复杂网络系统的客观需要。

事实上，在研究现实复杂网络系统的许多工作中，都同时考虑了拓扑结构和结点功能。例如，在研究电网和神经网络时，结点被当成震荡子（Daido et al.，2004；Morino et al.，2011；Blaabjerg et al.，2006）；在研究疫病爆发的网络时，结点可以具有感染、被感染、恢复、免疫和死亡等不同状态（Pastor-Satorras，2001）；在研究网络中灾害扩散情况时，结点具有带延迟效应的双稳态（Buzna et al.，2006）；在研究社会规范和个体期望的动态演化时（Young et al.，1998），结点之间的协调程度（互补行为）是关键。在这些关于现实复杂网络系统的研究工作中，提出了许多新颖的网络属性。然而，这些网络属性主要用于研究系统组分之间相互作用功能的动力学特性（动态性能）。正如文献里所强调指出的：一个系统的复杂性，绝非仅仅源于其动力学特性；系统的各种非动力学特性，比如结点的异质性和初始条件等静态属性，都对系统的复杂性具有重要的影响，对此类特性相关的研究却很缺乏（Helbing，2013）。而且，诸如文献（Daido H et al.，2004；Morino et al.，2011；Blaabjerg et al.，2006；Pastor-Satorras et al.，2001；Buzna et al.，2006；Young，1998）中的那些网络新属性通常都是针对某特定系统而提出的，因而不具有像联结度这种静态属性那样的基础性和普适性。

任何一个现实复杂网络系统的特性，都是其拓扑结构和结点功能共同作用的结果。那么，是否存在一种像联结度一样具有基础性和普适性的网络系统静态属性，可以客观描述和度量复杂网络系统的拓扑结构和结点功能的综合抗干扰能力呢？社会—生态系统中综合灾害风险管理的实践活动给我们提供了很好的启示。人类社会是一个把诸多人力、物力、资源联结在一起的复杂网络系统。这个系统抵抗灾害（即干扰）的能力，当然与人力、物力、资源构成的保障功能（结点功能）以及社会结构（拓扑结构）有关，但又不尽然。即便系统所有资源的保障功能和社会结构都相同，一个凝心聚力的社会，与一个一盘散沙的社会，其抵抗灾害的能力是判若天地的。这个现象很难通过传统的用以衡量社会—生态系统抵抗灾害能力的"脆弱性""恢复性"或"适应性"来解释。社会实践表明，一个社会—生态系统凝聚力的大小很大程度上决定了其实际抵抗灾害的能力（Xu et al.，2013）。那么，这个凝聚力是否是一个可以量化的网络系统属性呢？它是否具有基础性和普适性呢？这正是需要探讨的问题（胡小兵等，2014）。

(2) 凝聚度的数学概念

首先提出网络"凝聚度"的概念，选用英文名"Consilience Degree(CD)"。在 *Consilience: The unity of knowledge*（Wilson et al.，1999）一书中"Consilience"一词表达

了所有科学知识整合归一的终极理想状态。网络凝聚度则是要描述和测度系统中的所有因素（包括拓扑结构和结点功能），在实现系统特定与总体功能的目的上，所整合归一的程度。网络凝聚度的数学定义如下所述：

假设一个网络系统，其拓扑结构由 $G(V, E)$ 表示，其中 V 表示网络中所有 N_N 个结点，E 表示所有 N_E 条链接。每个结点都有自己的结点功能。各结点的功能可以不同，但所有结点功能都是要为同一特定与总体的系统功能服务。结点间的功能会通过网络拓扑结构而相互影响。就服务于同一特定的系统功能而言，当两个结点连接到一起时，它们的结点功能可能相互促进提升，也可能相互干扰掣肘。所以，我们引入一个"功能状态"的概念。每个结点都有各自的功能状态，记结点 i 的功能状态为 θ_i，$\theta_i \in \Omega_\theta$，$i = 1, \cdots N_N$，$\Omega_\theta$ 是功能状态的取值范围。功能状态可代表的实际物理意义非常广泛，例如信号的同步程度、设备的兼容性、合作意愿、社会价值、个人态度、文化差异等，这些实际因素在各自的网络系统中，对决定系统的整体性能，都起着至关重要的作用。

然后，我们引入一个凝聚度函数：对相互连接的两个结点 i 和 j，函数 $f_{CS}(\theta_i, \theta_j)$ 将根据它们的功能状态 θ_i 和 θ_j 来计算它们互补或干扰的程度。虽然凝聚度函数 $f_{CS}(\theta_i, \theta_j)$ 的具体形式可以视问题而定，但应该满足以下几个条件：①对取值范围 Ω_θ 里的任意两个相位值 θ_i 和 θ_j，总有 $1 \leqslant f_{CS}(\theta_i, \theta_j) \leqslant 1$；②当 $\theta_i = \theta_j$ 时，有 $f_{dθ}(\theta_i, \theta_j) = 1$；③$f_{CS}(\theta_i, \theta_j)$ 是关于 $\theta_i = \theta_j$ 对称的；④存在一个 $\Delta\theta > 0$，对任何满足 $|\theta_i - \theta_j| \leqslant \Delta\theta$ 的 θ_i 和 θ_j，$|f_{CS}(\theta_i, \theta_j)|$ 是 $|\theta_i - \theta_j|$ 的非增函数。在本书中，除非特别指出，我们将用余弦函数 "cos" 来定义凝聚度函数 $f_{CS}(\theta_i, \theta_j)$。

基于上述准备，这里给出网络系统中结点凝聚度的定义。结点 i 的凝聚度计算如下：

$$c_{CD,i} = \sum_{j=1}^{k_i} f_{CS}(\theta_i - \theta_j) \qquad \text{式 2-2}$$

式 2-2 中 k_i 是结点 i 的联结度。由式 2-2 可知，如果一个结点连接到越多的具有越相似功能状态的其他结点，则其凝聚度就越大。因为 $-1 \leqslant f_{CS}(\theta_i, \theta_j) \leqslant 1$，所以 $-k_i \leqslant c_{CD,i} \leqslant k_i$。当结点 i 与其所连接的 k_i 个结点具有完全相同的功能状态时，其凝聚度就等于其联结度。所以，凝聚度可以看作一种被普遍化了的联结度，然而却包含了联结度所无法表述的意义。换而言之，联结度只是凝聚度的一种特例。显然，联结度 k_i 大并不意味着凝聚度 $c_{CD,i}$ 就大。如果与结点 i 相连的所有结点在功能上都是与结点 i 完全相冲突的，那么联结度 k_i 越大，只会导致凝聚度越小。由式 2-2，一个孤立的结点，不管其自身功能多强，其凝聚度为 0，这和常识相符。对一个非孤立的结点，即 $k_i > 0$，如果它所连接的结点之间在功能上相互冲突，那么该结点的凝聚度也可能为 0。例如，一台机器需要连接到两种外挂设备才能工作，如果其所连接的两台外挂设备是互不兼容的，那这台机器跟没有连接任何外挂设备一样，仍然无法工作。又如，一个人需要做二选一的决定，就去咨询两个他同样看重的朋友，两个朋友的建议正相反。因此，就做选择这件事而言，他就仿佛没有任何朋友可咨询一样，所以凝聚度为 0。显然，联结度是无法捕捉、描述、度量和解释这些情况的。图 2-19 给出了关于凝聚度与联结度的区别的示例，凝聚度与联结度的区别的网络系统(a)中，结点 3 具有最大的联结度 $k_3 = 4$，然而其凝聚度 $c_{CD,3} = -2$ 却是最小。虽然同系统中，结点 6 联结度最小 $k_6 = 0$，其凝聚度 $c_{CD,6} = 0$ 却是最大。系统(a)中结点 3 与结点 6 的反差，充分说明了凝聚度与联结度的天壤之别。虽然系统(a)中结点 4 和结点 5 的联结度都不为 0(结点 4，$k_4=3$；结点 5，$k_5=2$)，它们的凝聚度却和结点 6 一样都为 0，就仿佛它们没有连接任何结点一样。换而言之，相互冲突的联结等于没有联结。从拓扑结构看，系统(a)与系统(b)完全一样，然而系统(b)的平均凝聚度为 0，大于系统(a)的平均凝聚度 $-2/3$。这说明凝聚度是迥异于网络拓扑结构的系统特性。

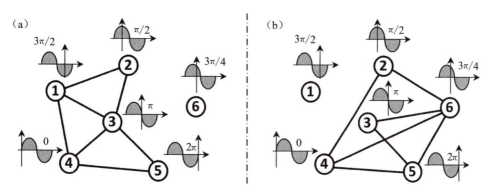

图 2-19 凝聚度与联结度的区别

凝聚度与其他常用的网络系统属性的区别也很明显。比如，网络同步性(Synchronization)可以描述系统中所有结点功能状态的相似程度，可如下定义

$$\overline{\Delta\theta} = \frac{1}{N_N(N_N-1)}\sum_{i=1}^{N_N}\sum_{j=1}^{N_N}|\theta_i-\theta_j| \qquad \text{式 2-3}$$

表面上看，网络同步性 $\overline{\Delta\theta}$ 似乎可以等价描述一个系统的平均凝聚度：

$$\overline{c}_{CD} = \frac{1}{N_N}\sum_{i=1}^{N_N}\sum_{j=1}^{k_i}f_{d\theta}(\theta_i-\theta_j) \qquad \text{式 2-4}$$

即，似乎 $\overline{\Delta\theta}$ 越小就对应 $\overline{c}_{CD}$ 越大。然而，事实并非如此。因为 $\overline{\Delta\theta}$ 并没有像 $\overline{c}_{CD}$ 一样考虑结点间的连接情况，所以 $\overline{\Delta\theta}$ 与 $\overline{c}_{CD}$ 之间并没有必然的联系。例如，同一群人合作完成一项工作，是把这群人胡乱分组，还是根据大家彼此间的合作意愿来分组，对最后工作的完成情况肯定是有巨大影响的。显然，两种分组情况不影响 $\overline{\Delta\theta}$ 值的大小，而 $\overline{c}_{CD}$ 则一小一大有了区别。因此，网络同步性是不能涵盖或替代网络凝聚度的。

又如，聚合系数(Clustering Coefficient，CC)描述了存在于一个结点和与它相连的其他结点之间链接的密集程度，对结点 i，其聚合系数定义如下：

$$c_{CC,i} = \frac{2n_{C,i}}{k_i(k_i-1)} \qquad \text{式 2-5}$$

式 2-5 中 $n_{C,i}$ 是存在于结点 i 和与结点 i 相连的其他结点之间的所有链接的数目。聚合系数具有非常重要的现实意义。例如，甲有两个朋友——乙和丙，则通常乙和丙彼此也是朋友。这说明现实网络系统中，结点的聚合系数都是比较高的。那聚合系数能涵盖或替代凝聚度吗？再看一个例子：有甲、乙两家公司，甲公司里的员工合作默契，乙公司里的员工相互争斗。从工作关系网来看，甲、乙两家公司的聚合系数是一样的，因为公司里的员工彼此间都是工作关系。然而它们的凝聚度就不一样了，按式 2-1 计算，就有甲公司凝聚度大，而乙公司的凝聚度很小(甚至为负)。究其原因，聚合系数是基于联结度提出的网络属性,是不考虑结点功能的,所以不可能真正反映出甲、乙两家公司的工作关系网的实际效能的。这说明,本研究所提出的凝聚度是超越了聚合系数的含义的。

再看网络的结构鲁棒性。众所周知,具有枢纽结点的网络系统对蓄意攻击的鲁棒性是很差的,也就是说,如果蓄意攻击枢纽结点,则系统很容易崩溃。一个部门的正常运转离不开部门负责人的管理。从管理关系网来说,部门负责人就是枢纽结点。设有甲、乙两个管理结构相同的部门,即结构鲁棒性相同。但甲部门的员工与负责人工作思路协调一致(有共识,凝聚度高),而乙部门的员工在工作上各自为政(认识不一,凝聚度低),全靠其负责人从中协调维持。现在上级要考核决定部门负责人的任免问题(蓄意攻击枢纽结点)。那么,①以部门业绩考量,哪个部门的负责人更可能被免掉?②在部门负责人空缺的情况下,哪个部门更可能无法运转(系统崩溃)?不考虑结点功能的结构鲁棒性显然不能回答这些问题。而本书中的凝聚度则为定量地回答上述问题提供了可能和依据。

凝聚度概念是根据社会—生态系统中的"凝心聚力"现象提炼出来的。那么,凝聚度的大小是否能全面反映"人心齐不齐""众人拾柴火焰高不高"的问题呢?"凝心聚力"的过程又该怎么来实现呢?带着这些问题,我们可以从凝聚度的概念拓展出一系列全新的网络属性和网络模型。这些新网络属性可以较全面、较准确地回答"人心齐不齐""众人拾柴火焰高不高"的问题。新网络模型用以生成具有高凝聚度的网络系统,模型中提出的组织机理和优化过程可以解释如何才能使系统获得较好的"凝心聚力"效果(胡小兵等,2014)。

(3) 基于凝聚度的新网络属性

由式2-2定义的凝聚度是一个基础性的概念,可以进一步改进和拓展。假设两个结点i和j,其联结度分别为$k_i \neq k_j$,而凝聚度相同为$c_{CD,i} = c_{CD,j}$。那么这两个结点抵抗干扰的效率是否也一样呢?或者说,它们凝心聚力的效率是否也一样呢?显然,应该是联结度小的结点,其凝心聚力的效率高,因为它通过连接较少的结点就达到了同样的抵抗干扰的能力。为了区别这种凝心聚力效率上的差异,我们引入邻域凝聚系数(Neighborhood Consilience Coefficient,NCC)的概念,定义如下:

$$c_{NCC,i} = \begin{cases} \dfrac{1}{k_i} \sum_{j=1}^{k_i} f_{CS}(\theta_i - \theta_j), & k_i > 0 \\ 0, & k_i = 0 \end{cases} \qquad \text{式 2-6}$$

因为式2-2决定了凝聚度总是$-k_i \leqslant c_{CD,i} \leqslant k_i$,所以由式2-6有邻域凝聚系数$-1 \leqslant c_{NCC,i} \leqslant 1$。所以,邻域凝聚系数是归一化了的凝聚度,描述了一个结点整合与其相连的结点资源的效率。例如,图2-20中结点3连接了5个其他结点,其凝聚度为$c_{CD,3} = 3$,而结点4连接了3个其他结点,其凝聚度为$c_{CD,4} = 2$。虽然$c_{CD,3} > c_{CD,4}$,但根据式2-6有$c_{NCC,4} = 0.6 > c_{NCC,3} = 0.6$,所以结点4的凝心聚力效率反而比结点3高。

邻域凝聚系数只考虑了与一个结点相连的结点资源。其实在一个网络系统中,所有结点

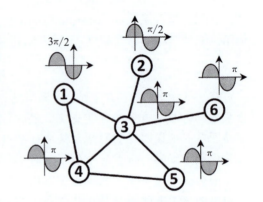

图2-20 凝聚度与邻域凝聚系数的区别

都可以视为潜在的可利用资源,不管有无连接。因此,我们可以用一个全局凝聚系数(Global Consilience Coefficient,GCC)来描述一个结点整合系统中所有潜在资源的效率,定义如下:

$$c_{GCC,i} = \frac{1}{N_N - 1} \sum_{j=1}^{k_i} f_{CS}(\theta_i - \theta_j) \qquad \text{式 2-7}$$

全局凝聚系数的理论取值范围也为[−1,1],但对一个联结度为 k_i 的结点,其全局凝聚系数 $c_{GCC,i}$ 最大可能为 $\frac{k_i}{N_N - 1}$。图 2-20 示例说明了全局凝聚系数与邻域凝聚系数的区别。图 2-21 给出了两个网络系统,系统(a)含有 6 个结点,系统(b)则有 10 个结点。系统(a)中的结点 3 的联结度为 4,邻域凝聚系数为 0.75,系统(b)中的结点 3 的联结度也为 4,但其邻域凝聚系数为 1。但由式 2-7 可知,系统(a)中的结点 3 的全局凝聚系数高于系统(b)中的结点 3,系统(a)中的结点 3 反而具有更高的整合系统潜在资源的效率。邻域凝聚系数和全局凝聚系数具有很强的现实意义。例如,甲、乙两人竞选总统,邻域凝聚系数可以用来反映党内支持程度,而全局凝聚系数则反映民众支持程度。显然,党内支持程度高并不能代表民众支持程度就高,而只有党内支持程度和民众支持程度都高的人,赢得选举的可能性才高。

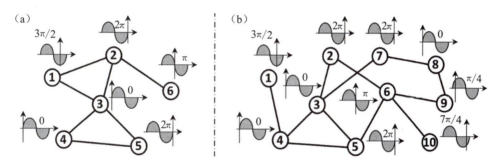

图 2-21 全局凝聚系数与邻域凝聚系数的区别(胡小兵等,2014)

我们还可结合具体问题,对式 2-2 做更复杂的改进。例如,前面的讨论都只考虑了结点功能的相位,而没考虑结点功能的强度。此外,存在于结点间的链接的效率也都默认为 1。这里假设每个结点都有各自固有的功能强度,记结点 i 固有的功能强度为 $a_i > 0$。再假设存在于结点 i 和结点 j 间的链接的效率为 $w_{i,j}$。则我们可重新定义结点 i 的凝聚度为

$$c_{CD,i} = \sum_{j=1}^{k_i} w_{i,j} a_j f_{CS}(\theta_i - \theta_j) \qquad \text{式 2-8}$$

那么邻域凝聚系数与全局凝聚系数也就相应地变为

$$c_{NCC,i} = \frac{1}{k_i \max_{j=1,\cdots,k_i}(w_{i,j} a_j)} \sum_{j=1}^{k_i} w_{i,j} a_j f_{CS}(\theta_i - \theta_j) \qquad \text{式 2-9}$$

$$c_{GCC,i} = \frac{1}{(N_N - 1) \max_{k,j=1,\cdots,N_N}(w_{k,j}) \max_{j=1,\cdots,N_N}(a_j)} \sum_{j=1}^{k_i} w_{i,j} a_j f_{CS}(\theta_i - \theta_j) \qquad \text{式 2-10}$$

正如前面已经提到过,式 2-1 中的凝聚度可以看作是一种被普遍化了的联结度。目

前研究复杂网络的理论体系很大程度上是基于联结度来建立的。众所周知，联结度是定义许多网络属性(如聚合系数、类聚系数)的基础。我们可以仿照这些基于联结度的网络属性，来定义相应的、凝聚度体系的网络新属性。比如，我们定义凝聚度体系的聚合系数如下：

$$c_{CDCC,i} = \frac{\sum_{k,j \in \Omega_{N,i}, k \neq j} f_{CS}(\theta_k - \theta_j)}{k_i(k_i - 1)}$$

式 2-11

式 2-11 中，$\Omega_{N,i}$ 是与结点 i 相连接的所有结点的集合。对于传统聚合系数很大的一组结点(存在于结点间的链接数目很多)，如果这些结点的功能状态千差万别，则其凝聚度体系的聚合系数仍然会很小，甚至为负。通俗地说，也就是这组结点"貌合(联结度体系的聚合系数很大)神离(凝聚度体系的聚合系数很小)"。新旧两个体系，孰优孰劣，一目了然。

2.4.2 基于凝聚度的网络模型与验证

现有的许多网络模型(例如用于研究小世界特性的随机重连模型、用于生成无尺度拓扑结构的选择性连接模型)也都是以联结度为基础的。我们可以参照这些基于联结度的网络模型，提出凝聚度体系的新网络模型。比如，我们可以定义凝聚度体系的选择性连接网络模型。在联结度体系的选择性连接模型中，向一个结点添加新链接的概率被定义为该结点当前联结度的函数(Barab'asi et al., 1999)。因此，当前联结度大的结点更有可能获得新的链接，从而联结度变得越来越大；而大部分结点将越来越难获得新链接；最后形成无尺度的拓扑结构。我们只需把模型中向一个结点添加新链接的概率重新定义为该结点当前凝聚度的函数，就可以得到凝聚度体系的选择性连接网络模型。如下文仿真结果所示，新模型不但可以生成老模型所能生成的无尺度的拓扑结构，而且还能使系统在平均水平上具有更高的网络凝聚度。

(1) 基于凝聚度的网络模型

这里就引出了一个问题：平均凝聚度高的网络系统必然具有无尺度的拓扑结构吗？为回答这个问题，我们专门设计了如下一个新网络模型。在新模型中，每当要添加一条新链接时，①先随机选取两个没有连接到一起的结点；②然后根据两个结点的功能状态差计算添加新链接的概率，原则是功能状态差越小，添加新链接的概率越大。具体的概率计算函数可定义如下：

$$p_C(i,j) = \frac{(\alpha + 1 + f_{CS}(\theta_i - \theta_j))^\beta}{\sum_{k=1}^{N_N}\sum_{h=k+1}^{N_N}(\alpha + 1 + f_{CS}(\theta_k - \theta_h))^\beta}$$

式 2-12

式 2-12 中，模型参数 $\alpha > 0$ 确保了即使是完全冲突的两个结点，也有可能获得新链接，而参数 $\beta > 0$ 则决定了添加新链接的概率对功能状态差的依赖程度。如下文仿真结果所示，基于式 2-12 的新网络模型可以生成平均凝聚度很高的网络系统，但却不一定具有无尺度的拓扑结构。

更进一步，凝聚度概念给网络系统优化问题也带来了全新的内容。考虑这样一个问题，给定 N_N 个结点，各结点的功能状态都已确定。现在，由于资源有限等原因，只能在

结点间建立 N_E 条链接。试问该如何建立这 N_E 条链接，以使得所生成的网络系统具有最大的平均凝聚度？显然，对联结度而言，是不存在类似的优化问题的，因为无论怎么建立这 N_E 条链接，平均联结度都是 $2N_E/N_N$，没有任何区别。对凝聚度就不一样了，图 2-21 全局凝聚系数与邻域凝聚系数的区别已经给出了一个很直观的例子。如何建立 N_E 条链接已达到系统最大的平均凝聚度，具有非常现实的应用背景和意义。例如，在社会—生态系统中，如何根据各利益相关体之间的亲疏远近，来优化系统的组织结构，以期在系统抵抗干扰时，能达到最大的凝心聚力的效果。

这里我们先提出一个简单的理论网络模型，用以生成具有最大的平均凝聚度的网络系统。我们假设有一个中央决策者，每一条链接都由中央决策者根据全局最优的目的来设置。那么，在设置第 l 条链接时，$l=1, 2, \cdots, N_E$，应该有 $((N_N-1)N_N/2-l+1)$ 种可能的设置方案，每一种可能的设置方案都各自对应两个结点，假设为结点 i 和结点 j，则第 k 条链接应该根据 $((N_N-1)N_N/2-l+1)$ 种可能方案中具有最大的 $f_{CS}(\theta_i, \theta_j)$ 值的方案来设置。这个模型可以生成具有理论上最大平均凝聚度的网络系统。

然而，在现实网络系统中，一般都不存在真正的中央决策者，各个结点一般不会等着被设置链接，而是都会自发、主动、随机、并行、相互竞争或补充地建立自己的链接。换句话说，现实网络系统大都是一个去中心化的自组织系统。下面再建立另一个理论网络模型，用以优化去中心化的自组织网络系统。每当要建立一条新链接时，先随机选择一个可以继续添加联结的结点，假设为结点 i，有 $k_i<(N_N-1)$，则就有 (N_N-1-k_i) 种可能的链接设置方案。于是选取这 (N_N-1-k_i) 种可能方案中具有最大的 $f_{CS}(\theta_i, \theta_j)$ 值的方案来设置链接。在这个模型中，每一个争取到当前链接设置权/资源的结点都要最大化自己的凝聚度。其结果是，所生成系统的平均凝聚度就不一定是全局最优了。随后的仿真结果将证明这一点。但是，这个模型更好地反映了现实网络系统中，尤其是社会—生态系统中，众多利益相关者相互博弈共存的现象。

当然，凝聚度优化问题远不止上述模型所讨论的那么简单。比如，一条链接的建立，除了与 $f_{CS}(\theta_i, \theta_j)$ 值有关外，还可能与结点 i 和结点 j 之间的距离有关。两个结点之间的距离越大，建立链接的成本就越高。同时，链接的效用可能就越低，即俗话所说"远水不解近渴"，即使两个结点的功能状态高度一致，但由于距离遥远，其相互支持、救助的效果也会被弱化。因此，我们就需要根据距离的影响来改进上述两个凝聚度优化网络模型。具体的改进措施可以结合实际问题来研究，本书不做进一步的探讨，但会在仿真试验结果部分介绍一种简单的改进方案。

(2) 与传统网络方法的对比仿真实验结果验证

前面理论部分的内容表明：基于联结度的复杂网络理论体系（网络属性和模型），与本书所述的基于凝聚度的新体系，是明显不同的。新体系所描述和研究的内容具有很强的现实意义，可以深刻地反映诸如社会—生态系统中存在的"凝心聚力"现象和效果，而这些内容都是绝非旧体系所能涵盖的，因而是对复杂系统科学理论的一个极大的扩充。本节我们给出一些仿真实验结果，以便更好地理解前面的理论概念和分析讨论。

在本节仿真实验中，我们采用了 8 个不同网络模型来生成网络系统，其中 6 个是基于凝聚度而设计的模型，另外 2 个则是基于联结度而设计的模型。基于式 2-12 的网络模型根据结点间的功能状态差来计算连接概率，简称为 CDPD 模型。我们参考文献（Barabásil et al.,1999)设计了一个联结度体系的选择性连接模型(简称"NDPA")和一个凝聚度体系的选择性连接网络模型(简称"CDPA"),它们的连接概率分别计算如下:

$$p_{NDPA}(i) = \frac{\alpha + (k_i)^\beta}{\sum_{j=1}^{N_N}(\alpha + (k_j)^\beta)} \qquad 式2\text{-}13$$

$$p_{CDPA}(i,j) = \frac{\alpha + (2 + f_{CS}(\theta_i - \theta_j)(1 + c_{NCC,i}))^\beta}{\sum_{k=1,\cdots,N_N, k\neq j}(\alpha + (2 + f_{CS}(\theta_k - \theta_j)(1 + c_{NCC,k}))^\beta)} \qquad 式2\text{-}14$$

式2-12和式2-14中的参数都为 $\alpha=0.01$,$\beta=3$。此外,我们还使用了(Watts D J,1998)中随机连接模型,其随机连接概率定为0.15。这是一个基于联结度的网络模型(简称"NDRC")。上述4个模型都是非优化模型。另外4个模型则是凝聚度优化网络模型,其中2个按中央决策者的思路设计全局最优的系统,一个不考虑距离的影响(简称"CDGO"),一个考虑距离的影响(简称"CDGOD");另外2个按去中心化自组织的思路设计局部最优的系统,也是一个不考虑距离的影响(简称"CDLO"),一个考虑距离的影响(简称"CDLOD")。本仿真实验中,假设距离对凝聚度函数产生如下影响:

$$\overline{f_{CS}}(\theta_i - \theta_j) = \begin{cases} f_{CS}(\theta_i - \theta_j)\left(\frac{d_{max} - d_{i,j}}{(1-\delta)d_{max}}\right)^\varepsilon, & d_{i,j} > \delta d_{max} f \\ f_{CS}(\theta_i - \theta_j), & d_{i,j} \leqslant \delta d_{max} \end{cases} \qquad 式2\text{-}15$$

其中 d_{max} 代表结点间的最大距离,$0 \leqslant \delta \leqslant 1$ 和 $\varepsilon > 0$ 为模型参数。由式2-15可知,当两个结点间距离小于阈值 δd_{max} 时,距离对凝聚度函数没有影响;超过阈值后,其影响将随距离增大而减小;其减小速率由 ε 决定。本仿真实验中,取 $\delta=0.1$,$\varepsilon=2$。另外,结点的功能状态随机地分布在区间$[0, 2\pi]$上。

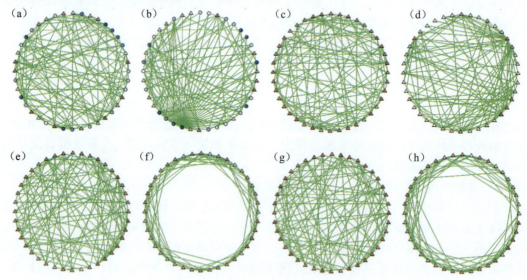

图2-22　8个模型产生的网络系统示例(胡小兵等,2014)

(a)NDRC(ACD=0.07); (b)NDPA(ACD=−0.25); (c)CDPD(ACD=3.96); (d)CDPA(ACD=3.53);
(e)CDGO(ACD=5.75); (f)CDGOD(ACD=1.88); (g)CDLD(ACD=5.60); (h)CDLOD(ACD=1.84)

为了直观展示 8 个模型所生成的网络系统的差别，我们先按 $N_N=40$ 和 $N_E=120$ 运行 8 个模型各一次，并且 8 个模型的结点功能状态的分布是一样的。8 个模型产生的网络系统示例给出了 8 个模型所生成的网络系统和系统的平均凝聚度（ACD），并用不同的形状和颜色区分了各个结点的凝聚度的大小。红色三角形表示结点的凝聚度为正（含 0 值），蓝色圆形则表示结点的凝聚度为负，红、蓝色的深浅代表了结点的凝聚度绝对值在结点间的相对大小。从图 2-22 中可以看出：①对基于联结度的模型 NDRC 和 NDPA，其所生成的网络系统中，三角形结点和圆形结点数目相当，说明结点的凝聚度正负相抵严重；②而对基于凝聚度的模型 CDPD 和 CDPA，大部分结点都是深红色的三角形，说明结点的凝聚度大都为正；③从拓扑结构上看，CDPD 和 NDRC 是典型的随机结构，而 CDPA 和 NDPA 则是无尺度结构，说明网络平均凝聚度的大小与拓扑结构之间没有必然的联系；④虽然 CDPA 和 NDPA 用相同的模型参数 α 和 β 值计算选择连接概率，但是 NDPA 中的无尺度结构出现得更快、更明显；⑤凝聚度优化模型 CDGO 和 CDLO 所得到的平均凝聚度显著大于其他模型；⑥考虑距离的影响后（CDGOD 和 CDLOD），系统平均凝聚度必然下降，但优化模型仍然保证了所有结点的凝聚度为正，不过长距离链接的数量大幅减少了；⑦全局优化模型（CDGO 和 CDGOD）的系统平均凝聚度总是大于局部优化模型（CDLO 和 CDLOD）。

下面再开展更深入的仿真实验，按 $N_N=100$ 和 $N_E=400$ 运行 8 个模型各 100 次。表 2-1 给出了实验结果的一些关键平均值。从表 2-1 实验结果的关键平均值可以看出：①根据基于联结度的网络属性（聚合系数、类聚系数和平均最短路径）来看，CDPD 与 NDRC 相仿，而 CDPA 与 NDPA 相似。因为聚合系数、类聚系数和平均最短路径主要是用来描述拓扑结构的，所以我们可以得出结论，CDPD 和 NDRC 所生成的网络系统具有相似的拓扑结构，而 CDPA 和 NDPA 的拓扑结构相似。图 2-23 与表 2-1 实验结果相关联的联结度分布情况进一步支持了上述结论。所以，基于联结度的网络属性是不能区分开 CDPD/CDPA 与 NDRC/NDPA。②根据基于凝聚度的网络属性（凝聚度、邻域凝聚系数和全局凝聚系数）来看，模型 CDPD/CDPA 与 NDRC/NDPA 是截然不同的，尽管它们的拓扑结构相似。这说明基于凝聚度的网络属性为我们提供了一个认识复杂系统的全新视角，这个视角所揭示出来的信息是基于联结度的网络属性所缺失的。③比较表 2-1 实验结果的关键平均值和图 2-23 与表 2-1 实验结果相关联的联结度分布情况中关于 NDPA 和 CDPA 的细节信息，我们可以发现，NDPA 更容易生成无尺度拓扑结构，这与图 2-22 中 8 个模型产生的网络系统示例所示的情况是一致的。一般而言，越显著的无尺度拓扑结构，其平均最短路径越小（得益于联结度更大的枢纽结点），而所取得的最大结点联结度也越大（以本实验中 $N_N=100$ 为例，在 NDPA 模型中，个别结点的联结度为 99，这是理论上的最大可能联结度，而 CDPA 模型所取得的最大联结度只有不到 70）。究其原因，是因为结点的功能状态间差异，使得现有最大凝聚度值的增长速度远没有现有最大联结度值的增长速度快，从而导致由式 2-14 算出的选择性连接概率平均意义上比由式 2-13 算出的小。所以，无尺度拓扑结构在 CDPA 模型中出现得就相对较慢。④对比 4 个凝聚度优化模型（CDGO、CDGOD、CDLO、CDLOD）与 4 个非优化模型（2 个联结度模型：NDRC、NDPA；2 个凝聚度模型：CDPD、CDPA），可以发现，无论是基于联结度的网络属性还是基于凝聚度的网络属性，两类模型的差异都很大。这说明凝聚度优化问题是一个全新的问题，不论是基于联结度的网络模型（NDRC、NDPA），还是仿照联结度模型而设计的凝聚度模型（CDPD、CDPA），都不能有效解决凝聚度优化问题。因此，必须研究全新的网络优化方法，如 CDGO、CDGOD、CDLO 和 CDLOD。⑤图 2-23 与表 2-1 实验结果相关联的联结度分布情况中 4 个凝聚度优化模型的联结度分布与 NDRC 和 CDPD 相似，都为 Poisson 分布。这很大程度上取决于结点功能状态的分布。优化模型的联结度分布是否也可能出现无尺度的特性，这是一个值得进一步研究的问题。

表 2-1 实验结果的关键平均值

项目	基于联结度的网络属性			基于凝聚度的网络属性		
	聚合系数	类聚系数	平均最短路径	凝聚度	邻域凝聚系数	全局凝聚系数
NDRC	0.307 1	0.002 6	2.425 6	−0.029 8	−0.003 1	−0.000 3
NDPA	0.522 4	0.397 1	1.929 6	−0.025 1	−0.003 4	−0.000 3
CDPD	0.351 5	0.001 5	2.577 8	5.753 3	0.632 9	0.058 1
CDPA	0.597 5	0.310 5	2.281 7	4.822 7	0.488 1	0.048 7
CDGO	0.810 9	−0.057 0	7.288 2	7.915 0	0.866 3	0.080 0
CDGOD	0.656 5	−0.042 4	3.554 6	7.192 2	0.778 3	0.072 6
CDLO	0.776 0	−0.013 0	6.909 6	7.871 3	0.869 3	0.079 5
CDLOD	0.605 7	−0.012 6	3.193 7	6.854 8	0.751 4	0.069 2

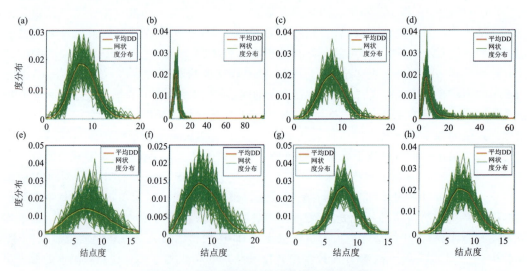

图 2-23 与实验结果相关联的联结度分布情况

(a)NDRC；(b)NDPA；(c)CDPD；(d)CDPA；(e)CDGO；(f)CDGOD；(g)CDLO；(h)COLOD

社会—生态系统是一个复杂网络系统，受其中综合灾害风险管理实践中"凝心聚力，共度时艰"现象的启发，本书提出一个全新的网络系统属性——凝聚度。凝聚度是一个基础性、普适性的网络属性。凝聚度不仅可以描述社会—生态系统抵抗干扰的能力，还能代表更广泛的实际意义，比如由于信号同步程度、设备的兼容性、合作意愿、社会价值、个人态度或文化差异等因素引起的系统性能差异。基于凝聚度概念，又拓展提出了一系列的网络系统新属性和新模型，从而形成了一套研究复杂系统的全新理论体系。证明了：基于凝聚度的网络系统所描述的内容，是完全不同于传统复杂系统研究中所用的基于联结度的理论体系。换言之，基于联结度的网络系统属性和模型不能涵盖或替代基于凝聚度的网络系统属性和模型。事实上，凝聚度是被普遍化了的联结度，而联结度只是凝聚度的一种特例。基于凝聚度的新体系为我们提供了一个认识灾害系统复杂性的全新视角，这个视角是现有网络属性和模型所缺失的。比如，社会—生态系统中的"凝心聚力"现象，就是现有的网络理论和方法所不能描述和测度的。本书所提出的基于凝聚度的网络系统属性和模型的新体系，不仅可以描述和测度这种"凝心聚力"现象，而且还能为实现系统最强的"凝心聚力"效果提供优化工具。

当然，本书所提出的网络系统凝聚度新体系还只是一个理论雏形，还需要开展大量的理论和应用研究工作。对凝聚度网络模型进行更加深入细致地理论研究，例如研究建立数学公式刻画各模型中参数对结果的影响关系，通过数学推导分析各模型重要特性的理论极值，显然，这样的理论研究应该结合实际问题，才会更有意义。因此，必须将凝聚度概念具体落实到各种实际的复杂灾害系统中去，计算分析实际灾害系统的凝聚度，检验凝聚度与灾害系统实际性能之间的关系。像研究联结度分布一样，探寻实际系统中凝聚度分布的规律。从灾害系统结构和功能优化的角度出发，设计和应用基于凝聚度的模型和方法。例如，在综合灾害风险管理研究中，应用基于凝聚度的模型和方法，以帮助实现一个社会—生态系统在防灾、抗灾和救灾过程中，以及在制定综合灾害风险防范对策过程中的结构和功能优化。

参考文献

Huberman B A, Adamic L A. Internet：Growth dynamics of the World-Wide Web[J]. Nature，1999，401(16)：23-25.

Adger W N. Vulnerability[J]. Global Environmental Change，2006，16(3)：268-281.

Adger W N. Social and ecological resilience：are they related？[J]. Progress in Human Geography，2000，24(3)：347-364.

Adger W N, Arnell N W, Tompkins E L. Adapting to climate change：perspectives across scales[J]. Global Environmental Change，2005，15(2)：75-76.

Albert R, Barabasi A L. Statistical mechanics of complex networks[J]. Reviews of Modern Physics，2002，74：47-97.

Ball P. Why Society Is A Complex Matter：Meeting Twenty-First Century Challenges with a New Kind of Science[M]. Berlin：Springer，2012：1-55.

Barab'asi A L, Albert R. Emergence of scaling in random networks[J]. Science，1999，286(5439)：509-512.

Smit B, Wandel J. Adaptation, adaptive capacity and vulnerability[J]. Global Environmental Change，2006，16(3)：282-292.

Batima P, Dagvadorj D. Climate Change and Its Impacts in Mongolia[R]. Ulaanbaatar：Mongolian National Agency for Meteorology，2000.

Blaabjerg F, Teodorescu R, Liserre M, et al. Overview of Control and Grid Synchronization for Distributed Power Generation Systems[J]. IEEE Transactions on Industrial Electronics, 2006, 53(5): 1398-1409.

Blaikie P, Cannon T. Davis I, At Risk: Natural Hazards, People's Vulnerability, and Disasters[M]. London: Routledge, 1994.

Boccaletti S, Latora V, Moreno Y, et al. Complex networks: Structure and dynamics[J]. Physics Reports, 2006, 424(4-5): 175-308.

Bolt B A, Horn W L, Macedonald G A, et al. Geological Hazards. Revised[M]. 2nd ed. Springer Verlag, New York Inc, 1977.

Burton I, Katersand R W, White G F. The Environment as Hazard[M]. 2nd ed. New York: The Guilford Press, 1993.

Buzna L, Peters K, Helbing D. Modelling the dynamics of disaster spreading in networks[J]. Physica A Statistical Mechanics & Its Applications, 2006, 363(1): 132-140.

Callaway D S, Newman M E J, Strogatz S H, et al. Network robustness and fragility: percolation on random graphs[J]. Phys Rev Lett, 2000, 85: 5468-5471.

Carrara A, Guzzetti F. Geographical Information Systems in Assessing Natural Hazards[M]. Kluwer Academic Publishers, Berlin: Springer-Verlag, 1995.

Chung R M. Natural Disaster Studies. An Investigative Series of the Committee on natural Disasters, Volume Six, Hurricane Hugo[M]. Washington DC: National Academy Press, 1994.

Cohen R, Erez K, Ben-Avraham D, et al. Breakdown of the internet under intentional attack[J]. Physical Review Letters, 2001, 86(16): 3682-3655.

Office USGCI. Our Changing Planet: The FY 1995 U. S. Global Change Research Program[J]. Journal of Atmospheric and Solar-Terrestrial Physics, 1997, 59(17): 2247-2248.

Daido H, Nakanishi K. Aging transition and universal scaling in oscillator networks [J]. Physical Review Letters, 2004, 93(10): 101-104.

Eddy J A, et al. Global Change in the Geosphere-Biosphere[M]. Washington DC: National Academy Press, 1986.

El-Sabh M I, Murty T S, Venkatesh S, et al. Recent Studies in Geophysical Hazards[M]. Berlin: Springer Netherlands, 1994.

Folke C, Carpenter S, Elmqvist T, et al. Resilience and Sustainable Development: Building Adaptive Capacity in a World of Transformations[J]. Ambio A Journal of the Human Environment, 2002, 31(5): 437.

Forman R T T. Some general principles of landscape and regional ecology[J]. Landscape Ecology, 1995, 10(3): 133-142.

Gallopín G C. Linkages between vulnerability, resilience, and adaptive capacity[J]. Global Environmental Change, 2006, 16(3): 293-303.

Gallopín G C, Funtowicz S, O'Connor M, et al. Science for the Twenty-First Century: From Social Contract to the Scientific Core[J]. International Social Science Journal, 2001, 53(168): 219-229.

Gallopín G C. Linkages between vulnerability, resilience, and adaptive capacity[J]. Global Environmental Change, 2006, 16(3): 293-303.

Helbing D. Globally networked risks and how to respond[J]. Nature, 2013, 497(7447): 51.

Holling C S. Engineering Resilience versus Ecological Resilience[J]. Engineering Within Ecological Constraints, 1996.

Horsburgh K, Horritt M. The Bristol Channel floods of 1607 reconstruction and analysis[J]. Weather, 2006, 61(10): 272-277.

IPCC. Managing The Risks of Extreme Events and Disasters to Advance Climate Change Adaptation: Summery for Pollicymakers 2012[EB/OL]. [2014-12-20]. http://www.ipcc.ch/pdf/special-reports/srex/SREX_FD_SPM_final.pdf.

Jeong H, Tombor B, Albert R, et al. The large-scale organization of metabolic networks[J]. Nature, 2000, 407(6804): 651-654.

Saarinen T F, Hewitt K, Burton I. The Hazardousness of a Place: A Regional Ecology of Damaging Events[J]. Geographical Review, 1973, 63(1): 134.

Merchant J W. Seasonal Land-Cover Regions of the United States[J]. Annals of the Association of American Geographers, 1995, 85(2): 339-355.

M Gad-el-Hak. Large-scale disasters: prediction, control, and mitigation[M]. Cambridge University Press, 2008.

Janssen M A, Ostrom E. Resilience, vulnerability, and adaptation: A cross-cutting theme of the International Human Dimensions Programme on Global Environmental Change[J]. Global Environmental Change, 2016, 16(3): 237-239.

Mileti D. Disasters by design: A reassessment of natural hazards in the United States[M]. Joseph Henry Press, 1999.

Morinaga Y, Tian S F, Shinoda M. Winter snow anomaly and atmospheric circulation in Mongolia[J]. International Journal of Climatology, 2003, 23(13): 1627-1636.

Tanaka G, Morino K, Aihara K. Dynamical robustness in complex networks: the crucial role of low-degree nodes[J]. Scientific reports, 2012(2): 232.

Morino K, Tanaka G, Aihara K. Robustness of multilayer oscillator networks[J]. Physical Review E, Statistical, Nonlinear, and soft Matter Physics, 2011, 83(5 pt 2): 056208.

Newman M E J, Strogatz S H, Watts D J. Random graphs with arbitrary degree distributions and their applications[J]. Physical Review E, Statistical, Nonlinear, and Soft Matter Physics, 2001, 64(2): 026118.

Newman M E J. Scientific collaboration networks. I. Network construction and fundamental results[J]. Physical Review E, Statistical, Nonlinear, and Soft Matter Physics, 2001, 64(1): 016131.

Newman M E J. The structure and function of complex networks[J]. SIAM review, 2003, 45(2): 167-256.

Okada N, Tatano H, Hagihara Y, et al. Integrated Research on Methodological Development of Urban Diagnosis for Disaster Risk and its Applications[J]. 京都大学防灾研究所年报, 2004: 1-8.

Organisation for Economic Co-operation and Development. Future Global Shocks: Improving Risk Governance[M]. Paris: OECD Publishing, 2011.

Parsons M L. Global Warming: the Truth Behind the Myth[M]. Plenum Press, 1995.

Pastor-Satorras R, Vespignani A. Epidemic spreading in scale-free networks[J]. Physical review letters, 2001, 86(14): 3200.

Shi P, Shuai J, Chen W, et al. Study on large-scale disaster risk assessment and risk transfer models[J]. International Journal of Disaster Risk Science, 2010, 1(2): 1-8.

Shi P, Ye Q, Han G, et al. Living with global climate diversity—suggestions on international governance for coping with climate change risk[J]. International Journal of Disaster Risk Science, 2012, 3(4): 177-183.

Pimm S L. The complexity and stability of ecosystems[J]. Nature, 1984, 307(5949): 321-326.

Integrated risk governance: science plan and case studies of large-scale disasters[M]. Springer Science & Business Media, 2012.

Turner B L, Meyer W B. Land use and land cover in global environmental change: considerations for study[J]. International Social Science Journal, 1991, 43(130): 669-679.

Watts D J, Strogatz S H. Collective dynamics of "small-world" networks[J]. Nature, 1998, 393: 440-442.

Whewell W. The philosophy of the inductive sciences[M]. Рипол Классик, 1840.

Wilson E O. Consilience: The unity of knowledge[M]. Little, Brown and Company, 1998.

Young H P. Individual Strategy and Social Structure[M]. Princeton University Press, 1998.

陈颙, 史培军. 自然灾害[M]. 第3版. 北京: 北京师范大学出版社, 2013.

何大韧, 刘宗华, 汪秉宏. 复杂系统与复杂网络[M]. 北京: 高等教育出版社, 2009.

胡小兵, 史培军, 汪明, 等. 凝聚度——描述与测度社会生态系统抗干扰能力的一种新特性[J]. 中国科学: 信息科学, 2014, 44(11): 1467-1481.

马宗晋. 灾害学导论[M]. 长沙: 湖南人民出版社, 1998.

吴传钧. 论地理学的研究核心——人地关系地域系统[J]. 经济地理, 1991(3): 1-5.

徐娜, 史培军. 走巨灾防范的中国之路[J]. 中国减灾, 2013(9): 8-9.

史培军, 孔锋, 叶谦, 等. 灾害风险科学发展与科技减灾[J]. 地球科学进展, 2014, 29(11): 1205-1211.

史培军, 吕丽莉, 汪明, 等. 灾害系统: 灾害群、灾害链、灾害遭遇[J]. 自然灾害学报, 2014(6): 1-12.

史培军, 汪明, 胡小兵, 等. 社会—生态系统综合风险防范的凝聚力模式[J]. 地理学报, 2014, 69(6): 863-876.

史培军, 杜鹃, 冀萌新, 等. 中国城市主要自然灾害风险评价研究[J]. 地球科学进展, 2006(2): 170-177.

史培军, 李宁, 叶谦, 等. 全球环境变化与综合灾害风险防范研究[J]. 地球科学进展, 2009, 24(4): 428-435.

史培军. 三论灾害学研究的理论与实践[J]. 自然灾害学报, 2002, 11(3): 1-9.

史培军. 四论灾害系统研究的理论与实践[J]. 自然灾害学报, 2005(6): 1-7.

史培军. 五论灾害系统研究的理论与实践[J]. 自然灾害学报, 2009, 18(5): 1-9.

史培军. 灾害研究的理论与实践[J]. 南京大学学报, 1991, 11: 37-42.

史培军. 再论灾害研究的理论与实践[J]. 自然灾害学报, 1996(4): 8-19.

第3章 灾害形成过程

本章阐述自然灾害、环境（生态）灾害及人为灾害的形成过程。灾害形成过程就是在特定孕灾环境条件下致灾与成害的过程，也就是灾害系统中致灾因子、承灾体、孕灾环境相互作用的过程，其结果就是灾情。灾情包括直接与间接灾情，或损失（Loss）与损害（Damage）两部分。灾害形成过程有突发过程和渐发过程之分，自然灾害形成过程常常表现为突发过程，环境（生态）灾害形成过程一般为渐发过程，人为灾害形成过程既有突发也有渐发过程。

3.1 自然灾害过程

自然灾害过程就是由自然致灾因子在非常短（几秒至几分钟内）的时段，发生的对承灾体的危害过程，通常会酿成人员伤亡、财产损失与资源和环境（生态）的损害。自然灾害过程形成包括致灾、成害与影响扩散的全过程。

地震、火山、崩塌、滑坡等自然灾害过程发生与发展迅速，使人类难以避让，不仅造成严重的人员伤亡，而且还常常造成巨大的财产损失。台风、暴雨、洪水、沙尘暴、海啸、野火等自然灾害过程都有一定的积累和发展期，在对地观测遥感和信息网络技术快速发展的今天，这些自然灾害过程的预警系统大大减少了人员伤亡，但因固定财产难以动迁，仍造成很大的财产损失。

随着人类社会的发展，人们对自然灾害过程的认识不断加深，设防水平也在不断提高，在经济与社会发达的地区，因灾造成的人员伤亡、财产损失的占比呈现下降的趋势。在经济与社会欠发达和不发达的地区，因灾造成的人员伤亡、财产损失则有增无减。在人类社会发展提升应对自然灾害能力的同时，暴露于自然致灾因子下的承灾体范围与规模在扩大，使自然灾害过程的影响面积与年俱增，总体灾情仍相当严峻。

全球化进程的加快、全球气候变化的加剧，使全球孕灾环境变化对自然灾害过程的影响日益突显，不仅使自然灾害过程复杂化，而且使各种灾害过程交织在一起，使人类社会应对灾害的任务更加艰巨。

下面以发生在中国的汶川地震为例，阐述突发性自然灾害过程。

2008年5月12日14时28分，中国西南部四川省阿坝藏族羌族自治州汶川县发生里氏8.0级地震。震中灾区汶川县映秀镇（30°57′N，103°24′E），震源深度16 km，震中烈度Ⅺ度。截至2008年8月25日，69 226人死亡，17 923人失踪，374 643人受伤，成灾面积50多万 km^2，直接经济损失8 451亿元人民币（当年价）（国家汶川地震灾后重建规划组，2008）。这是中华人民共和国成立以来破坏力最大的地震，也是唐山大地震后伤亡最严重的一次地震。

3.1.1 孕灾环境

（1）地质构造

元古代中期地壳发生"晋宁运动"，使岷江河畔固结陆壳基底"黄水河群"发生强烈褶皱和断裂，伴随大量岩浆侵入，岩层变质、破碎、移位、卷曲，建造成境内"杂岩"等构造雏形。古生代寒武纪、奥陶纪、志留纪、泥盆纪、石炭纪、二叠纪等时代，地壳发生"兴凯""古浪""祁连""天山""伊宁"等几次强烈的运动，使龙门山华夏系构造的九顶山华夏构造基本定型。同时，导致一系列"S"形压扭性结构面产生，形成薛城—卧龙"S"形褶皱构造带。伴随的岩浆活动形成褶皱、断裂带上的各种岩浆岩体(国家减灾委员会—科学技术部抗震救灾专家组，2008)。

汶川地震区及外围地震构造如图 3-1 所示，可以看出由东昆仑断裂带、岷江和虎牙断裂带、龙门山断裂带和鲜水河断裂带所围限的马尔康块体是一个向西开口的块体。受青藏高原隆起和南东挤出的影响，马尔康块体向南东方向运动，龙门山断裂带西南段走向与块体的运动方向接近垂直，因而阻挡了马尔康块体东南向运动，产生挤压力。当挤压力累积到最大，冲破障碍体时，强地震发生。受青藏高原强烈隆起和向南东侧向挤出、滑移的影响，这些深、大断裂都是全新世或晚更新世活动的断裂(国家减灾委员会—科学技术部抗震救灾专家组，2008)。

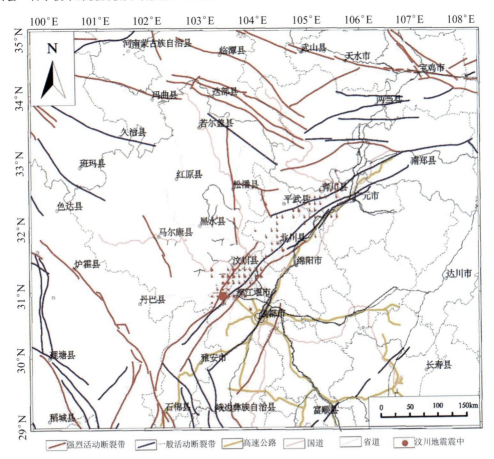

图 3-1 汶川地震震中区断裂构造图(据邓起东全国活动断裂图)
(国家减灾委员会—科学技术部抗震救灾专家组，2008)

注：①红线为强活动断裂；②蓝线为一般活动断裂。

龙门山断裂带总长 530 km，宽 40～50 km，走向北东，倾向北西，倾角 30°～70°，由三条裸露断裂和一条山前隐伏断裂组成。三条裸露断裂分别是茂汶—汶川断裂带、北川—映秀断裂带、灌县—江油断裂带。最新活动性质为挤压逆断兼右旋走滑。以江油为界分东北和西南两段，东北段是早、中更新世活动,而西南段为全新世活动,汶川 8.0 级地震就发生在西南段。

由于印度洋板块以每年约 15 cm 的速度向北移动,亚欧板块受到压力,并造成青藏高原快速隆升。又由于受重力影响,青藏高原东面沿龙门山在逐渐下沉,且面临着四川盆地的顽强阻挡,造成构造应力能量的长期积累。最终积累压力在龙门山映秀至汶川一带突然释放,造成了逆冲、右旋、挤压型断层地震。其中,北北西—北西—北西西向断裂主要表现为逆左旋走滑的特征,北北东—北东—北东东向断裂主要表现为右旋逆断特征或右旋正断特征。沿深、大断裂地震活动强烈,它们皆发生过≥7.0 级,甚至≥8.0 级地震。2008 年 5 月 12 日汶川 8.0 级地震就发生在龙门山断裂带上(表 3-1;图 3-2)(国家减灾委员会—科学技术部抗震救灾专家组,2008)。

表 3-1　区域范围地震构造、主要活动断裂和地震活动性一览表
(国家减灾委员会—科学技术部抗震救灾专家组,2008)

地震构造带	主要活动断裂	最新活动时代	性质	地震活动			
				$M5.0\sim5.9$	$M6.0\sim6.9$	$M7.0\sim7.9$	$M\geq8$
秦岭地震构造带	秦岭北缘断裂带	全新世	左旋正断	35	15	5	1
	渭河断裂带	晚更新世	正断				
	口镇—关山断裂带	全新世	正断				
	陇县—马召断裂带	全新世	正断				
	通渭断裂带	全新世	左旋正断				
	礼县—罗家堡断裂带	全新世	正断				
东昆仑地震构造带	东昆仑断裂带	全新世	左旋逆断	16	5	—	1
	迭部—白龙江断裂带	全新世	左旋逆断				
	临潭—宕昌断裂带	全新世	左旋逆断				
	光盖山—迭山断裂带	晚更新世	左旋逆断				
	中铁断裂带	晚更新世	左旋逆断				
	玛多—甘德断裂带	晚更新世	左旋逆断				
鲜水河—小江地震构造带	鲜水河断裂带	全新世	左旋逆断	34	19	11	—
	安宁河断裂带	全新世	左旋逆断				
	则木河断裂带	全新世	左旋逆断				
	小江断裂带	全新世	左旋逆断				
	大凉山断裂带	全新世	左旋逆断				
龙门山地震构造带	茂汶—汶川断裂带	全新世	右旋逆断	22	6	—	1
	北川—映秀断裂带	全新世	右旋逆断				
	灌县—江油断裂带	全新世	右旋逆断				
	山前隐伏断裂带	晚更新世	逆断				

续表

地震构造带	主要活动断裂	最新活动时代	性质	地震活动 M5.0~5.9	M6.0~6.9	M7.0~7.9	M≥8
滇西地震构造带	中甸断裂	全新世	左旋正断	45	9	2	—
	小中甸断裂	全新世	左旋正断				
	大具—丽江断裂	全新世	左旋正断				
	永胜断裂带	全新世	左旋正断				
	锦屏山—丽江断裂	全新世	右旋正断				
	鹤庆—洱源断裂	全新世	正断				
	宁蒗断裂	晚更新世	正断				
南北地震构造带	岷江断裂	全新世	逆左旋	144	33	12	1
	虎牙断裂	全新世	逆左旋				
	马边断裂带	晚更新世	逆左旋				
	龙泉山断裂	晚更新世	右旋正断				
其他断裂	七曜山—金佛山断裂	晚更新世	右旋正断	—	—	—	—
	黔江断裂	晚更新世	右旋正断	—	—	—	—
	威宁—六盘水断裂	晚更新世	左旋正断	—	—	—	—

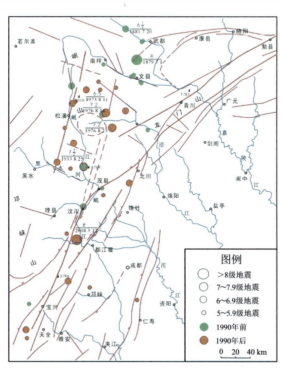

图 3-2 龙门山构造带地震和活动断裂分布图
(国家减灾委员会—科学技术部抗震救灾专家组,2008)

(2)地层岩性

汶川地震震区属下扬子地台地层分区，各时代地层自元古界至新生界均有不同程度出露，受龙门山断裂带切割影响，部分地层有缺失。各地层岩性如下：

中元古界黄水河群下部以变质火山岩为主，夹少量火山碎屑岩；中部岩组由石英纤闪片岩、角闪片岩、绿泥石英片岩、黑云母阳起片岩等组成；上部岩组主要由黑色石墨石英片岩、灰色石英岩组成。震旦系由下震旦统火山岩组中酸性火山岩和上震旦统陡山沱组碎屑岩及灯影组白云岩、硅质岩组成。寒武系地层岩性为黑色硅质岩、含炭粉砂岩、石英砂岩、磷块岩等。奥陶系岩性为大理岩和片岩。志留系岩性为中～浅变质的灰色、绿色千枚岩。泥盆系岩性为千枚岩、绢云母石英千枚岩、铁硅质灰岩、结晶灰岩、块状灰岩等。石炭系岩性为一套碳酸盐岩，主要有灰岩、结晶灰岩、硅质灰岩等，灰岩质纯。局部见少量千枚岩。二叠系地层下部岩性为各类灰岩、泥质灰岩、团块白云岩，含燧石结核，灰岩色白质纯，局部出露二叠纪喷出的玄武岩。上部岩性为灰岩、凝灰岩、粉砂质页岩、泥质粉砂岩、结晶灰岩等。三叠系地层岩性为紫灰色厚层泥质粉砂岩、灰色炭质页岩、砂质页岩等。侏罗系岩性以砾岩、砂岩为主，夹粉砂岩、泥岩等。白垩系为山前断陷盆地中的红层沉积。古近系、新近系主要分布于成都平原和陕西甘肃南部。第四系在震区东部主要为山前冲洪积扇沉积，北部为新近沉积黄土。此外，本区也发育大量的岩浆岩，包括侵入形成的花岗岩和喷出形成的火山岩，主要分布于研究区西南部、中部和东北部地区(图 3-3)(国家减灾委员会—科学技术部抗震救灾专家组，2008)。

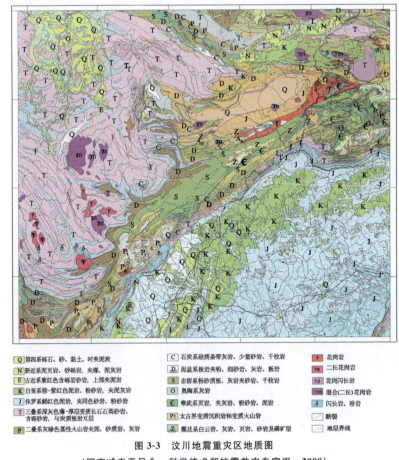

图 3-3　汶川地震重灾区地质图
(国家减灾委员会—科学技术部抗震救灾专家组，2008)

(3) 自然地理

除地质构造环境外,由地震引发的一系列地质灾害还与震区的岩石、地貌、气候、植被、土壤、水文等自然地理环境有密切的关系。震区正处在中国西南横断山区,高山、峡谷纵横,地势险峻,降水频繁且暴雨量大。因此,易引发大规模、大范围的崩塌、滑坡和泥石流灾害,以及进一步引发堰塞湖等灾害。以下以四川为例,分别阐述。

四川位于中国大陆地势三大阶梯中的第一级和第二级,即处于第一级青藏高原和第二级长江中下游平原的过渡带,高低悬殊,西高东低的特点特别明显。西部为高原、山地,海拔多在 3 000 m 以上;东部为盆地、丘陵,海拔多在 500~2 000 m。全省可分为四川盆地、川西高山高原区、川西北丘状高原山地区、川西南山地区、米仓山大巴山中山区五大部分。四川地貌复杂,以山地为主,有山地、丘陵、平原和高原 4 种地貌类型,分别占全省面积的 74.2%、10.3%、8.2%、7.3%。

四川地貌区可划分为川西高原、四川盆地、成都平原。川西高原为青藏高原东南缘和横断山脉的一部分,地面海拔 4 000~4 500 m,分为川西北高原和川西山地两部分。川西高原与成都平原的分界线是雅安的邛崃山脉,山脉以西便是川西高原。川西北高原地势由西向东倾斜,分为丘状高原和高平原。丘谷相间,谷宽丘圆,排列稀疏,广布沼泽。川西山地西北高、东南低。根据切割深浅可分为高山原和高山峡谷区。川西高原上群山争雄、江河奔流,长江的源头及主要支流在这里孕育古老与神秘的文明。其中贡嘎山是四川省最高点,海拔 7 556 m。

四川盆地由联结的山脉环绕而成,位于中国西部东缘中段、长江上游,包括四川中东部和重庆大部分,是川渝的主体区域,人口稠密,城镇密布,面积 26 万余平方千米,占四川行政面积的 33%。四川盆地西依青藏高原和横断山脉,北近秦岭,与黄土高原相望,东接湘鄂西山地,南连云贵高原,盆地北缘米仓山,南缘大娄山,东缘巫山,西缘邛崃山,西北边缘龙门山,东北边缘大巴山,西南边缘大凉山,东南边缘相望于武陵山。这里的岩石主要由紫红色砂岩和页岩组成。四川盆地底部面积约 16×10^4 km^2,按其地理差异,又可分为川西平原、川中丘陵和川东平行岭谷三部分。

成都平原(川西平原)又称盆西平原,为中国西南最大平原、河网最稠密地区。广义的成都平原介于龙泉山、龙门山、邛崃山之间,北起江油,南到乐山五通桥,包括北部绵阳、江油、安县间的涪江冲积平原,中部岷江、沱江冲积平原,南部青衣江、大渡河冲积平原等。三平原之间有丘陵台地分布,总面积近 23 000 km^2。狭义的成都平原仅指灌县、绵竹、罗江、金堂、新津、邛崃六地为边界的岷江、沱江冲积平原,面积为 8 000 km^2,是构成川西平原的主体部分。因成都市位于平原中央故称成都平原。

四川河流众多,以长江水系为主。黄河一小段流经四川西北部,为四川和青海两省交界,支流包括黑河和白河;长江上游金沙江为四川和西藏、四川和云南的边界,在攀枝花流经四川南部,在宜宾流经四川东南部,较大的支流有雅砻江、岷江、大渡河、理塘河、沱江、嘉陵江、赤水河。四川主要的湖泊有邛海、泸沽湖和马湖,水域面积均不超过 1 km^2。

四川气候总体特点是区域表现差异显著,东部冬暖、春旱、夏热、秋雨,多云雾、少日照,生长季长;西部则寒冷,冬长、基本无夏,日照充足、降水集中、干雨季分明。气候垂直变化大,气候类型多样,有利于农、林、牧综合发展;气象灾害种类多,发生频率高、影响范围大,干旱、暴雨、洪涝和低温等也经常发生。四川日温≥10 ℃ 的持续期为 240~280 d,积温达到 4 000~6 000 ℃,气温日较差小,年较差大,冬暖夏热,无霜期为 230~340 d。盆地云量多,晴天少,如 2013 年日照时间仅为 1 000~1 400 h,比同纬度的长江流域下游地区少 600~800 h。雨量充沛,年降水量达 1 000~1200 mm。

川西南山地为亚热带半湿润气候区。该区气温较高,年较差小,日较差大,早寒午暖,四季不明显,但干湿季分明。降水量较少,如 2013 年有 7 个月为旱季,年降水量 900~1 200 mm,90% 集中在 5—10 月。云量少,晴天多,日照时间长,年日照多为2 000~2 600 h。其河谷地区受焚风影响形成典型的干热河谷气候,山地形成显著的立体气候。

川西北地区为高山高原高寒气候区。该区海拔高差大,气候立体变化明显,从河谷到山脊依次出现亚热带、暖温带、中温带、寒温带、亚寒带、寒带和永冻带。总体上以寒温带气候为主,河谷干暖,山地冷湿,冬寒夏凉,水热不足,年均温为 4~12 ℃,年降水量为 500~900 mm。天气晴朗,日照充足,年日照 1 600～2 600 h。

四川土壤类型丰富，共有 25 个土类、63 个亚类、137 个土属、380 个土种，土类和亚类数分别占全国总数的 43.48% 和 32.60%。紫红色砂岩和页岩组成其成土母岩，这两种岩石极易风化发育成紫色土。紫色土含有丰富的钙、磷、钾等营养元素，是中国最肥沃的自然土壤。四川盆地是中国紫色土分布最集中的地方，素有"紫色盆地"的美称。

3.1.2 致灾因子

(1) 地震

汶川大地震发生在地壳脆韧性转换带，震源深度为 10～20 km，与地表近，持续时间较长(约 2 min)，是一次浅源地震；因此，破坏性巨大，影响广泛。

地震可按照震源深度分为：浅源地震，小于 70 km；中源地震，70～300 km；深源地震，大于 300 km（陈颙等，2013）。把浅源地震和深源地震在"血缘"上联系在一起的，是板块构造学说这一被称为"地球科学革命"的全球构造理论。浅源地震大多分布于岛弧外缘、深海沟内侧和大陆弧状山脉的沿海部分。

汶川大地震形成大范围的地表破坏。图 3-4 是地震形成的地表断裂带，它决定了地震的空间分部格局，即呈北东—南西向展布、长达 300 多千米的条带状地震带。地震引起大范围的崩塌和滑坡，又遭遇大雨，形成山区地震灾害链(图 3-5)，灾害链包括崩塌和滑坡、泥石流、堰塞湖等，它们结合在一起，几乎摧毁了北川县城(图 3-6)。

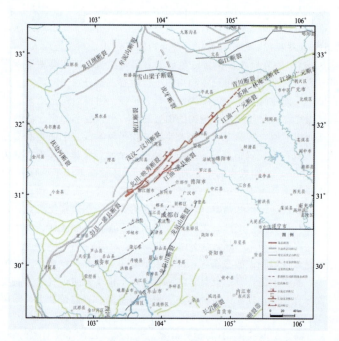

图 3-4　汶川地震形成的地表断裂带(国家减灾委员会—科学技术部抗震救灾专家组，2008)

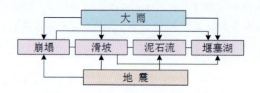

图 3-5　汶川地震灾害链(史培军等，2009)

图 3-6　北川县城地震后一角

根据"5·12"汶川地震及其余震的分布情况,以及对震区及其邻区发震构造的认识等,相关部门对震区相关潜在震源区的边界及震级上限进行了修改(国家减灾委员会—科学技术部抗震救灾专家组,2008)。潜在震源区划分遵循两条基本原则:地震重复性原则及构造类比原则。根据近年来在西南地区活动构造研究的最新成果、GPS 测量数据及区域地震活动性等,在汶川地震破坏区及其外围对潜在震源区重新进行了划分,与中国地震动参数区划图(2000)潜在震源区综合方案相比较,多处发生了变化,最大的变化在于沿龙门山断裂带中段及南段原有两个 7 级潜源,现震级上限均改为 8 级;二者间界线有所变动,汶川—北川潜源包括了"5·12"汶川地震主震及余震群的大部。

中国地震局对"5·12"汶川地震烈度进行了评估,从中国地震局于 2008 年 6 月制作的地震烈度等震线叠加上行政范围的结果图,可看出两个达Ⅺ度的高烈度区(图 3-7)。

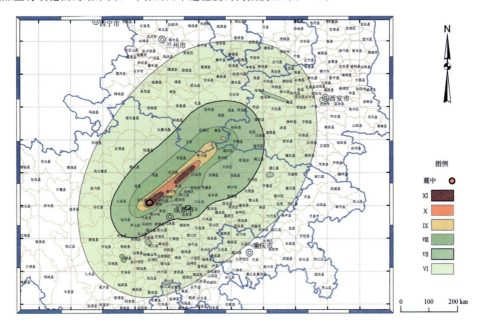

图 3-7　汶川地震烈度图(中国地震局,2008 年 6 月 7 日)

(2)崩塌、滑坡

根据中国国土资源部组织的专家对震区震构的地面调查和航拍解译结果及对历史数据的统计分析,对震区42个县(市)的次生地质灾害情况进行了分析汇总,从结果可看出崩塌与滑坡主要与高地震烈度分部带一致,也与震区地貌分布相关(图3-8,图3-9,图3-10)。

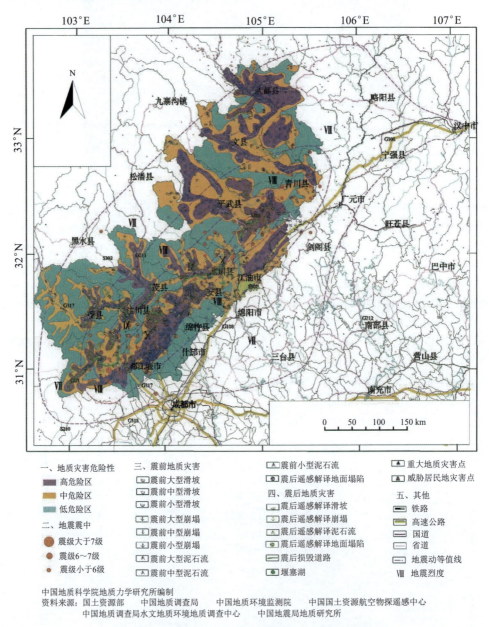

图3-8 汶川8级地震重灾区崩塌、滑坡、泥石流分布图
(国家减灾委员会—科学技术部抗震救灾专家组,2008)

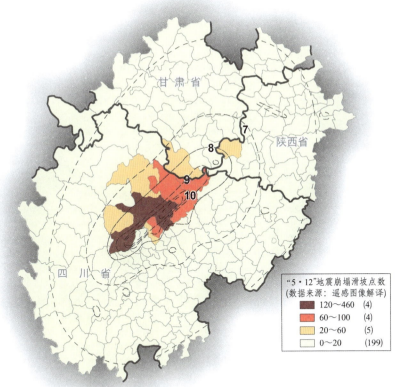

图 3-9　灾区"5·12"震后崩塌、滑坡各县点数

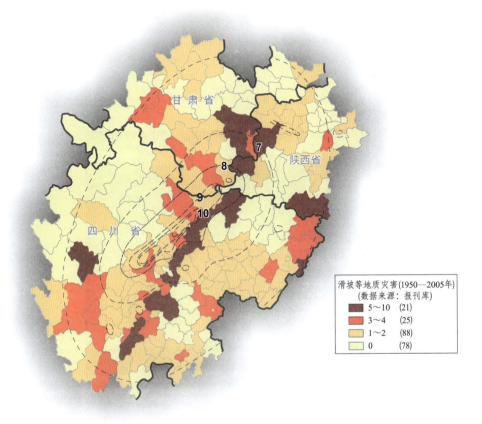

图 3-10　灾区历史滑坡等地质灾害危险度分布(1950—2005 年)

(3) 泥石流及堰塞湖

泥石流、堰塞湖的分布与震区的降雨及水系网有密切关系（图 3-11，图 3-12，图 3-13，图 3-14）。

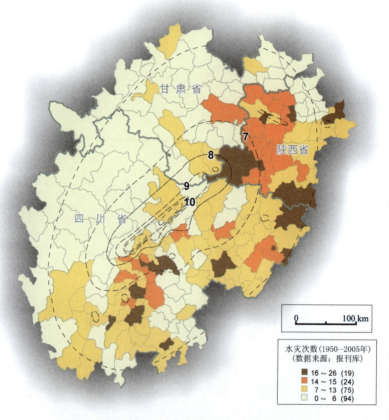

图 3-11　灾区历史水灾灾害危险度分布（1950—2005 年）

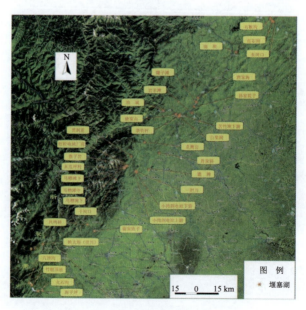

图 3-12　汶川地震形成的堰塞湖分布图

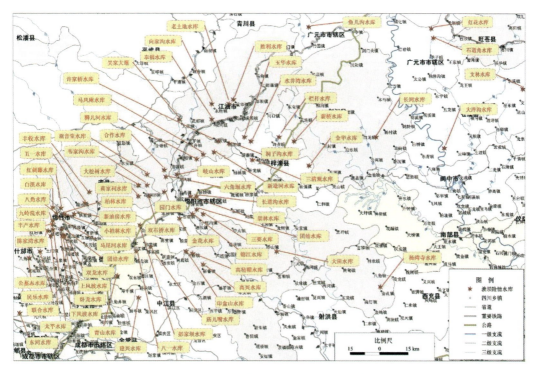

图 3-13 汶川地震震损溃坝险情水库分布图

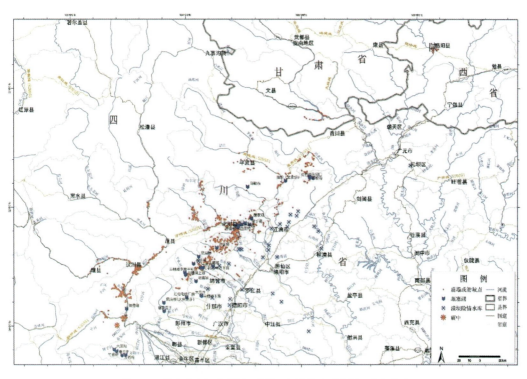

图 3-14 沿干道和河流崩塌、滑坡、堰塞湖遥感监测示意分布图

震区孕灾环境的作用，即主体受地震断裂带的控制，其次与地貌和岩性（震区东北秦巴山区）及降雨（震区西南雅安地区）相关（图3-15）。

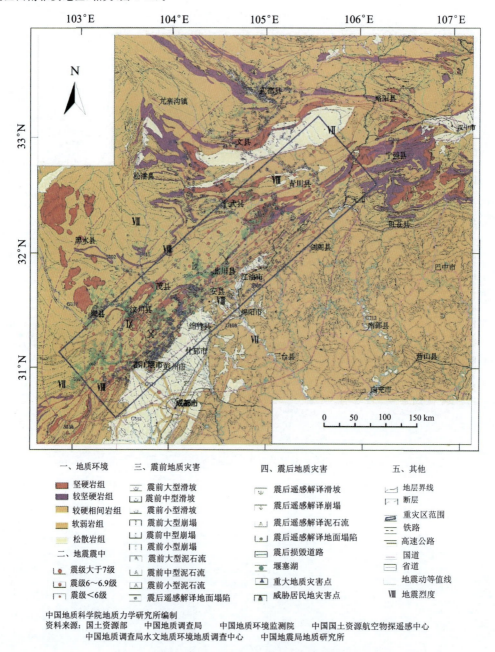

图 3-15　汶川地震主要地质灾害点分布与地质环境关系图

3.1.3 承灾体

汶川地震灾区主要包括四川、甘肃、陕西、重庆、云南、宁夏、西藏等省市区，其主体是四川。以下以四川为例，阐述其人口、经济、社会、基础设施、自然资源与生态环境等组成的承灾体。四川全境受到"5·12"汶川地震的影响,其主要受影响的区域处在龙门山断裂带两侧。

(1) 地理位置

四川介于东经 97°21′~108°33′和北纬 26°03′~34°19′,位于中国西南腹地,地处长江上游,东西长 1 075 km,南北宽 921 km,东西边境时差 51 min。

(2) 人口

据 2015 年全国 1‰人口抽样调查资料测算,全年出生人口 84.0 万人,人口出生率 10.3‰;死亡人口 56.6 万人,人口死亡率 6.94‰;人口自然增长率 3.36‰。年末常住人口 8 204 万人,比上年末增加 63.8 万人。其中,城镇人口 3 912.5 万人,乡村人口 4 291.5 万人,城镇化率 47.69%,比上年提高 1.39 个百分点。

(3) 经济

2015 年全省全年实现地区生产总值(GDP)30 103.1 亿元,按可比价格计算,比上年增长 7.9%。其中,第一产业增加值 3 677.3 亿元,增长 3.7%;第二产业增加值 14 293.2 亿元,增长 7.8%;第三产业增加值 12 132.6 亿元,增长 9.4%。

农业 四川农业素有精耕细作的传统,形成了夏收作物、秋收作物、晚秋作物一年三季的耕作制度。常年农作物种植面积 14 500 万~15 000 万亩(1 亩=666.67 m^2),其中粮食作物 10 000 万亩左右,经济作物 2 200 万~2 500 万亩,其他作物 2 300 万~2 500 万亩。粮食作物中水稻、小麦、玉米、红薯、马铃薯、大豆等种植优势明显,尤以水稻最为突出。经济作物有油菜、花生、水果等,资源丰富、种类繁多。全年生猪出栏 7 445.0 万头,牛出栏 278.7 万头,羊出栏 1 632.7 万只。全年水产养殖面积 19.94×10^4 hm^2,水产品产量 132.63×10^4 t。

工业 四川是中国西部工业门类最齐全、优势产品最多、实力最强的工业基地。2015 年,四川省实现全部工业增加值 12 084.9 亿元,对经济增长的贡献率为 45.6%。规模以上工业企业 13 338 户。完成全社会建筑业增加值 2 325.6 亿元。房屋建筑施工面积 52 795.4×10^4 m^2;房屋建筑竣工面积 20 692.3×10^4 m^2。

服务业 2016 年社会消费品零售总额 15 501.9 亿元,其中,城镇消费品零售额 12 435.4 亿元,乡村消费品零售额 3 066.5 亿元。全年实现旅游总收入 7 705.5 亿元。全年进出口总额 493.3 亿美元,其中,出口额 279.5 亿美元,进口额 213.9 亿美元,增长 18.2%。

(4) 社会

科技 截至 2016 年,四川拥有国家级重点实验室 13 个、省部级重点实验室 193 个,国家级工程技术研究中心 16 个、省级工程技术研究中心 162 个,省级产业技术研究院 25 个。全省全年共申请专利 142 522 件,获得授权专利 62 445 件。年末有认定高新技术企业 3 134 家;国家级科技企业孵化器 26 个、省级科技企业孵化器 67 个;国家级大学科技园 5 个、省级大学科技园 9 个。

卫生 截至 2016 年年末,四川省医疗卫生机构 79 517 个,其中医院 2 066 个(民营医院 1 362 个),基层医疗卫生机构 76 620 个;医疗卫生机构床位 51.9 万张;乡镇卫生院 4 489 个。新型农村合作医疗制度覆盖全部涉农县(市、区)。住院费用实际补偿比例提高到 65.2%。

体育 2016 年年末国家级高水平后备人才基地 15 所、省级 21 所,市(县)级业余训练重点单位 28 所;国家级青少年体育俱乐部 265 个。共建设全民健身路径 17 931 条,当年新建 3 146 条。实施体育"十项惠民行动",新建农民体育健身工程 1 923 个。

教育 截至 2014 年年末,四川省共有各级各类学校 2.5 万所,其中小学 6 959 所,初中 3 901 所,特殊教育 122 所,普通高中 732 所,中等职业教育 568 所,职业技术培训机构 4 539 个,研究生培养单位 38 个,成人高等学校 16 所,截至 2015 年 5 月,在川普通高等学校数量达到 109 所,其中本科高校 51 所,高职高专 58 所。

文化 截至2014年年末，四川省共有艺术表演场所52个，文化馆207个，文化站4 595个，公共图书馆198个。国家级文化产业示范基地13个，省级文化产业示范基地44个。共有博物馆164个，文物保护管理机构171个，全国重点文物保护单位230处，省级文物保护单位969处，市、县级文物保护单位6 307处。国家级非物质文化遗产名录139项，省级非物质文化遗产名录522项。拥有无线广播电台1座（四川人民广播电台），电视台1座（四川电视台），广播电视台165座，中短波发射台和转播台36座。

旅游 四川有世界遗产6处，列居全国第二位。其中：世界自然遗产3处（九寨沟、黄龙、四川大熊猫栖息地），世界文化与自然双重遗产1处（峨眉山—乐山大佛），世界文化遗产1处（青城山—都江堰），世界灌溉工程遗产1处（东风堰）。列入世界《人与生物圈保护网络》的保护区有4处（九寨、卧龙、黄龙、稻城亚丁）。四川共建自然保护区166个，面积89 100 km²，占全省土地面积的18.4%。2013年全省共建立森林公园121处，国家森林公园33处。

(5) 基础设施

2014年全年公路、铁路、航空和水路等运输方式完成货物周转量2 474.4亿t·km，比上年增长9.5%；铁路营运里程3 958 km；高速公路通车里程5 506 km；内河港口年集装箱吞吐能力44.1万标箱。

铁路 古有"蜀道难，难于上青天"之说，经过不断地建设，四川成为西南的交通枢纽。铁路是四川沟通省内外运输的大动脉。四川铁路已形成包括宝成铁路等5条铁路干线、8条铁路支线和4条地方铁路组成的铁路网。

公路 四川公路里程居全国第一，其中高速公路总里程突破6 000 km，居西部第一，全国第三。

水路 长江横贯全省，是水路运输的干线，并与岷江、金沙江等支线沟通，在境内形成了一个天然的水路运输网络。

航运 四川拥有成都双流国际机场和绵阳南郊机场、泸州蓝田机场、达州河市机场、九寨黄龙机场、宜宾菜坝机场等支线机场。成都双流国际机场是中国中西部地区最繁忙的民用枢纽机场，中国西南地区的航空枢纽和重要客货集散地。

(6) 自然资源

矿产 四川省矿产资源丰富且种类比较齐全，能源、黑色、有色、稀有、贵金属，化工，建材等矿产均有分布。已探明一定储量的有94种，占全国总数的60%，分布在全省大部分地区。

自然保护区 截至2014年年末，四川省共有自然保护区168个，面积8.4万km²，占全省土地面积的17.35%。

生物 四川省有国家一级重点保护动物：大熊猫、金丝猴、牛羚、绿尾虹雉、苏门羚、黑鹳、云豹、雪豹等。四川省有国家二级重点保护动物：小熊猫、猕猴、黑熊、大天鹅、水鹿、红腹角雉等。

3.1.4 灾情

(1) 地震灾害范围

汶川地震极重灾区有10个县（市），重灾区有41个县（市、区），一般灾区有186个县（市、区），其中，四川省100个、甘肃省32个、陕西省36个、重庆市10个、云南3个、宁夏回族自治区5个。另外，影响区有180个县（市、区），共417个县（市）受灾（图3-16）。各灾害范围面积如表3-2所示，极重灾区26 410 km²，重灾区90 246 km²，一般灾区383 615 km²。各灾害范围类别的死亡与失踪人数、倒塌房屋总间数及直接经济损失的百分比统计结果如表3-3所示。

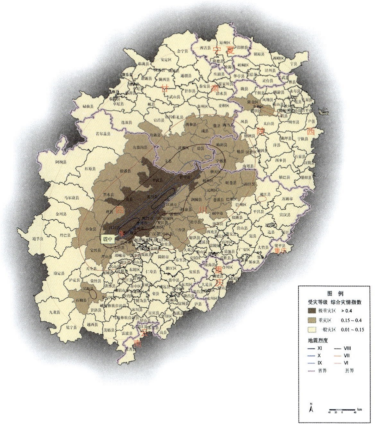

图 3-16　汶川地震灾害范围评估图
(国家减灾委员会—科学技术部抗震救灾专家组，2008)

表 3-2　灾害范围面积统计表

范围类型		省份	受灾面积/km²	小计/km²
严重受灾地区	极重灾区	四川省	26 410	26 410
	重灾区	四川省	61 473	90 246
		甘肃省	20 293	
		陕西省	8 480	
一般灾区		略		383 615

极重灾县(市)均位于地震Ⅹ度、Ⅺ度烈度区，因灾死亡与失踪人数都大于1 000人，排名前3位的汶川县、北川县和绵竹市因灾死亡和失踪人口都超过1万人。因灾直接经济损失占此次地震灾害直接经济损失总量的39.5%。

重灾县(市、区)基本位于地震Ⅶ度、Ⅷ度、Ⅸ度烈度区，因灾死亡与失踪人数一般为500人以内；因灾直接经济损失占地震灾害直接经济损失总量的44.7%。

一般灾区县(市、区)基本位于地震Ⅵ度、Ⅶ度烈度区；因灾死亡与失踪人数少于10人；因灾直接经济损失占地震灾害直接经济损失总量的15.2%。

极重灾区、重灾区综合灾情指数评估排序见表3-3和图3-16。

表 3-3 严重受灾地区综合灾情指数排序（国家减灾委员会一科学技术部抗震救灾专家组，2008）

范围类别	序号	县（区、市）	省份	总人口/万人	面积加权平均烈度	死亡和失踪人数数据		倒塌房屋数据			地质灾害数据							万人转安移置率/(人/万人)	综合灾情指数
						死亡和失踪人数/人	万人死亡和失踪率/(人/万人)	倒塌房屋总数/间	万人倒塌房屋率/(间/万人)	危害居民地/处	危害公路/处	威胁堵塞河流/处	威胁桥梁/座	威胁水库/座	损毁土地/km²	地质灾害危险度		
极重灾县（市、区）	1	汶川县	四川省	11	8.89	23 871	2 170	608 198	55 291	162	307	161	2	0	4	1.78	10 223	0.867 5
	2	北川县	四川省	16	9.16	20 047	1 253	347 856	21 741	439	271	27	0	1	13	1.72	8 625	0.705 0
	3	绵竹市	四川省	51	9.14	11 380	223	1 397 925	27 410	24	119	258	2	2	2	1.56	9 029	0.661 2
	4	什邡市	四川省	43	8.68	6 132	143	1 006 921	23 417	82	233	380	0	3	7	2.81	8 529	0.595 3
	5	青川县	四川省	25	8.74	4 819	193	714 084	28 563	158	97	23	2	1	0	0.62	9 811	0.514 6
	6	茂县	四川省	11	7.91	4 088	372	300 229	27 294	138	294	76	13	0	0	2.20	12 824	0.510 7
	7	安县	四川省	50	8.89	3 295	66	774 896	15 498	98	141	91	0	5	6	0.95	9 720	0.499 3
	8	都江堰市	四川省	61	9.13	3 388	56	655 265	10 742	57	63	9	0	0	1	1.27	7 174	0.491 0
	9	平武县	四川省	19	8.15	6 565	346	299 557	15 766	84	153	10	1	0	0	0.67	9 789	0.442 4
	10	彭州市	四川省	78	8.53	1 131	15	622 066	7 975	257	45	183	0	1	26	1.86	5 754	0.433 3
重灾县（市、区）	1	理县	四川省	4	7.38	123	31	296 045	74 011	25	141	114	0	0	1	0.81	12 792	0.387 1
	2	江油市	四川省	88	8.25	437	5	903 656	10 269	120	39	13	0	0	5	0.36	5 511	0.376 8
	3	文县	甘肃省	24	7.67	111	5	504 226	21 009	12	29	30	0	2	2	0.63	7 767	0.350 9
	4	利州区	四川省	48	7.56	44	1	423 985	8 833	1 224	22	14	0	1	0	0.56	10 008	0.329 5
	5	武都区	甘肃省	55	7.49	118	2	398 047	7 237	483	139	99	0	2	7	1.49	5 150	0.315 5
	6	朝天区	四川省	21	7.74	18	1	219 430	10 449	1 355	0	6	0	0	0	0.29	8 476	0.308 6

续表

范围类别	序号	县(区、市)	省份	总人口/万人	面积加权平均烈度	死亡和失踪人数数据		倒塌房屋数据		地质灾害数据						万人转移安置率/(人/万人)	综合灾情指数
						死亡和失踪数/人	万人死亡和失踪率/(人/万人)	倒塌房屋总数/间	万人倒塌房屋率/(间/万人)	危害居民地/处	危害公路/处	威胁堵塞河流/处	威胁桥梁/座	威胁水库/座	损毁土地/km²	地质灾害危险度		
重灾县(市、区)	7	康县	甘肃省	20	7.69	28	1	137 935	6 897	43	—	7	0	0	13	0.51	5 229	0.276 0
	8	旺苍县	四川省	46	7.00	16	0	170 980	3 717	4 944	40	36	0	0	26	2.23	4 261	0.275 8
	9	梓潼县	四川省	38	7.26	24	1	196 392	5 168	—	—	—	—	—	—	0.00	7 970	0.248 8
	10	游仙区	四川省	52	7.41	77	1	287 615	5 531	—	—	—	—	—	—	0.00	5 351	0.247 2
	11	涪阳区	四川省	64	7.11	54	1	497 836	7 779	26	9	8	—	1	0	0.27	3 565	0.239 3
	12	小金县	四川省	8	6.77	42	5	118 709	14 839	—	—	—	—	—	—	0.00	9 075	0.234 3
	13	涪城区	四川省	64	7.05	204	3	428 889	6 701	—	—	—	—	—	—	0.00	5 313	0.233 6
	14	宁强县	陕西省	34	7.55	10	0	18 247	537	66	2	13	0	0	0	0.06	5 220	0.228 8
	15	罗江县	四川省	24	7.04	15	1	160 832	6 701	—	—	—	—	—	—	0.00	6 398	0.222 1
	16	黑水县	四川省	6	6.58	16	3	82 024	13 671	107	60	53	0	0	5	0.36	8 000	0.220 1
	17	崇州市	四川省	67	7.41	80	1	141 205	2 108	90	64	43	1	0	4	0.61	1 151	0.219 5
	18	剑阁县	四川省	67	7.05	19	0	237 153	3 540	1 321	20	1	0	1	—	0.69	2 666	0.217 1
	19	三台县	四川省	146	6.93	43	0	401 844	2 752	—	—	—	—	—	—	0.00	5 037	0.212 7
	20	成县	甘肃省	25	7.00	18	1	42 134	1 685	33	37	15	—	2	0	0.58	4 656	0.207 4
	21	略阳县	陕西省	20	7.17	10	1	10 113	506	67	17	16	0	0	0	0.11	5 241	0.203 6
	22	阆中市	四川省	86	7.00	8	0	83 940	976	—	—	—	—	—	—	0.00	5 811	0.197 5

续表

范围类别	序号	县(区、市)	省份	总人口/万人	面积加权平均烈度	死亡和失踪人数数据		倒塌房屋数据			地质灾害数据							万人转安移置率/(人/万人)	综合灾情指数
						死亡和失踪人数/人	万人死亡和失踪率/(人/万人)	倒塌房屋总数/间	万人倒塌房屋率/(间/万人)		危害居民地/处	危害公路/处	威胁堵塞河流/处	威胁桥梁/座	威胁水库/座	损毁土地/km²	地质灾害危险度		
重灾县(市、区)	23	盐亭县	四川省	60	6.79	14	0	290 117	4 835		—	—	—	—	—	—	0.00	4 385	0.193 2
	24	松潘县	四川省	7	6.55	38	5	32 378	4 625		37	16	10	0	0	0	0.09	8 119	0.189 4
	25	苍溪县	四川省	77	7.00	11	0	153 410	1 992		137	10	0	0	0	0	0.06	3 401	0.187 7
	26	芦山县	四川省	12	7.19	0	0	20 763	1 730		1 236	12	0	0	0	1	0.32	1 708	0.187 5
	27	勉县	陕西省	43	7.00	7	0	6 635	154		44	5	0	0	2	2	0.48	3 169	0.187 1
	28	徽县	甘肃省	21	7.00	13	1	13 189	628		108	28	23	0	0	1	0.20	3 687	0.182 4
	29	中江县	四川省	142	6.93	21	0	372 502	2 623		—	—	—	—	—	—	0.00	1 085	0.179 7
	30	元坝区	四川省	24	7.00	13	1	161 439	6 727		—	—	—	—	—	—	0.00	1 375	0.179 1
	31	大邑县	四川省	51	7.21	25	0	82 385	1 615		28	19	33	0	0	1	0.21	257	0.177 9
	32	宝兴县	四川省	6	7.04	3	1	15 076	2 513		104	42	16	0	0	0	0.21	663	0.165 2
	33	南江县	四川省	65	6.74	2	0	45 687	703		108	1	4	0	0	7	0.29	3 151	0.164 9
	34	西和县	甘肃省	40	6.93	12	0	45 224	1 131		35	5	6	0	0	2	0.10	2 138	0.164 9
	35	两当县	甘肃省	5	6.79	1	0	7 937	1 587		43	7	5	0	0	0	0.06	3 713	0.164 0
	36	广汉市	四川省	59	7.00	54	1	141 486	2 398		—	—	—	—	—	—	0.00	335	0.161 9

注："—"为无此项。

(2) 人员伤亡、倒塌房屋、道路损毁

人员伤亡 据统计，截至 2008 年 8 月 25 日，69 226 人死亡，374 643 人受伤，17 923 人失踪（国家汶川地震灾后重建规划组，2008）。

倒塌房屋 通过遥感解译判读，提取样本点房屋倒塌、道路损毁信息，得到倒房等级数据。根据一般建筑物设防的破坏概率，结合地震烈度数据，推算出倒房率与损房率之间的关系，统计评估区域内各县市、乡镇房屋损坏程度。

道路损毁 汶川大地震对地震高烈度区的道路损毁最严重（图 3-17）。

以上三项灾情在各重灾县市区的具体分布如表 3-3 所示。

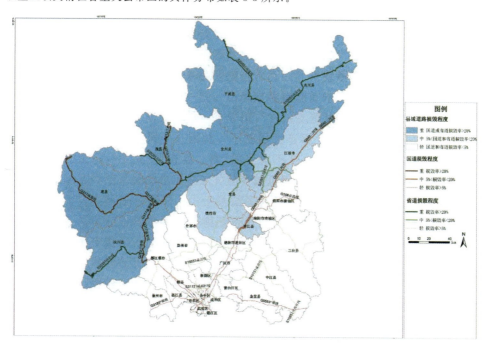

图 3-17 汶川地震道路损毁遥感评估图（史培军等，2008）

(3) 生态系统损害

地震严重影响区是重要生态安全屏障 该区具有重要生态服务功能，是岷江、涪江、沱江和白水江的主要水源区。岷山与邛崃山系还是中国生物多样性保护的关键区域，是大熊猫、川金丝猴等珍稀濒危物种的主要栖息地。同时区内自然景观独特，风景名胜分布集中，历史文化遗产丰富，是中国乃至国际旅游的重要目的地，是水源涵养和生物多样性保护的国家重要生态功能区。

生态破坏严重，损失巨大 生态系统丧失面积为 64 314 hm²，占生态破坏重灾区自然生态系统面积的 2.8%，其中森林、草地和河流湿地，受损面积分别为 51 709 hm²、5 398 hm² 与 374 hm²，是有资料记载以来，对生态系统破坏最为严重的地震之一。地震生态环境破坏的重灾区有 12 县，面积为 338.6×10⁴ hm²，包括汶川县、绵竹市、安县、彭州市、都江堰市、什邡市、北川县、茂县、平武县、青川县、江油市和文县。受损生态系统的空间分布与地震烈度的空间分布高度相关，主要分布在地震烈度 Ⅹ 度及以上区域。

生态功能受到严重损害，威胁地区生态安全 生态系统严重受损对地区生态安全带来巨大风险和威胁。一是，该区域每年为成都平原及长江流域提供水资源近 250×10⁸ m³，森林生态系统的破坏直接削弱了水源涵养能力，增加了山洪暴发的风险。二是，森林、灌丛、草地生态系统的破坏，削弱了土壤保持能力，可能因此年增加土壤侵蚀量数百万吨。三是，由于地震导致地表的破坏，滑坡和泥石流风险增

加,威胁居民的生命财产安全,并对岷江、沱江、涪江以及长江上游的河道和水利工程的安全带来严重威胁。

珍稀濒危动植物栖息地严重破坏,大熊猫保护面临巨大挑战 地震主要影响区是大熊猫主要栖息地和大熊猫野生种群的分布区,分布有全国大熊猫种群的70%。地震及其次生地质灾害,导致大熊猫栖息地丧失达3.8%,受影响栖息地面积为11.5%,将加剧栖息地的隔离,使得原已严重破碎化的大熊猫栖息地雪上加霜,局部被隔离的种群由于不能交流,可能面临灭绝。同时栖息地的进一步隔离,会大大增加竹子开花等对大熊猫的危害和风险,大熊猫保护面临新的巨大挑战。

土地资源承载力下降,人地矛盾加剧 地震及其次生地震灾害造成的大面积的耕地毁坏,受损耕地面积达13 466 hm²,占生态破坏重灾区耕地面积的0.6%。位于地震中心的汶川耕地损失为3 264 hm²,占全县耕地面积的14.1%。由于重灾区的地形条件制约,后备可耕地资源几乎没有,地震导致生态破坏重灾区耕地面积减少,土地资源承载力下降,加上恢复重建将占用耕地,将进一步加剧人与土地的矛盾。

自然保护区基础设施损失严重,监管能力严重下降 地震造成了重灾区自然保护区的管护、科研监测、宣传教育及其他基础设施、设备的巨大破坏。自然保护区的办公用房毁坏达11万多平方米,管护站点倒塌损毁达4×10^4 m²,瞭望塔毁坏110座,防火道路毁坏664 km,自然保护区内道路严重受损,如卧龙、九顶山等自然保护区的基础设施几乎全部丧失。基础设施的破坏,降低了保护区的保护与监管能力,给重灾区生物多样性的保护带来巨大风险。

生态破坏容易恢复难,灾后生态恢复与重建任务艰巨 地震导致的10 000余处、近80 000 hm²滑坡、泥石流、崩塌等地质灾害整治难度大,将对灾区生态环境产生长期的影响,其产生的次生地质灾害将直接威胁灾区人民群众的生产、生活。地震导致的60 000多公顷生态系统的破坏直接削弱了生态系统的服务功能,对生态安全造成了严重的威胁,对灾区经济社会可持续发展将产生深远的影响,其生态恢复与重建时间长、难度大,不仅要治理各种地质灾害,还要恢复生态系统及其服务功能,不断提高生态环境承载能力,任务十分艰巨。同时,重灾区内退耕还林、长江防护林、小流域治理和天然林保护工程等生态保护工程项目多分布在沿河谷的坡耕地,在地震中受到的损失难以估计(国家减灾委员会—科学技术部抗震救灾专家组,2008)。

(4)直接经济损失

按照国务院《汶川地震灾后恢复重建条例》及《国家汶川地震灾后重建规划工作方案》要求,在四川、甘肃、陕西省人民政府,以及中国地震局、国家统计局等部门的大力支持下,民政部、国家汶川地震专家委员会在完成汶川地震灾害范围评估的基础上,依据四川、甘肃、陕西三省评估报告和统计报表,进行了汶川地震灾害损失综合评估。汶川地震造成四川、甘肃、陕西三省的直接经济损失总数为9 589.01亿元。另据民政部统计,汶川地震灾害还造成重庆、云南等省(自治区、直辖市)直接经济损失20.6亿元,即此次地震造成总的直接经济损失为9 609.61亿元,其中,四川省8 847.92亿元,甘肃省499.04亿元,陕西省242.06亿元,其他受灾省(自治区、直辖市)20.6亿元,分别占总损失的92.07%、5.19%、2.52%和0.21%。

在四川、甘肃、陕西三省因灾直接经济损失中,城乡住宅损失2 866.92亿元,占三省总损失的29.90%;城镇非住宅损失1 279.49亿元,占三省总损失的13.34%;农业损失380.60亿元,占三省总损失的3.97%;工业(含国防工业)损失927.04亿元,占三省总损失的9.67%;服务业损失775.69亿元,占三省总损失的8.09%;基础设施损失2 008.96亿元,占三省总损失的20.95%;社会事业损失592.08亿元,占三省总损失的6.17%;居民财产损失332.93亿元,占三省总损失的3.47%;土地资源损失248.00亿元,占三省总损失的2.59%;自然保护区损失46.97亿元,占三省总损失的0.49%;文化遗产损失79.80亿元,占三省总损失的0.83%;矿山资源损失50.03亿元,占三省总损失的0.52%;其他资源损失(林业系统基础设施损失)0.51亿元,占三省总损失的0.01%(国家减灾委员会—科学技术部抗震救灾专家组,2008)。

3.1.5 灾害形成过程

汶川地震是一场巨灾，地震引发了崩塌和滑坡，又遭遇大雨引发泥石流等灾害。汶川地震灾害形成过程是汶川地震灾区以地震灾害为主的多灾种、灾害链与灾害遭遇组成的灾害系统相互作用的产物。高山峡谷的地貌、平原西部发达的经济与社会对汶川地震灾害的形成起到了重要作用，前者放大了致灾因子的作用，后者放大了财产损失。

汶川大地震是新中国成立以来破坏性最强、波及范围最大的一次地震，地震的强度超过了1976年的唐山大地震。第一，从震级上可以看出，汶川地震稍强。唐山地震国际上公认的是 7.8 级，汶川地震是 8.0 级。第二，从地震断层错动上看，唐山地震是拉张性的，是上盘往下掉。汶川地震是上盘往上升，要比唐山地震影响大。第三，唐山地震的断层错动时间是 12.9 s，汶川地震是 22.2 s，错动时间越长，人们感受到强震的时间越长，也就是说汶川地震建筑物的摆幅持续时间比唐山地震要长。第四，汶川地震波及的面积、造成的受灾面积比唐山地震大，这主要是由于断层错动的原因，汶川地震是挤压断裂，错动方向是北东方向，也就是说汶川的北东方向受影响比较大，但是它的西部情况就会好一些。"汶川地震错动时间特别长，比唐山地震还长，这就是为什么唐山地震虽然死亡人数多，但是实际上灾害造成的影响不如汶川地震大"，因此汶川灾情分布比较广。第五，汶川地震的震级比唐山地震的震级稍微高一点，但能量差三倍，地震释放能量越大，传播得更远，在更远的距离内造成破坏。另外，汶川地震的位置也非常特殊。唐山地震发生在中国东部，因为东部地区延迟线比较薄，东部地震波衰减厉害，而四川的延迟线厚，所以地震波衰减慢。从这两个角度来说，汶川地震造成的影响要比唐山地震大。

汶川地震灾区多山且地势陡峻，从而使汶川地震诱发了大范围、大规模的地质灾害、次生灾害。因为唐山地震主要发生在平原地区，汶川地震主要发生在山区，次生灾害、地质灾害的种类都不太一样，汶川地震引发的破坏性比较大的崩塌、滚石加上滑坡等，比唐山地震的次生地质灾害要严重得多。另外，因为四川水比较多，且震后遭遇大雨，所以震后形成的堰塞湖跟唐山地震相比也是不一样的，数量大、规模大，如唐家山堰塞湖(国家减灾委员会—科学技术部抗震救灾专家组，2008)。

汶川地震灾区设防大多在Ⅶ度烈度，而汶川地震核心带达Ⅺ度，大大超过房屋和设施的抗震水平。房屋和基础设施损失占总损失的 65% 以上，足可说明设防水平低是造成损失高的重要原因之一。

汶川地震震级比唐山地震大，但造成的人员伤亡比较少，一是汶川地震发生在午后，唐山地震则发生在深夜，震后逃生相对容易；二是汶川地震主灾区人口密度低于唐山地震主灾区；三是汶川地震灾后救援及时。

从汶川地震致灾成害的过程看，地震及其引发的崩塌、滑坡，辅以大雨使得已因地震造成的崩塌、滑坡区域发生泥石流，进而在崩塌、滑坡与泥石流的作用下，形成堰塞湖，多灾致承灾体设防不力，大大超过阈值，导致大规模的结构破坏，生产与生命线及生态系统毁损或受损，造成大量的人员伤亡、财产损失和资源环境受损(图 3-18 和图 3-19)。在这一过程中，地质地貌、气候水文、植被土壤等孕灾环境，对致灾因子的强度起到放大作用，且控制了重灾区的走向和分布格局，形成一条北东—南西向延伸的灾害带；土地利用方式、城镇布局、基础设施分布、产业结构、经济与文化差异等体对多灾种的敏感程度、设防水平

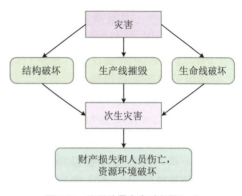

图 3-18　汶川地震灾害过程图(一)

决定了承灾体的脆弱性，使在同一地震烈度带内的灾情有明显的差别。此外，地震灾区的防灾减灾规划、教育、宣传、应急演练等非动力因素，对灾情大小也起着重要作用，如四川安县桑枣中学就因对校舍加固、灾害应急演练有方，在 2008 年"5·12"汶川特大地震中，2 200 多名师生在 1 分 36 秒内安全转移，创造了"零伤亡"奇迹，校长叶志平也因此被誉为"史上最牛校长"。

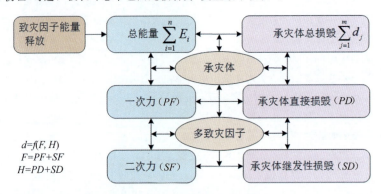

图 3-19　汶川地震灾害过程图（二）

3.2　环境（生态）灾害过程

环境（生态）灾害过程是在特定的自然条件下，由于不合理的人类活动超过环境（生态）系统的阈值，进而致灾成害的渐发性灾害过程，包括土地（生态系统）退化、生物多样性衰退、环境污染、地方病等。

不合理的人类活动，包括对自然资源开发、利用的政策，土地利用的方式和强度，区域产业结构与布局，城乡布局，自然与生态系统保护水平，环境污染治理水平，气候变化适应程度等多方面的因素。

孕灾环境对环境（生态）灾害过程而言，主要取决于自然资源与环境（生态）系统的承载力或阈值，人类活动一旦超过承载力或阈值，必然导致对自然资源与环境（生态）系统结构与功能的破坏，使其难以恢复。人类既是环境（生态）灾害过程的致灾因子，也是其承灾体。

人类已经认识到保护与维护环境（生态）系统服务能力对减轻环境（生态）灾害的重要性：通过节能、减排、增汇等多种方式，缓减气候变暖；通过植被建设和减轻生态压力，维护、提升环境（生态）系统服务能力；通过减少污染物、加大对环境污染物处置的力度、提升大众的环保意识，改善环境。

本节以中国北方的沙漠化与风沙灾害为例，阐述渐发性灾害过程。

3.2.1　沙漠化与风沙灾害

沙漠化（沙质荒漠化）是荒漠化的一种重要类型，是以流动沙丘前移入侵、土地风蚀沙化、固定沙丘活化与古沙翻新等一系列风沙活动为主要标志的土地退化过程。风沙灾害（沙患）是由风沙活动造成的人畜伤亡、村庄、农田、牧场埋压，交通通信设施破坏，土地生物生产能力下降，大气环境质量恶化，各种运输机械和精密仪器毁损等事件共同组成的生态灾难。

20 世纪末，在中国北方日趋严重的风沙灾害已经使人类的生存环境遭到极大的破坏，对原有的社会经济的发展模式产生了重大影响,迫使我们不得不设法探寻新的生存与发展模式,以求得对新的环境的适应,进而使已经遭到破坏的环境尽可能地得到恢复(高尚玉等,2000)。

土地沙漠化是长期自然和社会经济因素共同作用的结果。中国北方沙漠化地区沿东北到西北的干燥亚湿润、半干旱、干旱和极端干旱气候带分布,受到气候变化的正逆影响。人为扰动和治理实践可以加剧或有效减轻区域土地沙漠化。目前,定量研究气候因子和人类活动对土地沙漠化的影响仍然是一个重大科学挑战。

(1) 孕灾环境

中国北方的快速变暖趋势 过去 50 年中国普遍出现强烈变暖(图 3-20),北方地区表现出最快的变暖速率。根据 537 个气象站的连续观测数据,华北和东北地区每 10 年平均气温上升 0.41 ℃,西北干旱区每 10 年平均气温上升 0.38 ℃。1961 年以来约 2 ℃ 的增温,会导致每年增加约 150 mm 的潜在蒸散量,超过了西北干旱区降水的增量。因此,气候变暖可能实际上加剧了中国北方的干旱化(Shi et al., 2014)。

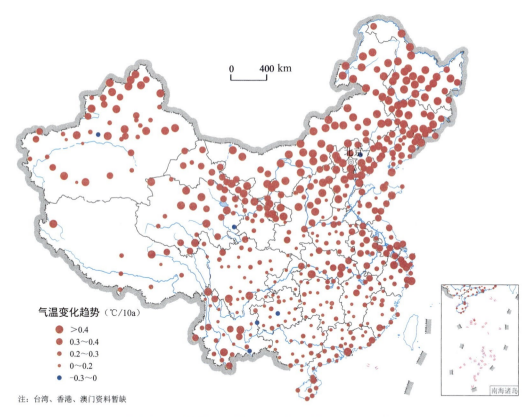

图 3-20　中国气温变化趋势(1961—2010 年)(Shi et al., 2014)

中国东北和西北降水的差异性 受东亚季风的影响,中国的降水具有很强的波动性与显著的区域差异。根据 533 个雨量站的数据,1961—2010 年,中国北方降水出现长期干旱化趋势。然而,降水变化趋势存在明显的区域差异。西北干旱区降水增多,每 10 年增加 6.8 mm,主要是冬、春季降水增加。相比之下,中国华北、东北的亚湿润及半干旱地区年平均降水量呈下降趋势,每 10 年降水减少 10.0 mm,主要表现为夏季降水的减少(图 3-21)。这一地带正是中国北方沙漠化土地的主要分布区(Shi et al., 2014)。

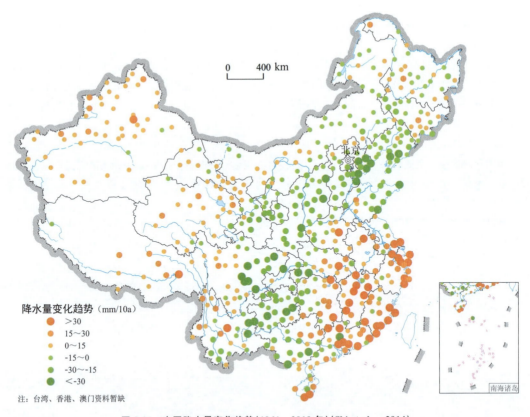

图3-21 中国降水量变化趋势(1961—2010年)(Shi et al., 2014)

西北地区的降水增加导致湖泊水位上升和沙漠边缘植被覆盖增加,可能在一定程度上也会减轻土壤风蚀和土地沙漠化。而华北和东北地区的干旱化则导致干旱面积的显著增加。过去几十年来,中国北方遭遇了多次严重干旱。20世纪90年代末的严重干旱导致2000年沙尘暴的频繁爆发(图3-22)。干旱导致的风蚀、风沙流、沙漠化和沙尘暴综合表现为中国北方一个最为突出的自然灾害链。干旱气候是最为重要的孕灾环境(Shi et al., 2014)。

人口压力 中国是全球人口最多的国家,平均人口密度为141人/km²,约为世界平均水平的3倍。以东北至西南的胡焕庸线为界,中国的人口分布具有鲜明的地域差异。占全国43%土地的东南部地区居住着全国94%的人口。西北地区的人口密度相对较低,半干旱区39人/km²,干旱区8人/km²。即便如此,中国北方沙漠化地区的人口压力已超过联合国1977年建议的半干旱地区小于20人/km²,干旱地区小于7人/km²的最大适宜土地人口承载力临界值。

依赖干旱土地生存的人口数量增长是与沙漠化密切相关的最显著社会变化过程。中国自20世纪70年代实施计划生育政策以来,人口增长率由20‰降至目前的5‰左右。然而,由于少数民族地区实行相对宽松的生育政策和实施西部开发政策,过去30年西北地区的人口增长率(13.2‰)高于中国的总体增长率(11.7‰)。尽管中国努力通过降低生育率逐渐减缓人口增长速率,由于人口基数大,从1982年至2010年,北方干旱和半干旱地区的人口持续增加了36.9%,总人口超过5 000万人(表3-4)。

农村人口 过去30年,中国的快速城市化过程导致农村人口显著减少,城镇人口比例从1982年的20.6%增加到2014年的53.0%。在西北干旱和半干旱区,农村人口数量出现绝对减少,比重也从78.1%降至55.0%。尽管人口变动与沙漠化的关系是复杂和非线性的,人口变量仍可作为生物多样性、土壤侵蚀及沙漠化风险的不完备指标。人口压力大、增长势头猛,已导致过去并可能引起将来显著的环境改变。而农村人口减少可减轻对土地的直接压力与扰动,可能对沙漠化逆转有所贡献(表3-4)。

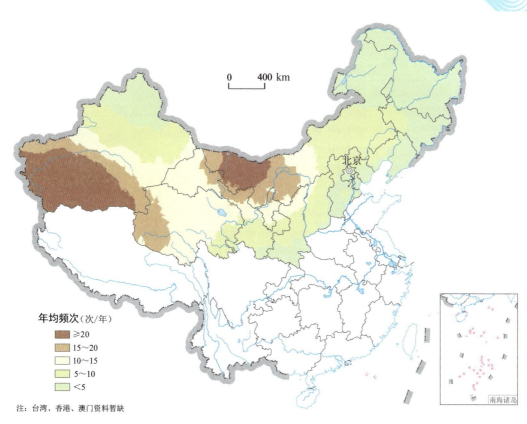

图 3-22 中国北方沙区沙尘暴频次分布(1951—2005 年)(史培军等，2011)

表 3-4 中国干旱和半旱区人口变化

省	年份	城市地区/万人	农村地区/万人	总计/万人
甘肃	1982	300.19	1 656.74	1 956.92
	1990	493.06	1 744.05	2 237.11
	2000	603.23	1 909.20	2 512.43
	2010	923.66	1 633.87	2 557.53
青海	1982	79.79	309.78	389.57
	1990	121.88	323.81	445.69
	2000	180.09	338.06	518.16
	2010	251.63	311.05	562.67
内蒙古	1982	556.13	1 371.29	1 927.43
	1990	779.69	1 365.96	2 145.65
	2000	1 013.88	1 361.66	2 375.54
	2010	1 372.02	1 098.61	2 470.63
新疆	1982	371.48	936.67	1 308.15
	1990	508.30	1 007.39	1 515.69
	2000	623.10	1 223.16	1 846.26
	2010	901.53	1 279.80	2 181.33

续表

省	年份	城市地区/万人	农村地区/万人	总计/万人
陕西	1982	549.05	2 341.39	2 890.44
	1990	706.77	2 581.47	3 288.24
	2000	1 162.88	2 441.89	3 604.77
	2010	1 705.86	2 026.88	3 732.74
宁夏	1982	87.59	301.96	389.56
	1990	119.75	345.79	465.54
	2000	180.39	368.25	548.64
	2010	301.83	328.30	630.14

草地超载 1949年以来，中国北方地区牲畜数量呈增加趋势。2008年，全国264个牧区县，草地面积236.81万 km²，总饲草料储量 13 615.74×10⁴ t。合理载畜量20 724.11万羊单位，而实际载畜量为27 683.91万羊单位，平均超载率33.6%。草原退化通常与载畜压力密切相关。在年降雨量 400~500 mm 的亚湿润地区载畜密度最大，常有从风蚀坑开始引起草原沙漠化的现象。

(2) 致灾因子

中国北方地表风速 近地面风是土壤侵蚀和土地沙漠化的主要致灾因子。150个气象站的观测数据表明，过去50年，中国北方地区的年平均风速为 2.8 m/s (图 3-23)。20世纪60年代年平均风速为 2.9 m/s，70年代为 3.1 m/s，80年代为 2.7 m/s，90年代为 2.6 m/s，21世纪以后降为 2.5 m/s。过去50年中国北方地区的年平均潜在输沙通量为 29.8 tm⁻¹·a⁻¹，70年代最高为 61.7 tm⁻¹·a⁻¹，2000年以后最小为 11.8 tm⁻¹·a⁻¹ (Shi et al., 2015)。中国大部地区的大风日数和最大极值风速也出现降低趋势。因此，一般认为风速和潜在输沙量的降低对2000年以来沙漠化的逆转起到了一定的作用。

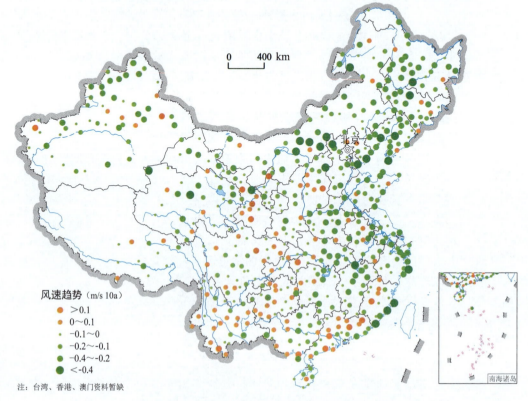

注：台湾、香港、澳门资料暂缺

图 3-23 风速变化趋势值(1961—2012年)(Shi et al., 2015)

沙尘暴 中国北方地区属全球四大沙尘暴区之一的中亚沙尘暴区,为全球现代沙尘暴的高活动区之一。在地质时期和历史时期,这里一直是沙尘暴的主要成灾地区和"雨土"的释放源地。20世纪50—90年代,由于生态环境的退化,中国北方地区强与特强沙尘暴灾害频繁发生,给当地及周围地区人民的生命财产造成了巨大损失(史培军等,2000)。

《地面气象观测规范》将沙尘暴定义为由于强风将地面沙尘吹起,致使空气很浑浊,水平能见度小于1 km的天气现象(中国气象局,2005)。强风、沙源和热力作用是沙尘暴形成的三大因子。作为干旱地区的天气现象和风成地貌过程,沙尘暴在漫长的地质时期就一直存在着。只是进入人类历史时期后,随着人口的增长和社会生产力的不断提高,人们逐渐认识到沙尘暴对社会经济和生态环境的巨大破坏,是一种灾害和生态灾难。

沙尘暴灾害的主要危害方式:强风:携带细沙粉尘的强风摧毁建筑物及公用设施,造成人畜伤亡。沙埋:以风沙流的方式造成农田、渠道、村舍、铁路、草场等被大量流沙掩埋,尤其是对交通运输构成严重的威胁。土壤风蚀:每次沙尘暴的尘源区和影响区都会受到不同程度的风蚀危害,风蚀深度可达1~10 cm。据估计,中国每年由沙尘暴产生的土壤细粒物质流失高达10^6~10^7 t,其中绝大部分粒径在10 μm以下,对源区农田和草场的土地生产力造成严重的破坏;大气污染:在沙尘暴源地和影响区,大气中可吸入颗粒物(TSP)增加,大气污染加剧(史培军等,2000)。

沙尘暴分布:中国沙尘暴灾害受冷高压路径、下垫面性质、地形等因素的控制,呈现出显著的区域特色。从总体上,中国沙尘暴灾害主要分布于西北、华北和东北西部,尤其以西北地区沙尘暴灾害分布范围广,危害最为严重。有关西北地区沙尘暴灾害的区域分布,目前有以下3种划分:一是采用地面气象观测的沙尘暴日数,将中国沙尘暴灾害从区域分布上划分为易发区和多发区。其中,易发区即年平均沙尘暴日数大于5 d的地区,西起新疆喀什,东至陕西榆林,北起新疆富蕴、内蒙古海力素,南到新疆和田、青海格尔木、陕西吴旗;多发区即年平均尘暴日数大于12 d的地区,首数吐鲁番、哈密、敦煌、巴彦毛道、景泰和中卫,其次是和田地区、北疆和河套地区。二是以年平均沙尘暴日数20 d为标准,将西北地区沙尘暴多发区划分为3个,分别是塔里木盆地周围地区、吐鲁番—哈密盆地—河西走廊—宁夏平原—陕北一线和内蒙古阿拉善高原—河套平原—鄂尔多斯高原一线。三是根据40多年来中国强和特强沙尘暴(表3-5)的频数分布,认为我国西北地区有3个沙尘暴频发区,分别为甘肃河西走廊及宁夏河套地区(中心在民勤)、新疆和田地区、吐鲁番地区。

表 3-5 我国沙尘暴天气强度划分标准(史培军等,2000)

强度	瞬间极大风速/(m/s)	最小能见度/m
特强	25	<50
强	20	<200
中	17	200~500
弱	10	500

沙尘暴动态变化:研究表明,从季节(月)变化上看,沙尘暴主要发生于春季,其中,中国西北地区主要发生在4—5月。但是在青藏高原北部,沙尘暴主要发生于夏季,青藏高原南部,则主要发生于冬季;在沙尘暴的日变化上,每天13—18时是沙尘暴天气发生的高峰期,而南疆地区的沙尘暴天气多形成于每天的20—23时,较其他地区晚4~5 h,在月和日两个时间尺度上,不同地区的沙尘暴时间有所不同,反映出沙尘暴形成、发展过程的区域差异。

在年际变化上,沙尘暴灾害反映了气候变化和区域环境演变过程。在不同的时间尺度上,沙尘暴灾害的时间演变过程表现出不同的特点。

在万年时间尺度上,沙尘暴形成是以东亚特殊的大气环流为背景的,并与季风的强弱紧密联系在一起,其演化主要受地球轨道因素的控制。根据黄土中的尘暴事件和冰芯中的微粒分析,虽然在一定时期曾出现过突发性的强沙尘暴事件,但从平均水平来看,沙尘暴的发生频数总体上处于波动的状态,没有显著的增加或减少。

在千年时间尺度上,沙尘暴频发期对应于干冷的气候背景。根据历史沙尘记载绘制了公元 200 年以来我国沙尘暴的频数曲线(图 3-24)。据此可知,在 1100 年左右,我国沙尘暴发生频数急剧增加。近千年来,中国沙尘暴的频发期有 5 个,即 1060—1090 年、1160—1270 年、1470—1560 年、1610—1700 年和 1820—1890 年。这与冰芯中的微粒记录基本一致。

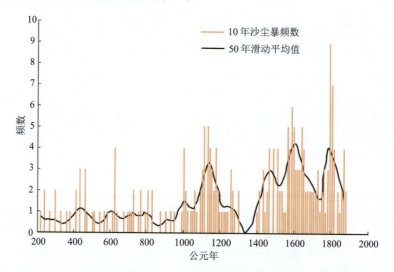

图 3-24　公元 200 年以来中国北方沙尘暴发生频数(数据提供:国家气象局)

在百年时间尺度上,中国沙尘暴的发生频率与区域性的气候变化有关。沙尘暴的发生既由局地天气条件所致,而更多的是由大尺度天气系统造成。中国北方 100 个气象站观测(1951—1997 年)表明,20 世纪 50 年代以来,中国除青藏高原的部分地区外,沙尘暴日数总体上(70%以上)呈递减趋势,而强和特强沙尘暴的发生频数自 50 年代以来一直在增加,50 年代 5 次、60 年代 8 次、70 年代 13 次、80 年代 14 次、90 年代 23 次,其中的原因与区域干燥导致的土壤水分减少和人为干扰活动加强、地表覆被总体恶化有关(史培军等,2000)。

(3) 承灾体

人口　对沙漠化来讲,人口既是承灾体,也是致灾因子。1949 年以来,中国北方沙区人口有明显的增长,即暴露在风沙环境的人口明显增多。在城镇化迅速地区、工矿区、灌区人口增加更加突出。从图 3-25 中可以看出,中国北方农牧交错带大部分地区人口密度由 1953 年的 50 人/km² 以下,发展到 1997 年的大部分地区 50~100 人/km² 以上,且有相当地区发展到 100~150 人/km²。这也是这一地区沙漠化发展的一个重要原因(史培军,2003)。

土地利用与覆盖　中国北方沙区土地利用以牧业用地和旱耕地为主,在黄灌区、绿洲有连片水浇地分布,大面积地为为难利用的荒漠(图 3-26)。北方沙区还有城镇化迅速发展的居民用地、工矿区、道路分布其间。中国北方沙区土地覆盖以荒漠、草原为主,稀疏灌木、阔叶林、农耕地镶嵌其间(图 3-27)。此外,北方沙区还有面积不一的水域。

第3章 灾害形成过程

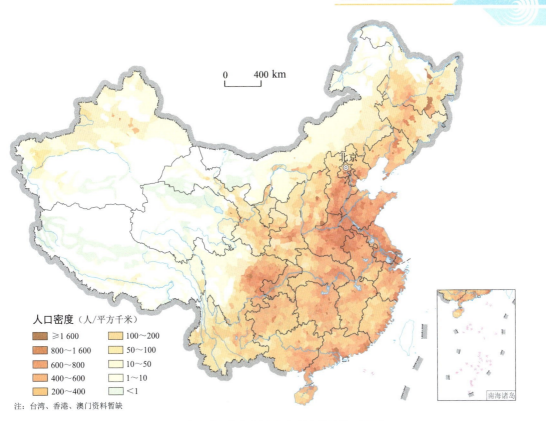

图3-25 中国人口分布图(2010年)(史培军等，2011)

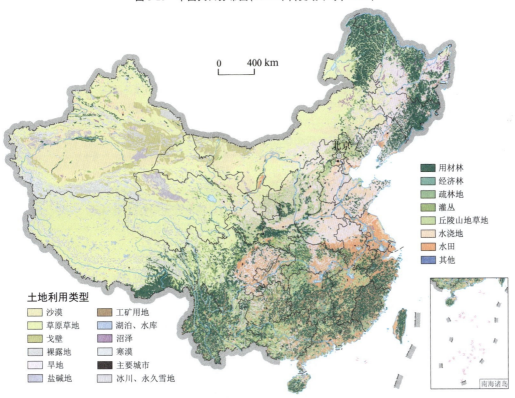

图3-26 中国北方沙区土地利用图(史培军等，2011)

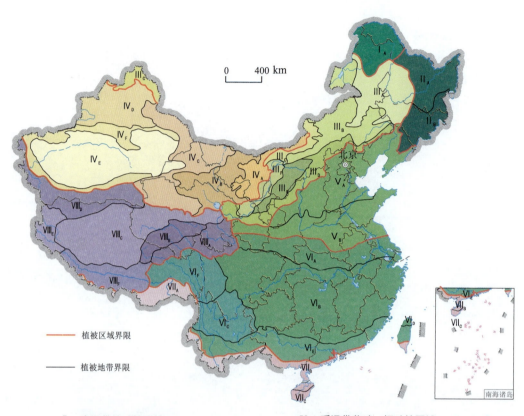

图 3-27 中国北方沙区植被类型图(史培军等，2011)

经济 中国北方沙区经济总体上不及东部发达,多年处在相对落后的位置(史培军,2000)。21世纪以来,在国家西部大开发的战略感召下经济发展加快,部分地区已超东部,如能源和矿产开发区。但近年来,由于国际与中国整体经济发展放缓,中国北方沙区特别是能源和矿产开发区受到能矿市场需求下降的影响,经济发展受到限制,一些地区出现负增长的情况(图3-28)。

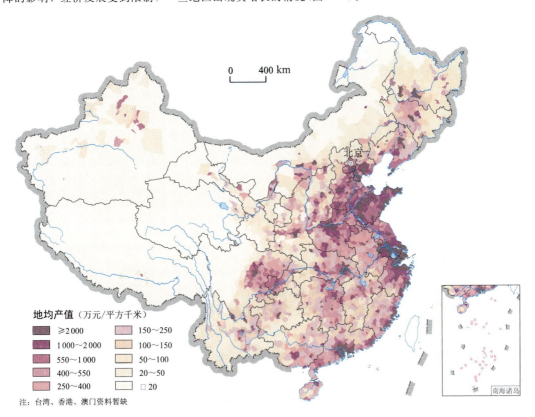

图3-28 中国经济分布图(2010年)(史培军等,2011)

(4)灾情

中国是世界上受沙化危害严重的国家之一。截至2000年,全国荒漠化土地达$262×10^4$ km^2,占土地占面积的27.3%,其中沙化土地为$161×10^4$ km^2,占全国荒漠化土地面积的61.3%,占土地总面积的16%。全国沙化土地主要分布在我国北方广大干旱和半干旱以及部分半湿润地区。其中,中国北方农牧交错带、草原区、大沙漠的边缘地带是沙化最为严重的地区,风沙活动最为活跃的沙化土地近$30×10^4$ km^2(史培军,2003)。

"沙患"严重影响着人民生活,制约了经济发展,已经成为中华民族的心腹之患。其主要危害有:一是蚕食可利用土地。1949—2000年,中国已有$66.7×10^4$ hm^2耕地、$236×10^4$ hm^2草地和$639×10^4$ hm^2林地与灌草地沙化;全国土地沙化越来越严重,每年扩大2 460 km^2。二是掩埋村舍、沙进人退。全国有2.4万个村庄、1 400 km铁路、30 000 km公路、5万多千米灌渠受到沙埋。三是造成人员伤亡和经济损失。1993年5月5日发生在西北地区的一次特大沙尘暴,导致116人丧生、264人受伤、直接损失5.6亿元。据初步估算,当期全国"沙患"每年造成的损失达540亿元,约占全球荒漠化造成损失的16%,而其造成的生态服务价值的损失则更难以估计。总之,"沙患"不仅影响人民生产、生活,而且导致贫富差距、东西差距拉大,进而影响社会稳定、民族团结,乃至整个国家的长治久安(高尚玉等,2000)。特别是2000年春季,中国先后发生了12次沙尘暴灾害,引起了各界的广泛关注。

沙漠化土地面积 21世纪以来，中国土地沙化有所减缓（表3-6），从中国4个时期的荒漠化与沙漠化土地变化的面积来看，土地沙化面积由20世纪的增长转为减少的趋势，出现沙退人进的局面（Shi et al.，2014）。

表3-6 中国荒漠化与沙漠化土地变化（1994—2009年）

年份	荒漠化土地/10^6 km²	沙漠化土地/10^6 km²	趋势
2009	262.4	1.731 1	↓
2004	263.6	1.739 7	↓
1999	267.4	1.743 1	↑
1994	262.2	1.725 9	↑

资料来源：中国荒漠化防治办公室。

沙漠化土地分布 中国沙漠化土地主要分布在沙漠边缘、北方草地和农牧交错带。沙漠化土地分布受孕灾环境、致灾因子与人类活动的影响明显。

沙漠化土地动态 由于中国北方沙区各地受不同孕灾环境、致灾因子与人类活动的影响，北方沙区各地沙漠化土地动态变化差异明显，但在20世纪60—90年代，总体呈扩张状态；自21世纪以来，总体呈收缩局面。

(5) 沙漠化及风沙灾害形成过程

中国沙漠主要分布在极端干旱地区，沙地主要分布在半干旱地区。研究表明，气候干燥、地表富含沙性沉积物、植被覆盖较低、大风频发是沙漠形成的主要自然因素。沙漠化土地主要是由于人类不合理的土地利用，使沙漠边缘流沙蔓延、固定沙丘活化和古沙翻新，以及沙质土地风蚀沙化而形成的。由此可见，沙漠是自然的产物，而现代沙漠化土地则是在干旱半干旱气候背景下，在广泛分布沙质沉积物的地区人为所致。中国风沙灾害加剧的成因主要是气候干燥多风、生态用水不足和沙化土地面积增大（史培军，2003）。

气候干燥多风 沙尘暴是沙化的产物，沙尘暴频发期均对应于干旱期。例如，在1060—1270年、1640—1720年、1810—1920年，中国大部分地区表现为干旱期，同期沙尘暴高频率发生。近50 a来，受全球气候变暖的影响，中国北方大部分地区气温明显增高，而降水量基本呈现减少趋势，整体上呈现出暖干化现象（图3-29、图3-30）。气候干燥化加剧，为沙化土地的扩展创造了重要的环境条件（史培军等，2001）。20世纪90年代中国北方地区冬春季温差增大，强冷空气活动频繁，大风频发，为沙化土地的扩展提供了动力条件。冬春季气温变幅加大，使大气层结处在不稳定状态，遇低压冷风过境，极易形成大风天气。就北京来说，虽然1949—2000年，沙尘日数在减少，如20世纪50年代平均沙尘暴日数、扬沙日数和浮尘日数分别是90年代的8倍、14.5倍和3.2倍，但2000年入春以来，强沙尘次数是90年代历年同期发生次数的3倍左右，反映了天气活动的异常。大风频发正是2010年北京风沙灾害多的一个重要的原因（史培军，2003）。

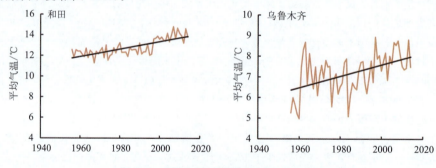

图3-29 中国北方沙区温度（1956—2014年）

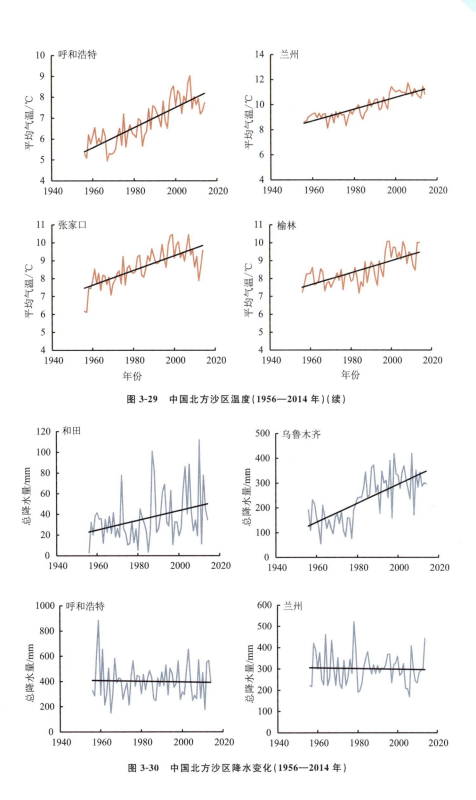

图 3-29 中国北方沙区温度(1956—2014 年)(续)

图 3-30 中国北方沙区降水变化(1956—2014 年)

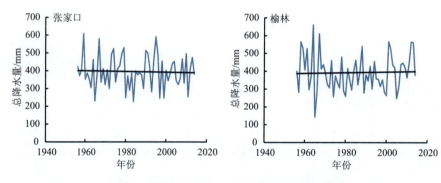

图 3-30　中国北方沙区降水变化(1956—2014 年)(续)

生态用水严重不足　随着人口的剧增,从河流或地下取用淡水资源量明显增加,使维护植被生长的水资源难以得到保证,即生态系统用水严重短缺。加之无节制抽取地下水,导致地下水位的大幅度下降,有些地段的地下水埋深已经低于植物根系分布的深度,结果造成植被枯死。原来被这些植被固定的沙质地表失去了植物的保护(图 3-31),一遇大风极易起沙扬尘(史培军,2003)。

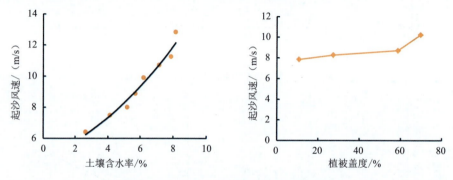

图 3-31　土壤含水率和植被盖度与起沙风速的关系

从这一角度看,生态系统用水短缺,亦是人类水资源利用不合理的结果。经济发展与生态保护水资源矛盾激烈,若确保了生产和生活用水,就使生态用水难以得到保证,如 20 世纪 90 年代额济纳河下游和塔里木河下游胡杨林的大面积死亡,就是因水资源短缺造成的;京津平原地区覆沙扩展亦与维护沙地植被的地下水位下降有密切关系。由于生态用水不能保证,使大面积的植被干枯,失去保护地表沙性物质的抗风蚀功能,加快了沙化土地的扩展,以及沙漠边缘沙丘向农田前沿的入侵。

沙化土地面积增大　沙尘暴是生态脆弱的一种突出表现,其根本原因是水土资源的不合理利用所造成的土地大量沙化。而造成土地沙化的主要原因是滥牧、滥垦、滥伐、滥采、滥樵。我国北方大部地区,特别是农牧交错地带,人口密度增加,土地负荷加重,土地利用粗放,滥垦滥种。由于森林与草原过渡地带分布着一些疏林和灌丛草地,为了获得耕地和木材,当地人民大量开垦这些土地,滥伐疏林和灌丛,结果导致覆沙层活化,这在河北坝上和大兴安岭西坡表现得尤为突出。天然草地游耕游牧、超载过牧,形成大面积的撂荒地和退化草地,极易沙化。这些地区经济落后,当地人民常常以采挖药材作为主要收入,如过度采挖麻黄、甘草、发菜等,从而大范围地破坏了植被。由于贫困,即便处在煤炭能源基地的老百姓也因无能力使用煤炭,采挖各种灌木作为燃料,破坏植被,造成地面植被覆盖度整体减小。由于北方地表多为疏松的沙质沉积物,一旦植被遭到破坏,必然造成沙丘活化、古沙翻新、地表风蚀沙化,从而使沙化土地面积扩大(图 3-32,图 3-33)。在冬春两季,大面积的耕作农田、退化草地和沙化土地地表裸露,沙尘物质丰富,成为风沙灾害加剧的重要物质基础。沙化土地是当地沙尘活动的物源,也是其下风向地区的重要尘源(图 3-34,图 3-35)。2000 年春季,影响首都北京的几次风沙活动,其尘源主要来自内蒙古高原中部、农牧交错带中段和首都圈的沙化土地和裸地。据中国科学院地学部的资料,供尘区主要分布在内蒙古中西部和河北西北部近 $25×10^4$ km² 的沙化发展区,而贴近地表的扬沙主要为就地起沙(图 3-36,图 3-37)。因此,处在北京上风向 70 多千米的怀来县天漠流沙不是 2000 年北京春季就地扬沙的物质来源,控制天漠流沙不能解决北京冬春季大风扬沙的问题,而仅能相对削弱从北京上风向沿程累加的尘源(图 3-38,图 3-39)。所以,固化冬春季建筑弃土和裸地,增加绿地面积和防护林网建设是控制首都北京大风扬沙的根本出路(史培军,2003)。

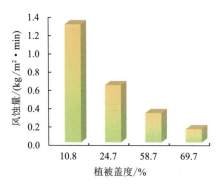

图 3-32 植被盖度与土壤风蚀量的关系

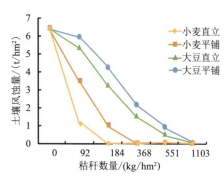

图 3-33 作物秸秆覆盖与土壤风蚀的关系

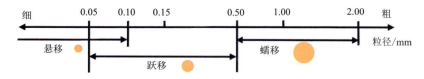

图 3-34 不同粒径沙尘颗粒的运动方式

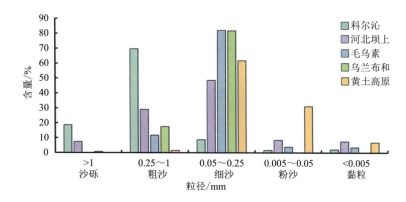

图 3-35 主要沙化地区地表物质组成

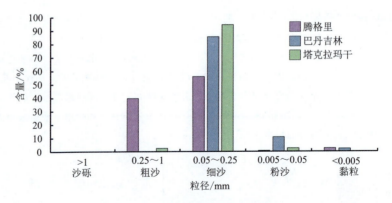

图 3-36　主要沙漠地区地表物质组成

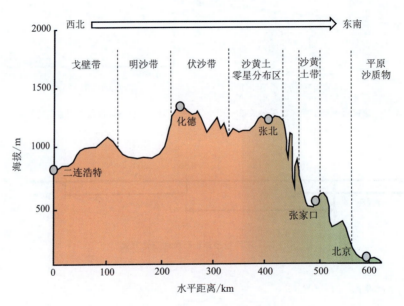

图 3-37　二连浩特—北京地势剖面图

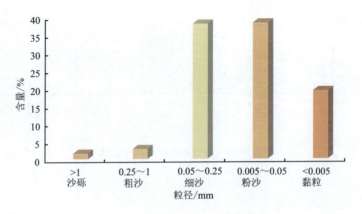

图 3-38　北京平原地表物质颗粒组成

图 3-39　北京建筑工地裸土

综上所述，20世纪末沙漠化与风沙灾害加剧的过程可用图 3-40 概括，即天、地、生、人共同作用过程的产物。

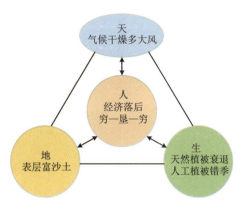

图 3-40　风沙灾害加剧人起主导作用

(6) 21世纪以来沙漠化与风沙灾害缓减的过程

荒漠化仍然是促进世界可持续发展的主要障碍因素　联合国于 1992 年在巴西里约召开的地球峰会上，将荒漠化、气候变化与生物多样性同时列为对全球可持续发展的最大挑战。因此，为了应对这三大全球挑战因素之一的荒漠化，一项旨在保护和恢复土地和土壤生产能力、缓解干燥地区旱灾影响的《联合国防治荒漠化公约》于 1994 年正式生效，截至 2014 年 8 月已有 194 个国家 1 个国际组织（欧盟）正式签约。2016 年是《联合国防治荒漠化公约》正式生效 22 周年，全面审视全球 20 多年来在防治荒漠化所取得的进展十分必要(Shi et al.，2014)。

联合国于1977年发起防治荒漠化的行动，至今已有40年，实施防治荒漠化公约也已20多年，为什么全球荒漠化问题制而不止？UNCCD的结论是世界各国的局部治理，仍然赶不上由于全球气候变化导致的对生态系统的长期影响，从而加速了荒漠化的进程。

UNCCD网站于2013年6月12日世界防治荒漠化日公布的信息显示，干旱与水安全风险已成为全球最突出的风险因素，从乌兹别克斯坦到巴西，从撒哈拉到澳大利亚，干旱已成为社会、政治和经济的主要影响因素。过去25年来，全世界变得更加干旱，已成为全球气候变化最广泛、深刻和严峻的后果。干旱对生态系统的长期影响，加速了荒漠化的进程，也同时引发了一些地区权力失控和水资源与土地生产的冲突风险。

UNCCD在其网站公布的资料还表明，干燥土地占全球的40%，承载着世界1/3以上的人口。全球600×10^4 km^2 的干燥土地经受着土地退化。干旱和荒漠化使全球每年损失$1\,200\times10^4$ hm^2 的土地，15亿人口受其影响，土地退化的速率比历史上高出30~35倍。未来25年，土地退化将使全球粮食产量减少12%，并可引致粮价上涨30%。

一系列的观测、评估数据表明，全球荒漠化问题没有得到根本扼制，除一些国家和地区取得明显进展外，整个全球荒漠化仍然是促进世界可持续发展的主要障碍之一。

加大植被建设 中国沙荒漠化防治的实践表明，即使在全球气候变化的影响下，中国沙漠化土地也得到了一定程度的扼制，特别是21世纪以来中国沙漠化与风沙灾害缓减的过程充分说明了这一点。自1978年启动的"三北防护林体系建设"等一系列大规模的植被建设工程(表3-7)，在其中起到了极为重要的作用。中国防治沙漠化所取得的成就在2013年9月16—27日于非洲纳米比亚首都温得和克召开的UNCCD第十一次缔约方大会上，受到大会的高度赞赏。中国用了38年的时间，实现了沙漠化土地零增长的目标。中国成功的关键因素是什么，中国防治沙漠化的实践对全球实现荒漠化土地零增长的目标的启示是什么？这些问题都值得深入讨论。

表3-7 中国北方的植被建设工程

关键性工程*	政府投资/亿元	不同项目的主要益处
3NSDP 1978—2010年	128	$2\,647\times10^4$ hm^2 绿地
CCFP 2002—2010年	2 332	926×10^4 hm^2 农田转为林地
NFPP 2000—2010年	784	林地面积增加至$1\,400\times10^4$ hm^2，木材产量减少至2.2×10^8 m^2
SSCP 2001—2010年	412	6×10^6 hm^2 农田转为森林
GBGRP 2003—2010年	203	51.09×10^8 hm^2 草地被围栏保护，$1\,240\times10^4$ hm^2 严重退化的草地被补播

注：* 五个关键性森林和沙漠化控制工程如下：三北防护林带发展工程(3NSDP)，退耕还林保护工程(CCFP)，自然森林保护工程(NFPP)，北京天津周边地区沙源控制工程(SSCP)，草原恢复性禁牧工程(GBGRP)。

沙漠化地区气候趋于暖干化不利于土地沙漠化的控制 中国东北和北方的干旱化还是有利于加剧土地沙漠化的；而西北暖湿化，也没有起到明显的减轻土地沙漠化的作用，但仍需深入研究，中国北方地区的快速增温和风速减弱在多大程度上归因于快速城市化和土地利用变化而非全球气候变化？为更好地理解气候对沙漠化的影响，我们还需要更多地关注城市化与土地利用变化对干旱、半干旱以及干燥亚湿润地区气候的特殊影响(Shi et al., 2014)。

人类的积极响应对土地沙漠化的控制起了重要作用　政府承担沙区的植被建设和生态产业化工程对沙漠化治理起到了巨大作用。

政府购买沙区的植被建设　中国是一个用世界7%的耕地养活世界22%人口的国家,并面临频繁的水、旱、风沙灾害。政府一直高度关注减灾和沙漠化防治工作。早在1958年,中共中央、国务院在呼和浩特市联合召开治沙规划会议,起草了治沙规划方案,提出"向沙漠进军"的号召,由此形成大规模改造和治理沙漠的群众运动。1959年开展了大规模沙漠、戈壁综合考察,建立野外定位观测试验,探索风沙危害的工程和植物治理技术,即保护性耕作(退耕、免耕、少耕、留茬、生态缓冲带),草地保护(封育、轮牧、人工草地),植树造林(农田防护林、固沙林),减少各种扰动(汽车碾压、工程施工等)(图3-41)。

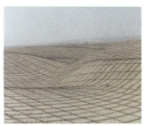

草方格沙柳方格

化学固定剂沙地造林

农田林网尘源区风蚀控制

图 3-41　几种防沙治沙措施

1977年联合国召开荒漠化会议以后,中国政府采取了更加积极的行动,相继启动了5项重大林业和防沙治沙工程,包括三北防护林工程(1978—2050年)、退耕还林工程(1999年启动)、天然林保护工程(2000年启动)、京津风沙源治理工程(2001年启动)和退牧还草工程(2003年启动)(表3-7)。截至2010年,这5项重大工程的国家总投资达到3 859亿元。随着中国经济的发展,今后生态建设和沙漠化防治的资金投入还有望大幅提高。

滥垦、过牧和过度樵采被认为是中国土地沙漠化过程的主要触发因素。1978年以来,历经四期30多年建设,三北防护林工程已累计完成造林保存面积 $2\,647×10^4\ hm^2$,工程区森林覆盖率由5.05%提高到12.4%。第四期工程(2001—2010年)坚持以防沙治沙为主攻方向,共营造防风固沙林 $158×10^4\ hm^2$,

其间三北地区实现了由"沙进人退"向"人进沙退"的重大转变,毛乌素、科尔沁两大沙地的扩展趋势实现全面逆转。

1999年开始对农民进行补偿的退耕还林工程,是中国农业和林业政策的一个转折点,是迄今为止中国投资量最大、涉及面最广、群众参与程度最高的一项生态建设工程。截至2009年,累计退耕还林草面积达到 926×10^4 hm^2,农牧交错带耕地面积大幅减少。半干旱区土壤具有较高的风蚀和水蚀脆弱性,大面积生态退耕对减轻土壤侵蚀和沙漠化应当发挥了积极的作用。

2001—2010年,天然林保护工程一期使森林面积净增 1.4×10^5 km^2,累计少砍 2.2×10^8 m^3 木材。京津风沙源治理工程累计完成退耕还林和造林 6.0×10^4 km^2 万亩。2003—2010年,退牧还草工程累计安排草原围栏建设任务 5.19×10^5 km^2,补播重度退化草原 1.24×10^5 km^2,工程区平均植被盖度从59%提高到71%。生物多样性、土壤有机质含量均有提高,草原涵养水源、防止水土流失、防风固沙等生态功能增强。

生态产业化工程对沙漠化治理的巨大作用　为预防土地沙化,治理沙化土地,维护生态安全,促进经济和社会的可持续发展,2002年我国实施了《中华人民共和国防沙治沙法》。要求国务院和沙化土地所在地区的县级以上地方人民政府应当将防沙治沙纳入国民经济和社会发展计划,保障和支持防沙治沙工作的开展。单位和个人投资进行防沙治沙的免征各种税收(全国人民代表大会常务委员会,2002)。

防沙治沙法实施以来,全社会防沙治沙的积极性明显提高。众多绿色产业被引入防沙治沙工作,形成了多元主体投资的创新机制。在库布齐沙漠,亿利资源集团采用抗旱造林技术和沙产业开发新技术,取得了显著的生态和经济效益(图3-42)。通过公司加农户、国企加私企、产业加生态的联合,集团创建了包括沙漠生态、天然药物、有机肥料和新型材料等产业的沙漠绿色经济模式,绿化333 hm^2 流沙地,600多公顷得到控制。作为全球最大的沙漠绿色经济企业,亿利走出了一条沙漠治理与科技进步、新兴生态产业发展相结合的新路子,可为世界荒漠化防治提供宝贵的经验。

图3-42　亿利资源集团的沙产业

(7) 中国实践/道路的启示

中国沙漠化土地实现零增长,是在气候趋于暖干化背景下,多年坚持防沙治沙与植被建设的实践过程中完成的。对世界而言,UNCCD提出的"2030年实现退化土地零净增长与绿色增长"的目标,中国的实践证明是可以完成的。人类负荷的减轻是沙漠化防治与缓解的根本途径。"小面积搞生态,大面积搞生产"转为"大面积搞生态,小面积搞生产"的土地利用格局大调整具有普遍性;政府的主导作用是根本,有效的实施机制是关键(政府是防治荒漠化的主导因素,社会力量作用的发挥可起到"放大"作用,能提高效率);"生态建设产业化,产业发展生态化"是提升推广策略的核心。

由中国北方沙漠化与风沙灾害过程,可以看出环境(生态)灾害过程的基本模式(图3-43),其中关键是人类活动要限制在生态系统弹性阈值以内。

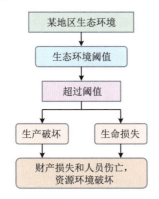

图 3-43　环境(生态)灾害过程的基本模式

3.3　人为(生产事故)灾害过程

人为灾害一般是指由于人类生产发展(含金融与经济危机)、生活保障(含邻里不和、家暴)、技术应用、管理不当、决策失误等引发的灾害,它也包括人员伤亡、财产损失、资源环境破坏等。广义上的人为灾害也包括地区与文化(明)冲突、民族与种族纠纷、疆域争议(地缘政治)、局部战争等引发的灾害(难)。

达沃斯世界经济论坛将人为灾害(风险)划为地缘、经济、社会和技术四大类。

战争被视为最危险的人为灾害,它常常因为地缘政治而触发,形成巨大的灾难。特大空难、海难、矿难、大爆炸(核爆、炸药库爆炸、危化品爆炸)等生产事故,也会造成巨大的人员伤亡和财产损失,其造成的损害有可能殃及子孙后代,甚或造成无法挽回的影响,如切尔诺贝利核事故。

从逻辑上说,人为灾害是可以避免的。但人类社会发展至今,无数人为灾害的发生告诫人类,防控人为灾害仍然是世界灾害风险防控的头号工程。

本节以天津港"8·12"瑞海公司危险品仓库特别重大火灾爆炸事故为例,阐述人为灾害过程的普遍性规律。

3.3.1　孕灾环境

(1) 区域环境

天津港,也称天津新港,位于天津市海河入海口,位于京津冀城市群和环渤海经济圈的交会点上,是中国北方最大的综合性港口和重要的对外贸易口岸,是天津滨海新区的重要组成部分(图3-44)。天津港是在淤泥质浅滩上挖海建港、吹填造陆建成的世界航道等级最高的人工深水港(图3-45)。天津港主航道水深已达21 m,可满足30万吨级原油船舶和国际上最先进的集装箱船进出港。2013年天津港货物吞吐量首次突破5×10^8 t,集装箱吞吐量突破1 300万标准箱,成为中国北方第一个5亿吨港口(图3-46)。2003年11月15日根据《国务院办公厅转发交通部等部门关于深化中央直属和双重领导港口管理体制改革意见的通知》,经天津市委批准,天津港务局实行政企分开,行政职能转交天津市交通委员会,天津港务局转制为天津港(集团)有限公司。2004年6月3日,天津港(集团)有限公司正式挂牌成立。

图 3-44　天津滨海新区

1996年

2006年

图 3-45　天津滨海新区人工填海造陆变化

2009年

2015年

图 3-46　天津港人工填海造陆变化

(2) 管理环境

天津港"8·12"瑞海公司危险品仓库管理责任涉及单位，包括公司设立审批相关单位7个(含11个具体机构)，设计、中介(评价、咨询)相关单位6个，日常监管相关单位6个(图3-47)。由此可以看出多头管理的环境在此次特别重大的生产安全责任事故中所起的作用。

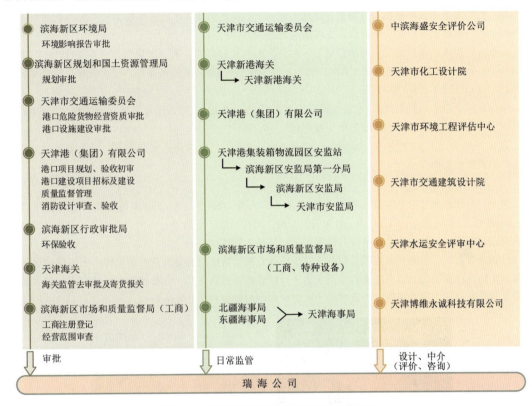

图 3-47　瑞海公司危险品仓库管理责任涉及单位

(3) 责任环境(管理责任认定)

中华人民共和国国务院调查组调查认定，瑞海公司严重违反有关法律法规，是造成事故发生的主体责任单位。该公司无视安全生产主体责任，严重违反天津市城市总体规划和滨海新区控制性详细规划，违法建设危险货物堆场，违法经营、违规储存危险货物，安全管理极其混乱，安全隐患长期存在(国家安监总局，2016)。

调查组同时认定，有关地方党委、政府和部门存在有法不依、执法不严、监管不力、履职不到位等下列问题：

天津交通、港口、海关、安监、规划和国土、市场和质检、海事、公安以及滨海新区环保、行政审批等部门单位，未认真贯彻落实有关法律法规，未认真履行职责，违法违规进行行政许可和项目审查，日常监管严重缺失；有些负责人和工作人员贪赃枉法、滥用职权。

天津市委、市政府和滨海新区区委、区政府未全面贯彻落实有关法律法规，对有关部门、单位违反城市规划行为和在安全生产管理方面存在的问题失察失管。

交通运输部作为港口危险货物监管主管部门，未依照法定职责对港口危险货物安全管理督促检查，对天津交通运输系统工作指导不到位。

海关总署督促指导天津海关工作不到位。

有关中介及技术服务机构弄虚作假，违法违规进行安全审查、评价和验收等。

3.3.2 致灾因子

(1) 致灾强度

2015年8月12日23:30左右，天津滨海新区第五大街与跃进路交叉口的一处集装箱码头发生爆炸，发生爆炸的是集装箱内的易燃易爆物品。现场火光冲天，在强烈爆炸声后，高数十米的灰白色蘑菇云瞬间腾起。随后爆炸点上空被火光染红，现场附近火焰四溅（图3-48）。

根据监控视频和中国地震台网的监测，一共发生两次大的爆炸，第一次爆炸发生在2015年8月12日23时34分6秒，第二次爆炸发生在30秒钟后，中间还伴随着一些小的爆炸。经过测算，这次事故总的爆炸能量相当于450 t TNT当量。

中国地震台网中心官方微博"中国地震台网速报"发布消息称，"综合网友反馈，天津塘沽、滨海等，以及河北间、肃宁、晋州、藁城等地均有震感"。

截至2015年8月13日8点，距离爆炸已经有8个多小时，大火仍未完全扑灭。因为需要沙土掩埋灭火，需要很长时间。

(2) 事故原因

事发当日，瑞海公司危险品仓库里一共储存了7大类、111种、11 300多吨危险货物，其中包括800 t硝酸铵、680 t氰化钠以及290 t硝化棉类货物。硝酸铵属于危险性极高的物质，是这起事故造成重大人员伤亡的元凶。这些物品既是潜在致灾因子，也是承灾体。

经调查组查明，事故直接原因是瑞海公司危险品仓库运抵区南侧集装箱内硝化棉由于湿润剂散失出现局部干燥，在高温(天气)等因素的作用下加速分解放热，积热自燃，引起相邻集装箱内硝化棉和其他危险化学品长时间大面积燃烧，导致堆放于运抵区的硝酸铵等危险品发生爆炸。

图3-48　2015年天津港"8·12"瑞海公司危险品爆炸现场（新华社，2015）

3.3.3 承灾体

(1) 天津港

天津港是国际上最先进的集装箱船进出港，港区道路交织，码头与仓库众多，周围房屋林立（图3-49）。

(2) 天津港瑞海公司危险品仓库

天津港瑞海公司属于天津东疆保税港区瑞海国际物流有限公司，其危险品仓库位于天津滨海新区第五大街与跃进路交叉口的一处集装箱码头（图3-50，图3-51）。公司成立于2011年，是天津海事局指定危险货物监装场站和天津交委港口危险货物作业许可单位，曾多次进行危化品事故演练。官网显示，2014年8月公安部门对该企业进行了多方面检查。其仓储业务中主要的商品分类，基本上都属于危险物品及有毒气体。

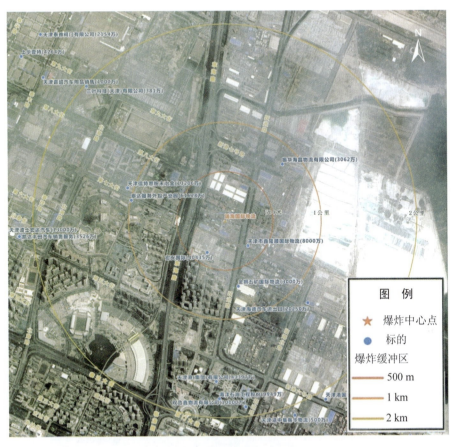

图 3-49 天津港主要企业分布

图 3-50 天津港瑞海公司危险品仓库位置(注:黄圈处)

图 3-51 瑞海公司危险品物流仓库一角(新华社,2015)

(3)天津港瑞海公司危险品仓库危化品量

据调查组核查,天津港瑞海公司危险品仓库中,爆炸前储藏危化品量如表 3-8 所示。这些物品既是承灾体,也是潜在的致灾因子。

表 3-8 天津港瑞海公司危险品仓库的危化品量

氰化钠(约 700 t)(运抵库)	硝酸铵(约 800 t)(运抵库)
硝酸钾(500 t)(运抵库)	二氯甲烷(重箱区)
三氯甲烷(重箱区)	四氯化钛(重箱区)
甲酸(重箱区)	乙酸(重箱区)
氢碘酸(重箱区)	甲基磺酸(重箱区)
电石(重箱区)	对苯二胺(运抵库)
二甲基苯胺(运抵库)	氢化钠 14 t(中转仓库)
硫化钠 14 t(中转仓库)	氢氧化钠 74 t(中转仓库)
马来酸酐 100 t(中转仓库)	氢碘酸 7.2 t(中转仓库)
硝酸钠(危化品仓库)	硅化钙(危化品仓库)
硫化钠(危化品仓库)	甲基磺酸(危化品仓库)
氰基乙酸(危化品仓库)	十二烷基苯磺酸(危化品仓库)等
油漆 630 桶	火柴 10 t
硅化钙 94 t	

资料来源:凤凰网[引用日期 2015-08-18]。

3.3.4 灾情

(1)灾区

从航拍的灾区场景,可见灾害造成的损失巨大(图 3-52)。爆炸使多处房屋和物流区物资受损或毁坏(图 3-53,图 3-54)。

图 3-52　天津港瑞海公司危险品爆炸现场航拍实景（新华社，2015）（一）

注：黄圈为爆炸处形成的大坑爆炸处形成的大坑。

图 3-53　天津港瑞海公司危险品爆炸现场航拍实景（新华社，2015）（二）
(a)仓储区毁坏；(b)房屋毁坏

图 3-54　天津港瑞海公司危险品爆炸现场航拍实景
(a)房屋与汽车毁坏；(b)汽车毁坏

(2) 直接损失(Loss)

该事故造成165人遇难(参与救援处置的公安现役消防人员24人、天津港消防人员75人、公安民警11人，事故企业、周边企业员工和居民55人)，8人失踪(天津消防人员5人，周边企业员工、天津港消防人员家属3人)，798人受伤(伤情重及较重的伤员58人、轻伤员740人)，304幢建筑物、12 428辆商品汽车、7 533个集装箱受损。

截至2015年12月10日，依据《企业职工伤亡事故经济损失统计标准》等标准和规定统计，已核定的直接经济损失68.66亿元。

(3) 事故影响(损害)(Damage)

环境 调查组还查明，本次事故对事故中心区及周边局部区域大气环境、水环境和土壤环境造成不同程度的污染。天津渤海湾海洋环境质量未受到事故影响。没有因环境污染导致的人员中毒与死亡病例。事后1个月，爆炸对大气环境的影响已基本消除，受污染地表水得到有效处置，事故中心区土壤和地下水正在进行分类处置与修复。对事故可能造成的中长期环境和人员健康影响，有关方面正开展持续监测评估，并采取防范措施。

交通 (1)轻轨停运：受滨海新区东海路附近火灾事故影响，天津地铁9号线于2015年8月13日开始，一度停止运营；(2)交通管制：天津港一度戒严，不允许外部车辆入内，进港口和中国海关的大楼都被炸毁，满地白色粉末和金属碎片。交通运输部路网中心公布，受天津滨海仓库爆炸影响，天津境内滨海高速南岗站入口、轻纺城站入口、临港站出口、永定新河站出口交通一度管制，河北境内沿海高速歧口主线站天津方向交通一度管制。

媒体 2015年8月13日下午，天津卫视广告运营中心发布公告，原计划周四播出的《宝贝你好》《爱情保卫战》，周五播出的《爱的正能量》及部分商业广告将暂停播出，以悼念事故遇难者。2015年8月13日4时18分，腾讯视频动漫频道官方微博称，由于天津机房受到爆炸影响，受损严重，原定于2015年8月13日更新的部分动画无法进行跟播，深表歉意。东方卫视原定周日(2015年8月16日)播出的《极限挑战》延播一周。江苏卫视原定于2015年8月14日播出的《真心英雄》也顺延到下周播出，改为重播上期节目。原定于每周五、周六更新的网络综艺《奇葩说》同样暂停上线最新一期，四川卫视每周五晚上的《喜剧班的春天》也顺延一周。

大型计算 距离爆炸现场仅几千米的国家超级计算天津中心楼房受损，超级计算机"天河一号"尽管正常运行，但出于安全考虑采取人工关机措失。

(4) 救治

经各方努力，事故救援及现场处置任务于2015年9月13日完成，清运危险化学品1 176 t、汽车7 641辆、集装箱13 834个、货物14 000 t。798名伤员得到妥善医治。

(5) 调查

2015年8月18日，经中国国务院批准，由公安部、安全监管总局、监察部、交通运输部、环境保护部、全国总工会和天津市等有关方面组成的国务院天津港"8·12"瑞海公司危险品仓库特别重大火灾爆炸事故调查组成立，邀请最高人民检察院派员参加，并聘请爆炸、消防、刑侦、化工、环保等方面专家参与调查工作。

事故调查组坚持"科学严谨、实事求是、依法依规、安全高质"的原则，先后调阅文字资料600多万字，调取监控视频10万小时，开展模拟实验8次，召开专家论证会56场，对600余名相关人员逐一调查取证，通过反复现场勘验、检测鉴定、调查取证、模拟实验、专家论证，查明了事故经过、原因、人员伤亡和直接经济损失，认定了事故性质和责任，提出了对有关责任单位和责任人员的处理建议，分析了事故暴露出的突出问题和教训，提出了加强和改进工作的意见建议。

3.3.5 人为灾害(事故)形成过程

依据以上分析，人为灾害的形成主要与自然人、法人(事业法人、企业法人)、政府机构负责人的行为有直接关系。本书将其概括为灾害形成的非动力学过程(图3-55)。

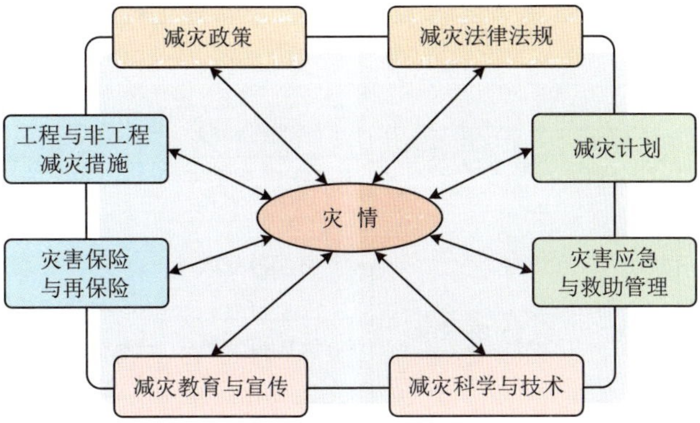

图 3-55 人为灾害形成的非动力学过程

吸取一次次事故的经验教训,提高安全和风险综合防范的责任意识以及设防能力至关重要。针对天津港"8·12"瑞海公司危险品仓库特别重大火灾爆炸事故暴露出的多个方面的教训与问题,调查组提出了十个方面的防范措施和建议:

①坚持安全第一的方针,切实把安全生产工作摆在更加突出的位置;
②推动生产经营单位落实安全生产主体责任,任何企业均不得违法违规变更经营资质;
③进一步理顺港口安全管理体制,明确相关部门安全监管职责;
④完善规章制度,着力提高危险化学品安全监管法治化水平;
⑤建立健全危险化学品安全监管体制机制,完善法律法规和标准体系;
⑥建立全国统一的监管信息平台,加强危险化学品监控监管;
⑦严格执行城市总体规划,严格安全准入条件;
⑧大力加强应急救援力量建设和特殊器材装备配备,提升生产安全事故应急处置能力;
⑨严格安全评价、环境影响评价等中介机构的监管,规范其从业行为;
⑩集中开展危险化学品安全专项整治行动,消除各类安全隐患。

依据《安全生产法》等法律法规,调查组建议吊销瑞海公司有关证照并处罚款,企业相关主要负责人终身不得担任本行业生产经营单位的负责人;对中滨海盛安全评价公司、天津市化工设计院等中介和技术服务机构给予没收违法所得、罚款、撤销资质等行政处罚。调查组还建议,对天津市委、市政府进行通报批评并责成天津市委、市政府向党中央、国务院作出深刻检查;责成交通运输部向国务院作出深刻检查。

从以上三节的阐述,本书总结出的灾害形成过程可分为突变(地震、大爆炸等)和渐变(沙漠化等)过程,或动力(地震等)和非动力(大爆炸等)过程,或动力与非动力相结合(沙漠化等)的过程(图3-56)。

灾害形成的动力、动力与非动力相结合、非动力过程正是自然、环境(生态)、人为(事故)灾害的核心特征与行为,它们的共同结果就是灾区、灾民、灾情(损失和损害或直接与间接);它们的共同结果也就是致灾因子、孕灾环境与承灾体相互作用的机理与过程的产物。灾害形成过程就是灾害系统的形成与演化过程,致灾因子的危险性、

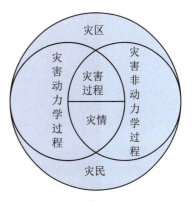

图 3-56 灾害形成过程

孕灾环境的稳定性(敏感性)、承灾体的脆弱性共同作用左右着灾害系统的速度、强度、广度和程度，它们的评估正是第 4 章的主要内容。人类活动对灾害形成过程有着广泛而深刻的影响(图 3-57)。

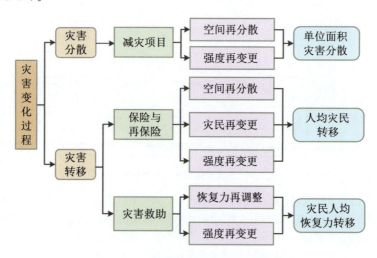

图 3-57 人类活动对灾害过程的影响

参考文献

Shi P J，Liu L Y，Han G Y．The innovation of global desertification risk governance from China's practice[J]．IDRC，2014．

Shi P J，Zhang G F，Kong F，et al．Wind speed change regionalization in China (1961—2012)[J]．Advances in Climate Change Research，2015，6(2)：151-158．

Shi P J，Sun S，Wang M，et al．Climate change regionalization in China(1961—2010)[J]．Science China Earth Sciences，2014，57(11)：2 676-2 689．

Shi P J，Liu L Y，Wang J A，et al．Experiences and Lessons of Large-Scale Disaster Governance in China —Perspective to the Response of Wenchuan Earthquake Disaster May 12 2008[C]．IHDP 2009 Open Meeting，2009．

陈颙，史培军．自然灾害[M]．3 版．北京：北京师范大学出版社，2013．

高尚玉，史培军．我国北方风沙灾害加剧的成因及其发展趋势[J]．自然灾害学报，2000，9(3)：31-37．

国家安监总局．天津港"8·12"瑞海公司危险品仓库特别重大火灾爆炸事故调查报告[R/OL]．[2016-12-14]．http://www.gov.cn/foot/2016-02/05/content_5039788.htm．

国家减灾委员会—科学技术部抗震救灾专家组．汶川地震灾害综合分析与评估[M]．北京：科学出版社，2008．

国务院办公厅．国务院关于印发汶川地震灾后恢复重建总体规划的通知：国发[2008]31 号[A/OL]．(2008-09-19)[2016-12-14]．http://www.gov.cn/zwgk/2008-09/23/content_1103686.htm．

中国气象局，地面气象观测规范[M]．北京：气象出版社，2015．

全国人民代表大会常务委员会．中华人民共和国防沙治沙法[S/OL]．[2016-12-14]．

http://www.gov.cn/ziliao/flfg/2005-09/27/content_70629.htm.

史培军,严平,高尚玉,等.我国沙尘暴灾害及其研究进展与展望[J].自然灾害学报,2000,9(3):71-77.

史培军,严平,袁艺.中国北方风沙活动的驱动力分析[J].第四纪研究,2001(1):41-47.

史培军,张宏,王平,等.我国沙区防沙治沙的区域模式[J].自然灾害学报,2000,9(3):1-7.

史培军.我国风沙灾害加剧的成因分析及防沙治沙对策[C]//科技知识讲座文集.北京:中共中央党校出版社,2003.

新华社,天津港"8·12"瑞海公司危险品仓库特别重大火灾爆炸事故调查报告公布[EB/OL].[2016-12-14].http://news.xinhuanet.com/mrdx/2016-02/06/c_135080255.htm.

第4章 灾害测量、统计与评估

灾害测量、统计与评估是灾害风险科学研究的基础，通过灾害测量能够直接获得关于灾情的原始数据；通过灾害统计能够把灾害测量获得的原始数据进行汇总和加工，从而更有利于对灾情进行全面的描述；最后，根据灾害测量与统计的结果进行灾害评估，可以最终获知灾情的大小和范围，并为进一步的防灾、救灾和减灾工作提供参考和依据。

灾害测量包括多种手段、方法和技术，通常都有不同的测量规程、标准以及精度的要求。灾害测量的内容、精度、尺度、范围等指标可分为相对指标与绝对指标，针对不同的目的，在具体的实施过程中将有所侧重。灾害统计则同样有内容、范围、时段长短之分，其统计结果主要服务于灾害评估。灾害评估关注评估的依据(灾害测量和统计获得的各类数据等)、目的(用于指导救灾工作或用于指导灾后的恢复重建等)、时效(常规评估、短期应急评估等)，评估的内容包括灾害发生的范围以及灾情等级划分等。灾害测量、统计与评估需要解决两个关键性的问题：①如何做到灾害测量、统计与评估的全覆盖，不留空白和死角；②如何提高灾害测量、统计与评估的针对性、精确性和时效性。

需要注意的是，本章介绍的灾害测量、统计与评估不能与致灾因子测算与评估混为一谈。前者重点关注致灾因子造成的损失(Loss)与损害(Damage)，即灾情；后者涉及致灾因子本身的持续时间、方式、强度和范围。但两者之间也存在一定的联系，如广义的灾害测量、统计与评估，特别是针对重特大灾害，常常包括对单次灾害的孕灾环境、致灾因子以及承灾体全面系统的测量、统计与评估。

4.1 灾害测量

灾害测量的内容包括实地调查、走访、抽样估计、统计填报、遥感测算、模型模拟等，根据测量的时间和地点，灾害测量包括定期观测与定位(点)测量。而根据灾害发生的情况，可以分为单次灾害的测量和多灾害的测量。

灾后实地调查、走访、抽样估计有很强的针对性，但都受到调查、走访、抽样估计的覆盖面的限制，常常对灾害全貌的把握有限。灾情统计上报是灾害测量最普遍的方法，但常常因上报时间不充裕以及统计手段落后的限制，使得上报数据的精确程度受到一定的影响。灾后遥感测算是比较先进的灾害测量技术，由于其能够在短时间内展现灾害的范围以及损失和损害情况，因而受到广泛的应用。但由于对一些灾情项目的测量难以覆盖，也受到一定的限制。最后，灾后模型模拟近年来受到了极大关注，通过对灾区进行实景建模以及情景模拟分析，能够快速和大量获得灾情的测量数据。但受模型适用的空间范围、灾害种类以及自身精度等的影响，通常仅作为评估时的参考，且多在大灾和巨灾评估时采用。在实际的灾害测量过程中，采用多种灾害测量方法和技术来获取灾情数据，不仅能够提高提高灾害测量数据的广度，也能够通过对比不同渠道获取的灾害测量数据，对数据质量进行综合验证与校正。在此基础上，广泛征求灾区各方的意见和建议，最后形成综合集成的灾害数据库。

4.1.1 灾害调查

灾害调查大部分是基于行政单元、自然单元或网格单元。此外，不同部门对不同的灾害类型有专门的调查方法。从灾害调查的手段看，主要包括现场调查（如实地调查和走访灾区），或者使用各类观测仪器和设备进行测量，或者收集各种监测站网数据。具体而言，自然灾害、环境（生态）灾害以及人为灾害的调查有不同的程序和方法。

在中国，现场调查是指灾害发生后，由专业部门和专家组成现场调查工作组，通过制定调查程序，确定调查工作组负责人以及多学科、多部门、多岗位背景的调查员，并按调查需求和目的开展灾害调查工作。

对于自然灾害，现场调查内容主要包括：①人员伤亡情况；②房屋倒损情况；③经济损失与损害情况；④农业损失与损害情况；⑤工业、服务业损失与损害情况；⑥基础设施损失与损害情况（如交通设施、市政公用设施、水利设施、电力设施、通信设施、广播通讯设施、政权设施等）；⑦自然资源、生态系统与环境破坏情况。对于环境（生态）灾害，除了上述7项外，现场调查还要特别强调人为与自然原因作用程度的调查。最后，对于人为灾害，除了自然灾害现场调查的7项内容外，还要特别强调灾害责任的认定。

现场调查工作是灾害测量的重要组成部分，该方法的优点是能够直观获得灾情状况，亲身感受灾害对人类生命和财产的损害；不足之处在于只能给出现场调查区灾害损失与损害的相对比较量，无法完全从定量角度对灾害损失形成全面的认识。

案例 4-1：2010 年 4 月 14 日青海玉树地震灾害（房屋损坏）现场调查

2010 年 4 月 14 日，地处海拔 4 000 多米的青海省玉树藏族自治州玉树县现为玉树市发生地震。震级根据中国地震台网中心测定，为里氏 7.1 级。该次地震造成青海省玉树藏族自治州玉树县、治多县、称多县、曲麻莱县、杂多县、囊谦县和四川省石渠县共 7 个县受灾，其中极重灾区为玉树县结古镇。地震发生后，中国地震局和国家减灾委相继启动Ⅰ级地震应急响应。根据国务院抗震救灾总指挥部总体部署，国家减灾委立即派出专家组开展地震灾害调查工作。在为期一周的现场调查工作中，工作组在高分辨率遥感影像资料基础上，开展了细致的房屋和基础设施现场调查工作，获得了房屋以及基础设施等破坏和损失的一手数据，为顺利圆满完成玉树地震灾害损失评估报告打下基础（刘吉夫，2010）。现场调查的主要内容包括：

①房屋主要结构类型

通过调查发现，灾区房屋主要结构类型有钢混结构、空心砖混结构、空心砖木结构、土木结构和片石结构。其中，钢混结构房屋占 10% 左右，空心砖混结构占 15% 左右，空心砖木结构占 30% 左右，土木结构和片石结构占 45% 左右，片石结构仅占少数。可见，空心砖木结构和土木结构房屋是灾区的主要建筑类型，也是广大藏民最主要的居住类型。

②房屋主要破坏特点

玉树地震后，灾区不同结构类型的房屋损坏情况各异。通过现场调查，各房屋类型主要破坏特点介绍如下：

钢混结构房屋：该类房屋一般属于单位用房或者宾馆酒店等，建造成本高，平均造价为 2 000 元/m²。根据现场调查，灾区钢混结构房屋破坏率为 30%，房屋破坏特点是房屋整体倾斜（图 4-1），或者是一层完全被压垮（图 4-2），但没有发生倒塌。

图 4-1　玉树某单位营房倾斜　　　　图 4-2　玉树香巴拉宾馆一楼完全被压垮
　　　（刘吉夫，2010）　　　　　　　　　　　（刘吉夫，2010）

空心砖混结构房：该类房屋主要是由空心砖墙（或砖柱）、水泥预制板、现浇钢混横梁、地圈梁等构件建成。这类房屋造价比较高，平均造价为 1 500 元/m²，主要为寺院建筑、临街商铺和城镇中的民房。根据现场调查，该类房屋地震破坏较严重，破坏率为60%，但倒塌的不多（图 4-3 和图 4-4）。

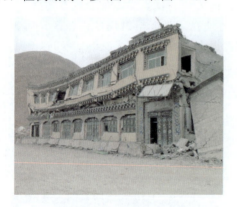 

图 4-3　临街商铺被完全破坏（刘吉夫，2010）　　　图 4-4　民房被震歪（刘吉夫，2010）

空心砖木结构房：该类房屋是由空心砖柱与砖墙砌筑成墙体，屋顶由木梁及苇席、草芥等建成的房屋。这类房屋在灾区量大面广，是主要的民居类型之一。经现场调查发现，这类房屋在灾区大量被破坏，破坏率达到85%，且房屋倒塌数量极多（图 4-5）。

图 4-5　空心砖木结构民房被震坏（刘吉夫，2010）

土木结构房屋：土木结构是当地农村最普遍的房屋建筑类型，包括砖柱土坯承重墙体房屋和木柱土坯承重墙体房屋。房屋主要由干打垒或土坯墙夹杂少量空心砖等砌筑成墙体，房梁直接搁在墙体上，屋顶由木梁及苇席、草芥等建成，承重结构主要是土墙。这些房屋为防止漏雨和室内保温，大多在屋顶铺有比较厚的土，其自重比较大，而且根据当地的风俗习惯，以五开间房屋居多。这种房屋遇到地震时一般是墙倒屋塌。灾区该类房屋建筑量大面广，是此次地震灾害损失最为严重的房屋类型，破坏率达到100%。震区的土木结构房屋一般都倒塌，没有完好的房屋（图4-6）。

图 4-6　土木结构房屋被震坏（刘吉夫，2010）

片石结构房屋：该类房屋主要分布在山坡等地方，墙体主要由麻石、泥浆等砌成，屋盖则和土木结构类似。灾区这类结构房屋数量不多，部分为居住用房，多数作为仓房、畜棚、牛粪房。本次地震灾害中，该类房屋的破坏率达到100%（图4-7）。

图 4-7　片石结构房屋被震坏（刘吉夫，2010）

特例情况：除了以上破坏情况外，灾区有一类房屋却基本没有遭到地震破坏。这类房屋就是2009年建成使用的农牧民安居房。农牧民安居房是国家一项重要工程，由国家根据相关标准和要求统一设计、施工，面积60 m^2，造价一般为4.8万元（不含土地购置费），结构为空心砖混结构（图4-8）。然而，农牧民为了增加使用面积，自行搭建的附属用房则全部破坏（图4-9）。这说明按照标准建设的房屋具有一定的抗震能力，该类房屋基本完好。

图 4-8　废墟中屹立的农牧民安居房
（刘吉夫，2010）

图 4-9　农牧民自行搭建的附属
用房破坏情况（刘吉夫，2010）

③房损原因分析

根据对现场各类房屋倒损情况的调查，综合分析得到此次地震房损的主要原因，主要包括：ⓐ基础浅：这是房屋大量破坏的一个重要原因。很多房屋的地基都非常浅，尤其是民房，基本没有挖地基，而是直接在地表以上用石块、片石等垒至一定高度，再在上面砌空心砖。这种地基刚性不足，柔性有余，经受不住地震的振动。ⓑ水泥用量少，大多直接用泥浆：由于水泥价格昂贵，在砌墙时水泥用量非常少，很多房屋在空心砖之间直接用泥浆做黏合剂，造成承重墙本身很脆弱，无法有效抵抗地震造成的影响。ⓒ藏式屋盖沉重：藏式屋盖往往是钢筋混凝土浇筑，配以琉璃瓦装饰，外观非常漂亮，但是非常沉重。然而土木结构房屋屋顶出于保暖需要覆以大量黄土，使承重墙或柱难以承受其重量。在地震中，大量房屋被沉重的屋盖压垮，废墟中仅能见到屋盖就是例证。ⓓ房屋密集，人口众多：由于灾区位于峡谷地带，中间往往有河流穿过，适宜建房居住的空间就被挤压在宽不足 1 000 m 的河流两岸和山坡地带。大量房屋密密麻麻地拥挤在一起，大量人口聚居在这些房屋中。房屋倒塌产生的多米诺骨牌效应在灾区最常见，且灾区可见成片的房屋倒塌，造成重大财产损失和人员伤亡。

4.1.2　站网测量

灾害的站网测量是根据各种站网的监测数据来识别灾害发生的时间、地点、范围以及强度等信息。该手段可以给出致灾因子以及部分灾害损失指标的绝对量。通过进一步进行站点内插方法，可以实现在网格基础上进行灾害测量。

(1) 致灾因子监测系统

中国现有的各种自然（地震、气象、水文、海洋、国土、农业、林业等）和环境（生态）致灾因子监测系统都是基于站网测量进行的。这些监测网包括气象灾害监测网、全国地壳运动与地震监测网、地质灾害监测网、风暴潮监测网、赤潮灾害监测网、环境监测网、气象卫星系统、海洋卫星监测系统、"环境与灾害监测小卫星星座"系统、中巴国土资源监测系统、国家野外生态系统定位监测系统等。总体而言，这些监测网络系统的主体是以监测致灾因子为主，并且按行业或国家标准开展连续的规范测量，测量数据一般是公开的。

(2)灾情监测系统

此外,近年来中国民政部初步建立了全国自然灾害灾情调查员系统,中国国家疾病控制中心初步建立了全国传染病监测网络系统,中国国家安全监督管理总局初步建立了全国生产安全监测网络系统,中国国家公安部和安全部初步建立了全国公共安全和国土安全监测网络系统等。这类监测网络系统,主体是以监测灾情为主,同时也按行业或国家标准开展连续的规范测量。该类监测数据一般是不公开的,仅限内部使用,有的数据还具有不同保密级别。

4.1.3 遥感观测

遥感技术是指用对电磁波敏感的遥感器(传感器),在距目标远距离和非接触目标物体条件下,探测地物目标,获得其反射、发射或散射的电磁波信息。该技术基于地物的波谱特征,通过加工处理获取的地物电磁波信息形成遥感图像。遥感图像已成为灾害调查最重要的手段之一。掌握遥感获取信息的方法,能够快速全面、全时段地进行灾害调查,尤其适合灾害的动态调查,同时可支持灾害损失的评估。

通常,遥感技术按搭载平台可划分为航空遥感和遥感航天,按获取信息的方式可分为主动遥感和被动遥感,从获取信息的角度可以划分为从下而上的对空观测和从上往下的对地观测。其中,对地观测与灾害调查关系密切。在运用遥感技术的过程当中,要特别注意研究尺度的影响。

案例 4-2:遥感技术在沙尘暴灾害观测中的应用

在沙尘暴的监测方法中,传统的地面监测方法受到许多因素的制约,不能很好地刻画沙尘暴过程。卫星遥感技术可以从空间上捕捉沙尘天气动态信息,而且时间分辨率高,是目前最为有效的监测、跟踪、分析沙尘暴天气的手段。随着遥感技术的不断发展,利用多源遥感数据监测沙尘暴,提取沙尘暴信息,定量分析沙尘暴的有关参数等已成为沙尘暴研究的热点。目前,气象卫星是沙尘暴天气遥感监测的主要数据源,包括 NOAA/AVHRR、Terra/MODIS、GMS/VISSR 数据和 FY-1C/D 数据,空间分辨率范围为 250 m~5 km,光谱范围覆盖可见光、近红外和红外波段,其中 MODIS 数据的光谱分辨率有了显著的提高,通道数增加到了 36 个(罗敬宁等,2003)。

遥感技术在沙尘暴灾害研究中有突破性的贡献。遥感科学技术与应用的发展,突破了沙尘暴灾害监测传统地面手段的许多制约因素,并与地面监测手段综合利用,优势互补,在沙尘暴灾害时空特征的动态监测和定量研究中发挥着越来越重要的作用。沙尘暴灾害的遥感监测已经做了大量的研究,大多以气象卫星的光学遥感为主,方法上从利用单通道数据监测发展到多通道组合应用,其中包括对沙尘灾害发生、发展过程的监测方法研究,对沙尘暴灾害光学厚度的反演研究以及下垫面对沙尘灾害形成、演化贡献的研究等。其中,范一大等(2007)针对沙尘暴灾害监测中两项关键技术,即沙尘信息提取技术和沙尘暴灾害强度监测技术进行了理论和技术应用研究,给出了两种沙尘暴信息提取方法(分层提取方法和热红外窗区法)以及 3 种沙尘暴灾害强度监测方法(密度分割法、变化矢量分析法和可比沙尘强度指数法),并分别做了比较分析,为沙尘暴灾害的时空动态监测、多种卫星资源的综合应用提供了技术途径。

图 4-10 为分层提取方法和热红外窗区法提取结果。结果表明，分层提取和热红外窗区两种方法都能满足沙尘暴灾害信息提取的基本需求。分层提取方法是基于遥感图像的统计特征的，由于受卫星信号衰减和卫星过境时间、过境区域不同等因素的影响，分层提取方法中的各个阈值波动性较大，需要经常作修正，稳定性低于热红外窗区法。而热红外窗区法物理意义明确，是基于辐射传输理论，且其提取步骤也比分层提取方法相对简单。因此，总的来看，热红外窗区法更适合于沙尘暴灾害信息提取的业务化实现。

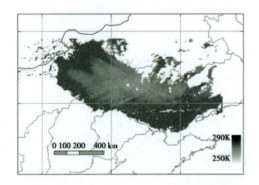 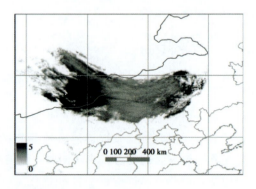

图 4-10　两种沙尘信息提取方法的比较(范一大等，2007)
(a)分层提取法；(b)热红外窗区法

基于气象卫星遥感数据的密度分割法(图 4-11(a))、变化矢量分析法(图 4-11(b))和可比沙尘强度指数法(图 4-11(c))都能够监测沙尘灾害强度，监测结果与地面观测结果有较好的一致性，三种方法都是在沙尘暴灾害信息提取的基础上进行的。其中，密度分割法利用沙尘暴灾害信息在远红外通道特性，将沙尘暴灾害强度分为 3 个等级，方法相对简单，但只能定性描述沙尘暴灾害的强弱分布；变化矢量分析法利用气象卫星的全部通道进行像元光谱的直接比较，以像元波段值变化强度来衡量沙尘暴灾害强度，是一种较好的监测沙尘暴灾害强度空间分布的方法，它的不足是对数据的要求苛刻，很难找到理想的数据用来分析；可比沙尘强度指数法较前两种方法在沙尘暴灾害强度监测方面有着明显的优势，监测结果与变化矢量分析方法得出的结果，相关性较高。同时，由于可比沙尘暴强度指数方法克服了由于卫星平台、监测时间、监测区域等因素导致的监测结果不可比的问题；因此，它不但可以用来分析一场沙尘灾害强度的空间分布规律，而且可以定量比较不同沙尘暴灾害事件的强度，可用于多源遥感数据的沙尘暴灾害强度动态监测研究。

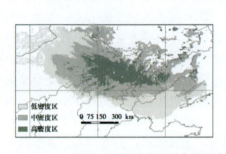 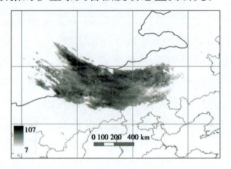

图 4-11　三种沙尘强度监测方法的研究和比较(范一大等，2007)

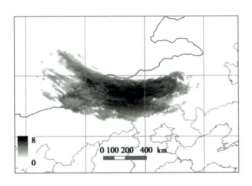

图 4-11　三种沙尘强度监测方法的研究和比较（范一大等，2007）（续）
(a)密度分割法；(b)变化矢量分析法；(c)可比沙尘强度指数法

案例 4-3：利用 NDVI 时间序列识别汶川地震滑坡分布

在滑坡识别工作中，遥感技术是最常用的手段。但是，由于这些覆盖有茂密植被的山地地形往往起伏很大、山体阴影以及云的影响非常显著，使得遥感对滑坡的识别不能很好地发挥作用，而后续的触发因子(余震或降水)会继续作用，从而形成多次触发因子下的滑坡分布。建立单次滑坡触发因子下的完整滑坡分布对地质灾害风险评估至关重要。

传统的滑坡解译技术主要利用航空立体像对识别滑坡，但是这种方法对影像的时相要求较高，需要尽快在单次触发滑坡的因素发生之后立即获得影像；与此同时，航空遥感成本很高，对天气条件要求也高，这些都是利用航空遥感监测滑坡分布的障碍。随着 QuickBird、IKONOS、SPOT 等卫星的出现，高分、超高分辨率遥感卫星影像成为滑坡目视识别的重要信息源。此外，利用滑坡前后高分辨率 DEM 的差别，滑坡空间分布以及滑坡体的体积也可以得到识别。但是，高分、超高分卫星影像具有时间分辨率低、重访周期长、易受云影响等缺点。

利用卫星影像识别滑坡，主要是对比滑坡前后同一地区的影像，总体上分为两大类方法：基于像元尺度的滑坡体识别方法和基于影像形态、分割、模式识别的方法。一般而言，非基于像元的方法优于基于像元的方法。随着 LiDAR(Light Detection And Ranging)技术的引入，单个滑坡体可以得到精确的测量。与此同时，应用 PS(Permanent Scatters)技术，干涉雷达(InSAR)也可以用于监测地表毫米级的微小形变。美国 NASA 的 MODIS 在 Aqua 和 Terra 卫星平台上，空间分辨率有 250 m、500 m、1 km 等几种，虽空间分辨率粗，但重访周期短、成本低。

本案例采用 MODIS13Q1 数据产品，该数据空间分辨率为 250 m，时间分辨率为 16 d。该研究的目的是利用低成本的 MODIS 粗分辨率卫星影像，研究滑坡事件的空间分布。该方法建立在两个假设的基础上：研究区主要被植被覆盖；植被的变化由滑坡造成，即选取的研究区大面积被植被覆盖且 2007—2008 年土地利用类型没有发生变化。在逐像元计算时，单像元在 2007 年与 2008 年的时间序列相似；如果时间序列有变化，即在 2008 年 5 月发生明显下降，在 2008 年后期出现恢复，则判断该时间序列所属像元是汶川地震引发的滑坡，识别该像元为滑坡点位。

结合上述像元时间序列判别标准，首先对平武县境内滑坡自动识别，共识别出了全县 5.9 km² 的滑坡面积，滑坡发生区主要集中在平武县东南沿涪江的谷地及平武县东部汶川断裂带附近，其他地区滑坡分布较少(图 4-12)。

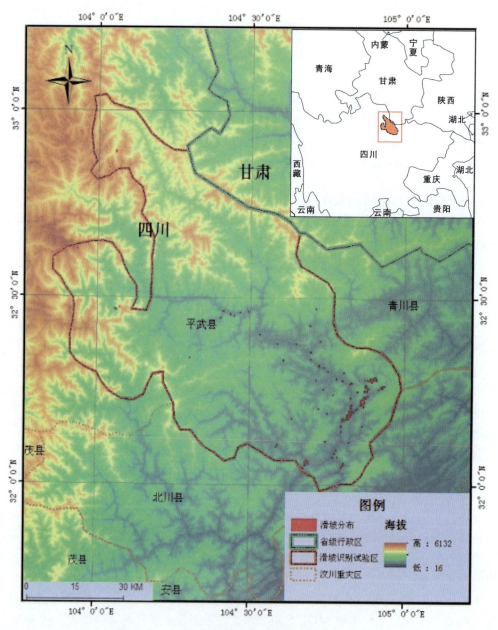

图 4-12 MODIS 识别的滑坡分布(杨文涛等，2012)

本研究的验证数据为两期 Landsat7 ETM 数据，验证区位于平武县东部滑坡分布较为密集的地方，总面积约 13.8 km²(图 4-13)。结果表明：MODIS 方法识别出的滑坡面积占 ETM 识别滑坡总面积的 90.79%，二者完全匹配的比例为 55.02%，有 44.98% 的目视解译滑坡没有被识别出来，35.77% 的面积发生误判。从图 4-13 以及整体解译结果来看，能被 MODIS NDVI 自动正确识别的滑坡体一般面积较大，基本为能完整覆盖一个 MODIS

像素的滑坡体。其中，大于 4 个 MODIS 像元的滑坡其识别精度最高。而研究区多数不能被识别的滑坡多是由于面积较小而不完全覆盖整个或大部分 MODIS 单像素的小型滑坡。这些误差往往是由于 MODIS 像素覆盖下的地表景观，非滑坡性因素的信息占主导地位所致，这也和采用 MODIS 数据较低的空间分辨率有着直接的关系(表 4-1)(杨文涛等，2012)。

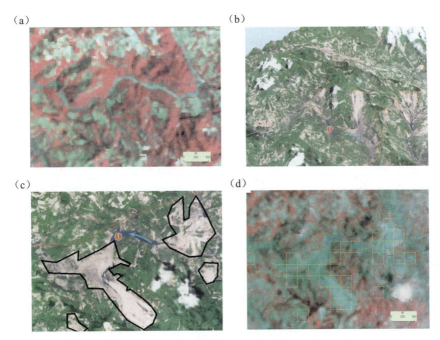

图 4-13 滑坡识别验证(杨文涛等，2012)

(a)2008 年 4 月 30 日 ETM 影像；(b)中国地质环境监测院(2009)研究区地质灾害的三维视图；(c)中国地质环境监测院(2009)采用的 2008 年 5 月 16 日 2.5 m 分辨率 SPOT5 解译的滑坡；(d)目视解译的滑坡体分布与 MODIS 滑坡识别结果的对比

表 4-1 ETM 目视解译与 MODIS 滑坡识别比较

滑坡识别		面积/m²	百分比/%
ETM		1 832 282	100.00
MODIS	总面积	1 663 606	90.79
	完全匹配	1 008 132.7	55.02
	误判	655 473	35.77
	没有识别的	824 149.6	44.98

通过提出的 NDVI 自动识别技术，得到了汶川重灾区滑坡解译分布。滑坡的发生与坡度有很大关系，在原算法的基础上，考虑了地形坡度对滑坡发生的影响，即对坡度小于 5°的地形不予考虑滑坡的发生。根据这一条件，最后得到了汶川地震重灾区滑坡识别分布图，从识别结果来看，汶川重灾区滑坡主要沿东北—西南向狭长带状分布，这与龙门山中央断裂带走向基本一致(图 4-14)。

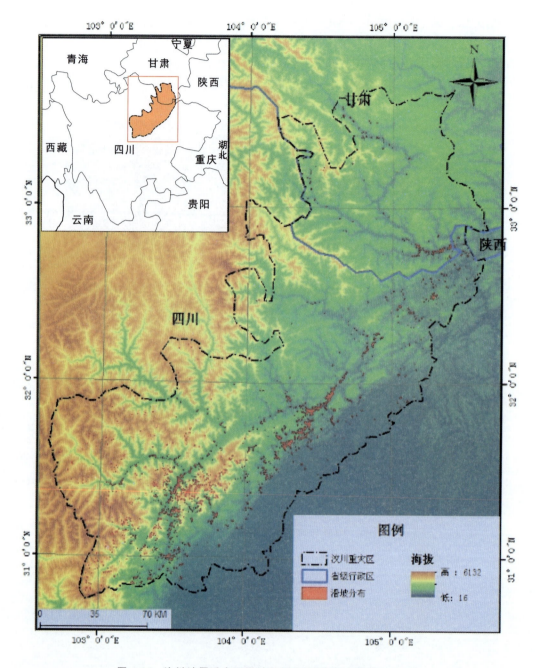

图 4-14 汶川地震重灾区滑坡识别分布图(杨文涛等，2012)

4.1.4 历史考证

历史考证研究往往借助历史资料和长时间的调查记录，对灾害的演变进行分析。该分析方法适合于研究有长时间记录的灾害类型。一般通过灾害数据库进行分析研究。在"中国自然灾害数据库"中，就包含史料记载的内容，包括历史灾害事件发生的年份、地点、灾种、开始月、终止月、大气异常、水圈异常、生物圈异常及人类活动影响等(王静爱等，1995)。

(1) 中国自然灾害灾情——受灾、成灾和死亡人口

整体上看，1978—2003 年，中国平均每年自然灾害成灾人口数表现出波动中总体上升的趋势，成灾人口占总人口的 11%～27%（图 4-15）。另外，人口受灾的时间变化和地区分布很不均衡。20 世纪 60 年代以前，全国受灾人口平均每年约 1 亿人；20 世纪 70 年代平均每年 3 亿人，80 年代平均每年 2.9 亿人，1990—2000 年平均每年 3.6 亿人。受灾人口较多的地区主要分布在东部人口稠密区，以华北平原、汾渭谷地和长江中下游地区最为集中；四川盆地成渝地区也是一个受灾人口的高值区；除此之外，珠江三角洲区、东北平原和东南沿海的受灾人口比率也很大。年均受灾人口、成灾人口较多的省份是四川、山东、河南、湖南、安徽、河北、湖北、江苏。主要灾种是洪涝灾害，其次为旱灾。因灾死亡人口较多的省份是四川、湖南、云南、贵州、陕西、湖北，造成人员死亡的主要灾种是洪涝灾害，其次为地震。

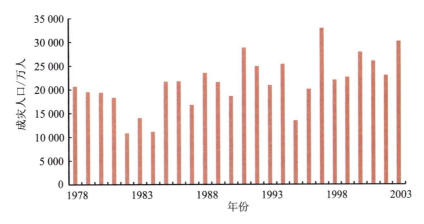

图 4-15　中国自然灾害成灾人口年际变化（1978—2003 年）

资料来源：中国民政统计年鉴。

从死亡人口情况看，1949—2000 年，各种自然灾害造成的死亡人数以华北、西南、华中地区最多，东南沿海次之。20 世纪 50—70 年代死亡人数最多，70 年代以后呈减少趋势。各类灾害中，地震造成的死亡人数最多，累计约 28 万人。1949—2000 年共发生死亡 1 000 人以上地震灾害 7 次，其中 1976 年河北唐山地震死亡 24.2 万人，为该时期死亡人数最多的灾害事件。洪水造成死亡人数累计约 27 万人。1949—2000 年共发生死亡 1 000 人以上洪水灾害 8 次，其中 1954 年长江中下游和淮河特大洪水共造成 35 099 人死亡，1975 年淮河、洪汝河、沙颍河洪水造成 26 000 人死亡。台风、风暴潮和滑坡、泥石流等其他自然灾害共造成死亡人数约 60 000 人，发生单次死亡 1 000 人以上的灾害 4 次。

(2) 中国自然灾害灾情——经济损失

新中国成立以来，中国自然灾害直接经济损失总体处于上升趋势。20 世纪 50 年代自然灾害直接经济损失年均 380 亿元（按 1990 年人民币可比价）；60 年代年均在 440 亿元左右；70 年代略有下降，年均在 420 亿元左右；80 年代上升较快，年平均 570 亿元；90 年代自然灾害直接经济损失大幅度上升，年均达 1 185 亿元。图 4-16 给出了 1990—2015 年来中国自然灾害造成的直接损失结果，从中可以看出，中国自然灾害造成的直接经济损失整体上呈现出上升趋势。

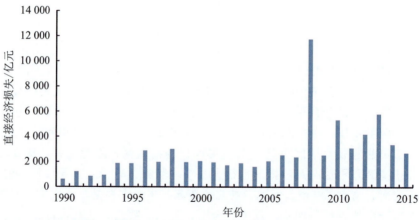

图 4-16　中国自然灾害直接经济损失（1990—2015 年）
资料来源：中国民政统计年鉴。

不同时期中国自然灾害的经济损失程度和特点不同：20 世纪 80 年代以前，经济损失较少，但轻重灾年差异巨大，轻灾年直接经济损失为 100 亿～400 亿元，重灾年达 1 000 亿元以上；20 世纪 90 年代以来灾害损失急剧增长，一般均在 1 000 亿元以上，但年际差异微小。不同时期自然灾害破坏程度和经济发展水平不一，所以自然灾害相对经济损失不同。20 世纪 50 年代和 60 年代，中国自然灾害直接经济损失与国民生产总值比率估算达 15% 以上，与财政收入比率达 50% 以上，重灾年这两个比率分别超过 20% 和 100%；20 世纪 70 年代以来，这两个比率分别下降到 3%～7% 和 20%～30%，且年际差异减小。

不同区域自然灾害经济损失程度也有很大差异。据 1980—2000 年的资料，在平均每年直接经济损失方面，以财产密度较大，且洪水、风暴潮等突发性灾害比较严重的湖南、安徽、山东和广东最高，年平均损失 60 亿元以上，最高 80.5 亿元（湖南）；河北、辽宁、吉林、江苏、浙江、江西、河南、湖北、广西和四川次之，平均每年损失 40 亿～60 亿元；再次为山西、内蒙古、黑龙江、福建、海南、贵州、云南、陕西、甘肃、新疆，平均每年损失 10 亿～40 亿元；北京、天津、上海和西藏、青海、宁夏最低，平均每年损失 10 亿元以下。

从自然灾害经济损失的分布看，自西部内陆向东南沿海，平均每年每平方千米的直接经济损失从小于 0.1 万元逐渐增长到 5 万元以上，即内蒙古、新疆、甘肃、青海、西藏地区最低，山东、江苏、浙江、福建、广东地区最高。另外，直接经济损失程度高的地区分布也很不均匀。基本特点是：华中、华南、西南的安徽、江西、湖南、贵州、广西和东北吉林地区最高，自然灾害年均直接经济损失与 GDP 和财政收入的比值分别达 8% 和 50% 以上。以此为中心向周围降低，特别是北京、天津、上海及沿海地区最低，自然灾害年均直接经济损失与 GDP 和财政收入比值分别小于 3% 和 30%。

(3) 中国自然灾害灾情——房屋破坏

1949—2000 年，各种自然灾害在中国共造成 1.7 亿间左右房屋倒塌，平均每年约 340 万间。其中，20 世纪 50—60 年代最多，平均每年倒塌 400 多万间；70 年代和 80 年代最少，平均每年 242 万间；90 年代呈增加趋势，平均每年倒塌房屋 404 万间。总体来看，若不考虑 2008 年汶川地震情况下，2000 年以来房屋倒塌数量相对 2000 年前低，且呈现出减少趋势（图 4-17）。

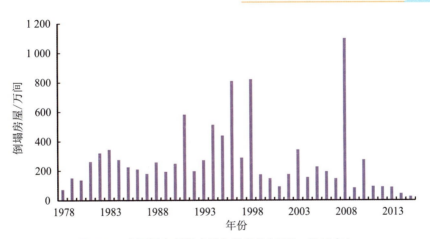

图 4-17　中国因灾倒塌房屋年际变化（1978—2015 年）

资料来源：中国民政统计年鉴。

不同地区房屋破坏程度相差悬殊。倒塌房屋的数量不仅受致灾因子种类及强度差异的影响，同时还受到建筑密度、人口密度等承灾体的制约。一般而言，致灾因子强度越大，灾情越严重；同样致灾强度下，建筑密度越大的地区，房屋破坏程度越严重。从倒塌房屋数量的地区分布看，1980—2000 年，以人口、房屋密集且洪水灾害严重的湖南、四川、安徽、河南最严重，各省平均每年倒塌房屋 20 万间以上；吉林、河北、江苏、浙江、福建、江西、山东、湖北、广东、广西、云南、陕西次之，每年倒塌房屋 10 万～20 万间；洪水灾害较轻，或人口及建筑密度较小的山西、内蒙古、辽宁、黑龙江、海南、贵州、甘肃、青海、新疆较少，平均每年倒塌房屋 1 万～10 万间；北京、上海、天津和西藏、宁夏最少，平均每年倒塌房屋少于 1 万间。从倒塌房屋模数（每平方千米倒塌房屋数量）的地区分布看，1980—2000 年以长江、淮河中下游的湖南、安徽、江苏和浙江、福建、广东沿海地区最高，达 100 间/(km²·a)以上；华南、华北、东北和西南大部分地区居中；西部、北部的内蒙古、甘肃、新疆、青海、西藏及北京、天津、上海地区最小，少于 10 间/(km²·a)。

(4) 中国自然灾害灾情——农业损失

1978—2014 年，中国农作物成灾面积整体呈先上升后下降的趋势，特别是 20 世纪 90 年代以来，上升趋势加快，而到 2000 年以后，农作物成灾面积开始减小（图 4-18）。从地区分布来看，山东、河南、安徽等播种率高的省份灾情严重，成灾面积较大；湖南、湖北等播种率较高，受水旱灾害频繁的省份成灾面积也很大。

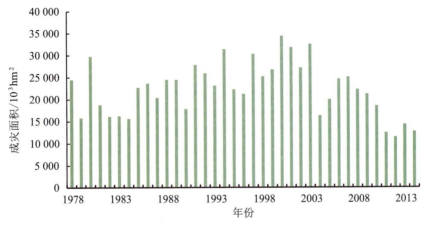

图 4-18　中国农作物成灾面积年际变化（1978—2014 年）

资料来源：中国民政统计年鉴。

4.2 灾害统计

灾害统计是指根据灾害的特点,设计统计指标,形成"灾害损失统计表"以及填报说明等相关文件,由灾区政府按统一规范组织开展实地的全面调查、统计和上报的工作。

灾害统计一般基于行政单元,由国家相关部门(如民政部门)进行统计后获得,其获取灾情信息的方式也往往是逐级上报。比如农村地区通过"自然村(小队)→行政村(大队)→乡→县"的上报方式,而城市地区则通过"居民小区→街道办→镇→市"的方式进行上报。

4.2.1 一般灾害损失统计内容

中国灾害统计主要包括以下内容:灾区人员受灾、农村与城镇居民住宅用房损失、非住宅用房损失、居民家庭财产损失、农业损失、工业损失、服务业损失、基础设施损失、公共服务系统损失和资源与环境损失。

根据统计的内容分为毁损实物量和经济损失。灾害统计范围中,人员、文化遗产、资源与环境等受灾情况只统计数量,不计经济损失。

4.2.2 特别重大自然灾害损失统计内容

为及时、全面、客观反映特别重大自然灾害的损失情况,科学开展灾害综合评估工作,根据《中华人民共和国统计法》及其实施细则、《中华人民共和国突发事件应对法》《自然灾害救助条例》《社会救助暂行办法》《国家突发公共事件总体应急预案》《国家自然灾害救助应急预案》及相关统计制度、国家/行业技术标准等,民政部、国家减灾委员会办公室在 2014 年制定了《特别重大自然灾害损失统计制度》,该制度对统计范围、报送程序和组织方式等也作出了更为明确的规范,部分报表的归属和内容发生变化。在报表指标设计方面增加了毁损实物量指标,突出主要承灾体(行业)的指标,简化部分报表指标,规范合计项、其他损失统计项的指标设计和相关术语,完善主要指标说明、增加逻辑校验公式。上述变化和完善,尽量涵盖了重大灾害对主要承灾体、行业、系统的损失,进一步避免报表、指标间的重复填报以及漏报的问题,方便各行业(系统)主管部门组织填报,为重大灾害综合评估打下良好基础。

《特别重大自然灾害损失统计制度》中的主要指标内容如下所示:

(1)人员受灾情况指标

人员受灾情况指标主要包括受灾人口、因灾死亡人口、因灾失踪人口、因灾伤病人口、饮水困难人口、紧急转移安置人口、需过渡性生活救助人口等。

其中,紧急转移安置人口还需区分集中安置人口和分散安置人口,需过渡性救助人口还分别统计其中包含的女性、老人(65 岁及以上)、儿童(14 岁及以下)、"三无"①和"三孤"②人员数量。

(2)经济损失指标

经济损失主要包括房屋受损、居民家庭财产损失、农业损失、工业损失、服务业损

---

① "三无"人员指由民政部门收养的无生活来源、无劳动能力、无法定抚养义务人的中国公民。
② "三孤"人员指的是因灾造成的孤儿、孤老和孤残人员。

失、基础设施类损失、公共服务系统损失。

(3) 房屋受损情况统计指标

房屋受损情况统计指标包括农村居民、城镇居民住宅及非住宅3类房屋受损情况，各类统一划分为倒塌房屋、严重损坏房屋、一般损坏房屋3种损坏类型，每类分别设计了不同结构类型房屋的实物量损失和经济损失指标。

(4) 居民家庭财产损失统计指标

居民家庭财产损失统计指标分为农村居民和城镇居民家庭财产损失2类，每类分别设计了受灾家庭户数、生产性固定资产、耐用消费品和其他财产损失指标。

(5) 农业损失统计指标

农业损失统计指标主要分为种植业、林业、畜牧业、渔业和农业机械5类，主要设计了有关农业用地受灾面积、死亡禽畜数量、受损机械数量等指标。

(6) 工业损失统计指标

工业损失统计指标包括受损企业，厂房与仓库、设备设施、原材料、半成品和产成品的实物量和经济损失指标，细分为规模（资质等级）以上工业、规模（资质等级）以下工业2类统计。

(7) 服务业损失统计指标

服务业损失统计指标分为批发和零售业、住宿和餐饮业、金融业、文化、体育和娱乐业、农林牧渔服务业、其他服务业7类，主要设计了受损网点数量、受损设备设施数量和经济损失3类指标。

(8) 基础设施类损失

基础设施类损失分别统计交通运输、通信、能源、水利、市政、农村地区生活设施、地质灾害防治等基础设施损失。

交通运输指标：公路、铁路、水运、航空4类；

通信指标：通信网、通信枢纽、邮政和其他通信基础设施4类；

能源指标：电力、煤油气2类；

水利指标：防洪排灌设施、人饮工程和其他水利工程3类；

市政指标：市政道路交通、市政供水、市政排水、市政供气供热、市政垃圾处理、城市绿地、城市防洪、其他市政设施8类；

农村地区生活设施指标：村内道路、供水、排水、供电、供气、供热、垃圾处理及其他设备设施8类；

地质灾害防治指标：崩塌、滑坡、泥石流、地面塌陷、地面沉降、地裂缝及其他地质灾害防治设施7类，各类指标主要设计了相关设施、设备受损数量和经济损失等指标。

(9) 公共服务系统损失

公共服务系统损失分别统计教育、科技、医疗卫生、文化、新闻出版广电、体育、社会保障与社会服务、社会管理和文化遗产等损失。

教育系统指标：高等、中等、初等、学前、特殊和其他教育学校/机构6类；

科技系统指标：研究和试验系统、专业监测系统、其他科技系统3类；

医疗卫生系统指标：医疗卫生、计划生育、食品药品监督管理、其他医疗卫生系统4类；

文化系统指标：图书馆（档案馆）、博物馆、文化馆、剧场（影剧院）、乡镇综合文化站、社区图书室（文化室）、宗教活动场所、其他文化设施8类；

新闻出版广电指标：无线广播电视发射/监测台、广播电视台、新闻出版公共服务机构等4类；

体育系统指标：体育场馆、训练基地、基层配套健身设施3类；

社会保障和社会服务系统指标：社会保障、社会服务系统2类；

社会管理系统指标：党政机关、群众团体、社会团体、其他成员组织和国际组织5类；

文化遗产指标：物质文化遗产、非物质文化遗产2类，各类主要包括受损机构、设施设备数量和经济损失指标。

(10) 资源与环境损失

资源与环境损失指标分为土地资源与矿山、自然保护区及野生动物保护、风景名胜区、森林公园与湿地公园、环境损害5类，仅设计实物量指标。

(11) 基础指标

反映受灾县（市、区）的基本情况，主要统计人口、房屋、农业、工业、服务业、教育和科技、卫生和社会服务、文化和体育、基础设施等的基本情况。

4.3 灾害评估

灾害评估是灾害科学的基础，也是制定综合防灾减灾对策的基础。2011年，国务院出台的《自然灾害救助条例》，对自然灾害综合评估作出了具体要求。2013年，出台了《特别重大自然灾害损失统计制度》，使自然灾害综合评估步入了法规体系。这里所指的自然灾害评估主要针对灾情的损失评估。灾害评估是不同专业和不同领域之间的博弈结果，是多部门通过多个手段对灾害损失进行的比较客观地评估。其评估的结果是相对的，其中不仅包含评估的技术问题，还包括其他方面的影响。灾害评估的内容包含模型、指标、体系和标准等。

重特大自然灾害快速评估结果是制定应急救援、转移安置方案和恢复重建规划的科学依据，其综合了现场调查、遥感监测、模型评估和地方上报数据于一体，而以上各方面又是提高重特大自然灾害评估结果准确度和精度的关键。中国国家减灾委员会在国家减灾委员会专家委员会工作条例中规定：中国国家减灾委员会、民政部启动重大自然灾害二级响应时，均需组织国家减灾委员会专家委员会，迅速开展重特大自然灾害综合评估。中国国家减灾委员会专家委员会曾先后对汶川地震、玉树地震、舟曲泥石流、芦山地震、鲁甸地震开展了重特大自然灾害综合评估，成果都被国务院所采纳。其中，2008年的汶川地震灾害评估以范围评估和直接经济损失评估为主。2010年玉树地震后，根据灾害特点，损失综合评估增加了毁损实物量评估内容。2013年的四川芦山地震评估中，毁损实物量评估指标大量增加，包括灾害范围评估、灾害毁损实物量评估和灾害直接经济损失评估在内的重大灾害综合评估内容体系基本形成。与此同时，中国国家减灾委员会专家委员会还组织民政部—教育部减灾与应急管理研究院、民政部国家减灾中心等单位，先后开展了南方雪灾、海地地震、东日本大地震等重特大自然灾害综合评估，为国家应对上述重特大自然灾害起到了重要的科技支撑作用。当前，制定科学合理的重特大自然灾害评估指标体系，仍然需要在大量综合评估的实践中完善（史培军等，2014）。

4.3.1 灾害评估原则、内容、功能定位

(1) 灾害评估原则

灾害评估的原则要求明确评估的对象和内容，特别是明确评估的重点内容。此外，需要重点考虑灾害的种类、灾区的特征，以及灾害规模的大小。同时，要求根据灾害的种类和规模明确灾害评估的基本单元。评估原则强调"依据标准、严格程序"和"科学客观、实事求是"。

(2) 灾害评估内容

灾害评估的内容包括影响范围、破坏程度、直接经济损失等。重大灾害范围评估指对重大灾害影响范围的划定和灾区受灾程度的划分；重大灾害毁损实物量评估指对受灾范围内人员伤亡及房屋、居民家庭财产、基础设施、产业、公共服务系统、资源环境等毁损实物的数量进行评估；重大灾害直接经济损失评估以毁损实物量评估为基础，核算其经济损失价值，即重置费用（因灾造成的抢险救援费用、停工停产等间接经济损失，以及生态系统受灾造成的影响和恢复重建费用不计入直接经济损失）（史培军等，2014）。

(3) 灾害评估功能定位

全面掌握重特大自然灾害的影响范围、破坏程度、直接经济损失，是应对这些重特大自然灾害的基础性工作，对支撑灾区开展应急救援、转移安置、恢复重建规划，以及不断完善优化综合防灾减灾工作都具有重要意义。重特大自然灾害（简称"重大灾害"）综合评估具有以下功能：①全面掌握重大灾害影响范围和损失；②支撑灾区开展应急救援、转移安置；③支撑灾区开展恢复重建，支撑综合防灾减灾工作的不断完善优化。

4.3.2 灾害评估流程

从汶川地震评估开始，现场调查、遥感监测、模型评估和地方上报等方法就被应用到重大灾害综合评估中，之后随着玉树地震等几次重大灾害综合评估的开展，重大灾害综合评估技术流程和主要方法逐步稳定。其技术流程主要包括数据准备、单项评估方法开展评估、综合校核评估，以及报告撰写等4个主要环节（图4-19）。

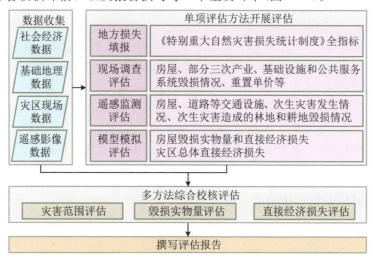

图 4-19 重大灾害综合评估流程与方法（史培军等，2014）

(1) 数据准备

重大灾害发生后，根据重大灾害规模和特点，第一时间明确重大灾害综合评估工作对数据的需求，与相关部门、科研院所、企业沟通协调，获取相关数据。此外，迅速启动"空间与重大灾害国际宪章机制"和"国家重大自然灾害无人机应急合作机制"等，获取灾前、灾后灾区遥感数据，同时整理相关历史数据，保障灾害损失综合评估工作的顺利开展。

(2) 单项评估

在数据准备工作的基础上，利用重大灾害各单项评估方法开展评估。其中重大灾害现场调查评估采用现场考察、入户调查、座谈访谈等方式，重点针对房屋倒损、基础设施毁损、次生地质灾害以及部分承灾体造价等内容，掌握现场第一手资料，同时辅助采用遥感监测评估进行对照。遥感监测评估主要是综合运用卫星、航空、无人机遥感等手段获取高分辨率遥感影像，对灾区房屋倒损、交通线损毁实物量和崩塌滑坡开展评估工作。重大灾害损失统计上报方法主要是基于《特别重大自然灾害损失统计制度》（简称《统计制度》），由灾区基层工作人员对相关指标进行调查、统计和上报。模型模拟评估主要是利用重大灾害脆弱性模型、历史比较模型、经济模型对房屋、经济损失总量等进行模拟评估。

(3) 综合评估

在各单项评估方法得出相关评估结果后，对重大灾害范围、毁损实物量和直接经济损失进行综合评估。其中，重大灾害范围评估是综合考虑致灾、损失等关键指标，构建灾情综合指数，确定重大灾害范围，并对灾区致灾成害程度进行划分；毁损实物量评估是以重大灾害范围评估结果为基础，基于地方统计上报数据，综合利用现场抽样数据、遥感监测数据，参考灾区社会经济基础数据，对受灾范围内人口受灾和财产、资源与环境等毁损实物数量进行校核与评估；在实物量评估的基础上，根据损失程度、经济损失率和单位重置成本核算重大灾害直接经济损失。

(4) 报告撰写

随着重大灾害评估内容、指标和技术方法的不断完善，重大灾害损失评估报告也正在逐步完备，从汶川地震评估报告仅包含评估结果、评估方法和各部门审核意见等作为附件的三个部分，发展到芦山地震综合评估报告包括评估原则、评估依据、评估内容和方法、重大灾害范围评估具体方法和结果、灾害毁损实物量和直接经济损失评估具体方法和结果、建议六大部分，并辅之以报告编制说明和主要方法技术报告，使重大灾害综合评估报告更趋完备。

重大灾害综合评估工作流程主要包括启动重大灾害综合评估工作、制订工作方案、启动《统计制度》和地方填报、数据准备与多方法综合校核评估、组织国家减灾委成员单位及相关部门征求意见、组织主要部门和受灾省份会商、上报评估报告7个主要环节。目前，这套工作流程基本明晰，且运转较为有效。

4.3.3 灾害评估方法与技术

灾害评估方法与技术一般包括现场调查评估、灾害遥感监测评估、模型评估、地方统计上报评估、实物量评估、经济学方法评估以及综合评估等。

(1) 现场调查评估

灾害发生后，由专业部门和专家组成现场调查评估工作组，开展调查工作，调查主要内容包括：①房屋倒损情况核查；②农业损失情况；③工业服务业损失情况；④基础设施损失情况（交通设施、市政公用设施、水利设施、电力设施、通信设施、广播通讯设施、政权设施等项）。

(2) 灾害遥感监测评估

对重点地区以高分辨率航空、无人机数据为主，结合地面调查数据，开展灾区房屋倒损、基础设施特别是交通线损毁、耕地和林地等农业用地损毁等情况的监测与评估。

(3) 模型评估

目前常用的有基于脆弱性模型的居民住房损失评估（王瑛等，2008）和基于易损性模型的居民住房损失评估（刘吉夫等，2008），以及基于宏观易损性模型的直接经济损失评估（刘吉夫等，2008）。

(4) 地方统计上报评估

根据重特大灾害的特点，设计统计指标，形成《灾害损失统计表》以及填报说明等相关文件，由灾区政府组织开展实地的全面调查、统计和上报工作。

(5) 实物量评估

综合利用现场调查、经验模型、地方统计上报和遥感解译等多种方法，对人口受灾、房屋毁损、农业损失、工业损失、服务业损失、基础设施损失、社会事业损失、居民财产损失、土地资源损失等方面的毁损数量进行实物量评估。

(6) 经济学方法评估

在实物量评估的基础上，结合地方统计上报的灾害损失数据和相关部门、单位调查核查数据，对房屋、工农服务业、基础设施、社会事业、居民财产、土地资源等方面利用受灾个体的单价重置成本进行测算。

案例 4-4：汶川地震综合灾害损失评估

按照国务院《汶川地震灾后恢复重建条例》及《国家汶川地震灾后重建规划工作方案》要求，在四川、甘肃、陕西省人民政府，以及中国地震局、国家统计局等部门的大力支持下，民政部、国家汶川地震专家委员会在完成汶川地震灾害范围评估的基础上，依据四川、甘肃、陕西三省评估报告和统计报表，进行了汶川地震灾害损失综合评估（国家减灾委员会—科学技术部抗震救灾专家组，2008）。

(1) 评估原则和依据

评估原则 ①科学、客观、公正，满足国家汶川地震灾后重建工作规划要求；②以行政县为评估基本单元，重点对四川、甘肃和陕西三省灾害损失进行评估，同时兼顾其他受灾省（自治区、直辖市）的受灾情况；③综合考虑受灾省（自治区、直辖市）和行业主管部门统计上报的灾害损失数据，科学分析和参考有关单位灾害损失估算，对城乡住房、基础设施、公共服务设施、农业生态、工商企业等灾害损失进行全面、系统的评估；④综合评估和重要灾情指标评估相结合，充分考虑固定资产具有累计性和可替代性的特点。

评估依据 ①四川、甘肃和陕西省人民政府提交的汶川地震灾害损失评估报告和统一填报的"汶川地震灾害损失统计报表";②有关部门向民政部通报的本系统灾害损失报告及国家统计局提供的相关数据;③重庆、云南等其他受灾省(自治区、直辖市)依据民政部"自然灾害情况统计制度"上报的汶川地震灾情数据;④专业人员、工作组人员赴灾区实地了解、核查所提交的现场评估报告。

(2) 地震灾害范围评估

灾害范围评估原则 ①简明扼要,满足国家汶川地震灾后重建工作规划的要求;②综合评估,全面考虑灾情程度、地震致灾强度和地质灾害的影响;③依靠科学,充分利用多途径获取的灾情数据;④保持县域完整,评估以县级行政区域为单元;⑤便于衔接,尽量与国家已经出台的政策措施相一致。

灾害范围评估依据 依据"国家汶川灾后重建工作规划方案"中对灾害"范围评估"的要求,"明确划分标准,区分重灾地区和一般灾区,为确定规划范围提供依据",拟定下列评估依据:①地震部门提供的汶川8.0级地震烈度分布图;②国土资源部、民政部、水利部等相关专业部门提供的地震引发崩塌、滑坡、泥石流、堰塞湖及其他次生灾害分布图;③各级民政部门提供的受灾地区人员伤亡、房屋倒塌和受损、转移安置人员数量等分县统计数据;④对典型受灾地区遥感观测数据研判后获得的房屋倒塌、交通破坏、耕地毁损以及植被破坏的空间分布图;⑤专业人员、工作组人员在灾区进行实地考察、调查与核查所获得的灾情资料。

灾害范围评估指标 主要包括:①地震烈度。处在地震烈度Ⅸ度区及以上的灾区,一般划分为极重灾区;处在地震烈度Ⅶ度和Ⅷ度区的灾区,一般划分为重灾区;处在地震烈度Ⅴ度和Ⅵ度区的灾区,一般划分为轻灾区;处在地震烈度Ⅴ度等值线以下的灾区,一般划分为影响区。②崩塌、滑坡、泥石流等次生灾害:崩塌、滑坡、泥石流达到500处/万平方千米及以上的灾区,一般划分为极重灾区;崩塌、滑坡、泥石流达为100~500处/万平方千米的灾区,一般划分为重灾区;崩塌、滑坡、泥石流达为10~100处/万平方千米的灾区,一般划分为轻灾区;崩塌、滑坡、泥石流小于10处/万平方千米的灾区,一般划分为影响区。③人员伤亡、房屋倒塌与受损:凡有地方民政部门上报由地震或次生灾害造成人员伤亡达到10人/万人,或转移安置人员比例达到2 000人/万人,或房屋倒塌与严重受损达到25万间的地区,一般划为极重灾区;凡有地方民政部门上报由地震或次生灾害造成人员伤亡1~10人/万人,或转移安置人员比例为1 000~2 000人/万人,或房屋倒塌与严重受损为10万~25万间的地区,一般划为重灾区;凡有地方民政部门上报由地震或次生灾害造成人员伤亡小于1人/万人,或转移安置人员比例为500~1 000人/万人,或房屋倒塌与严重受损为1万~10万间的地区,一般划为轻灾区;凡有地方民政部门上报由地震或次生灾害造成人员伤亡小于1人/万人,或转移安置人员比例小于500人/万人,或房屋倒塌与严重受损小于1万间的地区,一般划为影响区。④遥感抽样调查数据:凡是由遥感抽样调查灾区的房屋倒塌率60%或以上,一般划分为极重灾区;凡是由遥感抽样调查灾区的房屋倒塌率为40%~60%,一般划分为重灾区。⑤野外调查数据:凡是乡镇所在地因灾基本毁损的地区,或乡镇范围内因灾导致交通损毁占20%或以上,一般划分为极重灾区;凡是乡镇所在地因灾半数毁损的地区,或乡镇范围内因灾导致交通损毁占5%~20%,一般划分为重灾区。

依据上述灾害范围评估原则、指标,系统考虑受灾地区综合的灾情状况,制定如下评估标准(表4-2)。据此,将灾害范围划分为极重灾区、重度灾区、轻度灾区和影响区4种类型。

表 4-2 汶川地震灾害范围评估标准
(国家减灾委员会—科学技术部抗震救灾专家组,2008)

等级	烈度	崩塌等次生灾害/(处/万平方千米)	死亡人口比例/(人/万人)	转移安置比/(人/万人)	倒损房屋/万间	说明
极重灾区	Ⅸ以上	≥500	≥10	≥2 000	≥25	满足3项及以上指标
重度灾区	Ⅶ或Ⅷ	[100, 500)	[1, 10)	[1 000, 2 000)	[10, 25)	满足3项及以上指标,或极重灾区指标中的2项
轻度灾区	Ⅴ或Ⅵ	[10, 100)	<1	[500, 1 000)	[1, 10)	满足转移安置比例,或倒损房屋指标,或满足重度灾区指标中的2项
影响区	Ⅴ以下	<10	<1	<500	<1	满足2项指标

(3) 综合灾情指数

依据灾害范围评估原则、依据与指标,系统考虑受灾地区综合灾情状况,构建综合灾情指数(DI),作为不同类型灾区划分的指标。综合灾情指数根据万人死亡率、倒塌房屋数、万人转移安置比、平均地震烈度值和崩塌等次生灾害五项指标计算生成,具体如下:

万人死亡率:灾区以县(市、区)为统计单元的万人死亡率,单位为"人/万人";

倒塌房屋数:灾区以县(市、区)为统计单元的倒塌房屋数,单位为"间";

万人转移安置比:灾区以县(市、区)为统计单元的万人转移安置比,单位为"人/万人";

平均地震烈度值:灾区行政县(市、区)地震烈度的加权平均值。考虑到存在一个受灾县覆盖几个不同地震烈度区的情况,因此采用不同烈度等级所占面积加权求和法生成受灾县平均地震烈度值(I),用来表示分县地震烈度。具体算法如下:

$$I = \sum(I_i \cdot S_i/S)/\sum(S_i/S) \qquad 式\ 4\text{-}1$$

式 4-1 中 I_i 为烈度等级值,S_i/S 为某个烈度等级占行政区划单元的面积比。

崩塌等次生灾害:灾区以县(市、区)为统计单元的崩塌等次生灾害发生密度,单位为"处/万平方千米"。

综合灾情指数的计算公式为

$$DI = \sum(f_k \cdot DI_k) \qquad 式\ 4\text{-}2$$

式 4-2 中,DI_k 为归一化的单项指标,$DI_k = [DI_k - \min(DI_k)]/[\max(DI_k) - \min(DI_k)]$,$f_k$ 为上述五项指标的权重。

经过综合分析,选取平均地震烈度值权重为 0.3;死亡和失踪人数、万人死亡和失踪率权重各为 0.15,总权重为 0.3;倒塌房屋数、万人倒塌房屋率权重各为 0.1,总权重为 0.2;地质灾害危险度权重为 0.1;万人转移安置率权重为 0.1。

依据综合灾情指数,将灾区范围划分为极重灾区、重灾区、轻灾区和影响区 4 种类型。综合灾情指数大于 0.4 的县(市、区)为极重灾区;综合灾情指数介于 0.4~0.15 的县(市、区)为重灾区;综合灾情指数介于 0.15~0.01 的县(市、区)为一般灾区;此外,综合灾情指数小于 0.01 的县(市、区)为影响区。

四川、甘肃、陕西三省人民政府对上述灾区划分方法及划分结果原则同意。在征求意见的过程中,四川省政府建议将汉源县、石棉县、九寨沟县、金川县和仁寿县列为重灾区,甘肃省政府建议将舟曲县列为重灾区,陕西省政府建议将宝鸡市陈仓区列为重灾区。提出的主要理由,一是一些县(区)处于地震烈度Ⅶ度、Ⅷ度异常区;二是一些县(区)属于受灾严重的少数民族聚居区;三是一些县(区)属于受灾严重的贫困县,自身恢复能力差。经商有关部门,建议同意将四川省汉源县、石棉县、九寨沟县,甘肃省舟曲县,陕西省宝鸡市陈仓区列为重灾区。

(4)汶川地震灾害范围类别评估结果

通过以上分析,确定汶川地震极重灾区为 10 个县(市),重灾区为 41 个县(市、区),一般灾区为 186 个县(市、区)。其中四川省 100 个,甘肃省 32 个,陕西省 36 个,重庆市 10 个,云南 3 个,宁夏 5 个。另外,影响区为 180 个县(市、区),共 417 个县(市)受灾(表 4-3)。各灾害范围面积如表 4-4 所示,极重灾区 26 410 km²,重灾区 90 246 km²,一般灾区 383 615 km²。各灾害范围类别的死亡与失踪人数、倒塌房屋总间数及直接经济损失的百分比统计结果见表 4-5。

表 4-3 汶川地震灾害范围类别评估结果
(国家减灾委员会—科学技术部抗震救灾专家组,2008)

范围类别		省份	县(市、区)
严重受灾地区(51 个)	极重灾县(市)(10 个)	四川省(10 个)	汶川县、北川县、绵竹市、什邡市、青川县、茂县、安县、都江堰市、平武县、彭州市
	重灾县(市、区)(41 个)	四川省(29 个)	理县、江油市、利州区、朝天区、旺苍县、梓潼县、游仙区、旌阳区、小金县、涪城区、罗江县、黑水县、崇州市、剑阁县、三台县、阆中市、盐亭县、松潘县、苍溪县、芦山县、中江县、元坝区、大邑县、宝兴县、南江县、广汉市、汉源县、石棉县、九寨沟县
		甘肃省(8 个)	文县、武都区、康县、成县、徽县、西和县、两当县、舟曲县
		陕西省(4 个)	宁强县、略阳县、勉县、陈仓区

表 4-4 灾害范围面积统计表
(国家减灾委员会—科学技术部抗震救灾专家组，2008)

单位：km²

范围类型		省份	受灾面积	小计
严重受灾地区	极重灾区	四川省	26 410	26 410
	重灾区	四川省	61 473	90 246
		甘肃省	20 293	
		陕西省	8 480	
一般灾区		略		383 615

表 4-5 灾害范围类别与重要灾情指标间的关系
(国家减灾委员会—科学技术部抗震救灾专家组，2008)

范围类别		占死亡与失踪人数/%	占倒塌房屋总间数/%	占直接经济损失/%
严重受灾地区	极重灾区	97.2	42.9	39.5
	重灾区	2.0	44.7	44.7
一般灾区		0.8	12.1	15.2

其中，极重灾县(市)均位于地震Ⅹ度、Ⅺ度烈度区，因灾死亡与失踪人数都大于1 000人，排名前三位的汶川县、北川县和绵竹市因灾死亡和失踪人口都超过10 000人，因灾直接经济损失占此次地震灾害直接经济损失总量的39.5%；重灾县(市、区)基本位于地震Ⅶ度、Ⅷ度、Ⅸ度烈度区，因灾死亡与失踪人数一般为500人以内，因灾直接经济损失占地震灾害直接经济损失总量的44.7%；一般灾区县(市、区)基本位于地震Ⅵ度、Ⅶ度烈度区；因灾死亡与失踪人数少于10人，因灾直接经济损失占地震灾害直接经济损失总量的15.2%。

(5) 汶川地震灾害损失统计结果汇总与校核

针对国家汶川地震灾后重建规划对灾害损失评估的要求，民政部与国家汶川地震专家委员会对灾害损失评估工作进行了研究。在征求四川、甘肃和陕西省人民政府和发展改革委等20个部门意见的基础上，民政部2008年6月7日下发《关于开展汶川地震灾害损失评估工作有关事项的紧急通知》(民函〔2008〕154号)，印发了"汶川地震灾害损失统计表"(共计13类、25张报表，229个统计指标)。四川、甘肃、陕西省地震灾区县(市、区)政府认真及时组织了填报，并以省政府文件方式向民政部报送了汶川地震灾害损失评估报告和统计结果。民政部会同国家汶川地震专家委员会据此就汶川地震灾害损失进行了综合评估，得出此次汶川地震灾害直接经济损失为8 964.3亿元(民函〔2008〕184号)。

2008年7月17日，根据国家汶川地震灾后恢复重建规划组第三次全体会议精神，民政部进一步征求了四川、甘肃、陕西省人民政府和发展改革委员会等23个部门的意见。根据四川、甘肃、陕西省人民政府截至7月上旬最新上报数据，结合有关部门通报的本系统地震灾害损失情况，进行了校核汇总，剔除了省政府和部门报告中的重复数据，汇总得出汶川地震因灾直接经济损失合计为 12 374.25 亿元。其中，四川 11 426.39 亿元，甘肃 644.03 亿元，陕西 303.84 亿元(表 4-6)。

表 4-6　川甘陕人民政府统计数据汇总表
（国家减灾委员会—科学技术部抗震救灾专家组，2008）　　　　单位：亿元

项目	四川	甘肃	陕西	合计
直接经济损失总计	11 426.39	644.03	303.84	12 374.25
1. 农村住房受损	2 674.40	291.08	53.40	3 018.88
2. 城镇居民住宅及非住宅用房受损	3 070.60	113.38	56.10	3 240.08
2.1　城镇居民住宅受损	1 464.10	36.72	17.13	1 517.95
2.2　城镇非住宅用房受损	1 606.50	76.66	38.97	1 722.13
3. 农业损失	408.00	6.21	13.43	427.64
4. 工业（含国防工业）损失	998.00	23.72	19.90	1 041.62
5. 服务业损失	851.40	14.36	5.80	871.56
6. 基础设施损失	2 029.90	129.14	98.22	2 257.26
6.1　基础设施（交通设施）损失	583.40	70.70	12.88	666.98
6.2　基础设施（市政公用设施）损失	424.80	11.98	2.70	439.48
6.3　基础设施（水利、电力设施）损失	430.20	24.87	14.70	469.77
6.4　基础设施（广播通信设施）损失	24.80	2.81	0.82	28.43
6.5　基础设施（铁路设施）损失	194.60	1.23	60.61	256.44
6.6　基础设施（政权设施）损失	300.00	4.01	4.80	308.81
6.7　基础设施（通信）损失	44.40	11.49	0.00	55.89
6.8　基础设施（气象）损失	4.30	0.18	0.40	4.88
6.9　基础设施（体育）损失	23.40	1.86	1.32	26.58
7. 社会事业损失	598.39	32.67	34.21	665.26
7.1　社会事业经济损失（教育系统）	303.50	17.25	22.70	343.45
7.2　社会事业经济损失（卫生系统）	92.30	10.93	8.29	111.52
7.3　社会事业经济损失（文化系统）	25.90	0.88	0.46	27.24
7.4　社会事业经济损失（科技系统）	5.80	0.10	0.01	5.91
7.5　社会事业经济损失（社会福利系统）	27.00	1.71	1.10	29.81
7.6　社会事业经济损失（环保系统）	124.30	0.38	0.40	125.08
7.7　社会事业经济损失（地震局系统）	0.44☆	0.02☆	0.01☆	0.46
7.8　社会事业经济损失（计生系统）	2.95☆	1.40☆	1.24	5.59
7.9　社会事业经济损失（宗教系统）	16.20	无数据	无数据	16.20

续表

项目	四川	甘肃	陕西	合计
8. 居民财产损失	344.90	16.38	12.80	374.08
9. 土地资源损失	262.70	9.35	6.60	278.65
10. 自然保护区损失	51.30	1.28	0.20	52.78
11. 文化遗产损失	84.20	3.95	1.51	89.66
12. 生物多样性损失	无数据	无数据	无数据	无数据
13. 矿山资源损失	52.60	2.51	1.10	56.21
14. 其他损失	无数据	无数据	0.57	0.57

注：标"☆"数据为参考相关部门统计结果的数据；"14. 其他损失"项为林业系统的基础设施损失。

汶川地震导致房屋受损严重，在直接经济损失中，四川、甘肃和陕西三省房屋损失占总损失的比例分别达到50.28%、62.80%、36.04%（表4-6）。因此，依照民政部门掌握的因灾毁损房屋的建房成本和国家统计局提供的房屋类型数据，对农村和城市居民住宅及非住宅用房受损进行了重点评估。

在农村房屋损失方面：按照三省上报分县农村倒塌、严重受损房屋间数，按每间平均15 m² 计算倒损房屋总面积。依据国家统计局提供的2006年农业普查数据，将农村住房划分为钢混、砖混与砖木、竹草土坯三种类型。由于农村钢混结构房屋比例很低，将其与砖混与砖木结构合并，按平均800元/m² 估值，竹草土坯结构房屋按平均300元/m² 估值，一般损坏房屋按1 000元/间估值（表4-7）。

表4-7 农村房屋损失评估标准（国家减灾委员会—科学技术部抗震救灾专家组，2008）

项目 省份	房屋类型所占比例			倒塌及严重受损房屋			一般损坏房屋 /(元/间)
	钢混结构 所占比例/%	砖混与砖木 结构所占 比例/%	竹草土坯 结构所占 比例/%	钢混、砖混与 砖木结构原 值/(元/m²)	竹草土坯 结构原值 /(元/m²)	单间面积 /(m²/间)	
四川	4.0	64.5	31.5	800	300	15	1 000
甘肃	3.0	48.3	48.7	800	300	15	1 000
陕西	4.9	63.8	31.3	800	300	15	1 000

依据上述评估标准计算，三省房屋总损失为4 146.4亿元。其中，城乡住宅损失2 866.92亿元，城镇非住宅损失1 279.49亿元。在房屋损失中，四川损失3 791.48亿元，占房屋总损失的91.44%；甘肃损失285.82亿元，占房屋总损失的6.89%；陕西损失69.10亿元，占房屋总损失的1.67%。

在城市房屋损失方面：对三省因灾造成的城市居民住宅及非居民住宅的倒塌房屋、严重受损房屋、一般损坏房屋，依据《2005全国1%人口抽样调查资料》，将其合并为钢混结构和非钢混结构两大类。各类型住房所占比例及评估标准见表4-8。

表 4-8 城镇居民住宅及非居民住宅房屋损失评估标准
（国家减灾委员会—科学技术部抗震救灾专家组，2008）

省份	房屋类型所占比例		倒塌及严重受损房屋		一般损坏房屋	
	钢混结构所占比例/%	非钢混结构所占比例/%	钢混类结构原值/(元/m^2)	非钢混类结构原值/(元/m^2)	钢混类结构原值/(元/m^2)	非钢混类结构原值/(元/m^2)
四川	30.0	70.0	1 200	800	600	100
甘肃	48.3	51.7	1 200	800	600	100
陕西	33.3	66.7	1 200	800	600	100

对非房屋部分的损失评估，采取对分县综合灾情指数和因灾损失数量两个变量进行相关分析和累积差异分析方法。根据《汶川地震灾害范围评估报告》（民发〔2008〕87号）中给出的汶川地震综合灾情指数排序表，将表中194个受灾县（包括极重灾区、重灾区和一般灾区）的综合灾情指数，与相应受灾县的上报灾害损失数，进行线性相关分析，在显著水平为0.0001的假设检验下，相关系数达到0.8138。这说明，综合灾情指数可以比较客观地反映受灾县因灾损失的相对大小。选择综合灾情指数和因灾损失数量，对两个变量的总体大小分布进行累积分析。按194个县的综合灾情指数和因灾损失数量占总体百分比的大小进行排序，计算得到综合灾情指数和因灾损失数量的两条累积曲线（图4-20）。对比两条累积曲线可知，综合灾情指数累积曲线总体上低于因灾损失累积曲线，取二者最大差值（11%）作为核减标准，得到川甘陕三省非房屋损失为5 442.61亿元，其中四川5 056.43亿元，占三省非房屋总损失的92.90%；甘肃213.22亿元，占三省非房屋总损失的3.92%；陕西172.96亿元，占三省非房屋总损失的3.18%。

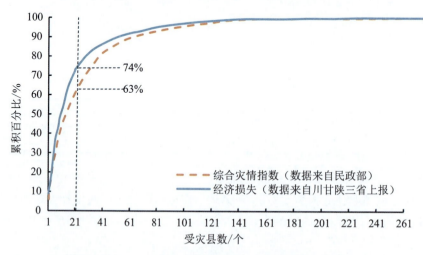

图4-20 川甘陕综合灾情指数与经济损失累积分布图
（国家减灾委员会—科学技术部抗震救灾专家组，2008）

依据房屋和非房屋部分损失评估结果，给出了川甘陕三省最终评估结果（表4-9）。川甘陕三省直接经济损失总计9 589.01亿元。其中，四川省8 847.92亿元，甘肃省499.04

亿元，陕西省 242.06 亿元，分别占三省总损失的 92.27%、5.20% 和 2.52%。

此次评估与前述民政部会同国家汶川地震专家委员会的评估结果（民函〔2008〕184 号）产生差异的主要原因，一是三省人民政府两次上报灾害损失情况的时间相隔近 1 个月，省政府对相关数据再次进行核对更新；二是原来灾后损失统计报表没有涵盖气象、体育、地震、计生、宗教等系统损失，此次评估依据三省及相关部门上报数据予以增加；三是对上次灾区房屋损失再次进行了校核。

为了验证综合评估结果的可靠性，国家汶川地震专家委员会基于脆弱性模型和宏观易损性模型分别对居民住宅损失和灾害总损失进行了验证分析。

脆弱性模型针对灾区Ⅵ度以上烈度区，估算四川、甘肃、陕西房屋损失分别为 2 680 亿元、216 亿元和 96 亿元，与综合评估结果相比，数据量级相当，数量接近。

宏观易损性模型估算四川、甘肃、陕西三省直接经济损失为 9 786 亿元，其中四川损失 8 824 亿元。与综合评估结果相比，数据相当接近。说明综合评估结果与宏观易损性模型评估结果可以互为印证。

表 4-9　汶川地震灾害直接经济损失综合评估结果
（国家减灾委员会—科学技术部抗震救灾专家组，2008）

单位：亿元

项目	四川	甘肃	陕西	合计
直接经济损失总计	8 847.92	499.04	242.06	9 589.01
1. 农村住房受损	1 447.0	197.7	37.3	1 681.99
2. 城镇居民住宅及非住宅用房受损	2 344.5	88.2	31.8	2 464.41
2.1　城镇居民住宅受损	1 149.8	26.0	9.1	1 184.93
2.2　城镇非住宅用房受损	1 194.7	62.1	22.7	1 279.49
3. 农业损失	363.12	5.53	11.95	380.60
4. 工业（含国防工业）损失	888.22	21.11	17.71	927.04
5. 服务业损失	757.75	12.78	5.16	775.69
6. 基础设施损失	1 806.61	114.93	87.42	2 008.96
6.1　基础设施（交通设施）损失	519.23	62.92	11.46	593.61
6.2　基础设施（市政公用设施）损失	378.07	10.66	2.40	391.14
6.3　基础设施（水利、电力设施）损失	382.88	22.13	13.08	418.10
6.4　基础设施（广播通讯设施）损失	22.07	2.50	0.73	25.30
6.5　基础设施（铁路设施）损失	173.19	1.09	53.94	228.23
6.6　基础设施（政权设施）损失	267.00	3.57	4.27	274.84
6.7　基础设施（通信）损失	39.52	10.23	0.00	49.74
6.8　基础设施（气象）损失	3.83	0.16	0.36	4.34
6.9　基础设施（体育）损失	20.83	1.66	1.17	23.66

续表

项目	四川	甘肃	陕西	合计
7. 社会事业损失	532.56	29.07	30.44	592.08
7.1 社会事业经济损失（教育系统）	270.12	15.35	20.20	305.67
7.2 社会事业经济损失（卫生系统）	82.15	9.73	7.38	99.25
7.3 社会事业经济损失（文化系统）	23.05	0.78	0.41	24.24
7.4 社会事业经济损失（科技系统）	5.16	0.09	0.01	5.26
7.5 社会事业经济损失（社会福利系统）	24.03	1.52	0.98	26.53
7.6 社会事业经济损失（环保系统）	110.63	0.34	0.36	111.32
7.7 社会事业经济损失（地震局系统）	0.39	0.02	0.01	0.41
7.8 社会事业经济损失（计生系统）	2.63	1.25	1.10	4.98
7.9 社会事业经济损失（宗教系统）	14.42	—	—	14.42
8. 居民财产损失	306.96	14.58	11.39	332.93
9. 土地资源损失	233.80	8.32	5.87	248.00
10. 自然保护区损失	45.66	1.14	0.18	46.97
11. 文化遗产损失	74.94	3.52	1.34	79.80
12. 生物多样性损失	—	—	—	—
13. 矿山资源损失	46.81	2.23	0.98	50.03
14. 其他损失	—	—	0.51	0.51

综上所述，汶川地震造成的四川、甘肃、陕西三省直接经济损失总数为 9 589.01 亿元。另据民政部统计，汶川地震灾害还造成重庆、云南等省（自治区、直辖市）直接经济损失 20.6 亿元，即此次地震造成总的直接经济损失为 9 609.61 亿元，其中，四川省 8 847.92 亿元，甘肃省 499.04 亿元，陕西省 242.06 亿元，其他受灾省（自治区、直辖市）20.6 亿元，分别占总损失的 92.07%、5.19%、2.52% 和 0.21%。

在四川、甘肃、陕西三省因灾直接经济损失中，城乡住宅损失 2 866.92 亿元，占三省总损失的 29.90%；城镇非住宅损失 1 279.49 亿元，占三省总损失的 13.34%；农业损失 380.60 亿元，占三省总损失的 3.97%；工业（含国防工业）损失 927.04 亿元，占三省总损失的 9.67%；服务业损失 775.69 亿元，占三省总损失的 8.09%；基础设施损失 2 008.96 亿元，占三省总损失的 20.95%；社会事业损失 592.08 亿元，占三省总损失的 6.17%；居民财产损失 332.93 亿元，占三省总损失的 3.47%；土地资源损失 248.00 亿元，占三省总损失的 2.59%；自然保护区损失 46.97 亿元，占三省总损失的 0.49%；文化遗产损失 79.80 亿元，占三省总损失的 0.83%；矿山资源损失 50.03 亿元，占三省总损失的 0.52%；其他资源损失（林业系统基础设施损失）0.51 亿元，占三省总损失的 0.01%。

需要说明的是：上述专业评估结果，经多部门和地方政府与专家的再校核，最终经中国国务院新闻办对外公布的结果如表 4-10 所示。

表 4-10　川甘陕汶川地震灾害直接经济损失再次校核结果表
（国家减灾委员会—科学技术部抗震救灾专家组，2008）　　　　　　单位：亿元

项　　目	四川	甘肃	陕西	合计
直接经济损失总计	7 717.70	505.35	228.30	8 451.36
1. 住房受损	2 025.80	233.36	57.75	2 316.91
2. 非住宅用房受损	1 606.40	76.66	38.97	1 722.03
3. 农业损失	364.86	6.60	12.66	384.12
4. 工业（含国防工业）损失	627.00	12.92	8.00	647.92
5. 服务业损失	402.80	6.11	2.43	411.34
6. 基础设施损失	1 663.14	114.84	74.95	1 852.93
7. 社会事业损失	236	21.39	10.77	268.15
8. 居民财产损失	344.90	16.38	12.80	374.08
9. 土地资源损失	262.70	9.35	6.60	278.65
10. 自然保护区损失	47.30	1.28	0.20	48.78
11. 文化遗产损失	84.20	3.95	1.51	89.66
12. 矿山资源损失	52.60	2.51	1.10	56.21
13. 其他损失	—	—	0.57	0.57

案例 4-5：玉树 7.1 级地震震后损失快速评估

玉树地震灾区有以下特点：地震发生在生存环境恶劣、经济相对落后的三江源区，重灾区的平均海拔 4 000 多米，高原反应给救援增加了不少难度；玉树地区是少数民族集中的地区，其中藏族占总人口的 97%；玉树地区的抗震设防标准不高，设计基本地震峰值加速度值为 0.10～0.15 g（Ⅶ度设防），而这次地震的最大烈度达Ⅸ度；玉树地区是贫困地区，大部分是土木结构的房子，或者是石块搭起来的房子，抗震性能普遍较差；地震发生时间为北京时间上午 7 点 49 分，在这个时间当地大部分人处于室内。玉树地区的产业较单一，交通不便，建筑材料基本靠外运，因此建筑的单位造价较一般地区高许多，加大了恢复重建的难度。

玉树 7.1 级地震震后损失快速评估是基于经验模型开展的，具体而言是用较少的信息和数据，对玉树地震灾情进行快速的应急评估，绘制了经验等震线图，给出了房屋损失的初步评估结果。通过与最终的损失调查统计结果相比，震后损失快速评估结果的合理程度是比较令人满意的。需要改进的地方主要包括地震断裂统计模型、地震动强度衰减关系模型、承灾体易损性模型、人口伤亡预测模型等方面，这些方面的改进可以提高基于经验模型的震后损失快速评估的精度（徐国栋等，2011）。

(1) 玉树地震灾害损失评估流程

从汶川地震、玉树地震等震后损失评估的情况和经验来看，震后损失评估可分为三个阶段：

震后损失快速应急评估阶段　破坏性地震发生后,利用较少的信息和数据(如地震参数、活动构造、地形地貌、人口分布、住房等数据),采用基于经验模型的震后损失评估方法,快速给出经验等震线图和地震损失评估初步结果;

震后灾情综合研判阶段　综合利用卫星遥感、航拍、现场调查等信息和数据,绘制等震线图,并按灾情程度进行分区,如极重灾区、重灾区、一般灾区,最终给出给出修正的地震损失评估结果;

震后损失综合评估阶段　对灾情程度、空间分布、定量损失大小等进行详细调查、统计和汇总,形成断层破裂程度分区、等震线、灾情程度分区、地震损失综合评估等工作报告。

评估技术流程如图 4-21 所示。

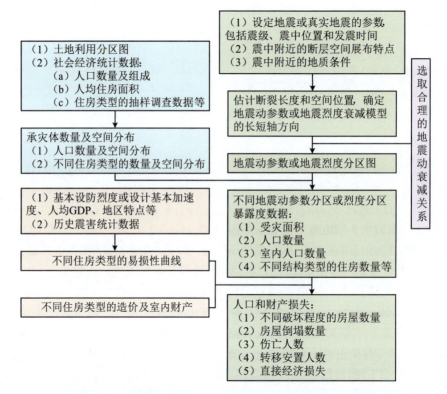

图 4-21　地震震后损失快速评估技术流程(徐国栋等,2011)

(2) 经验等震线图的编制

目前经验等震线空间分布模型可分为:①基于点源的椭圆模型;②基于断层破裂线的等断层距模型。在工作中采用哪种等震线模型要根据震级大小、震源深度、震中区覆盖层厚度、活动构造等进行综合判定。如震级较大(6.5 级以上)、震源深度浅、覆盖层厚度小、震中有明显的活动构造等,可采用基于断层破裂线的等断层距模型来编制等震线图;否则可采用基于点源的椭圆衰减模型来编制等震线图。

根据中国地震局最早给出的地震参数(2010 年 4 月 14 日),用 Wells 给出的断层破裂长度计算模型,并假设震中位于断层破裂线中点,断层破裂总长度约为 40 km。基于汪素云(2000)地震动衰减关系模型辅以经验判断,确定峰值加速度为 0.40 g、0.30 g、0.20 g、0.15 g、0.10 g 和 0.05 g 等震线的断层距分别为 2 km、5 km、10 km、20 km、40 km 和 80 km,初始版本的峰值加速度经验等震线如图 4-22(a)所示。根据遥感和航片资料、实地调查反馈等,对经验等震线还进行过一些调整和修正。

在中国地震局修改地震参数(2010 年 4 月 18 日)之后,考虑震源较浅,结合张勇等(2010)给出的地震破裂过程,断层破裂总长度修正为 50 km。由于发震断层在震源西北方向有较明显的转折,断层破裂在空间上受到了限制,震源西北侧断层部分的破裂长度定为 10 km,震源东南部分的破裂长度为 40 km。进一步通过用地震动衰减关系模型辅以经验判断,确定峰值加速度为 0.40 g、0.30 g、0.20 g、0.15 g、0.10 g 和 0.05 g 的等震线断层距分别为 2 km、4 km、8 km、20 km、40 km 和 90 km。修正的最后版本的峰值加速度经验等震线如图 4-22(b)所示(徐国栋等,2011)。

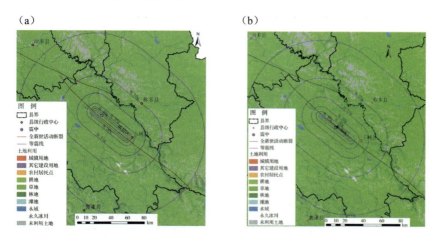

图 4-22 最初的经验等震线和最后修正的经验等震线(徐国栋等,2011)
(a)最初的经验等震线;(b)最后修正的等震线

注:(a)2010 年 4 月 14 日 12 点发布;(b)2010 年 4 月 18 日 14 点发布。

(3)房屋类型及易损性

按照《地震现场工作第 4 部分:灾害直接损失评估》(GB/T 18208.4—2005),将住宅房屋的破坏程度分为五种:基本完好、轻微破坏、中等破坏、严重破坏和完全破坏。按房屋抗震能力,将房屋类型分为 A 类(主要为钢筋混凝土结构)、B 类(主要为砖混结构)、C 类(主要为砖木结构)、D 类(主要为生土结构和块石干砌房屋)。根据 2005 年全国 1‰ 人口抽样调查数据,结合当地的实际情况,确定 A、B、C、D 类房屋的比例(表 4-11)。

表 4-11 地震影响区范围城镇和乡村的不同类型房屋百分比(徐国栋等,2011)

土地利用	A 类房屋	B 类房屋	C 类房屋	D 类房屋
城镇	10	15	50	25
乡村	1.2	1.8	52.9	44.1

按照中国地震动参数区划图，震中位置的设计基本加速度值为 0.10 g，玉树县城的设计基本加速度值为 0.15 g。考虑当地的抗震设防水平，四种类型的房屋在不同地震动峰值加速度作用下的易损性曲线如图 4-23 所示(徐国栋等，2011)。

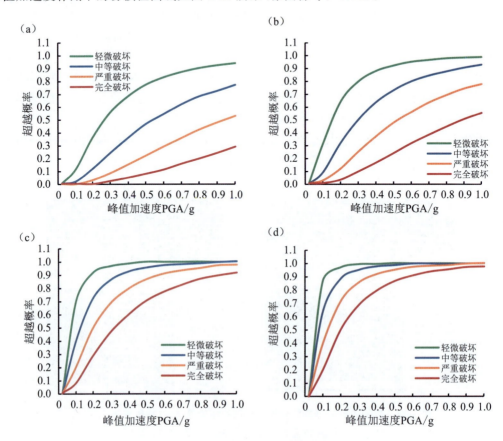

图 4-23　四类房屋的易损性曲线(徐国栋等，2011)
(a) a 类房屋；(b) b 类房屋；(c) c 类房屋；(d) d 类房屋

(4) 地震损失评估

地震损失评估内容包括多个方面，如房屋破坏状态及数量、基础设施破坏及损失、人员伤亡数量、无家可归人数、直接经济损失等。由于模型和数据有限，只对住房破坏状态、数量及其经济损失、无家可归人数进行评估。评估过程分三步：①收集人口和社会经济数据，结合土地利用数据确定人口、住房的空间分布；②进行承灾体暴露度评估，包括土地、人口和房屋等承灾体的暴露度；③根据承灾体暴露度的评估结果，结合房屋易损性来确定相应的损失情况。

表 4-12 给出的玉树地震损失评估结果表明，仅住房破坏造成的损失就达到了 25 亿元；完全破坏的住房约为 251.17×10^4 m²，如按人均 25 m² 住房面积计算，约 10 万人受倒房威胁；考虑到灾区大量的砌体类房屋易倒损，如完全破坏房屋有 30% 倒塌率，生命受威胁的人数约为 3 万人，估计最终死亡人数在数千人左右。

表 4-12　玉树地震住房破坏程度、经济损失、无家可归人数评估结果（徐国栋等，2011）

省份	县级名称	住房总损失/万元	住房不同破坏程度的数量/10^4 m²					无家可归人数/人
			基本完好	轻微破坏	中等破坏	严重破坏	完全破坏	
青海省	玉树县	19 763.48	12.74	29.86	47.02	61.23	215.03	123 380
	称多县	26 785.44	9.32	16.41	18.16	15.38	18.47	16 239
	囊谦县	11 108.64	4.75	7.99	8.37	6.66	7.02	6 382
	杂多县	3 051.30	1.30	2.19	2.30	1.83	1.93	1 753
	治多县	1 497.80	0.64	1.08	1.13	0.90	0.95	861
	曲麻莱县	781.16	0.33	0.56	0.59	0.47	0.49	449
西藏自治区	生达县	1 695.69	0.73	1.22	1.28	1.01	1.07	971
四川省	石渠县	9 732.86	4.10	6.95	7.31	5.84	6.20	5 604
合计		251 816.39	33.92	66.26	86.16	93.31	251.17	155 639

上述评估需要在以下方面进行改进：

①不同震源模型的经验地震动强度衰减规律。不同的震源模型有不同的地震动强度经验衰减关系，研究并建立更加合理准确的不同震源类型的经验衰减关系模型，尤其是大地震的断层破裂和地面破裂的经验统计模型、地震动强度衰减模型，是震后损失快速评估准确程度的保障。

②根据当地的设防烈度、房屋特点、经济发展水平、地区特点等因素，合理确定不同类型房屋易损性曲线，建立更加详细的承灾体数据库，是提高损失评估精度和合理性的重要手段。

③建立合理的人员伤亡评估模型。目前对地震造成的人员伤亡预测评估的精度较差，而人员伤亡是评估灾情的一个重要指标，在这个方面还需开展大量的工作来提高人员伤亡预测的准确程度。地震震后损失评估与灾情研判具有较强的关联性与综合性，更加注重经验模型、实际调查、卫星遥感、无人机航拍等多种方法和手段的综合运用，编制地震动强度分区图、断层错动量分区图、灾区灾情程度分区图等，能进一步完善和丰富地震损失评估数据与成果。灾情综合评估与研判所提供的灾情数据和信息，不仅能为震后救灾和恢复重建的决策提供数据支持，还能提高地震震后损失评估的精度和工作效率。

案例 4-6：2008 年中国南方极端冰雪灾害间接经济损失评估

本案例以 2008 年中国南方极端冰雪灾害为例，在构建非正常投入产出模型的基础上，探讨极端天气事件造成电力、交通等基础设施破坏造成的间接经济损失（胡爱军等，2009）。案例中所指的间接经济损失定义为，极端天气事件袭击基础产业部门（如电力、交通）后，影响到国民经济系统各个产业部门正常生产经营活动而造成的经济损失。其中，电力产业非正常程度用灾后最大电力负荷下降程度占灾前最大电力负荷的比例描述。

(1) 电力供应故障导致的间接经济损失

评估结果表明,受电力供应故障影响最严重的 10 个产业部门分别是水的生产和供应业、非金属矿物制品业、金属冶炼及压延加工业、金属矿采选业、化学工业、电气、机械及器材制造业、金属制品业、煤炭开采和洗选业、卫生、社会保障和社会福利业、建筑业。根据各产业部门的年总产出,可以进一步估算出电力供应故障带来的间接经济损失。间接经济损失排在前 10 位的产业部门分别是建筑业、金属冶炼及压延加工业、化学工业、非金属矿物制品业、通用、专用设备制造业、食品制造及烟草加工业、卫生、社会保障和社会福利业、交通运输设备制造业、批发和零售贸易业、农业(图 4-24)。因此,在电力供应故障的 42 天,造成湖南国民经济的间接损失达 65.2 亿元。

图 4-24　电力供应故障导致湖南部分产业部门间接经济损失(前 15 位)(胡爱军等,2009)

(2) 交通堵塞间接经济损失

据湖南省统计局发布的交通邮电企业主要经济数据,2 月货运量下降 6.8%,货运周转量下降 5.5%,客运量下降 22.1%,客运周转量下降 4.6%。1 月交通堵塞情况比 2 月更加严重。因此,保守估算在 1 月和 2 月湖南省交通运输业能力平均下降 10%。依据非正常投入产出模型计算得出的湖南各产业部门受交通运输阻塞影响的程度如图 4-25 所示。因交通运输能力下降引发的经济产业部门生产能力下降排在前 10 位是旅游业、通信设备、计算机等电子设备制造业、非金属矿采选业、建筑业、金属冶炼及压延加工业、交通运输设备制造业、化学工业、电气、机械及器材制造业、非金属矿物制品业、金属制品业。

进一步计算估算出交通运输能力下降给各产业部门带来的间接经济损失。间接经济损失排在前 10 位的产业部门分别是建筑业、食品制造及烟草加工业、农业、化学工业、金属冶炼及压延加工业、批发和零售贸易业、非金属矿物制品业、交通运输设备制造业、通用、专用设备制造业、卫生、社会保障和社会福利业(图 4-26)。

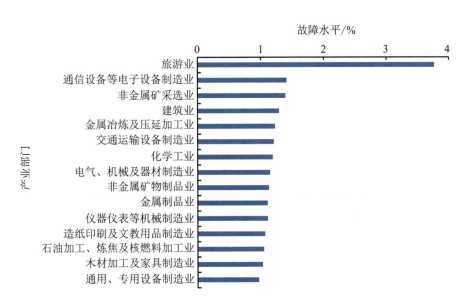

图 4-25 交通运输能力下降导致部分产业部分生产能力下降程度（前 15 位）（胡爱军等，2009）

图 4-26 交通运输故障导致湖南部分产业部门间接经济损失情况（前 15 位）（胡爱军等，2009）

通过以上评估可知，极端天气事件应急响应首先应根据最初的人员伤亡统计和直接经济损失评估来确定最初的应急响应策略。其次，在极端天气事件应急响应过程中必须关注间接经济损失。极端天气事件导致的直接经济损失正好是间接经济损失评估的输入变量。基于非正常投入产出模型间接经济损失分析结果，可以知道哪个部门的运行不正常，进一步分析得到该基础部门的不正常运行对其他产业部门影响程度的依次排序情况以及最后总的间接经济损失大小。这样，通过非正常投入产出模型得到的间接经济损失，可为极端天气事件应急响应策略的调整提供重要决策依据。

案例 4-7：2010 年渤海海冰灾害评估

2010 年中国遭遇到近 30 年来最严重的海冰冰情，因灾直接经济损失高达 63.18 亿元，占全年海洋灾害总经济损失的 47.6%。海冰成为中国 2010 年海洋灾害中的主要灾种之一。基于区域灾害系统论，运用气象数据、MODIS 图像和社会经济统计等资料，对 2010 年渤海海冰灾害的特征进行了分析。结果显示，以莱州湾结冰范围扩大为代表的渤海海冰分布变化是致灾因子区域危险性增大的主要原因，环渤海地区海水养殖面积和产量的增加是承灾体暴露性增大的主要原因，而总体灾情严重则是二者的综合结果（孙劭等，2011）。图 4-27 为研究区水深分布图。

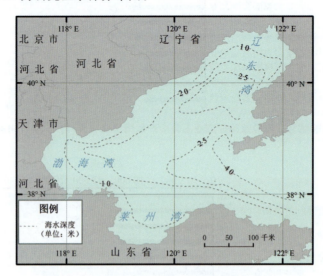

图 4-27　渤海区位及水深分布图（孙劭等，2011）

中国的海冰灾害评价和记录一直没有形成完整的体系，并且早期的评估和记载多为定性描述，定量的经济损失评估从 2008 年才开始。图 4-28 为史料中查到的冰情等级的总结情况，表 4-13 则为灾害损失的相关描述。

表 4-13　1895—2010 年海冰灾害（孙劭等，2011）

年份	海冰灾害描述
1895	大连港封冻，舰船进出港困难，渤海湾 3 艘轮船被冻住
1908	大连港封冻，舰船进出港困难
1915	大连港封冻，舰船进出港困难
1922	大沽口与曹妃甸灯塔海面冻住数艘轮船，大连港封冻
1930	渤海湾很多船只搁浅，大连港封冻
1936	冰情严重，舰船无法航行
1939	海河口航行困难
1945	塘沽沿海不少渔船冻在海上
1947	冰情严重，舰船无法航行
1951	塘沽港封冻

续表

年份	海冰灾害描述
1955	塘沽沿海封冻
1957	冰情严重，舰船无法航行
1959	塘沽沿海渔船出海被冻在海上
1966	黄河口沿海在短时间内封冻离岸 10～15 km，约 400 只渔船和 1 500 名渔民被冻在海上
1968	龙口港封冻，3 000 t 货轮不能出港
1969	"海二井"（重 550 t）生活平台、设备平台和钻井平台被海冰推到，"海一井"（重 500 t）平台支座拉筋被海冰割断；塘沽港的 58 艘客货轮受到不同程度的破坏
1971	滦河口至曹妃甸海面封冻
1974	辽东湾冰情比常年偏重，起锚 5 起，两艘货轮相撞
1977	"海四井"烽火台被海冰推到；秦皇岛港内有多艘船只被冰夹住，需破冰引航
1979	辽东湾发生海底门堵塞事故一起
1980	龙口港封冻，万吨级"津海"105 号轮被海冰所困，由破冰船破冰引航方脱险
1986	3 艘万吨级货轮在大同江口受困，由破冰船引航方脱险
1990	辽东湾封冻，两艘 5 000 t 级货轮受阻，走锚 37 起
1996	一艘 2 000 t 级外籍油轮受海冰的碰撞，在距鲅鱼圈港 37 海里(68 524 m)附近沉没，4 人死亡
1997	JZ20—2 石油平台发生强烈震动；一艘 2 000 t 级货轮在寺家礁附近沉没，无船员伤亡
1998	鸭绿江入海口发生码头 17 处严重破坏，沉船 11 艘，严重受损船舶 19 艘
2000	辽东湾海上石油平台及海上交通运输受到影响，有些渔船和货船被海冰围困
2001	秦皇岛港航道灯标被流冰破坏，港内外数十艘船舶被海冰围困，造成航运中断，锚地有 40 多艘船舶因流冰作用走锚；天津港船舶进出困难；大东港船舶航行受到影响；渤海海上石油平台受到流冰严重威胁
2003	冰情严重期间，海冰对辽东湾沿岸港口航行的船只和进出天津港的船只受到影响
2004	海冰对出入辽东湾沿岸港口的船只影响较为严重；进出渤海湾天津港的船只也受到一定影响；黄海北部东港及鸭绿江口附近港口受海冰影响较为严重
2005	辽东湾沿岸港口均处于封冻状态，受海冰影响，位于辽东湾的石油平台需靠破冰船引航才能保证平台供给及石油运输
2008	葫芦岛港锚地因海冰挤压造成船舶断锚；营口港附近部分船舶冷却系统进水口被海冰堵塞；辽东湾海上油气生产作业受到一定影响，直接经济损失约 200 万元
2009	辽宁省盘锦市 1 个码头封航 120 天，直接经济损失 500 万元；河北省沿岸 7 个码头封冻共计 60 多天，水产养殖损失 1 000 万元；山东省昌邑市 1 个码头封冻滞航，11 艘船只受损，直接经济损失 200 万元。共计直接经济损失 1 700 万元
2010	辽宁、河北、天津、山东等沿海三省一市受灾人口 6.1 万人，船只损毁 7 157 艘，港口及码头封冻 296 个，水产养殖受损面积 $207.87×10^3$ hm^2，因灾直接经济损失 63.18 亿元

注：本表归纳不完全。

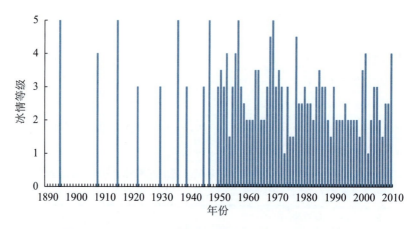

图 4-28　1895—2010 年渤海冰情等级序列（孙劭等，2011）

2010 年海冰灾害损失统计结果如表 4-14 所示。

表 4-14　2010 年海冰灾害损失统计（孙劭等，2011）

省(区、市)	受灾人口/万人	死亡(失踪)人数/人	损毁船只/艘	封冻港口码头/个	海水养殖损失 受灾面积/10^3 hm²	海水养殖损失 数量/10^4 t	海水养殖损失/亿元	直接经济损失 设施损失/万元	直接经济损失 其他损失/万元	直接经济损失 合计损失/亿元
辽宁省	0.45	无	1 078	226	58.71	15.27	34.27	4 826	1 001	34.86
山东省	5.65	无	6 032	30	148.36	19.34	25.58	3 630	8 170	26.76
河北省	—	无	47	20	0.80	0.20	0.60	3 245	6 232	1.55
天津市	—	无	—	20	—	—	—	—	—	0.01
合计	6.1	无	7 157	296	207.87	34.81	60.45	11 701	15 403	63.18

2010 年海冰灾害的经济损失主要集中在辽宁省和山东省，其中辽宁省经济损失高于山东省（表 4-14）。从承灾体的类型看，受灾人口和损毁船只多数分布在山东省；辽宁省的封冻港口数占了最大比例，海水养殖损失则是其直接经济损失的主要来源；山东省海水养殖受灾面积和数量最大，但其直接经济损失不及辽宁省严重。

近年来，海冰灾害导致的损失不断增大已是不争的事实。中国作为世界上少数几个受海冰灾害影响的国家之一，更应高度重视并继续加强海冰灾害问题的研究和管理，重视灾前预警、灾情评估、灾害保险等多种手段的应用，做好海冰灾害的综合风险防范工作。

4.3.4　灾害社会影响评估讨论

灾害社会影响评估有时候作为灾害间接影响评估的内容一并考虑。目前，在中国，灾害社会影响评估刚起步，成功案例很少，需要学习和借鉴国外的先进经验。

灾害社会影响评估主要内容为评估灾害对灾区社会造成的影响，同时还包括灾区社会系统灾害发生后破坏、恢复和重建需求以及可持续发展等方面的内容。当前灾害评估中，应该强调对社会要素的评估，包括灾害社会组织系统运行状况评估、家庭及社会支持系统损失状况评估、灾后农户生计系统影响评估、灾后社会公共服务系统运行状况评估以及灾后社会心理状况评估等。

灾害测量、统计和评估是研究灾害问题的基础，在具体实施过程中需要注意以下问题。①灾害测量、统计和评估的结果都是相对的，比起绝对值的大小，相对变化的大小在某些方面更有参考意义。②灾害测量、统计与评估过程中，要特别注意数据的量纲。一般而言，实物测量比经济测量要更加科学。③灾害评估往往针对某一场灾害，而且同样致灾条件下，由于孕灾环境和承灾体的不同，同时由于发生灾害时间和空间范围的影响，其导致的灾情结果也会不一样。因此，不可以用致灾因子的危险性评估代替灾情评估。灾害评估的重点还在于灾情的评估，其中损失评估是灾害评估的基础。④灾情评估主要涉及人员伤亡、财产损失以及生态系统的破坏。当前灾害评估中对前两者的评估较多，但是对于生态系统的损失评估较少，在未来的灾害评估中应逐步纳入，体现出灾害评估的全面性和系统性。

另一方面，要继续深化重特大自然灾害综合评估工作。主要包括以下几个方面。

一是，加强工作制度建设。工作制度是保障重大灾害综合评估及时、有效开展的基础。目前应抓紧建立重大灾害综合评估工作机制，确定工作程序，明确相关部门、灾区政府参与重大灾害综合评估工作的方式和流程。同时，做好重大灾害综合评估工作与其他相关制度的衔接，比如灾害评估和自然灾害救助应急响应、恢复重建工作、自然灾害救助评估工作等机制的衔接，确立重大灾害综合评估工作在其中的位置。根据重大灾害综合评估工作性质、内容和方法，建立重大灾害综合评估机制。

二是，加强技术标准建设。重大自然灾害综合评估涉及多承灾体、多行业的损失评估，所应用的评估方法也比较多元和综合，涉及的指标和参数比较复杂。在工作制度建设的同时，需要大力加强相关技术标准的建设，研究建立相关技术标准体系，提高标准间的系统性和衔接性。以国家技术标准的形式对评估工作相关内容进行规范，以国家或行业标准的形式推动建立实物毁损和损失评估的专项标准，以利于相关部门和灾区按同样的技术标准开展重大灾害综合评估工作。通过相关技术标准的建立，增强评估的科学性、客观性、规范性，提高评估的质量和效率。

三是，推动重大灾害综合评估体系的实际应用。目前，国家层面重大灾害综合评估工作，无论是工作机制还是技术体系，都在逐步完善，可以支撑评估工作的正常开展。但实际上，国家层面启动此项评估的概率较小，它的工作机制和技术体系的更大应用空间是在地方，全面提升重大灾害综合评估工作的主阵地也是在地方。地方应针对性地启动高级别省级重大灾害应急响应，并由省级政府组织开展灾区恢复重建工作。因此，自然灾害综合评估工作的开展需求较为迫切，但目前其工作机制和技术方法的建设还相对较为薄弱。所以，下一步建议在国家层面针对不同内容和不同对象，开展多层次重大灾害综合评估制度建设和技术方法培训，促进自然灾害综合评估工作在国家和地方层面的全面开展，为中央和地方综合防灾减灾提供强有力的科技支撑(史培军等，2014)。

参考文献

范一大，史培军，李素菊. 沙尘灾害遥感监测方法研究与比较[J]. 自然灾害学报，2007，16(5)：160-165.

国家减灾委员会. 汶川地震灾害综合分析与评估[M]. 北京:科学出版社,2008.

国家减灾委员会—科学技术部抗震救灾专家组. 汶川地震灾害综合分析与评估[M]. 北京:科学出版社,2008.

胡爱军,李宁,史培军,等. 极端天气事件导致基础设施破坏间接经济损失评估[J]. 经济地理,2009,29(4):529-534.

刘吉夫,史培军,范一大,等. 2010年4月14日青海玉树地震灾害特点与启示[J]. 北京师范大学学报(自然科学版),2010,46(5):630-633.

罗敬宁,范一大,史培军,等. 多源遥感数据沙尘暴强度监测的信息可比方法[J]. 自然灾害学报,2003,12(2):28-34.

民政部. 国家减灾委员会办公室,关于印发《特别重大自然灾害损失统计制度》的通知[EB/OL]. [2016-11-03]. http://www.mca.gov.cn/article/zwgk/fvfg/jzjj/201504/20150400801843.shtml

史培军,袁艺. 重特大自然灾害综合评估[J]. 地理科学进展,2014,33(9):1 145-1151.

孙劭,苏洁,史培军. 2010年渤海海冰灾害特征分析[J]. 自然灾害学报,2011(6):87-93.

王静爱,史培军,朱骊,等. 中国自然灾害数据库的建立与应用[J]. 北京师范大学学报(自然科学版),1995(1):121-126.

汪素云,俞言祥,高阿甲,等. 中国分区地震动衰减关系的确定[J]. 中国地震,2000,16(2):99-106.

徐国栋,袁艺,方伟华,等. 玉树7.1级地震震后损失快速评估[J]. 地震工程与工程振动,2011,31(1):114-123.

杨文涛,汪明,史培军. 利用NDVI时间序列识别汶川地震滑坡的分布[J]. 遥感信息,2012,27(6):45-48.

中国地质环境监测院. 5·12汶川地震典型地质灾害影像研究[M]. 北京:地质出版社,2009:122-123.

张勇,许力生,陈运泰. 2010年4月14日青海玉树地震破裂过程快速反演[J]. 地震学报,2010,32(3):361-365.

第5章 灾害风险评估

本章阐述灾害风险科学中最重要的方法与技术——广义与狭义的灾害风险评估。广义灾害风险评估为对灾害系统进行风险评估；狭义灾害风险评估为对承灾体进行风险评估。

近年来，为了深化对承灾体脆弱性的理解，我们开展了广泛的承灾体恢复性、适应性评价，即广义的承灾体脆弱性评价，包含恢复性、适应性评价。

灾害风险评估指标体系与灾害风险评估的内容与精度有关，一般分为定性和定量两类指标。灾害风险评估指标的多少，虽影响其评估的全面性，但一般不决定其评估的精度。影响灾害风险评估精度的主要是评估模型和所用数据的精度和时空分辨率。

根据灾害风险评估（Disaster Risk Assessment）所使用的数据质量和数量，可划分为定量评估、半定量和定性评估，半定量评估亦称灾害风险等级评估（Disaster Risk Grade Level Assessment），定性评估也称灾害风险相对等级（水平）评估（Disaster Risk Level Assessment）(史培军，2011)。

单一灾害风险评估指标体系与综合灾害风险评估指标体系有明显差别，前者致灾因子危险性评估指标体系是单一的，如包括震级、震源深度和地震强度；后者致灾因子危险性评估体系是多灾种的指标体系，除包括各单灾种危险性评估体系外，常常还要有各单灾种对承灾体造成的损失和损害权重计算的指标体系。

5.1 广义灾害风险评估

广义的灾害风险评估，是对灾害系统进行风险评估，即在对致灾因子危险性、孕灾环境稳定性（敏感性）、承灾体脆弱性分别进行评估的基础上，对灾害系统风险进行评估。广义灾害风险评估一般包括致灾因子发生概率的随机性和致灾成害的可能性评估。

广义灾害风险评估指标体系包括致灾因子危险性、孕灾环境的稳定性（敏感性）、承灾体的脆弱性评估所用的指标。

对致灾因子（H）危险性评价的指标——致灾因子强度，频次，持续时间，覆盖范围，突发或渐发的特征等；孕灾环境稳定性或敏感性（E）评价的指标——孕灾环境对致灾因子敏感性，孕灾环境特征值的波动性、起伏度、差异性特征等；承灾体脆弱性（S）评价的指标——承灾体对致灾因子的暴露度，特定孕灾环境条件下的致灾与成害的定量关系，或承灾体的损失率。广义的承灾体脆弱性（S）评价的指标，还包括灾后或受灾时（通常指渐发性灾害）承灾体恢复性、适应性、狭义脆弱性的评价指标。

(1) 广义灾害风险概念

风险研究最早出现在经济领域，起初只是定性分析，认为风险是指从事某项活动结果的不确定性，这种结果包括损失、盈利、无损失也无盈利三种情况，这种风险通常称为投机风险。定量性质的风险评估研究最早可以追溯到1736年，即贝叶斯概率理论诞生之时。随着概率论与数理统计以及其他相关应用，数学分支学科的发展，风险评估的方法也越来越充实。风险评估作为一个正式的学科是在20世纪40—50年代，伴随着核工业

灾害风险科学

的兴起而出现的，随后迅速应用到各个方面，灾害的风险研究即是其中之一，在这里，研究的对象只是与损失有关的不确定性，并不考虑盈利的情况，通常称为纯粹风险。

风险的概念是风险研究的基础，由于涉及自然科学、政治以及经济生活等众多方面，风险至今还没有一个统一的定义。例如，自然灾害研究中通常认为灾害风险指的是灾害活动及其对人类生命财产破坏的可能，保险学中经常将风险看作是一种客观存在的、损失的发生具有不确定性的状态；更加抽象地，韦伯字典中将风险定义为"遭到伤害或损失的可能性"(Kaplan and Garrick，1981)。尽管这些定义在概念上非常简洁，应用起来却很困难，因为它们并没有提供一种全面感知风险的具体线索。

在对风险做系统的研究时，几乎每个人都会问，"我们面临的风险究竟是什么？"而单独的一个答案却无法回答这个问题，因为它还包括很多小问题，例如"风险属于什么类型？死亡风险还是财政方面的损失？""什么时候发生？""在何处发生？""谁应该对这些风险负责？"将这些小问题概括起来，就会得到灾害风险概念的三个方面：①发生的有害事件是什么？②发生的可能性有多大？③如果发生，则引致的后果如何？这三者构成了评估灾害风险的基础(刘新立等，2001)，也就是要从灾害系统的角度全面认识灾害风险的基础。

据此，Kaplan 和 Garrick 认为风险不是一个数字，也不是一条曲线或是一个向量，它应该是一个三联体的完备集(Kaplan，1997)，即

$$Risk = \{<s_i, l_i, x_i>\}_c \quad \text{式 5-1}$$

式 5-1 中，$Risk$ 代表风险；s_i 为第 i 个有害事件；l_i 代表第 i 个有害事件发生的可能性(likelihood)；x_i 表示第 i 个事件的结果，是一种损失指标；脚标 c 表示这个集合是一个完备集。集合中的元素，即三联体 $<s_i, l_i, x_i>$ 只是风险的一个答案，整个集合才是全部风险。在 1997 年风险分析学会的大会报告中，Kaplan 进一步完善了这种完备集风险的定义。他从 100 多年来学术界对概率定义的争论出发，指出可能性有三种表达，频率、概率和频率的概率，其中频率的概率是最有说服力、最适用的，基于这种认识，式 5-1 式转化为

$$Risk = \{<s_i, p_i(\varphi_i), p_i(x_i)>\}_c \quad \text{式 5-2}$$

式 5-2 中，s_i 依然为第 i 个有害事件；φ_i 为第 i 个事件发生的频率，$p_i(\varphi_i)$ 代表第 i 个事件发生频率为 φ_i 的概率；$p_i(x_i)$ 指第 i 个事件的结果为 x_i 的概率，它是一个向量，与时间不独立。

上述定义在量化上是一个进步，但似乎"频率的概率"在理论上和实际计算中不甚完善。

此外，还有学者对此持有异议，例如 Rao(1996)认为，在某种意义上这种形式回避了定义的问题，因为它仍然没有告诉风险评估者什么是"有害"，什么因素可以使某个事件变得有害，以及怎样度量结果的严重程度。他认为定义风险应该包含三个步骤：

①通过认识一个组织的目标和受到威胁的资源来定义"有害"；

②认识那些能够威胁价值资源的事件；

③度量影响的严重程度。后果的严重程度要用价值函数来衡量，以提供一个综合了所有风险维数的标准，例如经济学中的效用函数等，这个标准由风险管理目标来确定。当评估的对象包含不同种类的风险时，每一类风险的价值函数应配以不同的权重，在通

过独立性检验后，综合这些不同风险而得到一个行动的、全面的风险影响。

实际上，这两种观点并不矛盾，而是因为立足点不同。Kaplan 和 Garrick 是完全站在风险评估者的角度将风险定义为三联体的完备集形式的，而 Rao 的观点偏重风险管理，即面对风险时如何选择决策。在风险评估中，"有害"就是有损失，三联体的第一个元素已经对此有所描述，但在风险管理中，"有害"不仅指有损失，这种损失还有可接受与不可接受之别，即还包括超过一定可接受下限的损失这一层含义。这正是要从灾害系统的角度，全面评估灾害风险的根源。

(2) 广义灾害风险评估理论框架

"损失可能性"学派　这一学派的代表观点为风险为未来损失的可能性，即

$$风险 = 可能性(损失)(Risk = Possibility(\text{loss})) \tag{式 5-3}$$

未来发生损失的可能性越大，风险越大。绝大多数研究中，可能性是用概率来度量的。美国学者 Haynes 在其著作 *Risk as an Economic Factor* 中指出"风险"一词在经济学和其他学术领域中，并无任何技术上的内容，它意味着损害的可能性，某种行为能否产生有害的后果应以其不确定性界定，如果某种行为具有不确定性时，其行为就反映了风险的负担(Haynes，1895)。

这一学派的实际工作领域之一是工程界，例如江河防洪系统的水灾风险评估将工程在使用期间内的失事概率定义为风险，认为失事的概率越大，风险越大。这里的失事事件主要指洪水漫顶、防洪堤的倾覆与滑动等。防洪工程风险评估主要研究在已有的设计洪水标准下，在使用期间内安全保证率能达到多大，内容包括确定影响城市防洪工程可靠性的因素、计算现有城市防洪工程的失事概率以及现有防洪工程的性能评定。可靠性影响因素主要包括工程的材料性能、几何尺寸、作用载荷等；失事概率指因工程失事而引起该地区洪水淹没的概率，它是对应于不同等级的失事事件下过程的广义抗力与预定继续使用年限内的最大广义载荷效应的联合概率密度的函数；现有防洪工程性能评定研究在现有的设防洪水标准下，在预定的工程使用年限内，发生此标准洪水的概率，这是工程在这段时期内允许承担的最大风险。

对于防洪工程等来说，工程设计标准定得越高，所需的投资就越大，而工程设计使用年限内可能的水灾风险损失会越小；反之，工程投资虽可降低，但水灾损失的可能性就会增大。因此，防洪工程风险评估的实践目的是为了确定最优的设计洪水标准，这个最优标准应满足的条件为修建防洪工程所耗费的投资，能从水灾损失减少或安全效益的增加中得到最大限度的补偿(刘新立等，2001)。

"未来损失"学派　这一学派的代表观点为风险为不同概率水平下的危险性，即

$$风险 = 危险性(某个\ p_i\ 下)(Risk = danger(\text{under some } p_i)) \tag{式 5-4}$$

在某一概率水平(或重现期)下，危险越大，风险越大。例如，洪水灾害风险图中的风险就是从这一角度定义的，风险图中表示了不同概率水平下洪水及洪水灾害损失特性，它与洪水发生频率相关联，具体内容包括研究区内给定不同概率水平下洪水可能泛滥的最大边界范围，及此边界内不同水深、流速、持续时间等的范围，期望洪水水位、不同洪水位的频率或重现期等指标都在风险图有所反映。洪水风险图的作用体现在：有益于增强公众风险意识，土地利用规划中易受水灾区的划分、增强洪水安全性的投资预设等工作的科学基础；在洪水风险图的基础上，结合易受洪水影响区内更详细的资料及潜在

危险性，即可进行水灾风险评估；它还为保险公司厘定费率提供科学的依据，是洪水保险的技术基础。保险公司在5年一遇、10年一遇、20年一遇等洪水风险图的基础上，按危险程度（水深）标明不同的保险费率分区，再按保险标的对水灾的易损程度制定费率规章。美国和日本等国家都已编制了重要河段的洪水风险图。中国的水利水电科学研究院从1984年以来先后完成了永定河泛区、小清河分洪区、辽河中下游地区、黄河北金堤滞洪区、东平湖分洪区、淮河蒙洼分洪区和珠江的西江流域等地区和流域的洪水风险图以及沈阳市和广州市等城镇的城市洪涝灾害风险图（刘新立等，2001）。

"未来损失的不确定性"学派 这一学派的代表观点为风险为未来损失的不确定性；或风险为未来实际结果与预期结果的差异。如果结果只有一种可能，不存在发生变动，则风险为0；如果可能产生的结果有多种，则风险存在；可能产生的结果越多，风险越大。例如，水灾风险评估中的一些研究采用了这种观点的前一种形式，而在风险管理学中大多采用后者。在实际应用中，这种不确定性或差异用损失的概率密度函数来刻画，即

$$风险 = p(损失)(Risk = p(\text{loss}))\qquad \text{式 5-5}$$

实际工作中不仅用到这个函数本身，而且要用到由这个函数导出的一些参数，如损失的均值、方差等。国家科学技术委员会、国家计划委员会、国家经济贸易委员会自然灾害综合研究组在进行中国自然灾害风险区划的研究中，就将灾害损失的期望值作为区划指标，即

$$风险 = \int l(p)\mathrm{d}p (Risk = \int l(p)\mathrm{d}p)\qquad \text{式 5-6}$$

并认为损失期望越大，风险越大。还有的灾害风险区划工作以期望损失密度为指标。得到的相关图件可以非常清晰地显示灾害风险的区域规律，利于对风险严重区域有针对性地实施减灾措施。保险界的很多工作是基于这种观点的，其目的是通过研究保险标的发生损害事件的概率及后果，评估保险公司的偿付能力，为修订费率提供科学依据（刘新立等，2001）。

出于不同的实践目的，上述三种灾害风险学派的观点各有侧重，还有一些研究者将这些观点综合起来，认为风险是由多种因素来衡量的。如Rossi等（1994）认为，水灾风险包括多个因素的标准，其组成包括：区域降水极值的可能性；发生在某一时期的不利事件，如防洪建筑物漫顶引起的淹没等；淹没区居民或建筑物承受的压力；一场洪水的结果。Bijaya和Shres在进行水资源系统风险评估时，认为水资源系统的风险是可靠性、易失事性和可修复性等一系列性能指标的函数。高风险是低可靠性、高失事概率和修复工作量大的总称（Shres，1997）。

(3) 广义灾害风险评估案例——水灾系统风险评估

水灾系统风险的概念 水灾的风险原本就是针对一个区域来说的，因此这里不再强调区域这个表达。水灾风险归根结底，指的是在一定时空范围内，水灾所造成的损失的不确定性。

具体地，水灾风险的不确定性主要来源于以下几方面：①与自然过程本身的不确定性有关的自然不确定性；②由于所选择的为了准确反映系统真实的物理行为的模拟模型只是原型的一个，造成了模型不确定性；③不能精确量化模型输入参数而导致的不确定

性；④数据的不确定性，包括测量误差，数据的不一致性和不均匀性，数据处理和转换误差，由于时间和空间限制而使数据样本缺乏足够的代表性等。

上述几个方面分别归属于水灾风险评估的三个阶段，即风险辨识、风险估计与风险评价，贯穿了风险评估的始终。归纳起来，它们又可以分为随机不确定性与模糊不确定性两种类型。

随机不确定性是自然界本身所具有的、一种统计意义上的不确定，是由大量的历史经历或试验所揭示出的一种性质，它是指那些有明确的定义，但不一定出现的事件中所包含的不确定性。例如"一个县在某一年的水灾受灾面积占当年播种面积的比例大于10%"这个事件是有明确定义的，但在未来的任何一年里，谁都无法预料它是否一定发生，而只能给出一个概率值，表示其在未来任何一年里发生的概率是多少。因此，本书用概率论来描述随机不确定性。上面四种类型中的第一种类型就是随机不确定性（刘新立等，2001）。

模糊的不确定性是一种广义的结果不唯一，不仅结果的取值不唯一，而且各种可能取值的概率也不能确定，即不能确定结果概率分布函数中的参数或函数形式本身。它的存在是由于我们对系统的动态发展机制缺乏深刻的认识，例如前述的后三种类型。模糊不确定性在一些情况下并不适合用概率来刻画，可以采用可能性作为度量其大小的指标。

根据以上分析，水灾风险的概念不仅应能反映出风险的三个基本要素——洪水、概率及损失，还应反映出随机不确定性和模糊不确定性这两种类型的不确定性。因此，这里将前面提及的三联体形式的风险定义作进一步完善以适用于水灾风险，即有

$$\text{水灾风险} = \{<S_i, \text{Po}(\text{Pr}(S_i)), \text{Po}(x_i)>\}_c \quad \text{式 5-7}$$

式 5-7 中，S_i 代表第 i 种洪水，可以用水位等洪水特征参数来赋值；$\text{Pr}(S_i)$ 表示第 i 种洪水发生的概率（Probability），$\text{Po}(\text{Pr}(S_i))$ 为 $\text{Pr}(S_i)$ 的可能性分布（Possibility）；x_i 表示第 i 种洪水造成的损失，$\text{Po}(x_i)$ 为 x_i 的可能性分布。

这个定义是水灾风险的一个全面综合，也是水灾系统风险的含义。

首先，它在形式上涵盖了三方面的内容：①体现了与水灾风险密不可分的三个方面，即洪水、损失与概率；②反映了水灾风险中的随机不确定性，表明这种不确定性可用概率来表达；③用可能性分布描述了水灾风险中的模糊不确定性，如随机不确定性结果的可能性、承受体采取一些"自发"适应的可能性，以及政府有关决策机构进行调整的可能性等。也就是说，不同强度的洪水发生概率不是确定的，而是有若干种可能的情况左右，其发生后所造成的损失也不是确定的，这些不确定并不是由自然界本身造成的，而是在水灾风险评估的过程中，由于数据误差、模型选择不当（对孕灾环境稳定性或敏感性考虑不足，甚或无考虑）、参数量化不准确等人为因素造成的（刘新立等，2001）。

继续研究还会发现，水灾风险管理者所需的相关结果可以从这个定义中导出，如超越概率、损失期望、最大可能损失、未来特定时期内水灾发生的次数等。如果不以这种三联体的形式来表达，只选择其中一维或二维，就可能会对水灾风险缺少一部分的认识，而如果在概率分布和可能性分布中只选择一种，也不能反映水灾风险不确定性的本质，造成某种欠缺。而实际上，概率风险是可能性风险的一种特殊情况，因为如果令

$$\text{Po}(\text{Pr}(x_i)) = \begin{cases} 1, & \text{Pr}(x_i) = P_0 \\ 0, & \text{Pr}(x_i) \neq P_0 \end{cases} \quad \text{式 5-8}$$

则可能性分布 $Po(Pr(x_i))$ 在任意 x_i 点都是单点分布，即只有一种可能，这就是通常所定义的概率风险。

在水灾风险评估中，洪水、概率、损失这三者都要涉及，但风险评估的需要者，如风险管理人员，可能并不是需要这种三联体的形式，他们可能会要求风险评估者提供损失的概率密度，或是某种损失发生的概率，因此在实践中，一项风险评估工作并不一定都要将结果以这种三联体的形式提交，尽管结果是从三联体集合中导出的。此外，对于什么是有害的问题，研究者只要表述清楚他的工作中的"风险"是什么意思就可以了，从这个角度来说，我们所感觉到的风险定义的杂乱无章，实际上是有一个总的头绪，这个总的头绪就是这个三联体的集合。相比起来，这个风险的定义更具有理论上的意义（刘新立等，2001）。

水灾系统风险的评估 风险如何定义是水灾风险评估模型的基础，有了风险的定义，就可针对具体的问题采用恰当的模型计算风险。下面以长江流域水灾为例说明如何计算风险，尤其是风险中的"概率"与"可能性"，这里将风险定义为某种可能性下的损失分布。

选用北京师范大学"中国七大江河历史洪涝灾害数据库"中的"长江流域历史洪涝灾害数据（1736—1911年）"作为水灾系统风险评估的数据基础，虽然由于时间序列的原因，结果稍乏现实意义，但作为一个实例完全可以说明问题，而且随着今后数据的补全，结果的现实意义也会日趋明显。众多指标中，由于"受灾县、次"比较稳定、数据缺失少，而且也能较客观地反映长江流域的受灾次数的变化情况，因此选用此指标作为风险评估的依据。经过与全国 1736—1911 年同期洪涝灾害的"受灾县、次"数据进行相关分析比较得出，二者在总体的宏观趋势上具有高度的一致性，说明所有数据具有一定的准确性。

水灾"受灾县、次"这个指标的时间序列很长，因此有条件进行某种趋势外推型的风险预测，例如预测未来的一年中，水灾"受灾县、次"的概率分布，或是某种水灾"受灾县、次"的重现期。分析可知，"受灾县、次"没有明显的周期性，在已知当前的情况下，后面的情况与前面的情况没有相互关系，因此可以采用马尔科夫链模型进行预测。由于数据的时间单位是以年为单位的，预测结果的时间单位也是年。

在应用马尔科夫链模型之前，首先要将"受灾县、次"的数值按照一定的分级标准转换为状态值，分级标准如表 5-1 所示。

表 5-1 "受灾县、次"指标状态转换标准

状态值	分级标准	数值区间
1	$x < \bar{x} - 1.0S$	$x < 10.8$
2	$\bar{x} - 1.0S \leqslant x < \bar{x} - 0.5S$	$10.8 \leqslant x < 32.65$
3	$\bar{x} - 0.5S \leqslant x < \bar{x} + 0.5S$	$32.65 \leqslant x < 76.35$
4	$\bar{x} + 0.5S \leqslant x < \bar{x} + 1.0S$	$76.35 \leqslant x < 98.2$
5	$x \geqslant \bar{x} + 1.0S$	$x \geqslant 98.2$

注：x 表示"受灾县、次"的数值，$\bar{x}$ 表示其平均值，S 表示标准差。

首先测试模型的可信度。先假设数据截至 1905 年，根据前面的数据计算出各步转移概率阵，已知 1905 年的状态为 4，即状态向量为

$$A(O) = (0, 0, 0, 1, 0)$$

由此可得未来 5 年中各年的状态概率 $A^1 \sim A^5$：

$$A^1 = (0.166\ 7, 0.111\ 1, 0.333\ 3, 0.166\ 7, 0.222\ 2)$$
$$A^2 = (0.111\ 1, 0.166\ 7, 0.222\ 2, 0.222\ 2, 0.277\ 8)$$
$$A^3 = (0.166\ 7, 0.055\ 6, 0.555\ 6, 0.111\ 1, 0.111\ 1)$$
$$A^4 = (0.111\ 1, 0.055\ 6, 0.444\ 4, 0.222\ 2, 0.166\ 7)$$
$$A^5 = (0.117\ 6, 0.117\ 6, 0.294\ 1, 0.235\ 3, 0.235\ 3)$$

也就是说，从 1906 年至 1910 年的这 5 年中，如果现有趋势不变，最有可能出现的状态依次为 3，5，3，3，3，而实际值依次为 4，5，3，4，4。其中，1907 年和 1908 年的预测值与实际值完全相符，其他 3 年的预测值都低于实际值。考察预测值的概率分布还发现，在第 5 年，状态值 3 与 4 的概率极为接近；所以，究竟是哪一个出现很难下定论，只有第 1 年和第 4 年的结果差别明显一些。出现这种差别首先是因为马尔科夫链模型的预测结果本身是一个概率分布，而并不是一个单值，它只能预测出哪个状态发生的可能性大，但并不能保证哪个状态一定发生。因此，不能因为有两个不一致的结果就将这种模型否定。通过分析还发现，水灾"受灾县、次"的变化不是一成不变的，而是有一个上升的趋势，模型结果比实际结果偏低也正是这种趋势的反映。总的来说，这 5 年的预测中高值与低值的相对分布与实际是一致的，由于数据序列原有趋势发生变化，使得高值发生的概率加大。因此，可以应用马尔科夫链模型进行预测，只是实际情况可能会比预测的状况偏高，但预测值至少给出一个高低值的相对分布，并且可将结果看作是风险的下限。这里也可近似认为这种情况下模型的可靠性是 60%。

然后，就可以用截至 1910 年的 175 个状态值预测后面 5 年，即 1911—1915 年长江流域水灾受灾风险。1910 年的状态向量为 $A(O) = (0, 0, 0, 1, 0)$，分别与由前面的数据计算出的各步转移概率矩阵相乘，得到后面 5 年中各年的状态概率 $A^1 \sim A^5$：

$$A^1 = (0.142\ 9, 0.095\ 2, 0.285\ 7, 0.238\ 1, 0.238\ 1),$$
$$A^2 = (0.100\ 0, 0.150\ 0, 0.250\ 0, 0.200\ 0, 0.300\ 0)$$
$$A^3 = (0.150\ 0, 0.050\ 0, 0.550\ 0, 0.150\ 0, 0.100\ 0),$$
$$A^4 = (0.105\ 3, 0.052\ 6, 0.421\ 1, 0.263\ 2, 0.157\ 9)$$
$$A^5 = (0.111\ 1, 0.111\ 1, 0.277\ 8, 0.277\ 8, 0.222\ 2)。$$

如果把状态看作损失的一种表示，则上述 5 个状态概率向量就是这 5 年的水灾损失分布，并且由模型的可信度分析可知，这些概率出现的可能性是 60%，这是由于模型的选择造成的。进一步研究发现，因为历史数据的变化有一个上升的趋势，如果在应用马尔科夫链模型之前对原始数据做一个旋转变换，将上升趋势去除，则会提高模型的可靠度，相应地，可能性也会有所提高(刘新立等，2001)。

这里的可能性只考虑了模型选择这一个方面，如果还要考虑其他方面，如数据的误差等，可能性的计算会更加复杂。

(4) 广义灾害风险评估问题与展望

在理论上，风险评估本来是研究不确定性的，是试图将这些不确定性以一种确定的方式表达出来，将不确定性降低到最低限度，一些风险评估的发起人还认为风险评估是

一种证明风险极小或没有风险的工具，因为它力图将不确定性揭示得很清楚，尽管未来还是会有几种可能的情况出现，但这些情况出现的可能性已经知道了，这样就没有风险了。但它所研究的不确定性有时却会降低它的科学性。例如，在工程上，一座桥梁可能会具有5～6倍的安全保证，但风险评估却会显示出2～3级的不确定，因此很多人认为，风险评估是在将"安全还是不安全"这样一个简单的问题变得复杂而混乱。因此，风险评估的理论研究还有待加强，特别需要建立由脆弱性曲线向脆弱性曲面发展的灾害系统模型（刘新立等，2001）。

在研究方法上风险评估也还是缺乏科学的一致性，风险评估者不得不为各种各样的顾客服务，他们的兴趣各不相同，要取得一种一致几乎不可能。此外，风险评估中的很多方法建立在大量数据的基础上，但在实践中却根本不具备这样的基础。对这些矛盾的研究是风险评估这个学科的一个研究方向。

实践中，尽管风险评估根植于自然科学，但其结果对于风险管理的可用程度还在于它计划回答的是一些什么问题以及它是怎样回答这些问题的。遗憾的是，很多风险评估对风险管理几乎没有什么价值，就是由于它缺乏充足的计划。美国国家研究委员会（NRC）曾经在报告"联邦政府的风险评估"中建议，风险评估应该与风险管理分开，因为风险管理还要涉及大量的政治、社会、技术、经济等方面的风险数据。但它同时强调，风险评估与风险管理在功能上有区别，但在实践上二者必须是交互的，风险评估者必须知道风险管理要做什么，需要什么，否则就会影响风险管理者及时有效地获取风险评估结果，它需要的是能够用来进行决策平衡的风险信息。一个风险评估者应该知道政策选择是怎样进行的。很长时期以来，风险评估都被认为是属于自然科学领域的研究，但由于上述问题，近年来有很多学者提出了新的范式，将社会科学引入风险评估中，即风险的科学以及公众的价值取向都应该是主观与客观参半的，这两者对风险管理来说都是非常关键的。

目前的大多数理论与实践工作都对风险评估结果不加检验，即认为风险评估的结果不存在不确定性，但由上面的分析可以看出，由于种种原因，风险评估的结果也有一个可能性问题。因此，应加强风险评估结果的可靠性研究。

具体到水灾系统风险评估，除了上述问题以外，水灾系统风险评估的理论体系尚不完善；其次，水灾致灾成害机制的研究在定量的水平上仍然不系统、不深入，只将现有的数据做简单的统计或显示远远不够；这种不深入的特性还反映在某些研究中，对一些相关参数只是单纯的拟合，并不分析拟合质量，但许多趋势即使不拟合也是事实，任何一组数字都可以拟合出一条直线，但这条直线有的时候并不能说明问题，拟合效果的检验对问题的说明很重要，事实上当拟合效果很不好时，所能提供的信息质量很差。因此，这方面的研究应该加强深度与科学性。由于水灾形成机制研究中的这些问题，针对水灾系统风险形成机制的研究更是凤毛麟角。例如对一个区域来说，水灾损失的不确定性是怎样形成的？各种与水灾损失不确定性有关的因素对这种不确定性的贡献分别是多少？相关性有多大？它们的时空变化是怎样的？它们的耦合作用有多大？这些问题在定量的水平上没有系统的讨论。损失是这些因素综合作用的结果，风险是由这些因素的不确定所导致的。而这些因素在"综合作用"时可能有不同的权重，耦合的性质也需要更深层次的分析。在数学上，研究不确定性的模型有很多，怎样将这些模型有针对性地应用到水灾系统风险评估中还有许多工作要做。而在研究方法上，仿真技术等的应用还有待进一步加强（刘新立等，2001）。

5.2 狭义灾害风险评估

狭义灾害风险评估是对灾害系统的致灾与成害关系的评估，亦是常见的灾害风险评估。狭义的灾害风险评估指标包括致灾因子（H）危险性评价指标和承灾体脆弱性评价指标。在对致灾因子危险性和承灾体的脆弱性评估的基础上，开展包括定量、半定量和定级灾害风险评估。狭义灾害风险定量评估，在台风、地震等自然灾害风险评估中得到广泛应用。

5.2.1 灾害风险评估指标体系

狭义的灾害风险评估只包含致灾因子危险性和承灾体脆弱性评估所用的指标，即狭义灾害风险评估指标体系，就是在不考虑孕灾环境稳定性评估指标体系的情况下，开展的灾害系统风险评估所及的指标体系。

承灾体脆弱性评估指标体系也有广义与狭义之分。广义脆弱性评估指标体系是对灾害系统的脆弱性评估所需评估的指标体系；狭义脆弱性评估指标体系是针对人类社会经济系统对致灾因子的敏感（反映）程度评估所需的指标体系。通常脆弱性越大，则致灾后更易形成灾情；反之，脆弱性越小，则致灾后不易形成灾情。

在广义脆弱性评估指标体系中，若易于诱发灾害事件的孕灾环境（自然与人文环境）、易于酿成灾情的承灾体系统（社会经济系统）和易于形成灾情的区域或时段组合在一起，则必然导致较高的灾害系统脆弱性水平。因此，需要满足对广义脆弱性评估的多项指标。

式 5-9 给出了一般评估广义脆弱性（V_1）的模型，其结果可用脆弱性曲面表达。

$$V_1 = V_{SE} \cap V_E \cap V_{ST} = f(H, E, \phi, \lambda, h, t) \quad \text{式 5-9}$$

式 5-9 中，V_{SE} 为区域时空脆弱性，V_E 为孕灾环境的脆弱性，V_{ST} 为承灾体的脆弱性；H 为人类系统，E 为环境系统，ϕ 为纬度，λ 为经度，h 为高度，t 为时间。

式 5-10 给出了一般评估狭义脆弱性（V_2）的模型，其结果可用脆弱性曲线表达。

$$V_2 = V_E \cap V_{SH} \cap V_P = f(E, S, H, P, \Delta\phi, \Delta\lambda, \Delta h, \Delta t) \quad \text{式 5-10}$$

式 5-10 中，V_E 为经济脆弱性，V_{SH} 为社会与人文脆弱性，V_P 为政治脆弱性；E 为经济，S 为社会，H 为人文，P 为政治，$\Delta\phi$ 为单元纬度，$\Delta\lambda$ 为单元经度，Δh 为单元高度，Δt 为时段。与广义脆弱性评估指标体系相比，少了对孕灾环境稳定性评估所需的指标。

5.2.2 承灾体脆弱性评价

(1) 承灾体脆弱性评价进展

承灾体脆弱性反映承灾体遭到致灾因子打击时的脆弱程度，脆弱性越高，则风险越高。在灾害风险领域，通常将行政单元视为承灾体，其脆弱性通常以能够反映其人口结构、社会经济结构、医疗卫生水平等的社会统计指标为基础，通过一定的模型或方法计算得到。脆弱性评估是灾害风险评估的基础（史培军等，2014）。

研究进展 脆弱性一词来源于拉丁文"vulnus""vulnerare""vulner"，意思是"伤害或损伤"。它在韦氏字典中的定义是"可能受到物理或精神损失""暴露于袭击或损害"

(Merriam-Webster，2011)。脆弱性概念与不确定性相关，包含了伤害、损失和破坏等意思。最初它被用于描述哪些地区更容易发生流行病或易被流行病所感染这一特性(葛怡等，2013)。

20 世纪 70 年代，灾害学家和工程技术人员着手研究与致灾因子相关的脆弱性。工程技术领域内的脆弱性一般与物体结构特性相联系，如房屋结构、桥体设计等。灾害学家则将这个概念进一步扩展，将其用以评价人类、建筑和基础设施在面对灾害事件时的敏感性。而且，他们特别强调对致灾因子造成的后果进行重点研究，并且认为脆弱性应该是从 0(无损失)至 1(完全破坏)范围内的损失程度，其表达形式通常是货币价值或死亡人口的概率。Hewitt(1997)明确指出，这类脆弱性研究实际就是致灾因子研究的一个范例，脆弱性被当作一种暴露风险来进行研究。1975 年，开始出现关于社会属性的脆弱性研究。当年，White 首次在理论上将人们防灾减灾的视线从单纯的致灾因子研究和工程措施防御扩展到人类对灾害的行为反应，并指出人口特征、房屋结构等社会因素同样能影响脆弱性。到了 20 世纪 70 年代末期，已经出现大量有关灾害脆弱性方面的研究(商彦蕊，2000)。但同时，由于人们对灾害的认识不足，致灾因子论仍占主导地位。

到了 20 世纪 80 年代，越来越多的研究者开始重视并探讨社会经济方面的脆弱性：1981 年，Pelanda 指出"灾害是社会脆弱性的实现""灾害是一种或多种致灾因子对脆弱性人口、建筑物、经济财产或敏感性环境打击的结果"。这从认识上明确了灾害形成及灾情大小是受致灾因子和社会脆弱性(Social Vulnerability)共同影响的。所以，脆弱性是灾害发生前就存在的状态，其本质是由"某一人类系统将其暴露于某一种灾害下的状况"所决定的。

进入 20 世纪 90 年代，对承灾体暴露度的研究以及社会脆弱性的研究都日趋成熟和普遍，将两者综合应用于特定地区的研究也应运而生(商彦蕊，2000；Cutter et al.，2000)。具体而言，它包括对外界致灾因子(暴露风险)的分析、系统本身适应能力(主要是社会属性)的脆弱性分析以及两者相互作用的分析。其应用范围广泛，小至社区、大至全球。Kasperson 等对 7 个地区的环境退化进行暴露风险和社会脆弱性的对比分析(Kasperson et al.，1995)。1996 年，Cutter(1996)结合前人在自然脆弱性和社会脆弱性两个领域的工作，提出了名为"地方灾害(Hazards-of-Place)"的综合脆弱性概念模型，该模型要求从系统本身和外界压力两方面来分析脆弱性。2000 年，因为灾前预警规划的需要，Cutter 等应用该模型分析了南卡罗来纳州乔治敦县多灾种的脆弱性空间分布(Cutter et al.，2000)。Hewitt(1997)将脆弱性研究的思想扩展到自然、技术、人为灾害的各个领域和减轻灾害的各个环节，他认为任何灾害的形成都存在四方面的影响因素，分别是致灾因子、脆弱性和适应性、危险(灾害)的干扰条件、人类的应对和调整。对灾害产生及其影响方式的研究都需要追溯到孕灾的物质生活背景、自然环境、地理位置和社会关系。在减轻自然、技术、人为灾害损失的实际应用中，更需要综合把握和处理各种影响因素，充分发挥政治、经济、管理、政策等方面的作用，调动人的应对和调整能力。Hewitt 思想极大地推动了脆弱性研究和减灾实践的综合化发展(商彦蕊，2000)。

近期脆弱性研究的再度兴起，又得益于很多相关领域包括气候变化、粮食安全、生态环境等对脆弱性的关注。社会脆弱性已经发展成为脆弱性研究的独立领域，其研究具有重要意义。该理论的一个强大优势是关注脆弱性的根源而不是局限于表面问题。事实上，唯有透过社会脆弱性，才能真正确认社会中最脆弱的群体，并了解一个地区内或地区间在经历相同灾害的情况下，是否可能表现出不同的灾难后果。这也为研究者在地方、国家、区域、全球的不同尺度上探索特定群体(或地区)的脆弱性时空变换提供了可能。目前，很多灾害领域的社会学家，尤其是研究缓慢出现的灾害(如干旱、饥荒等)或者在发展中国家工作的社会学家经常运用社会脆弱性的观点来分析问题。而消除贫困、增加社会的平等性、改革不合理制度和加强社会安全也已经成为降低脆弱性的重要手段。

脆弱性的定义 脆弱性涉及自然科学、社会属性、政治经济活动等众多方面，不同知识与研究背景的学者对脆弱性的理解并不一致。因此，脆弱性研究在其发展过程中被赋予了众多的定义：Cutter 列举出 10 多种不同的脆弱性定义，美国国家海洋和大气管理局(National Oceanic & Atmospheric Administration，NOAA)曾经总结了 23 种脆弱性定义，而 Ford 更是列举出多达 33 种不同的脆弱性定义。在灾害防御协会(Prevention Consortium)的网站上，大约有 20 种脆弱性及风险评估的指导手册，它们对脆弱性的定义也各不相同(Birkmann, 2006)。既然我们需要评估脆弱性，那我们必须明确脆弱性的定义。显然，对脆弱性概念进行系统梳理，并区分它与致灾因子、恢复力等相关概念的异同，对于实现我们的目标是十分有用的(葛怡等，2013)。

①脆弱性是一个地区因为暴露于危险环境而受到的一种威胁。Gabor 等(1979)首先提出脆弱性是一个地区因为暴露于危险环境而受到的一种威胁，它既包括安全时期的生态环境状况，又包括危险时期地区所表现的应急能力。这一概念开启了研究人员对脆弱性术语的不断探索和界定。Timmerman(1981)则转变思路，从系统适应能力入手来定义脆弱性。他认为脆弱性表现了承灾体能否抵御灾害事件的能力，这种能力的强弱和水平取决于承灾体吸收打击并从打击中恢复的能力。这一观点，引发了研究人员对脆弱性现象以及适应力等相关术语的探讨与思考(Kasperson et al., 2005)。1983 年，Susman 等人认为脆弱性是一种度，它表现不同社会阶层所面临的不同程度的危险。这种危险应包括两部分——极端灾害事件的出现概率和社会吸收灾害不利后果的程度(Susman et al., 1983)。Kates 等(1985)提出，脆弱性是承灾体遭受破坏或抵抗破坏的能力。

②脆弱性是由于潜在破坏而导致的损失程度。20 世纪 90 年代，随着灾害社会脆弱性研究的蓬勃发展，涌现了更多的脆弱性定义。1992 年，联合国人道事务部门(UN Department of Humanitarian Affairs)给出的脆弱性定义是"由于潜在破坏而导致的损失程度，其取值范围为 0~100%"。Bohle 等(1994)将脆弱性定义为"对人类福利的一种综合度量，综合了环境、社会、经济和政治上对一定程度有害扰动的暴露程度"。他同时提出从三个方面来理解脆弱性产生根源：人类生态学、市场交换中的权利扩大、积累与阶层的政治经济。Blaikie 等(1994)认为"脆弱性是人类与权利、资源获取有关的一系列特性的产物，这些特性包括种族、宗教、性别和年龄等，其衡量标准是人们预料、调整、抵抗自然灾害并从中恢复的能力"。Dow 等(1995)用环境的敏感性表达脆弱性，认为脆弱性包括与自然灾害有关的自然、人口、经济、社会和技术等方面(Dow and Downing, 1995)。Cutter(1996)在进行环境灾害脆弱性评估研究时，将脆弱性定义为地区致灾因子和社会体系相互作用的产物，认为脆弱性应该用个人或群体因暴露于致灾因子而受到影响的可能性来表达。Clark 等(1998)将脆弱性明确定义为两大变量的函数，这两个变量分别是承灾体的暴露度(遭遇灾害事件的风险)以及承灾体的适应能力(包含抵御能力和恢复能力)。

Adger(1999)提出脆弱性是个人、群体或社会的一种状态，这种状态具体表现为承灾体对外界压力的调整能力和适应能力(Adger and Kelly，1999)。

③脆弱性反映了生态系统不能承受外界压力的程度。21世纪以后，脆弱性定义又呈现出气候变化、粮食安全、生态环境等相关领域的特色。Williams(2000)认为，脆弱性反映了生态系统不能承受外界压力的程度(Williams and Kapustka，2000)。Kasperson等(2005)则明确脆弱性应包括两部分：一是，承灾体系统因暴露于外界压力而产生的敏感性；二是，承灾体受灾后表现出的自我调整、恢复以及发生根本改变(如发展为新系统或者自我耗散)的能力。同年，联合国气候变化政府间专家委员会(Intergovernmental Panel on Climate Change，IPCC)在其工作报告中给出了两种不同的脆弱性定义：第一，脆弱性是指系统易受或没有能力对付气候变化包括气候变率和极端气候事件不利影响的程度，它是某一系统气候的变率特征、幅度和变化速率及其敏感性和适应能力的函数；第二，脆弱性是系统对伤害、破坏易受影响的程度，是敏感性中有害或有问题的一部分(IPCC，2001)。Villa等(2002)则将脆弱性分为内部脆弱性和外部脆弱性两类。内部脆弱性与系统内因子相关，例如生态系统的健康情况和恢复力；而外部脆弱性则指系统外部的各种压力，如系统的暴露程度和潜在的致灾因子。Sarewitzd等(2003)并不认同Villa的观点，他认为脆弱性只是系统的一种内部属性。该属性是产生潜在破坏的根源，它与任何灾害或极端事件的出现概率无关。Turner等(2003)将脆弱性纳入可持续发展的体系中，认为脆弱性是系统、子系统或者系统组分因暴露于灾害下可能经历的损害程度。联合国开发计划署的危机预防与恢复项目(UNDP for Crisis Prevention and Recovery)定义脆弱性为人类受自然、社会、经济和环境等因素影响而表现出的状态或过程，它们决定了人类遭遇灾害的可能性以及因灾致损的严重程度(UNDP，2004)。UNDP以人类为核心的脆弱性定义直接影响了灾害风险指数(因灾死亡人数与暴露人数的比值)的计算方式，但是，这一定义在关注人类脆弱性的同时忽视了人类周边环境对脆弱性的影响作用(Birkmann，2006)。Vogel等(2004)借鉴系统观点进行脆弱性定义的阐述：脆弱性是多维度的，它在自然、社会等多个维度空间内变化；脆弱性是与尺度密切相关的，它随着时间、空间和分析尺度的变化而变化；脆弱性是动态的，因为影响脆弱性的驱动因子是动态变化的(Vogel and O'Brien，2004)。Adger(2006)将脆弱性定义为系统暴露于环境或社会变化中，因缺乏适应能力而对变化造成的损害敏感的一种状态。Birkmann(2006)根据他对脆弱性长达20多年的研究经验，从六个方面定义脆弱性：一是，承灾体对灾害不同的暴露程度；二是，源于人类不同的属性特征和行为特征；三是，通常由社会、经济、政治和环境互相作用而产生；四是，跨越多个尺度；五是，被多种外界压力所驱动；六是，具有动态变化的特性。

上述列举的脆弱性定义虽然具有一定的共性，但是，其差异甚至矛盾依然存在：有的定义侧重于暴露度，有的侧重于社会经济特性，还有的着眼于地区综合的抵御和恢复能力。实际上，这些差异正反映出研究人员对脆弱性认识不断扩展、不断加深的过程；同时，它也部分源于不同学科之间的表达差异，例如在表达脆弱性时，有时虽然运用不同的名词但其实表达着同样的意思，而有时候同样的名词却代表着不同的含义(葛怡等，2013)。

脆弱性分类 要真正理解脆弱性，就必须要掌握脆弱性的分类。根据特定的研究需要，选择不同的、有明显区分意义的特征，会产生不同的脆弱性分类方法。具体而言，上文提到的自然脆弱性和社会脆弱性是按照研究内容分类的，也是脆弱性最重要、最基本的类型。下文将重点介绍自然脆弱性和社会脆弱性。

①自然脆弱性。自然脆弱性研究(Physical or Biophysical Vulnerability)对脆弱性内涵的诠释源于传统的灾害与冲击评估研究，它关注不利事件，如致灾因子(地震、飓风、洪水等)、化学污染或工业事故导致的危险区域的分布。在很多情况下，自然脆弱性等同于物体的暴露风险。自然脆弱性的主要思想是脆弱性由"灾害事件的发生概率"和"人类对风险区的占有情况"这两方面共同决定的。所以，自然脆弱性研究的主要内容包括：第一，致灾因子发生的强度、频率、持续时间、空间分布等(Cutter et al., 1991)；第二，风险区的分布、人类在风险区的定居情况以及因特定灾害事件的发生而导致的人员伤亡率(Cutter, 1996)。自然脆弱性包含的思想对减灾工作非常有用。但是，不可否认，该思想存在不少问题，致灾因子的作用被过分强调(Hewitt, 1998)，以致忽略或弱化社会结构和人类活动对脆弱性的放大和减小作用(Lambert, 1994)。

②社会脆弱性。对社会脆弱性(Social Vulnerability)研究认为，脆弱性是从人类系统内部固有特性中衍生而出的(Clark et al., 1998)。所以，脆弱性是灾害发生前就存在的状态，其本质是由"某一人类系统将其暴露于某一种灾害下的状况"所决定的。进一步说，尽管社会脆弱性不是灾害的应变数，但某些特定的系统特性将会使人类群体或地区在面对某一类型的灾害时更加脆弱，例如人类一定的决策和行动就可能产生某方面的脆弱性。

社会脆弱性的研究内容主要分为两类：一是，关注社会、经济和政治等宏观体系对脆弱性的影响(Peet et al., 1989)。在这些研究中，具有重要意义的是 Blaikie 提出的压力释放模型(Pressure and Release Model，简称"PAR")。这个模型的最大贡献是明确指出脆弱性是风险的一部分，并详细说明了一系列作为根源的社会因子是如何经过"动态压力"和"不安全的环境"两个阶段逐渐产生脆弱性的。二是，探讨政治、经济和社会中的某一因素与脆弱性的联系，比如贫穷、不公平、边缘化、食物的供给、保险取得的能力、住宅质量等对脆弱性的影响(Enarson et al., 2000)。其中贫穷、不公平(通常由年龄、性别、种族差异所引起)、边缘化(表现在近期移民、旅游者、临时住户等群体)、健康、取得资源的渠道、社会地位可视为社会脆弱性的一般性决定因子(Generic determinants)。此外，还包含其他特定性决定因子(Specific determinants)，例如住宅的质量在面对洪水或飓风时，是决定其脆弱性的关键因素，但在面对干旱时却无任何影响力。1995 年，Cutter 研究了妇女和儿童在面对环境变化时表现出的脆弱性状况(Cutter, 1995)；1998 年，Wisner 探讨了宗教信仰对灾害预防和减灾方面的影响(Wisner, 1998)；2002 年，Cannon 对孟加拉国的地区性别差异对气候灾害脆弱性的影响作了详细调查(Cannon, 2002)；同年，Denton 对气候变化方面性别和脆弱性的关系作了详细的研究(Denton, 2010)。

脆弱性与致灾因子　脆弱性与致灾因子互为条件关系。一方面，没有致灾因子，脆弱性虽然存在但并不能显现，例如远离大洋的内陆地区，不可能受到台风的影响。所以，虽然该地区有台风脆弱性的内质，但是这种脆弱性不会表现出来，分析该地区的台风脆弱性也是没有意义的。另一方面，脆弱性是针对某种特定的致灾因子而言的，致灾因子不同，即使同一研究对象，其脆弱性水平也是不同的，例如达不到建筑规范要求的房屋对于地震致灾因子来说具有较高的脆弱性，但干旱往往不会对这样的房屋造成威胁，所以，它的干旱脆弱性并不高。又如，某地区地势低洼，排水不畅，具有较高的水灾脆弱性，但当地对台风具有较好的抵御能力，脆弱性较低。

脆弱性与恢复力　在当前的灾害风险管理和应急管理中，脆弱性和恢复力研究通常都是同时进行的，虽然对灾害脆弱性的研究开展得较早并更趋于复杂化和多元化，但早期的脆弱性研究中大部分脆弱性定义中包括恢复力。随着对恢复力理解的加深，恢复力逐渐从脆弱性定义中分离出来（刘婧等，2006）。当前对恢复力和脆弱性的关系主要有以下两大类观点。

Folke 等（2002）等少数学者认为恢复力和脆弱性是同一硬币的两面——脆弱性是承灾体被破坏的可能性，它的反面是承灾体抵御和恢复的能力，即恢复力；如果承灾体是脆弱的，那就同时反映了它的低恢复力，反之亦然。很显然，用互反性概括脆弱性和恢复力的关系并不合理。譬如某一户居民频繁受到水淹，损失颇大，水灾脆弱性大，但在灾后及时得到政府救济金或社会援助等，所以自我恢复能力很强，很快进入灾后正常的生产生活。可见，该户居民的脆弱性和恢复力之间并没有呈现必然的反向关系。

Buckle 等（2001）认为恢复力和脆弱性都是由多个复杂因素的相互作用形成的，它们同是事物的属性但并不是全部，在这些因素中对恢复力起主导作用的是：减灾资源的可获取性和经济安全；解决问题或进行决策的知识和技能；获取系统的恢复力是一种积极的减灾行为，减少脆弱性只是由此产生的一种反应性结果；脆弱性和恢复力两者就像一个双螺旋结构，在不同的社会层面和时空尺度中交叉，它们是不可分离的，既不能简单视为硬币的正反两面，也不能归纳为一个连续体的端点，应该强调两者之间直接且紧密的联系；恢复力和脆弱性可以呈正相关性，恢复力由低变高的同时，脆弱性也由低变高；恢复力和脆弱性亦可呈负相关性，当恢复力由低变高时，脆弱性由高变低。双螺旋结构形象地强调了脆弱性和恢复力不可分离的关系。为了更清楚地界定灾害恢复力，可从广义和狭义两个方面（或静态和动态两部分）来进行区分。这里，广义的灾害恢复力包括系统抵抗致灾因子打击的能力（静态部分）和灾后恢复的能力（动态部分）两个方面，所以抵抗力包含在广义的恢复力概念中；而狭义的灾害恢复力则只包括系统灾后调整、适应、恢复和重建的能力，可以由恢复速度、恢复到新的稳定水平所需时间和恢复后水平等来表征。在确定恢复后水平时应动态地考虑以灾前水平为基础在恢复的时间段内若以原来正常发展速度可达到的水平，而不是静态地和灾前水平比较。这样就将脆弱性和恢复力的定义明确区分开来。就其狭义的内涵而言，脆弱性是一种状态量，反映灾害发生时系统将致灾因子打击力转换成直接损失的程度，所以脆弱性研究主要是为灾前的减灾规划服务的；而恢复力则是一种过程量，反映了灾情已经存在的情况下，社会系统如何自我调节从而消融间接损失并尽快恢复到正常的能力（恢复力是以灾情为起始点来发挥其作用的），所以恢复力研究主要用于灾后恢复重建计划的制订，主要目的在于确定从什么方面入手进行恢复可以达到事半功倍的效果，研究中应找出恢复力建设的薄弱环节及灾后高效恢复的措施和途径。需要说明的是，恢复力概念在系统没有被完全损坏前使用，而在完全损坏时则用重建能力来表达（刘婧等，2006）。

正如上文所述，灾害恢复力的研究必须在灾害系统中来进行。一个地区在灾害发生前存在着潜在的致灾因子，人类面对致灾因子时具有一定的脆弱性，脆弱性越高意味着风险越大，可能造成的灾害损失也越大，而恢复力大小决定了实际的灾情，恢复力大的地区能够降低可能的灾害损失，及时从灾害中恢复到正常状态，恢复力小的地区则正好相反。另外，由于系统调整、适应和学习能力的存在，恢复力对下一次灾害也将产生正面影响，可以帮助人们更好地做好备灾响应、改进减灾规划和应急预案，从而进一步降低脆弱性，降低风险，即恢复力对灾害系统存在着一种正反馈机制。所以脆弱性和恢复力可看成是承灾体两个重要的品质属性，由区域自然系统和社会经济系统决定，二者互相影响，贯穿于灾前、灾中、灾后各个环节。由于经济水平、区域政策、人口结构和数量、文化差异等的存在，脆弱性和恢复力区域差异亦十分明显，这使得具有相同致灾强度的致灾因子发生后，造成的影响迥然不同。明确识别风险和客观量度区域承灾体的脆弱性和恢复力，可使区域管理者有足够科学依据来规划如何避免或尽量减小灾害造成的不利后果(刘婧等，2006)。

(2) 承灾体脆弱性评价模型与方法

RH(the Risk-Hazard)概念模型　　RH概念模型把致灾因子造成的破坏理解为暴露度和承灾体敏感性的函数，又称"遭遇—反应"关系(Burton et al.，1978；Kates，1985)。具体而言，应用该模型对灾害或者环境、气候影响进行定性分析和定量评估时，一般都强调承灾体对致灾因子或环境冲击的暴露度和敏感性，关注的焦点是致灾因子和灾难后果(Warrick，1980)。利用RH概念模型进行脆弱性分析时，既可以将脆弱性置于模型框架内研究，亦可独立于框架(Kates，1985)，图5-1为RH概念模型的简单示意图。

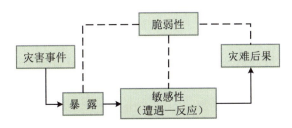

图 5-1　RH 概念模型(Turner et al.，2003)

注：脆弱性概念暗含于点线所示位置。

调查表明，RH概念模型存在明显的不足，该模型尚未解决或说明的问题主要包括：①承灾体扩大或削弱灾害破坏性的具体途径(Martine et al.，2002；Palm，1990)；②承灾体各组分或各子系统的哪些特性将会导致灾难后果出现明显的变化(Cutter，1996；Cutter et al.，2000)；③政治经济尤其是人类社会结构和制度，在形成不同的承灾体暴露度及灾害后果的过程中，所能产生的影响(Hewitt，1997；Wisner et al.，2004)。

PAR(Pressure-and-Release)模型　　"压力—释放"模型是解释社会脆弱性形成机理的重要概念模型之一，它由Blaikie等(1994)提出(图5-2)。在该模型中，灾害被明确定义为承灾体脆弱性与致灾因子(扰动、压力或冲击)相互作用的结果，并详细说明了一系列作为根源的社会因子是如何经过"动态压力"和"不安全的环境"两个阶段逐渐产生脆弱性的(史培军，1996)。此外，图5-2中的风险是致灾因子与脆弱性的加和关系，在2003年的第二版修改为乘的关系(图2-3)。

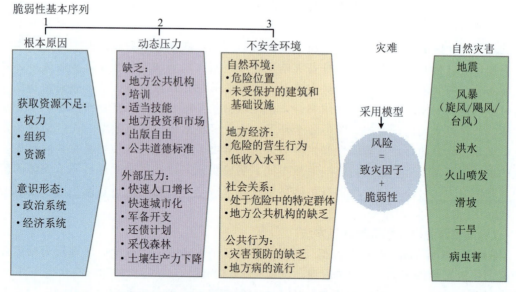

图 5-2　PAR 简化概念模型（来源：Blaikie et al.，1994）

　　Blaikie 等首先解释造成脆弱性的根本原因是"获取的有限性"和"意识形态的缺陷"。前者表现为人群对财产、权力、资源等获取的有限性，后者指政治体制和经济系统这两类意识形态中存在的易损特性。两者的共同组合和作用对社会产生动态压力，它是将根本原因的影响转换成脆弱性的通道，主要表现在两个方面：①地方子系统存在的内部问题，如社会体系不完善，人员缺乏培训、缺少适当技能，地方投资环境和资本市场缺乏良性循环，社会生活道德标准差，导致对资源使用权差，此为产生不稳定条件的基础；②区域或全球的外部压力，如人口的迅速增长、快速城市化、战争、外债、出口增加、森林破坏等，导致对资源使用权的减小。动态压力进一步影响着不安全环境，而不安全环境是与灾害相连的，分布在一定时空范围内的脆弱性的直接表现形式。它分为四个方面，分别是自然系统的脆弱性、地方经济的脆弱性、地方社会的脆弱性和公共行为的脆弱性。自然系统的脆弱性表现为危险的定居位置、未受保护的建筑或基础设施等；地方经济的脆弱性是指低收入和危险的营生行为等；地方社会的脆弱性包括特定群体在风险区的暴露、社会制度的缺乏等；公共行为的脆弱性则指减灾行为的缺乏和地方病的流行（Wisner et al.，1998；商彦蕊，2000）。

　　PAR 模型以图解的方式表达了脆弱性的产生过程，详细分析并明确了社会经济活动在其中的重要作用。与 RH 模型不同，PAR 模型对脆弱性的概念是明确的。但是，其不足之处表现为在可持续发展这个应用领域中缺乏完整性。首先，它忽略了人地系统的相互作用关系，所以遗漏了对自然系统的分析，并将致灾因子与社会过程分离。实际上，自然系统不仅构成了社会经济的背景，而且同时也是社会经济活动框架的一部分，这在利用自然资源发展经济方面最为明显。其次，在致灾因子因果关系方面分析得明显不够。最后，对 RH 概念模型所包含的承灾体系统的反馈作用不够重视。当然，值得肯定的是 Blaikie 的 PAR 模型确实为分析灾害脆弱性提供了基本的思路，体现了致灾因子与人文因素的共同作用，为减灾综合管理提供了理论基础（Wisner et al.，1998；商彦蕊，2000）。

HOP(Hazards-of-Place)模型 Cutter 认为脆弱性科学应该是建立在地理学、社会学和人类学基础之上的综合学科(Cutter,2003)。所以,她在 1996 年提出的 HOP(Hazards-of-Place)模型(灾害与位置模型)就体现了这一思想(Cutter,1996)。事实上,引入空间位置属性为检查"外在的致灾因子"和"隐含的社会因素"是如何共同作用并产生脆弱性提供了良好的平台。通过特定地点的脆弱性来综合分析自然、社会对脆弱性的影响是非常明智的。此外,它还能及时体现风险、减灾活动以及孕灾环境的变化。

致灾因子的风险指不利事件(如灾害)发生的可能性,它主要包括三部分:潜在的风险源(如工业事故、河道洪水、地震等);致灾因子本身的影响力(高强度或低强度);致灾因子发生的频率(500 年一遇的洪水、2%的阀门破裂概率)。减灾是通过规划或提高建筑标准等来降低风险或缩小不利影响的一系列工程非工程措施。社会采取正确的减灾政策能够有效降低风险,而错误的减灾政策或行为则增加风险。风险和减灾相互作用就为潜在灾害的发生提供了条件。潜在的灾害与当地的社会结构相互作用就产生了社会脆弱性。社会结构包括社会民主特征,对灾害的敏锐性和经验,以及对灾害的响应、适应、恢复和调整能力。潜在灾害与地理环境的作用产生了自然脆弱性。地理环境包括高程、周边环境以及和危险源的距离等。社会脆弱性和自然脆弱性相互关联就形成了特定位置的脆弱性。然后,特定位置的脆弱性又反馈到最初的风险和减灾,影响两者的输入,进一步作用到脆弱性本身(图 5-3)。

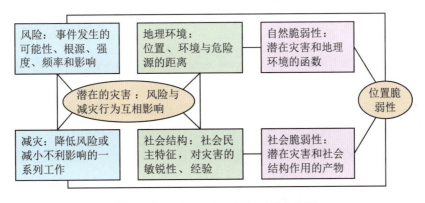

图 5-3 HOP(Hazards-of-Place)概念模型

BBC 概念模型 Bogardi、Birkmann 和 Cardona 三人共同建立了 BBC 概念模型(图 5-4),用以理解脆弱性在"致灾因子—脆弱性—风险"发生过程中的关键作用(Birkmann,2006)。

BBC 模型把脆弱性放在系统反馈环路中考虑,在这个环路中,脆弱性分析突破了估算承灾体系统缺陷及其损失、损伤、破坏概率的传统模式。BBC 概念模型利用系统反馈环路说明脆弱性是动态变化的。因此,脆弱性分析应当关注它的未来发展状态,从而在强调考虑承灾体当前脆弱性、暴露程度、已有适应能力重要性的同时,充分展示了评价潜在调控措施的必要性。脆弱性、适应力和调控能力实际综合了承灾体在社会、经济以及环境三个方面的相关特性。对环境因子的考虑,又使得 BBC 模型既能为灾害风险评估和管理提供服务，又能解释社会脆弱性、人类安全与可持续发展之间的相关性。另外，BBC模型将承灾体缺陷、损失与适应力、潜在调控力结合分析的特点，强调了承灾体在遭遇灾害事件打击前（$t=0$）主动降低脆弱性的必要性和重要意义，从而有助于灾害风险管理重心由灾后救助转变为灾前防御的真正实现。

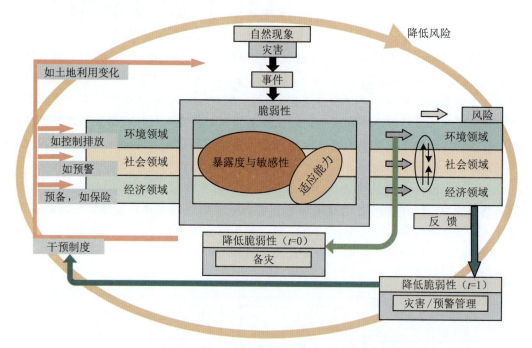

图 5-4　BBC 概念模型（Birkmann，2006）

BBC 概念模型首先把一部分自然现象偏离正常范围时，成为致灾因子，并有可能进一步演变为打击承灾体系统的灾害事件。这个灾害事件的破坏性取决于系统的脆弱程度，具体而言，包含了系统暴露度、敏感性及适应能力三个部分。这些系统属性来源于环境、社会和经济领域，如果灾害管理者在系统脆弱性变为风险之前（$t=0$），就采取降低系统脆弱性的一系列风险防范措施，例如，在经济领域开展保险等风险防范措施，在社会领域开展早期预警，在环境领域采取污染排放控制，以及监测整个区域土地利用变化等；那么，灾害管理者就能有效地阻断致灾因子孕育成灾害事件的通路。如果灾害管理者未能在脆弱性发展为风险之前进行及时、有效地控制，从而使得系统产生了环境、社会和经济风险（$t=1$），那么，此时采取灾害应急管理措施对系统进行快速干预与调控，同样也能有效阻断致灾因子的发展。

BBC 模型点明降低脆弱性的关键时刻是灾害发生前，包括风险出现前（$t=0$）和风险形成后（$t=1$）。它着重强调灾害管理者不能坐等灾害发生，而应该在风险转变为灾难前采取有效措施以降低承灾体的脆弱性，毕竟灾前防御措施的实际效果要远高于后期的救灾和恢复措施。

空间建模法　近年来，随着 RS 和 GIS 技术的日益普及和完善，已有越来越多的研究者应用空间建模技术对自然灾害承灾体脆弱性进行评估(Mueller et al., 2006)。空间建模法的主要模式是基于遥感影像、地图资料等,通过 RS 和 GIS 技术进行脆弱性影响因素的空间化,再利用 GIS 空间分析模型来获得脆弱性的空间差异分布图。2000 年,Cutter(2000)把美国南卡罗来纳州乔治敦县的自然脆弱性与社会脆弱性的空间差异分布图进行叠置,对区域灾害脆弱性进行了分析。2001 年,Chang 将贝叶斯统计与 GIS 相结合,运用空间建模法对纽约市汤普金斯县 Dryden 镇进行脆弱性评估。2003 年,Rashed 利用 GIS 空间分析功能和模糊数学相结合,评估美国洛杉矶县的地震脆弱性。Metzger 等(2005)将全球变化对区域潜在影响程度的差异分布图与区域应对能力差异分布图结合起来,对全球变化背景下区域脆弱性差异进行了评价。Forte 等(2006)利用航片,借助风险评估软件 HAZUS-MH,通过空间建模方法估算得到农作物水灾损失值,再分类得到意大利南部农业区的水灾脆弱性。Ebert 等(2009)利用 RS 技术及 GIS 空间分析功能对高光谱数据进行处理,估算得到 Tegucigalpa 地区的社会脆弱性。Lubna 等(2010)利用 SPOT、LANDSAT 和 ASTER GDEM 数据,通过 GIS 评价得到在风暴潮和海啸灾害中,巴基斯坦西南沿海的区域脆弱性和基础设施的脆弱性。尹占娥等(2011)则采用 GIS 和遥感技术,依据 20 年、50 年、100 年、200 年、500 年、1000 年一遇的 6 个重现期情景,对上海浦东新区开展了基于灾损曲线的脆弱性研究。据此确定了研究区的脆弱性等级划分,并利用 GIS 编制了基于不同重现期情景的上海浦东脆弱性图。王康发等(2011)基于中国沿海台风风暴潮增水数据、SRTM3 DEM 卫星数据、县级行政区数据、土地利用栅格数据等资料,利用 ERDAS 8.7 和 ARCGIS 9 进行空间分析,得到中国台风风暴潮的脆弱性分级及空间格局。

空间建模法能反映灾害脆弱性的空间差异,表征方式直观明了。但是,目前该方法可提取并处理的脆弱性影响因素有限,而且部分高精度影像资料的高昂价格及特定的时间分辨率也影响了该方法的推广。

综合指数法 综合指数法的评估模式为:从灾害脆弱性的形成机制、表现特征、产生与变化的根源等方面理解脆弱性现象,从而确定脆弱性概念模型;查明脆弱性的影响因素及其内在联系;为影响因素选择指标,建立评估体系;指标量化与权重赋值;估算脆弱性综合指数(Adger et al., 2004)。常用的估算方法有专家打分法、主成分分析法、层次分析法等。

综合指数法是定量评估脆弱性的常用方法之一,从全球、区域、国家、市、县到社区等不同空间单元,都有该方法的相关应用。在社会脆弱性研究中,综合指数法更成为评估方法的首选。目前,最有影响力的当属 Cutter 等人的系列研究。2003 年,Cutter 等人基于 HOP(Hazards-of-Place)概念模型,以县为统计单元,针对全美环境灾害建立包含 42 个指标的社会脆弱性评估指标体系(表 5-2),以因子分析法估算社会脆弱性指标。他们的成果因为正确预测卡特里娜飓风灾民的地理分布而受到瞩目。2008 年,Cutter 和 Finch 利用综合指数法进一步得到了全美各县自 1960 年至 2000 年的社会脆弱性时空变化规律(Cutter and Finch,2008)。

表 5-2 美国环境灾害的社会脆弱性评估指标（Cutter et al.，2003b）

编号	指标名称	编号	指标名称
1	年龄中位数	22	当地政府的债务与税收比例
2	人均收入	23	流动住户的比例
3	业主自住房的房产中位数	24	没有高中文凭的 25 岁以上人口的比例
4	租住房的租金中位数	25	每平方英里的建筑用地
5	每 10 万人的医生数	26	每平方英里规划的居住用地
6	执政党的支持率	27	每平方英里的已建厂房
7	出生率	28	每平方英里的工业产值
8	国外净迁入人数	29	每平方英里的商户数
9	农场比例	30	每平方英里农产品及其他所有物产值
10	在美国的非洲人比例	31	职工比例
11	美国本土人比例	32	女性职工比例
12	亚裔比例	33	第一产业的职工比例
13	西班牙人比例	34	第二产业的职工比例
14	5 岁以下儿童比例	35	服务业职工比例
15	65 岁以上老人比例	36	需看护的人均数
16	失业人口比例	37	人均拥有的社区医院数
17	平均每户家庭的人口数	38	人口变化率
18	年收入超过 75 000 美元的家庭比例	39	城市人口率
19	贫困人口比例	40	女性比例
20	租房比例	41	女性户主的比例
21	农民比例	42	人均享有的社会安全服务

由耶鲁与哥伦比亚大学合作建立的环境可持续性指数评估系统使用 68 个指标来测量各国降低环境压力与人类脆弱性的表现。联合国"国际减灾十年"委员会（IDNDR）建立 31 个底层指标进行地震综合脆弱性评估。2007 年，德国航太研究中心、波茨坦地学研究中心及联合国大学在进行 DISFLOOD 研究项目时，选取 41 个指标通过主成分分析得到德国河道洪水的脆弱性指数（表 5-3）。

表 5-3 水灾脆弱性的评估指标体系(DLR,GFZ,UNU-EHS,2007)

编号	指标	影响方式	编号	指标	影响方式
1	6岁以下的居民数	−	22	每个定居点的总人数	−
2	30~50岁的居民数	＋	23	开发场所	＋
3	65岁以上的居民数	−	24	建筑用地价格	＋
4	需要照料的居民数	−	25	通勤者数	−
5	生理残疾的失业人员数	−	26	新公寓数	＋
6	女性人数	−	27	拥有一至两处住房的人数	＋
7	每户家庭的收入	＋	28	小型公寓数	−
8	失业人员数	−	29	平均每人的居住空间	＋
9	女员工数	＋	30	平均每户人口数	−
10	外籍员工数	＋	31	新居民数	−
11	高级职员数	＋	32	平均每人持有的政府债券	−
12	外籍女员工数	−	33	在当地留宿的游客	−
13	享受社会福利的人数	−	34	每个劳动力的GDP产出	＋
14	租金补贴	−	35	重要资金的分配	−
15	未接受基本教育的人数	−	36	固定投资额	＋
16	高中毕业人数	＋	37	日护中心	−
17	大学在校生人数	＋	38	安置中心数	−
18	外籍人员总数	−	39	人均小学数	−
19	平均每位医生服务的人数	−	40	医疗中心数	−
20	医院床位数	＋	41	60岁以上的人口推算	−
21	农村人口总数	＋			

注:"−"代表负面影响,即该指标与脆弱性呈正相关。
"＋"代表正面影响,即该指标与脆弱性呈负相关。

欧洲空间规划与观测网组织(European Spatial Planning Observation Network,ESPON)基于HOP概念模型,关注脆弱性的"潜在损失"和"适应能力",从社会、经济和生态三个方面选取16个指标估算自然和技术灾害的社会脆弱性(表5-4)。其中,脆弱性的经济影响因素主要针对灾害导致的潜在损失,如灾害对地区经济的直接破坏与影响,以及间接导致的生产、分配与消费的风险。脆弱性的社会因素主要针对人群的脆弱性与适应能力。一般而言,体虚或贫穷的群体被认为是脆弱的。而脆弱性的生态影响因子主要针对生态系统或环境的易损性。

表 5-4　自然和技术灾害的社会脆弱性评估指标体系(ESPON，2006)

编号	指标	属性 1	属性 2
1	人均地方 GDP	dp	econ
2	人口密度	dp	econ/soc
3	游客数或宾馆床位数	dp/cc	econ/soc
4	重要文化场所数	dp	econ
5	重要自然区域	dp	ecol
6	自然区域的破损度	dp	ecol
7	人均国家 GDP	cc	soc
8	教育程度	cc	soc
9	地方附属程度	cc	soc
10	风险感知水平	cc	soc
11	备灾水平	cc	
12	医疗基础设施水平	cc	
13	技术型设施水平	cc	
14	警报系统	cc	
15	民防预算比例	cc	
16	科研与发展预算比例	cc	

注：dp＝潜在损失(damage potential)，cc＝适应能力(coping capacity)，econ＝经济因子，soc＝社会因子，ecol＝生态因子。

中国也有很多学者利用综合指数法进行脆弱性研究，例如商彦蕊等(1998)选取年降水量与蒸发量比、侵蚀模数、土地质量指数、冬小麦播种面积比、灌溉指数、单位面积农机动力、单位面积化肥施用量、单位面积产量、人均收入、人均粮食占有量等 11 项指标为参评因子，对河北省 138 个县(市)的农业旱灾脆弱性进行评估；陈文方等(2013)利用 Cutter 等人的 HOP(Hazards-of-Place)概念模型，以县为统计单元，建立包含 42 个指标的社会脆弱性评估指标体系，对长三角自然灾害脆弱性研究作了全面评价。刘兰芳等(2002)选择降水量、蒸发量、水利化程度等 9 个指标综合通过咨询专家和网上查询确定指标的相对重要性，由此估算得到湖南省 88 个县(市)的农业旱灾脆弱度，并利用 GIS 技术进行旱灾脆弱性区划。赵国杰等(2006)根据海岸带发展的特点，分四个层次建立了包括文盲率、本科比率、人均 GDP、人均土地面积、渔业资源等 22 个指标的脆弱性评估体系，利用 AHP 对河北省海岸带的脆弱性进行评价。石勇等(2010)从灾害系统承灾体的角度，分析了影响灾害脆弱性的 5 个方面(基础设施、经济、人口结构、城市形态结构、社会)，从而选取 36 个代表性指标尝试构建自然灾害脆弱性的指标评价体系，利用 AHP 法确定指标权重，评价得到上海沿海六区县的区域脆弱性、人群脆弱性和整体脆弱性。

(3)长三角地区社会脆弱性评价

社会脆弱性评估的概念模型　结合长江三角洲地区的发展现状与特点，提出如图 5-5 所示的研究区社会脆弱性评估简化概念模型。特定区域的脆弱性是由社会脆弱性和自然脆弱性相互关联形成的。承灾体在环境方面的特性影响它在灾害中的暴露程度，这表现为自然脆弱性。而承灾体的社会属性、经济属性共同决定了它受灾后的潜在损失以及对灾害的适应能力，这两部分交融而成为社会脆弱性。当致灾因子演变成灾害事件打击承灾体时，社会脆弱性和自然脆弱性的大小共同左右着最终的灾难后果。根据这个简化概念模型，我们将从承灾体的社会领域和经济领域选取社会脆弱性的评估指标。而对社会脆弱性作"潜在损失"与"适应力"的划分有助于深入比较两者在大都市、小城镇等不同承灾体上的实际博弈结果（史培军等，2014）。

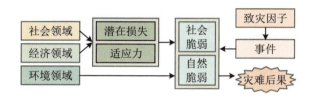

图 5-5　长江三角洲地区社会脆弱性评估概念模型（史培军等，2014）

社会脆弱性评估指标体系　理论上，社会脆弱性的评估指标越多，对脆弱性信息的提取越有利。然而，在前期的调查研究中，我们发现如果要求全区 144 个区县都采用庞大的指标体系不切实际，数据收集会存在极大困难，更不用说时序性的保证。因此，我们针对长江三角洲地区各省市的数据特点，参考 Cutter 等人的研究工作、德国航太研究中心 DISFLOOD 研究项目以及 ESPON 社会脆弱性评估项目的相关工作，确定了本研究的社会脆弱性评估体系（表 5-5），各指标含义如下。

表 5-5　长江三角洲地区社会脆弱性评估指标体系（史培军等，2014）

编号	指标	影响方式	属性 1	属性 2
1	人口自然增长率/‰	＋	dp	soc
2	人口密度/（人/km²）	＋	dp	econ/soc
3	农业人口比例/％	＋	dp	soc
4	人均 GDP/万元	－	cc	econ/soc
5	平均每户家庭人口/人	＋	dp	soc
6	女性人口比例/％	＋	cc	soc
7	地均 GDP/（万元/km²）	－	dp	econ
8	每平方千米固定资产额/（万元/km²）	＋	dp	econ
9	第一产业比例/％	＋	dp	econ
10	人均收入/万元	－	cc	econ
11	每 1 000 人医院床位拥有数/张	－	cc	econ/soc

注："＋"＝增加，"－"＝减弱；dp＝潜在损失（damage potential），cc＝适应能力（coping capacity）；econ＝经济因子，soc＝社会因子。

人口自然增长率：人口快速增长导致社会资源的紧张，如住房紧缺等；同时，也会导致社会福利系统的救助功能受限，这些都会使脆弱性增加。因此，该指标的影响方式为"＋"。

人口密度：人口密度增加会加大对生态、环境、交通以及资源的压力，进而产生环境恶化、生态失衡、资源紧张与社会治安等问题，使得脆弱性增加。因此，该指标的影响方式为"＋"。

农业人口比例：农业人口的收入低，自身抵御和适应能力相对较差，并且农业人口的收入来源主要依赖于资源开采的经济体系（如农业、渔业），该经济体系在危险环境中的暴露程度最高，受灾害影响的可能性最大。因此，该指标影响方式为"＋"。

人均GDP：一个区域的人均GDP越高，说明区域内承灾个体在灾害来临时，抵御灾害以及适应灾害的综合能力越高，从而能促使整个地区社会脆弱性得到有效控制。因此，该指标影响方式为"－"。

平均每户家庭人口：家庭人口越多，每人单独拥有的财富越少，在灾害发生时以及灾害发生之后可能要同时兼顾工作责任与照顾家庭成员，个人压力较大，会增加社会脆弱性。因此，该指标影响方式为"＋"。

女性人口比例：女性在灾害发生时，相对男性更易受到灾害的打击。同时，女性由于兼具工作与照顾家庭成员的责任，但工资相对低于男性。所以，女性在受灾后通常又比男性更加难以恢复。当一个地区的女性人口比例增大，就会增加社会脆弱性。因此，该指标影响方式为"＋"。

地均GDP：单位面积的国民生产总值越高，说明该地区国民经济发展、各项社会安全保障体系、社会福利体系以及基础设施建设会越好，相对而言，该地区的政府管理者更易于降低社会脆弱性。因此，该指标影响方式为"－"。

每平方千米固定资产额：固定资产密度反映出区域固定资产暴露在危险环境中的程度高低，以及遭遇灾害后需要的调整、适应时间。密度越大，意味着暴露程度越大，受到潜在损失越大；同时，固定资产密度越大，意味着灾后重建需要的时间越长，也就增加了整个区域适应的难度。因此，该指标影响方式是"＋"。

第一产业比例：第一产业本身是暴露程度最高的产业，因此它所产生的产值受外在自然因素的影响较大，相对不稳定，当该区域第一产业比例加大时，社会脆弱性也会相应增加。因此，该指标影响方式为"＋"。

人均收入：人均收入反映一个区域的综合社会经济水平。当人均收入增加时，反映出当地居民生活实际水平的提高，抵御灾害能力和适应能力的增强，社会脆弱性随之降低。因此，该指标影响方式为"－"。

每1 000人医院床位拥有数：每1 000人医院床位拥有数越多，表明医疗事业越发达，而卫生保健提供者，包括医生、护理院舍及医院，是重要的灾后救济来源。医疗水平提高，会缩短紧急救济和灾难恢复的时间。因此，该指标影响方式为"－"。

综合上述指标体系，在长三角县级社会脆弱性评估的实际指标体系中，"潜在破坏性"指标个数与"适应能力"指标个数的比值为7∶4，即增加社会脆弱性的指标占63.64%，降低社会脆弱性的指标占36.36%（史培军等，2014）。

脆弱性评估的投影寻踪聚类模型（PPC模型） 目前，社会脆弱性评估方法存在的主要问题包括：①脆弱性评估指标体系存在信息覆盖不全和信息重叠的情况。也有研究者为追求完备性而提倡选择尽可能多的指标，在降低指标获取性的同时严重干扰主要影响因子的识别。②部分权重赋值方法过于主观，而且往往缺乏各指标对总体目标贡献大小和方向的结构性评价。这两大缺陷降低了社会脆弱性评估的公信度，同时导致评估结果的可比性差。我们通过对脆弱性文献、脆弱性项目研究以及长江三角洲数据特点的综合考虑，确定适量的社会脆弱性评估指标，这有效避免了指标的冗余度和无序性。为了进一步避免权重赋值的问题，同时考虑到社会脆弱性评估处理的是高维样本数据，所以，将选择适宜处理高维数据的投影寻踪聚类模型（PPC 模型）和实数编码加速遗传算法进行社会脆弱性的评估（葛怡等，2013）。

投影寻踪方法是用来分析和处理高维观测数据，尤其是非正态、非线性高维数据的一种新兴统计方法。投影寻踪方法不需把高维数据整理成知识、构造成数据库进行训练后再推理，而是利用计算机直接对高维数据通过某种组合，投影到低维（如一～三维）空间上，并通过对某个投影指标的极值化，寻找出能反映原高维数据结构或特征的投影，从而实现在低维空间上对高维数据结构的分析（付强等，2003a）。

PPC 模型的建模过程包括如下几步（付强等，2003b；Fu 等，2004）：

步骤 1 样本指标集的归一化处理。对样本指标集进行归一化处理，从而消除指标值的量纲并且统一指标值的变化范围，对正性指标按越大越优处理，对负性指标按越小越优处理。

设各指标的样本集为 $\{x^*(i, j) | i=1, 2, 3, \cdots, n; j=1, 2, 3, \cdots, p\}$，其中 $x^*(i, j)$ 为第 i 个样本第 j 个指标值，n 为样本个数（样本容量），p 为指标个数，采用下式对样本集进行归一化处理：

正性指标处理方法：

$$x(i, j) = [x^*(i, j) - x_{\min}(j)] / [x_{\max}(j) - x_{\min}(j)] \qquad \text{式 5-11}$$

负性指标处理方法：

$$x(i, j) = [x_{\max}(j) - x^*(i, j)] / [x_{\max}(j) - x_{\min}(j)] \qquad \text{式 5-12}$$

其中，$x_{\max}(j)$，$x_{\min}(j)$ 分别为第 j 个指标值的最大值和最小值，$x(i, j)$ 为指标的特征值归一化的序列。

步骤 2 构造投影指标函数 $Q(a)$。把 p 维数据 $\{x(i, j) | j=1, 2, 3, \cdots, p\}$ 综合成以 $a=\{a(1), a(2), a(3), \cdots, a(p)\}$（单位长度向量）为投影方向的一维投影值 $z(i)$

$$z(i) = \sum_{j=1}^{p} a(j) \times x(i,j), i=1,2,3,\cdots,n \qquad \text{式 5-13}$$

然后根据 $\{z(i) | i=1, 2, 3, \cdots, n\}$ 的一维散布图进行分类。投影指标函数为

$$Q(a) = S_z D_z \qquad \text{式 5-14}$$

式 5-15 中，S_z 为投影值 $z(i)$ 的标准差，D_z 为投影值 $z(i)$ 的局部密度，即

$$S_z = \left[\sum_{i=1}^{n} (z(i) - E(z))^2 / (n-1) \right]^{1/2} \qquad \text{式 5-15}$$

$$D_z = \sum_{i=1}^{n} \sum_{j=1}^{n} (R - r(i,j)) \cdot u(R - r(i,j)) \qquad \text{式 5-16}$$

式 5-16 中，$E(z)$ 为序列 $\{z(i) | i=1, 2, 3, \cdots, n\}$ 的平均值，R 为局部密度的窗口半径（R 值的选取可以根据实验来确定，一般可取值为 $0.1S_z$，$r(i, j)$ 表示样本之间的距离，$r(i, j) = |z(i) - z(j)|$；$u(t)$ 为一单位阶跃函数，当 $t \geqslant 0$ 时，其值为 1，当 $t < 0$ 时，其函数值为 0。

步骤 3 优化投影指标函数。通过求解投影指标函数最大化问题来寻找最佳投影方

向,即

目标函数:$\max Q(a)=S_z D_z$ 式 5-17

约束条件:$\sum_{j=1}^{p} a^2(j)=1 (0 \leqslant a(j) \leqslant 1)$ 式 5-18

这是一个以 $\{a(j) \mid j=1, 2, 3, \cdots, p\}$ 为优化变量的复杂非线性优化问题。本书应用基于实数编码的加速遗传算法(Real coded Accelerating Genetic Algorithm,简称"RAGA")来解决该问题。

选定父代初始种群规模为 $N=400$,交叉概率 $P_c=0.08$,优秀个体数目选定为 20 个,$\alpha=0.05$,加速次数为 20,使目标函数约束达到最大,得到最佳投影方向 $a*$。最佳投影方向 $a*$ 各分量的大小实际上反映了各评价指标对长江三角洲地区社会脆弱性综合评价的影响程度,相当于各评价指标的权重。

步骤 4   分类(优序排列)。把由步骤 3 求得的最佳投影方向 $a*$ 代入公式后可得各样本点的投影值长江三角洲地区各区、县的社会脆弱性指数,按值从小到大排序,将样本从优到劣进行排序。该评价模型应用的是相对评价,即没有评价标准,只是评价单元之间的比较。即投影值越大,表示相对的区域社会脆弱性越大(史培军等,2014)。

长三角区县级社会脆弱性评估与分析   为了对长江三角洲地区不同年度的灾害社会脆弱性时空分布情况进行对比分析,选取 1995 年、2000 年、2005 年、2009 年 4 年的指标值整合并利用投影寻踪聚类模型,估算得到长江三角洲地区各区县对应的脆弱性指数。需要指出的是,因为投影寻踪聚类模型的特点,得到的社会脆弱性指数从严格意义上讲,是根据所有样本指标值估算得到的脆弱性相对大小的排序,所以,不同估算过程中得到的脆弱性值没有可比性。

由计算结果得出,1995—2009 年的 15 年间,"人均 GDP""第一产业比例""人均收入"三个指标(一个"潜在损失"指标和两个"适应能力"指标)对长三角地区自然灾害社会脆弱性的影响多于其他 8 个指标。我们比较长三角在该阶段的实际发展情况,可以发现:1995—2009 年,得益于改革开放,长三角地区的国民经济和社会发展取得巨大成就,经济运行质量与效益提高,综合实力进一步增强,国内生产总值迅猛增长,长三角地区逐步建立起以劳动地域分工为基础的、专业化协作和综合发展相结合的区域经济体系。同时,长三角地区作为全国最大的经济技术核心区,提供了很多就业机会,虽然导致长三角地区人口压力大,但是,长三角地区农民和城镇居民收入依然保持快速增长的势态。这段时期内,长三角地区产业结构得到进一步调整,第三产业占国内生产总值的比重呈现大幅度提高的趋势,而第一、第二产业的比重呈继续下降趋势。正因为在长三角地区,与社会脆弱性关系最密切的三个因子都呈现出有利的变化趋势(图 5-6);所以,该地区的社会脆弱性状况得到了明显改善,首先表现为三省(市)所有区县的社会脆弱性平均值呈现下降趋势。可以发现,1995—2009 年,社会脆弱性平均水平最高的是浙江省,其次是江苏省,最低的是上海市。其中,1995—2000 年,江苏省的平均降幅最小;2000—2005 年,江苏省和浙江省的降幅接近,上海市社会脆弱性降幅明显;2005—2009 年,江苏省的社会脆弱性降幅显著。

为了获取长三角地区在 1995 年、2000 年、2005 年和 2009 年社会脆弱性估算结果的详细变化情况,我们对各年数据作进一步的统计分析,绘制得到社会脆弱性指数的直方图(图 5-7)。该图表明,长三角地区的各年社会脆弱性大致呈现出正态分布的特征。1995—2009 年,社会脆弱性的众数值不断变小。而且,社会脆弱性高值的区县不断减少。就社会脆弱性的最高值而言,1995 年,具有社会脆弱性最高值(为 1.80)的区县有 4 个;2000 年,最高值降为 1.70,个数为 5 个;2005 年社会脆弱性最高值降为 1.60,个数降为 2 个;到 2009 年,社会脆弱性最高值为 1.50,全区仅有 3 个区县达此高值。

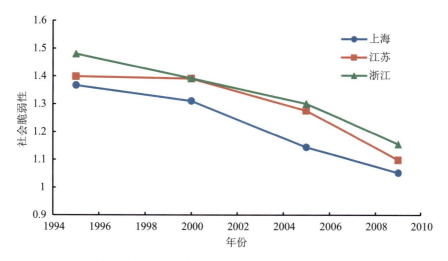

图 5-6　长江三角洲地区三省(市)社会脆弱性变化图(史培军等,2014)

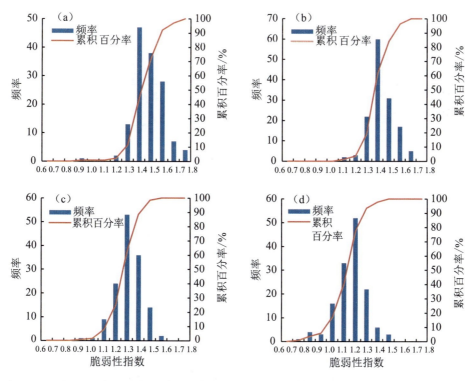

图 5-7　长江三角洲地区社会脆弱性指数直方图变化(史培军等,2014)

(a)1995 年;(b)2000 年;(c)2005 年;(d)2009 年

为了进一步掌握长江三角洲地区社会脆弱性分类概况，本书统计了1995—2009年，整个长江三角洲地区5个社会脆弱性等级对应区县数的变化状况(表5-6)。

表5-6　长江三角洲地区社会脆弱性等级排布(史培军等，2014)

年份 社会脆弱性等级	1995	2000	2005	2009
等级一(低脆弱性)	2	4	19	86
等级二(较低脆弱性)	10	14	52	41
等级三(中等脆弱性)	25	37	38	6
等级四(较高脆弱性)	38	46	22	6
等级五(高脆弱性)	65	39	9	1

上述分析充分展示了长江三角洲地区社会脆弱性的时序变化，为了解该区域社会脆弱性的空间分布状况，再对长江三角洲三省(市)的社会脆弱性指数分别作直方图统计，以获取各省(市)内区县社会脆弱性指数的具体分布(图5-8)。

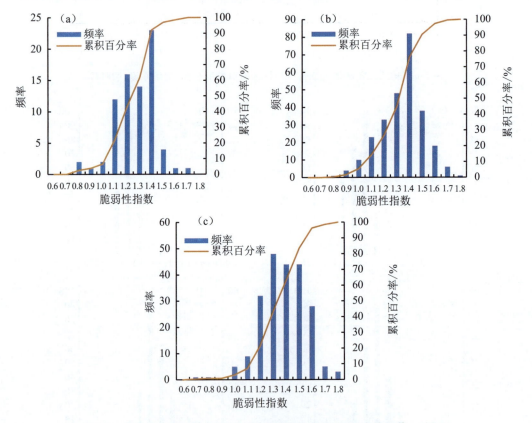

图5-8　长江三角洲地区各省(市)社会脆弱性指数差异(史培军等，2014)
(a)上海市；(b)江苏省；(c)浙江省

上海市和江苏省下辖区县的社会脆弱性指数多为1.4，分别有23个和82个；而浙江省下辖区县的社会脆弱性指数多为1.3，其数量达48个(图5-8)。上海市下辖区县的社会脆弱性指数分布在 0.8~1.7；江苏省下辖区县社会脆弱性指数分布于 0.8~1.8，同时较符合正态分布；浙江省下辖区县的社会脆弱性指数分布于 0.7~1.8，其中，有 3 个区县的社会脆弱性指数高达 1.8，这也是全长三角地区的脆弱性最高值。从直方图和累积分布函数的形态可以看出，1995—2009 年，浙江省具有社会脆弱性高值的区县明显多于上海市和江苏省。

为了直观显示长江三角洲地区社会脆弱性的空间布局和时序变化，本书运用 Arcgis 对社会脆弱性指数制图，结果表明，1995 年长江三角洲地区社会脆弱性最低值首先出现于苏南（主要是无锡和苏州部分区县），之后，社会脆弱性低值区蔓延至上海地区，并由苏南和上海地区逐渐向南、向北和向西扩展（图 5-9）。到 2009 年，社会脆弱性高值区只有 7 个区县，分别位于长江三角洲地区的北部和南部，这 7 个区县应该成为长江三角洲地区进行自然灾害综合风险防范的重点对象。同时，1995 年时社会脆弱性高值占据了长江三角洲地区的大部分区域，而到 2009 年，社会脆弱性高值区则变成零星分布，低值区成为长江三角洲地区的主体。这表明，长江三角洲地区的整个城市发展格局是良性的，社会脆弱性低的城市辐射力强于社会脆弱性高的城市，推动了整个区域社会脆弱性的优化。

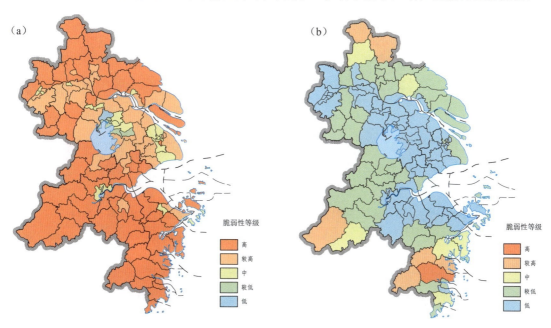

图 5-9　长江三角洲地区各县区社会脆弱性分布（史培军等，2014）
(a)1995 年；(b)2009 年

结果验证　因为社会脆弱性指数本身是针对承灾体社会经济领域估算的一个相对值，没有数据可用于直接的验证。但是，利用 1995—2009 年的灾害数据可以对社会脆弱性估算结果进行粗略验证（图 5-10）。本书将长三角地区各区县每年的经济损失值除以受灾面积，从而构造一个与社会脆弱性类似的灾害指数。作者认为，灾害指数应该与社会脆弱性值呈正相关的关系，所以两者的变化趋势应该是一致的。经比较发现，长三角地区的灾害指数的确如社会脆弱性一般，自 1995 年至 2009 年，整体呈现下降的趋势。同时，就三省（市）而言，浙江省的灾害指数最高，其次是江苏省，灾害指数最小的是上海市(表 5-7)。上述结果与社会脆弱性结果是一致的。

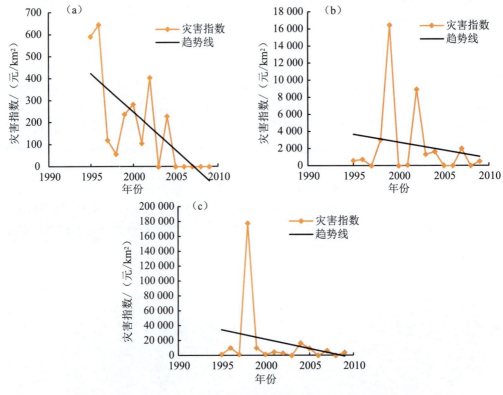

图 5-10　长江三角洲地区三省(市)灾害指数变化(史培军等，2014)
(a)上海市；(b)江苏省；(c)浙江省

表 5-7　长江三角洲地区三省(市)灾害指数变化(1995—2009 年)(史培军等，2014)

年份	江苏省	上海市	浙江省	排序
1995	593.1	588.3	2 151.6	Z>J>S
1996	755.1	642.7	11 352.0	Z>J>S
1997	0.0	117.7	2 470.5	Z>S>J
1998	3 044.5	54.1	178 382.5	Z>J>S
1999	16 386.3	238.1	12 162.6	J>Z>S
2000	0.0	281.3	3 171.9	Z>S>J
2001	106.4	104.2	5 431.7	Z>J>S
2002	8 941.0	405.5	4 041.9	J>Z>S
2003	1 337.3	0.0	0.0	J>S>Z
2004	1 608.3	230.0	18 136.9	Z>J>S
2005	0.0	0.0	10 572.0	Z>J>S

续表

年份	江苏省	上海市	浙江省	排序
2006	0.0	0.0	415.7	Z>J>S
2007	1 979.8	0.0	7 448.4	Z>J>S
2008	0.0	0.0	499.8	Z>J>S
2009	516.8	0.0	4 822.7	Z>J>S

注："J"代表江苏省，"S"代表上海市，"Z"代表浙江省。

5.2.3　灾害风险定量评估案例——长三角台风灾害风险评估

(1)灾害风险定量评估

灾害风险　灾害风险是致灾因子危险性、暴露性以及承灾体脆弱性等因素综合作用的结果。参考国外学者提出的自然灾害风险指数模型(Davidson and Lambert，2001)，构建灾害风险评估模型为

$$R = H \times V \times E \qquad \text{式 5-19}$$

式 5-19 中，R 为灾害风险，H 为致灾因子危险性，V 为承灾体脆弱性，E 为承灾体暴露性。具体计算时，考虑这三个因子对灾害风险的决定程度，采用如下公式：

$$R = H^{\alpha} \times E^{\beta} \times V^{\delta} \qquad \text{式 5-20}$$

式 5-20 中，α、β、δ 分别为致灾因子危险性、承灾体暴露性和承灾体脆弱性三个评价因子的权重，而这三个评价因子则可通过选取相应的评价指标分别计算得出(史培军等，2014)。

利用自然灾害风险指数模型对灾害风险进行评估，经常需要对各指标进行相加或相乘计算，而由于各指标对于计算结果的作用或贡献大小存在差异。因此，需要对各指标赋以一定的权重。以往的研究多基于研究者的经验进行主观赋值，但其主观随意性太强，因而很多学者对如何将专家经验转化为客观权重值进行了大量的研究，目前层次分析法(Analytic Hierarchy Process，简称"AHP法")是被广泛认可的一种方法，该方法是美国运筹学家 Saaty 教授 20 世纪 70 年代提出的一种定量与定性相结合的多目标决策分析方法。这一方法的核心是将决策者的经验判断给予量化，从而为决策者提供定量的决策依据，在目标结构复杂且缺乏必要数据的情况下更为实用。应用 AHP 方法计算指标权重系数，实际上是在建立有序递阶的指标系统的基础上，通过指标之间的两两比较对系统中各指标予以优劣评判，并利用这种评判结果来综合计算各指标的权重系数。

致灾因子　任何致灾因子都需要三个参数才能完整地加以刻画，即时间分布、空间分布、强度。致灾因子危险性评价的核心问题就是建立致灾强度—频率之间的关系，并由此导出在未来一定时间段内致灾因子强度指标超过一定值的概率(徐伟等，2014)。对台风灾害风险的评估主要考虑大风和暴雨两个致灾因子，台风影响频次、时空分布分析是台风危险性评价的基础。

基于中国气象局上海台风所整编的"西北太平洋热带气旋最佳路径数据集(1949—2010 年)"与中国长江三角洲地区县(市、区)级行政边界矢量数据，通过 ArcGIS 软件的空间分析功能统计得到登陆或影响长江三角洲地区的台风，并进一步分析得到各县(市、

区)历史上受到台风影响或登陆的频次。

"西北太平洋热带气旋最佳路径数据集"中包括1949—2010年西太平洋和南海(赤道以北，东经180°以西)海域生成的热带气旋每6 h的位置和强度，包括台风中心点位置，中心气压，近中心最大风速等，根据热带气旋最佳路径数据集中各台风记录的登陆或影响时间、热带气旋强度等级等信息，可对登陆或影响长江三角洲地区台风的频次、等级、时空分布特征等进行分析。此外，将每6 h的位置和强度用样条法插值为每1 h的数据，插值结果能够使数据之间过渡平稳，且插值后数据与原数据耦合较好。

为了揭示长江三角洲地区台风灾害危险性的总体情况以及区域分异，选取对各城市有影响的台风记录，来研究区内主要城市1949—2010年遭遇台风影响的频率和强度。为了选取对各城市有影响的台风及其强度，采用缓冲圆的方法以各城市行政区域几何中心为圆心，以200 km为半径作圆，将落在圆内台风最大风速作为影响该城市的台风强度。缓冲圆的半径应根据研究区的大小和形状来选取。

超阈值模型是极值理论中最常用的模型之一。极值理论是专门研究很少发生、但一旦发生却往往产生巨大影响的随机变量极端变异性的统计分析方法(方伟华等，2014)，在水文、气象、保险、金融等众多领域都有广泛应用。为应对台风灾害，工程建设和政府风险管理中常运用极值理论估计区域台风大风极值的概率分布，以确定工程设防标准和作出相应的备灾策略。极值理论的经典模型是块最大值模型，即关注某单元时间内某随机变量的最大值的分布形式；而超阈值模型则关注超出某阈值以上的随机事件的概率分布。超阈值模型的优势在于能够充分利用已有的数据对极值分布作出估计，而块最大模型则仅考虑了特定时间内的最大值，而忽视了同一时段内其他的极端值。关于极值理论的基础知识可参见Coles et al. (2001)的相关著作和文献，这里对超阈值模型做一个简单的介绍。

设$X_1, \cdots, X_n$是独立同分布的随机变量序列，选定一个特定的阈值u，则阈值超出量X_i-u出现的频次服从泊松分布，超出量服从广义Pareto分布(GPD)。广义Pareto分布的形式为

$$G(x)=1-\left(1+\xi\frac{x}{\sigma}\right)^{-1/\xi}, \quad x>u \text{ 且 } 1+\xi\frac{x}{\sigma}>0 \qquad \text{式 5-21}$$

式5-21中，ξ为形状参数，σ为尺度参数。当ξ趋近于0时，$G(x)$趋近于指数分布。当$\xi>0$时，分布没有上限；当$\xi<0$时，分布在$u-\sigma/\xi$时达到上限，即分布具有最大可能值。由式5-21可知

$$\Pr\{X>x \mid X>u\}=\left[1+\xi\left(\frac{x-u}{\sigma}\right)\right]^{-1/\xi} \qquad \text{式 5-22}$$

根据泊松分布的性质，假如$X_i-u(X_i>u)$服从参数为λ_u的泊松分布，那么$X_i-v(v\geqslant u)$服从参数为λ_v的泊松分布：

$$\lambda_v=\lambda_u\Pr\{X>v \mid X>u\} \qquad \text{式 5-23}$$

假设平均r年超越一次的水平为$v=x_r$，即每年有超过x_r的事件发生的概率为

$$\Pr(W_{\max}\geqslant v)=1/r \qquad \text{式 5-24}$$

式5-24中，$W_{\max}$表示一年中随机变量X的最大值。若N_v表示一年内发生超过v的事件的次数，其服从泊松分布，且期望为λ_v，则

$$\Pr(W_{\max} \geqslant v) = 1 - \Pr(W_{\max} \leqslant v)$$
$$= 1 - \Pr(N_v = 0)$$
$$= 1 - \exp(-\lambda_v) \quad \text{式 5-25}$$

结合式 5-22、式 5-23、式 5-24、式 5-25 可求解重现期 r 对应的重现水平 x_r，或者重现水平 x_r 对应的重现期 r。

超阈值模型应用的关键是阈值的选取。显然，选取不同的阈值将会影响分布参数值，从而影响重现期和重现水平的值。也就是说，当目标是计算某一最大风速出现的重现期时，其结果对于阈值是非常敏感的。因此，选择阈值需要综合应用多种手段，既能保证超阈值的个数足够进行分布拟合，又能够体现极值的意义。目前选阈值的方法主要包括平均剩余寿命图法和判断阈值变化引起参数估计量变化的方法。

平均超出量函数为

$$e(u) = E(X - u \mid X > u) = \frac{\bar{\sigma}}{1-\xi} = \frac{\sigma + \xi u}{1-\xi} \quad (\xi < 1) \quad \text{式 5-26}$$

即 $e(u)$ 是 u 的线性函数。对给定的样本 $X_1, \cdots, X_n$，定义样本平均超出量函数为

$$e_n(u) = \frac{1}{N_u} \sum_{i \in \Delta_n(u)} (X_i - u) \quad (u > 0) \quad \text{式 5-27}$$

式 5-27 中，N_u 表示超出量的个数。如果对于某个阈值 u_0，超出量分布近似服从参数为 σ_{u_0}，ξ 的广义 Pareto 分布，则对于大于 u_0 的 u，样本平均超出量函数应该在一条直线附近波动。定义点集 $\{(u, e_n(u)): u < x_{\max}\}$ 为平均剩余寿命图。合适的阈值能使该 $e_n(u)$ 关于 $u \geqslant u_0$ 近似成线性。

用样本超出量估计广义 Pareto 分布的参数时，假如 u_0 是一个合适的阈值，那么当取大于 u_0 的值时，形状参数 ξ 应该是保持不变的，而尺度参数 σ 则是 u 的函数，即

$$\sigma_u = \sigma_{u_0} + \xi(u - u_0) \quad \text{式 5-28}$$

令 $\sigma^* = \sigma_u - \xi u$，则 σ^* 与 u 无关，称为修正的尺度函数。因此，结合参数 ξ 和 σ^* 关于 u 的图形，选取使两者近似为常数的最小 u 值作为阈值。

广义 Pareto 分布与样本超出量的拟合效果的检验可以结合拟合诊断图和统计拟合优度检验来实现。诊断图是常用的一种检验方式。

拟合诊断图包括 P-P 图（概率图）、Q-Q 图（分位数图）、重现水平图和直方图。通过比较样本经验分布和模型模拟分布得到的概率、分位数、重现水平和直方图之间的一致性，可以初步判断模型是否能够很好地拟合数据。

此外，采用 χ^2 检验和 Kolmogrov-Smirnow(K-S)检验可以进行拟合优度检验。

致灾因子的提取 台风登陆往往会带来暴雨、大风等灾害性天气，但是由于台风不是造成暴雨、大风的唯一原因，因此在对台风致灾因子的危险性进行分析前，首先需要提取出台风影响期间的降水、风速等气象观测记录。综合考虑台风影响范围和台风影响时段两个因素，本书对台风登陆或影响中国长江三角洲地区期间的降雨和风速资料进行了提取，具体技术路线如图 5-11 所示。

根据台风风场模型，一个台风过程主要影响周边 200~300 km 的范围，选择 200 km 作为缓冲区，以此得到各场台风过程影响到的气象站点。然后从气象资料库中，选取台风过程时段里，各个气象站点的气象要素，主要选取平均最大风速、日最大降水量、总

降雨量、最低气压几个指标，进而用这些指标衡量各场台风过程的强度。

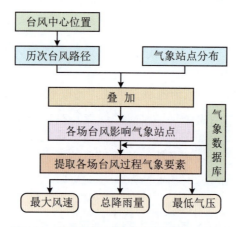

图 5-11　气象要素提取流程(徐伟等，2014)

台风降水分析　根据上一步提取的台风登陆或影响长江三角洲地区期间的降雨日资料，计算得到各站最大日降雨量、最大过程雨量等指标，并对其空间分布进行分析。同时，采用皮尔逊(Pearson)Ⅲ型分布概率密度函数对最大日降雨量、最大过程雨量指标进行分析，得出各站不同重现期下的最大日降雨量、最大过程雨量。

皮尔逊Ⅲ型分布(三参数 Γ 分布)的密度函数为

$$f(x)=\frac{\beta a}{\Gamma(a)}(x-a)^{a-1}\mathrm{e}^{-\beta(x-a)} \quad \text{式 5-29}$$

分布函数为

$$F(x)=\frac{\beta a}{\Gamma(a)}\int_a^x(x-a)^{a-1}\mathrm{e}^{-\beta(x-a)}\mathrm{d}x \quad \text{式 5-30}$$

式 5-29、式 5-30 中，样本变量 $x\geqslant 0$，参数 α、$\beta\geqslant 0$ 分别表示概率曲线的形状和尺度参数，a 为概率曲线起点与序列零点的距离。

台风大风分析　根据上一步提取的台风登陆或影响长江三角洲地区期间的最大风速日资料，计算得到各站极端最大风速，并对其空间分布进行分析；同时采用 Poisson-Gumbel 联合分布概率密度函数对最大风速指标进行分析，得出各站不同重现期下的最大风速。

台风大风重现期采用 Poisson-Gumbel 联合分布模型，已知风速的概率累积函数 $F(x)$，求对应某一风速的重现期公式如式 5-31：

$$P_k=\mathrm{e}^{-\lambda}\frac{\lambda^k}{K!} \quad \text{式 5-31}$$

式 5-31 中，$\lambda=\frac{N}{M}$，其中 N 为 TC 影响总次数，M 为总年数。假设 TC 影响下风速服从 Gumbel 分布，记为

$$G(x)=\exp\{-\exp[-\alpha(x-\delta)]\} \quad \text{式 5-32}$$

由此可得到 Poission-Gumbel 符合极值分布的分布函数

$$F(x)=\sum_0^k p_k[G(x)]^k=\exp\{-\lambda[-G(x)]\}=P \quad \text{式 5-33}$$

则

$$G(x) = 1 + \frac{1}{\lambda}\ln P \qquad \text{式 5-34}$$

$$\exp\{-\exp[-\alpha(x-\delta)]\} = 1 + \frac{1}{\lambda}\ln P \qquad \text{式 5-35}$$

取两次对数，可得

$$\alpha(x-\delta) = -\ln\left[-\ln\left(1+\frac{1}{\lambda}\ln P\right)\right] \qquad \text{式 5-36}$$

从而得到概率为 P 的大风极值为

$$V_p = \delta + \frac{-\ln\left[-\ln\left(1+\frac{1}{\lambda}\ln P\right)\right]}{\alpha} = \delta + \frac{-\ln\left[-\ln\left(1+\frac{1}{\lambda}\ln\left(1-\frac{1}{T}\right)\right)\right]}{\alpha} \qquad \text{式 5-37}$$

式 5-31 中，$\alpha = 1.28255/\delta$，$\delta = \bar{x} - 0.57722/\alpha$，$\bar{x}$ 为样本序列的平均值，δ 为样本序列的标准差。

致灾因子危险性综合分析　采用层次分析法，以各县市台风风参数、日雨量、过程雨量为统计单元，风参数以极大风速、8 级风日数、9 级、10 级、11 级、12 级、≥13 级风日数为统计要素；日降水以日最大降水、暴雨日数、大暴雨日数、特大暴雨日数为统计要素；过程降水以过程最大降水、100～200 mm 次数、200～300 mm 次数、≥300 mm 次数为统计要素。进行归一化处理后，把风、日雨量、过程雨量三个统计单元综合为台风致灾因子危险性指标，根据层次分析法计算得到的权重分别为 0.4、0.4 和 0.2。

承灾体的暴露性分析　承灾体的暴露性由两方面因素决定，首先是承灾体的数量，直接决定着承灾体暴露性的大小；其次是孕灾环境，由于承灾体分布于孕灾环境之中，孕灾环境敏感性的高低对于承灾体的暴露性大小也有着很大的影响。因此，对于承灾体暴露性的分析，选取了与孕灾环境有关的地形、水系、土地利用等因子，以及与承灾体数量有关的人口、地区生产总值等指标。

暴露性指承灾体在孕灾环境中暴露于致灾因子的程度，暴露性越高，则风险越高。暴露性的高低由两方面因素共同决定：一是，孕灾环境的敏感性，孕灾环境对于致灾因子越敏感，承灾体的暴露性就越大；二是，承灾体在孕灾环境中的分布数量，单位面积上的承灾体越多，暴露性越大。

对于孕灾环境敏感性，主要考虑地形和水系两个因子。地形因子包括高程和地形变化两方面。一般而言，地形越平坦，对台风的影响就越小，台风危险性也就越高；地形越起伏，对台风的影响就越大，台风危险性也就越低。此外，海拔越高的地区相对不易出现大范围积水，而海拔较低的地区发生渍涝的概率较大。洪涝是否容易发生除了与海拔有关外，还受到地形起伏的影响。如果地形起伏较大，说明局地地势有高有低，地表径流可以向沟壑汇集并排出，不容易形成大面积水淹现象；如果地形起伏程度较小，则说明局地地势相对平坦，一旦径流超过局地排泄，则很可能出现大面积积水和洪涝。

地形特征主要分析海拔和地形起伏程度。地形起伏程度以一定范围地形标准差来计算。长三角省地形高程（DEM）分辨精度基本为 25 m×25 m，选取 100 m×100 m 范围内（5×5 点距）求地形标准差，计算方法为

$$X = \frac{1}{n}\sqrt{\sum_{i=1}^{n}(X_i - \overline{X})^2} \qquad \text{式 5-38}$$

综合地形影响度的确定如表 5-8 所示，得到台风孕灾环境敏感性的地形影响指数。

表 5-8　地形因子影响度赋值表（徐伟等，2014）

地形高程/m	地形标准差			
	<10	10～25	25～50	≥50
<100	0.9	0.8	0.7	0.6
100～200	0.8	0.7	0.6	0.5
200～500	0.7	0.6	0.5	0.4
≥500	0.6	0.5	0.4	0.3

江河、水库对蓄水和灌溉具有十分重要的作用，但是当台风带来的降水多而过急，超过了江河水库的蓄水和排水能力，则会向周边蔓延、泛滥；所以考虑台风灾害的孕灾环境时，江河水网分布密度也是一个不可忽视的影响因子。

水系因子方面考虑两个因素——河网密度和距离水体的远近。河网密度越大、距离水体越近，越容易受到台风强降水引发洪涝的影响。河网密度通过 GIS 中的相关工具统计一定半径范围内河流的总长度，以此作为中心格点的河网密度。距离水体远近的影响则用 GIS 中的计算缓冲区功能实现，其中河流应按照一级河流（如长江、淮河等）和二级河流（如支流和其他河流等）、湖泊水库应按照水域面积来分别考虑，可分为一级缓冲区和二级缓冲区，给予 0～1 适当的影响因子值，原则是一级河流和大型水体的一级缓冲区内赋值大，二级河流和小型水体的二级缓冲区赋值小，表 5-9 和表 5-10 给出了不同类型水域缓冲区等级和缓冲宽度的划分标准，以及相应的影响指数。河网密度和缓冲区影响经规范化处理后，各取权重 0.5，采用加权综合评价法求得水系影响指数（徐伟等，2014）。

表 5-9　不同水域缓冲区等级和宽度的划分标准（徐伟等，2014）

水域类型	缓冲区宽度/km	
	一级缓冲区	二级缓冲区
0.1～1 km² 水库	0.05	0.1
1～10 km² 水库	0.20	0.4
10～100 km² 水库	0.30	0.6
>100 km² 水库	0.50	1.0
0.1～1 km² 湖泊	0.50	1.0
1～10 km² 湖泊	2.00	4.0
10～100 km² 湖泊	3.00	6.0
>100 km² 湖泊	5.00	9.0
一级河流	4.00	8.0
二级河流	3.00	6.0

表 5-10　不同水域缓冲区影响指数(徐伟等,2014)

水域类型	缓冲区影响指数	
	一级缓冲区	二级缓冲区
0.1～1 km² 水库/湖泊	6	2
1～10 km² 水库/湖泊	7	3
10～100 km² 水库/湖泊	8	4
>100 km² 水库/湖泊	9	5
一级河流	9	5
二级河流	7	3

承灾体数量方面考虑三个因子——人口、地区生产总值和土地利用。其中人口和地区生产总值基于各县(市、区)相关统计数据和土地面积,进而计算得到人口密度和地均GDP,并进行标准化处理。

土地利用类型分布图能够反映自然生态与社会经济价值在空间上的分布。按照不同土地利用类型所附属的社会经济价值量的高低,综合考虑台风对其影响度,将土地利用类型栅格图层按照表 5-11 中的对应关系进行重分类,赋以 1～9 范围内的整数数值(赋值为 1～9 的整数的目的在于方便土地利用承灾体经济价值量等级分布图层的存储,在进行暴露性计算时乘以 0.1 的系数即可实现标准化),得到土地利用承灾体经济价值量等级的空间分布图层,作为土地利用承灾体暴露性计算的指标。

表 5-11　不同类型土地利用承灾体经济价值量等级赋值表(徐伟等,2014)

土地利用类型	城镇用地	农村居住用地	耕地	湿地与水体	林地	草地	未利用地
价值量等级	9	8	6	4	3	2	1

台风灾害风险指数计算　基于式 5-20 中给出的台风灾害风险指数计算公式,利用 ArcGIS 软件的图层运算功能对致灾因子危险性、承灾体暴露性和脆弱性等评价因子进行计算,得到台风灾害风险指数栅格图层,然后再进行台风风险的区划,并结合历史台风灾情和实际情况等做相应修正,最后,根据气象灾害风险区划原则和方法,在 ArcGIS 软件中使用自然断点分级法将长江三角洲地区的台风灾害风险指数划分为 5 个等级,分别对应为高风险区、较高风险区、中等风险区、较低风险区和低风险区。

自然断点分级法(Natural Breaks(Jenks)Classification Method)用统计公式来确定属性值的自然聚类。其功能就是减少同一级中的差异、增加级间的差异。其公式为

$$SSD_{i-j} = \sum_{k=i}^{j} (A[k] - \text{mean}_{i-j})^2 \quad (1 \leqslant i < j \leqslant N) \quad \text{式 5-39}$$

也可表示为

$$SSD_{i-j} = \sum_{k=i}^{j} A[k]^2 - \frac{(\sum_{k=i}^{j} A[k])^2}{j-i+1} \quad (1 \leqslant i < j \leqslant N) \qquad \text{式 5-40}$$

式 5-39 和式 5-40 中，A 是一个数组（数组长度为 N），mean_{i-j} 每个等级中的平均值。分级方法可用 GIS 软件自带的功能实现。

(2) 基于灾害风险指数的长三角台风灾害风险评估

图 5-12 是长三角台风灾害风险评估指标体系。据此，按前述狭义灾害风险评估程序，对长三角台风灾害风险进行评估，仍采用式 5-20 中的模型。均基于 1 km 网格进行，下面分别介绍计算承灾体损失重现期和期望方法的具体步骤。

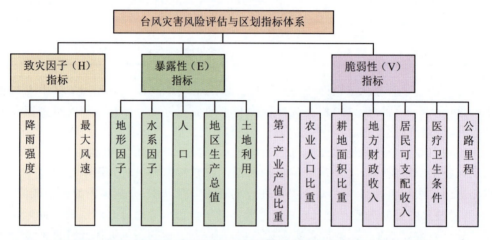

图 5-12　长江三角洲地区台风灾害风险定量评估指标体系（徐伟等，2014）

承灾体损失重现期计算　某一事件损失被超越的可能性，被称为损失的超越概率（Probability of Exceedance）。根据经典概率论的定义，假定 X 为连续型随机变量，对于任意的实数 x 来说，小于 x 的累积概率用 $F(X)$ 表示，EP 表示超越概率，则

$$EP = 1 - F(X) = 1 - P(X < x) = 1 - \int_{-\infty}^{x} f(x) dx \qquad \text{式 5-41}$$

式 5-41 中，$f(x)$ 表示连续型随机变量 X 的概率密度函数。

巨灾事件的发生是小概率事件，其超越概率也是极小的数值。为了更好地表达超越概率的含义，实际运用中通常使用不同的重现期来描述超越概率，即常见的"50 年一遇""100 年一遇"等。"N 年一遇"是超越概率的一种表达形式，其中"N"为损失的重现期。"N 年一遇"并不说明该强度的损失事件一定是 N 年发生一次，而意味着在损失事件样本数足以满足概率分析要求的情况下，该类事件将平均 N 年发生一次。因此，损失的超越概率 EP 与累积概率重现期 N 之间的关系为

$$EP = 1 - F(X) = \frac{1}{N} \qquad \text{式 5-42}$$

现以计算 100 年一遇承灾体损失为例，介绍承灾体损失重现期的计算方法。

步骤一　根据致灾因子评估成果数据，获取 100 年一遇致灾因子强度数据，对于第 k 个网格，其 100 年一遇致灾因子强度为 $H_k(100)$。

步骤二 对于第 k 个网格,若其承灾体价值为 E_k,对应脆弱性方程为 $V_k(x)$,则 100 年一遇的损失 $R_k(100)$ 为

$$R_k(100) = V_k[H_k(100)] \times E_k \qquad \text{式 5-43}$$

步骤三 重复步骤二,循环计算长江三角洲地区每个网格 100 年一遇的损失值,即完成长江三角洲地区 1 km 空间分辨率的 100 年一遇承灾体损失评估(徐伟等,2014)。

承灾体损失期望计算 承灾体损失期望的计算思路是:首先,将所研究的致灾因子强度范围划分为若干微分的区间,计算每个微分区间中致灾因子的概率分布;其次,将区间内致灾强度的代表值代入脆弱性方程,得到该致灾因子强度区间内承灾体的损失率;再次,将致灾因子强度概率,乘损失率与承灾体价值,得到每个区间承灾体损失的期望;最后,将每个区间承灾体损失期望累积,即得到承灾体损失的期望,作为风险的定量化指标。具体步骤如下:

步骤一 根据致灾因子评估成果数据,提取得到每个 1 km 网格上从 2 年一遇,至 N 年一遇的致灾因子所有重现期强度值,即重现期分位数,确定风险评估的致灾因子强度范围应为 $[0, H(N)]$(其中 $H(N)$ 为 N 年一遇的致灾因子强度,下同)。以第 k 个网格为例,可得到致灾因子强度数组 $H_k(x)$(或称重现期分位数数组),x 为重现期。

$H_k(x)$ 中的重现期分位数,将致灾因子强度范围,自然地分割成了 $N-1$ 个强度区间。接下来计算致灾因子强度在每一区间内发生的概率,从而得到在所研究的强度范围内致灾因子的概率分布情况。

步骤二 根据超越概率、累积概率和重现期的定义及相互转化关系,对于第 k 个网格,发生灾害时致灾因子强度为 H,并有 H 大于 $H_k(n)$ 且小于 $H_k(n+1)$ 的概率(落在连续的致灾因子强度区间 $[H_k(n), H_k(n+1)]$ 内的概率)为

$$P_k(n) = \left(1 - \frac{1}{n+1}\right) - \left(1 - \frac{1}{n}\right) \qquad \text{式 5-44}$$

依次计算致灾因子在各强度区间出现的概率,可得到第 k 个网格的致灾因子概率分布数组 $P_k(N)$。

步骤三 若对于第 k 个网格,假定其承灾体价值为 E_k,对应脆弱性方程为 $V(x)$,则该网格上台风灾害承灾体损失期望 R_k 为

$$R_k = \sum_{i=1}^{N} P_k(i) \times V_k[H_k(i)] \times E_k \qquad \text{式 5-45}$$

步骤四 重复步骤二、步骤三,循环计算长江三角洲地区每个网格承灾体损失的期望值,即完成长江三角洲地区 1 km 空间分辨率的风险评估(徐伟等,2014)。

台风灾害风险评估 本节中将介绍根据 5.2.1 节中所介绍的各种台风灾害风险评估方法计算得到的长江三角洲地区台风灾害风险评估结果,包括台风致灾因子危险性评估、台风承灾体暴露性评估、台风承灾体脆弱性评估、台风风险与风险等级评估、基于脆弱性曲线的台风风险评估结果、基于信息扩散方法的台风风险评估结果等。

①致灾因子危险性评估。1949—2010 年,登陆长三角的台风有 33 个,平均每年 0.5 个,影响及登陆长三角台风数没有呈现增加趋势,但台风的强度却明显增强。1949—2010 年,长三角各城市受台风影响频次平均值为 65.4,台州、舟山、宁波、绍兴、上海、杭州和嘉兴受影响频次值在平均值以上,其他城市低于平均值。位于长三角最南端近海

的台州市受影响最多,为92次,平均每年1.48次;位于西北端的扬州市受影响最少,为44次,平均每年0.71次。各城市受台风影响的年频次服从泊松分布,并通过了χ^2检验($p>0.05$)(徐伟等,2014)。

舟山、台州、宁波等城市遭遇的台风最大风速分布较为分散,且最大值达到60 m/s以上;上海、绍兴、杭州等城市台风最大风速最大值在50 m/s附近,风速值分布较为集中;其他城市台风最大风速的最大值则在40 m/s以下,且分布集中在较小的范围内,尤其是泰州和扬州,最大风速的最大值均不超过30 m/s(图5-13)。将最大风速如表5-12所示分为7个区间,分别统计各城市落在各个风速区间内的影响台风个数。结果显示,16个城市均未遭受到最大风速强度达到70 m/s的台风侵袭,仅有宁波、绍兴、舟山和台州等城市遭受过强度为59 m/s以上台风影响;上海、无锡、苏州、杭州、宁波、绍兴、舟山和台州等市受到过强台风(>42 m/s)的影响;而南京(1次)、扬州(0次)、镇江(1次)和泰州(0次)几乎没有遭受过台风及台风以上级别的热带气旋影响;无锡(4次)、常州(3次)、南通(6次)和湖州(5次)仅受到过为数不多的台风及台风以上级别的热带气旋影响。总体来看,台州、舟山、绍兴、宁波、嘉兴和上海6个城市受到的强台风影响较多,尤其是台州、舟山、绍兴和宁波遭受极端台风事件的影响概率较大;其他长三角城市遭受的台风数量少、强度很低。从各城市遭受的台风最大风速的分布情况可以看出,长三角南部临海的几个城市极有可能遭受超强台风的影响,引起巨大的人员伤亡和财产损失,从而导致"巨灾"的发生。假设一定区域每年遭受的台风强度是独立同分布事件,运用极值理论可以计算极端事件发生的概率。运用超阈值模型,将各城市影响范围内的台风最大风速值作为样本,选取合适的阈值,拟合GPD模型,从而得到各城市可能遭受的台风最大风速极值的概率分布(徐伟等,2014)。

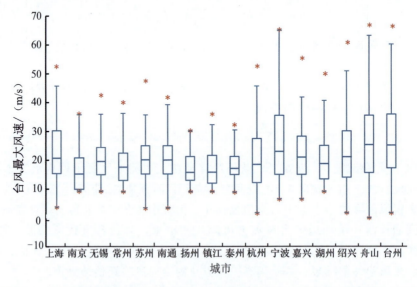

图5-13 长江三角洲地区各城市台风最大风速箱图(1949—2010年)(徐伟等,2014)

表 5-12　长江三角洲地区各城市台风最大风速分组频次统计(1949—2010 年)(徐伟等，2014)

最大风速/(m/s)	上海	南京	无锡	常州	苏州	南通	扬州	镇江	泰州	杭州	宁波	嘉兴	湖州	绍兴	舟山	台州
<25	40	42	44	47	46	41	38	44	44	47	42	42	45	48	42	44
25~32	16	8	10	11	11	9	6	10	10	13	16	12	12	13	16	18
33~42	9	1	3	3	6	6	0	1	0	6	15	11	4	13	19	17
43~49	2	0	1	0	2	0	0	0	0	1	5	0	0	4	3	8
50~58	1	0	0	0	0	0	0	0	0	1	3	1	1	2	3	3
59~69	0	0	0	0	0	0	0	0	0	0	1	0	0	1	1	2
≥70	0	0	0	0	0	0	0	0	0	0	0	0	0	0	0	0

方法：以上海市为例，在 R 语言中运用 extRemes 工具进行极值分析的步骤如下：

步骤一　选取阈值。当阈值在 10~25 时，平均剩余寿命曲线近似为直线(图 5-14)。$u=26$ 时，曲线出现突变，此后由于数据量的减少，置信区间的范围逐渐增大，可信度下降。图 5-15 呈现出相似的趋势，但在 20~25 最为稳定。因此，$u=20$ 是一个合适的阈值选择。

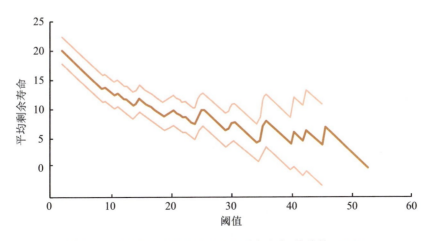

图 5-14　上海市台风最大风速平均剩余寿命(徐伟等，2014)

步骤二　拟合 GPD 模型。设定阈值为 20，最大似然法拟合 GPD 参数的结果为 $\sigma=11.22(\pm 2.44)$，$\xi=-0.23(\pm 0.15)$。

步骤三　模型检验。概率图和分位数图中，样本大多分布在斜率为 1 的对角线附近；重现水平图中，样本大多在中央的模型估计的重现水平线附近，且均在 95% 的置信区间内；密度函数图中样本的直方图与模型估计的概率密度曲线趋势一致(图 5-16)。因此，GPD 模型对样本超出量的拟合效果较好的结论是可以接受的。同时对 GPD 模型模拟结果进行 χ^2 检验，$p=0.54$，大于 0.05，通过检验。因此，该模型能够合理地模拟上海市大于 20 m/s 的台风最大风速的概率分布。

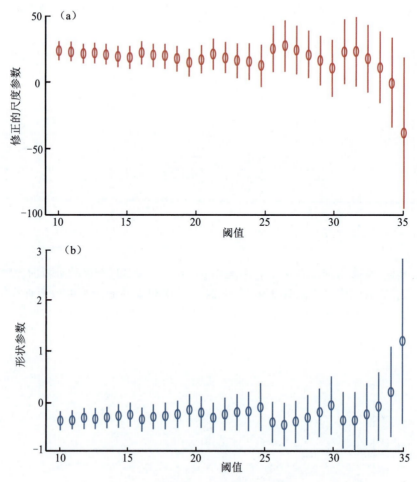

图 5-15　上海市台风最大风速关于不同阈值的修正的尺度参数
(a)和形状参数(b)估计结果(徐伟等，2014)

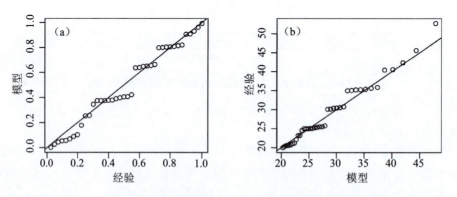

图 5-16　上海市台风最大风速 GPD 模型拟合诊断(徐伟等，2014)

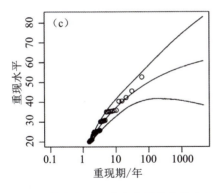 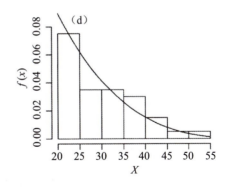

图 5-16 上海市台风最大风速 GPD 模型拟合诊断(徐伟等，2014)(续)
(a)概率图；(b)分位数图；(c)重现水平图；(d)密度函数图

同样的，对其他 15 个城市台风最大风速样本作极值分析，GPD 拟合结果如表 5-13 所示。由于 ξ 均小于零，为短尾分布，具有上限值，因此对每个城市计算台风最大风速的最大可能值。台州、杭州、宁波、绍兴和舟山的最大可能风速均在 70 m/s 以上，上海、嘉兴、湖州、无锡和苏州的最大可能风速在 50～70 m/s，即这些城市可能遭遇超强台风的影响，而南通、常州、镇江、南京、泰州、扬州等城市的最大可能风速都低于 50 m/s，尤其是扬州，仅为 33.05 m/s(台风级别)，可见这几个城市的台风灾害危险性偏低，遭遇台风巨灾的可能性均较低。

表 5-13 长江三角洲地区各城市台风最大风速 GPD 模型拟合结果(徐伟等，2014)

城市	阈值/(m/s)	σ	σ 标准差	ξ	ξ 标准差
上海	20	11.22	2.44	−0.23	0.15
南京	10	10.78	2.07	−0.35	0.12
无锡	15	9.40	2.07	−0.21	0.16
常州	13	11.67	2.24	−0.36	0.13
苏州	17	12.10	2.64	−0.30	0.16
南通	16	12.83	3.14	−0.41	0.19
扬州	19	5.43	1.83	−0.39	0.26
镇江	18	7.60	2.03	−0.33	0.19
泰州	15	7.71	1.97	−0.33	0.21
杭州	20	10.60	2.63	−0.19	0.18
宁波	20	16.66	2.83	−0.30	0.11
嘉兴	25	11.15	3.01	−0.26	0.17
湖州	17	11.62	2.52	−0.26	0.13
绍兴	19	15.21	2.91	−0.28	0.13
舟山	25	14.62	2.78	−0.31	0.12
台州	20	18.29	2.87	−0.33	0.10

根据模型拟合结果,各城市 10 年、20 年、50 年、100 年、500 年一遇台风最大风速最大似然估计及其 95% 置信区间如图 5-17 所示。台州市 10 年一遇台风最大风速达到 49.65 m/s,是所有城市中最大的,对于 500 年一遇台风最大风速,台州市最高为 68.39 m/s(徐伟等,2014)。

城市	重现期/年				
	10	20	50	100	500
台州	49.65(45.65, 55.37)	54.93(50.22, 62.94)	60.30(54.86, 72.78)	63.40(57.54, 79.96)	68.39(61.86, 90.69)
宁波	46.14(43.11, 51.99)	51.62(47.96, 59.87)	57.31(52.99, 70.62)	60.69(55.97, 78.82)	66.26(60.90, 89.53)
舟山	46.29(42.80, 51.58)	51.29(46.99, 58.78)	56.44(51.30, 68.91)	59.48(53.84, 76.84)	64.45(58.00, 86.48)
绍兴	42.77(38.85, 48.71)	48.21(43.40, 57.40)	53.98(48.21, 70.19)	57.47(51.12, 79.12)	63.39(56.07, 88.38)
上海	37.08(33.43, 42.17)	41.72(37.59, 50.12)	46.81(41.78, 62.99)	50.00(44.40, 69.22)	55.70(48.96, 78.56)
嘉兴	37.05(34.24, 42.36)	42.15(38.16, 49.80)	47.63(43.46, 62.88)	51.00(46.20, 71.63)	56.83(50.96, 82.10)
杭州	34.92(29.31, 40.27)	39.94(32.47, 49.31)	45.63(36.00, 64.34)	49.32(38.30, 70.71)	56.21(42.60, 82.62)
湖州	32.52(30.20, 37.58)	37.33(34.30, 44.49)	42.50(38.70, 54.82)	45.66(41.39, 63.46)	51.15(46.06, 72.96)
苏州	34.26(31.02, 38.89)	38.58(34.52, 45.71)	43.07(38.16, 55.91)	45.73(40.33, 64.18)	50.13(43.90, 71.41)
无锡	30.06(26.76, 34.53)	34.05(30.31, 41.79)	38.50(34.14, 53.74)	41.34(36.40, 58.42)	46.51(39.90, 66.95)
南通	32.02(30.74, 35.92)	35.75(34.17, 41.49)	39.29(37.43, 49.64)	41.20(39.19, 56.10)	44.00(41.76, 64.12)
常州	29.52(28.47, 33.23)	33.02(31.74, 38.23)	36.48(34.99, 45.04)	38.44(36.82, 50.18)	41.47(39.66, 57.52)
镇江	29.69(25.92, 29.78)	29.64(28.61, 34.09)	32.63(31.34, 41.39)	34.37(32.92, 47.19)	37.15(35.46, 52.16)
南京	24.89(23.94, 28.47)	28.30(27.13, 33.25)	31.71(30.33, 39.94)	33.65(32.14, 45.11)	36.38(34.98, 51.74)
泰州	25.88(23.98, 28.75)	28.46(26.11, 33.64)	31.09(28.89, 41.74)	32.62(29.55, 45.85)	35.09(31.58, 50.17)
扬州	23.93(23.09, 26.44)	26.07(24.87, 29.05)	28.15(26.59, 34.66)	29.30(27.55, 39.51)	31.04(29.71, 42.69)

超强台风　　强台风　　台风　　强热带风暴　　热带风暴

图 5-17　长江三角洲地区各城市不同重现期台风最大风速的最大似然估计值及 90% 置信区间(徐伟等,2014)
(单位:m/s;不同灰度代表最大似然估计值代表的热带气旋级别)

台风大风、暴雨分析。根据 5.2.1 节中所述方法提取得到台风登陆或影响长江三角洲地区期间的最大风速日资料,在此基础上计算得到各站台风过程最大风速,采用 Kriging 空间插值方法进行插值后得到其空间分布。长江三角洲地区台风过程最大风速的空间分布呈东南高、西北低的趋势,由北向南、由西向东逐步增大,台风过程最大风速较高的区域分布于长三角东南沿海及海岛,达到 30 m/s 以上,而北部及西部台风过程最大风速较低,多在 14 m/s 以下。

采用 Poisson-Gumbel 联合分布概率密度函数对最大风速指标进行分析,得出各站 10 年一遇、20 年一遇、50 年一遇、100 年一遇 4 种年遇水平下的最大风速,采用 Kriging 空间插值方法进行插值,得到长江三角洲地区不同年遇水平的台风最大风速空间分布(图 5-18a)。长江三角洲地区不同重现期的台风过程最大风速空间分布趋势一致,最大值都分布于东南部沿海的舟山、宁波、台州等地;最小值位于长三角西部及北部。10 年一遇沿海及海岛可达 10 级。50 年一遇海岛及沿海达 12 级以上。

根据 5.2.1 节中所述方法提取得到的台风登陆或影响长江三角洲地区期间的降雨日资料,计算得到各站最大日降雨量、最大过程雨量等指标,采用 Kriging 空间插值方法进行插值后得到其空间分布。长江三角洲地区台风造成的最大日雨量、最大过程雨量在空间分布上均呈东多西少的趋势。台风引起过程降水最大值分布特征为东部沿海多西部少。最多的区域分布于沿海一带，尤其是长江口及东南沿海，达 300 mm 以上。

采用皮尔逊（Pearson）Ⅲ型分布概率密度函数对最大日降雨量、最大过程雨量指标进行分析，得出各站 10 年一遇、20 年一遇、50 年一遇、100 年一遇 4 种年遇水平下的最大日降雨量、最大过程雨量，采用 Kriging 空间插值方法进行插值，得到长江三角洲地区不同年遇水平的台风最大日降雨量、最大过程雨量空间分布。长江三角洲地区不同重现期水平下由台风带来的日雨量的最大值都分布于东部沿海，尤其是东南沿海；最小值位于西部。10 年一遇最大值东南部沿海及海岛达 160～210 mm，最小值分布于杭州市西部的淳安县、建德县一带，不足 110 mm。50 年一遇东南部沿海可达 210～240 mm。100 年一遇台风过程降水东南沿海可达 240～300 mm。

长江三角洲地区不同重现期水平下台风日雨量的最大值具有相同的空间分布特征，即主要分布于东部沿海，尤其是东南沿海，最小值位于西部，不同之处在于在长三角北部。10 年一遇最大值东南部沿海及海岛达 160～210 mm，最小值分布于杭州市西部的淳安县、建德县一带，不足 110 mm。50 年一遇东南部沿海可达 210～240 mm。100 年一遇台风过程降水东南沿海可达 240～300 mm(图 5-18b)(徐伟等，2014)。

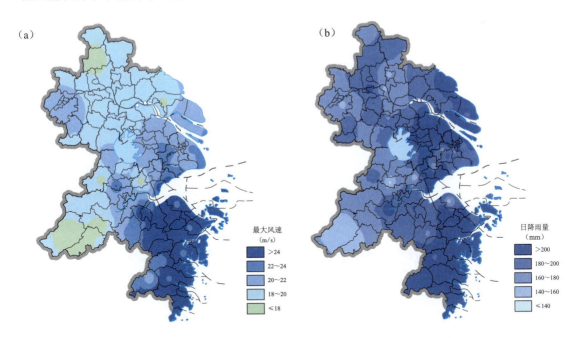

图 5-18 长江三角洲地区 100 年一遇台风最大风速和台风日雨量极值分布(徐伟等，2014)
(a)最大风速；(b)日降雨量

台风致灾因子危险性。以 1961—2010 年登陆或影响长三角的台风为分析对象，对台风影响期间各气象观测站的风雨资料进行分析，来刻画长三角各地台风致灾因子的危险性。将台风登陆或影响期间的风速、日雨量、过程雨量作为衡量台风致灾因子危险性的三个主要因素，风速方面考虑极大风速、8 级、9 级、10 级、11 级、12 级、≥13 级大风日数等指标；日雨量考虑最大日雨量、暴雨日数、大暴雨日数、特大暴雨日数等指标；

过程降水量考虑最大过程降水量、100～200 mm 次数、200～300 mm 次数、≥300 mm 次数等指标。在计算得到各气象站点的上述指标后，经过归一化处理，将风速、日雨量、过程雨量三个要素综合为台风致灾因子危险性指标，三个要素的权重采用层次分析法分别确定为 0.4、0.4 和 0.2(图 5-19)。

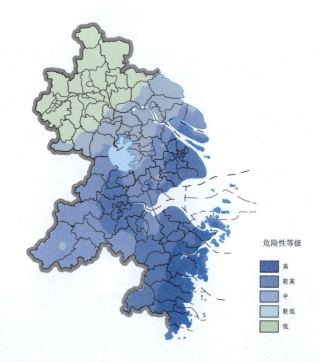

图 5-19　长江三角洲地区台风灾害致灾因子危险性等级分布(徐伟等，2014)

台风致灾因子危险性最高的区域位于长三角东南部沿海地区及海岛，主要包括台州大部、宁波沿海及舟山；上海及杭州湾等区域致灾因子危险性也较高；台风致灾因子危险性从东南沿海向西北部逐渐减弱，致灾因子危险性最低的区域主要分布在南京、扬州、泰州等北部区域(图 5-19)(徐伟等，2014)。

②暴露性评估。在长江三角洲地区，杭州湾以西地区、舟山、宁波、台州等地区由于山地较多，地势起伏较大，下垫面粗糙度较高，有利于削弱台风的能量，因此地形影响指数较低；而杭州湾、上海和江苏的大部分区域属于平原地形，地势平坦，下垫面粗糙度相对较低，不利于削弱台风的能量，因此地形影响指数较高(图 5-20a)。在长江三角洲地区，江苏、上海等地由于地处长江两岸或长江入海口，且湖泊众多，因此是水系影响指数高值的主要分布区域；长三角南部地区山地较多，水系影响指数高值区主要分布在杭州湾、河谷地带、新安江水库一带(图 5-20b)。把地形影响指数图层及水系影响指数图层加权求和(其权重用层次分析法分别确定为 0.6 和 0.4)，得到长江三角洲地区的孕灾环境敏感性空间分布(图 5-21a)。

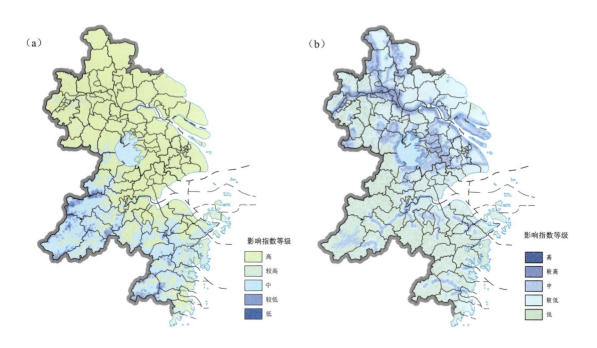

图 5-20　长江三角洲地区台风灾害地形与水系影响指数分布(徐伟等，2014)
(a)地形；(b)水系

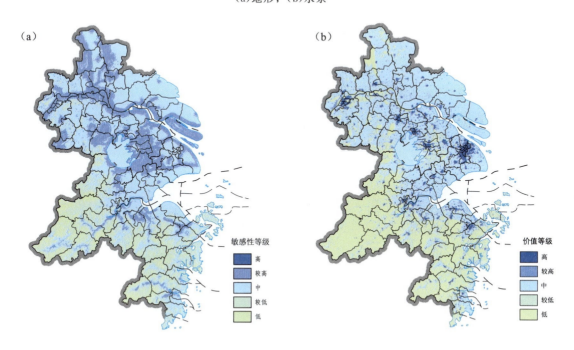

图 5-21　长江三角洲地区台风灾害孕灾环境敏感性与土地利用价值等级分布(徐伟等，2014)
(a)孕灾环境；(b)土地利用价值

长江三角洲地区台风灾害孕灾环境敏感性的分布总体上呈北高南低的趋势：长三角

北部地处长江下游入海口平原,地势平坦,而且河网密布,湖泊众多,对台风致灾因子危险性的降低作用有限。因此,孕灾环境敏感性总体较高,相应地,分布于这些区域的承灾体暴露性也较高。而南部地区多山地,地势较高,起伏较大,河网也稀疏,有利于降低台风致灾因子的危险性,减小分布于这些区域的承灾体暴露性,因此孕灾环境敏感性总体较低。

承灾体的数量是决定暴露性大小的重要因素,对于承灾体的数量主要可用三个指标(人口、地区生产总值和土地利用)来衡量。其中,人口和地区生产总值基于各县(市、区)相关统计数据和土地面积分别计算得到人口密度和地均GDP,并进行标准化。对于土地利用,由于其土地利用类型并非量化指标,因此根据不同土地类型所附属的经济价值量划分为不同的等级,得到长江三角洲地区土地利用承灾体经济价值量等级的空间分布(图5-21b)。据此可看出,长江三角洲地区南部多为山区,承灾体经济价值量总体较低,高值区零星分布在城镇用地、杭州湾等地区;长江三角洲地区北部多为平原,城镇密集,而非城镇地区也多为耕地,因此承灾体经济价值量总体较高。

在对人口密度、地均GDP和土地利用承灾体经济价值量三个指标图层进行标准化处理后,将这三个指标加权求和(其权重用层次分析法分别确定为0.25、0.25和0.5),得到反映承灾体数量的图层。然后将该图层与孕灾环境敏感性图层相乘,得到长江三角洲地区台风灾害承灾体暴露性指标的空间分布(图5-22)。

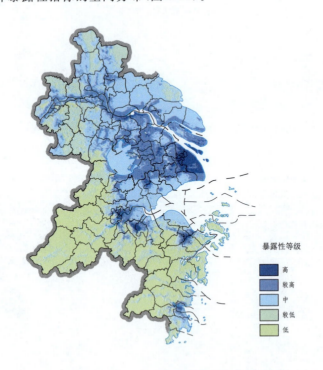

图5-22 长江三角洲地区台风灾害承灾体暴露性等级(徐伟等,2014)

长江三角洲地区北部城镇众多、人口密集、经济较为发达,而且地处孕灾敏感性高的平原，因此承灾体暴露性较高；长江三角洲地区南部由于多为山区，孕灾环境敏感性较低，而且人口相对较少，经济也且发达，承灾体数量较低，因此承灾体暴露性总体较低(徐伟等，2014)。

③脆弱性评估。在5.2.3节中对长三角地区社会脆弱性进行了评价(图5-9)。1995年长江三角洲地区社会脆弱性最低值首先出现于苏南(主要是无锡和苏州部分区县)，之后，社会脆弱性低值区蔓延至上海地区，并由苏南和上海地区逐渐向南、向北和向西扩展。至2009年，社会脆弱性高值区只有7个区县，分别位于长江三角洲地区的北部和南部，这7个区县应该成为长江三角洲地区进行自然灾害综合风险防范的重点对象(图5-9)。同时，在1995年，社会脆弱性高值区占据了长江三角洲地区的大部分区域，到2009年，社会脆弱性高值区变为零星分布，低值区成为长江三角洲地区的主体。这表明，长江三角洲地区的整个城市发展格局是良性的，社会脆弱性低的个别城市辐射力强于社会脆弱性高的城市，推动了整个区域社会脆弱性的优化(徐伟等，2014)。

④风险等级评估。把台风致灾因子危险性、承灾体暴露性、承灾体脆弱性进行综合分析，对各因子归一化处理后，按照层次分析法确定其权重分别为0.6、0.2和0.2，使用ArcGIS软件的图层运算功能按照式5-20($R = H^{\alpha} \times E^{\beta} \times V^{\delta}$)对这三个因子的栅格图层进行计算，得到台风灾害风险指数图层。

根据台风灾害风险指数，采用金字塔结构的等级划分法，在ArcGIS软件中应用等百分位划分法，将从低风险到高风险的面积比例控制在30%、25%、20%、15%和10%，划分为低风险区、较低风险区、中等风险区、较高风险区和高风险区5个台风相对风险等级，从而得到长江三角洲地区台风灾害相对风险等级区划结果(图5-23a)。长三角北部的江苏各市台风灾害风险相对较低，多为中等或较低级别，仅东部的南通和苏州相对风险较高；上海市中心城区的台风灾害风险相对较高，郊区风险略低；浙江各县(市、区)的台风灾害相对风险在空间分布差异很大，杭州湾地区、宁波北部沿海地区、舟山市和台州市的大部分地区台风灾害相对风险都为较高或高等级；而杭州西部、绍兴南部、宁波西南部等地由于山地众多，人口、经济密集程度低，台风灾害相对风险较低。

基于长江三角洲地区的乡镇(街道)行政边界，利用ArcMap软件中的区域统计(Zonal Statistics)工具对长三角台风灾害相对风险指数计算结果进行统计，得到各乡镇(街道)范围内风险指数的平均值，以此为依据对长江三角洲地区各乡镇的台风风险进行区划(图5-23b)。

基于乡镇行政单元统计得到的台风灾害相对风险等级基本上与台风灾害相对风险指数的空间分布特征一致，不同之处是更加明确了每个乡镇的台风风险等级。台风灾害相对风险等级最高的乡镇主要分布于长江三角洲地区东部，尤其是浙江东南沿海地区和杭州湾地区、上海靠近长江口的区域等(表5-14)。

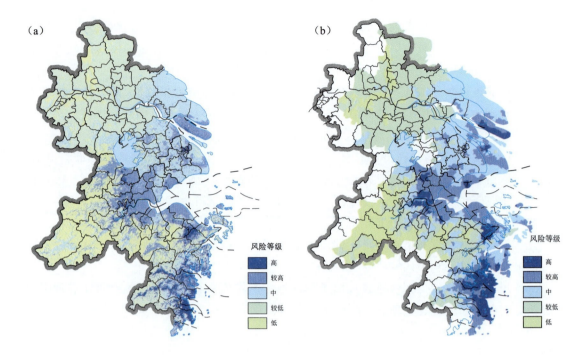

图 5-23 长江三角洲地区台风灾害风险等级(徐伟等，2014)
(a)公里网；(b)乡镇

表 5-14 长江三角洲地区台风灾害相对风险等级统计(徐伟等，2014)

单位：(面积/km²)/(百分比/%)

政区		综合风险等级				
省市	地级市	低	较低	中	较高	高
上海	—	39.09/0.65	270.44/4.47	3 125.12/51.69	2 073.31/34.29	538.28/8.90
江苏	南京	899.82/13.77	3 995.16/61.12	1 613.02/24.68	28.16/0.43	0.00/0.00
	无锡	405.24/10.32	1 685.61/42.92	1 729.93/44.05	106.85/2.72	0.00/0.00
	常州	303.17/6.92	2 895.48/66.13	1 169.13/26.70	10.48/0.24	0.00/0.00
	苏州	125.64/2.02	1 353.88/21.73	3 280.43/52.65	1 374.90/22.07	95.50/1.53
	南通	1.53/0.02	774.34/9.61	6 550.02/81.26	729.24/9.05	5.62/0.07
	扬州	844.08/12.80	4 974.13/75.42	774.40/11.74	2.21/0.03	0.00/0.00
	镇江	453.59/12.48	2 845.69/78.32	333.99/9.19	0.00/0.00	0.00/0.00
	泰州	189.01/3.38	3 913.68/69.98	1 468.08/26.25	21.45/0.38	0.00/0.00
浙江	杭州	8 220.46/49.89	3 628.37/22.02	1 206.03/7.32	2 176.84/13.21	1 246.56/7.56
	宁波	776.32/9.69	1 802.00/22.49	1 372.65/17.13	2 057.90/25.69	2 002.78/25.00
	嘉兴	4.00/00.10	42.71/1.08	876.07/22.20	2 769.78/70.20	252.94/6.41
	湖州	1 403.52/24.30	1 205.39/20.88	231.49/4.01	2 538.74/43.98	393.00/6.81
	绍兴	3 521.44/44.10	1 304.22/16.34	1 057.29/13.25	1 842.98/23.09	255.06/3.20
	舟山	2.84/0.59	218.76/45.21	11.08/2.29	105.04/21.71	146.18/30.21
	台州	59.44/0.68	2 462.07/28.03	2 102.49/23.94	1 251.00/14.24	2 907.61/33.11

上海市大部分地区的台风灾害相对风险等级为中等到较高；江苏省的地级市中，除无锡、苏州和南通外，其余地级市均以较低风险等级为主，较高和高风险等级所占比例非常低，无锡多数地区的台风灾害相对风险等级为较低到中等，南通市81.3%的面积属于中等风险，而苏州市52.7%的面积属于中等风险，较低和较高等级所占百分比分别为21.7%和22.1%；浙江省各地级市的风险水平总体要高于江苏省，特别是分布在长三角东南沿海的宁波市、舟山市和台州市，高风险等级所占面积百分比都在25%以上，其他各市中，嘉兴市和湖州市较高风险等级所占面积百分比分别为70.2%和44%，台风灾害风险水平也较高（表5-14）。

表5-15为对长江三角洲地区各地级市处在不同台风灾害风险等级的乡镇（街道办）个数及所占百分比的统计结果，从该表可以得出：上海市大部分乡镇（街道办）的台风灾害相对风险等级为中等到较高；江苏省的各个地级市中，除无锡、苏州和南通外，其余地级市的乡镇均以较低风险等级为主，较高和高风险等级所占比例非常低，无锡市多数乡镇的台风灾害相对风险等级为较低到中等，南通市和苏州市多数的乡镇属中等风险，但有16%左右的乡镇风险等级为较高；浙江省各地级市的风险水平总体要高于江苏省，特别是分布在长三角东南沿海的宁波、台州和舟山，其他各市中，嘉兴市和湖州市较高风险等级乡镇个数所占比例较高，而杭州市和湖州市也有不少乡镇的台风风险水平为较高或高（徐伟等，2014）。

表5-15 长江三角洲地区各乡镇台风灾害相对风险等级统计（徐伟等，2014）

单位：（乡镇数/个）/（百分比/%）

政区		综合风险等级				
省市	地级市	低	较低	中	较高	高
上海	—	0/0.00	1/0.47	89/41.59	78/36.45	46/21.50
江苏	南京	25/22.73	79/71.82	6/5.45	0/0.00	0/0.00
	无锡	6/7.14	52/61.90	26/30.95	0/0.00	0/0.00
	常州	1/1.69	56/94.92	2/3.39	0/0.00	0/0.00
	苏州	0/0.00	17/18.48	60/65.22	15/16.30	0/0.00
	南通	0/0.00	15/11.72	91/71.09	22/17.19	0/0.00
	扬州	28/29.17	65/67.71	3/3.13	0/0.00	0/0.00
	镇江	12/22.22	41/75.93	1/1.85	0/0.00	0/0.00
	泰州	0/0.00	86/86.87	13/13.13	0/0.00	0/0.00
浙江	杭州	69/34.50	35/17.50	20/10.00	35/17.50	41/20.50
	宁波	2/1.33	13/8.67	31/20.67	55/36.67	49/32.67
	嘉兴	0/0.00	0/0.00	11/15.49	57/80.28	3/4.23
	湖州	12/17.65	11/16.18	11/16.18	23/33.82	11/16.18
	绍兴	28/23.53	40/33.61	29/24.37	15/12.61	7/5.88
	舟山	0/0.00	2/9.09	9/40.91	8/36.36	3/13.64
	台州	0/0.00	26/18.18	27/18.88	36/25.17	54/37.76

⑤风险评估。选取长江三角洲地区范围内 1 km 网格上，不同重现期的台风过程降雨量作为致灾因子指标，选取地区生产总值(GDP)作为典型承灾体研究对象，基于前述"过程降雨量—损失率"脆弱性方程，得出不同年遇水平台风过程降雨量可能导致的直接经济损失风险(图 5-24)。

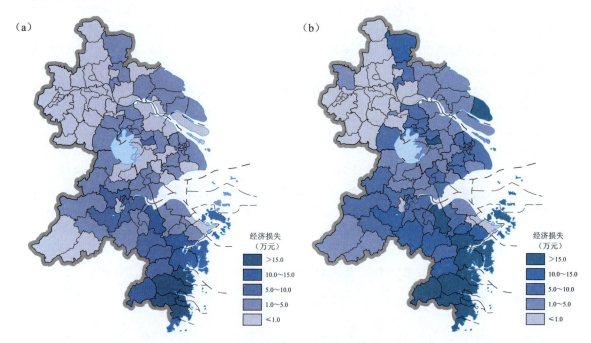

图 5-24　长江三角洲地区不同超越概率下台风灾害直接经济损失(徐伟等，2014)
(a)10 年一遇；(b)100 年一遇

长三角地区高风险区主要分布于浙江东南沿海地区、杭州湾地区、上海靠近长江口的区域；低风险区则主要分布于长三角北部的南京、扬州、镇江、常州一带，以及杭州西部的淳安、建德、临安和桐庐一带。

台风灾害是影响长江三角洲地区的主要灾害之一，对台风灾害风险进行评估与区划是做好台风灾害防御工作的重要前提和决策基础，对于提高区域防台抗台能力具有重要的意义。

(3)基于信息扩散方法的长三角台风灾害风险评估

基于信息扩散方法的台风灾害风险评估　信息扩散方法是为了弥补信息不足，而对样本进行优化处理的一种模糊数学方法(黄崇福等，1998；Feng et al.，2010)。最常用的为正态扩散函数，其在灾害风险领域中的应用具体如下：

假设某区域过去 n 年的历史灾情记录(或灾害指数)分别为 $x_1, x_2, \cdots, x_n$，称

$$X = \{x_1, x_2, \cdots, x_n\} \quad \text{式 5-46}$$

X 为观测样本，$x_i(i=1, 2, \cdots, n)$ 称为灾害样本点。

设灾害指数论域为

$$U = \{u_1, u_2, \cdots, u_m\} \quad \text{式 5-47}$$

$u_i(i=1, 2, \cdots, m)$ 为灾害指数论域的控制点，通常根据灾害指数的数值变化范围及计算精度确定。

将每一个观测样本点 x 按式 5-48 处理，即把各样本点 x_i 所携带的信息扩散给论域中的所有点。

$$f_i(u_j) = \frac{1}{h\sqrt{2\pi}} \exp\left[-\frac{(x_i-u_j)^2}{2h^2}\right] \qquad 式\ 5\text{-}48$$

式 5-48 中，h 称为扩散系数，可根据样本集合中样本的最大值 b、最小值 a 及样本个数 n 来确定，计算公式为

$$h = \begin{cases} 0.8146(b-a) & (n=5) \\ 0.5690(b-a) & (n=6) \\ 0.4560(b-a) & (n=7) \\ 0.3860(b-a) & (n=8) \\ 0.3362(b-a) & (n=9) \\ 0.2986(b-a) & (n=10) \\ 2.6851(b-a)/(n-1) & (n\geqslant 11) \end{cases} \qquad 式\ 5\text{-}49$$

将由式 5-48 处理后所得的结果按式 5-50 和式 5-51 进行归一化得信息分布 $\mu_i(u_j)$，由于控制点选取密集，结果可以近似看作连续型概率密度函数：

$$C_i = \sum_{j=1}^{m} f_i(u_j) \qquad 式\ 5\text{-}50$$

$$\mu_i(u_j) = \frac{f_i(u_j)}{C_i} \qquad 式\ 5\text{-}51$$

在此基础上根据式 5-52 和式 5-53 求得样本点落在 u_j 的频率值 $p(u_j)$（黄崇福等，1998；黄崇福，2006）。

$$q(u_j) = \sum_{i=1}^{n} \mu_i(u_j) \qquad 式\ 5\text{-}52$$

$$p(u_j) = \frac{q(u_j)}{Q} \qquad 式\ 5\text{-}53$$

式 5-53 中，Q 是各 u_j 点上样本点数的总和，从理论上讲必有 $Q=n$。

根据样本点落在 u_j 的频率值 $p(u_j)$，即可通过式 5-54 得超越概率风险估计值 $P(u_j)$。

$$P(u_j) = \sum_{k=j}^{m} p(u_j) \qquad 式\ 5\text{-}54$$

采用上述的信息扩散方法，分别将长江三角洲地区各县（市、区）历史台风灾情中的倒塌房屋和直接经济损失（换算为 2005 年不变价）作为灾害指数，并设定倒塌房屋风险离散论域为$\{0, 1\,000, 2\,000, \cdots, 200\,000\}$（单位：间），农作物受灾风险离散论域为$\{0, 1\,000, 2\,000, \cdots, 200\,000\}$（单位：$10^4$ hm^2），直接经济损失风险离散论域为$\{0, 1\,000, 2\,000, \cdots, 1\,500\,000\}$（单位：万元），并且根据式 5-48~式 5-54，分别计算得到长江三角洲地区台风倒塌房屋、农作物受灾和直接经济损失风险超越概率，结果如图 5-25、图 5-26 和图 5-27 所示。

由长江三角洲地区各县（市、区）不同超越概率下台风造成的农作物受灾风险的空间分布可以看出，长江三角洲地区东北部、中部和东南部地区台风造成的农作物受灾风险较高，西北部地区农作物受灾风险中等，杭州西部的临安、富阳、淳安、桐庐、建德等市县的农作物受灾风险最低（图 5-26）。

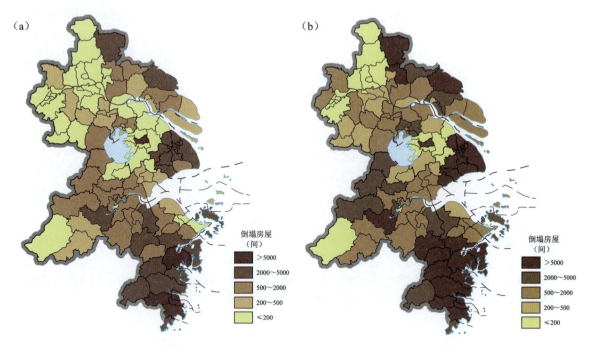

图 5-25　长江三角洲地区各县不同超越概率下台风倒塌房屋风险（徐伟等，2014）
(a)10 年一遇；(b)100 年一遇

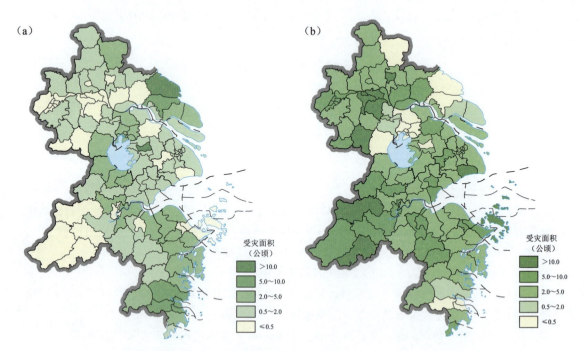

图 5-26　长江三角洲地区各县不同超越概率下台风农作物受灾风险（徐伟等，2014）
(a)10 年一遇；(b)100 年一遇

由长江三角洲地区各县(市、区)不同超越概率下台风造成的直接经济风险的空间分布可以看出，长江三角洲地区东南部地区台风造成的直接经济损失风险最高；中部地区的无锡市、苏州市以及杭州市周边市县直接经济损失风险也较高，直接经济损失风险最低的市县主要分布于南京、扬州、镇江、常州一带（图 5-27）。长江三角洲地区市县主要分布在长三角中部的苏州至无锡一带，以及舟山市嵊泗县等地，西北部地区农作物受灾率风险多为较低至中等，杭州西部的临安、富阳、淳安、桐庐、建德等市县的农作物受灾率风险也较低。东南部沿海地区，包括舟山市、宁波市东南沿海市县和台山市大部分市县；长三角中部、东北部沿海一带直接经济损失率风险多为中等；其余地区直接经济损失率风险较低（徐伟等，2014）。

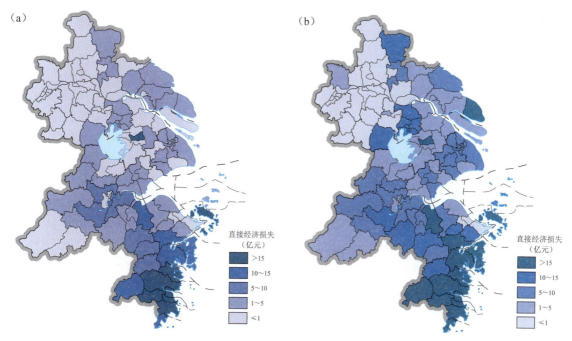

图 5-27　长江三角洲地区各县不同超越概率下台风直接经济损失（徐伟等，2014）

(a)10 年一遇；(b)100 年一遇

5.3　综合灾害风险评估

综合灾害风险评估，包括多灾种风险评估、灾害链风险评估和灾害遭遇风险评估，它是对未来一定区域内多种致灾因子发生的可能性、危险程度及引发损失的不确定性进行评估。多灾种是相对于单灾种而存在的一个概念，通常是指在一个特定地区和特定时段，多种致灾因子并存或并发的情况（史培军，2009）。灾害链风险是多致灾因子具有成因上联系的多灾种风险；灾害遭遇风险是两个或两个以上的致灾因子相碰头的多灾种风险。多灾种风险是区域内多种致灾因子导致的总风险。由于涉及多种致灾因子，各致灾因子之间的复杂关系（如不同时空组合等），以及承灾体对于多致灾因子呈现出的综合脆弱性特征，使得多灾种风险研究较为困难，但同时也是灾害风险领域亟待研究和解决的问题。

5.3.1 综合灾害风险评估进展

(1) 多灾种及多灾种风险定义

灾种之间的关系　对于区域各灾种之间的关系问题，国内学者曾提出灾害群的概念，对不同灾害在时间上的群聚和空间上的群发现象作了初步论述（史培军，1991；高庆华等，2006）。多灾种各致灾因子之间的关系多样，从不同的角度呈现出各种复杂的关系。从相互作用来看，不同的致灾因子可能是相互独立的，也可能存在相关关系，甚至是因果触发关系。这些关系的存在与否及其关联程度也对区域灾情大小有着重要的影响，例如巨灾的发生往往都是多个致灾因子链式触发的结果，往往导致灾情的影响范围和程度进一步扩大（徐伟等，2014）。

从发生时间来看，致灾因子存在同时发生和先后发生两种不同的关系。多种致灾因子同时发生与先后发生的危害性往往不同。而对于先后发生的致灾因子，其先后次序以及发生的间隔时间长短对于最终造成的损失也会有影响。

从影响范围来看，区域内各种致灾因子的影响范围可能存在交叉，也有可能相互分离。是否有叠加区与叠加区的大小都影响着最终的灾情，叠加区的综合灾害风险是多灾种风险研究的重要关注点。

从致灾效果来看，多种致灾因子共同作用既可能加重灾情，也可能减缓灾情，还有可能无明显影响。例如，汶川地震之后的暴雨不仅影响救灾，而且还在部分地区引发了山体滑坡，使灾情进一步加重；而长江流域在伏旱期遭遇台风却能有效地缓解旱情。

区域内不同灾种之间的关系复杂多样，由于其在不同空间、时间和强度上的组合，使得进行区域多灾种研究时需要考虑的因素极多，导致多灾种风险评估工作难度极大，特别是对存在相关或者因果关系、同时发生影响某一区域的不同灾种风险评估工作，难度更大。为此，厘清灾种之间的相互作用和时空组合方式等，是多灾种研究的关键，同时也是难点所在。

多灾种风险的概念　一般认为多灾种风险是区域内多种致灾因子导致的总风险，但不同的研究者对多灾种风险内涵的理解存在差异，目前还没有形成统一的多灾种风险定义。一些研究者把多灾种风险限定为多种致灾因子在时空上同时发生。有的研究者把多灾种风险理解为区域内多种风险的简单叠加（Dilley，2005），有的则考虑了致灾因子之间的相关关系（Li and Lindt，2012）或触发关系（盖程程等，2011），也有学者在研究多灾种风险时不考虑致灾因子之间的因果触发关系，而是将其单独归为灾害链问题分别研究（Shi et al.，2010）。这里从最广义的角度，综合不同的理解，论述多灾种风险的研究进展。多灾种风险研究是建立在单灾种灾害风险研究的基础之上的，多灾种风险必然要涉及多种致灾因子，而承灾体的选择有很大的不同，既可以针对人类生命，也可以是农作物、建筑等某种具体的承灾体，还可以是包括人类在内的多种社会财产组成的多承灾体。每一种承灾体在不同类型的致灾因子作用下会呈现不同的脆弱性，因此多灾种风险既是一个多致灾因子问题，也是一个多脆弱性问题。

(2) 多灾种风险评估方法

多灾种风险评估　多灾种风险评估是指采用一定的理论和方法，对区域内多种致灾因子影响下的总风险进行综合评估。多灾种风险评估的主要目的是为利益相关者或决策者掌握区域的总体风险状况、制定区域土地利用规划和安排防灾减灾资金等服务，以达到有效减轻灾害风险的目的。多灾种风险评估以单灾种风险研究为基础，但由于涉及多致灾因子和多脆弱性的问题，评估方式更为复杂。从单灾种风险到多灾种风险存在一个综合的过程，这是多灾种风险评估的关键。在进行多灾种风险评估时，综合对象和综合方法有不同的选择。综合对象可以是风险的组成因素，如致灾因子的危险性、承灾体的脆弱性等，得到综合的危险性和综合的脆弱性；也可以是各个单灾种的风险结果，综合得到多灾种风险。综合的方法多种多样，如等级矩阵法、赋权法和联合概率方法等。

多灾种风险评估方法及其分类 多灾种研究对于区域减灾、区域决策和可持续发展具有重要意义。目前，国内外学者和相关研究机构已经从不同的角度提出了许多多灾种风险评估方法，并且一些评估结果已用于指导区域多灾种减灾实践。表 5-16 列出了一些有较大影响的方法，并从应用区域、评估单元、评价灾种、风险指标、方法特点等几个方面进行了简要的介绍和评述。这些方法基本上是在单灾种风险评估的基础上进行的，通过不同的方式将单灾种风险综合成多灾种风险。但与单灾种风险评估不同，多灾种风险评估把动力来源不同、特征各异的多种灾害放在一个区域系统里进行综合评价，考虑的是区域开发、居民人身安全及财产安全的综合受影响程度（葛全胜等，2008）。

表 5-16　多灾种综合风险评估方法（史培军等，2014）

方法名称	应用区域	评估单元	评价灾种	风险指标	方法特点
DRI 多灾种风险评估（Pelling et al.，2004）	全球	国家	地震、热带气旋、洪水、干旱	人口死亡风险	评价了全球范围的人口死亡风险，针对不同灾种分别界定反映脆弱性的社会经济指标；根据历史数据拟合人口死亡和脆弱性与暴露度之间的关系；但相对于灾害发生的频率，人口死亡数据时间序列太短；社会经济指标的选择也有局限
Hotspots 多灾种风险评估法（Dilly，2005）	全球	$2.5' \times 2.5'$ 格网	地震、火山、滑坡、洪水、干旱、飓风、泥石流等	人口死亡与经济损失风险	用栅格单元计算死亡风险和经济损失风险；对承灾体及其脆弱性考虑较为全面；多灾种的风险等于单一灾种的风险简单相加的计算方法，不能体现出不同致灾因子对一定区域影响的不同
慕尼黑再保险公司灾害指标风险评估法（Munich Re，2003）	全球 50 个最大的城市或城市群	城市	地震、台风、洪水、火山爆发、森林火灾和寒害	经济损失风险	用历史经济损失指标衡量致灾因子危险性，脆弱性包含了设防水平，暴露度考虑城市在全球经济中的地位；只能用于国际性大城市，适用范围有限

续表

方法名称	应用区域	评估单元	评价灾种	风险指标	方法特点
ESPON综合风险评估法(Schmidt et al., 2006)	欧洲欧盟27个成员国外加挪威和瑞典	第三级领土单元(NUT-3)	雪崩、地震、洪水、核事故等15种自然和人为致灾因子	综合风险	致灾因子涵盖主要的自然和人为致灾因子,考虑全面;多致灾因子危险性采用了德尔菲法进行加权综合,综合脆弱性也是对评价指标加权综合得到;没有针对不同致灾因子考虑脆弱性
JRC综合风险评估法(JRC, 2004; Wood et al., 2003; Sales et al., 2007)	欧盟	第三级领土单元(NUT-3)	洪水、森林火灾、泥石流、地震、干旱等自然灾害和人为灾害	综合风险	致灾因子的评估依据历史灾害发生的概率和强度;针对不同致灾因子,分别进行不同的承灾体脆弱性和暴露性评价;综合方法为单灾种风险简单叠加,没有考虑各灾种之间的相互关系
中国自然灾害风险与区域安全性分析方法(高庆华等, 2005)	中国	地市	地震、洪涝、干旱和突发性气象灾害	综合风险	全国范围的区域安全性分析,对21世纪的中国重大自然灾害风险进行了预测;综合考虑自然灾害强度、易损性和减灾能力三个风险要素;评估单元比较粗糙;忽视了灾种之间的相互作用
北京师范大学中国自然灾害综合风险评估法(史培军, 2011)	中国	1 km×1 km网格	地震、台风、水灾、旱灾、滑坡泥石流、沙尘暴、风暴潮等12种自然致灾因子	综合风险	全国范围的多灾种综合风险评估,考虑的自然灾害种类全面;基于客观数据通过灾种的发生频次来确定权重;权重仅仅依据灾害频次,因灾经济损失和伤亡人数等指标被排除在外;灾种之间的相互作用在评估方法中也没有得到反映
南卡罗来纳州综合风险评估(SCEMDOAG, 2006)	美国南卡罗来纳州	县	飓风、龙卷风、洪水、核灾害、地震、火灾、雪灾和干旱	综合风险	将致灾因子的综合发生概率和社会脆弱性评估结果加和得到区域总脆弱性,以此表示多灾种风险;社会脆弱性的指标选择较为全面;致灾因子的评价,只考虑了致灾因子发生的概率而忽略了致灾因子的强度
浙江省自然灾害综合风险评估(葛全胜等, 2008)	浙江省台州市	最小为村级	台风、风暴潮、暴雨、洪涝、干旱、病虫害、风雹、低温冻害、雪灾、雷暴、滑坡	综合风险	选择了地市、县、村三种不同空间尺度的研究区域进行分别评价;致灾因子考虑了发生频率和强度;脆弱性考虑了抗灾救灾能力;采用等级矩阵的风险分级方法略显粗糙

续表

方法名称	应用区域	评估单元	评价灾种	风险指标	方法特点
基于 GIS 的多灾种耦合风险评估（盖程程等，2011）	中国北京市	最小行政单位	沙尘暴、干旱、地震等11种自然灾害和轨道交通事故、危化品事故等4种事故灾难	综合风险	考虑到了各灾种之间的因果触发关系，进行了多灾种耦合风险评估；建立的灾害拓扑关系过于简单，只考虑两种灾害之间的关系；耦合模型仅仅只是设定了诱发的强度阈值，而没有考虑因此导致的次生灾害的强度
冰岛多灾种风险评估法（Bell et al.，2004）	冰岛西北部 Bildudalur 村	1 m×1 m 网格	雪崩、泥石流和岩崩等	经济损失风险和生命风险	同时考虑了个体、客体生命风险和经济风险；致灾因子的选取区域针对性强，并且考虑了其时空关系；多灾种的风险等于单一灾种的风险简单相加的计算方法，不能体现出不同致灾因子对一定区域影响的不同；适宜于小区域，对大区域时，数据收集困难
科隆市灾害风险比较评估（Grunthal et al.，2006）	德国科隆市	市	风暴、洪水、地震	经济损失风险	分别得到三个灾种的损失—超越概率曲线，并放在同一坐标系中进行比较；模型建立在大量的假设和简化的基础之上；考虑的致灾因子不全面；没有完成多灾种风险评估的最后一步综合
多灾种综合风险评估软层次模型（薛晔等，2012）	云南省丽江市	地市	地震、洪水	综合风险	采用模糊信息粒化方法，考虑了灾害系统的不确定性；利用模糊转化函数统一了灾种的量纲；参数的选择有待验证，模型的建立比较简化，应用性不足
基于损失的多灾种居民建筑风险（Li et al.，2012）	美国的四个城市	市	飓风、洪水、地震、雪灾	建筑物损失风险	根据历史数据，拟合各致灾因子强度的概率分布；针对不同的灾种，根据建筑物的自身属性绘制脆弱性曲线；将致灾因子强度和脆弱性采用概率方法计算得到单灾种风险概率；多灾种风险概率来自各单灾种的直接相加，未能考虑灾种之间的相互关系

续表

方法名称	应用区域	评估单元	评价灾种	风险指标	方法特点
Riskscape多灾种风险定量分析（Schmidt et al.，2011）	新西兰部分市中心区和小社区	社区	地震、火山灰、洪水、风、海啸	经济损失风险	按照致灾因子、资产、损失和综合四个模块构建多灾种风险模型；以致灾因子历史数据、资产数据和脆弱性函数为基础编制了多灾种风险评估的Riskscape软件；能够定量评出单灾种的损失概率风险，但对于各灾种仅限于比较，没有完成综合

可以从不同的角度，对多灾种风险评估的方法进行分类分析。按照评估区域的大小可以分为全球尺度、国家或地区尺度和局地尺度三种类型。一般而言，全球尺度（Mosquera-Machado and Dilley，2009）的多灾种风险评估方法受数据的限制，分辨率较低，评估结果往往只能得到多灾种风险的相对大小，反映的是风险的宏观格局而不是损失的概率。国家或地区尺度的评估方法分辨率较高，但仍然是以相对风险评估为主。局地尺度的多灾种风险评估方法针对性较强，能够为研究区的风险防范提供直接的指导和参考，分辨率较高，要求使用更为精细的数据。

按照评估的结果可以分为多灾种相对风险（风险等级）评估和多灾种绝对风险（风险概率）评估。相对风险评估只能得到风险的等级值，反映相对大小，是一种定性方法。绝对风险评估能够得到具体的风险概率，如经济损失概率、人口死亡概率等，是一种定量方法。多灾种绝对风险评估由于存在灾种之间的量度难以统一以及相互作用关系复杂等问题，难度较大。早期的多灾种风险评估方法以相对风险评估为主，但随着灾害风险研究的进一步深入以及多灾种绝对风险评估的客观需求，越来越多的研究者开始尝试多灾种风险的定量评估（徐伟等，2013）。

按照多灾种风险综合对象的不同，可以将多灾种风险评估方法分为风险要素综合和风险结果综合两类，这种分类方法将在下文进行详细介绍。

5.3.2 多灾种风险评价案例

(1)灾害风险要素的综合

从单灾种到多灾种的综合过程是多灾种风险评估的关键，在此，本书根据多灾种风险综合对象的不同选取国内外已经实施并具有一定影响的典型案例进行分类分析。灾害风险涉及致灾因子、承灾体（包括脆弱性和暴露度）、区域设防水平等要素。一些研究者出于自身理解或研究需要把暴露度和设防水平都归纳为脆弱性的因素。这里为了便于说明采用这种观点，把致灾因子的危险性（H）和承灾体的脆弱性（V）作为风险的基本组成要素，具体介绍综合对象不同的两类多灾种风险评估方法。

在风险评估的开始阶段对风险的各组成要素分别进行多灾种综合，再根据要素之间的函数关系得到的风险即为多灾种风险。具体说来，首先是对一定区域内的致灾因子危险性（H）和脆弱性（V）分别进行分析，得出该区域内的多致灾因子综合危险性和多致灾因子

影响下的综合脆弱性，最后综合之后的危险性和脆弱性得到多灾种风险大体可用式 5-55 表示为

$$R = f\left(\sum H_i, \sum V_i\right) \qquad 式\ 5\text{-}55$$

H 和 V 分别表示危险性和脆弱性，i 表示种类，符号 $\sum$ 表示综合的过程，并不一定是简单的加和(下同)。

先进行单灾种风险评估，再对各单灾种的风险评估结果进行综合。具体地说，就是先根据各个灾种的风险组成要素(H 和 V)的属性用各自的方法得到单灾种的风险评估结果，最后采用一定的综合方法将单灾种风险综合为多灾种风险，大体可以表示为

$$R = \sum f_i(H_i, V_i) \qquad 式\ 5\text{-}56$$

这种类型的多灾种风险评估方法的综合对象为风险的组成因素。对于致灾因子，由于不同类别的致灾因子的强度难以统一量化，不同致灾因子影响下的脆弱性也很难比较。因此，综合所得的多灾种综合危险性和综合脆弱性往往没有实际的概率意义。所以，这种类型方法难以定量评估多灾种风险。以下两种方法均是根据分别评出的综合危险性和综合脆弱性采用多等级矩阵法得到多灾种相对风险等级。

ESPON 综合风险评估方法 ESPON 综合风险评估法由 ESPON 规划项目提出，对欧盟 27 国外加挪威和瑞典共 29 个国家所在的区域进行了综合灾害风险的评价。在该方法中，风险的计算表达为

$$Risk = Hazard\ Potential \times Vulnerability \qquad 式\ 5\text{-}57$$

潜在致灾因子(Hazard Potential)。选取了雪崩、干旱、地震、极端天气、洪水、森林火灾、泥石流、风暴潮、海啸、火山和热带风暴 11 种自然致灾因子和 4 种人为致灾因子作为评价对象。依据历史数据(干旱、洪水等)、问卷调查及相关专家的意见(泥石流等)、可能发生概率(风暴潮、热带风暴等)等相关指标，把这 15 种致灾因子的危险度划分为 5 个等级——非常低、低、中等、高、非常高，得到单致灾因子危险度图。随后，通过专家打分法来确定各致灾因子对整个区域影响的权重，并按此权重将 15 种致灾因子进行加和，计算出整个区域的多致灾因子危险度，划分为 5 个等级得多致灾因子危险度图，即完成了对致灾因子的评价。

脆弱性。将脆弱性定义为该区域潜在损失(Damage potential)和应对能力(Coping capacity)，并从经济、社会和生态三个尺度上来选择指标进行评价。其中选择了地区 GDP、人口密度、生态环境作为潜在损失评价指标，选择国家 GDP 作为应对能力评价指标。以专家打分法来确定上述 4 个指标的权重，以该权重合并计算得出整个区域在多致灾因子影响下的脆弱性，划分为 5 个等级得到脆弱性区划图。

风险(Risk)。将多致灾因子危险度图和脆弱性区划图采用等级矩阵法进行加和得出最终的多灾种综合风险区划图。将脆弱性的 5 个等级作为横轴，致灾因子的危险度等级作为纵轴，得到致灾因子和脆弱性的等级矩阵，并将两者进行加和得到区域内的风险等级。最终绘出相应的风险地图，完成多灾种综合风险评估。

该方法的优点是可评价的致灾因子较多；计算过程较为简单直观，便于应用。其不足之处在于评价中需要大量的数据，历史数据不便于更新，方法不便于推广；各致灾因

子的权重确定采用了专家打分法，带有一定的主观成分(史培军等，2014)。

浙江省多灾种自然灾害风险综合评估方法 葛全胜等(2008)对地处东部沿海人口密集、经济发达的浙江省进行了自然灾害风险综合评估试点研究，选择地市、县域和社区/村三种空间尺度作为试点区域。地市尺度选择的是浙江省台州市，根据历史灾害记录进行统计分析，来评估台州市区域内县级单元的综合灾害风险的相对等级。评估内容包括致灾因子的危险性、承灾体的物理暴露、脆弱性以及综合灾害风险。

致灾因子。评估的致灾因子包括台风、洪涝、旱灾、病虫害、风雹、低温冷害、雪灾、滑坡、暴雨、风暴潮、雷暴。致灾因子危险性主要由各类自然致灾因子的强度及其发生的频率来描述，结合灾害类型的辨识进行空间分布评估，得到各区域的综合致灾危险性等级。

脆弱性。承灾体的脆弱性由承灾体的内在脆弱性评估和抗灾救灾能力来描述。由于该方法的评估对象主要为人口和农业，因此承灾体的内在脆弱性用人口和农业的数量特征来表征。抗灾救灾能力分为区域能力和农户能力两个方面。区域能力用产业经济结构和国内生产总值来反映，农户能力用人均纯收入和人均财政收入来表示。综合脆弱性等级由综合内在脆弱性和抗灾救灾能力采用等级矩阵法得出。

风险。最后由综合致灾因子危险性和承灾体综合脆弱性按高、中等、低三个等级，采用等级矩阵法求出各县市的综合灾害风险等级。

使用该方法对不同尺度的区域进行了多灾种综合风险评估，致灾因子和承灾体的指标选取考虑较为全面，作为试点研究能起到范例的作用。但对于小区域的综合风险，采用等级矩阵法，只进行简单的三级划分，这样的评估结果显得不够精细(史培军等，2014)。

(2)灾害风险评价结果的综合

这种类型的多灾种风险评估方法的综合对象为单灾种的风险评估结果。由于单灾种的风险评估相对比较成熟，因此这类多灾种风险评估的第一步相对简单，而且对于很多灾种都已经能够得到单灾种的绝对风险水平。但在进行单灾种风险结果的综合时存在一定的困难。有研究者采用直接相加或赋权相加的方法，这种方法完全忽视了灾种之间的相互作用关系。也有研究者尝试采用联合概率、copula函数等数学方法，考虑了灾种之间的相互作用关系但忽视了其他关系(史培军等，2014)。

德国科隆市多灾种风险评估方法 该方法是一个局地多灾种风险评估方法，研究区为德国科隆市城区，考虑的致灾因子包括风暴、洪水和地震，认为风险是用来描述某一损失可能发生的概率。对三个灾种都分别进行了致灾因子评价、脆弱性评价和损失预估。通过在同一标度下比较三种致灾因子，建立了一个统一的经济暴露度评估模型，用以计算直接经济损失，最后得到基于损失的风险超越概率曲线。

具体的评估方法可以分为以下几步：

第Ⅰ步 致灾因子评估(Hazard assessment)。根据历史数据评估各致灾因子对应的灾害事件的发生概率。风暴选取大风数据和时段平均风速，洪水数据为科隆水位站记录的莱茵河水流量，地震数据为1250年以来科隆市记录的地震烈度数据。

第Ⅱ步 列出资产清单(Development of an asset inventory)。根据研究区的固定资产总额和土地利用类型的数据计算得到单位土地面积的资产暴露值，用来估计致灾因子作用下的直接经济损失。

第Ⅲ步　脆弱性评价和直接经济损失评估(Vulnerability assessment and estimation of direct losses)。在前两步的结果基础之上分别评估三个灾种在不同致灾事件中可能遭受的直接经济损失。

第Ⅳ步　综合(Synthesis)。将三个不同灾种的损失—超越概率曲线综合到同一个坐标系进行比较，分析每条曲线的特点和区域的多灾种风险特征。

该评估方法分别得出了德国科隆市的风暴、洪水、地震三个灾种的损失—超越概率曲线，并放在同一坐标系中进行比较。但没有进一步完成多灾种综合，求出多灾种的超越概率曲线。虽然如此，评估结果对于当地的多灾种风险分析和防范也已经具有了实际的指导意义。该方法选取的研究区较小，数据精细，能够计算出绝对风险；但整个风险评估模型是建立在大量的假设和简化的基础之上的，对于损失也仅仅只考虑了直接经济损失，难以反映该地区真实的风险水平(史培军等，2014)。

中国自然灾害综合风险评估法　北京师范大学史培军主编的《中国自然灾害风险地图集》对中国各主要灾种自然灾害风险和多灾种综合自然灾害相对风险进行了系统评估。该方法选取了地震、台风、水灾、旱灾、滑坡泥石流、沙尘暴等12个灾种。针对不同的灾种根据其自身属性和数据情况采用不同的方法对各灾种分别进行风险评估。将所得的各灾种风险水平均分为10个等级，并按各灾种发生的频次所得的权重进行综合评价，其公式为

$$RI = \sum_{i=1}^{n} r_i \times w_i \qquad 式5\text{-}58$$

式5-58中，RI表示综合自然灾害相对风险等级；r_i是第i个灾种的相对风险等级，w_i表示对应的权重。n是灾种数，在这里取值12。评估单元为1 km网格，根据式5-58计算得到全国范围的多灾种综合风险等级。

该方法是全国范围的多灾种综合风险评估，考虑到的自然灾害种类全面，基于客观数据通过灾种的发生频次来确定权重而非简单相加。虽然只得到了相对风险等级，但由于评估范围大、灾种多，评估结果对于中国的综合灾害风险水平整体把握具有重要意义。不足之处在于仅仅依据灾害频次进行加权的综合方法明显欠妥，因灾经济损失和伤亡人数等指标不应被排除在外。受方法的局限，灾种之间的相互作用关系也没有得到反映(史培军等，2014)。

(3)综合自然灾害等级评价

各自然灾种频次　在分别对长江三角洲地区台风、风暴潮、洪水、干旱、地震、滑坡泥石流灾害风险进行评估的基础上，对该地区进行多灾种综合灾害风险评估。根据历史数据统计，该地区六大灾种的发生频次分别如下(史培军等，2014)：

①洪水灾害频次

主要收集了1981—2010年每个县级行政区受到大雨、暴雨、大暴雨引起的洪水数据。1981—2010年洪水发生的总频次如图5-28a所示。

②台风灾害频次

收集了1981—2010年每个县级行政区受到台风影响的数据。1981—2010年台风影响各县的总频次如图5-28b所示。

③地震灾害频次

由于地震的记录资料较少，主要收集1949—2010年的数据，长江三角洲地区共发生

了四次地震,分别是 1974 年江苏溧阳 5.5 级地震;1979 年江苏溧阳 6.0 级地震;1982 年江苏兴化 4.7 地震;1990 年江苏太仓 4.9 级地震。把历史地震中心点位投放在地图,设定 6.0 级的地震影响范围是以中心点往外 50 km,5.5 级为 30 km,4.9 级为 10 km,4.7 级为 5 km,计算每个县级行政区受地震影响的次数。1949—2010 年各县地震发生的总频次如图 5-28c 所示。

④滑坡与泥石流灾害频次

主要收集了 1981—2010 年每个县级行政区受到滑坡、泥石流影响的数据,泥石流均是小型,共 20 次,滑坡为小型与中型,共 194 次。它们的影响范围可以看作点,计算每个县级行政区受滑坡与泥石流影响的次数。1981—2010 年滑坡与泥石流发生的总频次如图 5-28d 所示。

⑤干旱灾害频次

主要收集了 1981—2008 年每个县级行政区受到干旱影响的数据,包括干旱影响持续天数为小于 15 d,15~30 d,30~45 d,45 d 以上。1981—2010 年各县干旱发生的总频次如图 5-28e 所示。

⑥风暴潮灾害频次

主要收集了 1981—2010 年每个县级行政区受到风暴潮影响的数据。1981—2010 年风暴潮发生的总频次如图 5-28f 所示。

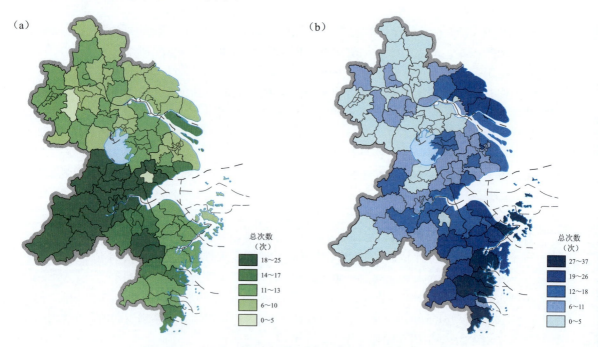

图 5-28 长江三角洲地区主要自然灾害频次(史培军等,2014)

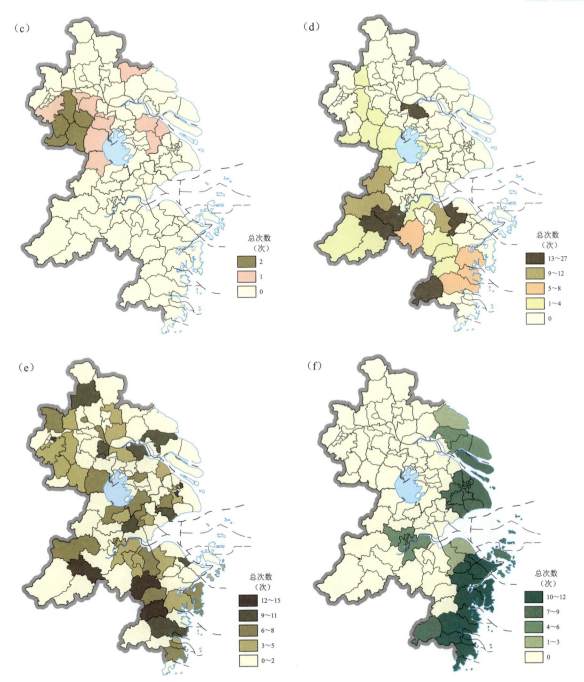

图 5-28 长江三角洲地区主要自然灾害频次（史培军等，2014）（续）

(a)洪涝；(b)台风；(c)地震灾害；(d)滑坡与泥石流；(e)干旱；(f)风暴潮

注：统计时间段为地震 1949—2010 年，其他灾种 1981—2010 年。

多灾害年均频次图。将六大灾种总频次图等权重相加，再除以年份数，如式 5-59：

$$Z = \sum_{i}^{6} H_i / N \qquad 式 5\text{-}59$$

式 5-59 中，Z 表示年均多灾害总频次，$H_i(i=1, 2, \cdots, 6)$ 分别表示上述 7 个灾害的总频次，N 表示 1981—2010 年总共的年份数（地震为 1949—2011 年），即可得多灾种年均频次图，如图 5-29 所示。

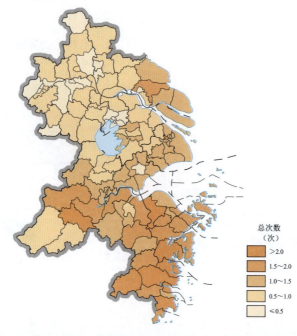

图 5-29　长江三角洲地区各县自然灾害年均发生次数（史培军等，2014）

多灾种年均频次较高的地区集中在长江三角洲南部地区，及浙江省宁波市、台州市和杭州市等城市的县区，北部地区的多灾种频率相对较低。且全区域范围内的多灾种年均频次为 0~2.57，相差并不太大，而各单灾种除地震外在全区各县的分布则呈现较大的差异（图 5-29）。

多灾种综合风险等级评估　基于单灾种风险评估进行多灾种风险评估的思路是，首先根据历史灾情数据对各灾种可能造成的损失赋予权重，其次根据各灾种的权重分别将各灾种风险进行加权求和，进而得到多灾种综合风险。

根据历史灾情资料，得到各灾种造成的历史因灾死亡人口、直接经济损失和倒塌房屋数量如表 5-17 所示。

表 5-17　长江三角洲地区历史主要灾害损失（史培军等，2014）

灾种	因灾死亡人口/人 （1950—2010 年）	直接经济损失/亿元 （1981—2010 年）	倒塌房屋/间 （1983—2010 年）
台风	10 639	2 660	1 710 302
洪水	8 269	1 726	1 328 739
干旱	4*	648	993
地震**	55	0.5	113 909
崩塌滑坡泥石流	282	2.7	89
风暴潮**	815	613	5 000

注：* 为 1983—2010 年数据；** 为 1949—2010 年数据。

根据以上损失数据，分别计算各灾种造成的因灾死亡人口、直接经济损失和倒塌房屋占总死亡人口、总直接经济损失和总倒塌房屋数量的比例（表 5-18）。

表 5-18　长江三角洲地区历史主要灾害损失比重（史培军等，2014）

单位：%

灾种	因灾死亡人口 （1950—2010 年）	直接经济损失 （1981—2010 年）	倒塌房屋 （1983—2010 年）
台风	0.530	0.472	0.541
洪水	0.412	0.305	0.421
干旱*	0.000	0.115	0.000
地震**	0.003	0.000	0.036
崩塌滑坡泥石流	0.014	0.000	0.000
风暴潮**	0.041	0.108	0.002
总和	1.000	1.000	1.000

注：* 为 1983—2010 年数据；** 为 1949—2010 年数据。

分别将各灾种三种损失的比例作为权重在 ArcGIS 中进行运算，得到长江三角洲地区综合自然灾害遇难人口风险、房屋倒塌风险和直接经济损失风险（图 5-30，图 5-31，5-32）。

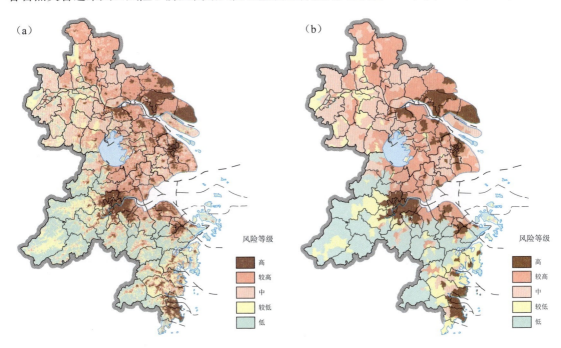

图 5-30　长江三角洲地区综合自然灾害遇难人口风险等级（史培军等，2014）

(a)公里网；(b)乡镇单元

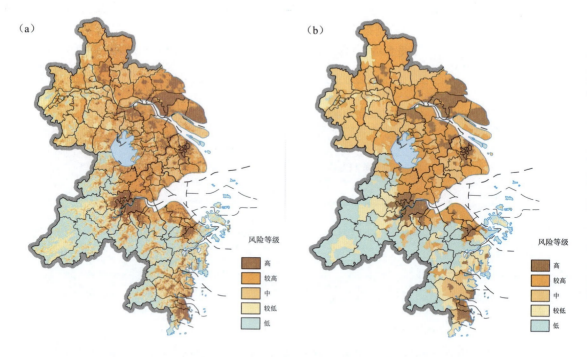

图 5-31　长江三角洲地区综合自然灾害房屋倒塌风险等级(史培军等，2014)
(a)公里网；(b)乡镇单元

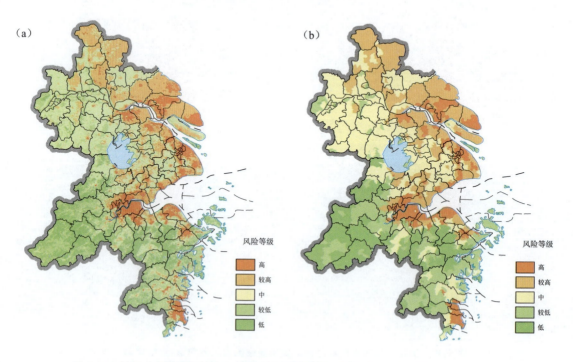

图 5-32　长江三角洲地区综合自然灾害直接经济损失风险等级(史培军等，2014)
(a)公里网；(b)乡镇单元

遇难人口风险在江阴市、常州市和杭州市等地较高，长江三角洲北部比南部高，即浙江省范围内的地域自然灾害遇难人口风险普遍偏低，上海市和江苏省的地域范围遇难人口风险普遍较高(图 5-33)。房屋倒塌风险集中在通州市、启东市、江阴市、杭州市辖区和上海市区等地，整体上北部地区高于南部，东部沿海高于西部内陆(图 5-34)。直接经济损失风险则呈现不同的空间分布：江阴市、黄浦区、杭州市辖区、萧山区和台州市等风险较高，高风险区集中在湖州以北沿海地区，南部内陆地区风险普遍较低(图 5-35)(史培军等，2014)。

基于信息扩散方法的综合灾害风险评估 设 $t_i(i=1, 2, \cdots, 51)$ 分别为某县 1950—2000 年因台风灾害而致死的人数(数据来源：江苏、上海和浙江省气象灾害大典)，S_i 为相应年份的人口数量，定义台风受灾指数 X_i 为

$$X_i = t_i/S_i (i=1, 2, \cdots, 51) \qquad \text{式 5-60}$$

台风受灾指数作为衡量相对损失的指标，考虑计算精度的要求，选取人口死亡指数论域为

$$U_t = \{u_{1t}, u_{2t}, \cdots, u_{201t}\} = \{0, 0.000\,001, \cdots, 0.000\,2\} \qquad \text{式 5-61}$$

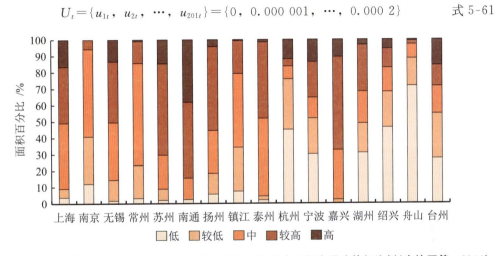

图 5-33 长江三角洲地区上海及各地级市综合自然灾害遇难人口损失风险等级比例(史培军等，2014)

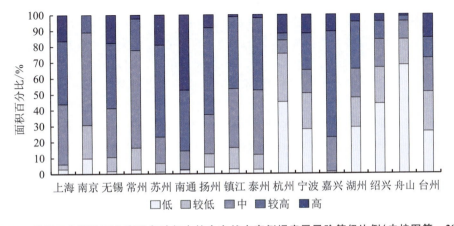

图 5-34 长江三角洲地区上海及各地级市综合自然灾害倒塌房屋风险等级比例(史培军等，2014)

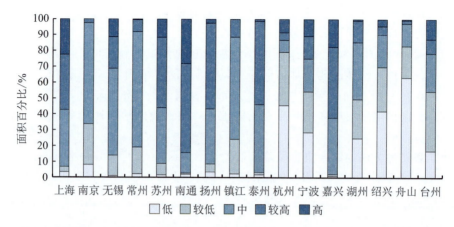

图 5-35 长江三角洲地区上海及各地级市综合自然灾害直接经济损失风险等级比例(史培军等,2014)

即每百万人因台风死亡 0~200 人。

分别计算得到长江三角洲地区台风死亡人口的风险超越概率和洪水死亡人口的风险超越概率。

多灾种致死人数等于因各类单灾种致死人数的加和,这里只考虑台风、洪水两致灾因子,故多灾致死人数为

$$u_{jm}=u_{jt}+u_{jf}(u_{jt}=0,1,\cdots,200;u_{jf}=0,1,\cdots,200) \qquad 式5\text{-}62$$

根据已经计算得到每百万人因台风致死 0~200 人的风险概率分布 $p(u_{jt})$ 及洪水致死 0~200 人的风险概率分布 $p(u_{jf})$,因多灾死亡人数的概率分布为

$$\begin{aligned}p(u_{jm}) &= p(u_{jt}) \times p(u_{jf}) \qquad (u_{jt}+u_{jf}=u_{jm}) \\ &= p(0) \times p(u_{jm}-0)+p(1) \times p(u_{jm}-1)+\cdots+p(u_{jm}-1) \times \\ & \quad p(1)+p(u_{jm}-0) \times p(0)\end{aligned} \qquad 式5\text{-}63$$

并通过式 5-64 得超越概率风险估计值 $P(u_{jm})$:

$$P(u_{jm})=1-\sum_{k=0}^{u_{jm}-1}p(u_{jm}) \qquad 式5\text{-}64$$

同理可得其余各县的多灾种人口死亡超越概率风险。

同样,按照上述方法,根据民政部门提供的 1981—2010 年县级台风和洪水灾害灾情数据,以倒塌房屋和直接经济损失(换算为 2005 年不变价)作为灾害指数,并设定倒塌房屋风险离散论域为{0,1 000,2 000,…,200 000}(单位:间)和{0,1 000,2 000,…,1 500 000}(单位:万元),得到台风和洪水综合造成的倒塌房屋风险和直接经济损失相对风险。

基于历史台风和洪水分别造成各县死亡(含失踪)人口、倒塌房屋和直接经济损失等灾情,得到长江三角洲地区各县台风和洪水综合灾害风险,并编制相应的风险图(图 5-36、图 5-37 和图 5-38),同时将遇难人口率风险乘以 2009 年县区人口,将直接经济损失的风险值分别与 2009 年县级行政单元地区生产总值进行比较,得到遇难人口风险和直接经济损失率的风险(图 5-39 和图 5-40)。

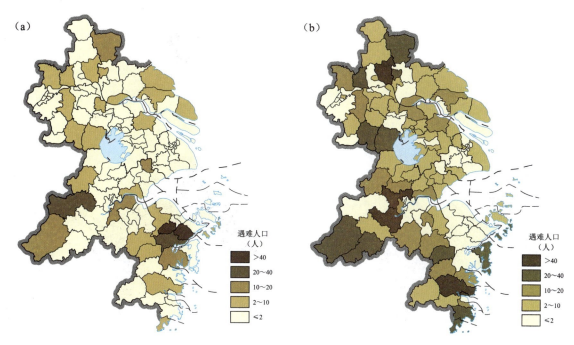

图 5-36 长江三角洲地区各县(市、区)不同超越概率的综合自然灾害遇难人口风险(史培军等,2014)
(a)10 年一遇;(b)100 年一遇

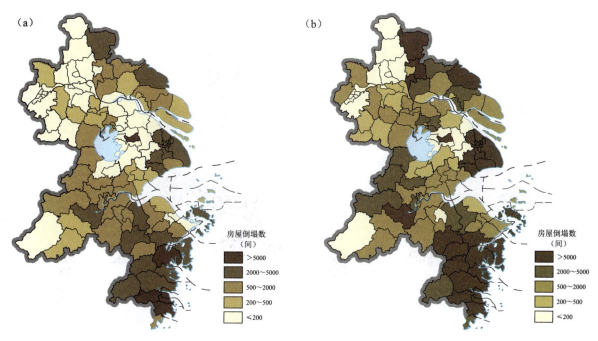

图 5-37 长江三角洲地区各县(市、区)不同超越概率的综合自然灾害倒塌房屋风险(史培军等,2014)
(a)10 年一遇;(b)100 年一遇

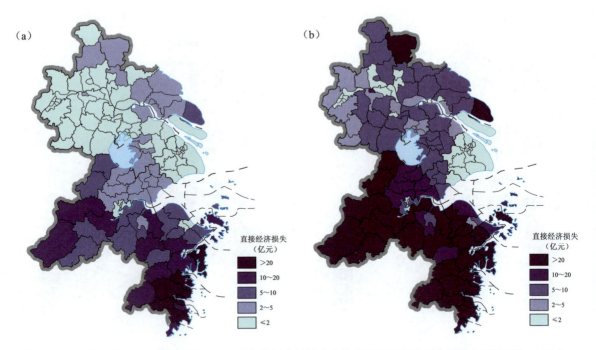

图 5-38 长江三角洲地区各县(市、区)不同超越概率的综合自然灾害直接经济损失风险(史培军等，2014)

(a)10 年一遇；(b)100 年一遇

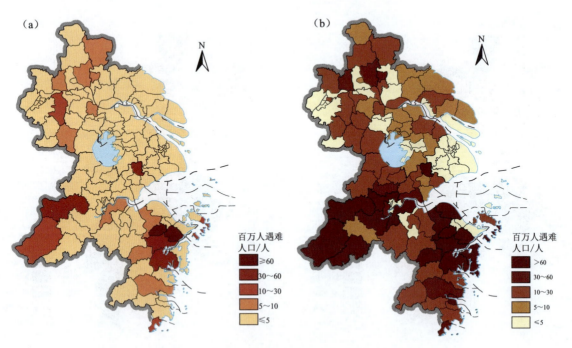

图 5-39 长江三角洲地区综合自然灾害遇难人口率风险(史培军等，2014)

(a)10 年一遇；(b)100 年一遇

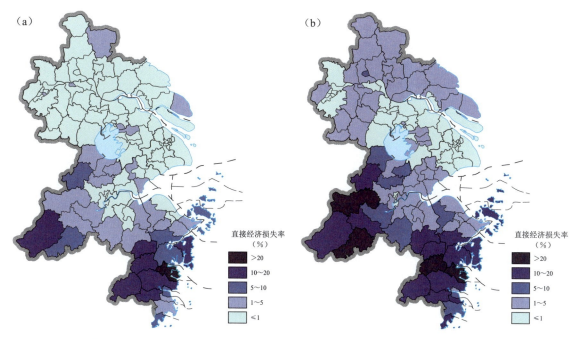

图 5-40　长江三角洲地区综合自然灾害直接经济损失率风险（史培军等，2014）
(a)10 年一遇；(b)100 年一遇

长江三角洲地区台风和洪水综合灾害风险，在同一年遇性水平下，整体上南方要高于北方，也就是浙江省各县市的风险要高于上海和江苏省各县市的风险值，其结果与图 5-30 至图 5-32 的结果有较大差异。基于历史灾害信息扩散的方法，由于风险直接基于历史灾情扩散，为此灾情极大值对结果具有一定的放大作用。另外，在未来社会经济不断发展和承灾体抗灾能力逐步提高的条件下，历史同样致灾因子水平的影响下实际的损失值（灾害风险）一般会较历史的损失值（灾情）有所降低。浙江省各县市历史上都有相对较大的灾情记录，从而导致同一年遇性水平条件下的风险值要高于上海和江苏（史培军等，2014）。

参考文献

Adger W N, Kelly P M. Social vulnerability to climate change and the architecture of entitlements[J]. Mitigation and adaptation strategies for global change, 1999, 4(3-4)：253-266.

Adger W N. Vulnerability[J]. Global environmental change, 2006, 16(3)：268-281.

Birkmann J. Measuring vulnerability to promote disaster-resilient societies：Conceptual frameworks and definitions[J]. Measuring vulnerability to natural hazards：Towards disaster resilient societies, 2006, 1：9-54.

Blaikie P, Cannon T, Davis I, et al. At risk：Natural Hazards, People's Vulnerability and Disasters[M]. London：Routledge, 1994.

Bohle H G, Downing T E, Watts M J. Climate change and social vulnerability：toward a sociology and geography of food insecurity[J]. Global environmental change,

1994, 4(1): 37-48.

Buckle P, Marsh G, Smale S. Assessment of personal and community resilience and vulnerability[J]. Report: EMA Project, 2001, 15: 2000.

Burton I, Kates R W, White G F. The Environment as Hazard[M]. 2nd ed.. New York: The Guilford Press, 1978.

Burton I, Kates R W, White G F. Environment as hazard[M]. Oxford: Oxford University Press, 1978.

Cannon T. Gender and climate hazards in Bangladesh[J]. Gender & Development, 2002, 10(2): 45-50.

Chen W F, Cutter S L, Emrich C T, et al. Measuring social vulnerability to natural hazards in the Yangtze River Delta region, China[J]. International Journal of Disaster Risk Science, 2013, 4(4): 169-181.

Clark G E, Moser S C, Ratick S J, et al. Assessing the vulnerability of coastal communities to extreme storms: the case of Revere, MA., USA[J]. Mitigation and adaptation strategies for global change, 1998, 3(1): 59-82.

Coles S, Bawa J, Trenner L, et al. An introduction to statistical modeling of extreme values[M]. London: Springer, 2001.

Cutter S L. The forgotten casualties: women, children, and environmental change[J]. Global Environmental Change, 1995, 5(3): 181-194.

Cutter S L, Finch C. Temporal and spatial changes in social vulnerability to natural hazards[J]. Proceedings of the National Academy of Sciences, 2008, 105(7): 2301-2306.

Cutter S L, Mitchell J T, Scott M S. Revealing the vulnerability of people and places: a case study of Georgetown County, South Carolina[J]. Annals of the association of American Geographers, 2000, 90(4): 713-737.

Cutter S L, Tiefenbacher J. Chemical hazards in urban America[J]. Urban Geography, 1991, 12(5): 417-430.

Cutter S L. The vulnerability of science and the science of vulnerability[J]. Annals of the Association of American Geographers, 2003a, 93(1): 1-12.

Cutter S L, Boruff B J, Shirley W L. Social vulnerability to environmental hazards[J]. Social science quarterly, 2003b, 84(2): 242-261.

Cutter S L. Vulnerability to environmental hazards[J]. Progress in Human Geography, 1996, 20(4): 529-539.

Davidson R A, Lambert K B. Comparing the hurricane disaster risk of US coastal counties[J]. Natural Hazards Review, 2001, 2(3): 132-142.

Denton F. Climate change vulnerability, impacts, and adaptation: Why does gender matter?[J]. Gender & Development, 2010, 10(2): 10-20.

Dilley M. Natural disaster hotspots: a global risk analysis[M]. Washington DC: World Bank Publications, 2005.

Dow K, Downing T E. Vulnerability research: where things stand[M]. National

Emergency Training Center, 1995.

Ebert A, Kerle N, Stein A. Urban social vulnerability assessment with physical proxies and spatial metrics derived from air-and spaceborne imagery and GIS data[J]. Natural hazards, 2009, 48(2): 275-294.

Enarson D A, Rieder H L, Arnadottir T, et al. Management of tuberculosis: a guide for low income countries[M]. International Union Against Tuberculosis and Lung Disease(IUATLD), 2000.

Feng L H, Hong W H, Wan Z. The application of fuzzy risk in researching flood disasters[J]. Natural hazards, 2010, 53(3): 413-423.

Folke C, Carpenter S, Elmqvist T, et al. Resilience and sustainable development: building adaptive capacity in a world of transformations[J]. AMBIO: A journal of the human environment, 2002, 31(5): 437-440.

Forte F, Strobl R O, Pennetta L. A methodology using GIS, aerial photos and remote sensing for loss estimation and flood vulnerability analysis in the Supersano-Ruffano-Nociglia Graben, southern Italy[J]. Environmental Geology, 2006, 50(4): 581-594.

Fu Q, Wang L, Liu J. Study on the PPE Model Based on RAGA to Classify the Country Energy[J]. Journal of Systems Science & Information, 2004, 2(1): 73-81.

Gábor I R. The second (secondary) economy: Earning activity and regrouping of income outside the socially organized production and distribution[J]. Acta Oeconomica, 1979, 22(314): 291-311.

Ge Y, Dou W, Gu Z H, et al. Assessment of social vulnerability to natural hazards in the Yangtze River Delta, China[J]. Stochastic Environmental Research and Risk Assessment, 2013, 27(8): 1899-1908.

Haynes J. Risk as an Economic Factor[J]. The Quarterly Journal of Economics, 1895, 9(4): 409-449.

Hewitt K. Excluded perspectives in the social construction of disaster[J]. International Journal of Mass Emergencies & Disasters, 1998, 13(3): 317-339.

Hewitt K. Regions of Risk: Hazards, Vulnerability and Disaster[M]. London: longman, 1997.

Houghton J, Ding Y H, Griggs J, et al. IPCC 2001: Climate Change 2001. The Scientific Basis, Contribution of Working Group I to the Third Assessment Report of the Intergovemmental Panel on Climate Change[M]. Edinburgh: Cambridge University Press, 2001.

Kaplan S, Garrick B J. On the quantitative definition of risk[J]. Risk Analysis. 1981, 1(1): 11-27.

Kaplan S. The words of risk analysis[J]. Risk Analysis, 1997, 17(4): 407-417.

Kasperson J X, Kasperson R E, Turner B L. Regions at risk[M]. United Nations University Press, 1995.

Kasperson J X, Kasperson R E. The social contours of risk: publics, risk communication and the social amplification of risk[M]. Earthscan, 2005.

Warrick R. In Climatic constraints and human activities[M]. Oxford: Pergamon, 1980.

Kasperson R E, Archer E R M. Vulnerable Peoples and Places[J]. Ecosystems and Human Well-Being: Current State and Trends: Findings of the Condition and Trends Working Group, 2005, 1: 143.

Li Y, van de Lindt J W. Loss-based formulation for multiple hazards with application to residential buildings[J]. Engineering Structures, 2012, 38: 123-133.

Kates R W. The interaction of climate and society[J]. Climate impact assessment, 1985, 27: 3-36.

Lambert R J. Monitoring local food security and coping strategies: lessons from information collection and analysis in Mopti, Mali[J]. Disasters, 1994, 18(4): 332-343.

Lubna R, Blaschke T, Zeil P. Application of satelite derived information for disaster risk reduction: vulnerability assessment for southwest coast of Pakistan[C]. //Remote Sensing. International Society for optics and photonics, 2010.

Martine G, Guzman J M. Population, poverty, and vulnerability: Mitigating the effects of natural disasters[J]. Environmental Change and Security Project Report, 2002, 8: 45-68.

Metzger M J, Leemans R, Schröter D. A multidisciplinary multi-scale framework for assessing vulnerabilities to global change[J]. International Journal of Applied Earth Observation and Geoinformation, 2005, 7(4): 253-267.

Mosquera-Machado S, Dilley M. A comparison of selected global disaster risk assessment results[J]. Natural hazards, 2009, 48(3): 439-456.

Mueller, Segl K, Heiden U, et al. Potential of High-Resolution Satellite data in the Ccontext of vunerability of Buildings[J]. Natural hazards, 2006, 38: 247-258.

Palm R. Natural hazards: An integrative framework for research and planning[M]. Johns Hopkins University Press, 1990.

Peet R, Thrift N. New Models in Geography[M]. London: Unwin Hyman, 1989.

Shi P, Shuai J, Chen W, et al. Study on Large-Scale Disaster Risk Assessment and Risk Transfer Models[M]. International Journal of Disaster Risk Science, 2010, 1(2): 1-8.

Rao V Kolluru, Steven M Bartell, Robin M Pitblado, et al. Risk, Assessment and Managent Handbook[M]. New York: Mc Graw-Hill, Inc, 1996.

Rossi G, Harmancioğlu N, Yevjevich V. Coping with Floods[M]. Springer Netherlands, 1994.

Sales J, Wood M, Jelínek R. Risk Mapping of Industrial Hazards in New Member

States[J]. Eu Joint Research Centre, 2007.

Sarewitz D, Pielke R, Keykhah M. Vulnerability and risk: some thoughts from a political and policy perspective[J]. Risk analysis, 2003, 23(4): 805-810.

Schmidt-Thomé P. The spatial effects and management of natural and technological hazards in Europe(ESPON 1.3.1)[R/OL]. [2016-12-14]. http://www.preventionweb.net/files/3621_Finalreport.pdf.

Shre, 陈剑池. 气候变化条件下水资源系统风险的不确定性[J]. 水文科技信息, 1997(增刊): 14-22.

Susman P, O'Keefe P, Wisner B. Global disasters, a radical interpretation[J]. Interpretations of calamity, 1983: 263-283.

Timmerman P. Vulnerability resilience and the collapse of society: A Review of Models and Possible Climatic Applications[J]. International Journal of Climatology, 1981, 1(4): 396.

Turner B L, Kasperson R E, Matson P A, et al. A framework for vulnerability analysis in sustainability science[J]. Proceedings of the national academy of sciences, 2003, 100(14): 8074-8079.

UNDP H D R. Reducing Disaster Risk: A Challenge for Development-A Global Report[R]. New York, USA: UNDP, 2004.

Villa F, McLeod H. Environmental vulnerability indicators for environmental planning and decision-making: guidelines and applications [J]. Environmental management, 2002, 29(3): 335-348.

Vogel C, O'Brien K. Vulnerability and global environmental change: rhetoric and reality[J]. Aviso, 2004, 13: 1-8.

Webster M. The merriam webster dictionary[M]. Merriam Webster, 2011.

White G F, Haas J E. Assessment of research on natural hazards[M]. Mit. press, 1975.

Williams L R R, Kapustka L A. Ecosystem vulnerability: a complex interface with technical components[J]. Environmental Toxicology and Chemistry, 2000, 19(4): 1055-1058.

Blaikie P, Cannon T, Davis I. At risk: Natural Hazards, People's Vulnerability and Disasters[M], London: Routledge, 2004.

Wisner B. World Views, Belief Systems, and Disasters: Implications for Preparedness Mitigation, and Recovery[C]//23nd annual Natural Hazards Research and Applications Workshop, Boulder, CO. 1998: 12-15.

付强, 付红, 王立坤. 基于加速遗传算法的投影寻踪模型在水质评价中的应用研究[J]. 地理科学, 2003, 23(2): 236-239.

盖程程, 翁文国, 袁宏永. 基于GIS的多灾种耦合综合风险评估[J]. 清华大学学报(自然科学版), 2011(5): 627-631.

高庆华, 马宗晋, 张业成. 自然灾害评估[M]. 北京: 气象出版社, 2006.

葛全胜, 邹铭, 郑景云. 中国自然灾害风险综合评估初步研究[M]. 北京：科学出版社, 2008.

黄崇福, 刘新立, 周国贤, 等. 以历史灾情资料为依据的农业自然灾害风险评估方法[J]. 自然灾害学报, 1998(2)：1-9.

黄崇福. 自然灾害风险评价：理论与实践[M]. 北京：科学出版社, 2006.

刘婧, 史培军, 葛怡, 等. 灾害恢复力研究进展综述[J]. 地球科学进展, 2006, 21(2)：211-218.

刘兰芳, 刘盛和. 湖南省农业旱灾脆弱性综合分析与定量评价[J]. 自然灾害学报, 2002, 11(4)：78-83.

刘新立, 史培军. 区域水灾风险评估模型研究的理论与实践[J]. 自然灾害学报, 2001(2)：66-72.

商彦蕊, 史培军. 人为因素在农业旱灾形成过程中所起作用的探讨——以河北省旱灾脆弱性研究为例[J]. 自然灾害学报, 1998(4)：35-43.

商彦蕊. 农业旱灾风险与脆弱性评估及其相关关系的建立[J]. 河北师范大学学报（自然科学版）, 1999(3)：420-428.

商彦蕊. 自然灾害综合研究的新进展——脆弱性研究[J]. 地域研究与开发, 2000, 19(2)：73-77.

石勇, 孙蕾, 石纯, 等. 上海沿海六区县自然灾害脆弱性评价[J]. 自然灾害学报, 2010, 19(3)：156-161.

史培军. 综合风险防范系列——科学、技术与示范[M]. 北京：科学出版社, 2011.

史培军. 中国自然灾害风险地图集[M]. 北京：科学出版社, 2011.

史培军. 五论灾害系统研究的理论与实践[J]. 自然灾害学报, 2009, 18(5)：1-9.

史培军. 灾害研究的理论与实践[J]. 南京大学学报, 1991, 1(10)：37-42.

史培军. 再论灾害研究的理论与实践[J]. 自然灾害学报, 1996, 11(4)：6-17.

史培军, 王静爱, 方修琦, 等, 综合风险防范——长江三角洲地区综合自然灾害风险评估与制图[M]. 北京：科学出版社, 2014.

王康发生, 尹占娥, 殷杰. 海平面上升背景下中国沿海台风风暴潮脆弱性分析[J]. 热带海洋学报, 2011, 30(6)：31-36.

徐伟, 田玉刚, 张勇, 等, 综合风险防范——长江三角洲地区自然致灾因子与风险等级评估[M]. 北京：科学出版社, 2014.

尹占娥, 暴丽杰, 殷杰. 基于GIS的上海浦东暴雨内涝灾害脆弱性研究[J]. 自然灾害学报, 2011, 20(2)：29-35.

赵国杰, 张炜熙. 区域经济社会脆弱性研究——以河北省为例[J]. 上海经济研究, 2006(1)：65-69.

第 6 章 灾害风险地图

本章阐述灾害风险地图编制的基本规程、方法和技术。利用地图或地图集的技术，可客观表现灾害风险的时空分异规律。区域灾害系统信息的地图化，包括灾害系统信息的规范和标准化、数据库建设、灾害风险专题地图或地图集编制规程、制图标准和技术、灾害风险地图的制印，以及电子和数字灾害风险地图的制作等系统技术体系。灾害风险地图可支撑对区域灾害风险的综合分析。区域灾害系统信息是编制灾害地图或地图集的基础，区域灾害信息系统则是数字灾害地图或地图集的重要表达方式。

6.1 灾害风险数据库的建立

本节着重阐述灾害系统信息的分类和区域灾害系统数据库、灾害案例数据库、灾害风险数据库的建立。

灾害系统信息包括孕灾环境、致灾因子、承灾体和灾情信息，以及包括设防、救灾、应对、转移在内的结构减灾和备灾、应急、恢复、重建组成的功能减灾等信息。

区域灾害系统数据库包括区域孕灾环境、多致灾因子、承灾体、灾情信息和综合减灾数据。

灾害案例数据库包括每一次重特大灾害案例各类数据，如多致灾因子或灾害链与灾害遭遇、灾情、灾害应急与处置，以及灾害恢复和重建等相关数据。

灾害风险数据库包括孕灾环境稳定性、致灾因子危险性、承灾体脆弱性数据，以及灾害风险等数据。

关于数据库原理和技术方面的内容可参阅计算机科学和信息科学等相关内容。

6.1.1 灾害系统信息分类

按灾害信息的来源划分，灾害系统信息划分为五大类——调查、统计、定位监测（气象站、生态站等）、遥感测量和评估信息；按灾害信息的性质划分，灾害系统信息可划分为三大类——属性、地图和遥感图像信息；按灾害信息的特征划分，灾害系统信息可划分为两大类——定性和定量信息；按灾害信息的可信度划分，灾害系统信息可划分为三大类——已知、模糊和预估信息。大数据技术的发展，使获取和传播灾害动态信息的途径有了很大的改善，也给灾害信息的分类带来了挑战。

(1) 来源分类

调查 通过灾区抽样调查、灾区灾害统计数据核查，以及灾区灾情访谈等手段获得的灾害数据。这些数据有定性和定量的，也有属性、地图和遥感图像信息的，还有大量文本的。

统计 各级行政部门通过规范的灾害统计报表，按行政区、按年份，或针对次灾害，填报的灾害、救灾与灾后恢复重建报表数据。在中国，各级政府的统计部门是承担灾害统计的主管部门。民政部门是业务负责部门，已有 60 多万灾情员负责着全国自然灾害灾情的统计工作。灾害统计数据属于属性数据，也有一些文本数据。

定位监测　主要包括气象站、地震台站、地质灾害（滑坡和泥石流）监测站、水文站、海洋观测（验潮和固定浮标）站、环境监测站、生态定位站等灾害（主要是致灾因子）监测数据。此外，还包括农情（含动物疫情、农作物病虫害等）监测、森林与草原火情监测、森林与草原病虫害监测、传染病监测等数据。这些数据都是按一定的规程和标准获得的定量数据。

遥感测量　主要包括气象、海洋、国土、环境与灾害等航天卫星遥感测量数据，航空遥感测量数据，各种无人机遥感测量数据等。这些数据都是定量数据，通常以光谱或电磁波谱的方式储存。

评估　主要包括灾害、应急、风险、恢复与重建等评估数据。这些数据大都是定量数据，也有一些定性或半定量数据；主要为属性数据，也有地图和遥感图像信息的数据，还有大量文本数据。

(2) 性质分类

属性　各种灾害统计和救灾与恢复重建报表数据。它们通常都是按行政区获得的定量、半定量或定性数据，也有一些文本数据。

地图　涉及灾害系统各组成要素的各类专题地图数据，例如灾区抽样调查地图、灾情分区统计地图、定位监测统计地图以及区域灾害系统各要素统计分析地图或地图集、区域灾害系统模拟分析地图等。这些地图必须满足含有图例、方向指示、比例尺（线段或数字）、符号、颜色（黑白或彩色）、注记，以及地图投影方式（或经纬度）等地图所要求的基本信息。

遥感图像　各种航天卫星遥感测量的灾害遥感图像数据，航空遥感测量灾害遥感图像数据，各种无人机遥感测量灾害遥感图像数据等。这些遥感图像都必须具备一定的时间、空间、光谱或波谱分辨率。

(3) 特征分类

定性　涉及灾害系统各组成要素的各类文本数据，灾害属性等级信息，以及通过网络技术获得的灾害风险信息等。这些灾害信息通常难以量算，但对了解次灾害的特征或区域灾害规律有帮助。

定量　涉及灾害系统各组成要素的各类量化数据，通常包括定位监测的灾害数据，特别是各种致灾因子强度测量数据，灾害统计报表数据，还有灾害地图和遥感数据。这些灾害信息通常都可以量算。

6.1.2　中国自然灾害系统数据库

区域灾害系统数据库包括区域孕灾环境、多致灾因子、承灾体、灾情信息和综合减灾等数据。数据库中含有灾害属性、地图、遥感图像数据，并按一定的数据库格式存储。

数据库设计是针对特定的应用需求，确定应用系统中的数据对象以及这些数据对象之间的关系，从而构造最优的数据库结构和模式，为数据库的建立搭建框架，使之能够有效地存储数据，满足不同用户的应用需求的过程。数据库设计主要包括需求分析、概念设计、逻辑设计和物理设计等过程，设计的内容主要有表和字段设计、主键和索引的选择、数据完整性设计等。数据库设计过程中既要考虑数据之间的结构联系，满足范式约束、完整性约束等一般原则，也要考虑特定应用背景下数据所代表实体之间的逻辑联系，满足特定应用数据查询和互操作的需求。以下用中国自然灾害系统数据库的建立案例（王静爱等，1995）阐述。

(1) 中国自然灾害系统数据库的数据来源

中国自然灾害数据库的数据来源由 5 部分构成，即中国自然致灾因子系列地图记录、中国省级报刊自然灾害记录、中国农村自然灾害灾情报表记录、中国历史自然灾害史料记载，以及为了进行区域制图分析的中国行政区划图。这些数据的主要内容、区域覆盖、时段或时间以及出处如表 6-1 所示。

表 6-1　中国自然灾害系统数据库数据来源基本情况（王静爱等，1995）

数据类型	属性数据				空间数据
	地图记录(A)	报刊记录(B)	灾情报表(C)	史料记载(D)	中国政区图(E)
主要内容	1∶40 000 中国自然致灾因子系列地图信息，即岩石圈、大气圈、水圈、生物圈及环境致灾因子的灾种、亚灾种数、相对面积比例、相对灾强等级	灾害事件记录和发生的时间、地点及刊物名称。灾害类型、范围、灾情及原因	农作物受灾、成灾（主要有旱灾、水灾、风雹灾、霜冻、病虫害及其他）面积、粮食作物减产估计、经济作物减产估计；因灾损失、成灾人口、缺粮、救济状况等	历史灾害事件的年份、地点、灾种、开始月、终止月；大气异常、水圈异常、生物圈异常及人类活动影响	政区界：国界、省（市、区）界、地区界和县界；政府所在地、主要河流等
区域覆盖	全国各省、市、区（台湾省缺资料）	全国各省、市、区（台湾省缺资料）	全国各省、市、区（台湾省缺资料）	全国各省、市、区（台湾、西藏等 4 省区缺资料）	全国各省、市、区
时段或时间	30 年平均	1949—1990 年	1978—1988 年	公元 1 年以来，主要是近 1 000 年	1992 年 6 月区划方案
出处	中国自然灾害地图集	中国各省市区报纸	中华人民共和国民政部农村灾情统计表	水利部门、气象部门等有关史料，历史史料记载	中国地图出版社

(2) 中国自然灾害系统数据库的建立

总体设计与工作环境　中国自然灾害系统数据库最早是在微机 AST-386、LEO-486 等硬件环境下，由 DOS 3.30 版、UCDOS 1.0 版、FoxBASE V2.1 版和 PC ARC/INFO 版软件系统支持的中国自然灾害区域分异规律的计算机辅助分析系统。现已开发在 Windows 平台下使用。图 6-1 为中国自然灾害系统数据库的总体设计与流程。其中，属性数据库由若干子数据库构成，每个子数据库又可分为原始资料库和派生数据库；特征码采用国家统一县市代码（6 位数），它是各子数据库的公有字段，实现子数据库之间的互访，并且通过特征码建立属性数据库与空间数据库的联系。

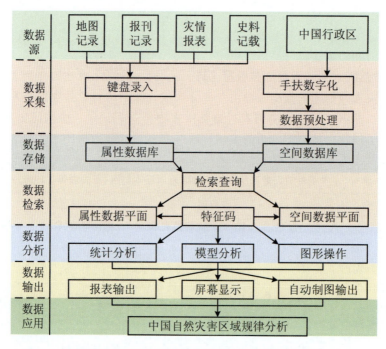

图 6-1　中国自然灾害系统数据库总体设计与流程（王静爱等，1995）

数据库的基本内容与结构　中国自然灾害系统数据库系统总体结构如图 6-2 所示，为了保持原始信息的完备性，对原始资料进行编码，并以数据表格的形式建立了原始资料库。

图 6-2　中国自然灾害系统数据库系统总体结构（王静爱等，1995）

在此基础上，对自然灾害特征值进行统计计算，进一步建立了派生数据库。表 6-2 是中国自然致灾因子数据库的基本内容与结构。表 6-3 是中国省级报刊所载自然灾害（1949—2015 年）数据库的基本内容与结构，该数据库时间跨度为 56 年，数据量大，故分省建库。

表 6-2　中国自然致灾因子数据库基本结构与内容（王静爱等，1995）

原始数据库	大气圈自然致灾因子库		干旱、暴雨、台风、冰雹、低温、霜冻、冰雪、沙暴、干热风
	水圈自然致灾因子库		洪水、内洪
	岩石圈自然致灾因子库		泥石流、滑坡、地震、沉陷、风沙流
	生物圈自然致灾因子库		作物病害、虫害、鼠害、毒草、肿瘤、森林病虫害
派生数据库	种圈层	全国	自然致灾种数、相对自然致灾强度、被灾指数
		各县域	自然致灾种数、相对自然致灾强度、被灾指数

表 6-3　中国省级报刊所载自然灾害(1949—2015 年)数据库基本结构与内容(王静爱等，1995)

原始数据库	30 个省市自治区分别建库	县市代码、开始时间、终止时间、灾害类型、灾害程度、遭灾范围 人员伤亡、受灾面积、减产幅度、其他灾情 资料时间、资料出处
派生数据库	30 个省市自治区分别建库	县市代码、年代；暴雨、洪水、内涝、阴雨、海潮；台风、龙卷风、暴风、冰雹、霜冻、寒潮、冰冻、低温、冻雨、积雪、暴风雪；地震、泥石流、塌陷、滑坡；林火、山火、雷电；稻虫、麦虫、棉虫、林虫、疾病、动物病害；水污染、地方病等
	全国 56 年总体库	总灾种数、多度；总灾次、均灾次、灾次比；灾年数等

表 6-4 是中国农村自然灾害灾情数据库的基本内容与结构，该数据库由于记录信息量大，故分年代建库。中国历史自然灾害数据库由于各省市区资料差异较大，年代跨度不一，因此分省建库。

表 6-4　中国农村自然灾害灾情数据库基本结构与内容(王静爱等，1995)

原始资料库	1979—2015 年每年建一库	县市代码 农作物受灾、成灾(旱灾、水灾、风雹灾、霜冻、病虫害)面积 粮食作物、经济作物减产估计 灾损及救济
派生数据库	北京—西藏每省建一库	根据各省市区资料的完备程度及研究需要而计算相应的特征值

中国自然灾害系统数据库存储、管理了全国 2 364 个县级统计单元各类灾害数据约 220 万个，目前已实现了数据检索、分析和输出，而且部分数据得到了应用。

(3)中国自然灾害系统数据库的应用

中国自然致灾因子数据库的应用　依据该数据库所提供的地图产品，对中国主要自然致灾因子的区域分界进行了研究，结论是中国自然致灾因子有明显的区域分异，宏观上的东西分异高于南北分异，可大体划分为东部的沿海区、东北区、华北区、华中区；中部的北方农牧交错区、贵州高原区、西南区；西部的西北区和青藏区(王静爱等，1994)。

中国省级报刊所载自然灾害(1949—2015 年)数据库的应用　该数据库的应用侧重于两个方面，一是从全国角度，通过自动制图，对中国自然灾害进行宏观区域分异研究；二是从典型省区角度对其自然灾害进行动态研究。对该数据库的地图产品，例如中国自然灾害多度图和中国自然灾害灾次比图，都反映出中国自然灾害区域分异宏观上的东西分异和次一级的南北分异。自然灾害东西分异主要受制于水分的东西分异，其次受大地貌分界线和人类活动的影响，人口密度分布的胡焕庸线在自然灾害分异上反映了人类活动影响的西移；次一级的南北分异，在东部地区，北方受熟制界线影响，南方更偏于受海洋和地貌的影响，在西部主要受地貌控制；中国自然灾害区域分异总体呈现 NE—SW 走向与 SE—NW 走向两组线交叉的网格，而且在秦岭以南最为典型，其原因是受东南季风和西南季风的双重影响。从单灾种的区域分异看，以中国发生频率最高的水、旱灾为例，其东西分异相对明显，南北分异则是次一级的(王静爱等，1994)。

中国农村自然灾害灾情数据库的应用　现以山西省农业自然灾害系统综合区划研究为例，该项研究以农业灾情形成机制为突破口，以山西省农业自然灾害数据库为依托，逐一分析了研究区自然灾害系统诸子系统孕灾环境、承灾体、致灾因子与灾情系统特征值的空间分异规律，并研究了各相关要素对区域农业灾情的贡献率；构造了综合自然灾害指数、孕灾环境指数、承灾体指数、致灾因子指数，依据综合自然区划原则，提出农业自然灾害系统区划的指标体系与方法，进而得到山西省农业自然灾害区划(朱骊，1994)

中国历史自然灾害数据库的应用　该数据库由于受原始资料完备性和史料符号代码复杂性制约，目前仍在建设。借助于中国历史自然灾害数据库对近500年湖南省自然灾害变化的时间过程进行了分析，取得如下认识：在不同的冷(暖)特征时期，存在着明显的自然灾害分异，且水害比重明显上升，这与人类活动对环境的影响加剧有关；湖南省自然灾害存在着明显的东西分异，特别是暖期，这种分异更为明显；控制湖南省自然灾害分异的基本因素在于温度变化引起的大气环流场的变化(张远明，1994)。

6.1.3　长江三角洲地区自然灾害系统数据库

数据库是长江三角洲地区综合自然灾害风险地图数字系统的基础和核心。合理的数据库设计与高效的数据库管理是系统便捷有效运行的重要保证。数据库设计确定了应用系统中的数据对象结构及相互之间的关系。结构良好的数据库使得信息系统可以方便、及时、准确地从数据库中获得所需的信息，是数据导向型信息系统运行效率的最重要的决定因素。数据库管理是建立并维护数据库的过程，是设计的数据库框架的实现过程，在此基础上系统才可真正实现对结构化数据的访问和检索。以下用长江三角洲地区自然灾害系统数据库的建立案例(史培军等，2014)阐述。

(1)数据库设计

长江三角洲地区自然灾害系统数据库的数据主要包含属性信息的空间数据，借助成熟的空间数据库管理软件，空间数据库的结构约束(包括一般性原则和空间对象与属性数据链接要求)可以很便捷地得到满足。因此，系统数据库设计的重点在于理清区域自然灾害系统数据库各要素之间的逻辑关系，分析系统的实际应用需求以及这种需求对数据库设计的要求，以达到通过结构优良的数据库搭建信息平台实现区域综合自然灾害风险信息的有效表达和被系统用户完整理解的目标。

自然灾害系统数据库需求分析　长江三角洲地区综合自然灾害系统数据库主要服务于长江三角洲地区数字综合自然风险地图系统的建设。从理解灾害风险内涵和形成机理角度出发，综合自然灾害系统数据主要包括作为各灾种孕灾环境的区域自然环境背景信息，表征承灾体暴露性的区域社会经济信息，区域各灾种致灾因子信息和各灾种下区域的脆弱性信息(图6-3)。

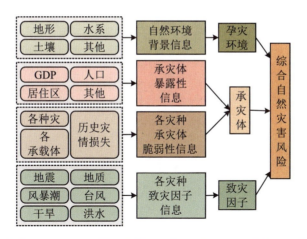

图 6-3 长江三角洲地区综合自然灾害风险地图数字系统数据库信息需求分析图（史培军等，2014）

自然灾害系统数据库逻辑设计 长江三角洲地区综合自然灾害系统，数据系统庞杂，包含多种专题数据。各数据实体之间在逻辑上存在着并列和分组的关系。各类数据实体分别构成承灾体、孕灾环境和致灾因子信息，从而进一步构成区域完整的综合灾害风险信息（图6-12）。为了实现数据的有序合理访问和查询，按照自然灾害系统理论，将系统数据库划分为六个子库——基础地理信息库、单灾种风险数据库、综合自然灾害风险数据库、典型区自然灾害风险数据库、历史灾害数据库和地图文档索引数据库（图 6-4）。

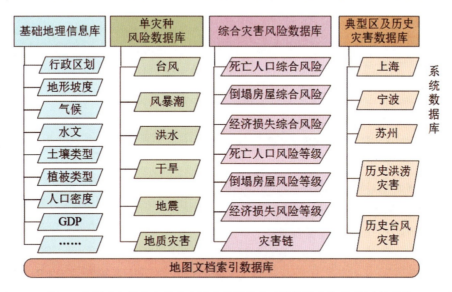

图 6-4 长江三角洲地区综合自然灾害风险地图数字系统数据库构成图（史培军等，2014）

①基础地理信息库。基础地理信息库涵盖了长江三角洲地区自然环境和社会经济要素的主要信息，是区域孕灾环境和承灾体的背景，是进一步进行孕灾环境稳定性和承灾体暴露度及脆弱性分析的基础。该子库主要包括行政区划、地形、气候、水文、土壤、植被、人口密度、GDP、城市与交通、土地利用、自然区划等数据表。各数据表至少包含要素唯一标识符和专题属性信息两个字段，如 ObjectID 为对象唯一标识符，NAME_00 等为记

录专题信息(表 6-5)。

表 6-5　行政区划数据表属性字段表(史培军等,2014)

字段名称	字段类型	字段描述	是否主键
ObjectID	数字	空间对象及属性记录的编号	是
Shape	OLE 对象	空间对象类型:点线面	否
PROV	数字	所在省份代码	否
county_ID	数字	区县代码	否
Shape_Area	数字	行政区面积	否
NAME_00	文本	区县名称	否

②单灾种风险数据库。单灾种风险数据库包含了台风、风暴潮、洪水、干旱、地震、滑坡泥石流(地质灾害)6 种主要自然灾害的风险信息,包括各灾种致灾因子危险性、承灾体暴露性、脆弱性、风险等级及不同重现水平下经济损失风险的评估结果(表 6-6)。

表 6-6　各单灾种数据图层一览表(史培军等,2014)

灾种	数据名称	灾种	数据名称
台风	影响长江三角洲地区的台风(1951—2010 年)	台风	长江三角洲地区 10 年、20 年、50 年、100 年一遇台风农作物受灾风险
	长江三角洲地区各县的台风频次		长江三角洲地区 10 年、20 年、50 年、100 年一遇台风直接经济损失风险
	长江三角洲地区 10 年、20 年、50 年、100 年一遇台风最大风速		10 年、20 年、50 年、100 年一遇台风农作物受灾风险(损失率)
	长江三角洲地区 10 年、20 年、50 年、100 年一遇台风日降雨量		10 年、20 年、50 年、100 年一遇台风直接经济损失风险(损失率)
	长江三角洲地区 10 年、20 年、50 年、100 年一遇台风过程雨量		长江三角洲地区 10 年、20 年、50 年、100 年一遇台风直接经济损失风险
	长江三角洲地区台风大风致灾因子强度	风暴潮	长江三角洲地区风暴潮灾害承灾体脆弱性等级
	长江三角洲地区台风降雨强度		长江三角洲地区风暴潮致灾因子危险性等级
	长江三角洲地区台风灾害危险性等级		长江三角洲地区风暴潮灾害 DEM 脆弱性等级
	长江三角洲地区台风灾害地形影响指数		长江三角洲地区风暴潮灾害 GDP 脆弱性等级
	长江三角洲地区台风灾害水系影响指数		长江三角洲地区风暴潮灾害土地利用脆弱性等级
	长江三角洲地区台风灾害孕灾环境敏感性等级		长江三角洲地区风暴潮灾害人口脆弱性等级
	长江三角洲地区台风灾害承灾体暴露性等级		长江三角洲地区风暴潮风险等级
	长江三角洲地区台风灾害相对风险等级		
	长江三角洲地区 10 年、20 年、50 年、100 年一遇台风房屋倒塌风险		长江三角洲地区 10 年、20 年、50 年、100 年一遇风暴潮增水分布

续表

灾种	数据名称	灾种	数据名称
地震灾害	长江三角洲地区50年超越概率2%的地震烈度	洪水	长江三角洲地区10年、20年、50年、100年一遇洪水降雨量分布
	长江三角洲地区50年超越概率10%的地震烈度		长江三角洲10年、20年、50年、100年一遇洪水直接经济损失风险
	长江三角洲地区50年超越概率2%的地震直接经济损失		10年、20年、50年、100年一遇洪水直接经济损失风险(损失率)
	长江三角洲地区50年超越概率10%的地震直接经济损失		长江三角洲地区洪水灾害土地利用暴露性等级
	长江三角洲地区50年超越概率10%的地震死亡人口风险		长江三角洲地区洪水灾害暴露性等级
			长江三角洲地区洪水灾害脆弱性等级
	长江三角洲地区50年超越概率2%地震死亡人口风险		长江三角洲地区洪水灾害风险等级
			长江三角洲地区洪水灾害人口暴露性等级
旱灾	长江三角洲地区干旱环境脆弱性等级		长江三角洲地区洪水灾害财产暴露性等级
	长江三角洲地区干旱承灾体易损性等级	地质灾害	长江三角洲地区地质灾害危险性等级
	长江三角洲地区干旱防灾减灾能力等级		长江三角洲地区地质灾害经济脆弱性等级
	长江三角洲地区干旱危险性等级		
	长江三角洲地区干旱风险等级		长江三角洲地区地质灾害遇难人口风险等级
洪水	长江三角洲地区洪水灾害危险性等级		长江三角洲地区地质灾害人口脆弱性等级
	长江三角洲洪水灾害降雨危险性等级		
	长江三角洲地区洪水灾害高程危险性等级		长江三角洲地区地质灾害直接经济损失风险等级
	长江三角洲地区洪水灾害水系危险性等级		

在单灾种风险库的数据库设计中,表6-6中各项数据图层对应一个关系表,不同的制图专题对应不同的属性字段。以不同重现期水平下台风直接经济损失风险为例,它包含一个数据表或数据图层(结构如表6-7所示),以及10年、20年、50年、100年一遇台风直接经济损失风险四个专题地图。这四个专题地图分别对应该数据表10year、20year、50year、100year四个属性字段。

表6-7 台风直接经济损失风险数据表属性字段表(史培军等,2014)

字段名称	字段类型	字段描述	是否主键
ObjectID	数字	空间对象及属性记录的编号	是
Shape	OLE对象	空间对象类型:点线面	否
CITY_CODE	数字	区县代码	否
NAME	文本	区县名称	否
10year	数字	10年一遇直接经济损失风险	否
20year	数字	20年一遇直接经济损失风险	否
50year	数字	50年一遇直接经济损失风险	否
100year	数字	100年一遇直接经济损失风险	否

③综合自然灾害风险数据库。综合自然灾害风险数据库包含综合台风和洪水不同重现期水平下的损失期望所得到的死亡人口、倒塌房屋、直接经济损失三个方面的绝对风险数据，综合六个单灾种风险等级得到的死亡人口、倒塌房屋、直接经济损失三个方面的相对风险数据和部分灾害链评估数据。综合自然灾害风险数据库数据表及主要专题字段如表6-8所示。

表6-8　综合自然灾害风险数据库数据图层一览表（史培军等，2014）

类型	数据名称	数据图层	专题字段
绝对风险	长江三角洲地区10年、20年、50年、100年一遇综合自然灾害遇难人口风险	tf_hs	10年一遇，20年一遇，50年一遇，100年一遇
	长江三角洲地区10年、20年、50年、100年一遇综合自然灾害房屋倒塌风险	house	rl_10a，rl_20a，rl_50a，rl_100a
	长江三角洲地区10年、20年、50年、100年一遇综合自然灾害直接经济损失风险	loss	rl_10aloss，rl_20aloss，rl_50aloss，rl_100aloss
	长江三角洲地区10年、20年、50年、100年一遇综合自然灾害遇难人口率风险	tf_hs	death_10，death_20，death_50，death_100
	长江三角洲地区10年、20年、50年、100年一遇综合自然灾害直接经济损失率风险	loss	loss_ra_10，loss_ra_20，loss_ra_20，loss_ra_100
相对风险	长江三角洲地区自然灾害年均发生次数（1981—2010年）	frequency	年均总灾害
	长江三角洲地区综合自然灾害房屋倒塌风险等级	integrated_house	栅格要素的value
	长江三角洲地区综合自然灾害遇难人口风险等级	integrated_pop	栅格要素的value
	长江三角洲地区综合自然灾害直接经济损失风险等级	integrated_EL	栅格要素的value
灾害链	台风"麦莎"的路径及影响范围	track_line	无
	长江三角洲地区台风"麦莎"—滑坡泥石流灾害链危险性等级	lian.img	栅格要素的value
	台风"贺伯"的路径	track_line	无
	长江三角洲地区台风"贺伯"—滑坡泥石流灾害链危险性等级	lian.img	栅格要素的value

④典型区自然灾害风险数据库。典型区自然灾害风险数据库包含上海、宁波、苏州三个地区乡镇/社区级别的脆弱性和各主要自然灾害及综合自然灾害风险的评估数据，其主要数据图层（数据表）及重要专题字段如表6-9所示。

第6章 灾害风险地图

表 6-9 典型区自然灾害风险数据库数据图层一览表（史培军等，2014）

地区	数据名称	数据图层	专题字段
上海	上海社会脆弱性等级（2003年、2007年、2009年）	shanghai	Sovi03，Sovi07，Sovi09
	上海台风灾害风险（考虑自然脆弱性）	shanghai_inter	台风风险
	上海洪涝灾害风险（考虑自然脆弱性）	shanghai_inter	暴雨风险
	上海台风与洪涝综合灾害风险（考虑自然脆弱性）	shanghai_inter	自然灾害风险
	上海台风与洪涝灾害社会脆弱性	脆弱性_sh	Max_Sovi09
	上海台风与洪涝综合灾害相对风险	脆弱性_sh	td
宁波	宁波社会脆弱性等级（2004年、2009年）	ningbo	Sovi04、Sovi09
	宁波台风灾害风险（考虑自然脆弱性）	ningbo_10w	台风风险
	宁波洪涝灾害风险（考虑自然脆弱性）	ningbo_10w	洪灾风险
	宁波台风与洪涝综合灾害风险（考虑自然脆弱性）	脆弱性_nb	自然灾害风险
	宁波台风与洪涝灾害社会脆弱性	脆弱性_nb	Max_Sovi09
	宁波台风与洪涝综合灾害相对风险	脆弱性_nb	td
苏州	苏州社会脆弱性等级（2003年、2005年、2007年、2009年）	suzhou	Sovi03，Sovi05，Sovi07，Sovi09
	苏州台风灾害风险（考虑自然脆弱性）	suzhou_5w	台风
	苏州洪涝灾害风险（考虑自然脆弱性）	suzhou_5w	洪涝综合
	苏州台风与洪涝综合灾害风险（考虑自然脆弱性）	suzhou_5w	综合风险
	苏州台风与洪涝灾害社会脆弱性	脆弱性_sz	Max_sovi
	苏州台风与洪涝综合灾害相对风险	脆弱性_sz	total

⑤历史灾害数据库。历史灾害数据库包含长江三角洲地区历史台风、洪水灾害案例数据及多灾种遭遇的统计数据（表6-10）。

表 6-10 历史自然灾害数据库数据图层一览表（史培军等，2014）

数据名称	数据图层	专题字段
1849年中国洪涝区分布	洪涝区	无
1849年中国降雨过程推移分布	1849年降雨过程推移图	强降水过程
1849年长江流域四月雨区和雨强分布	四月雨区和雨强分布	四月雨
1849年长江流域闰四月雨区和雨强分布	闰四月雨区和雨强	闰四月雨
1849年长江流域五月雨区和雨强分布	五月雨区和雨强	五月雨
1724年长江三角洲地区气候灾害分布	风区、雨区、潮区、洪涝区	无
长江三角洲1883年台风灾害分布（8月3日至8月7日）	啸、潮、风、雨、洪、涝	无
长江三角洲1883年台风灾害分布（8月22日至8月24日）	啸、潮、风、雨、洪、涝	无
长江三角洲1883年台风灾害分布（8月29日至8月30日）	啸、潮、风、雨、洪、涝	无
长江三角洲地区1883年台风灾害分布	啸、潮、风、雨、洪、涝	无

⑥地图文档索引数据库。在专题数据库建立的基础上，为了保证地图渲染效果和地图文档科学管理，实现从专题数据库到地图文档数据库的过渡，设计了地图文档索引数据库。与前述其他数据子库一致，地图文档索引数据库主要包括序图、单灾种风险、综合灾害风险、典型区风险、历史灾害和库名索引6个数据表。其中，前5个数据表的结构如表6-11所示。通过用户提交的地图访问请求，获取待访问地图的名称，再通过地图名称查询地图文档检索库中相应的数据表，获得对应的地图文档路径，结合ArcGIS的地图文档和数据库管理机制，即可访问该地图所包含的全部专题图层数据，并保留地图制图渲染效果，实现最终地图产品的浏览。库名索引数据表包括库名和库编号两个字段，可以通过库名字段与其他数据表连接，并实现数据库全库的访问。

表 6-11　地图文档索引数据库数据表结构（史培军等，2014）

字段名称	字段类型	字段描述	是否主键
ID	数字	数据记录编号	是
地图名称	文本	每条记录地图的名称	否
地图文档	文本	每条记录地图文档的路径	否

自然灾害系统数据库物理设计　数据库物理设计主要指数据库记录的存储格式、记录存储安排和存取方法的设计，其目的是为逻辑数据模型选取一个最适合应用环境的物理结构。它依赖于具体的硬件环境和数据库产品。在关系型数据库系统中，文件形式和数据结构固定，物理设计相对简单，主要关注于数据类型、数据长度、索引机制、空间大小、块的大小等。长江三角洲地区综合自然灾害风险地图数字系统利用商业化的数据库管理软件，避免了计算机物理存储方面的问题。设计时关注于各字段数据类型与数据长度的选择，这种选择主要取决于用户在数据存储空间和数据精度之间的权衡。

(2) **数据库管理**

长江三角洲地区综合自然灾害数据库系统主要采用 ESRI Geodatabase 和 Microsoft Access 软件进行系统数据库创建和管理。系统数据库管理过程如图6-5所示。系统空间数据由 Geodatabase 进行统一管理。Geodatabase 提供了各种标准的空间对象建模接口，根据这些接口，栅格数据通过栅格数据集进行管理；具有相同空间参考和一定逻辑联系的要素类构成要素数据集；对象类为没有空间特征但与空间对象有一定关联的各类实体提供接口；关系类定义了两个不同的要素类或对象类之间的关联关系。在搭建好数据库框架的基础上，将各专题数据分别载入 Geodatabase 提供的各个相应的接口中，实现不同类型空间数据的统一管理。同时，由 Geodatabase 统一管理的各类空间数据同样以数据表的形式存储于 Microsoft Access 数据库中，保证了利用 SQL 语言对空间对象进行数据查询和检索功能的实现。

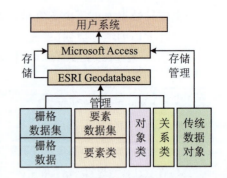

图 6-5　三角洲地区综合自然灾害系统数据库管理示意图（史培军等，2014）

此外，为了保证地图制图渲染效果而设计的地图文档索引数据库，其数据表涉及的均为传统的关系型数据对象，可通过 Microsoft Access 数据库管理系统进行创建、存储和管理。用户系统在访问地图数据时，可先通过 SQL 语言访问 Access 数据库，并通过 Geodatabase 空间数据管理机制，访问相应的专题数据。同时，用户可以在 ArcGIS 桌面平台下直接对空间数据进行编辑和修改，更新的结果将会自动保存到 Access 数据库中；对于地图文档索引数据库，用户可以在 Microsoft Access 软件中直接进行编辑和处理。

6.1.4 自然灾害案例数据库

从灾害系统的理论出发，建立信息高度集成的包括时间和空间等多维数据在内的自然灾害案例数据库，对于挖掘自然灾害潜在信息和研究自然灾害形成机制意义重大。下文以中国 1998 年洪水灾害建立自然灾害案例数据库为例，探讨了这类数据库的应用(方伟华等，1998)。

(1)自然灾害案例数据库的分类

基于前人的研究和自然灾害系统的复杂性与动态性，依据自然灾害数据分析的主要功能，可将自然灾害案例数据库分成 5 类(表 6-12)，即利用统计资料，侧重于致灾因子时空分异规律研究的统计型数据库；探索自然灾害成因机制，侧重于信息空间匹配的空间关系型数据库；侧重于时间规律研究的时间关系型数据库；针对灾害系统中各种因素深入分析的要素关系型数据库；针对自然灾害发生的整个过程，可以系统地分析自然灾害时空分异规律、成因机制和自然灾害预测、防御的过程关系型数据库。

表 6-12 自然灾害数据库类型比较(徐霞等，2000)

项目	统计型	空间关系型	时间关系型	要素关系型	过程关系型
描述的对象	多种灾害	1 种灾害	1 种灾害	多种灾害	多次灾害过程
数学概念模型	$Y=F(A_1,\cdots)$或 $Y=F(A_2,\cdots)$	$Y=F(A, C, D, \cdots)$	$Y=F(A, T, \cdots)$	$Y=F(A_1, A_2, \cdots)$	$Y=F(A, C, E, T, \cdots)$
图形表示	Y分支A、C、T	Y分支T、C、A，C分支C_1、C_2	Y分支T、C、A，T分支T_1、T_2	Y分支T、C、A、B	Y分支$C(C_1,C_2)$、$T(T_1,T_2)$、$A(A_1,A_2)$
揭示的内涵	自然灾害在宏观区域上的时空分异规律	某种自然灾害子系统之间，在空间上相互耦合关系自然灾害的形成机制	某种自然灾害在时间序列的表达灾害发生趋势和灾害预测	灾害系统各灾种之间的相互作用，自然灾害形成机制	某种灾害形成、发生和发展的整个过程，揭示灾害时空规律、成因机制和灾害预测

注：Y—灾害系统中的灾情，A—自然灾害种类，C—研究的区域单元，D—灾害系统中灾害经济的表达，E—承灾体的表达，T—灾害发生的时间

自然灾害案例数据库属于过程关系型数据库，是由多个灾害案例组成的灾害信息的集成。自然灾害案例数据库的基本单元是具体的灾害案例，每一个灾害案例是对一次具

体灾害过程的系统性描述。多个灾害案例集成在一起,对自然灾害系统形成既有空间和时间相关,又有要素和过程相关的数字化自然灾害区域信息系统,从而实现对自然灾害时空分异规律、成灾机制与过程、区域规律和转移规律的深度研究,为综合减灾服务。

(2) 中国 1998 年洪水灾害案例库的建立

中国 1998 年洪水灾害案例库数据库是在 Windows 平台和 FoxPro 6.0 的支持下建成的,共有 2 320 条记录,约 7.6 万个数据。其中,长江流域洪水案例含 1 400 多条记录,4.6 万多个数据,松嫩流域洪水案例含 380 多条记录,约 1.4 万个数据,其他各流域的洪水案例含 500 多条记录,1.6 万多个数据(表 6-13)。

表 6-13 洪水灾害案例数据库内容结构(方伟华等,1998)

公共字段名	承灾体库	孕灾环境雨情库	致灾因子水情库	灾情库	人类响应库
县名,县代码,开始时间,结束时间,资料来源	人口,国民生产总值,耕地面积,城镇用地面积,林地面积,草地面积,水域用地面积,其他用地面积	持续时间,雨量	水文站名,流域,流量,水位,历史最高水位,超警戒水位	受灾面积,成灾面积,受灾人口,伤亡人口,损坏房屋,倒塌房屋,直接经济损失,工矿企业、交通、通信、基础设施	国家救济,抗洪物资投入,抗洪人数

资料来源:中国 1998 年洪水灾害案例库的数据可分为两类——属性数据和空间数据。洪水灾害属性数据是根据自然灾害系统原理采集的,其中洪水灾害孕灾环境的雨情数据来源于 1998 年气象观测和分析资料;致灾因子的水情数据主要来源于水文站监测资料;承灾体的人口经济数据主要来源于人口统计和经济统计,以及土地测量等部门;灾情数据来源于民政等部门的有关报告,同时还参考了遥感监测获得的对洪水的监测数据,以及各种专业性报刊对洪水的报道和描述。

空间数据以县域为基本单元,流域为第 1 级区域单元,考虑到行政上的统一管理,同时在灾害形成过程中,某一处的灾害将影响到整个行政管理区域的经济。因此,1998 年洪水灾害案例数据库中的基本单元采用面和点的叠加,即经济单元县域和自然单元流域叠加,这里的流域数据以水文站点存储,做到点和面的结合,经济系统和自然系统的结合。

数据库的结构 依据自然灾害系统原理,考虑到洪水灾害案例数据库的要求和数据的特点,中国 1998 年洪水灾害案例数据库分成六大部分,包括承灾体数据库、孕灾环境雨情数据库、致灾因子水情数据库、灾情数据库、人类响应数据库 5 个属性数据库(表 6-13)以及 1 个空间数据库。

数据库的精度处理 由于测量技术的进步和多种媒体的引入,灾害案例数据库的数据精度有了很大提高。数据库中数据误差主要来源:一是,媒体报道对内容进行取舍,造成信息的缺失;二是,收集报刊资料时的人为因素,造成信息的重复或失实。由于不同媒体对水情等数据的报道不一致,以水利部门的数据和资料为准,利用报刊资料建立的洪水灾害案例数据库作出的水位过程曲线和水利部门所作的水位过程曲线相比较,发现二者基本一致,这就说明了 1998 年洪水灾害案例数据库对洪水的整个过程有很强的表现力。

(3) 中国1998年洪水灾害基本特征

洪水灾害分布 由中国1998年洪水灾害案例数据库编制的洪水灾害分布范围图,可知1998年洪水灾害具有影响范围大、持续时间长、灾情严重的特点。全国共有29个省(自治区、直辖市)遭受了不同程度的洪涝灾害,324个县遭受水灾。此外,还具有南北同时发生特大洪水的特点:南部主要集中在长江流域的干流两岸,以及洞庭湖和鄱阳湖两大湖泊的周边地区;北方主要集中于松嫩流域,值得注意的是与长江流域历史大洪水相比(表6-14),1998年洪水淹没的范围小很多。1931年长江流域下游几乎全部受淹,1954年洪水淹没面积$317 \times 10^4 \ hm^2$,而1998年长江中下游淹没总面积为$32.1 \times 10^4 \ hm^2$,淹没面积是1954年的10.1%。

表6-14 1998年与历史时期6月至8月降水量对比(方伟华等,1998)

流域	站名	1954年降水量/mm (B)	1957年降水量/mm (B)	1998年降水量/mm (A)	A/B
长江流域	成都	598		616	1.03
	重庆	515		819	1.59
	宜昌	904		725	0.80
	沙市	999		582	0.58
	汉口	1 086		868	0.80
	岳阳	1 277		765	0.60
	九江	1 007		884	0.88
松嫩流域	齐齐哈尔		548	392	0.72
	佳木斯		385	486	1.26
	哈尔滨		481	436	0.91
	白城		603	603	1.00
	海拉尔		218	286	1.31
	林东		292	608	2.08

雨情特征 利用雨情数据库可以分析一次洪水灾害发生的气候背景。1998年的雨情特征可以概括为降水量大、持续时间长、降水强度大(表6-14)。总的来说,1998年长江流域降水较大,一般都在600 mm以上,但与1954年相比,除了重庆和成都的降水量偏大一些,其他的几个站点均小于1954年的降水量,说明1998年长江流域的降水主要集中于上游地区。1998年松嫩流域的降水量较历史时期大,除齐齐哈尔和哈尔滨水文站测得的降水量比历史上的1957年低外,其他水文站均高于1957年6—8月的总降水量。其中,1998年林东水文站测得的降水量达到1957年的2.08倍。因此,在1998年的洪水灾害中,降水量偏多、降水比较集中是引起大型洪涝灾害的直接原因。同时,南方和北方的6—8月的降水量有一定的差别,南方降水量大,但与历史同期相比偏小;北方的降水量与历史同期相比则偏大。

水情特征 水位高且超警戒水位持续时间长,大部分水文站水位超警戒水位时间长达两个多月,是1998年洪水水情的一大特征。长江流域各站点的水位均高居不下,长沙水文站水位高达39.18 m,高出警戒水位4.18 m;城陵矶水文站的水位高达35.94 m,高出警戒水位 3.94 m。益阳和沙市水文站的水位与其他水文站相比，相对较低，但是也超出警戒水位 1.91 m 和 2.22 m。由于降水量 1998 年明显增多，松嫩流域水位迅猛上涨，均超过警戒水位，同盟、齐齐哈尔、江桥和大赉水文站的水位分别达到 170.69 m、149.30 m、142.37 m 和 131.47 m，分别超过警戒水位 0.84 m、2.30 m、1.93 m 和 3.29 m，超过历史实测最高水位 0.25 m、0.69 m、1.61 m 和 1.27 m。

灾情特征 1998 年洪水灾情严重，但死亡人口少(表 6-15)。全国受灾面积 2.6×10^4 hm²，成灾面积 1.6×10^4 hm²，受灾人口 2.3 亿人，死亡人口 4 150 人，倒塌房屋 685 万间，直接经济损失 2 551 亿元，其中长江流域的江西、湖南、湖北，松嫩流域的黑龙江、内蒙古和吉林等省区受灾最重。20 世纪 90 年代的各次洪水灾害的损失具有逐次增大、人口死亡逐次减少的趋势(表 6-15)。1998 年的洪水所造成的损失除了死亡人口相对较少外，其他的各类损失均达到 20 世纪 90 年代以来的最大值。

表 6-15 20 世纪 90 年代中国洪涝灾情表(方伟华等，1998)

年份 项目	1991	1994	1995	1996	1998
受灾人口/亿人	—	2.23	2.38	2.66	2.3
受灾面积/10^4 hm²	2 460	1 882	1 437	2 053	2 578
成灾面积/10^4 hm²	1 461	1 149	800	1 220	1 585
倒塌房屋/万间	498	349	229	542	685
死亡人口/人	5 113	5 340	3 852	4 827	4 150
直接经济损失/亿元	779	1 798	1 653	2 200	2 551

灾害响应 1998 年洪水灾害中，人们表现出很强的防灾、减灾意识。这次灾害牵动着所有中国人的心，投入的抢险物资种类多、数量大，总价值达到 130 多亿元。各地人民纷纷捐款捐物，捐款总额多达 35 亿多元，捐物折款达到 37 亿多元(表 6-16)。

表 6-16 1998 年抗洪抢险过程中物资及资金的投入(方伟华等，1998)

类别	数量	类别	数量
参与抗洪抢险人数/万人	800	铅丝/t	455
编织袋/亿条	1	砂石料/10^4 m²	6.79
布类/10^4 m²	1 886	抢险机械/台	182
救生用品/万个	67.98	中央拨款/亿元	83.3
帐篷/顶	4 650	地方政府拨款/亿元	27.9
照明灯/台	3 082	社会捐助款/亿元	72.59

6.2 灾害风险地图的编制

灾害风险地图编制要突出显示区域灾害时空分异规律，就必须以地域分异理论为基础。地域分异理论的核心内容是自然地理环境各要素及其相互作用形成的自然综合体之间的相互分化，并因此产生的差异。一般认为，自然地域分异规律包括地带性规律、非地带性规律及地方性规律等。灾害风险地图的主要功能是反映区域灾害总体规律和灾害系统内部各要素间的相互关系，显示灾害组合及灾情程度的地域分异等。实现这些功能的制图关键是制图综合和地图统一协调。制图综合和统一协调是重要的制图理论问题，关系到地图效果的科学性、明辨性和艺术性。

6.2.1 灾害风险制图的地学理论基础

(1) 地理学基础

综合性和区域性是地理学的两个重要基本特征。地域分异理论是区域地理学的基本理论（图6-6）。指导制图综合与统一协调，首要的、最基本的理论依据是地域分异理论，即由纬度决定的热量带规律、由距海远近决定的水分带规律、由高度决定的垂直地带规律以及地质地貌和人类活动产生的非地带性规律。

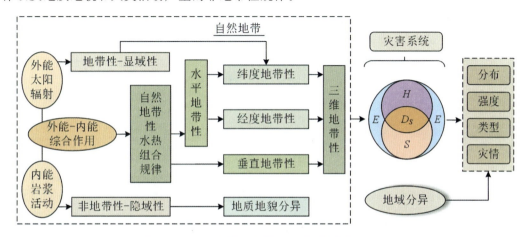

图 6-6 地域分异理论与区域灾害（王静爱，1988）

由于资料来源不同，各图表示方法差异较大，为在有限的面积上表示出区域自然灾害的基本分布特征和每一种灾害现象的主要特点，必须进行制图综合，即对制图现象进行取舍、化简、概括等，而且每种灾害制图综合的具体依据有所不同。统一协调是地图编制的重要特征之一，其目的在于保证各地图反映的专题现象之间的相互联系和依存规律能得到正确反映，以便于更好地读图和用图。灾害风险制图综合的统一协调应从整体性、系统性上求得统一，在差异性和特殊性上力争协调。而地域分异理论是指导相关现象统一协调的基础，因此在灾害风险地图制图综合中应将地域分异理论贯穿始终。

(2) 地图学基础

地图是人类认识客观世界的结果，也是为了满足人类改造自然的需要而产生的。在一定意义上，地图的表现形式及其功能演变也符合人类在不同历史时期对自然环境的认识和改造活动。

灾害风险地图综合是指生成较小比例尺的地图或较低分辨率的数据库，并且能够为不同层次的灾害风险管理决策提供适宜信息，同时减少信息的存储空间。灾害风险地图综合就是抽象概括这一认知方法在空间数据处理中应用的一个特例。常规综合中包含着两类核心操作——地理信息综合与地物图形再现。在什么条件下执行什么综合操作,其关键问题是对综合目标在整个灾害系统中的地位及其与局部关系的分析和判断;应明确在什么地方进行综合操作,同一综合操作在不同地区的应用条件应该是不同的。灾害风险地图综合主要是针对一个地物的孤立综合,现在研究的重点已转向建立结构化自动综合的基础模型与算法(图6-7)。

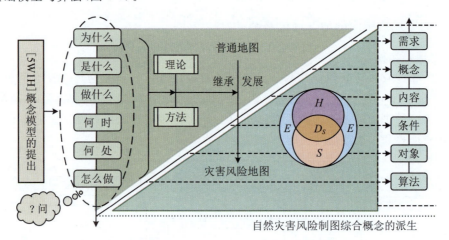

图6-7 灾害风险制图综合的地图学基础(潘东华等,2010)

(3)灾害学基础

区域灾害系统理论是灾害系统的组成、结构、功能及其内在的关系以及灾害和风险的形成过程等方面的理论研究,囊括了突发性和渐发性灾害发生发展过程中的主要因子及其内在机制。区域灾害系统理论是灾害风险制图综合的灾害学基础。

6.2.2 灾害风险制图符号与符号库设计

(1)灾害地图符号设计

地图符号主要包括三种类型,分别是图形符号、色彩符号和文字符号。

图形符号设计 图形符号主要是以形状、结构等个性特征指代一定的对象,它可以是简单抽象的点、线和几何形状等记号性符号,也可以是模拟表现对象形状的艺术符号,其图形变化极为丰富。表象性符号之所以类型众多和形式多样,是因为它是各种基本图形元素变化和组合的结果,这种能引起视觉差别的图形和色彩变化因素被称为"视觉变量"。视觉变量作为图形符号的基础,在提高符号的构图规律和加强地图的表示效果上起着不可忽视的作用。为了描述各种各样的自然灾害,灾害符号的图像特点差别很大,但作为自然灾害地图上的基本元素,它们应具备一些共同的基本条件,承担载负和传递信息的功能,满足作为符号的基本要求(图6-8)。

①图案化。"图案化"是对表征自然灾害要素的素材进行整理、夸张、变形,使之成为比较简单的规则化图形。自然灾害地图上绝大部分图形符号都需要图案化。灾害符号的图案化主要体现在两个方面:首先,要对形象素材进行高度概括,去除其枝节成分,把最基本的特征表现出来;其次,图形应尽可能地规格化。

②象征性。借助符号的具体形象使人们看到符号时产生关于自然灾害的联想。因此,

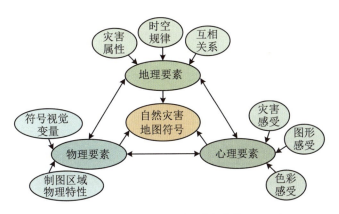

图 6-8　灾害地图符号设计（潘东华等，2010）

在设计图案化符号时，一般应尽可能地保留甚至夸张所表达的灾害形象特征，包括外形的相似、结构特征的相似、颜色的相似等。对于非具象的灾害应尽量选择与其有密切联系的形象作为基本素材，例如地震点位符号要准确表示地震震中位置，因此需要选用具有较强定位性的符号，如圆、正方形等；同时，为了表示地震的能量由震中向外传播，并递减，选用颜色由中心向外减轻的发光球表示比较合适。

③清晰性。首先，符号要尽量简洁，复杂的符号需要较大的尺寸，会增加图面载负量，应用尽可能简单的图形表现尽量丰富的信息，提高图形的信息效率。其次，要有适当的对比度。细线条构成的符号对比弱，适于表现不需太突出的内容；具有较大对比度（包括内部对比和背景对比）的符号则适合表现需要突出的内容。另外，清晰性还与符号的紧凑性有关。紧凑性就是指构成符号的元素向其中心的聚焦程度和外围的完整性，这实际上是同一符号内部成分的整体感。结构松散的符号效果较差，而紧凑的符号则具有较强的感知效果。

④系统性。自然灾害的发生有一定的因果关系，灾害风险系列地图之间也有着一定的联系。因此，不能孤立地设计每一个自然灾害符号，而要考虑它们与其他符号的关系。

色彩符号设计　色彩符号既可以单独具有符号意义，也可以作为图形符号视觉变量的一部分使用，经常是色彩和图形配合，使地图符号具有更准确的表现力。自然灾害风险地图是以视觉图像表现和传递自然灾害空间信息的，图形和色彩都是构成灾害地图的基本要素。色彩作为一种能够强烈而迅速地给读图者传递灾害信息的因素，在灾害地图中有着不可忽视的作用。而色彩本身也是地图视觉变量中非常重要的一个变量。灾害风险地图设计的效果，无论在内容表达的科学性、清晰易读性，还是地图艺术性方面，都与色彩的运用有关。色彩对于自然灾害地图的作用不仅仅是装饰，更多的是在数据的可视化表达上，以色彩表示自然灾害风险的空间分异规律。普通地图的色彩是约定俗成的，各类要素的色彩有着详细的规定；专题地图则不同，其专题要素的色彩随着制图者的改变而改变。自然灾害地图属于专题地图，其色彩设计也因人而异。一般而言，色彩设计时需要综合考虑色彩的感受与象征意义，要素的空间分布特征。

①色彩的感觉与象征。色彩的感觉主要包括以下几个方面：色彩的兴奋与沉静感、冷暖感、进缩感、轻重软硬感等。在自然灾害风险地图色彩设计时，考虑较多的是色彩

的兴奋与沉静感、冷暖感、进缩感。当人们观察色彩时,会产生不同的情绪反应:有些色彩使人兴奋,有些色彩使人消沉。在影响人的情感色彩属性中,色相的影响因子最大,其次是饱和度,最低的是明度。最令人兴奋的色彩是红、橙、黄等暖色,而最令人沉静的是青、蓝、蓝紫、蓝绿等冷色。一般高饱和度的色彩比低饱和度的色彩给人的视觉冲击力更强,感觉积极、兴奋;随着饱和度的降低,色彩感觉逐渐变得沉静。同饱和度不同明度的色彩,通常高明度的色彩比低明度的色彩视觉冲击力强。低饱和度、低明度的色彩属于沉静色。

色彩之所以会使人产生冷、暖感觉,主要源于生活,特别是自然现象。当人们看到红色、橙色、黄色便会联想到太阳、火焰,从而感到温暖,故称红色、橙色等色彩为暖色;看到青色、蓝色就会想到雪夜、天空、大海等,从而感到凉爽,故称青色、蓝色等色为冷色。色彩的冷暖是相对的,两种色彩相比常常是决定其冷暖的主要依据。如与红色相比紫色偏于冷色,而与蓝色相比则偏于暖色。

色彩的象征性是人类长期实践的产物,其形成有个历史过程。由于地区风俗习惯的不太一致,色彩的象征也有区别。比如,红色象征欢乐、喜庆、兴奋,同时它也可代表危险、灾害和恐怖;绿色象征春天、和平、安全等。

②色相选择。色相是表征色彩差别的最主要因素。不同类型的自然灾害之间的差别主要靠色相来体现。长江三角洲地区主要自然灾害是一种客观存在的现象,其色彩设计主要考虑色彩的感受;而综合自然灾害风险是基于自然灾害风险综合评价得出的,其色彩的设计主要考虑到色彩的象征意义,如红色代表危险、警示,绿色代表和平、安全。因此,在综合自然灾害风险地图中,一般最高风险用红色表示,最低风险用绿色表示,中等风险用黄色表示,从红色到黄色再到绿色的色相渐变表示了综合自然灾害风险由高到低过渡。

③明辨度与饱和度的确定。质的差异常用色相来区别,而表示量的不同常用到明度和饱和度。明度和饱和度的确定方法又和所表达对象的空间分布特征相关。

多用点状符号色相变化来表示物体质和类的差异;当要表示数量差异的时候,多用符号的大小来表示数量等级,此时点状符号一般选用饱和度较高的色彩。而明度的确定由地图底色决定,若底色明度偏低,则点状符号用高明度的色彩,反之,用低明度色彩,以便它能从背景图层中凸显出来。线状色彩与点状色彩的设计原则一致。

当使用面状符号时,可通过不同颜色填充在其边界范围内,区分区域的不同类型和质量的差别。自然灾害风险评价往往针对某个时间、某个地点进行的一种灾害或几种灾害,因此常用不同的颜色、花纹或图斑填充不同的区域范围。色彩的作用仅仅是区分出不同的区域范围,并不表示任何的数量或质量特征,视觉上不应造成某个区域特别明显和突出的感觉,但区域间又应有适当的对比度。

由于制图单元和所表达对象空间分布特征的限制,长江三角洲地区自然灾害风险系列地图中,布满整个制图区域的分级统计图较多。这些图主要用来表示致灾因子危险性等级、承灾体脆弱性等级、风险等级等,这些都属于色级底色的范畴。色级底色选择时要遵从深浅变化和冷暖变化的顺序和逻辑关系。色级底色用单一色彩或邻近色彩通过明度变化表示数量不同,一般明度大的表示数量少,明度小的表示数量多。

当所表达的制图要素空间分布琐碎,用单一色或邻近色的渐变不能清晰地反映出要素的分布情况时，为了提高地图的明辨度，可以用色相环上跨度较大的色彩渐变。此时明度的选择就发生变化了，一般采取"两头小，中间大"的原则，在级别的两端用低明度的色彩，中间用高明度的色彩。

文字符号设计　地图上各种文字具有空间定位特征，也是地图符号的一种形式。地图上文字与图形、色彩配合，更增强了信息描述的准确性。

(2)灾害地图符号库的设计

设计原则　地图符号库是存储地图符号的数据库，通常采用符号分类存储的方式，以实现对符号的科学管理。地图符号是在地图上表示各种空间对象的图形记号，同时它又是在大小有限的空间中定义了定位基准的且有一定结构的特征图形。符号库是符号的有序集合，其系统的设计需要考虑很多方面因素。自然灾害风险地图符号库设计时除了需要遵循完备性、通用性、精确性、易用性、开放性和可扩充性等一般符号库的基本原则，还需要考虑以下原则(潘东化等，2010)：

①多样性原则。不同比例尺的地图对符号的要求不同，例如各种专题要素的点、线、面属性会随着比例尺的变化而变化，大比例尺地图上的面在小比例尺地图上可能就只是一个点；另外，较复杂形象的符号在大比例尺地图上可清晰表示，但在小比例尺地图上就不具有明辨性，甚至可读性。因此，需要强调同一专题要素符号的多样化。根据以上两种需求，我们对于主要的专题要素会设计从简单抽象到复杂形象的一系列符号。

②标准性原则。尽量采用已有的、已被广泛接受和使用的符号，特别是现行标准，例如国家、地方、行业相关标准，如国家标准《国家基本比例尺地图图式》(GB/T 20257)，地方标准《数字林业　森林资源基本图图式》(DB 35/T 684—2006)，行业标准《1：1 000 000数字交通图分类与图式规范》(JTJ/J 0901—1998)等。一方面，已形成标准的符号经过使用，其科学性、视觉感受效果以及艺术性等都已经经过了实践的检验；另一方面，其标准的符号被广大地图使用者所熟悉和接受，使用这样的符号增强了地图的可读性，有助于读者提取地图信息。

③三维存储原则。在几何符号维度的确定上，专题要素的点、线、面属性决定了符号是点状的、线状的，还是面状的。在自然灾害符号维度的确定上，受专题要素属性特点的制约，要抓住专题要素最重要的属性特点，用合适的符号进行表达。在应用符号维度的确定上，充分考虑符号的简明程度、应用范围、信息的分级表达等各个要素。平衡符号形象化与简洁性之间的关系，确保符号的清晰性和易读性。

④美观性原则。在进行自然灾害地图符号的设计时，应该在美学理念的指导下，通过深入研究现代人对图形、色彩和形式美的追求趋势，充分利用图形图像处理技术和多媒体技术等来增强自然灾害地图符号的美感。

分类与编码　为了使设计的自然灾害风险地图符号能在符号库里科学地存储和方便地检索，需要对设计的自然灾害符号分类并编码。

自然灾害符号分类的总体原则为尽可能枚举所有可能的符号类型；不考虑符号的方向问题；分类系统需要具有统一格式；分类系统不超过5级类；分类编码具有统一的格式。对符号进行分类时，需要按照符号类型将符号库分为四个1级类——点状、线状、面状和体状符号。

编码是将事物或概念(编码对象)赋予有一定规律性的、易于计算机和人识别与处理的符号。几何符号系统采用分层次编码法,将几何各专题要素划分为门类、大类、亚类。对符号进行分类编码时应遵循以下原则:1级类用英文字母编码,如A代表点状符号,B代表线状符号,C代表面状符号,D代表体状符号;2~5级类用阿拉伯数字编码,其中2~4级类编码从1开始,第5级类从001开始;每一个符号应具有唯一的编码,每一个编码有相应的唯一符号与之对应。

基于ArcGIS符号库制作 在国内外所有的GIS软件中,最为出色的无疑是ESRI公司开发的ArcGIS软件,在地图制图方面也有着出色的表现,它总共有44类符号库,内容涉及自然、社会等各个方面。除此之外,ArcGIS具有一定的符号编辑控制功能。用户不仅可以在系统中添加自定义的符号,还可以修改和删除系统符号,并将编辑好的符号集文件保存在自己的工作空间中,以便制图时使用。ArcGIS还提供了具备符号设计功能的二次函数开发工具,用户可以自定义函数编辑符号。因此,可以以ArcGIS为基础,进行自然灾害符号库设计。

ArcGIS制作库的方法可归结为以下四种:基于ArcMap中已有符号制作符号库、基于图片制作符号库、基于TrueType字体制作符号库、多种方式组合制作符号库。不论采用上述何种方法,最终都需要在ArcMap的Style Manager中进行符号制作,可以打开ArcMap,从菜单Tools→Styles→Manager进入(潘东华等,2010)。

①基于ArcMap中已有符号制作符号库。ArcMap中最常用的符号有点符号(Marker Symbol)、线符号(Line Symbol)、面符号(Fill Symbol)、文本符号(Text Symbol)。在Style Manager中创建新的符号库文件,或打开已经存在的符号库,然后分别选择点、线、面的Simple等符号类型进行符号制作和组合符号制作。

②基于图片制作符号库。基于图片的符号制作支持BMP和EMF两种格式的图片文件。在两种图片文件存在的情况下,到Style Manager中创建新的符号库文件,或打开已经存在的符号库,然后分别选择点、线、面的Picture符号类型添加图片为符号,即可完成基于图片进行符号库制作。

③基于TrueType字体制作符号库。通常,符号库主要由索引区和数据区组成。数据区中存放符号的描述信息(图元集合)。就点状符号库来说,基本图元是一些任意线段和规则几何图形,如点、直线、折线、曲线、圆弧、文字等。这些符号在绘制时存在一些不足,主要表现在:直线折线等的存在使图形放大后容易出现锯齿;由于坐标数据不能自动压缩,在图形缩小时清晰度将降低;坐标系统的差异使得通过不同输出形式,需要作各种坐标转换和信息解译,效能受到影响;存储和索引机制不理想影响图形绘制的速度。

基于TrueType字体制作符号库的步骤如下:首先,在画图工具如CorelDRAW、Adobe Illustrator中,绘制需要的符号样式。符号的大小以300×300比较合适绘制好的符号保存成BMP、PNG、JPEG、WMF、ICO、EMF或GIF图片;然后,打开Font Creator工具,将绘制好的图片转换成字体,如果图片不太复杂,也可以直接在Font Creator绘制需要的符号样式。

④多种方式组合制作符号库。制作符号时也可以任意组合不同的制作方法,来制作不同的符号库。综合可知,比较简单的符号可以基于ArcMap中已有符号制作符号库,而复杂的符号应该结合图形软件,比如CorelDRAW、Adobe Illustrator等,用这些图形软

件绘制出的符号,直接导出成 BMP 或 EMF 格式,亦可添加到 Font Creator 生成 TrueType 字体,然后制作符号库(图 6-9)。

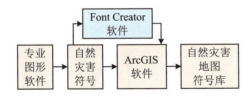

图 6-9 基于 ArcGIS 的自然灾害符号库建立流程(潘东华等,2010)

6.2.3 基于图层约束的灾害风险地图综合

(1) 图层约束综合的理论内涵

制图综合是地图在变换比例尺的过程中,为了保持地图内容详细性与清晰性的对立统一、几何精确性与地理适应性的对立统一,把空间信息中主要的、本质的数据提取后联系在一起,形成的新的概念。结合灾害系统理论,在一般意义制图综合的基础上,侧重分析针对灾害风险制图综合的约束图层,并且依据图层属性在灾害系统中的作用,通过调节不同阶段、不同层次的图层约束域来实现制图综合,但总的来说都是为了充分满足揭示灾害高风险区的明辨性、逻辑一致性和结构整体性的需求。针对灾害系统,构建了由灾害系统的语义约束、孕灾环境的结构约束、致灾因子的阈值约束、承灾体的空间约束、灾情表征的视觉约束组成的理论构架(潘东华等,2011)。

灾害系统的语义约束 灾害系统的语义约束是灾害风险制图综合的基础,主要约束风险制图前的数据库系统。它是指将评价数据按照灾害系统的要求进行界定、剔除、分类、归纳等,用于产生并突出在灾害风险评价过程中的类型、作用等内容,其方法是利用 GIS 数据库作为输入源,采用指标归类、选取、删除、类型合并等处理,产生派生数据库,如致灾因子危险性库、承灾体脆弱性库、承灾体暴露性库等。灾害系统的语义约束为区域灾害风险的科学评价奠定基础。

孕灾环境的结构约束 孕灾环境的结构约束主要强调综合前后地形、地貌、水系等孕灾环境要素的尺度对应和特征的保持。对于单个要素而言,结构约束主要是指形状的保持,如黄土地貌综合后,塬、梁、峁等整体结构的完整性。对于一组要素而言,结构约束主要是指要素分布特征的保留,如建筑物和道路平行建筑物的排列规律关系;要素分布的形状,如一个河网的空间结构——树枝状、放射状等。结构约束要能客观反映孕灾环境的结构特性,同时揭示孕灾环境在灾害的形成、发生、发展中的规律并能为减灾措施提供决策支持。

致灾因子的阈值约束 灾害是致灾因子对承灾体作用的结果。在特定的孕灾环境下,当致灾因子作用于承灾体的作用力超过某一阈值时,灾害便会发生。因此,在进行灾害风险评估时对致灾因子阈值的准确约束就显得尤为重要。致灾因子阈值的确定要充分考虑孕灾环境的区域差异性及承灾体的脆弱性,如降水距平是干旱的特征指标,但对于不同区域同一距平值所表征的旱灾灾情可能有所区别,又如同样等级的地震,发生在经济发展程度不同的区域,其灾情的损失大小就有很大差别。因此,确定不同区域灾情发生的致灾因子阈值对区域防灾应急方案的制订及以及灾后恢复有重要的指导意义。

承灾体的空间约束 承灾体的空间约束是指承灾体的暴露性约束,空间约束取决于风险评价所依据的基本单元。承灾体是致灾因子的作用对象,是人类及其活动所在的社会与各种资源的集合。承灾体的地图表达方式可以分为点、线、面三种以及三种的综合表现形式等,如居民点(点)、交通线(线)、土地利用类型(面)等。承灾体的暴露性在很大程度上决定了灾害风险区域的分布。当地图比例尺发生变化时,需要有针对性并准确地将承灾体的空间分布表达出来,例如随着比例尺的变化,承灾体的暴露性面积和形状随之变化,因而应将高风险区的承灾体加以空间约束,予以重点表达。承灾体的空间约束对区域灾害救助、灾害风险管理与防范具有导向性作用,可以使灾害救助工作开展得更具层次性和针对性。

灾情表征的视觉约束 视觉约束是制图综合约束条件中最为复杂的,它还同美学和复杂的人类感知密切相关。从承灾体及灾情的角度出发,在考虑一些必需的制图要求和直观设计等准则的同时,力求凸显灾情表征的特殊性与视觉冲击,反映因承灾体的脆弱性差异而导致的灾情放大与缩小现象,结合国内外主要自然灾害常用的色系,归纳总结了一些主要灾种的参考色系(图6-10)。同时,为了凸显自然灾害的警示作用,可采用一些方法来增强地图的感染力,例如通过典型化、聚合度、夸张等手段来增强地图幅面可视化平衡,使灾害高风险区或主导灾种在区域内更明辨、更清晰地呈现。

图6-10 主要自然灾害风险地图的色系示例(潘东华等,2011)

对于制图综合约束的描述其实就是对整个制图综合过程的描述,但以目前的水平而言是有一定困难的。以上对于制图综合约束的分类仅仅是从其作用来考虑的,只是约束分类的一个方面。其中,由于涉及美学、直觉等因素,相对于其他约束,灾情表征的视觉约束明显是最难定义的。要充分发挥制图综合约束的重要作用,就需要在自动综合系统中正确表达制图综合约束。同时,这些约束并不是独立的、割裂的,在基于图层约束的制图综合过程中,对于阶段性综合结果的评价往往需要对多个约束条件进行考虑。基于图层约束的综合是一个分阶段的、综合程度螺旋式递进的过程(图 6-11)(潘东华等,2011)。

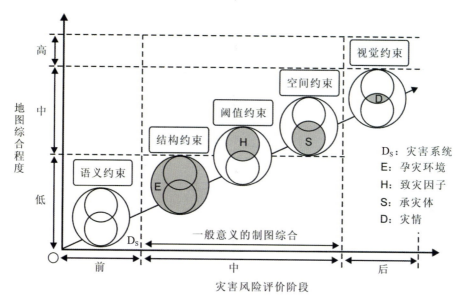

图 6-11　自然灾害风险制图过程中的图层约束综合(潘东华等,2011)

(2)基于图层约束的灾害风险制图综合设计

灾害风险制图综合设计是对地理和灾害现象认知升华的一个主客观过程,是地图学、地理学与灾害学有机结合并综合应用的体现。一方面是因为制图综合本身就是一个主观与客观相统一的过程;另一方面则在于制图工作者在地理认知中不仅全面、综合地分析和理解孕灾环境、致灾因子、承灾体特征,进而实施制图综合这项"科学的创造性的劳动",而且其实施过程中还包含了对一些客观的制图标准和规范的接受或认同。

基于图层约束的灾害风险制图综合设计主要受三方面影响:一是地图的用途,主要决定地图应表示和着重表示哪些方面的内容;二是地图的比例尺,主要决定地图内容表示的详细程度;三是制图区域的地理特点,即应显示本地区地理景观的特点。在这三种因素的影响下,制图综合的实质,就是以科学的抽象形式,通过选取和概括的手段,从大量制图对象中选出较大的或较为重要的,而舍去次要的或非本质的地物和现象;去掉轮廓形状的碎部而代之以总的形体特征;并用正确的图形反映制图对象的类型特征。基于图层约束的灾害风险制图综合过程大致可以分为三个阶段(图 6-12):第一阶段是面向灾害风险数据库的灾害系统语义约束,通过约束可以将与灾害风险有关的复杂数据概念化为致灾因子危险性数据、承灾体脆弱性数据、承灾体暴露性数据三类数据,以便为灾害风险制图过程中的分要素约束奠定基础;第二阶段是基于灾害风险评估模型,通过孕灾环境的结构约束、致灾因子的阈值约束、承灾体的空间约束三个层面的图层约束来实现灾害风险制图综合的科学表达，该阶段是整个制图综合过程的核心和难点；第三阶段是在灾害风险评价结果的基础上，通过灾情表征的视觉约束来增强灾害风险的区域明辨性和针对性，为区域的风险识别和防范提供最直观的表达。

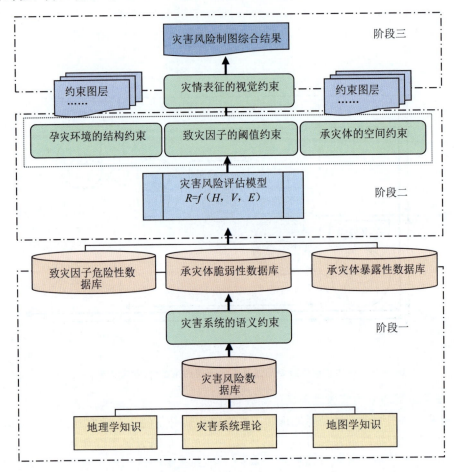

图 6-12　基于图层约束的灾害风险图综合过程（潘东华等，2011）

6.2.4　点状自然灾害风险地图综合

(1) 基于图层约束模糊推理系统(LC-FIS)的点综合框架

以滑坡灾害风险地图综合为例来阐述点状自然灾害风险地图综合。在 GIS 数字环境下，结合地理学和地图学知识，在充分揭示滑坡灾害风险表达明辨性、逻辑一致性和结构整体性的前提下，考虑各种与滑坡灾害相关的孕灾环境及致灾因子情况，提取滑坡点自动综合的主要约束图层，如滑坡灾害程度区划、地形坡度、地貌区划、地震长期烈度区划、年暴雨日数、年均降水量等图层信息，并结合模糊推理系统(FIS)算法通过空间数据挖掘，构建了各个约束图层的隶属函数，运用 Mamdani 模糊控制器进行近似推理，计算了每个滑坡点在 6 个约束图层下发生灾害的风险等级，为多尺度的滑坡灾害风险地图综合提供了新的思路与方法(图 6-13)(潘东华等，2013)。

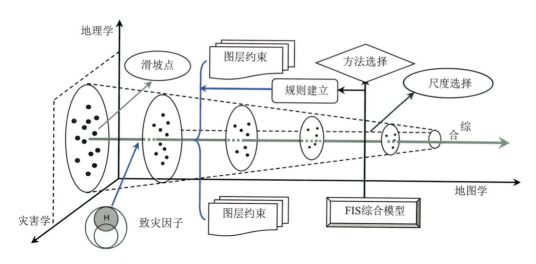

图 6-13　点状自然灾害风险制图综合框架(潘东华等，2013)

(2) 基于 LC-FIS 的点自动综合技术

滑坡灾害风险综合是基于地学理论基础，通过图层约束控制，依托模糊推理系统而实现的一种点状灾害风险地图综合方法体系，是地理学、灾害学与地图学统一协调、综合表达的一种模式，为多尺度、多区域、多时段表达提供了新的理论方法与技术手段(潘东华等，2011)。

滑坡点综合的地学理论基础　滑坡点综合的地学理论基础，主要包括地理学、地图学和灾害系统理论。就滑坡灾害而言，就是通过灾害空间数据挖掘，提取符合滑坡现象地理空间分布、遵循灾害发生规律、用户感兴趣的空间和非空间的模式、一般特征、规则和知识的过程。其中，地域分异理论是地图学图形综合和灾害学系统理论的综合表现，其核心内容是自然地理环境各要素及其相互作用形成的自然综合体之间的相互分化，及因此产生的差异。就滑坡灾害而言，要把滑坡点看作综合自然地理环境中的要素，是与其周边的孕灾环境、致灾因子、承灾体相互联系的一个整体。多尺度的灾害风险地图综合的主要功能就是要反映区域灾害总体规律，反映灾害系统内部相互关系，显示灾害组合及灾情程度的地域分异等，而实现这些功能的关键是地学理论的指导和统筹。

滑坡点综合的图层约束理论基础　滑坡点综合的图层约束理论，即通过地学规律分析，找出对滑坡发生影响最密切的图层作为综合的约束图层，选取滑坡灾害程度区划、地形坡度、地貌区划、地震长期烈度区划、年暴雨日数、年均降水量等图层信息作为控制滑坡综合过程的约束图层。约束图层的选择，一方面要能够切实反映出滑坡灾害的形成机理；另一方面要依据图层属性在灾害系统中的作用，厘定各图层在灾害发生中的约束阈值，通过调节不同阶段、不同层次的图层约束域来实现综合。总的来说，其目的都是为了充分满足揭示滑坡灾害高风险区的表达明辨性、逻辑一致性和结构整体性的需求。在地学理论基础上，充分体现灾害系统的语义约束、孕灾环境的结构约束、致灾因子的阈值约束、承灾体的空间约束、灾情表征的视觉约束的理论构架。

6.2.5 线状自然灾害风险地图综合

(1) 基于 LC-DP 的线综合框架

在 GIS 数字环境下，结合地理学和地图学知识，以铁路承灾体为例探讨线状自然灾害现象的综合问题。在充分揭示铁路沿线灾害风险表达明辨性、逻辑一致性和结构整体性的前提下，考虑各种与铁路承灾体相关的孕灾环境及致灾因子情况，总结中国铁路灾害风险地图综合的主要约束图层。主要约束图层包括地震长期烈度区划、滑坡危险性、泥石流灾害活动程度、多年平均最大积雪深度、水灾频次、沙尘暴年最大日数和湖泊分布的图层信息等，并结合道格拉斯-普克算法(DP)，通过空间数据挖掘，构建综合致灾强度与铁路密度的灾害风险矩阵，分类、分段对铁路进行综合风险评估，并对中国铁路作了点—轴模式的抽象概括，为多尺度的线状灾害风险地图综合提供了新的思路与方法(图 6-14)(王静爱，2011)。

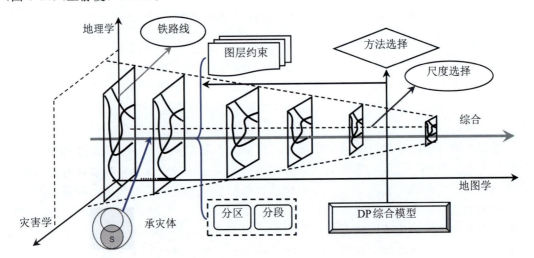

图 6-14　线状自然灾害风险制图中的综合理论框架(王静爱，2011)

(2) 基于 LC-DP 的线综合技术

铁路线灾害风险地图综合是基于地学理论基础，通过图层约束控制，依托道格拉斯-普克(DP)算法而实现的一种线状灾害风险地图综合方法，它是地理学、灾害学与地图学统一协调、综合表达的一种模式，为多尺度、多区域、多时段的信息综合表达提供了新的理论方法与技术支持(潘东华等，2011)。

铁路线综合的地学基础　从地理学、地图学和灾害系统理论的三种角度，构建铁路承灾体综合的地学基础。通过对铁路沿线自然灾害空间分布的数据挖掘，依据地域分异理论对铁路进行分区、分段模式下的综合，对相应区域内的铁路空间分布、综合致灾强度、一般特征和模式分析的过程。其中，地域分异理论是地图学图形综合和灾害系统理论的综合表现，其核心内容是自然地理环境各要素及其相互作用形成的自然综合体之间的相互分化，及因此产生的差异。就是要把铁路线看成是综合自然地理环境中的要素，是与其周边的孕灾环境、致灾因子及相关自然单元(湖泊)互相影响的一个整体。多尺度的灾害风险地图综合的主要功能就是要反映区域灾害总体规律，反映灾害系统内部相互关系，显示灾害组合及灾情程度的地域分异等。实现这些功能的关键是地学理论的指导和统筹。

铁路线综合的图层约束 铁路承灾体自动综合的图层约束理论，即通过地学规律分析，找出对铁路灾害发生影响最密切的图层作为自动综合的约束图层，下文选取了地震长期烈度区划、滑坡危险性、泥石流灾害活动程度、多年平均最大积雪深度、水灾频次、沙尘暴年最大日数和湖泊分布的图层信息，作为控制铁路线自动综合过程的约束图层。约束图层的选择，要能够切实反映出铁路沿线灾害的形成机理，把握科学性，并要依据图层属性在灾害系统中的作用，厘定各图层在灾害发生中的约束阈值，通过调节不同阶段、不同层次的图层约束域来实现自动综合。总的来说，都是为了充分揭示铁路承灾体高风险区的表达明辨性、逻辑一致性和结构整体性。在地学理论基础上，充分体现灾害系统的语义约束、孕灾环境的结构约束、致灾因子的阈值约束、承灾体的空间约束、灾情表征的视觉约束的理论构架。

铁路线承灾体综合的 DP 模型 铁路线承灾体综合的道格拉斯-普克（DP）模型主要是回答在地图自动综合过程中"怎么做"的问题，即当生成较小比例尺的地图或较低分辨率的数据库时，为不同层次的决策提供适宜的信息减少等而作出的方法选择。道格拉斯算法被公认为线状要素化简的经典算法，它的特点是从形状复杂的曲线点列中，通过相对简单的全局性递归运算，选出那些反映曲线总体及局部形态的主要特征点，它具有严格的保凹凸性，能保持曲线形状特征、减少线性位移量、保持分维值的优势。同时，与图层约束相结合的模型将以往单一的图形综合算法转变为有地学基础理论支撑的系统化自动综合的基础模型与算法，为自动综合算法的完善提供了坚实的地学基础。

6.2.6 面状自然灾害风险地图综合

(1) 基于 LC-WT 的面综合框架

结合地理学和地图学知识，以中国黄土高原—鄂尔多斯地区地貌为例探讨面状孕灾环境在自然灾害风险地图中的综合问题。在充分揭示孕灾环境对灾害风险表达明辨性、逻辑一致性和结构整体性的前提下，考虑各种与黄土高原地区地貌孕灾环境相关的自然地理要素，提取了该地区地貌综合的主要约束图层。主要的约束图层有多尺度水系、坡度等图层信息，并结合小波分析（WT）算法，通过二维小波变换，做不同尺度下的分解与重构，从而获取多尺度、多图层约束下的黄土高原地区 DEM 的优化表达，为黄土高原地区地貌灾害与孕灾环境的尺度约束提供了一定的参考，对地表形态的多尺度表达和综合及其综合程度评估方法作了初步的研究（图 6-15）（潘东华等，2011）。

(2) 基于 LC-WT 的面综合技术

以黄土高原—鄂尔多斯地区 DEM 孕灾环境的自动综合为例。该过程是基于地学理论基础，通过图层约束控制，依托小波变换而实现的一种面状灾害风险地图综合方法，它是地理学、灾害学与地图学统一协调、综合表达的一种模式，为多尺度、多区域、多时段表达提供了新的理论方法与技术手段（潘东华等，2011）。

DEM 自动综合的地学基础 DEM 自动综合的地学基础主要包括地理学、地图学和灾害系统理论。对黄土地貌而言，主要从其孕灾环境的角度出发，通过灾害空间数据挖掘，提取与黄土地貌灾害相关的约束要素图层。针对黄土高原—鄂尔多斯地区的地貌孕灾环境而言，就是要把面看作综合自然地理环境中的要素，是与其周边的致灾因子、承灾体相互联系的一个整体。多尺度的灾害风险地图自动综合的主要功能就是要反映区域灾害总体规律，反映灾害系统内部相互关系，显示灾害组合及灾情程度的地域分异等。实现这些功能的关键是地学理论的指导和统筹。

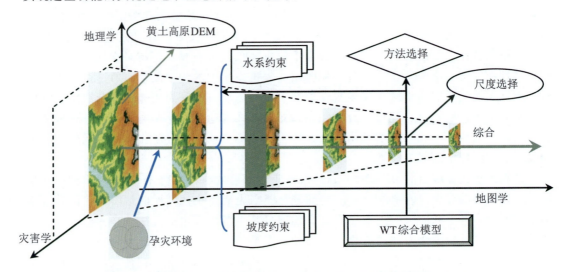

图 6-15　面状自然灾害风险制图中的自动综合理论框架（潘东华等，2011）

DEM 自动综合的图层约束　通过地学规律分析，选取了不同尺度的水系、坡度等图层信息作为控制地貌多尺度综合过程的约束图层。约束图层的选择，一是要能切实反映出地貌灾害的形成机理满足；二是要依据图层属性在灾害系统中的作用，厘定各图层在灾害发生中的约束阈值，通过调节不同阶段、不同层次的图层约束域来实现自动综合。总的来说，都是为了充分揭示黄土高原—鄂尔多斯地区地貌自然灾害高风险区表达明辨性、逻辑一致性和结构整体性的需求。在地学基础上，充分体现灾害系统的语义约束、孕灾环境的结构约束、致灾因子的阈值约束、承灾体的空间约束、灾情表征的视觉约束的理论构架。

DEM 自动综合的 WT 模型基础　黄土高原—鄂尔多斯地区 DEM 自动综合的小波变换（WT）模型主要是回答在地图自动综合过程中"怎么做"的问题，即当生成较小比例尺的地图或较低分辨率的数据库时，为不同层次的决策提供适量信息而作出的方法选择。LC-WT 模型具有时域和频域的良好局部化性质，而其随着信号不同频率成分在时/空域取样的疏密自动调节，可以在任意尺度观察函数（信号、图像等）的任意细节并加以分析。将地貌看作一个信号场，地貌信息场是由基本骨架（低频信息）和地貌细节（高频信息）组成的；同时结合图层约束，对因小波分析被舍去的在灾害系统中具有重要作用的关键细节加以补充。因此，LC-WT 自动模型具有较好的空间互补性。

6.3　灾害风险地图（集）编制案例

区域灾害风险地图（集）编制的基本理论是建立在灾害学、地图学和区域地理学基础之上的，是这三门学科理论交集。其核心理论为灾害系统理论、信息传递的系统工程理论以及地域分异理论，它们分别指导着区域灾害地图(集)的内容结构、制图以及功能设计。本节以《中国自然灾害地图集》(张兰生等，1992)、《中国自然灾害系统地图集》(史培军等，2003)、《中国自然灾害风险地图集》(史培军等，2012)、《长江三角洲地区自然灾害风险地图》(史培军等，2013)、《汶川地震灾害地图集》(《汶川地震灾害地图集》编纂委员会，2008)的编制为例，系统阐述灾害风险地图或地图集编制的理论、方法和技术。

6.3.1 中国自然灾害地图集编制

(1)灾害系统与图集内容结构设计

中国自然灾害地图集内容设计的依据是灾害系统理论。因此，其内容包括孕灾环境、承灾体、致灾因子、灾情、灾害监测与预警、减灾对策等。表 6-17 给出了中国自然灾害地图集内容结构，含部分、图组、单元系列或单张图若干层次，并以致灾因子和灾情两大部分为核心(张兰生等，1992)。

表 6-17 《中国自然灾害地图集》内容结构(张兰生等，1992)

部分	图组	单元
序图	政区与卫星影像	中国政区、中国卫星影像
一、孕灾环境与承灾体	孕灾环境	天(气温、降水等)、地(地貌、构造等)、综合(综合自然宏观景象)
	承灾体	人口、城镇、工业交通；农业经济(农民收入、粮食、经济作物、牧业、森林等)；综合(综合农业区划)
二、致灾因子	自然致灾因子	大气圈(干旱、台风、暴雨、冰雹、低温、霜冻、冰雪、沙暴、干热风等)；水圈(洪涝)
		岩石圈(地质灾害：滑坡、泥石流、沉陷、地裂缝、塌陷、风沙流、地震)；生物圈(病害、虫害、鼠害、毒草、肿瘤)
	环境致灾因子	土地退化(水土流失、风蚀沙化、草场退化、盐渍化、冻融侵蚀)；环境污染(大气污染、水污染、固体废弃物污染)；地方病
三、灾情	农业灾情	综合农业灾情，旱灾灾情，水灾灾情，风雹灾灾情，霜冻灾灾情，区域灾情与历史灾情
	林业灾情	病虫害灾情，火灾灾情，区域灾情
	工业灾情	
	典型灾情景观照片	气象灾害灾情，洪水灾害灾情，地震、滑坡、泥石流灾情，生物灾害灾情，土地退化、污染、地方病灾情
四、监测与预警	自然灾害监测	台风动态、雪灾动态、冰雹动态、海冰动态、暴雨动态、旱灾动态、沙暴动态、洪水动态、森林火灾动态、风蚀沙化动态
	自然灾害预测	洪水预警，海平面上升预警，滑坡预警，地震损失预警
五、减灾	减灾工程	地震防御、防洪、防沙、防水土流失等
	灾害保险	财产保险、种植业保险、养殖业保险
	灾害救助	
附录	世界灾害	

(2) 信息传输系统工程理论与制图设计

地图编制者通过制图设计把灾害、灾情信息传达给用户。制图设计的主要子系统通常包括地理底图系统(如投影系统、比例尺系统等)、表示方法、地图符号系统、地图色彩系统以及图面配置等。区域灾害地图集以灾害为专题信息,制图设计必须体现其专题的内涵和显示特征,从而达到最佳的传输效果。

《中国自然灾害地图集》属于中型综合性科学参考与政府决策参考地图集,总设计原则是:①内容以灾害、灾情为中心,着重反映其时空分布规律和相互关系;②区域以全国图为主,分区图、典型区图配合,从而体现研究的广度和深度;③年代以反映现代灾害和灾情为主,兼顾历史和未来灾害和灾情;④制图方法以传统方法与遥感制图为主,兼有机助制图及景观照片,图文并茂;⑤投影、比例尺、符号及色彩系统、图例与注记系统按相应的规范,实现系统化、规准化和规范化。图面配置在整体感的基础上,力求活泼多样。表 6-18 给出了《中国自然灾害地图集》制图设计简况(张兰生等,1992)。

表 6-18 《中国自然灾害地图集》制图设计简表(张兰生等,1992)

系统名称	设计要点	感受特征
底图系统 (中国地图为主)	①投影:中国地图为双标准纬线等积圆锥投影,中央经线为 110°E ②比例尺:1∶12 000 000,1∶18 000 000,1∶25 000 000,1∶36 000 000 ③版式:无图廓,南海插图表示	①投影变形均匀,变形绝对值小;中央经线垂直南北、南北方向空白加大,便于配置 ②比例尺与页面 K 数相对应,分别对应展开页、单页、1/2 单页、1/4 单页,便于排版和对比 ③祖国大地衬托于宇宙空间
表示方法	选取原则: ①灾害信息空间特征与地图显示特征对应 ②定性、定量和定位的可能性 ③直观显示明辨性与科学性及形式艺术性统一 ④主题内容突出显示与地图面适当搭配相结合 主要表示方法,以使用图幅数多少排序:范围法、等值线法、比值分级法、质底法、定位符号法、线状符号法、量底法、动态称号法、定位图表法等	一图一内容的单一表示方法占比例大,图面清晰易读。表示方法所适用的图幅极不平衡,专题倾向性强,气象水文灾害以等值线为主,灾情以比值分级法为主,地貌等灾害以范围法为主。表示方法的转化比较普遍,如灾情图组中,有比值分级法→范围转化法、等值线法→范围法转化。消除由于资料或表示方法局限造成的图面错觉。充分显示灾害以其质、量、范围及动态等方面的特征
符号系统	设计原则: ①同类现象用相同或相近符号,力求标准化 ②符号简明,可读性强 ③符号大小遵循明辨系数>1.2,符号色彩在传统基础上突出重要的和严重的,形状力求几何化,配置小压大 重点处理符号标准化问题	符号简明,可读性强;形成一套相对统一的标准符号,特别是地震、滑坡、泥石流等灾害,便于对比和记忆,也便于绘制;突出重灾和主要灾害符号使其位于第一层面

续表

系统名称	设计要点	感受特征
色彩系统	设计原则： ①以印刷面（四色双面印刷）控制色相数 ②以专题图组为单元确定基本色相 ③遵循习惯感觉色用警觉色突出重灾 ④用色彩浓度提高视觉层次；点状、线状符号用专色 ⑤色彩表示数量差异，色相变化表现最高一级和最低一级，色调变化表现数量变化过程 ⑥同类图件尽量用相似色系	色彩系列与专题系列相对应，增加系统性和科学性；色彩系列与人的感觉习惯相近，便于想象和记忆；色彩层次的第一印象是重灾或主要灾，增强地图吸引力和人的警觉性；在节省分版的同时，不失其科学、明辨和艺术性
图件编排与图面配置系统	图件编排：与内容结构相对应，图文、照片并茂，以图为主，文字比重少 图面配置：强调视觉上的整体感，主图位于视觉中心 图例特点：反映数量、程度、等级上重下轻、左重右轻排序	①有章节、段之感，如灾害学著作 ②视觉整体感强，便于快速形成体系 ③主要的、重要的灾害最先读出，增强记忆和警觉性

区域灾害地图集，这种灾害信息传递系统工程不仅有横向的较大工程，如编图者参与的信息采集系统、制图者执行的制图系统及读图者参与的信息感受与反馈系统，还有纵向的各种系统，其中反映在图集中的每一单元图均是纵横系统综合的结果。

(3) 地域分异理论与制图综合统一协调

地域分异理论是区域地理学的基本理论，区域灾害是区域地理的重要组成部分。因此，编制区域灾害地图集，突出显示区域灾害的时空分异规律，必须以地域分异理论作为基础。《中国自然灾害地图集》的制图综合与统一协调，充分依据了中国地理环境地域分异规律，其中全国性的宏观界线的制图综合与统一协调均依据了中国特殊的三大区分异界线——东部区、西北区与青藏区界线。由于图集的资料来源于不同部门，各图组及单元图表示方法差异很大，要在有限的面积上表示出中国自然灾害的基本规律和每一种制图现象的主要特点，必须要进行制图综合，对制图现象进行取舍、形状简化、数量和质量概括，而且每个图组制图综合的具体依据各有侧重（张兰生等，1992）。

以致灾因子各图组为例，制图综合理论依据为：第一，对制图现象的取舍依据"自然环境过渡地带多灾"的观点，对海陆过渡带（海岸带）、干湿过渡带（北方农牧交错带）、冷暖过渡带及高低过渡带给以较为详细的制图表示，并采用放大图形；依据"农业地域结构"和人口密度分界"瑷珲—腾冲线"详细表示东南半壁，简化西北半壁。第二，形状简化有宏观和微观两个方面。形状简化的宏观依据，对于大气圈灾害来说，主要是"水热组合规律"，即几条重要的水分、热量特征等值线，如 1 月份 0 ℃等温线等；对于岩石圈灾害来说，"活动构造带"控制地震灾害图，"地势三大阶梯规律"控制地貌灾害图；对于水圈来说，"低地分布规律"和"水系结构"制约着洪涝灾害图的形状简化等。形状简化的微观依据，即图形细部的简化主要依据地貌和岩性规律，部分依据土地利用规律。第三，数量概括,主要是等值线数值概括和分级图的级别概括,前者主要是拉大数值间距,后者则尽量减少分级数。进行数量概括的主要依据是区域"水热特征值"等值线和地貌分异。第四,质量概括主要是简化分类,以显示灾害现象的重要程度和宏观区域分异为目的,保留较高一级分类,合并较低级分类。

统一协调是地图集编制的重要要求之一,也是贯穿于整个编制过程的十分复杂而重要的问题。地图集内部的统一协调,是指地图集内各幅地图的统一性、互补性、协调性和可比性。其目的在于保证各地图反映的专题现象之间的相互联系和依存规律能得到正确的反映,以利于地图使用,进而得到正确结论。我们理解统一协调应从整体上、系统上求得统一,在差异性和特殊性上力争协调。地域分异理论是指导相关现象轮廓界线统一协调的基础,在若干幅图或一幅图上,相关现象轮廓界线有重合、部分重合及不重合的关系,这正是自然界地带性和非地带性规律在地图上的体现,界线统一协调需依次解决地带性界线、非地带性界线、区域图谱及图斑的协调。

6.3.2 中国自然灾害系统地图集编制

(1)灾害系统与导航图标设计

《中国自然灾害系统地图集》的编制设计中,将"区域灾害系统"的理论模式图作为导航图标(图6-16a)。导航图标的形状设计与原有的模式图所不同之处在于进一步对孕灾环境的含义加以修正,得到孕灾环境存在着既不作为承灾体,又不作为致灾因子的那一部分新认识(图6-16b)(史培军等,2003)。导航图标的色彩是依据灾害系统的子系统分类与页面专题地图的内容结构,在相应的图形部分填充颜色,共设计有6种图标:孕灾环境(大圈)填蓝色,承灾体(下圈)填红色,致灾因子(上圈)填紫色,灾情(两圈相交部分)填橙色,减灾(上下两圈)填绿色,灾害案例是致灾因子、灾情和承灾体的色相组合(图6-16c)(王静爱等,2003)。

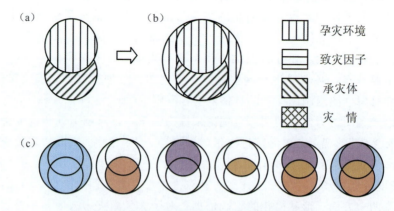

图6-16 灾害系统模式图的变化(王静爱等,2003)

(2)灾害系统内容结构与图组的系统设计

《中国自然灾害系统地图集》内容结构设计有四项原则:第一,制图区域尺度选择多级序,以中国全域为主,也有大流域、省区和地市、小区域等。所以,区域灾害系统表达也是多级序的。第二，制图内容从综合自然灾害到主要灾害种类及其区域案例，均按灾害系统的孕灾环境、承灾体、致灾因子和灾情依次展开。第三，中国综合自然灾害系统强调综合性，为国家减灾决策提供依据。第四，强调灾害突发性灾害，为保险和再保险服务。

《中国自然灾害系统地图集》由中国综合自然灾害系统图系与主要自然灾害系统图系两部分组成(图 6-17，括号内数字前者为地图数，后者为图表数)，总计有地图 445 幅，图表 101 个。第一部分由中国自然灾害系统中的孕灾环境图组、承灾体图组、致灾因子图组、灾情图组和减灾图组 5 个图组组成，有地图 56 幅，图表 37 个；第二部分由地震灾害、水灾、台风灾害、雪灾、沙尘暴灾害和冰雹灾害 6 个图组组成，有地图 380 幅，图表 64 个。

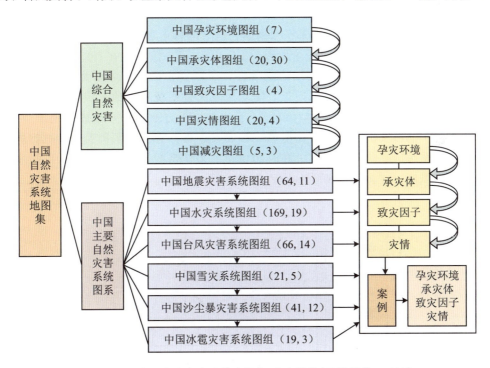

图 6-17 《中国自然灾害系统地图集》内容结构(王静爱等，2003)

图组页是图组内容结构的导航标志，图形设计主要体现灾害系统的理论基础与子系统的相互作用机制的关系；色彩设计用 7 种颜色系列分别表达综合自然灾害系统(黄色)、地震(红色系)、洪水(绿色系)、台风(蓝色系)、雪灾(青灰色系)、沙尘暴(黄棕色系)和冰雹(青紫色系)等重要的自然灾害系统。色彩设计的主要依据有两个：一是，色彩与面状灾害现象的景观色相近，以便于读者联想；二是，红色与地震灾害现象隐含的岩浆活动相关，以便于警示。制图的区域尺度是多级序的，从中国全域、大流域、省区到更小的区域，尽可能体现灾害系统表达也是多级序，图 6-18 是水灾灾害系统的 5 级层次结构样例。

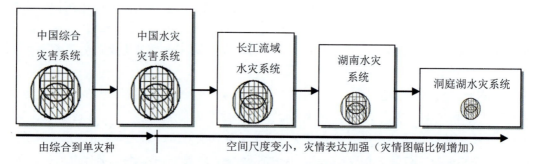

图 6-18 《中国自然灾害系统地图集》多级序的灾害系统结构(王静爱等,2003)

(3) 灾害系统格局与过程制图的数据库支持

基于区域灾害系统的自然灾害系统数据库 基于区域灾害系统,面向灾害风险科学,建立灾害系统数据库大体可分为三个阶段(图 6-19)。第一阶段,在自然灾害研究初期,由于灾害系统理论尚未成熟,案例缺乏系统性,所以灾害数据库大多为统计型数据库,以反映灾害时空规律为核心。第二阶段,随着区域灾害系统理论的形成,自然灾害数据库主要围绕反映孕灾环境、承灾体、致灾因子和灾情等方面展开,形成系统型数据库。第三阶段,为了能够反映自然灾害灾情形成和发展过程,对多个案例组成的数据库进行集成,对灾害系统形成既有空间相关和时间相关,又有要素相关和过程相关的数字化的区域灾害信息系统,这就是过程型数据库(王静爱等,2003)。

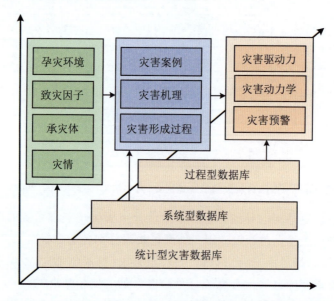

图 6-19 基于区域灾害系统的灾害数据库发展(王静爱等,2003)

中国自然灾害系统数据库 《中国自然灾害系统地图集》是基于"中国自然灾害系统数据库"编制的,中国自然灾害系统数据库的结构如图 6-20 所示。数据来源主要包括中国自然致灾因子系列地图记录、中国省级报刊自然灾害报道记录、《中国减灾》月灾情信息记录、民政部民统五表农业灾情记录、中国历史自然灾害史料记载记录、水利部水灾信息记录、中国各省(市、自治区)统计年鉴、有关自然灾害的期刊以及进行区域制图分析的中国行政区图等。基于这些数据建立的"中国自然灾害系统数据库"包括9个子数据库,存储、管理了全国2 000多个县级单元、34个省级单元和十大流域单元的各类灾害数据共达100多万个。这些有序的、海量的数据为中国自然灾害系统格局与过程的地图编制提供了支持(王静爱等,2003)。

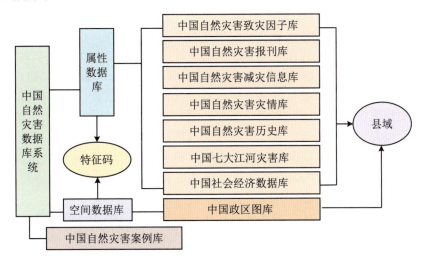

图 6-20　中国自然灾害系统数据库(王静爱等,2003)

灾害数据类型与表示方法　《中国自然灾害系统地图集》表示方法选择的依据:一是,依据灾害类型的特征选用不同表示方法,如用等值线法表示大气圈等孕灾环境,定位符号法表示地震灾害的震中和震级,范围法表示洪水、沙尘暴、冰雹等致灾因子的分布,比值分级法表示承灾体脆弱性等级和灾情程度等;二是,依据自然灾害数据库基本单元选用不同表示方法,如以县域或省区存储的基本信息单元的灾害,通常采用比值分级法和分区统计图表法,以经纬度存储的基本信息单元的灾害,通常采用定位图表法和定位符号法;三是,兼顾自然灾害现象和数据库基本单元而选用两种或多种表示方法的结合,构成9种组合表示方法(图 6-21)。

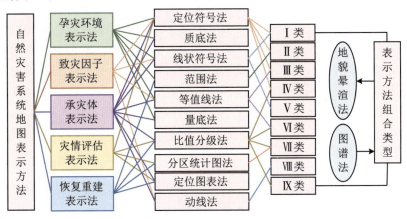

图 6-21　中国自然灾害系统地图集主要表示方法体系(王静爱等,2003)

此外，还广泛采用地貌晕渲法作为辅助方法，增强灾害系统的表达效果和地图的可读性。采用灾害系统图谱法表达灾害子系统的相互关系及其格局与过程变化。本图集还设计了多种专题地图，它们既是独立的专题地图，又可作为其他专题图层的背景分析图。最常用的有两类：地貌孕灾环境地图作为地震、洪水和冰雹致灾因子的背景图；人口、城市和区域经济等承灾体地图作为致灾因子或灾情的背景图(王静爱等，2003)。

(4) 灾害系统格局与过程图谱编制

灾害系统图谱法 灾害系统研究的对象具有时空属性，作用机理相当复杂，不仅涉及自然界的各个圈层，而且处在人地系统相互作用的核心部分。如何以直观的、形象的方式探索和表达复杂的灾害过程，以形象思维方式来认知复杂、抽象的灾害内涵的谱系，由此提出灾害系统图谱地图表示方法，被简称为灾害系统图谱法。灾害图谱的基本含义可以理解为图所表现的是灾害空间单元特征，谱则表示灾害发生与发展的起始与过程；图是某一时刻凝固的谱，谱则是某一特征流动的图；图与谱合一所形成的图谱，是空间与时间动态变化的统一表达，也就是说，能够对灾害系统时空复合信息进行挖掘和制图表达。灾害系统图谱法是将区域灾害系统理论与地学信息图谱理论有机结合，在GIS技术的支持下，通过图谱单元这种"空间与过程"研究的时空复合体，用同时反映空间差异和时序变化过程的灾害属性状态变量来进行描述的地图表示方法，所形成的是灾害系统时空融合的系列地图。

用灾害系统图谱法编制的地图通常有三种形式：第一种是灾害系统图谱系列，由多个图谱集合而成的系统，表达灾害系统的空间与时间动态变化，在地图集中占有若干版面，内容详略不完全一致，每一个图组的制图均体现了这种图谱系列表示方法；第二种是由多个独立的地图组成的灾害系统图谱，这些地图内容的详细程度、制图符号、色彩分级以及比例尺等完全一致，在地图集中占有一个或若干个版面，主要表达灾害系统的某个属性的空间与时间动态变化，在图集中最常见的如某种灾害空间分布的多时段序列地图；第三种是由多个不独立的地图，通过对它们的有机排列、组合以及加注标记或说明形成的灾害系统图谱，在地图集中占一个版面，围绕灾害系统的某个属性，表达空间与时间动态变化及其驱动关系(王静爱等，2003)。

地震灾害系统图组图谱系列编制 在地震灾害图组的制图设计中，一方面从内容设计上体现灾害系统的基本特征。孕灾环境图主要强调了中国板块构造以及大陆水平运动速度的空间格局与动态，以此解释了中国三大地震带形成的地质构造原因；承灾体图主要表现了中国房地产开发区、高新技术产业开发区、光缆通信网的时空分布格局，以此阐述未来地震可能影响到的新产业类型与高新经济区。致灾因子图充分表现了地震时空变化规律，中国地震在空间上有华北、西南、新疆三大地震带，在时间上具有活跃期与稳定期交替出现的规律。灾情图突出表达地震造成的灾情深受震区人口密度、经济状况，特别是建筑状况的影响。另一方面则运用灾害系统图谱法编制了地震灾害系统的"格局与过程"图谱系列(图6-22)。

地震灾害系统的"格局与过程"图谱系列由4个层次的6个图谱组成。第一层次为单元图谱(也称"图谱单元")，包括点位、县域和省域单元、流域单元地图等，它们既是不同区域尺度下的时空复合体，又是灾情统计的基本单元。第二层次为致灾因子图谱，编制了两个图谱，即分震级的地震空间格局变化图谱和分时序的地震格局变化过程图谱。前者将公元前 2300 年至 2000 年的地震按震级分别编制出 4 幅地图形成图谱，表达地震等级的区域变化；后者将中国地震从公元前 2300 年至 2000 年的全时段，分 6 个朝代、分 4 个季节、分 12 个月以及分昼夜，共 25 幅地图形成图谱，表达中国地震在不同时间尺度下的格局与过程。第三层次为灾情图谱，编制了具有时间序列的 3 个图谱，包括地震死亡人口图谱、倒塌房屋图谱、直接经济损失图谱等地图。第四层次为复合图谱，编制了两个图谱，即孕灾—致灾复合图谱和承灾—灾情复合图谱。前者是通过对点状符号表达的地震分布图加地貌晕渲，建立孕灾环境与致灾因子的解读关系；后者表达地震死亡人口与人口密度、倒塌房屋与建成区面积、直接经济损失与第二产业产值的内在关系和时空过程（王静爱等，2003）。

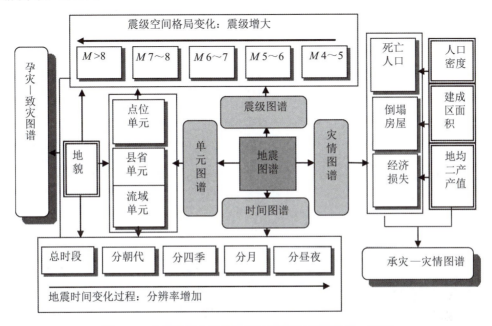

图 6-22 中国地震灾害格局与过程图谱（王静爱等，2003）

小流域水灾格局、过程、驱动力图谱系列编制 《中国自然灾害系统地图集》的特色之一是有大量的灾害研究案例，深圳布吉河流域的土地利用变化对水灾过程的响应研究就是其中的代表。利用灾害系统图谱法编制了深圳布吉河流域水灾格局、过程及其驱动力图谱（图 6-23）（王静爱等，2003）。

该图谱编制的依据是：根据深圳雨量站年最大 24 小时暴雨量的统计，用适线法计算得到布吉河流域年最大 24 小时暴雨量理论频率曲线，在此基础上，选择频率为 90%（十年一遇的少水年）、50%（两年一遇的平水年）、10%（一年一遇的多水年）的 3 种降雨，对 1980 年、1988 年、1994 年、2000 年布吉河流域 4 种不同土地利用状况的 3 种不同土壤前期湿润程度的径流进行了模拟计算，得到年最大 24 小时暴雨频率为 90%、50%、10% 的 3 组径流系数等值线图 36 幅。径流系数综合反映了流域内下垫面对降雨—径流关系的影响。为了更好地揭示水灾格局区域过程变化的驱动力，将多个不独立的土地利用系列地图与径流系数等值线系列地图，通过对它们的有机排列、组合以及加注标记或说明，有序地布局在一个坐标系中，形成的灾害系统图谱，并占有一个版面。这个图谱围绕灾害系统的径流属性，表达洪水空间格局与时间动态变化及其驱动关系。横向比较，在不同时期，表现出随暴雨强度的增大，径流系数的高值区范围在不断扩大；随土壤前期湿润程度向干燥方向发展，径流系数有相反的发展趋势。纵向比较，在相同湿润条件下，随着时间的推移，土地利用状况向着城市化方向发展，径流系数的高值区范围也在不断扩大。

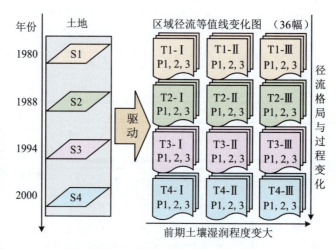

图 6-23　深圳布吉河流域承灾体对水灾格局的驱动过程图谱（王静爱等，2003）

6.3.3　中国自然灾害风险地图集编制

（1）基于灾害系统的地图内容体系

《中国自然灾害风险地图集》内容结构设计有五项原则：第一，通过致灾因子危险性和承灾体脆弱性评价，定量刻画灾害系统的内涵；第二，综合评价制图区域尺度选择多级序，以中国全域为主，部分图幅为省区和小区域等，并在每幅地图的图名中体现出来；第三，制图内容体现综合性，一是从单灾种到综合灾害的致灾因子图层综合，二是从单指标到综合指标的评价模型综合，三是从单要素到综合要素的承灾体类型综合；第四，制图时间尺度，通过过去时段和年遇型情景来实施，体现在图名和图例说明中；第五，风险评价等级是各风险地图内容表达的核心，高风险到低风险等级通常为5级或10级（史培军等，2012）。

《中国自然灾害风险地图集》由序图组、主要自然灾害风险图组和综合自然灾害风险等级图组三部分组成。

第一部分"序图组"，是对形成中国自然灾害风险的孕灾环境、承灾体和致灾因子的综合介绍，以及对中国自然灾害区划成果的展示。其内容包括中国政区（2007）、中国卫星影像、中国地形、中国地质构造、中国气候区划、中国植被区划、中国土地利用、中国城镇灯光指数（2009）、中国交通（2007）、中国人口密度（2007）、中国地均国内生产总值（2007）、中国自然致灾因子与中国自然灾害区划等18幅图件。

第二部分"中国主要自然灾害风险图组"，内容体系比较复杂。设计的思路有三方面：第一个方面，以传统的地震灾害、台风灾害、水灾、旱灾、滑坡/泥石流灾害、沙尘暴灾害、风暴潮灾害、雹灾、雪灾、霜冻灾害、森林火灾、草原火灾等致灾种类，加上两个新风险——综合生态风险、全球变化风险，共排列出 14 个图组，按照评价指标或者分承灾载体类型或分致灾时段制图，再分全国和区域编制综合风险地图。第二个方面，根据数据信息的完备程度和评价方法的可行性，12 个图组内容规模有一定差异，其中地震、洪水、旱灾、台风等主要灾害风险地图的内容尽可能详细，风暴潮、草原火灾等灾害风险地图的内容相对较少。第三个方面，根据风险的评价精度，分别命名为风险、风险等级、相对风险等级图。地震灾害、台风灾害、湖南和浙江水灾、小麦及玉米和典型区域水稻的旱灾、畜牧业及高速公路和机场雪灾、小麦霜冻灾害、森林和草原火灾风险达到了定量估计水平，将这部分系列图命名为风险图；水灾、综合旱灾、沙尘暴灾害、风暴潮灾害、雹灾、主要作物霜冻灾害风险达到了半定量估计水平，将这部分系列图命名为风险等级图；滑坡与泥石流灾害、综合生态系统风险和全球变化风险是定性估计，命名为相对风险等级图。

"中国主要自然灾害风险图组"由地震灾害风险（3 幅）、台风灾害风险（34 幅）、水灾风险（37 幅）、旱灾风险（38 幅）、滑坡与泥石流风险（5 幅）、沙尘暴灾害风险（12 幅）、风暴潮灾害（3 幅）、雹灾风险（49 幅）、雪灾风险（25 幅）、霜冻灾害风险（15 幅）、森林火灾风险（9 幅）、草原火灾风险（5 幅）、生态安全风险（1 幅）和全球变化风险（12 幅）共 14 种 248 幅图组成。这些图全面反映了中国自然灾害风险及生态安全与全球变化风险的时空格局。

第三部分"中国综合自然灾害风险等级图组"，是整个地图集综合程度最高的风险图，以中国综合自然灾害相对风险等级图为核心，从风险管理中的遇难人口、人口转移安置、房屋倒塌、直接经济损失四个方面，分别给出全国和各省（自治区、直辖市）的遇难人口相对风险等级、人口转移安置相对风险等级、房屋倒塌相对风险等级、直接经济损失相对风险等级系列地图。

"中国综合自然灾害风险等级图组"由中国综合自然灾害风险图组（8 幅）和全国各省（自治区、直辖市）综合自然灾害风险等级（155 幅）等共 163 幅图组成。

(2) 基于信息传输理论的地图结构体系

综合灾害风险地图三维结构体系 综合灾害风险地图表达的对象是具有时间和空间地理属性的区域，表达的核心内容是灾害风险水平的区域差异。通过风险地图信息传输，使读者和相关部门用户直观地获取哪些区域灾害风险高、某种年遇型情景下高风险区在哪里等信息，从而深入理解灾害系统的空间格局和时间变化过程，支撑减灾决策。任何一幅综合风险地图均包含着空间（制图区域尺度和制图基本单元精度）、时间（时段型和年遇型）、风险水平（各等级）这三个维度（图 6-24）的信息，而《中国自然灾害风险地图集》就是在三维结构体系支撑下，完成制图内容和版面设计的。

地图集的结构体系 基于地图信息传输的逻辑顺序，《中国自然灾害风险地图集》整体编排结构由地图板块和两个说明板块构成（图 6-25）。地图板块由序图图组、中国主要自然灾害风险图组和中国综合自然灾害相对风险图组三部分组成，这三个图组构成了地图集的基本骨架。图组前设有图组页，图组后设有图组说明。

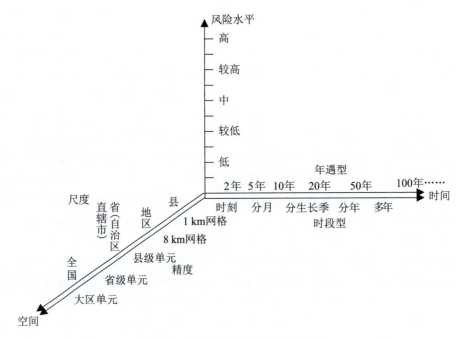

图 6-24 综合灾害风险地图结构体系

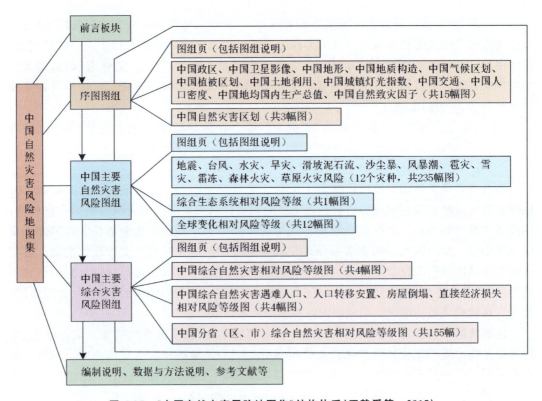

图 6-25 《中国自然灾害风险地图集》结构体系（王静爱等，2015）

《中国自然灾害风险地图集》版面配置结构设计的基本原则：一是，全部版面按照展开页设计，以保证内容的相对完整性和相关图幅之间的关联性；二是，中国区域的地图根据重要性和图面的负载量，采用多版式，1个展开页1幅图、3幅图、4幅图、6幅图、8幅图、10幅图或12幅图不等；三是，地图展开页的导航体现在制图区域外的上下方，上方色条的左上方注记图组名称，右上方注记二级标题名称，地图展开页的下方色条的左和右均为页码编号；四是，每个地图展开页均显示具备综合灾害风险内涵意义的图标（图6-26）（王静爱等，2015）。

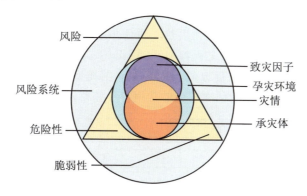

图6-26 《中国自然灾害风险地图集》图标（王静爱等，2015）

6.3.4 汶川地震灾害地图集编制

(1) 图集编制总体技术路线

地图集编制是一项大型空间制图工程，涉及图集总体设计与分项设计、资料收集处理、地图编辑、印刷出版等诸多技术环节，政策性强、技术复杂、工作量大（图6-27）（汶川地震灾害地图集编委会，2008）。综合运用地理信息、遥感、数字制图等技术，将地图、影像、三维景观、图片、图表、文字等多种表达方式有机组合，努力地创新地震灾害的地图设计及表示方法，力求地图表现形式新颖、通俗易懂，版面构图生动活泼、均衡有序，形象客观地表达汶川特大地震灾害的基本特征，实现科学性、实用性、史料性和艺术性的有机结合（陈军等，2009）。

(2) 图集底图系统与符号

地图上的任何信息都是通过各种地图符号来表现的，地图符号具有形象、生动的特点，是人们传递信息的信号或工具。所以，在地理信息系统的研究过程中，标准、规范、协调、美观的地图符号系统的建立是相当重要的，符号设计的好坏不仅涉及地图的艺术水平，还直接影响着地图成图的质量以及读图者对地图信息的有效获取（陈军等，2009）。

综合风险地图符号库结构 符号库系统分为三个层级逻辑构建。第一层级以点、线、面几何符号为基础，10位编码存放。同时考虑到几何符号结构简单、区别明显、有利于定位，可视效果好，符号本身没有特定的意义；因此，符号库系统提供不同形状、方向、结构的几何符号以供使用者自由选用。这里的几何符号不考虑其大小和颜色，线状符号不考虑其粗细和色彩，面状符号不考虑其色彩，而是仅将点、线、面符号的色彩视觉变量和几何符号的大小视觉变量单独提取出来考虑，并且暂时不考虑涉及线状符号的粗细这一视觉变量。第二层级以自然灾害地图专题要素分类系统的逻辑构架为基础，首先将自然灾害系统符号分为孕灾环境符号、致灾因子符号、承灾体符号和灾情符号四大类。根据自然地理的五大要素，进一步将孕灾环境符号划分为气候气象符号、地质地貌符号、水系符号、土壤符号和植被符号；根据灾害风险要求，进一步将致灾因子符号划分为地震符号、泥石流符号、滑坡符号、台风符号、干旱符号、冰雹符号、雪灾符号、风沙灾害符号、霜冻符号、洪水符号、风暴潮符号、森林火灾符号、草原火灾符号、环境事故符号14类。自然灾害承灾体主要指承受自然致灾因子的社会与经济系统，将承灾体符号划分为人符号、农作物符号、林木符号、动物符号（牲畜、家禽、鱼类）、建筑物符号、生命线工程符号（供水、供电、供气、供热、通信等系统）、交通设施符号（铁路、公路、桥梁、港口、飞机场等）、生产线工程符号（工厂设施、厂房、生产装备、各类仪器等）、生活和办公场所符号等。第三层级以复杂程度和应用类型的逻辑构建为基础，分为可以用于组合的基础符号、制图使用频次较高的常用符号和列入国家标准的专用符号。

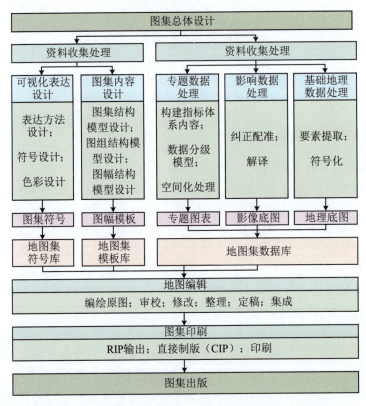

图 6-27　汶川地震地图集编制总体技术路线（陈军等，2009）

符号库设计原则　地图符号库是存储地图符号的数据库，它通常将符号分类存储，以实现对符号的科学管理。地图符号是在地图上表示各种空间对象的图形记号，它又是在大小有限的空间中定义了定位基准的、有一定结构的特征图形。符号库是符号的有序集合，其系统的设计需要考虑很多方面。在符号库设计时除了需要遵循完备性、通用性、精确性、易用性、开放性和可扩充性等一般符号库的基本原则外，汶川地震灾害地图集在编制中还遵循多样性原则、标准性原则、三维存储原则和美观性原则（陈军等，2009）。

此外，还广泛采用地貌晕渲法作为辅助，强化对灾害系统的表达和地图的可读性。采用灾害系统图谱法表达灾害子系统的相互关系及其格局与过程变化。本图集还设计了多种专题地图，它们既是独立的专题地图，又可作为其他专题图层的背景分析图。最常用的有两类：地貌孕灾环境地图作为地震、洪水和冰雹致灾因子的背景图；人口、城市和区域经济等承灾体地图作为致灾因子或灾情的背景图。

(3) 地图主要表示方法

与传统地图集相比，汶川地震灾害地图集在信息源、表达方式等方面都有所发展，采取了多样性、创新性的表现形式，并设计了符合特大地震灾害特点的色彩与符号等(陈军等，2009)。

采用多样性和创新型的表现形式 针对图集内容复杂、涉及专题广泛的情况，地图集以专题地图为主，以影像图、统计图表、照片、文字等为辅，采用了多单元混合编排的表现方式，充分反映主题内容。在表示方法上，主要采用了分区统计图法、分级统计图法、质底法、定位符号法等表示方法(图6-28)。此外，还利用地表三维建模技术生成局部重灾区域的三维景观图，以形象直观地表达主题(图6-29)。

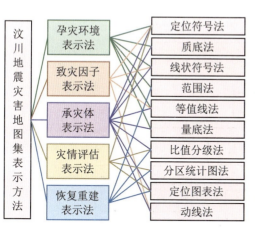

图6-28 地图集表示方法图(陈军等，2009)　　**图6-29 地图集中的三维景观图(陈军等，2009)**

强调色彩庄重素雅 针对汶川特大地震灾害的特点，地图集整体色彩基调以冷色调为主，底色采用低饱和度或间色，地震灾害专题要素如地震、地质灾害等符号运用高饱和度的纯色突出表示，图集色彩整体上体现庄重素雅、协调统一的特点。

采用统一的地震灾害符号系统 利用象征性手法设计和完善地震、崩塌、滑坡、泥石流和堰塞湖等地质灾害符号，形成了相对统一的地震灾害符号系统。图6-30给出了符号系统设计工艺流程。

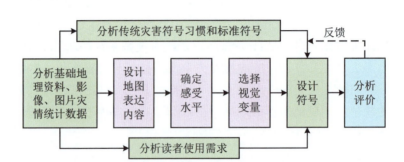

图 6-30　地图集符号系统设计工艺流程(陈军等，2009)

6.3.5　长江三角洲地区综合自然灾害风险系列地图编制

(1)地图内容体系

基于区域灾害系统理论，长江三角洲地区自然灾害风险系列地图内容结构设计有四项原则：第一，制图区域尺度选择多级序，以长江三角洲地区为主，有上海、宁波、苏州作为典型区，以及次一级的奉贤区和浦东新区等区域。所以，区域灾害系统表达也是多级序的。第二，制图内容从主要单灾种到综合自然灾害再到典型区域及历史灾害，均以灾害系统的孕灾环境、承灾体、致灾因子和风险依次展开。第三，长江三角洲地区综合自然灾害风险强调综合性，为国家减灾决策提供依据。第四，长江三角洲地区综合自然灾害风险研究精度较高，为保险和再保险服务。

长江三角洲地区综合自然灾害风险系列地图内容框架包括序图、主要灾种风险地图、综合风险地图、典型区风险地图、历史气候灾害地图(图 6-31)(史培军等，2014)。

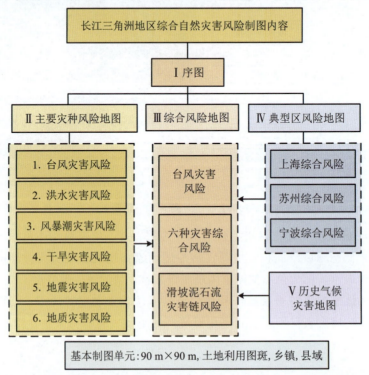

图 6-31　长江三角洲地区综合自然灾害风险系列地图内容框架(史培军等，2014)

第一部分的序图组是对长江三角洲地区自然灾害风险孕灾环境、承灾体和致灾因子的综合介绍。

第二部分主要灾种风险地图内容体系比较复杂,设计的思路有两方面:第一方面是以台风、风暴潮、洪水、干旱、滑坡泥石流、地震为纲,排列出 6 个图组;第二方面是根据数据信息的完备程度和评价方法的可行性,具体组织时,6 个图组内容规模可有一定差异,其中台风、风暴潮、洪水灾害风险地图的内容尽可能详细,而地震、地质灾害的内容则可相对较少。

第三部分综合灾种风险地图主要由三类图组成:洪水和台风的综合风险图;台风、风暴潮、洪水等六种灾害综合而成的综合自然灾害风险等级图;台风导致的滑坡泥石流灾害链图。其中,前两类风险的主要衡量指标为房屋倒塌、遇难人口和直接经济损失。

第四部分以上海、苏州、宁波为典型区,以更细的精度作为研究单元,主要包括台风灾害风险图、洪水灾害风险图及综合台风洪水灾害风险图。

长江三角洲地区自然灾害风险系列地图中,第五部分是对历史气候灾害的展示。研究范围从全国到长江流域再到长江三角洲地区逐渐缩小,主要为洪水和台风灾害图。通过地图展示历史时期发生的重大典型灾害事件,有助于掌握历史时期自然灾害的时空变化格局,可以加深对自然灾害发生特点和规律的认识。

(2) 地图结构体系

综合自然灾害风险地图表达的对象是具有时间和空间地理属性的区域,表达的核心内容是灾害风险水平的区域差异。通过风险地图信息传输,使读者和相关部门用户直观地获取哪些区域风险高,某种年遇型情景下高风险区在哪里等信息,从而深入理解灾害系统的空间格局和时间变化过程,支撑减灾决策。任何一幅综合风险地图均包含着空间(制图区域尺度和制图基本单元精度)、时间(时段型和年遇型)、风险水平(各等级)这三个维度的信息,长江三角洲地区综合自然灾害系列地图就是在三维结构体系的撑下,完成制图结构体系的设计。表 6-19 归纳了图集中 10 个图组所体现的制图区域尺度和制图基本单元精度等空间信息、时段型和年遇型等时间信息、各风险水平等级信息的三维度信息。

(3) 地图制图设计

制图流程设计 传统技术编制地图分为四个阶段——底图设计、原图编绘、出版准备、地图印刷。长江三角洲地区自然灾害风险图编制基本流程如图 6-32 所示(潘东华等,2011)。

底图设计 在自然灾害风险地图上影响地理基础内容选取和表示详细程度的因素主要有地图的主题、用途、比例尺和区域的地理特点。底图要素应当综合取舍,充分表达自然灾害与底图的关联,既要能阐明自然灾害所发生的环境,又要有助于读图,使地图清晰易读,不干扰专题内容。通常,底图是以同比例尺的普通地图为基本资料来编绘的,但地理基础内容和专题内容不是截然不同的两种内容,在很多情况下,同一种要素既是地理基础内容又是专题内容,例如洪水灾害风险地图中,水系是底图的一部分,同时也是孕灾环境的一部分。自然灾害风险地图地理底图编制时应当注意现实性与实用性原则相结合、统一性与基础性原则相结合、系统性与逻辑性原则相结合、层次性与多样性原则相结合、综合性与明辨性原则相结合。

表 6-19　长江三角洲地区自然灾害风险系列地图三维信息（潘东华等，2011）

图组	空间维		时间维		风险水平维
	尺度	精度	时段型	年遇型	
自然灾害系统（序图组）	长江三角洲地区	90 m 网格、1 km 网格	分年、多年		
台风灾害风险	长江三角洲地区	乡镇、1 km 网格	多年	10 年、20 年、50 年、100 年一遇	
风暴潮灾害风险	长江三角洲地区	乡镇、1 km 网格	多年	10 年、20 年、50 年、100 年一遇	有 3 种情况：①比值分级：分 5 级 ②定点符号：分 5 级 ③分区统计：分 5 级
洪水灾害风险	长江三角洲地区	乡镇、1 km 网格	多年	10 年、20 年、50 年、100 年一遇	
干旱灾害风险	长江三角洲地区	乡镇、1 km 网格	多年		
地震灾害风险	长江三角洲地区	1 km 网格	多年		
地质灾害风险	长江三角洲地区	1 km 网格	多年		
综合自然灾害风险	长江三角洲地区	乡镇、县、1 km 网格	时刻、多年	10 年、20 年、50 年、100 年一遇	
典型区综合自然灾害风险	县、市	乡镇、90 m 网格、土地利用图斑	分年、多年		
历史气候灾害	全国、长江流域、长江三角洲地区	县	分月、分年、多年		

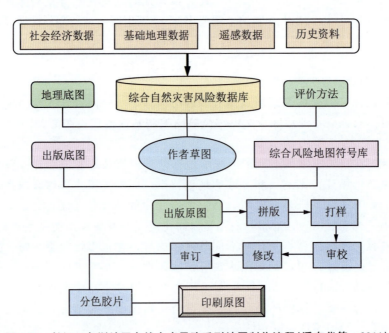

图 6-32　长江三角洲地区自然灾害风险系列地图制作流程（潘东华等，2011）

表示方法设计 长江三角洲地区自然灾害风险系列地图按照制图单元可分为三类：栅格（包括公里网、500 m 格网、100 m 格网）、乡镇单元、县级单元；按照空间分布特征，大体上也可分为三类：布满整个区域的面状分布、分布在部分区域的面状分布、线状分布；按照量表系统分为：顺序量表（表示一种相对等级）；间隔量表（给顺序量表增加距离和单位信息）；比率量表（描述客体的绝对量）。由这三方面的因素，可以为长江三角洲地区自然灾害系列风险地图选择合适的表示方法。图 6-33 清晰地反映出长江三角洲地区综合自然灾害风险系列地图中最常用的表示方法是比值分级法，这些方法几乎在每个图组都有应用。表示方法最多的图组是台风灾害风险图组和综合自然灾害风险图组，表示方法最少的图组是风暴潮灾害风险图组、干旱风险图组、地质灾害风险图组和典型区自然灾害风险图组。图组之间表示方法数量的差异性主要是由数据的制图单元、量表系统和空间分布规律的种类所决定的。

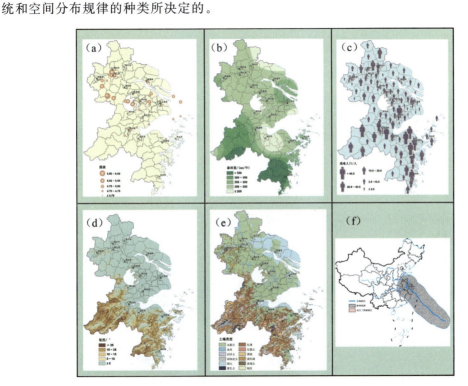

图 6-33 长江三角洲地区综合自然灾害风险系列地图主要表示方法示例（史培军等，2011）
(a)定点符号法；(b)分层设色＋等值线法；(c)分区统计图法；
(d)比值分级法；(e)质底法；(f)线状符号法＋范围法

色系与符号设计 长江三角洲地区主要自然灾害色相的选择主要有两种方法：一种是自然灾害与色彩的直接联系，例如滑坡泥石流灾害让人想到了泥浆，选择棕色色系；另一种方法是自然灾害与色彩的间接联系，此方法又可细分为两种——间接感官联系和间接景观联系。间接感官联系是指色彩给人的感觉和自然灾害给人的感觉一致，色彩感觉中，应用较多的冷暖感、干湿感等，比如旱灾给人干燥缺水的感觉，而黄棕色也有干燥感，因此用黄棕色表示旱灾。间接景观联系指的是某种灾害发生时，让人联想到该灾害发生地的景观特征,用该地区景观特征的色彩来表示该灾害,比如洪水灾害常常发生在降水丰富的平原地区,而这些地区植被覆盖率高,植被常多为绿色,因此洪水灾害常用绿色表示。

长江三角洲地区主要自然灾害风险地图色相的选择主要包括三种模式:①由色彩(C)直接联想到致灾因子(H)的直接色彩感受模式,即"C—H"模式;②由于致灾因子和色彩给人带来的感觉(F)一致,而形成的间接色彩感受模式,即"C—F—H"模式;③由于致灾因子的景观(S)和色彩的景观联想一致,而形成的间接色彩感受模式,即"C—S—H"模式。

需要指出的是,长江三角洲地区主要自然灾害的色相可能是上述色彩感受模式的单一影响决定的,也有可能是两种或三种色彩感受模式的综合影响决定的。台风多发生在中国的沿海地区,按照"C—S—H"模式,选择海洋的颜色,台风的色相为蓝色;同时,台风往往会伴随着降雨降温,温度降低给人凉爽的感觉,按照"C—F—H"模式,台风可选青色。因此,最后台风灾害的色相为青蓝色系。

综合自然灾害色彩的设计常用色彩的象征,红色代表危险、警示,绿色代表和平、安全。因此,在综合自然灾害风险地图中,一般最高风险用红色表示,最低风险用绿色表示,中等风险用黄色表示,从红色到黄色再到绿色的色相渐变表示了综合自然灾害风险由高到低过渡。

长江三角洲地区综合台风与洪水灾害直接经济损失风险(100年一遇)地图中,用点状符号表示经济损失(图6-34a),衬托底色明度较高。因此,点状符号的选择饱和度高,且明度较低的色彩。长江三角洲地区交通图,用高饱和度的色彩各异的线条表示不同类型、级别的道路(图6-34b)(王静爱等,2011)。

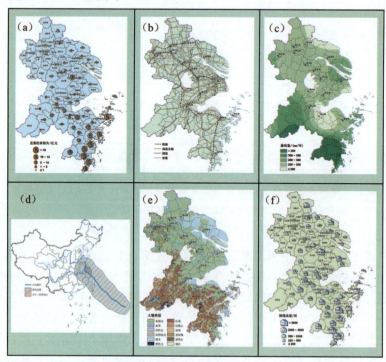

图6-34 长江三角洲地区不同空间分布特征的符号色彩(史培军等,2011)

(a)点状符号色彩;(b)线状符号色彩;(c)质别底色;(d)区域底色;(e)级别底色;(f)衬托底色

在长江三角洲自然灾害系列地图中，最开始对该地区的孕灾环境、承灾体有个总体的介绍，植被类型、土地利用类型也包括在其中。需要通过不同颜色填充在面状符号的边界范围内，区分区域的不同类型和质量差别。用不同的色彩来表示不同的植被类型（图6-34c）。

图6-34d表示台风"麦莎"移动路径及其影响范围，图中台风在长江三角洲地区的影响范围用粉红色表示，中国除长江三角洲地区以外的范围用黄色表示，由于台风的影响范围与长江三角洲地区及以外的其他地区存在重叠的，若再用色彩表示不利于地图表达。因此，选择蓝色小点填充台风影响区域。

由于制图单元和所表达对象空间分布特征的限制，长江三角洲地区自然灾害风险系列地图中，布满整个制图区域的分级统计图较多。这些图件用来表示致灾因子危险性等级、承灾体脆弱性等级、风险等级等，它们都属于色级底色的范畴。色级底色选择时要遵从一定的深浅变化和冷暖变化的顺序和逻辑关系。色级底色通过用单一色彩或邻近色彩的明度变化表示数量不同，一般明度大的表示数量少，明度小表示数量多，如图6-34e为长江三角洲地区10年一遇洪水降雨量分布图，随着降雨量由高到低变化，色相随之从绿色到黄绿色渐变，明度也逐渐变高。

当所表达的制图要素空间分布琐碎，用单一色或邻近色的渐变不能清晰地反映出其分布状况时，为了提高地图的明辨度，可以采用色相环上跨度较大的色彩渐变。此时明度的选择就发生变化了，一般采取"两头小，中间大"的原则，即在级别的两端用低明度的色彩，中间用高明度的色彩。

衬托底色既不表示数量、质量特征，也不表示区域间对比，它只是为了衬托和强调图面上其他要素，使图面形成不同层次，又有助于读者对灾害主题内容的阅读。这时底色的作用是辅助性的，应该用米黄、淡绿、粉红等色彩的浅色表示，而且一般衬托色和所反映灾害专题的主体部分用色色彩应该加大。图6-34f表示的是长江三角洲地区综合自然灾害房屋倒塌风险（20年一遇），用淡淡的米黄色作为底色，使得房屋倒塌的空间分布特征表现得更加清晰。

(4) 自然灾害风险地图图谱设计

自然灾害风险地图图谱是图与谱的结合，兼有图形与谱系双重特性。同时，反映与揭示自然灾害风险的三维空间结构特征与时空动态变化规律，它充分利用了图的直观性、简洁性特点和谱的归纳性特点，常以系列图的形式表示自然灾害风险时空动态变化。灾害风险地图图谱方法可以通过地图的组合，以直观、形象的方式来表示复杂的灾害过程的图形；以形象的思维方式来认知复杂、抽象的灾害风险内涵的谱系（史培军等，2011）。

长江三角洲地区自然灾害系列地图的序图组主要包括两类图谱，分别是孕灾环境图谱和承灾体图谱，这两个图谱大体上反映了长江三角洲地区自然灾害孕灾环境（图6-35）和承灾体的时空分布规律（图6-36）。

长江三角洲地区自然灾害系列地图的主要自然灾害图组由台风、风暴潮、洪水、干旱、地震、地质灾害组成，其中台风、风暴潮和洪水是影响长江三角洲地区最主要的灾害。因此，与它们相关的灾害风险图谱更加完备（王静爱等，2011）。

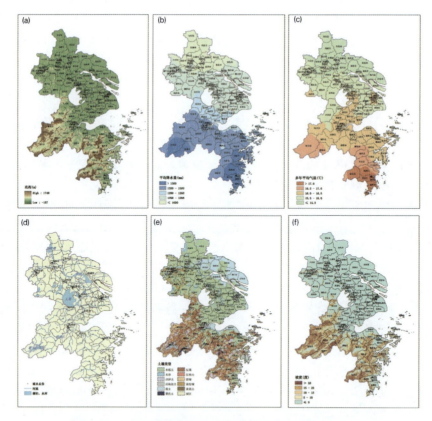

图 6-35 长江三角洲地区孕灾环境图谱(史培军等,2011)
(a)地形;(b)平均降水;(c)平均气温;(d)水系分布;(e)土壤类型;(f)地面坡度

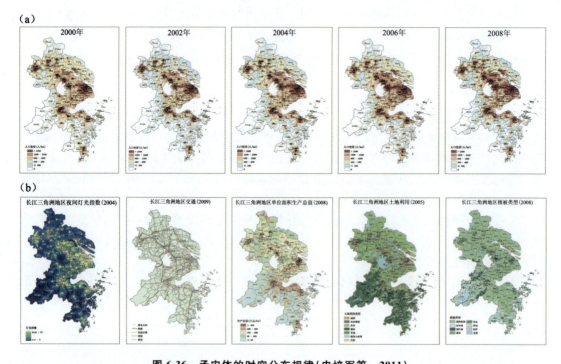

图 6-36 承灾体的时空分布规律(史培军等,2011)
(a)长江三角洲地区承灾体图谱—不同年份人口密度分布;(b)长江三角洲地区承灾体图谱

台风灾害风险图组通过不同年遇型(10年一遇、20年一遇、50年一遇、100年一遇)的台风最大风速、日降水量、过程降雨量表示台风的致灾因子图谱,通过地形和水系表示孕灾环境图谱。台风灾害风险图谱由两类图组成,一类是基于上述的致灾因子、孕灾环境等图谱评价出来的台风风险等级图;另一类是基于历史灾情数据,用信息扩散的方法,评价出不同年遇型台风房屋倒塌风险、农作物受灾风险和直接经济损失风险(图6-37~图6-42)。

风暴潮灾害风险图组中,致灾因子图谱由不同年遇型风暴潮增水分布来表示,脆弱性图谱由地形影响等级、GDP影响等级、人口影响等级、土地利用影响等级组成。由此可得风暴潮风险图谱,风险图谱包括基于公里网评价单元的图谱和乡镇评价单元的图谱。

综合自然灾害风险图组由三类图谱组成:综合台风洪水灾害风险图谱,此图谱是由不同年遇型台风和洪水所造成的遇难人口风险、房屋倒塌风险和直接经济损失风险组成的;综合自然灾害图谱,此图谱由台风、风暴潮、洪水、干旱、地震、地质灾害进行综合风险评价,得到的遇难人口风险、倒塌房屋风险和直接经济损失风险组成;台风—滑坡泥石流灾害链图谱,此图谱包括两个台风引起的滑坡泥石流风险图案例(史培军等,2011)。

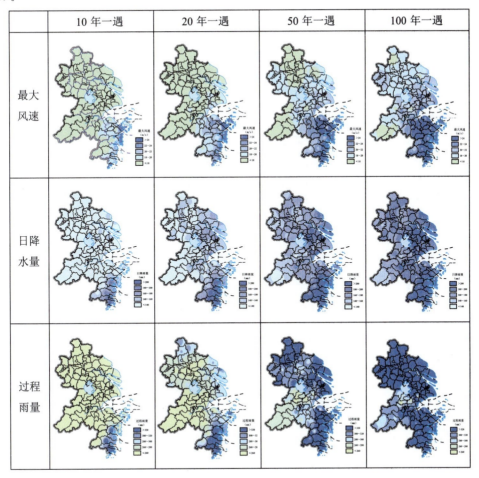

图6-37　长江三角洲地区台风致灾因子图谱(史培军等,2011)

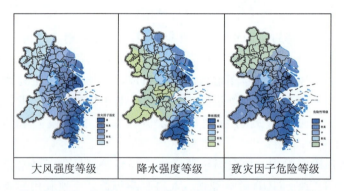

图 6-38　长江三角洲地区台风致灾因子图谱(史培军等，2011)

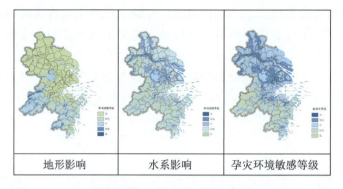

图 6-39　长江三角洲地区台风孕灾环境图谱(史培军等，2011)

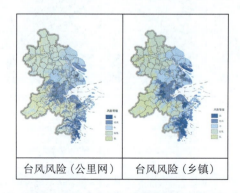

图 6-40　长江三角洲地区台风风险图谱(史培军等，2011)

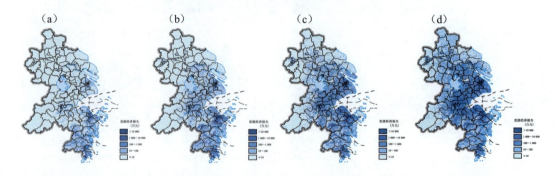

图 6-41　长江三角洲地区台风风险图谱—不同年遇型台风直接经济损失(史培军等，2011)
(a)10 年一遇；(b)20 年一遇；(c)50 年一遇；(d)100 年一遇

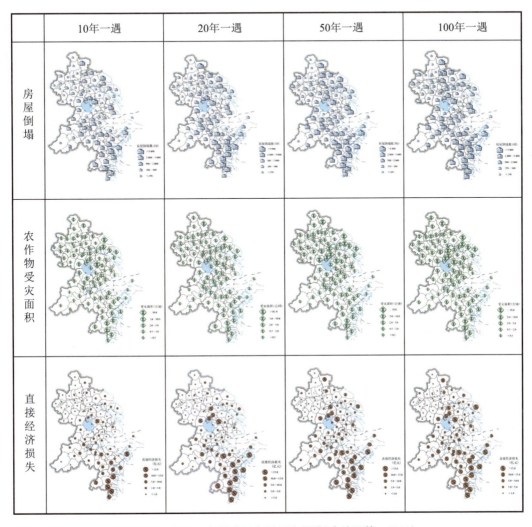

图 6-42　长江三角洲地区台风风险图谱(史培军等,2011)

6.3.6　中国自然灾害数字地图集编制

(1)数字地图集的特点

"数字地球"是指运用各种信息采集手段,把地球上各种形式的数据按照统一的地理坐标和规范存储和建立起来的数字化地球。地图以缩小的形式反映远远大于人眼正常视野范围的物体,它可以准确地反映它与客观实体在位置、属性等要素之间的关系。地球与地图的最大区别在于地图是把地球曲面上的事物和现象转换为平面状态加以表示,而"数字地球"的数据层除了平面的以外,还有球面的,甚至是发射状的立体球面数据层。但是在很多方面,数字地球需要地图学许多理论为基础,例如投影、符号系统、可视化等。由于现有科学和技术水平的限制,目前还难以建立真正意义上的数字地球,因此可以尝试开发"数字地图"(史培军等,2003)。

数字地图并不只是地图的数字化形式,它与传统地图最大的区别在于数字地图中空间数据的物理存储和视觉表达显示是分离的,而在传统的纸质和电子地图上这两个因素是相互制约的。纸质地图由于图幅有限,在给定的地图比例尺下,只能采用某种表达方法来存储一定容量的信息;而数字地图则不存在这一问题,它把表达分成三个不同抽象级的层面,即物理表达、逻辑表达、视觉表达(图6-43)。

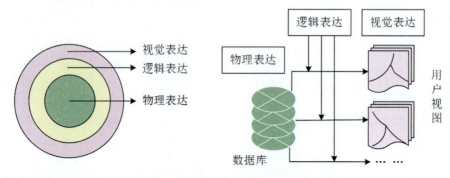

图6-43 数字地图的三个层次(史培军等,2003)

物理表达是在数据库中以属性表形式存储的各种地理要素;逻辑表达反映地理要素之间的逻辑结构关系;视觉表达则根据物理表达所提供的数据以及逻辑表达所定义的结构关系产生地图图形。一方面,数字地图的三个表达层次中只有物理表达与数据存储有关;另一方面,根据用户需要在同一组数据基础上可以产生数个不同的视觉表达,即用户视图。这种由计算机数据库技术支持的可处理海量数据能力与生成用户视图的能力极大地改变了人们对空间信息的使用方式,这也正是数字地图集的优势和特点所在。

数字地图可以充分发挥地图传输、载负、模拟、认知功能和作用,使地图的表现形式适应于"数字地球"的要求,进而探讨未来建立数字地球所要解决的一些问题。"数字地图"与电子地图以及多媒体地图相比,在信息源、存储、容量等方面有较大的优势(表6-20)。

表6-20 电子地图与数字地图的比较(史培军等,2003)

项目	电子地图	数字地图
信息源	多为对传统纸质地图的扫描、数字化处理	各种来源,支持GPS、RS、GIS
投影与比例尺	投影不变,比例尺不固定,可任意缩放	投影和比例尺均可根据用户需要变化
符号系统	可以进行简单的颜色、形状修改	可任意修改、设置地图符号
制图综合	不能进行制图综合	可进行一定条件下的自动综合
存储编辑	易存储、编辑、不会变形	易存储、编辑,数据可以进行实时更新
信息容量	由存储介质决定其容量,可扩充采用机助制图,规范化、标准化程度高	海量数据,可随意扩充
信息表达	品种多,有简单的多媒体技术支持,如背景音乐等	可进行动态模拟,制作二维、三维图形;易网络化;可辅以多媒体技术,创造虚拟地理环境
图形空间分析	具有简单的图层叠加、查询、检索功能	辅以知识库,集成化、规则化、公开化程度高
兼容扩展	不具备生成新图功能,不易与其他系统兼容	易与GIS、GPS结合,系统可以扩展

综上可知,"数字地图"是借助于 GIS、计算机可视化和多媒体技术,将各种具有空间属性信息的数据以地图的方式进行表现。电子地图相对纸质地图而言,在信息源、成图方法、地图表现等方面都已经有了根本性变革;数字地图相对电子地图而言,在地图数学基础(投影与比例尺)、图形语言(符号系统)和地图概括这三项基本性质上有了更大的提高和变化,也为表达各类地学过程创造了条件。

"数字地图集"的编制则是借助于计算机数据库技术,根据各种专题的内在联系,存储和管理海量专题数字地图数据,从而实现不同用户之间的地图资源共享,它为表达地球表层动力学过程创造了良好的基础(史培军等,2003)。

(2) 中国自然灾害数字地图集的编制

2000 年,我们在瑞士再保险公司—北京师范大学灾害风险与保险技术中心项目资助下,开发了《中国自然灾害数字地图集》(中、英文版)。

① 技术路线

数字图集的编制与传统图集最大的区别在于数字图集首先需要开发一个专门的计算机图集系统平台来对地图进行管理。因此,在收集图集资料的同时,还需要对图集的用户进行需求分析,再进行功能设计,选择适合的软件进行开发。图 6-44 为中国自然灾害数字地图集的编制技术路线。

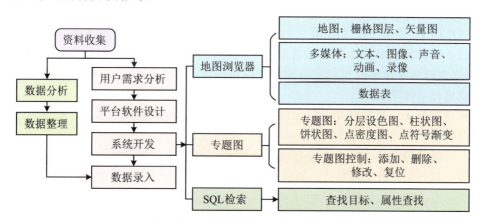

图 6-44 数字自然灾害地图集编制的技术路线(史培军等,2003)

② 数据来源

数据采集一直是地图集制作中最昂贵的一部分。在数字地图集中,根据数据的采集手段不同,将数据分为两种类型——原始数据和派生数据。原始数据采集即野外直接采集法,如调查数据、统计数据、地面常规测量、数字摄影测量、卫星遥感影像以及 GPS 测量等。派生数据采集是从已有的地图中获取信息,即图件数字化,利用数字化软件将纸质地图或其他图片上的点、线、面转化为数字形式,并利用计算机进行存储管理、分析计算。

中国自然灾害数字地图集的原始数据主要来源于北京师范大学环境演变与自然灾害教育部重点实验室所建立的"中国自然灾害数据库",包括中国社会经济数据库、中国自然灾害减灾信息库、中国自然灾害报刊库、中国自然灾害灾情库等。由于数据库在建立时已经拥有完整的空间属性信息,因此在使用这些数据生成用户视图时,重点考虑的是图形的表达方法,如符号选择、分级方法等。在数字地图集中,地图的存储只与计算机的外部存储有关,在数据的物理存储上,对数字地图精确度的限制是计算机语言中对数据类型定义的极限值。通常,即使采用计算机中较低精度的数据类型,也会超过肉眼所能分辨和传统量测制图仪器所能达到的精度。因此,在数字地图集中,由原始数据产生的地图精度远远大于传统地图精度。

派生数据也是数字地图集的一个重要数据源,主要采用扫描后屏幕数字化方法将中国自然灾害文献中繁多的各种地图数据输入计算机。屏幕数字化的精度受多种因素影响。

虽然存放在计算机中的数字地图可以按不同的比例尺输出,但是不同比例尺的地图有不同的综合取舍标准、概括程度。因此,数字地图中同样存在着因派生数据源的比例尺不同而产生的数据精度问题。考虑图集用户的需求、专题表达方式以及资料情况等各方面因素,在中国自然灾害数字地图集中,采用 1∶4 000 000 全国范围地图数据为底图。在屏幕数字化地图数据前,均将原图与底图进行投影变换和配准,统一采用标准底图;对于一些比例尺较大的,则将原图的底图要素一起数字化,尽量达到原图的精度。这样使得数字地图集的比例尺在一定范围内变化,保证了图集的一致性和图集精度的基本要求。

(3)数字地图集的功能

全面表达灾害信息 突变性自然灾害现象的全面反映需要多种信息。根据科学研究,两种媒体作用于人一次的效果,要比一种媒体作用于人两次的效果高出30%。随着计算机技术的日新月异,多媒体数据的管理、检索都已日臻完善。《中国自然灾害数字地图集》中可以管理的媒体形式包括矢量地图、栅格地图、属性数据表、文字、图像或照片、声音、动画和录像等。

交互功能强大、易于使用 数字地图和传统的纸质地图最大的不同之处还在于它的交互可分析性。

第一,数字图集的交互性主要是改变地图的表现形式。通过放大、缩小、漫游和信息查询等工具,用户可以根据自己的意愿来阅读地图。

第二,地图易读是地图设计的一项基本原则,如果地图载负量过重,不仅不会增加很多的地图信息,而且不利于对数量信息的判断。在传统的地图集中,由于数据量的庞杂,各种专题地图编制往往是在根据各自的要求对数据进行删繁就简处理的基础上进行的。如上文所述,在数字地图集中,空间数据的物理存储完全由计算机数据库技术支持,图集直接提供了快速的用户视图生成功能,不同的用户可以自由选择灾害记录,确定指标,制作不同形式的灾害专题图。这些专题地图类型包括分层设色图、柱状图、饼状图、点密度图、独立值图和点状渐变图6种。同一组数据可衍生出多种专题图,图形的设计也做到了相对简洁、清晰。

第三,虽然地图集中数据庞杂,但是借助于数据库的强大检索功能,数字地图集提供给用户的是一个多入口、多分支的系统,通过直观地显示和检索手段,用户可以准确、完整地了解和利用图集中各方面的信息,提高信息的获取效率。

展现自然灾害的时空分异规律 自然灾害与其他地学现象一样,是参照于地理坐标的,都具有空间属性。空间又总是和时间联系在一起的。如旱灾、水灾等自然灾害都有其特定的发生季节、频率以及持续的时段,随着时空变化,灾情也各不相同。因此,在对自然灾害空间格局进行研究时,通常还需要辅以其随时间变化的研究。

制作动画地图 人眼在1/25″内看的东西都要留在视网膜和大脑里面,动画就是利用人眼的视觉暂留原理来制作的,摄制时采用定格摄影方法,把多张有连贯性动作的图画一次拍摄下来,连续放映时,就在屏幕上产生活动的影像。这种影片在艺术方面可以充分发挥真人实物所难以表达的现象和幻想。根据上述动画原理,在中国自然灾害数字地图集中,设计了一种新型地图表达方式——动画地图,尝试将时间维嵌入空间数据模型中,对自然灾害时空格局进行了更为有效的展示。首先,根据数据库中灾害数据的时间性,采取统一的分级指标、设色,生成不同时间段反映灾害空间分布格局的系列地图,这些图在空间范围上完全重合。其次,将系列图在空间上精确配准,按照时间顺序,将这些地图连续放映,在屏幕上产生栩栩如生的活动效果,成为动画地图(史培军等,2003)。

参考文献

Peijun Shi, et al. World Atlas of Natural Disaster Risk[M]. Beijing: BNUP and Springer, 2014.

汶川地震灾害地图集编纂委员会. 汶川地震灾害地图集[M]. 成都:成都地图出版社, 2008.

陈军, 史培军, 王东华, 等. 汶川地震灾害地图集编制工程[J]. 中国工程科学, 2009(8):24-29.

方伟华, 王静爱. 中国历史水灾案例数据库的建立及相关问题探讨[J]. 北京师范大学学报(自然科学版), 1998(2):269-275.

潘东华, 王静爱, 贾慧聪, 等. 自然灾害风险地图中的制图综合研究——以点状承灾体为例[J]. 武汉大学学报(信息科学版), 2011, 36(1):51-55.

潘东华, 王静爱, 王瑛, 等. 基于图层约束的自然灾害风险制图综合初探——以西北干旱区为例[J]. 干旱区研究, 2010, 27(1):13-19.

潘东华, 王静爱, 贾慧聪, 等. 图层约束下的点状自然灾害风险地图综合[J]. 中国图象图形学报, 2013, 18(4):429-435.

史培军. 中国自然灾害风险地图集(中、英文版)[M]. 北京:科学出版社, 2012.

史培军. 中国自然灾害系统地图集(光盘版)[M]. 北京:科学出版社, 北京, 2003a.

史培军. 中国自然灾害系统地图集(中、英文对照)[M]. 北京:科学出版社, 2003b.

史培军, 等. 综合风险防范——长江三角洲地区综合自然灾害风险评估与制图[M]. 北京:科学出版社, 2014.

王静爱, 史培军, 王瑛, 等. 基于灾害系统论的《中国自然灾害系统地图集》编制[J]. 自然灾害学报, 2003, 12(4):1-8.

王静爱, 史培军, 朱骊, 等. 中国自然灾害数据库的建立与应用[J]. 北京师范大学学报(自然科学版), 1995(1):121-126.

王静爱, 史培军, 朱骊. 中国主要自然致灾因子的区域分异[J]. 地理学报, 1994(1):18-26.

王静爱，史培军. 论内蒙古农牧交错地带土地资源利用及区域发展战略[J]. 地域研究与开发，1988(1)：24-28.

王静爱. 综合风险防范：搜索、模拟与制图[M]. 北京：科学出版社，2011.

王静爱，徐伟，潘东华，等.《综合自然灾害风险图(1∶100 000)制图规范》解读[J]. 中国减灾，2015(15)：58-60.

徐霞，王静爱，王文宇. 自然灾害案例数据库的建立与应用——以中国1998年洪水灾害案例数据库为例[J]. 北京师范大学学报(自然科学版)，2000，36(2)：274-38.

张兰生，史培军，刘恩正，等. 中国自然灾害地图集(中文版)[M]. 北京：科学出版社，1992.

张远明. 湖南省农业气象灾害时空分异规律及对粮食生产的影响[D]. 北京：北京师范大学，1994.

周武光，史培军，柏奎盛，等. 灾害保险赔案数据库的建立及应用[J]. 自然灾害学报，1998，8(3)：19-25.

朱骊. 山西省农业自然灾害系统综合区划研究[D]. 北京：北京师范大学，1994.

第7章 灾害风险区划

本章阐述区域灾害类型结构，单灾种和综合灾害风险时空格局，即灾害风险的动态变化和空间分布规律，灾害风险区划原则、指标和方法。重点阐述世界和中国的综合自然灾害风险的时空格局、中国自然灾害区划、中国农业自然灾害区划、中国城市自然灾害区划、中国自然灾害救助物资区划。

7.1 世界自然灾害风险

世界主要自然灾害，包括地震、火山、崩塌、滑坡、泥石流、台风、暴雨、沙尘暴、冰雹、寒潮、大风、冻害、热浪、洪水、内涝、干旱、风暴潮、海冰、病虫害、赤潮、野火、土地退化、地方病和环境污染等。在时间上，世界主要自然灾害风险呈加重的趋势；在空间上，以北半球中纬度带和环太平洋带为重。

亚洲是世界上自然灾害风险严重的地区之一，其中，环太平洋和印度洋沿岸最为突出。地震、火山、台风、暴雨、干旱、沙尘暴、风暴潮、赤潮、土地退化、环境污染等灾害风险占比较高。

7.1.1 世界自然灾害现状与灾害风险趋势

(1) 自然灾害现状

根据慕尼黑再保险公司的统计（慕尼黑再保险公司，2012），1980—2011年全球发生重大自然灾害（造成500人以上死亡，或经济损失6.5亿美元以上）约800起，总共导致了200万人丧生，2.88万亿美元的经济损失和7 000亿美元的保险损失，其中86.1%的自然灾害、59%的死亡、83.5%的经济损失和91%的保险损失均是由气象及其次生灾害引起的（图7-1）。

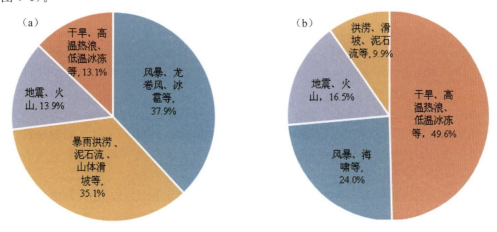

图7-1 自然灾害情况（慕尼黑再保险公司，2012）
(a) 自然灾害发生次数比例；(b) 自然灾害经济损失比例

非政府组织德国观察(German watch)发布的《2014年全球气候风险指数报告》，根据来自慕尼黑再保险公司的 NatCatSERVICE 数据，同时考虑 2012 年和 1993—2012 年的最新数据，分析了气候灾害(暴风雨、洪水和热浪等)对世界各国的影响程度，并对 2012 年以及 1993—2012 年受气候影响最大的国家进行了排名。报告指出，2012 年受极端事件影响最大的国家是海地、菲律宾和巴基斯坦；1993—2012 年，洪都拉斯、缅甸和海地排名最高(图 7-2)。报告再次确认，根据气候风险指数，欠发达国家通常比工业化国家更受影响。排名前 50 位的脆弱国家大多都是发展中国家，南亚几乎所有国家赫然在列。

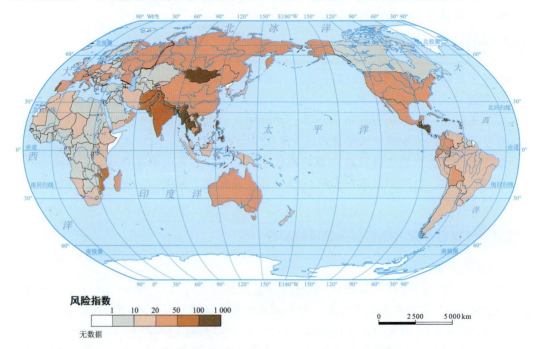

图 7-2 1993—2012 年全球气候风险指数分布(非政府组织德国观察，2014)

环境恶化是全球很多国家应对灾害风险能力下降的一个重要因素。德国发展援助联盟、联合国大学环境与人类安全研究所以及大自然保护协会联合发表的《2012 年世界风险报告》(Beck et al.，2013)分析了 173 个国家和地区的自然灾害风险水平，指出太平洋岛国瓦努阿图和汤加的灾害风险指数最高，马耳他和卡塔尔面临的风险较低。中国排名第 78 位，处于中等水平(图 7-3)。

慕尼黑再保险公司和国家气候中心数据库的资料显示，1980—2011 年全球自然灾害发生次数增加趋势明显(图 7-4)，其中与气候相关的风暴、洪水、干旱、高温热浪、低温霜冻等灾害的发生次数均呈现增加趋势；截至 2011 年，全球每年累积损失从几十亿美元增加至近 4 000 亿美元(图 7-5)。

世界各大洲自然灾害的分布很不均匀，亚洲居第 1 位(图 7-6)，且以洪灾、风暴、地震居多(图 7-7)；1981—2010 年东亚自然灾害造成的人员死亡数中，中国(含台湾)、日本、朝鲜、韩国居多。

第7章 灾害风险区划

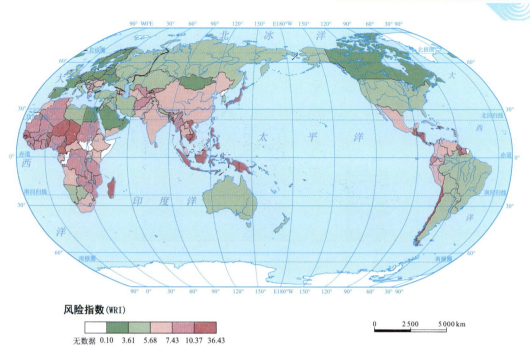

图 7-3　世界风险指数分布（Beck M W, et al., 2013）

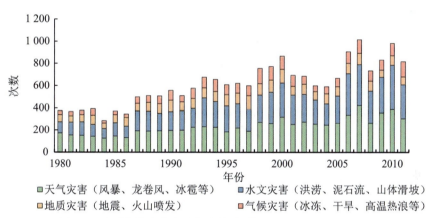

图 7-4　全球自然灾害发生频次统计（慕尼黑再保险公司，2012）

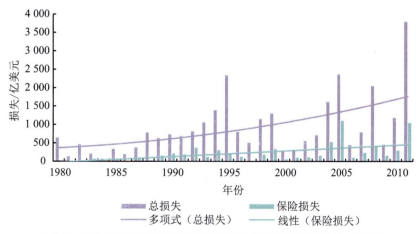

图 7-5　全球自然灾害导致的总经济损失（慕尼黑再保险公司，2012）

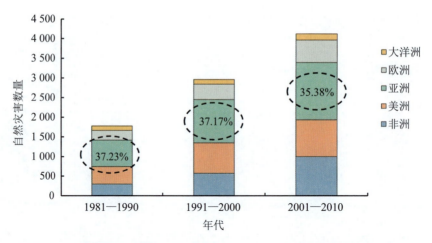

图 7-6　全球各大洲自然灾害分布(1981—2010 年)(慕尼黑再保险公司,2012)

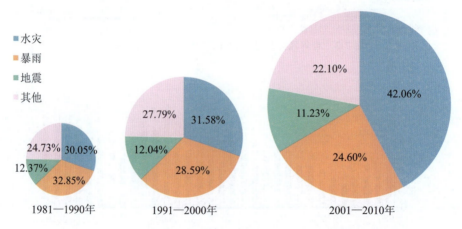

图 7-7　1981—2010 年亚洲自然灾害类型分布(慕尼黑再保险公司,2012)

(2) 灾害风险趋势

英国科学家 Marko 等(2006)人利用气候模式资料预估了 3 种不同情景下气候变暖对生态系统的影响,其内容包括对淡水供应、森林大火和生物多样性 3 个方面的影响。结果显示,当气温升高接近 2 ℃时,在南美洲、非洲南部和中亚野火频率增加的风险也相当大;升高的气温将极大地增加亚马逊流域、中美洲和中国东部森林消失的风险;如果气温升高超过 3 ℃,西非和中美洲很可能会损失一部分淡水,从而加剧干旱。

2008 年世界银行报告显示,按照目前的粮食生产模式,预计到 2050 年世界粮食产量将呈现明显的下降趋势,下降区主要集中在南美洲、非洲、西亚、南亚、东亚、东南亚以及大洋洲地区,中国的粮食产量下降风险在世界范围内处于较高水平(史培军等,2016)。

2005 年世界银行的报告中评价了世界各国的自然灾害风险水平,并分为人口风险和经济风险两方面。在人口风险方面,高风险国家主要集中在南美洲、非洲、南亚、东亚和东南亚地区;在经济风险方面,高风险国家主要集中在北美洲、南欧、南亚、东亚、东南亚和大洋洲地区。中国的自然灾害人口风险和经济风险均处于世界较高水平。

2012年，联合国政府间气候变化专门委员会（IPCC）发布了《管理极端事件和灾害风险推进气候变化适应特别报告》，将世界划分为26个区域，并分区预估了未来极端温度事件和极端降水事件的变化，其结果显示未来全球极端温度事件和极端降水事件都呈增加趋势（史培军等，2016）。

7.1.2 世界主要自然灾害风险时空格局

（1）世界主要自然灾害时间动态

近30年全球地质（含地震和火山）灾害发生次数呈缓慢增加态势（图7-4），气象和水文灾害发生次数呈明显增加趋势（图7-4）（Shi et al.，2015）。

（2）世界主要自然灾害风险空间格局

地震 北半球中纬度带和环太平洋地震带为地震主要分布区（图7-8）。亚洲、美洲、地中海北岸多震灾。印度、印度尼西亚、巴基斯坦、孟加拉国、中国、菲律宾、缅甸、伊朗、阿富汗、乌兹别克斯坦、尼泊尔、埃塞俄比亚地震人口死亡风险排全球前10%；日本、美国、中国、土耳其、意大利、墨西哥、智利、加拿大、印度尼西亚、委内瑞拉、伊朗、菲律宾、哥伦比亚、希腊、秘鲁、印度、德国、阿联酋地震经济损失风险排全球前10%（Shi et al.，2015）。

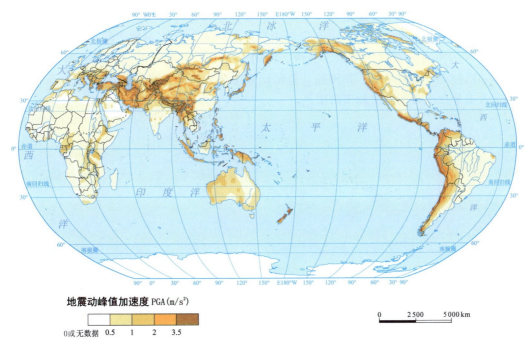

图7-8 全球地震动峰值加速度分布（Shi et al.，2015）

火山 环太平洋地震带和地中海北岸为火山主要分布区（图7-9）。与地震灾害一样，亚洲、美洲、地中海北岸多火山灾害。印度尼西亚、俄罗斯、美国、巴布亚新几内亚、日本和菲律宾火山人口死亡风险排全球前10%，高风险国家大多都位于俯冲板块的边界上。

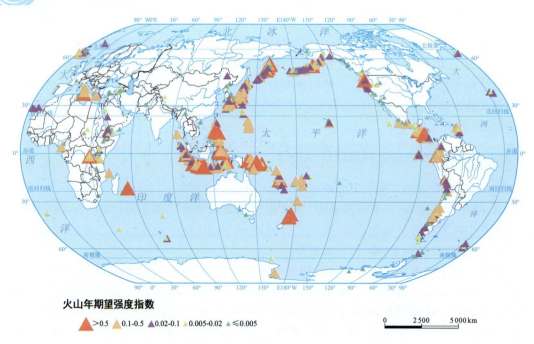

火山年期望强度指数
▲ >0.5 ▲ 0.1-0.5 ▲ 0.02-0.1 ▲ 0.005-0.02 ▲ ≤0.005

图 7-9　全球年期望火山强度指数分布(Shi et al.，2015)

滑坡　全球山区、特别是北半球中纬度带山区是滑坡灾害主要分布区。亚洲、中东和南美洲、地中海北岸山区是全球气候成因滑坡强度指数分布的高值区(图 7-10)。全球构造成因滑坡强度指数分布与地震高发的山区分布一致,以北半球中纬度带和环太平洋地震带山区为主要分布区。中国、巴西、伊朗、乌干达、菲律宾、印度尼西亚、印度、尼泊尔、巴拉圭、玻利维亚、布隆迪、哥伦比亚滑坡人口死亡风险排全球前10%,高风险国家大多都位于亚洲降水较多的山区。

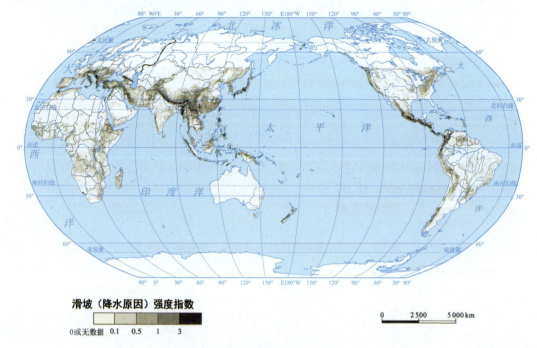

滑坡（降水原因）强度指数
0或无数据 0.1 0.5 1 3

图 7-10　全球滑坡(降水原因)强度指数分布(Shi et al.，2015)

洪水 洪水分布受暴雨和地形的双重影响。全球暴雨洪水主要分布在大江大河的中下游平原。亚洲、美洲、欧洲暴雨洪水分布最广(图 7-11),恒河—布拉马普特拉河、长江、密西西比河、尼罗河、湄公河、亚马孙河等河流流域历史洪水频次最高,近 30 年来均发生 100 次以上,最高为恒河—布拉马普特拉河,共发生 225 次(图 7-12)。暴雨洪水人口风险恒河—布拉马普特拉河风险等级最高,其后依次为长江、亚马孙河、尼罗河、湄公河、戈达瓦里河、密西西比河、黄河、刚果河等。中国的长江流域人口风险位列第 2 位,黄河流域排名第 8 位,黑龙江流域排名第 16 位。密西西比河暴雨洪水经济风险等级最高,其后依次为长江、多瑙河、恒河—布拉马普特拉河、纳尔逊河、巴拉那河、亚马孙河、莱茵河、圣劳伦斯河等。长江流域在密西西比河流域之后,排名第 2 位;黄河流域和黑龙江流域分别排名第 11 位和第 17 位。孟加拉、中国、印度、柬埔寨、巴基斯坦、巴西、尼泊尔、荷兰、印度尼西亚、美国、越南、缅甸、泰国、尼日尔、日本洪水暴雨人口死亡风险排全球前 10%;美国、中国、日本、荷兰、印度、德国、法国、阿根廷、孟加拉、巴西、英国、泰国、缅甸、柬埔寨、加拿大暴雨洪水 GDP 风险排全球前 10%;高风险国家大多都位于大江大河中下游平原的人口分布密集地区。

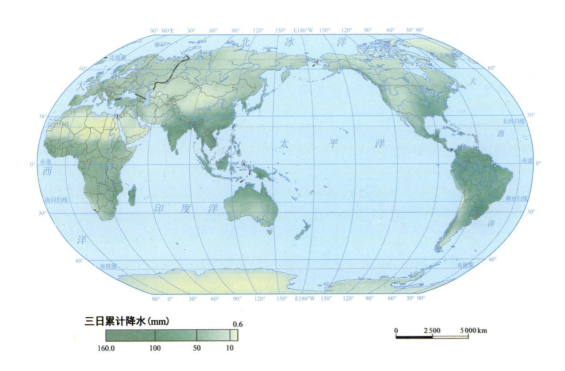

图 7-11 全球年期望三日累计极端降水分布(Shi et al., 2015)

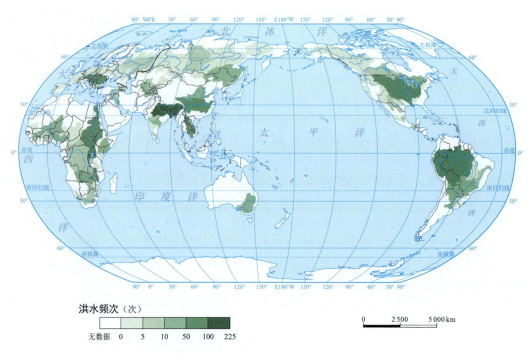

图 7-12　全球主要流域洪水灾害频次(1985—2013 年)(Shi et al., 2015)

风暴潮　风暴潮分布受沿岸地形和海潮水位等多因素的影响，美洲环大西洋西海岸、亚洲环太平洋西海岸、澳洲北部沿海、太平洋岛国、英国沿海受风暴潮影响最为突出。孟加拉、印度、中国、越南风暴潮影响人口风险排全球前 10%；美国、中国、日本风暴潮影响 GDP 风险排全球前 10%(图 7-13)。

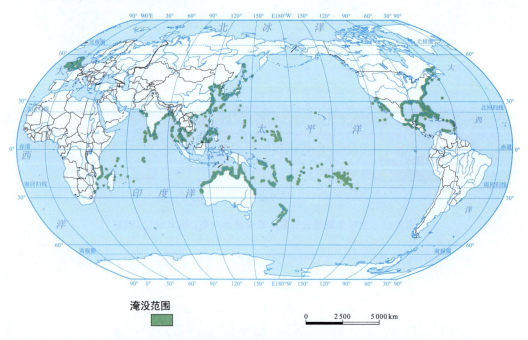

图 7-13　全球年期望风暴潮淹没范围分布(Shi et al., 2015)

沙尘暴 沙尘暴分布受沙漠分布等多因素的影响,非洲、亚洲、北美洲西部、大洋洲、南美洲西部沙尘暴严重(图 7-14)。巴基斯坦、美国、印度、沙特阿拉伯、苏丹、马里、布基纳法索、埃塞俄比亚、也门、中国沙尘暴影响人口风险排全球前 10%;美国、沙特阿拉伯、巴基斯坦、印度、西班牙、伊朗、苏丹、伊拉克、阿尔及利亚、中国、埃及沙尘暴影响 GDP 风险排全球前 10%;中国、巴基斯坦、苏丹、马里、印度、蒙古、阿尔及利亚、美国、毛里塔尼亚、伊朗、布基纳法索沙尘暴影响畜牧风险排全球前 10%。

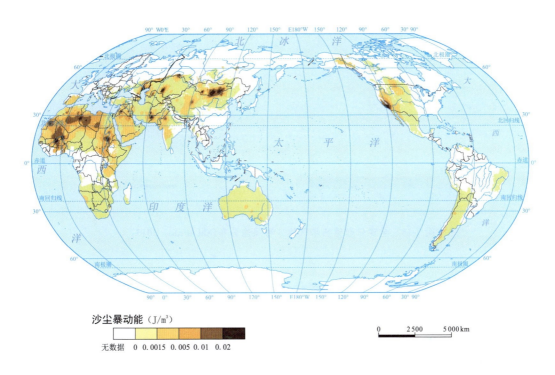

图 7-14 全球年期望沙尘暴动能分布(Shi et al.,2015)

台风 台风主要分布在亚洲(太平洋西海岸)、美洲(大西洋西海岸)、印度洋沿岸、澳洲北部沿海、太平洋岛国(图 7-15)。中国、菲律宾、日本、美国、越南、韩国台风影响人口和 GDP 风险排全球前 10%。中国在世界各国热带气旋灾害所造成的年均经济损失(1980—2012 年)和年均死亡人数,分别排第 3 位和第 2 位。

热浪 热浪主要分布在非洲北部、西亚和西南亚、大洋洲和美洲。印度、巴基斯坦、美国、伊拉克、俄罗斯、乌克兰、西班牙、中国、德国、土耳其、法国、伊朗、波兰热浪人口死亡风险排全球前 10%(图 7-16)。

寒潮 寒潮主要分布在北半球中高纬度地区、南半球中纬度地区。中国、印度、美国、俄罗斯、巴基斯坦、孟加拉、巴西、墨西哥、德国、埃及、日本、韩国、伊朗、英国、土耳其、乌克兰寒潮人口影响风险排全球前 10%(图 7-17)。

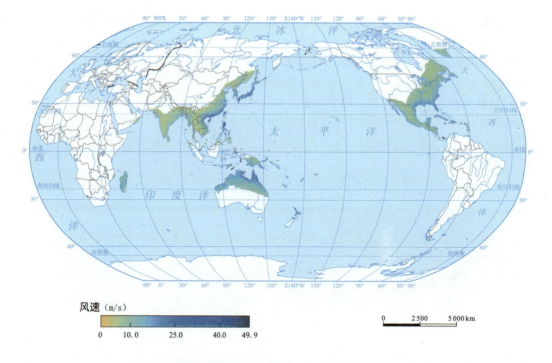

图 7-15　全球年期望热带气旋 3 秒风速分布(Shi et al.，2015)

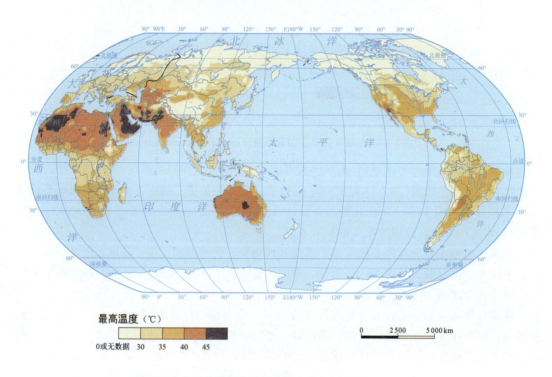

图 7-16　全球年期望热浪最高温度分布(Shi et al.，2015)

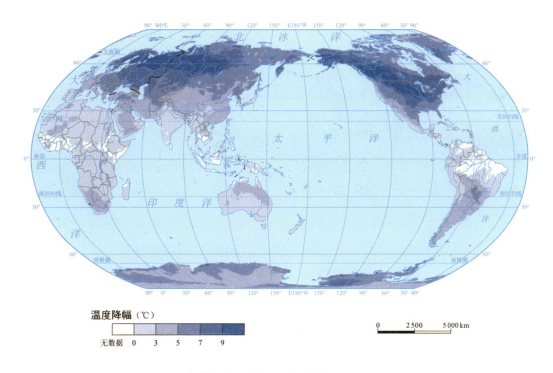

图 7-17　全球年期望寒潮降温幅度分布(Shi et al., 2015)

干旱　干旱与其影响的对象有关。玉米旱灾主要分布在美洲、亚洲、欧洲和非洲；美国、中国、俄罗斯、巴西、西班牙、阿富汗、肯尼亚、阿根廷、墨西哥、土耳其、乌克兰、哈萨克斯坦、伊朗、南非、澳大利亚玉米旱灾损失风险排全球前10%(图7-18)。小麦旱灾主要分布在亚洲、欧洲、南美洲、非洲；中国、俄罗斯、美国、哈萨克斯坦、加拿大、肯尼亚、蒙古、巴基斯坦、墨西哥、智利、南非、阿富汗小麦旱灾损失风险排全球前10%(图7-19)。水稻旱灾主要分布在亚洲、南美洲、非洲；阿富汗、中国、西班牙、巴基斯坦、坦桑尼亚、印度、俄罗斯、巴西、布基纳法索、澳大利亚、哈萨克斯坦水稻旱灾损失风险排全球前10%(图7-20)。

森林火灾　森林火灾与森林分布、气候以及人类活动有关。北半球高纬度森林带、赤道森林带多火灾。俄罗斯、加拿大、安哥拉、巴西、刚果民主共和国、美国、阿根廷、缅甸、玻利维亚、中国、澳大利亚森林过火风险排全球前10%(图7-21)。

草原火灾　草原火灾与草原分布和气候以及人类活动有关。草原火灾在全球广泛分布，以欧亚大陆、南北美洲最为突出。巴西、美国、澳大利亚、俄罗斯、哈萨克斯坦、莫桑比克、马达加斯加、中国、坦桑尼亚、加拿大、安哥拉、南非、委内瑞拉、阿根廷、尼日利亚、苏丹、哥伦比亚草原NPP损失风险排全球前10%(图7-22)。

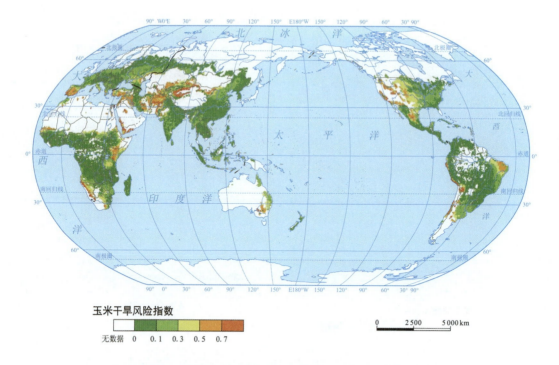

图 7-18　全球年期望玉米干旱指数分布(Shi et al.，2015)

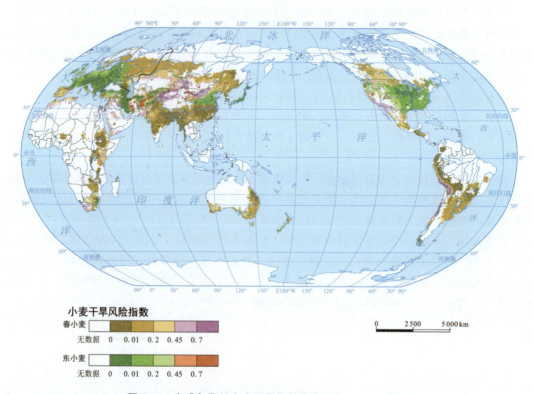

图 7-19　全球年期望小麦干旱指数分布(Shi et al.，2015)

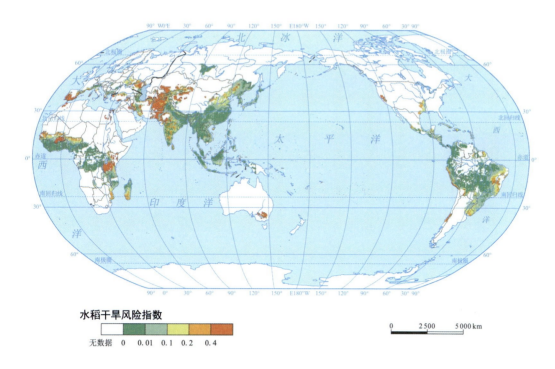

图 7-20　全球年期望水稻干旱指数分布(Shi et al.，2015)

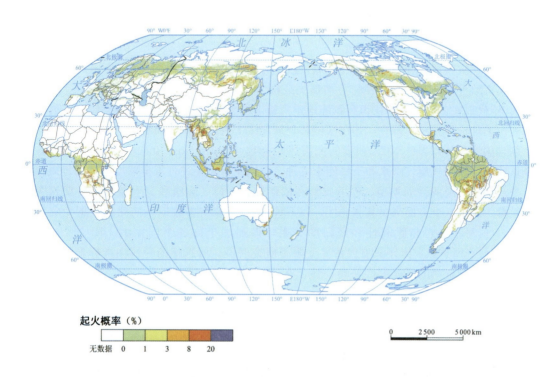

图 7-21　全球年期望森林火灾起火概率分布(Shi et al.，2015)

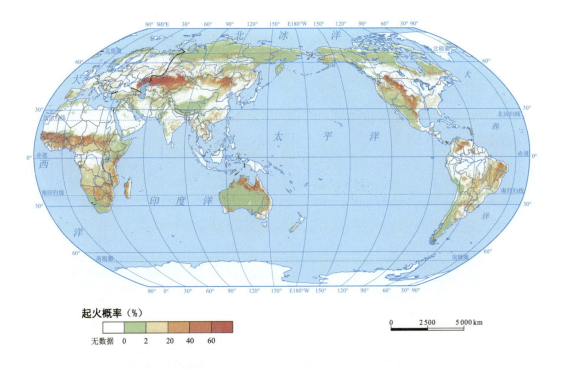

图 7-22　全球年期望草原火灾起火概率分布(Shi et al.，2015)

7.1.3　世界多灾种灾害风险空间格局

(1)综合自然灾害风险研究进展

综合自然灾害风险(Multi-hazard Risk)评估，定义为在一个特定地区和特定时段内，多种自然灾害致灾因子并存或并发的叠加损失或损害(影响)风险评估(史培军，2009)。自 20 世纪 80 年代以来，许多国家认识到系统地进行综合自然灾害风险评估的重要性，并展开了一系列相关理论和方法的研究，并在区域和全球尺度上进行了实践和制图。

联合国开发计划署(UNDP)研发的灾害风险指数(Disaster Risk Index，DRI)系统，首次对全球地震、热带气旋、洪水和干旱四个灾种，以国家为单元进行了全球尺度的综合风险评价，并从经济、经济活动类型、环境质量和依赖性、人口、健康和卫生条件、早期预警能力、教育、发展 8 个方面刻画其脆弱性，以 EM-DAT 全球灾害数据中的死亡数据为灾情数据，拟合了人口死亡与脆弱性和暴露的关系，得到了全球各个国家的 DRI 值(Pelling，2004)。该研究所选致灾因子只有四种并受限于研究时段；所选择的脆弱性指标受限于全球资料库，考虑到资料的可获得性和均一性，在选择脆弱性指标时有所妥协，同时 DRI 仅是对历史灾情的反映，并不能用来进行预测。

世界银行与美国哥伦比亚大学开展的灾害风险热点地区研究计划(The Hotspot Project)，对全球地震、火山、滑坡、洪水、干旱和台风 6 种自然灾害，从死亡风险、经济损失风险两个角度进行了综合灾害风险评价和制图，其综合灾害风险的计算以网格为评估单元(2.5°×2.5°)。基于 1981 年至 2001 年共 20 年的 EM-DAT 历史灾情数据，以 6 个灾种 20 年的叠加损失占总损失的比率作为权重值，最后用加权求和的方法计算综合灾害风险(Dilley，2005)。

该方法较早提出了使用灾情数据作为综合灾害风险中各单灾种权重的计算依据，然而由于对一些国土面积较大的国家，因其区域差异明显，国家尺度上的死亡人数和经济损失数据不能满足评价精度的要求，使得该研究结果的精确性存在一定的局限性(Shi et al.，2016a；Shi et al.，2016b)。

联合国环境署(UNEP)研发的世界风险报告(World Risk Report，2013)，以国家为单位，通过计算世界风险指数(World Risk Index，WRI)，对全球 173 个国家进行了综合风险评价。其中，该指数共选取了 28 个因子，包含了暴露、敏感性、应对能力及适应能力四个风险要素，最终用暴露与敏感性相乘并与应对能力及适应能力相加和得到风险指数，并给出了这些国家的风险降序排列(UNEP，2013)。该方法选择了较为全面的参数，除对各个致灾因子的不同水平考虑不足外，对其他风险要素都有较为准确的表征。然而，其缺陷在于对各个参数占 WRI 的权重定义过于主观，同时部分参数统计方法受不同区域限制，难以获得精确的数据(Shi et al.，2016a；Shi et al.，2016b)。

我们在研究中，选择了地震、火山、滑坡、洪水、风暴潮、台风、沙尘暴、干旱、热害、冷害、野火共 11 种自然致灾因子，以人口、GDP(或社会财富)、粮食生产、森林和草原为承灾体。在对其以单自然致灾因子不同年遇水平和年期望损失或损害(影响)风险评价基础上，统一综合评价单元(0.5°×0.5°)，确定各单一自然致灾因子在综合灾害评价中的权重，借鉴"灾害风险热点地区研究计划"(Dilley，2005)和"中国自然灾害风险地图集"(史培军等，2011)加权求和的方法，计算世界综合自然灾害风险，并以 EM-DAT 历史灾情数据对该评价结果作了验证，置信水平达到 0.05(Shi et al.，2016a；Shi et al.，2016b)。

(2) 世界综合自然灾害风险

多致灾因子 世界综合自然致灾因子高值区主要分布在环太平洋和大洋洲北部、南美洲、地中海北岸。俄罗斯、美国、中国、加拿大、澳大利亚、巴西、印度、墨西哥、阿根廷、印度尼西亚、哈萨克斯坦、刚果民主共和国、伊朗、哥伦比亚、缅甸、秘鲁、马达加斯加、玻利维亚、土耳其、委内瑞拉综合自然致灾因子强度排全球前 10%(图 7-23)；平均网格单元(0.5°×0.5°)综合自然致灾因子高值区排全球前 10% 的国家依次是孟加拉国、韩国、日本、越南、老挝、伯利兹、缅甸、危地马拉、马达加斯加、多米尼加共和国、朝鲜、菲律宾、不丹、萨尔瓦多、洪都拉斯、巴布亚新几内亚、柬埔寨、印度、新西兰(Shi et al.，2016b)。

综合多灾种年均期望人口死亡率 世界多灾种年均期望人口死亡率较高的区域主要集中分布在中国东南沿海地区和印度，美国东海岸地带，此外日本、菲律宾、印度尼西亚等国家也较高(图 7-24)。居于全世界前 10% 的国家依次是菲律宾、孟加拉国、越南、老挝、日本、缅甸、韩国、伯利兹、不丹、马达加斯加、多米尼加共和国、危地马拉、新喀里多尼亚、巴布亚新几内亚、萨尔瓦多、洪都拉斯、印度(Shi et al.，2016b)

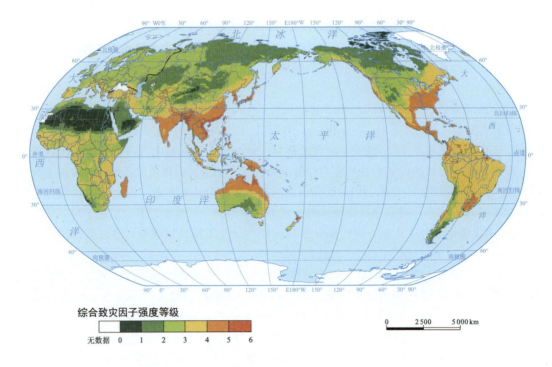

图 7-23 世界多灾种致灾强度分布(Shi et al., 2016b)

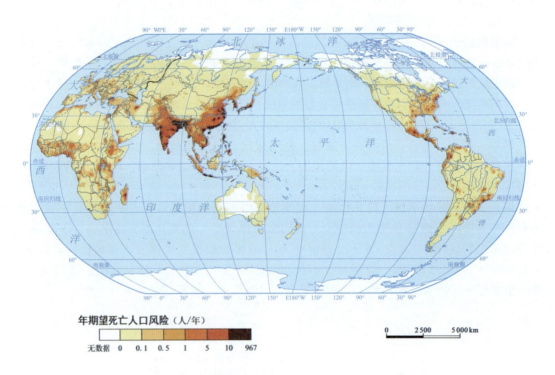

图 7-24 世界多灾种人口死亡风险分布(Shi et al., 2016b)

综合多灾种年均期望影响人口风险 世界多灾种年均期望影响人口风险高值区是亚洲、中美洲、非洲(图 7-25)。居于全世界前 10% 的国家依次是孟加拉国、菲律宾、越南、马达加斯加、老挝、不丹、危地马拉、缅甸、尼泊尔、多米尼加共和国、巴布亚新几内亚、印度、洪都拉斯、海地、柬埔寨、尼加拉瓜、萨摩亚(Shi et al.,2016b)。

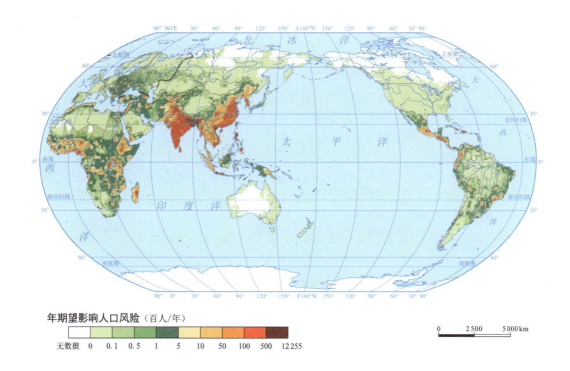

图 7-25 世界多灾种影响人口风险分布(Shi et al.,2016b)

综合多灾种年均期望财产损失风险 世界多灾种年均期望财产损失风险较高的区域主要集中在北美洲、亚洲东部和南部、欧洲、大洋洲东部,以及太平洋地区岛国。GDP 总损失风险(0.5°×0.5°)排全世界前 10% 的国家是美国、日本、中国、德国、法国、意大利、加拿大、英国、巴西、墨西哥、菲律宾、印度、西班牙、澳大利亚、韩国、俄罗斯、缅甸(图 7-26)。GDP 单元(0.5°×0.5°)损失率排全世界前 10% 的国家是老挝、日本、越南、巴布亚新几内亚、孟加拉国、柬埔寨、伯利兹、马达加斯加、海地、新喀里多尼亚、不丹、中国、菲律宾、洪都拉斯、缅甸、泰国、危地马拉(图 7-27)(Shi et al.,2016b)。

图 7-26　世界多灾种年期望 GDP 损失风险分布（Shi et al.，2016b）

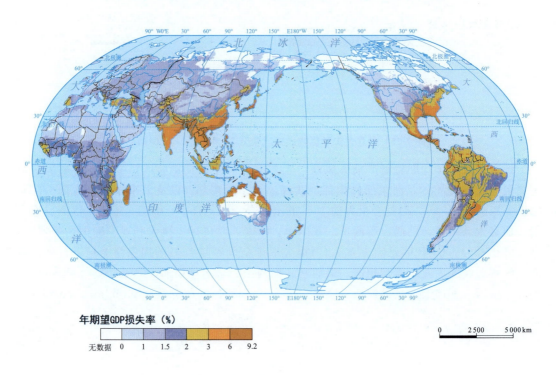

图 7-27　世界多灾种 GDP 损失率分布（Shi et al.，2016b）

7.2 中国自然灾害风险

中国主要自然灾害与世界自然灾害类型基本一致，包括地震、崩塌、滑坡、泥石流、台风、暴雨、沙尘暴、冰雹、寒潮、大风、冻害、热浪、洪水、内涝、干旱、风暴潮、海冰、病虫害、赤潮、野火、土地退化、地方病、环境污染等。

在时间上，中国主要自然灾害风险也呈加重的趋势；在空间上，以东部地区为重，经济发达地区是自然灾害高风险地区（马宗晋等，1994）。

7.2.1 中国自然灾害的现状与趋势

(1) 现状

中国幅员辽阔，地形起伏大，天气气候多变，地理环境与地表过程复杂，具有孕育各类自然灾害的环境条件。因此，具有灾害种类多、分布范围广、发生频率高的特征，是世界上两大灾害带（北半球中纬度灾害带和环太平洋灾害带）复合的灾害高风险区（图7-28）。人类活动和全球气候系统变化是灾害发生、环境风险形成的两个根本原因。目前，科学界普遍认为全球气候系统变化是灾害发生的根本触发因素，而人类活动又对灾害风险起到了放大器的作用。近几十年来，全球气候和环境变化的速度和强度历史罕见。在此背景下，全球与中国自然灾害形成机理、发生规律、时空特征、损失程度和影响深度广度出现新特点和新变化，各类灾害的突发性、并发性、异常性、难以预见性日渐突出。

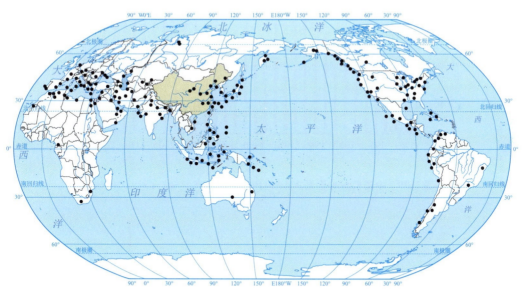

图7-28 中国在世界自然灾害带的位置

根据自然灾害的成因，中国的自然灾害可划分为地震地质灾害、气象水文灾害、海洋灾害、生物灾害和生态环境灾害5个大类。

从中国自然灾害损失上来看，气象灾害所占比例高达到71%，地震灾害占8%，海洋灾害占7%，农林牧生物灾害占6%，其他灾害占8%；由此可见，气象灾害在中国自然灾害中的主导地位。在气象灾害中，干旱的影响占53%，洪涝占28%，台风占4%，风雹占8%，冷冻害占7%，因而干旱和洪涝灾害的影响在气象灾害中占据主导地位。中国气象灾害种类多、范围广、强度大、灾情重。全球气候变暖又加剧了极端气象灾害发生的频率，体现了气象灾害的长期性、突发性、巨灾性和复杂性(Shi et al.，2016c)。

自然灾害设防能力 中国社会经济的快速发展在一定程度上提高了国家承灾能力，降低了面对自然灾害的脆弱性，这不仅对人民群众生命安全的保障强度有明显提高，而且在灾害损失绝对值增加的情况下，使得灾害损失占国民生产总值的比重逐年降低。统计显示，1981—2014年，中国受灾人口、因灾死亡失踪人口整体呈明显的波动下降趋势(图7-29，图7-30)；除去2008年和2010年重大灾害年外，1997—2014年中国因灾死亡失踪人口下降到每年3 000人以下。1990—1993年自然灾害造成的直接经济损失最低，但占当年GDP比重最高；1994年至1998年，自然灾害造成的直接经济损失逐年大幅度增加，而灾害损失占GDP比重波动下降；除2008年外，1999年至2007年的10年间是自然灾害导致经济损失相对平稳偏低的阶段，而且灾害损失所占GDP比例明显降低(图7-31)。

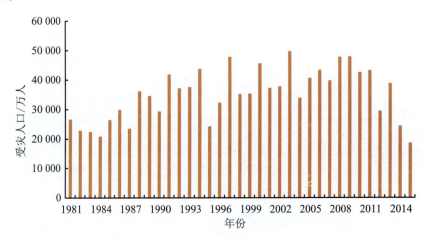

图7-29 中国自然灾害受灾人口(1981—2014年)(Shi et al.，2016c)

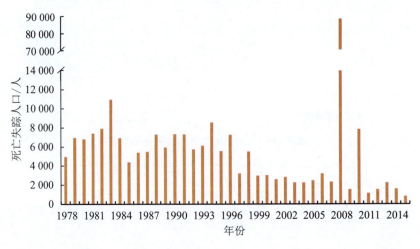

图7-30 中国自然灾害导致死亡失踪人口(1978—2014年)(Shi et al.，2016c)

图 7-31　1990—2010 年自然灾害造成的直接经济损失及占当年 GDP 比例(Shi et al.，2016c)

巨灾风险　近年来，中国巨灾频现，严重威胁人民生命安全和经济发展。2008 年汶川特大地震、2010 年青海玉树地震和舟曲特大泥石流等巨灾事件标志着中国进入一个自然灾害高致损阶段。该阶段人员伤亡、自然灾害损失绝对值以及其在 GDP 的比值均呈上升趋势，指示未来巨灾对中国的经济发展可能造成巨大影响。就巨灾造成的损失来看，人员遇难绝对数和相对比例均呈下降态势，但直接经济损失的绝对数和相对数都呈增加态势。1976 年的唐山地震(里氏 7.8 级)造成 24.2 万人遇难、133 亿元的直接经济损失，遇难人口占上年中国人口的比例为 26.2 人/10 万人，直接经济损失占上一年中国国内生产总值的比例为 2.26%；2008 年的汶川地震(里氏 8.0 级)，遇难人口为 8.7 万人，直接经济损失为 8 523 亿元，遇难人口占上一年中国人口比例为 6.58 人/10 万人，直接经济损失占上一年中国国内生产总值的比例为 3.21%(Shi et al.，2016c)。

(2) 趋势

近几十年来，全球气候和环境变化的速度和强度是历史罕见的。全球变暖是当前全球气候变化最突出的特征(秦大河等，2015)。

① 观测到的中国极端天气气候事件与灾害

中国极端天气气候事件种类多，频次高，阶段性和季节性特征明显，区域差异大，影响范围广。高温热浪、干旱、暴雨、台风、沙尘暴、低温寒潮、霜冻、大风、雾、霾、冰雹、雷电、连阴雨等各类极端天气气候事件发生频繁，影响广泛。极端天气气候事件区域特征明显，季节性和阶段性特征突出，灾害共生性和伴生性显著。

最近 60 年中国极端天气气候事件发生了显著变化，高温日数和暴雨日数增加，极端低温频次明显下降，北方和西南干旱化趋势加强，登陆台风强度增大，霾日数增加。全国年平均最高气温值、最低气温值和高温日数均显著增加；全国平均冷昼日数略趋减少；区域性极端低温事件频次以每十年 1.99 次的速率明显下降；冰冻日数以每十年 0.9 d 的速率显著减少；全国性寒潮频次明显下降，1955—1990 年的年均 2.0 次下降到 1991—2013 年 1.2 次；2007—2013 年，区域性、阶段性低温冷冻时有发生。暴雨频率增高，强度趋强，影响范围扩大。东北、华北和西南地区干旱化趋势明显，1997—2013 年中等以上干旱日数较 1961—1996 年分别增加 24%、15% 和 34%。西北太平洋和南海生成的台风数呈下降趋势，但登陆中国的台风强度明显增强，21世纪以来登陆台风中有一半最大风力超过12级，华东及东南沿海地区台风降水趋于增多。沙尘暴频次呈波动性减少趋势，以1983年为界，后25年较前25年发生沙尘暴的站次平均值减少了58%。中国中东部冬半年平均霾日显著增加，尤其是华北地区因霾导致能见度明显下降。天气气候灾害影响不断加重，未来灾害风险会进一步增强。

中国群发性或区域性极端天气气候事件频次增加，范围有所扩大。1960—2013年，全国共发生784次10站以上单次群发性暴雨，平均每年14.5次，每年发生的群发性暴雨事件从13.5次增加到17.3次，增幅28%；暴雨强度和范围也有所增大。同期区域性热浪年频次普遍增加，特别是长江中下游和华南区域1997—2008年热浪事件的年均频次，比1976—1994年的年均频次增加近2次。

极端天气气候事件会导致天气气候灾害。20世纪80年代以来，中国天气气候灾害影响范围逐渐扩大，影响程度日趋严重，直接经济损失不断增加，但死亡人数持续下降。1984—2013年，天气气候灾害平均每年造成直接经济损失1 888亿元，相当于国内生产总值(GDP)的2.05%，其中1991年最高，达6.28%。2001—2013年天气气候灾害年均直接经济损失相当于GDP的1.07%(同期全球经济损失相当于GDP总和的0.14%)。1981—2013年天气气候灾害年均死亡4 587人，其中20世纪80年代6 775人，90年代5 296人，2001—2010年2 626人。暴雨洪涝、干旱、台风、低温冷害和风暴潮的经济损失，分别由1984—2003年的年均802.0亿元、164.3亿元、194.2亿元、38.1亿元和117.5亿元，增加到2004—2013年的1 228.3亿元、636.7亿元、534.5亿元、336.8亿元和151.0亿元；台风和风暴潮由1984—2003年的年均死亡465人和332人，下降到2004—2013年的288人和181人。2013年1月共发生3次大范围雾霾灾害，其中，1月22日雾霾影响范围波及20多个省(自治区、直辖市)，影响面积超过222×10^4 km^2。

随着天气气候灾害影响范围扩大和人口、经济总量增长，各类承灾体的暴露度不断增大。中国所有地区均遭受着不同程度极端天气气候事件和灾害的威胁。1949—2013年，旱灾面积以年均17.3×10^4 hm^{2}速率扩大，成灾面积超过$1 000 \times 10^4$ hm^{2}的重灾年份有25年，其中1981—2013年重灾年份占总数的76%。1984—2013年受台风影响的省(自治区、直辖市)达23个(含台湾省)，受台风影响省份的GDP总和由1984年的0.7×10^4亿元，增加到2013年的55.1×10^4亿元(未计台湾省)。北京、上海、广州等地受高温热浪影响的人口，由1984年的2 668.5万人，增加到2013年的5 822.6万人。中国城镇化率由2000年的36.22%增加到2013年的53.73%，天气气候灾害暴露度随之增加。

中国人口老龄化、高密度化和高流动性，社会财富的快速积累和防灾减灾基础薄弱，使各类天气气候灾害的承灾体脆弱性日趋增大。中国65岁及以上人口占总人口的比重由1984年的4.9%上升到2013年的9.7%，社会明显老龄化。北京、上海、广州流动人口数量由2000年的1 123万人增加到2013年的2 479万人。2004—2013年相对1984—1993年，绝大多数省份暴雨洪涝受灾人口增加；江西、湖南、贵州和广西直接经济损失与GDP的比值最大。干旱、台风和低温冷害受灾人口比重分别由1984—1993年的年均2.0%、1.0%和0.3%，增加到2004—2013年的10.1%、3.0%和3.6%。高温热浪灾害脆弱性逐渐增大，高脆弱性面积比重不断增大。由于经济产值和人口持续向城市主城区和新兴开发区集中，以及防灾减灾基础设施薄弱，城镇人口、经济和基础设施对天气气候灾害的脆弱性增大；在缺少有效保护措施的农村地区，人口和基础设施等方面具有很高的脆弱性(秦大河等，2015)。

②中国极端天气气候事件与灾害的发展趋势

根据中等排放(RCP4.5)和高排放(RCP8.5)情景，采用多模式集合方法预估了21世纪中国的高温和强降水事件的发展趋势，结果表明呈增多趋势。预计到21世纪中期(2046—2065年)和末期(2080—2099年)，中国暖事件增加，冷事件减少，高温日数增加，日最高气温最高值、日最低气温最低值升高，高排放情景下的变幅更大。同时，强降水事件增多，强度增强，强降水量占年降水量比重增大。全国范围内中雨、大雨和暴雨事件很可能显著增多。

预计到21世纪末，中国高温、洪涝和干旱灾害风险加大(中等信度)。温室气体排放情景越高，高温、洪涝和干旱灾害风险越大。高排放情景下，中国高温致灾危险性在21世纪近期(2016—2035年)、中期和后期逐渐增大，高温灾害风险趋于加大，Ⅳ级及以上高温灾害风险等级范围扩大。未来洪涝灾害风险较高的地区主要位于中国中东部，预计21世纪后期，Ⅳ风险地区比1986—2005年有所减少，但Ⅴ级风险范围略有增加。华北、华东、东北中部和西南地区干旱灾害风险较大，到21世纪中后期，旱灾高风险范围显著增大(图1-14)。

预估结果表明21世纪人口增加和财富积聚对天气气候灾害风险有叠加和放大效应(中等信度)。预计2026—2037年中国人口将达到14.6亿的峰值，2030年65岁及以上人口达2.3亿左右，城镇化率为65%~70%。经济社会发展、人口增长及人口结构变化、城镇化水平提高，与未来高温、洪涝和干旱灾害增多、增强相叠加，中国所面临的天气气候灾害风险将进一步加大，绝对经济损失进一步加重。

中国在灾害风险管理方面仍然存在一些薄弱环节。一是，对新风险和巨灾风险的关注、管理依然不足；二是，管理体系不完善，部门职能分散，协同合作有待加强；三是，综合防灾减灾体系、机制、管理和能力建设仍面临诸多挑战；四是，市场机制与风险转移机制缺失；五是，国家对防灾减灾工作的科技支撑能力亟待加强，天气气候灾害监测和预警以及风险评估等能力仍有待进一步提升；六是，全民防灾减灾教育不足，公众参与意识和能力仍有待提高(秦大河等，2015)。

7.2.2 中国主要自然灾害风险时空格局

(1) 中国主要自然灾害时间动态

地震 依据中国历史地震及灾情数据库记录，16—17世纪和20世纪以来中国地震活动比较强烈，15世纪和18—19世纪地震活动则相对平静。近百年中国中、强地震频次记录显示(图7-32)，近百年来地震发生频次整体呈增加趋势，1949—2000年每年平均发生中、强地震50次以上，明显高于1897—1949年记录的中、强地震发生次数，特别是1999年以后地震发生频次明显提高。根据中国地震活动规律，20世纪以来的地震活跃期还将延续很长时间。总体而言，今后中国大陆地震灾害仍比较严重。地震灾害极易造成大量房屋倒塌和重大人员伤亡。1949—2000年，中国自然灾害致死人口中的54%由地震灾害导致。地震灾害损失的年际变化显著，特别是2008年汶川特大地震和2010年青海玉树地震均造成重大人员伤亡。1990—2010年，中国平均每年地震死亡失踪人数4 440人，占自然灾害死亡失踪总人数的 52.3%。平均每年由于地震造成的直接经济损失 431 亿元，占各种自然灾害直接经济损失的 17.1%。

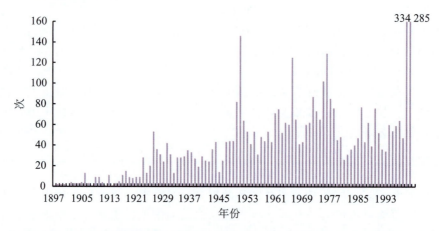

图 7-32　中国中强地震次数年际变化（1897—2000 年）(Shi et al., 2016c)

滑坡与泥石流　地质灾害除受气候和构造活动影响，而具有强弱交替的不规则周期性外，还受人为活动影响而表现出明显的不断增强的趋势。近 20 年来呈急剧发展态势：地质灾害次数由原来的上百次增加到 3 万次，最高达到 10 万次，每年造成严重破坏损失的崩塌、滑坡、泥石流重大成灾频次由原来的 10~20 次增加到 40 次以上，重灾年超过 100 次（图 7-33）。地面沉降的城市由原来的不足 10 个增加到 70 个；地面塌陷和地裂缝由原来的几百处增加到几千处。据预测，未来这些地质灾害将会继续发展，不但将对人民生命财产造成更严重的损失，而且将产生更加广泛的危害，特别是破坏资源环境，加剧水土流失等，进而使防洪、防潮以及防治水土流失等更加困难。

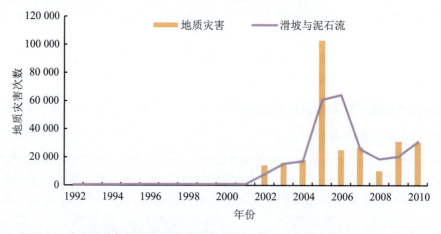

图 7-33　中国滑坡与泥石流灾害的频次变化（1991—2010 年）(Shi et al., 2016c)

干旱　干旱是中国农业面临的最主要灾害。20 世纪 50 年代以来，中国农业干旱受灾、成灾面积逐年增加，每年因旱灾损失粮食 $250\times10^8 \sim 300\times10^8$ kg，占自然灾害损失总量的 60%。1961 年以来，中国区域性气象干旱事件频次趋多（图 7-34），干旱造成的农业受灾面积和成灾面积亦呈上升趋势（图 7-35），平均每年农业受旱面积为 2170×10^4 hm²，

成灾面积 980×10^4 hm²。

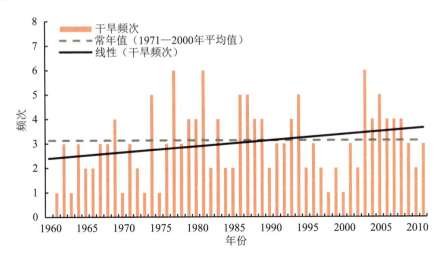

图 7-34　近 50 年中国干旱频次变化趋势(Shi et al.，2016c)

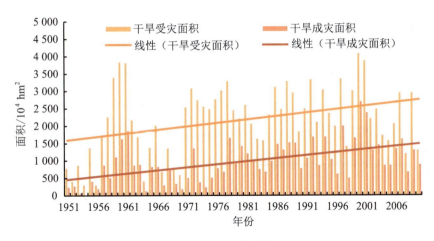

图 7-35　近 50 年中国干旱面积变化趋势(Shi et al.，2016c)

洪涝　1961 年以来，中国年暴雨日数呈显著增多趋势(图 7-36)，因暴雨洪涝农作物受灾面积总体呈显著增多趋势，并且阶段性特征明显，其间 20 世纪 90 年代受灾面积最大(图 7-37)。

台风　21 世纪以来，登陆中国台风的强度明显增强，平均每年有 8 个台风登陆中国，其中有一半是最大风力超过 12 级的台风或强台风(14 级以上)，与 20 世纪 90 年代相比分别增加了 21%和 38%(图 7-38)。中国台风发生频次呈现较强烈的周期性特点，而长期趋势性变化不明显。1949 年以来，无论是西北太平洋地区生成的热带气旋或台风(热带风暴、强热带风暴、台风、强台风及超强台风)，还是登陆中国的热带气旋或台风，总体上频数都呈振荡减少的趋势(图 7-38)。近 20 年登陆中国台风导致的死亡人口数约 400 人，占各类自然灾害死亡总人数的 5%；导致直接经济损失约为 300 亿元，占各类自然灾害直接经济总损失的 10%。2004 年强台风"云娜"、2006 年超强台风"桑美"、强热带风暴"碧利斯"都造成重大人员伤亡和经济财产损失(图7-39)。

图 7-36　近 50 年中国年暴雨日数变化趋势(Shi et al., 2016c)

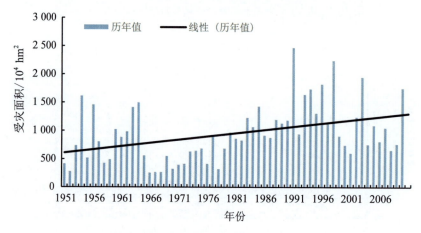

图 7-37　近 60 年中国暴雨洪涝影响面积变化趋势(Shi et al., 2016c)

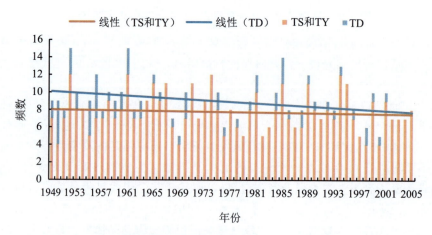

图 7-38　西北太平洋登陆中国的热带低压(TD)、热带风暴(TS)和台风(TY)频数图(1949—2006 年)(Shi et al., 2016c)

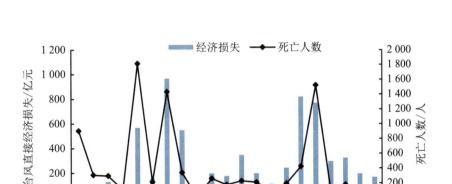

图 7-39 近 20 年中国台风造成直接经济损失和死亡人数(Shi et al., 2016c)

寒潮 1951—2004 年中国和区域性寒潮共发生 387 次,每年因冷害损失稻谷约 $30\times10^8 \sim 50\times10^8$ kg。1961 年以来随着气候变暖,中国区域性低温事件发生频次显著减少(图 7-40),但中国因低温冻害和雪灾农作物受灾面积呈显著增多趋势(图 7-41)。1972 年以来,平均每年受灾面积为 334.5×10^4 hm²。其中,年受灾面积最多的达 1469.6×10^4 hm²(2008 年),最少年为 23.5×10^4 hm²(1973 年)。2008 年 1 月 10 日至 2 月 2 日,中国大部,尤其南方地区连续遭受四次历史罕见低温雨雪冰冻天气,其灾害范围广、强度大、持续时间长。低温雨雪冰冻天气造成 1 亿多人和超过 1100×10^4 hm² 农作物受灾,死亡 129 人,直接经济损失达 1500 亿元。中国平均每年农作物风雹受灾面积为 380×10^4 hm²,成灾面积 181×10^4 hm²(图 7-42)。

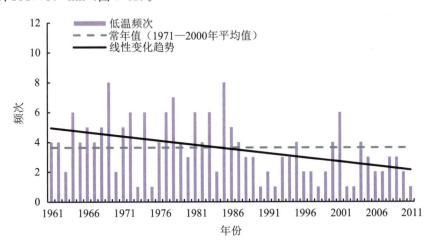

图 7-40 近 50 年中国区域性寒潮事件频次变化趋势(Shi et al., 2016c)

热浪 近 50 年来,华北地区和华东地区的春末高温、干热风发生频率和强度均呈增加趋势,影响了小麦的授粉和灌浆,导致小麦减产 10%~20%;江南地区和华南地区的高温使得水稻灌浆不足而导致减产;西北地区显著的暖干化增加了干热风发生次数,给农业带来巨大危害。随着气候变暖,1961 年以来中国区域性高温事件频次趋多(图 7-43)。

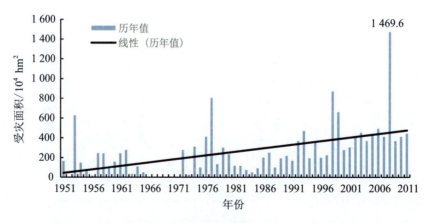

图 7-41　近 60 年中国低温冷冻害导致农作物受灾面积变化趋势(Shi et al.，2016c)

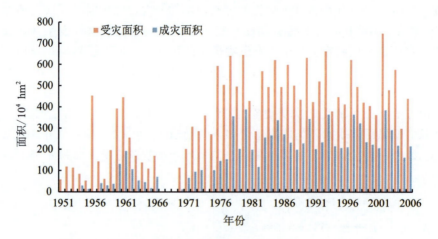

图 7-42　近 60 年中国农作物风雹面积变化(Shi et al.，2016c)

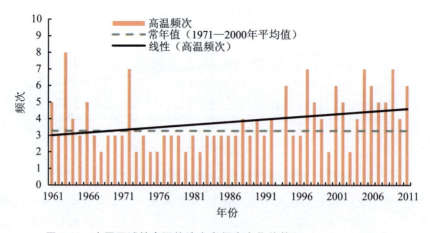

图 7-43　中国区域性高温热浪灾害频次变化趋势(Shi et al.，2016c)

雷暴　根据中国国家气候中心的统计资料，1971—2010 年中国年均农作物雷暴受灾面积约 500×10^4 hm²，并且呈现出不断上升的发展趋势(图 7-44)。近 10 年雷暴受灾面积较常年略偏少，但 2002 年为近 60 年最多的一年。

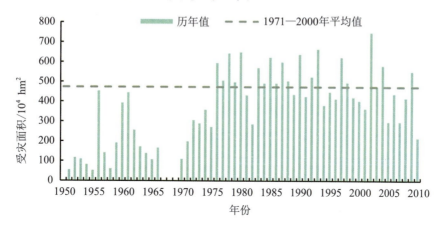

图 7-44　中国农作物受雷暴影响面积变化趋势 (Shi et al., 2016c)

沙尘暴　中国沙尘暴变化呈现明显的阶段性特征 (图 7-45)。在 3.2 节中对其动态变化作了阐述。近 50 多年来沙尘暴变化有减少的趋势，其递减率为 1.1 天/10 年。

图 7-45　1954—2010 年全国平均年沙尘暴日数 (Shi et al., 2016c)

雾霾　1961—2011 年中国东部地区平均年雾日数总体呈减少趋势：20 世纪 60 年代至 80 年代，年雾日数变化不明显；90 年代之后，年雾日数呈显著减少趋势 (图 7-46)。但是，中国年霾日数则呈显著的增加趋势，并且表现出不同阶段性特征：20 世纪 60 年代至 70 年代中期，霾日数比常年偏少；70 年代后期至 90 年代，霾日数基本在常年值附近摆动；21 世纪以来，霾日数增加十分显著 (图 7-47)。

风暴潮　中国风暴潮发生频次也呈现较强烈的周期性特点，而长期趋势性变化不明显。1949—2010 年，中国发生台风风暴潮次数高达 219 次，造成显著灾害损失的共计 128 次，其中 18 次为特大风暴潮灾害。近 50 年中国台风风暴潮发生频率整体呈振荡上升趋势 (图 7-48)。

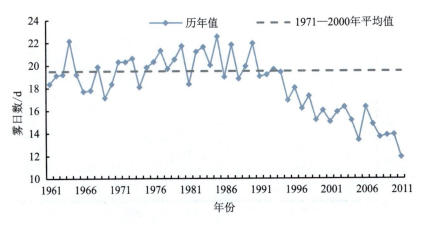

图 7-46 中国东部地区雾日数变化趋势(Shi et al.，2016c)

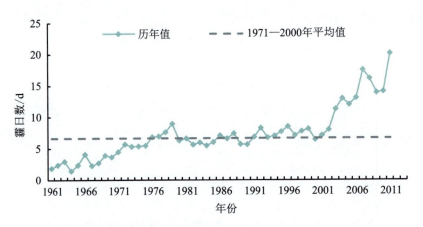

图 7-47 中国东部地区霾日数变化趋势(Shi et al.，2016c)

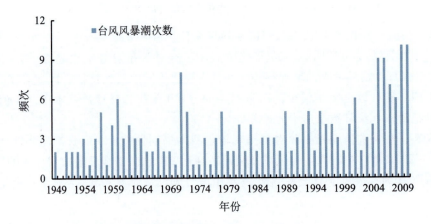

图 7-48 中国台风风暴潮频次变化趋势(Shi et al.，2016c)

病虫害 近年来，农作物主要病虫害发生面积每年都在 $3\,000\times 10^4$ hm² 以上。某些年份某些病虫害集中暴发的趋势进一步加强。1993—2010 年，中国草原虫鼠灾害面积由 $2\,707\times 10^4$ hm² 增加至 $5\,677\times 10^4$ hm²，增幅高达 109.7%（图 7-49）。森林病灾害面积由 689×10^4 hm² 增加至 $1\,199\times 10^4$ hm²，增幅为 74%（图 7-50）。

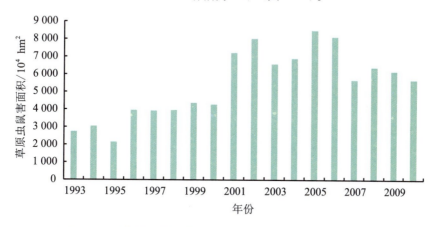

图 7-49 中国草原虫鼠害面积（1993—2010 年）（Shi et al.，2016c）

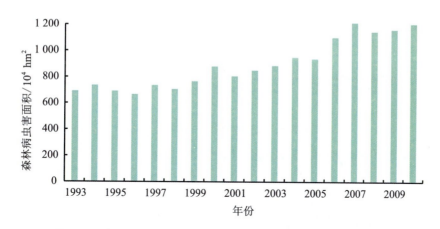

图 7-50 中国森林病虫害面积（1993—2010 年）（Shi et al.，2016c）

野火 1950—1996 年，中国年均发生森林火灾 15 932 起，受害森林面积 94.7×10^4 hm²。1996—2010 年，中国年均发生森林火灾 8 052 起，年均受害森林面积 10.1×10^4 hm²，分别下降 50.5% 和 89.4%（图 7-51）。1996—2010 年，中国年均发生草原火灾 281 次，年均受害草原面积 28×10^4 hm²。2000—2004 年是中国草原火灾高发时期，2004 年以后草原火灾影响面积逐年减小（图 7-52）。气候变化引起的暖干化趋势会导致森林、草原火灾风险期的提前和延长。气候变暖会导致极端气候事件频发，进而将使未来中国发生森林、草原火灾的风险进一步提高。

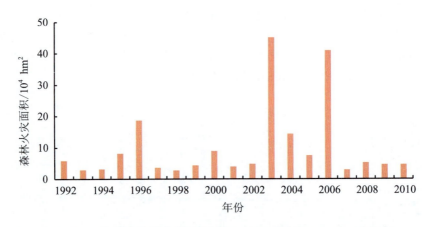

图 7-51　中国历年森林火灾面积(1996—2010 年)(Shi et al., 2016c)

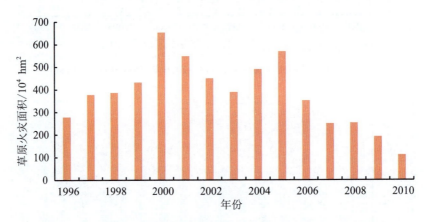

图 7-52　中国历年草原火灾面积(1996—2010 年)(Shi et al., 2016c)

(2)中国主要自然灾害风险空间格局

地震　中国位于环太平洋地震带与地中海—喜马拉雅地震带的交界处,属于地震多发区,是世界上地震活动最为强烈的国家之一。中国的地震具有频率高、分布广、强度大、震源浅、地区差异明显等特点,这些特征决定了中国地震灾害的严重性和广泛性。

中国地震主要分布在青藏高原地震区、华北地震区、新疆地震区、台湾地震区和东南沿海地震区 5 个区域共 23 条地震带上。中国陆地地震活动具有明显的"西高东低"特点,即西部内陆地震活动水平明显高于东部,呈现次数高、强度大的特点,突出表现为空间分布的不均匀性。

青藏高原地震区是中国最大的一个地震区,也是地震活动最强烈、大地震频繁发生的地区。有记录的 8 级以上地震发生 9 次;7.0~7.9 级地震发生 78 次。其次为华北地震区,该地区有据可查的 8 级地震共发生 5 次;7.0~7.9 级地震发生 18 次。华北地震区位于中国人口稠密,大城市集中,政治和经济、文化、交通都很发达的地区,地震灾害的威胁极为严重。

考虑到中国人口密度分布和经济分布特征,中国地震灾害风险主要集中在燕山与太行山东侧的断裂带、郯庐断裂带、汾渭盆地、银川至昆明的南北断裂带、横断山区、天山南北侧断裂带等地质构造活动较为频繁的相对高风险的地区(图7-53)。

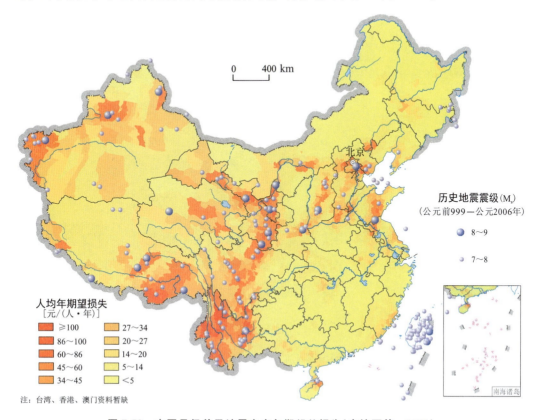

图7-53 中国县级单元地震灾害年期望总损失(史培军等，2011)

滑坡和泥石流 滑坡和泥石流是最常见的山区地质灾害，并常以次生灾害的形式伴随地震、暴雨等灾害发生。中国滑坡与泥石流灾害集中发生在第二、第三级阶梯以及第一、第二级阶梯的交界处，点位分布与一些主要山脉走势一致。云南高原、川西山区和黄土高原地区是滑坡与泥石流灾害风险非常突出的三大高风险地区。此外，横断山区及青藏高原东缘地区、川东到鄂西长江沿岸、山西高原及太行山与燕山地区也是滑坡与泥石流灾害的较高风险区(图7-54)。近20年，中国每年因地质灾害平均死亡人数796人，占自然灾害死亡失踪总人口的9.4%。1998—2010年每年平均由地质灾害造成的直接经济损失约为62.5亿元，占各种自然灾害直接经济损失的2.5%。

干旱 从空间分布来看，中国不同区域旱灾的发生频率差异很大。中国旱灾发生频率最高的地区是华北平原、黄土高原、东北西南部和华南西南部，其次为江南南部江淮平原、江汉平原、云南中南部和关中平原等(图7-55)。从旱灾发生的季节来看，华北、黄土高原、东北中西部、淮河流域、四川西部易发生春夏连旱，但云南大部、甘肃东部与河北坝上以夏旱为主，其余地区以春旱为主。近10年来，中国干旱呈现自北向南、自西向东扩展的趋势。今后旱灾的危害范围将越来越广，除影响农业生产外，对城乡居民生活和工业生产的影响也将日益严重，城市缺水和工业缺水将是未来十分突出的问题。

灾害风险科学

注：台湾、香港、澳门资料暂缺

图 7-54 中国滑坡泥石流灾害风险图（史培军等，2011）

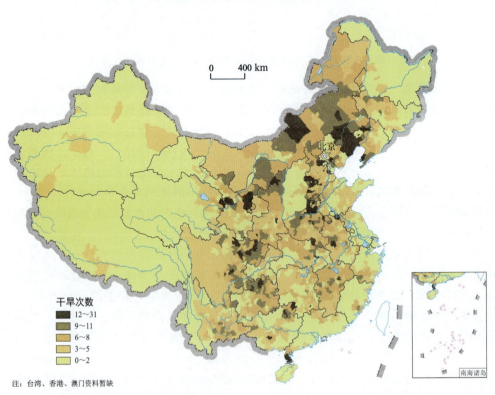

注：台湾、香港、澳门资料暂缺

图 7-55 中国干旱灾害频次分布图（1949—2010 年）（改绘自王静爱等，2006）

洪涝 中国洪涝灾害主要集中分布在长江、淮河流域以及东南沿海等地,中国40%的人口、35%的耕地和60%的工农业长期受到洪水威胁。洪涝灾害对粮食生产的危害仅次于旱灾,每年因洪涝灾害造成的粮食平均损失占总量的25%。中国洪水灾害格局的东西分异明显。洪涝灾害主要分布在中国东部主要江河的下游平原地区。长江中下游地区、黑龙江流域、淮河流域、珠江流域及东南沿海部分流域是中国近年洪涝灾害的主要发生地区(图7-56)(王静爱等,2006)。

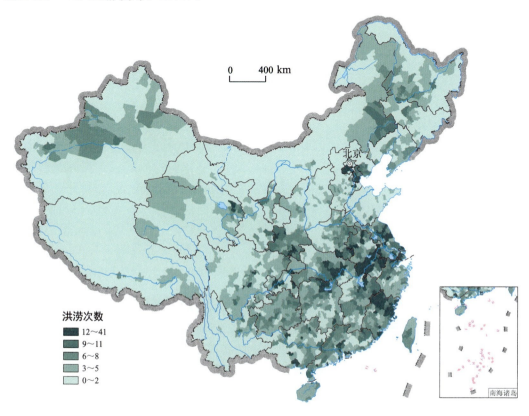

图 7-56 中国洪涝灾害频次分布图(1949—2000 年)(改绘自王静爱等,2006)

台风 中国是世界上受热带气旋影响最为严重的国家之一。影响中国的台风主要有以下三条路径:西北路径,热带气旋从源地(指菲律宾以东洋面)一直向西北方向移动,大多在台湾、福建、浙江一带登陆;西移路径,热带气旋从源地一直向偏西方向移动,往往在广东、海南一带登陆;近海转向路径,热带气旋从源地向西北方向移动,当靠近中国东部近海时,转向东北方向移动。从季节分布来看,中国每年4—12月均有台风登陆,主要集中在7—9月。中国台风灾害风险以东南沿海为重,广东、福建、海南和广西最重(图7-57)(史培军等,2011)

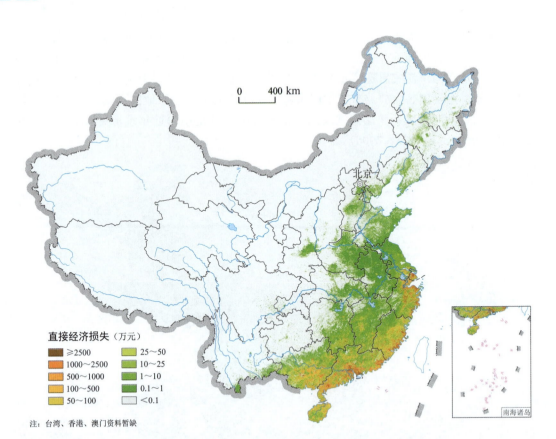

图 7-57 中国台风灾害直接经济损失风险 10 年一遇（史培军等，2011）

寒潮 中国雪灾分布区域集中分布在内蒙古、新疆、青海和西藏等省区。大兴安岭以西、阴山以北的内蒙古高原，新疆天山以北地区和青藏高原为三个雪灾多发区。上述三个雪灾高发区有三个雪灾高发中心，即内蒙古锡林郭勒盟东乌珠穆沁旗、西乌珠穆沁旗、西苏旗、阿巴嘎等地区，新疆天山以北塔城、富蕴、阿勒泰、和布克塞尔、伊宁等地和青藏高原东北部巴颜喀拉山脉附近玉树、称多、囊谦、达日、甘德、玛沁一带（图 7-58）。长江沿线和西南地区的低温冻雨灾害时有发生。

近年来，中国平均每年因低温冰冻雨雪灾害造成人员死亡 84 人，占各类自然灾害死亡总数的 3%；雪灾造成的直接经济损失达 597 亿元，占各类自然灾害直接经济总损失的 9.2%。

中国霜冻日数的空间格局以淮河—秦岭—横断山脉为界，以南以东地区霜冻日数在 50 d 以下，而以北以西地区霜冻日数在 50 d 以上。霜冻日数在 200 d 以上的区域集中分布于内蒙古东北部和黑龙江北部、青藏高原大部，其中青藏高原中部霜日数最高可达 300 d 以上。霜冻日数在 100～200 d 的区域广泛分布于中国东北平原和华北平原，以及陕西、宁夏、甘肃和新疆地区（图 7-59）。

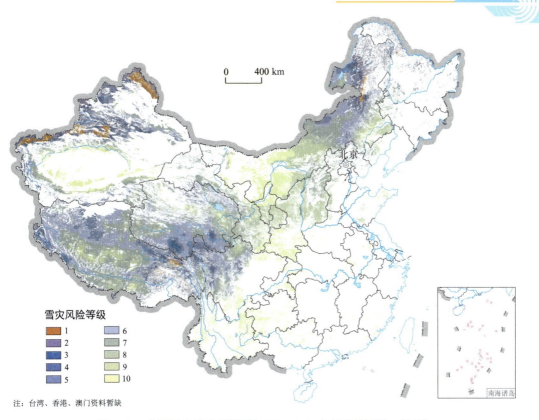

图 7-58　中国雪灾风险等级图(1949—2005 年)(史培军等，2011)

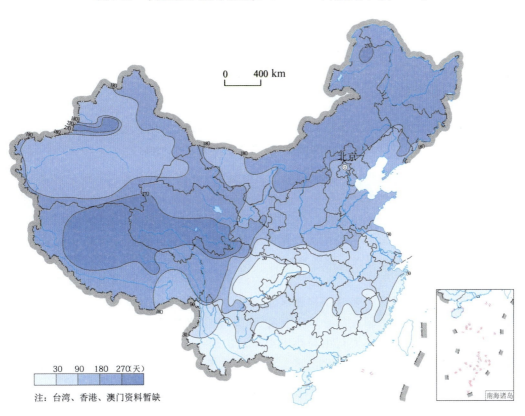

图 7-59　中国霜冻日数分布图(1949—2005 年)(史培军等，2011)

从中国霜冻灾害风险等级分布来看，青藏高原的大部分牧区，内蒙古高原东部以及大部分牧区，大、小兴安岭及东北三江平原农区，新疆山地牧区成为中国四大霜冻灾害高风险区(图7-60)。此外，广大北方农区都受到霜冻灾害的影响。由霜冻导致的农业灾害，主要发生在西北、华北、东北、华东、中南、华南地区，受害的作物主要有冬小麦、棉花、玉米、水稻、甘薯、高粱及蔬菜水果等，易造成重大农业经济损失。

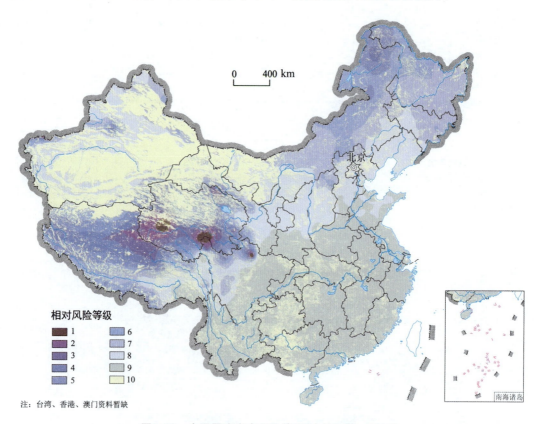

图7-60 中国霜冻灾害风险等级(史培军等，2011)

中国冰雹灾害分布面积广，且比较分散。中国有1 035个雹灾县，呈现东部多、西部少的空间分布特征。大兴安岭—阴山—青藏高原东缘一线以东为冰雹灾害的主要发生区，在空间上呈现一个区域，两个条带，八个中心的格局。一个区域是指包括中国长江以北、燕山一线以南、青藏高原以东的地区，是中国雹灾的多发区；两个条带指一级阶梯外缘雹灾多发带和二级阶梯东缘及其以东地区。

中国有八个冰雹灾害中心，包括大小兴安岭之间的松嫩地区、内蒙古东部—辽西地区、燕山及山前平原地区、陕甘宁接壤区、秦巴山地、云贵川接壤区、青海中东部、新疆喀什—阿克苏地区。中国大部分地区受雹灾(风雹和冰雹)的影响，其中，北方农牧交错带地区、山陕高原地区、太行山与燕山山地及山前平原地区、东北三江平原地区、鲁中山地丘陵区、淮河流域、川东北山区、贵州高原地区、西天山山地及山前平原地区、浙闽山地成为中国十个雹灾高风险地区(图7-61)。

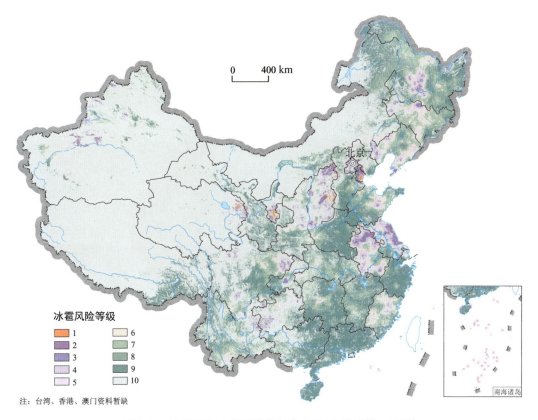

图 7-61　中国冰雹灾害风险等级分布图(史培军等,2011)

热浪　从中国夏季高温分布来看(气象上日最高气温≥35 ℃为高温日),多发区(年平均高温日数>5 d)集中在中国西北部和东南部,其中高发区(年平均高温日数>20 d)集中在新疆、重庆、长江下游地区、华南北部和东部地区(图 7-62)。

雷暴　中国雷暴日数分布在整体上呈现出南方比北方多、山地比平原多的特点。多发区分布在华南、西南南部以及青藏高原中东部地区;中等发生区分布在江南、西南东部、西藏、华北北部、西北部分地区;少发区分布在华北、江淮、黄淮、江汉、东北、内蒙古大部、西北东部地区;极少区主要分布在西北地区大部、内蒙古西部(图 7-63)。

沙尘暴　中国北方两个主要的沙尘暴高发区域:一是南疆塔里木盆地及其周边地区,二是内蒙古西部阿拉善高原、甘肃河西走廊以及内蒙古鄂尔多斯高原周边地区。青海西部的柴达木盆地、三江源地区及内蒙古东北部也是沙尘暴发生较多的地区。中国北方约有 1 500 km 铁路、$3×10^4$ km 公路和 $5×10^4$ km 灌渠遭受风沙危害。沙尘暴是造成中国北方大气环境质量恶化的主要因素之一。从中国沙尘暴灾害风险等级分布来看,北方农牧交错带的河西走廊、黄河兰州至山西河曲沿岸、宁夏大部及陕北毛乌素沙地、晋陕蒙接壤地区、河北坝上地区、科尔沁沙地以及华北平原的河北大部分地区成为沙尘暴灾害的风险区(图 7-64)。此外,汾渭谷地等也是沙尘暴灾害的相对高风险区域。

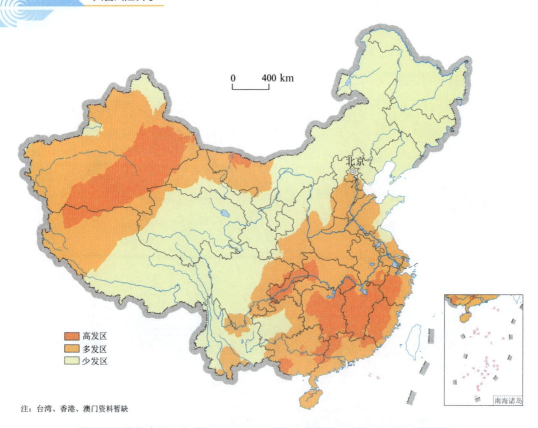

图 7-62　中国高温天气发生频率分布图（据中国气象局国家气候中心资料改绘）

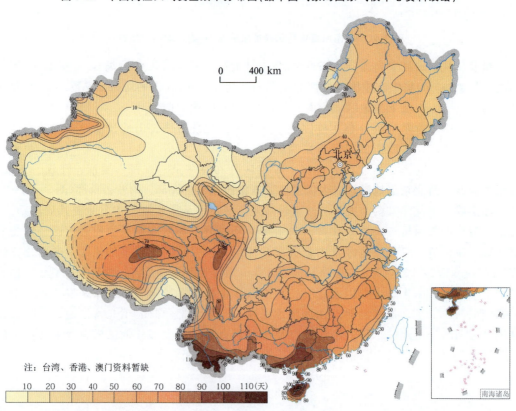

图 7-63　中国雷暴日数空间分布（据中国气象局资料改绘）（1961—2006 年）

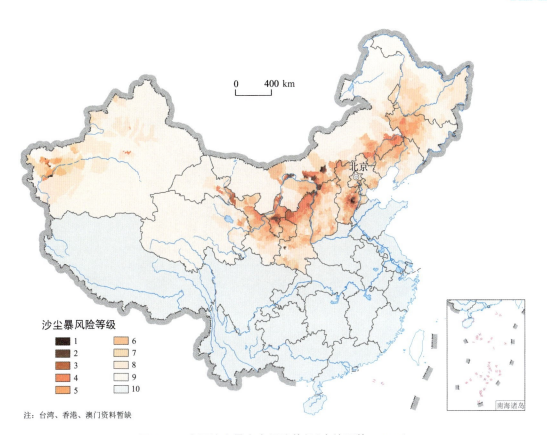

图 7-64 中国沙尘暴灾害风险等级(史培军等,2011)

雾霾 中国雾日数分布具有东南部多,西北部少的特点。霾的分布除新疆、西藏地区以外,基本分布在工业化城镇,以华北、长三角和珠三角地区最为严重(图 7-65)。

风暴潮 风暴潮通常分为多发于夏秋季节的台风风暴潮和春秋季节的温带气旋风暴潮。中国是世界上这两类风暴潮灾害都非常严重的少数国家之一,从南到北所有海岸均有发生。珠江三角洲、浙东沿海、福建东南沿海、杭州湾沿海、长江下游沿江与沿海地区、天津沿海地区是中国的 6 个风暴潮灾害的高风险区(图 7-66)。

病虫害 中国农林病虫害种类繁多,分布广泛,成灾条件复杂。随着农业耕作制度的改革,水肥条件的改善,特别是受气候变化的影响,农业生态系统发生了很大变化。农业生态系统内生物多样性下降,主要病虫害种类不断更迭,病虫害发生频率大幅度增加。不仅出现一些外来的病虫害,甚至连一些一度得到控制的病虫害,如水稻螟虫、东亚飞蝗等也卷土重来,成为主要病虫害。

野火 根据 2008 年第七次中国森林资源清查结果,中国森林面积 $19\,545\times10^4\,hm^2$,森林覆盖率 20.36%。中国草原面积为 $4\times10^8\,hm^2$,约占土地总面积的 41.7%。云南、广西、广东和黑龙江为火灾发生次数最高的省(自治区),其次是湖南、内蒙古、福建、江苏和江西等省(自治区),地处西北内陆地区的青海、宁夏等地火灾敏感度很低。中国广大南方和西南林区成为中国森林火灾两大高风险区域,南岭山地丘陵成为中国规模较大的森林火灾高风险带,绵延上千千米。此外,北方的大、小兴安岭也是森林火灾相对高风险区(图 7-67)。

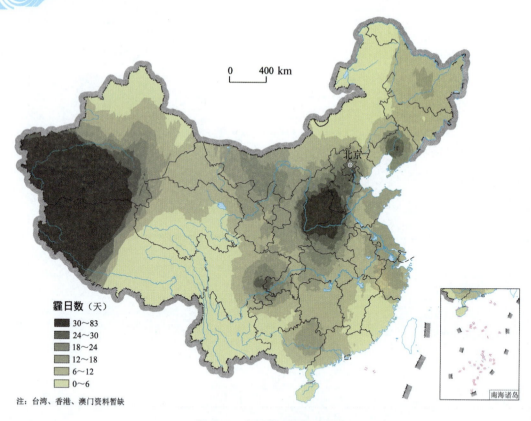

图 7-65 中国霾日数空间分布

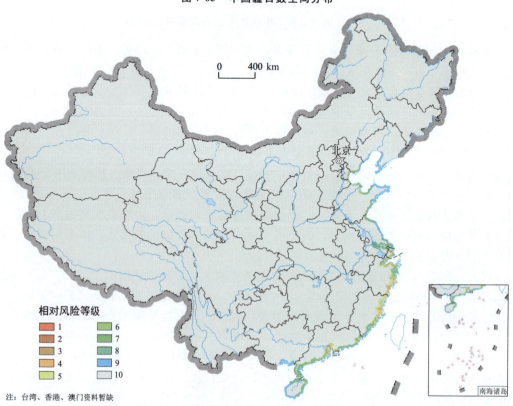

图 7-66 中国风暴潮灾害风险等级（史培军等，2011）

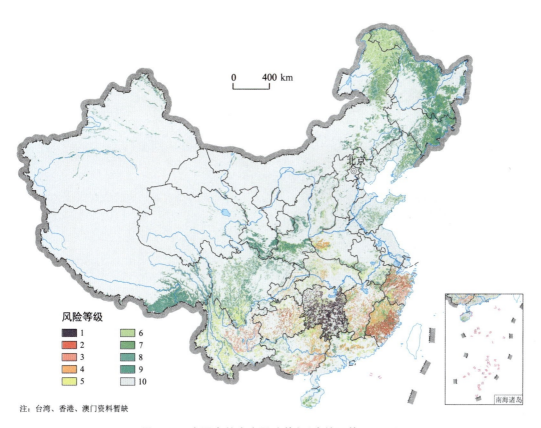

图 7-67　中国森林火灾风险等级（史培军等，2011）

中国东北林区草地、内蒙古东部草原、东北平原西部草地成为中国三个草原火灾高风险区域。此外，内蒙古广大农牧交错带草原、新疆山地草原也是草原火灾风险的相对高值区（图 7-68）。

水土流失　中国是世界上水土流失最严重的国家之一。中国几乎每个省都有不同程度的水土流失，其分布之广，强度之大，危害之重，在全球屈指可数。中国目前的水土流失面积为 356×10^4 km²，占国土总面积的 37%，需治理的面积有 200 多万平方千米，重点在水力侵蚀地区和水力风力侵蚀的交错地区（图 7-69）（刘宝元等，2013）。

生态系统安全　青藏高原东南边缘过渡带、云南高原北部及横断山区、秦巴山区、南方丘陵地区、北方农牧交错带地区、内蒙古草原东部、太行山与燕山山地区、辽西山地丘陵区、大兴安岭中南段、天山山地是中国生态系统安全的 10 个高风险区域（图 7-70）。

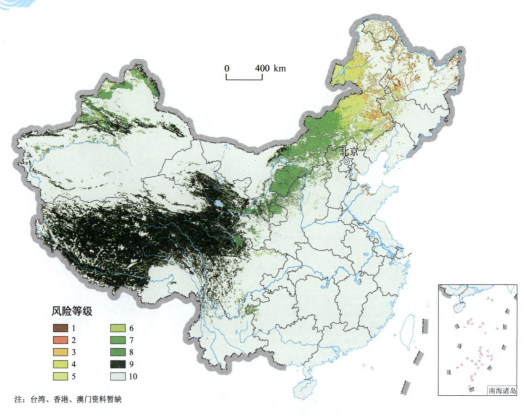

图 7-68　中国草原火灾风险等级（史培军等，2011）

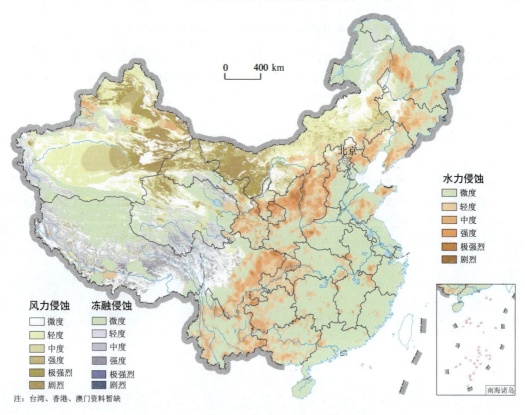

图 7-69　中国土壤侵蚀分布（刘宝元等，2013）

图 7-70 中国生态系统相对风险等级(史培军等，2011)

(3) **中国综合自然灾害风险空间格局**

气象灾害 中国气象灾害种类多、范围广、强度大、灾情重。全球气候变暖又加剧了极端气象灾害发生的频率，体现了气象灾害的长期性、突发性、巨灾性和复杂性(图 7-71)。东北地区低温冷害、干旱、洪涝等灾害发生频繁；华北地区是雷雨大风、龙卷等灾害性天气多发区；华南地区台风、洪涝、干旱发生频繁；西南地区高温、干旱、暴雨洪涝等灾害发生频繁；青藏高原冰雹、雪灾影响严重；西北地区气候干燥，干旱、沙尘暴、低温冷害发生频繁；江淮、江南是中国暴雨洪涝、台风灾害最为严重的地区，也是雷雨大风、龙卷等灾害性天气多发区。根据中国气象灾害年鉴和 2011 年中国气候公报的资料统计，近 20 年以来(1990—2011 年)，中国气象灾害共造成 8.6 万人死亡(图 7-72)，导致直接经济损失 4.7×10^4 亿元(图 7-73)。

综合自然灾害风险 为了全面地了解中国综合自然灾害风险，必须编制中国综合自然灾害风险地图。为此，我们需要考虑的关键问题是如何定量计算各主要自然灾害风险在综合自然灾害风险中的贡献。我们依据近年对前述重大自然灾害进行快速灾情评估的实践，把定量计算各主要自然灾害的权重作为突破点。在分析已有的相关文献和工作基础上，选用了由郑功成主编的《多难兴邦——新中国 60 年抗灾史诗》(郑功成，2009)一书中所附录的 1949—2009 年中国重大自然灾害简录表中的相关数据，计算了中国主要重大自然灾害发生的频次，并分别确立了这些主要自然灾害在中国综合自然灾害风险评估中的权重。从重大自然灾害的发生频次来看，洪水、台风在 1949—2009 年中，对中国综合自然灾害灾情贡献最突出；从造成的人员伤亡来看，地震与洪水灾害则最为突出；从造成的房屋倒塌、直接经济损失及转移安置人数等方面来看，洪水、地震、台风和干旱最为突出(史培军等，2011)。

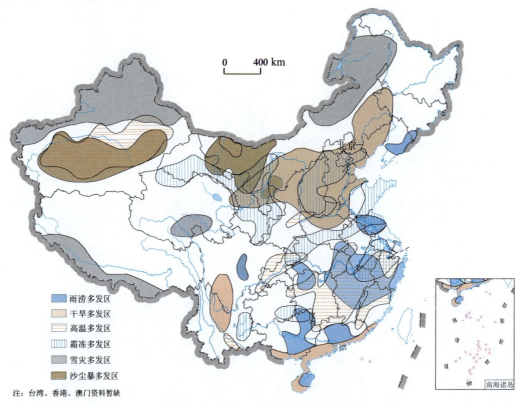

图 7-71　中国主要气象灾害分布示意图

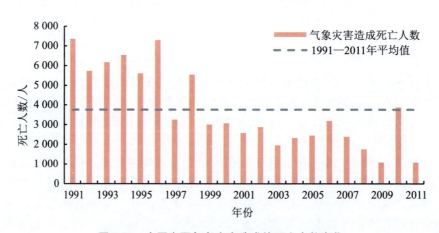

图 7-72　中国主要气象灾害造成的死亡人数变化

近年来，学术界对单灾种的灾害风险等级划分做了大量工作，而对于区域综合灾害风险等级的划分才刚刚起步。因而，我们从中国公布的地震烈度区划图得到启示。既然地震灾害可用12级烈度图表示其空间的差异，我们也可以利用"区域综合自然灾害风险等级"表示特定时期区域综合灾害风险的空间差异。基于此,我们提出了中国综合自然灾害风险等级划分标准,即"10级区域综合自然灾害风险等级"("10级综合自然灾害风险度标准")。在这一分级体系中,首先考虑了区域致灾因子的种类、频率与强度,即主要考虑了综合自然致灾因子的多样性(区域自然灾害多度);区域综合自然致灾因子的危险性(区域自然灾害相对强度);区域综合自然灾害的频发性(区域自然灾害被灾指数)。其次考虑了区域综合自然灾害造成的转移安置人数,即区域综合自然灾害造成的转移安置人口率(区域当年因灾转移人口数占上年相同区域人口数的比例)。再次考虑了区域自然致灾因子造成的人员遇难数量,即区域综合自然灾害造成的遇难人口率(区域当年因灾遇难人口数占上年相同区域人口数的比例)。最后考虑了区域综合自然灾害造成的直接经济损失,即区域综合自然灾害造成的直接经济损失率(区域当年因灾直接经济损失占上年该区域国内生产总值(GDP)的比例)。

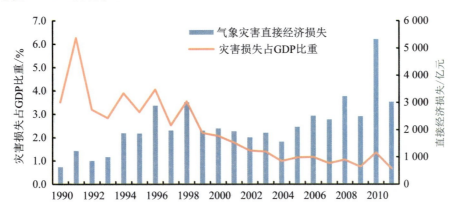

图 7-73　近 20 年中国气象灾害导致直接经济损失与灾害损失占 GDP 比重

在确定区域综合灾害风险等级划分的具体数值时,主要考虑了某个县域内发生的自然灾害种类数占中国发生的自然灾害种类数的比例,依据专业部门确定的指标划分各种自然致灾因子的相对强度及其发生频次。同时,着重考虑了中国过去 20 年中,主要自然灾害造成的遇难人数占上一年中国人口总数的比例和直接经济损失占上一年中国国内生产总值的比例。据此,把第 10 级区域综合自然灾害风险度的遇难人口率确定为大于 25/100 000,相当于 2008 年中国因灾死亡率的 40% 左右;直接经济损失率确定为大于 3.0%,相当于 2008 年中国因灾直接经济损失率的 70% 左右(史培军等,2011)。

从中国综合自然灾害风险等级图(图 1-15)上,我们可以看到中国高风险等级区域(8~10 级)主要分布在京津唐地区、长江三角洲地区、珠江三角洲地区、汾渭平原地区、两湖平原地区、淮河流域、四川盆地及其西部边缘山区、云南高原地区、东北平原地区、河西走廊等。这些地区综合自然灾害风险等级高值区会,一方面是因为其自然致灾因子的种类多、频次高、相对强度大;另一方面则是显示由于这些地区人口密度和地均财富相对较高,如果对自然灾害设防水平不高,会使因灾造成的遇难人数较多或直接经济损失较大。因灾遇难人数与直接经济损失有很好的相关关系(图 7-74)(史培军等,2011)。

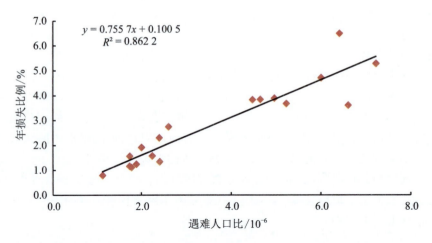

图 7-74　中国因灾遇难人口比与年损失比例相关分析（史培军等，2011）

7.3　综合灾害风险区划

在对区域自然灾害系统时空分异分析的基础上，基于区划的原则、指标体系和方法，开展综合灾害风险区划。作者所在单位先后制定了中国自然灾害区划、中国农业自然灾害区划、中国城市自然灾害区划、中国自然灾害救助区划。在阐述灾害风险区划基本原理的基础上，简要介绍这些区划。

7.3.1　综合灾害风险区划的基本原理与原则

(1) 基本原理

遵循灾害系统理论　灾害系统理论的核心内容是区域灾害系统是由孕灾环境（E）、承灾体（S）、致灾因子（H）及灾情（D）共同组成的具有复杂特性的地球表层异变系统，其关系式表达为 $D=E\cap H\cap S$。灾害系统理论是综合灾害风险区划体系中制定区划原则、构建区划指标体系等内容的基本理论依据（史培军，1991）。

地域分异理论　地域分异理论的核心内容是在外能和内能的综合作用下，地表的自然现象具有纬向地带性、海陆地带性、垂直地带性和非地带性的区域分异。自然灾害孕灾环境和致灾因子的地域分异规律符合地域分异理论。地域分异理论是综合灾害风险区划体系中指导区划界线划定和区划等级系统确定的理论基础（张兰生等，1993）。

地学信息图谱理论　地学信息图谱理论的核心内容是用图表现地学信息的空间单元特征，用谱表示地学现象发生与发展过程；图是某一时刻凝固的谱，谱是某一特征流动的图；图与谱合一所形成的图谱，构成空间与时间动态变化的统一表达。将区域灾害系统理论与地学信息图谱理论有机结合，在 GIS 技术支持下，通过图谱单元这种"格局与过程"研究的时空复合体，用同时反映空间差异和时序变化过程的灾害属性状态变量进行描述，所形成的是灾害系统时空耦合的系列地图。灾害系统研究的对象具有时空属性，形成机理相当复杂，不仅涉及自然界的各个圈层，而且处在人地系统相互作用的核心部分。基于地学信息图谱理论，采用灾害系统图谱法，以直观、形象的方式表达复杂的灾害过程，以形象思维方式来认知复杂、抽象的灾害形成机制，是综合灾害风险区划体系中灾害过程和结果呈现的主要方法(王静爱等,2006)。

(2)区划原则

综合性与主导因素原则 灾害系统是自然与人相互作用的复杂系统,区划中要遵循综合性原则。从系统层面看,自然灾害区划是对孕灾环境、致灾因子、承灾体和灾情等子系统的综合划分;从区划指标层面看,每一个子系统都可以分解成若干指标并构成指标体系。在自然灾害区划过程中,要充分考虑区域自然灾害的发生发展过程,区域孕灾环境的控制和致灾因子类型的制约;与此同时,还特别要关注几种发生频率高、作用大、损失严重、影响深远的主要自然灾害类型。把握这些主导因素,可以更为深刻地揭示区域自然灾害的时空分异规律。因此,在贯彻综合性原则的同时,还要兼顾主导因素的原则。

地域共轭性原则 地域共轭性原则要求所划分的区域在空间上是完整的,既没有空白区,也没有重复区(飞地),是在地域分异理论指导下,强调"类型划分"与"区域划分"的结合,"等级划分"与"关键区域划分"的结合。"类型划分"和"等级划分"反映的是最小尺度上的空间分布规律,而"区域划分"与"关键区域划分"是在"类型划分"和"等级划分"的基础上,反映更高一级尺度的空间分布规律。因此,对于不同的空间尺度,采用自下而上合并和自上而下划分相结合,实现"区域划分"与"类型划分"或"等级划分"与"关键区域划分"的共轭。"区域划分"与"关键区域划分"完成。前提条件是完成"类型划分"和"等级划分"。

保持县域行政界线完整性原则 多源信息数据库和GIS技术是现代区划的技术支撑。"中国自然灾害区划"涉及多种来源的信息,主要有自然单元(如地震点、洪水区等)、社会经济单元(如灾情经济损失、行政区)、信息单元(如遥感信息)等,区划的信息综合技术过程,实质上就是不同类型单元的信息匹配过程,在这个过程中,县域单元是国家的灾情和救助基本单元。因此,区划界线要求保持县域的完整性。

定量与图谱互馈原则 运用多种信息采集手段以及GIS技术,建立自然灾害数据库和图谱系统,用数字化手段统一处理灾害区划问题,可以最大限度地集成和利用有关灾害系统的信息资源,从而建立"数字区域灾害风险区划系统"。中国自然灾害区划就是在多源信息原始数据库基础上,采用双轨方式(数据库系统和图谱系统),通过多种模型运算,不断派生和优化出新的数据和图形,形成区划过程的数据库系统和图谱系统,并在区划成果中以"数字灾害区域"的方式呈现(王静爱等,2006)。

(3)区划流程

构建区划流程 区域灾害风险区划技术流程包括五个系统的构建过程,即数据库系统构建过程、图谱系统构建过程、指标体系构建过程、区划方案体系构建过程、区划动态管理系统构建过程(图7-75)(王静爱等,2006)。

建立区域灾害系统数据库 数据的来源与质量是判断灾害风险格局分区等级精度和客观性的关键,也是区划的重要基础。在灾害系统理论的指导下,北京师范大学环境演变与自然灾害教育部重点实验室在近30年的自然灾害研究工作中,先后编辑出版了《中国自然灾害地图集》(中、英文版)(张兰生等,1992)、《中国自然灾害系统地图集》(中、英文对照版)(史培军,2003)、《中国自然灾害风险地图集》(中、英文对照版)(史培军,2011)、《长江三角洲地区综合自然灾害风险评估与制图》(史培军等,2014)、《世界自然灾害系统地图集》(英文版)(史培军等，2015)，共同编辑出版了《汶川地震灾害地图集》(中、英文版)(《汶川地震灾害地图集》编纂委员会，2008)等，积累了丰富的有关中国和世界自然灾害的数据，并初步整理形成了中国和世界自然灾害风险数据库。

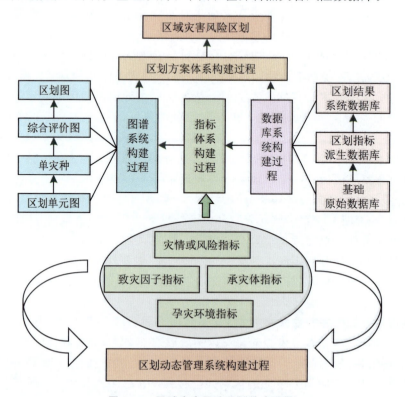

图 7-75　区域灾害风险区划技术流程

7.3.2　中国自然灾害区划

(1) 基本数据与流程

数据源　中国自然灾害区划数据库的数据来源主要包括中国自然致灾因子系列地图记录、中国省级报刊自然灾害报道记录、《中国减灾》月灾情信息记录、中国民政部民统五表农业灾情记录、中国各省(市、自治区)统计年鉴、进行区域制图分析的中国行政区图等。

数据库系统　中国自然灾害数据库系统主要包括7个子数据库，存储、管理了全国2 359个县级统计单元、663个城市、34个省级统计单元的各类自然灾害数据100多万个，社会经济统计数据和主要自然灾害数据截至2004年。

自然灾害区划技术流程参考7.3.1节中的方案。

(2) 自然灾害区划指标体系

在中国自然灾害数据库系统的支持下，构建的中国自然灾害区划的指标体系，由区域致灾指数(ZH)、区域承灾指数(CH)、农业人口密度(RKMD)、粮食作物单产水平(MC)、单位面积农业社会总产值(NS)、单位面积社会总产值(ZS)、区域旱水比(HWB)

等组成(王静爱等,2006)。

孕灾环境系统的稳定性 由于区域构造的不稳定性以及季风气候的不稳定性,中国境内地质地貌致灾因子和气象水文致灾因子复杂多样,致灾范围广、频率高、强度大。影响孕灾环境系统稳定性的因素主要为地貌界线与气候界线。因此,进行全国自然灾害区划的第一级区域划分时,要参照全国主要地貌界线与气候界线。

自然致灾因子系统的复杂度及强度 中国自然灾害区划过程中,构建了表达自然致灾因子复杂度和强度的若干指标和相应的计算模型。

多度(M):以县域自然致灾因子数占全国自然致灾因子总数比例表示,计算公式如式7-1。计算时以《中国自然灾害地图集》为标准,统计省内各县自然致灾因子种数,全国致灾因子总数取81。

自然致灾因子综合强度(S):在编制《中国自然灾害地图集》基础上,构造了区域自然致灾因子综合强度指标,计算公式如式7-2。计算所得出的综合强度为一个无量纲指标,数值大小表示强度的相对高低。

被灾指数(C)类似于复种指数,以县域所受各种自然致灾因子影响的面积百分比之和为被灾指数,计算模型如式7-3,也是一个无量纲指标。

多度(M)、自然致灾因子综合强度(S)和被灾指数(C)3个指标均来自于《中国自然灾害地图集》,这3个指标构建自然致灾指数指标,可定量表示自然致灾因子的复杂程度和强度,自然致灾指数表达式为

$$ZH = \frac{M}{\max(M)} + \frac{S}{\max(S)} + \frac{C}{\max(C)} \qquad 式7\text{-}1$$

式7-1中,ZH为区域自然致灾指数,M为自然致灾因子多度,S为自然致灾因子综合强度,C为被灾指数,$\max()$表示取最大值。

频度(ZC):以一定时间范围内区域发生的年均自然致灾因子数表示,即

$$ZC = n/Y \qquad 式7\text{-}2$$

式7-2中,ZC为县域自然致灾因子频度,n为统计时段内县域内自然致灾因子次数,Y为统计时段。本工作从"中国自然灾害报刊库"中提取1949—2000年各县发生自然成灾因子次数信息,构造自然成灾因子频度指标。

灾年数(ZN):以一定时间范围内县域发生自然灾害的年份数ZN表示。

灾次比(ZCB):以一定时间范围内县域发生自然灾害的次数与省域发生的自然灾害次数比值表示,即

$$ZCB = n/N \qquad 式7\text{-}3$$

式7-3中,ZCB为县域灾次比,n为统计时段内县域发生的灾害次数,N为统计时段内省域发生的自然灾害次数。

频度(ZC)、灾年数(ZN)和灾次比(ZCB)3个指标均来自于"中国自然灾害报刊库",这3个指标构建的成灾指标,可定量表示承灾体承受的自然灾害频度和强度,成灾指数(CH)为以上三个指标的具体值分别除以这3个数值的最大值的总和。

承灾体系统的承灾能力 中国自然灾害区划过程中,依据2000年"中国社会经济数据库",构建了表达承灾体系统承灾能力的若干指标和相应的计算方法。

农业人口密度($RKMD$),其计算公式为

$$RKMD = P/S \qquad 式7\text{-}4$$

式 7-4 中，$RKMD$ 为县域农业人口密度，P 为县域农业人口数，S 为县域土地面积。粮食作物单产水平（MC），其计算公式为

$$MC = LI/GENG \qquad 式7\text{-}5$$

式 7-5 中，MC 为粮食作物单产水平，LI 为县域粮食作物总产量，$GENG$ 为县域耕地面积。单位面积农业社会总产值（NS），其计算公式为

$$NS = NN/S \qquad 式7\text{-}6$$

式 7-6 中，NS 为单位面积农业社会总产值，NN 为统计年份县域农业社会总产值，S 为县域土地面积。

单位面积社会总产值（ZS），其计算公式为

$$ZS = SS/S \qquad 式7\text{-}7$$

式 7-7 中，ZS 为单位面积社会总产值，SS 为统计年份县域社会总产值，S 为县域土地面积。

区域自然灾害组合类型 中国是农业大国，对农业生产影响较大的水、旱灾害在中国造成的灾害损失较大，研究以水灾或旱灾为核心的灾害组合类型，对于中国自然灾害区划有重要意义。在本区划中，以旱水灾比（HWB）来近似表示区域以旱灾为中心的灾害组合或以水灾为中心的灾害组合，计算模型如式 7-8。

$$HWB = HH/WW \qquad 式7\text{-}8$$

式 7-8 中，HWB 为区域旱水灾比，HH 为统计时段内旱灾发生次数，WW 为统计时段内水灾发生次数。

中国自然灾害区划的指标体系由区域致灾指数（ZH）、区域成灾指数（CH）、农业人口密度（$RKMD$）、粮食作物单产水平（MC）、单位面积农业社会总产值（NS）、单位面积社会总产值（ZS）和区域旱水灾比（HWB）组成。

7.3.3 自然灾害区划方法

数据预处理 由于各指标量纲不一、数量差别悬殊而无法进行比较、分析。因此，将各指标化为无量纲的区间值化数据，区间值化模型为式 7-9。

$$X'_i = \frac{X_i - X_{\min}}{X_{\max} - X_{\min}} \qquad 式7\text{-}9$$

式 7-9 中，X'_i 为指标 X 的第 i 个数据，X_i 为指标 X 的第 i 个原始数据，$X_{\max}$、$X_{\min}$ 分别为样本中指标 X 的最大、最小值。经变换后的指标值在 (0，1) 区间内，反映第 i 个样本在样本大小顺序中所处的相对位置。

动态聚类 根据已经确立的区划原则及指标体系，选用动态聚类的方法将全国县域行政单位的七项指标进行聚类，分五步完成。

第一，以全国县（市）为样本组成样本集 X，每个样本元素 X_i 是由 7 个自然灾害系统特征指标的区间值化数据组成的集合（如式 7-10），构成样本特征值指标矩阵：

$$X = \begin{pmatrix} X_1 \\ X_2 \\ \cdots \\ X_n \end{pmatrix} = \begin{pmatrix} X_{11} & X_{12} & \cdots & X_{1m} \\ X_{21} & X_{22} & \cdots & X_{2m} \\ \vdots & \vdots & & \vdots \\ X_{n1} & X_{n2} & \cdots & X_{nm} \end{pmatrix} (其中,n=2\ 364; m=7) \qquad 式7\text{-}10$$

第二,随机从全部样本中选取部分样本作为初始凝聚点。

第三,采用最近重心分类法将其余样本归入相应的类,计算公式为式7-11:

$$d(X,Y) = (X-Y)^2 = \sum_{i=1}^{n}(X_i - Y_i)^2 \qquad 式7\text{-}11$$

式7-11中,n为样本数。

第四,计算新类的重心,即类中所有样本的平均,该重心第i项指标为式7-12:

$$W_i = \frac{\sum_{j=1}^{n} X_{ij}}{n} \qquad 式7\text{-}12$$

式7-12中,n为新类中的样本数。

第五,以此重心为新的凝聚点,重复第三步和第四步,直到任何凝聚点变换前后的最大距离等于原始凝聚点之间最小距离的0.02,循环过程结束,聚类过程完成,输出区划结果。

7.3.4 自然灾害区划方案

中国自然灾害区划方案,将全国划分为海洋灾害带、东南沿海灾害带、大陆东部灾害带、大陆中部灾害带、大陆西北灾害带和青藏高原灾害带6个一级自然灾害区,26个二级自然灾害区和80个三级自然灾害区(图7-76)(Shi et al.,2011)。

7.3.5 中国农业自然灾害区划

(1) 区划数据

中国农业自然灾害区划图的编制,是以自然灾害系统理论为基础,以农业自然灾害基本单元为最小空间单元,以空间邻域系数和综合灾害指数为指标,充分考虑县域界线的完整性,采用地理信息系统技术手段,按照自下而上与自上而下相结合的方法完成的。基于农业自然灾害基本单元进行的全国农业自然灾害综合区划,选择以中国1:4 000 000地貌类型图、中国1:4 000 000土壤类型图、中国县域行政界线图及中国自然灾害数据库中省级报刊灾情库数据作为生成全国农业自然灾害基本单元的基础图件。在进行综合的中国农业自然灾害区划之前,需要编制中国农业自然灾害类型图,即农业自然灾害的基本单元。按照自然灾害系统的思想,结合农业自然灾害的特点,从孕灾环境、致灾因子、承灾体和灾情四个方面选择指标,系统地刻画农业自然灾害的特点。

孕灾环境数据 对于区域农业而言,孕灾环境主要由气候、地貌、植被、土壤等要素构成。选择地貌(GID)和土壤(SID)属性来刻画孕灾环境,同时引入基本单元转换权重(WBU)的概念。首先分别设定地貌转换权重(WG)和土壤转换权重(WS),WG和WS的设定主要参考了不同地貌类型下和不同土壤类型下人口密度的差异,基本单元的转换权重(WBU)等于二者的乘积(WG×WS)。

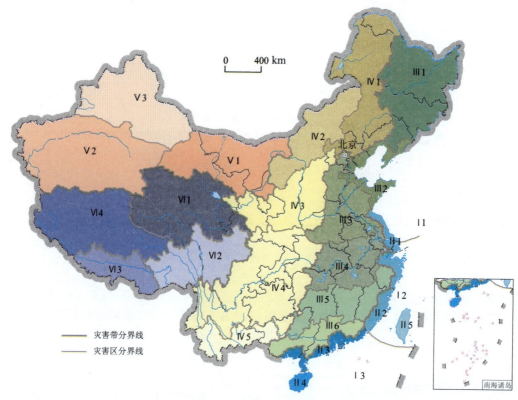

图 7-76 中国自然灾害区划(史培军，2011)

Ⅰ 海洋灾害带	Ⅰ1 渤黄海灾害区	Ⅰ2 东海灾害区	Ⅰ3 南海灾害区
Ⅱ 东南沿海灾害带	Ⅱ1 苏沪沿海灾害区	Ⅱ2 浙闽沿海灾害区	Ⅱ3 粤桂沿海灾害区
	Ⅱ4 海南灾害区	Ⅱ5 台湾灾害区	
Ⅲ 东部灾害带	Ⅲ1 东北平原灾害区	Ⅲ2 环渤海平原灾害区	Ⅲ3 黄淮海平原灾害区
	Ⅲ4 江淮平原灾害区	Ⅲ5 江南丘陵灾害区	Ⅲ6 南岭丘陵灾害区
Ⅳ 中部灾害带	Ⅳ1 大兴安岭—燕山山地灾害区	Ⅳ2 内蒙古高原灾害区	
	Ⅳ3 黄土丘陵灾害区	Ⅳ4 西南山地丘陵灾害区	Ⅳ5 滇桂南部丘陵灾害区
Ⅴ 西北灾害带	Ⅴ1 蒙宁甘高原山地灾害区	Ⅴ2 南疆戈壁沙漠灾害区	Ⅴ3 北疆山地沙漠灾害区
Ⅵ 青藏高原灾害带	Ⅵ1 青藏高原盆地灾害区	Ⅵ2 川西藏东南山地谷地灾害区	
	Ⅵ3 藏南山地谷地灾害区	Ⅵ4 藏北高原地灾害区	

自然致灾因子数据 选择北京师范大学环境演变与自然灾害教育部重点实验室整理的中国自然灾害数据库系统中的省级报刊数据库作为农业自然灾害的数据来源。该数据库收录了 1949—2000 年发表于中国各省级日报的农业自然灾害信息。其中，1991—2000 年的数据另参考了民政部发行的《中国减灾》上刊登的农业自然灾害信息。选择多度(M)、被灾指数(C)、灾次(ZC)、水灾次(SZ)、旱灾次(HZ)等指标，用于刻画区域自然致灾因子的特征(可参考 7.3.2 节的相关内容)。

承灾体数据 选择人口(RK)指标，数据根据《中国统计年鉴—2001》录入。

农业自然灾害灾情数据 选择农业自然灾害灾情程度及以遭灾面积加权的农业灾情程度来刻画区域农业灾情特征。

灾情程度（QD）：在一定时期内，基本单元所发生农业自然灾害灾情程度的总和。数据由省级报刊数据库中的农业自然灾害灾情程度求总和获得。

以遭灾面积加权的灾情程度（ZD）：在一定时期内，基本单元发生的农业自然灾害灾情程度和遭灾面积的加权平均值。数据由省级报刊数据库中农业自然灾害灾情程度以遭灾范围数据加权评价后求和获得。

(2) 基本单元

农业自然灾害基本图斑的生成 选择中国1：4 000 000地貌类型图和中国1：4 000 000土壤类型图进行空间叠加，生成农业自然灾害基本图斑。将全国的地貌类型图与土壤类型图按工作区进行分割后，分别在各个工作区内进行地貌类型图与土壤类型图的空间叠加工作，得到各工作区的地貌类型—土壤类型组合图斑。

农业自然灾害基本单元 省级报刊数据库是以县级行政区域为单元记录信息的，而农业自然灾害基本单元是由地貌类型界线和土壤类型界线叠加生成的，这二者之间的界线不能直接匹配。因此，首先要将县级行政单元内的自然灾害数据转入基本单元内，转换方法如下：

第一步，对每一个基本单元，将其转换权重（WBU）赋给它所包含的所有网格。

第二步，对每一个县级单元，统计它所包含的所有网格的转换权重（WBU）的总和。

第三步，对每一个县级单元，将它的各指标数据按照它所包含的网格的权重与该县总权重的比值分配到各网格中。在分配时，针对各个指标的特点，分别采用不同的方式赋值：对于多度（M）、灾次（ZC）、水灾次（SZ）、旱灾次（HZ）等指标，取网格所在的县级单元的数据作为网格的指标数据；对于范围（C）、强度（QD）、灾度（ZD）、人口（RK）等指标，取网格占它所属的县级单元的权重百分比乘各指标数据而得到。

第四步，对每一个基本单元，将它所包含的所有网格的各指标数据进行汇总，得到各指标数据。在汇总时，针对各个指标的特点，分别用不同的方式进行汇总：对于多度（M）、灾次（ZC）、水灾次（SZ）、旱灾次（HZ）等指标，取基本单元所包含的所有网格中的最大值作为基本单元的指标值；对于范围（C）、强度（QD）、灾度（ZD）等指标，取基本单元所包含的所有网格中数据的平均值作为基本单元的指标值；对于人口（RK）指标，取基本单元所包含的所有网格中数据的总和作为基本单元的指标值。

在完成上述转换后，即可得到中国各农业自然灾害基本单元的自然灾害指标数据。据此得到的全国农业自然灾害基本单元类型图（王平等，2000；王静爱等，2006），共11 346个图斑区域。

(3) 农业自然灾害区划流程

图7-77为进行全国农业自然灾害区划的技术流程图。

(4) 农业自然灾害小区划分

农业自然灾害区划基本单元 按照区域合并的数学方法，对全国农业自然灾害基本单元进行两次区域合并，分别得到农业自然灾害区划基本单元和农业自然灾害小区。

区域合并采用邻域系数的聚类合并方法，具体步骤如下：

第一，在计算任意两个区域的空间邻接系数（SNI）时，程序设置了该系数的最小阈值（N0=0.05）和最大阈值（N1=0.95）。只有当计算得到的$SNI>N0$时，程序才认为该SNI是有效的；否则，认为该SNI无效，即$SNI=0$，认为这两个区域在空间上是相离的；当一个 $SNI>N1$ 时，认为这两个区域在空间上是镶嵌的；SNI 值在 N0 和 N1 之间的，认为这两个区域是相接的。

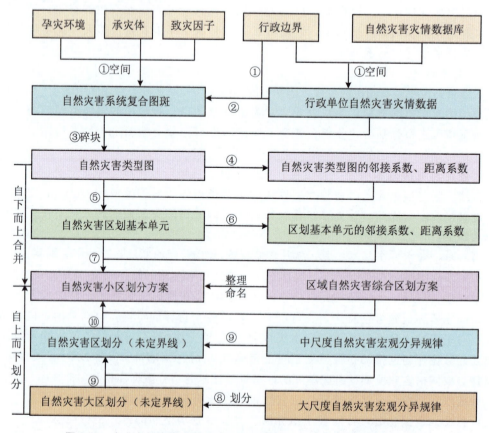

图 7-77　农业自然灾害区划技术流程（王平等，2000；王静爱等，2006）

第二，为了在区域合并中防止单个区域面积过大，程序设置了区域面积上限 MinA，当某个区域的面积大于 MinA 时，程序会忽略该区域，使其不参加到合并运算中。在第一级合并时，面积上限为 2 000 km²；在第二级合并时，面积上限为 50 000 km²。

第三，计算距离系数时采用式 7-13：

$$D_{ij} = \text{sqrt}\left[\left(\sum ((f_{ik} - f_{jk})/N_k)^2/n\right)\right]$$ 式 7-13

式 7-13 中，D_{ij} 为距离系数，f_{ik}、f_{jk} 分别为第 i 个和第 j 个区域的第 k 个指标的数据，N_k 为系统中第 k 个指标的取值范围，n 为指标个数（此处为 7），sqrt 为开方函数。

第四，区域合并遵循"镶嵌优先"的原则，即程序首先寻找具有镶嵌关系的区域对，如果有，则首先将这两个区域进行合并，而不考虑二者之间的距离系数是否最小；如果没有具有镶嵌关系的区域对，则将距离系数最小的区域对进行合并。这样处理主要基于遵循区域共轭性原则，要保持地域完整性，必须要将镶嵌的区域进行优先处理。

第五，在将两个区域合并成一个新区域时，新区域的各指标数据根据被合并的两个区域的数据计算获得，计算公式如式 7-14：

$$M \text{ new}(多度) = \text{Max}(Mi, Mj) \quad C \text{ new}(范围) = \text{Avg}(Ci, Cj)$$
$$ZC \text{ new}(灾次) = \text{Max}(ZCi, ZCj) \quad SZ \text{ new}(火灾) = \text{Max}(SZi, SZj)$$
$$HZ \text{ new}(旱灾) = \text{Max}(HZi, HZj) \quad QD \text{ new}(灾情) = \text{Avg}(QDi, QDj)$$
$$ZD \text{ new}(加权灾情) = \text{Avg}(ZDi, ZDj)$$

式 7-14

式 7-14 中，Max()为取最大值函数，Avg()为取平均值函数，Sum()为取总和函数。

依照上述步骤，将全国 11 346 个农业自然灾害基本单元合并生成 1 445 个农业自然灾害区划基本单元。

农业自然灾害小区 按照上述区域合并方法，将全国 1 445 个农业自然灾害区划基本单元进行自下而上的合并，得到 110 个农业自然灾害小区。合并时，除了采用上述计算机合并程序外，为了突出农业自然灾害空间分异规律的作用，同时采用人机交互方式，提取各农业自然灾害小区界线。

(5) 农业自然灾害区划方案

由农业自然灾害基本单元逐级合并得到农业自然灾害区划基本单元和农业自然灾害小区后，根据全国农业自然灾害的区域分异规律，参考本章阐述的中国自然灾害区划方案的一级、二级界线，遵循县界完整性原则，同时参考中国陆地卫星影像图进行校正，自上而下地确定一级区和二级区的具体界线，得到一个完整的区划方案。

划分农业自然灾害一级区遵循孕灾环境的区域分异原则和保持县级界线完整性的原则。如上文所述，在最高级别上，中国孕灾环境主要呈现东西分异，这可以作为零级区划的划分界线。然后根据地貌、土壤、植被、作物类型等要素的分布差异，进行一级区域的划分。在东部区内，可以自东向西划分成沿海区、东部区和中部区；在西部区内，可以划分成新疆区和青藏高原区。由此将全国划分成五个一级农业自然灾害区。

划分农业自然灾害二级区遵循农业承灾体的地域分异原则和保持县级界线完整性的原则。在一、二级区划界线确定时，依以下次序进行划定：

第一，参考已有中国自然灾害区划方案的一、二级界线，并尽量靠近该线；

第二，以农业自然灾害小区所含县级界线为准修改已有的方案一、二级界线；

第三，参考中国陆地卫星影像图进行界线订正。

在全国 1 445 个农业自然灾害区划基本单元和 110 个自然灾害小区的基础上，将全国划分成 5 个农业自然灾害大区、23 个农业自然灾害区和 109 个农业自然灾害小区(图 7-78)。5 个自然灾害大区从东至西，由北向南依次为东部沿海区(Ⅱ)、东部区(Ⅲ)、中部区(Ⅳ)、西北区(Ⅴ)和青藏区(Ⅵ)(图 7-78)(王平等，2000；王静爱等，2006)。

7.3.6 中国城市自然灾害区划

(1) 区划原则与流程

城市自然灾害区划与农业自然灾害区划有着本质的不同：一是，前者更加关注城市作为承灾体的脆弱性水平，并且在自然致灾因子的选择上也有明显不同；二是，虽然前者也与后者一样，以行政县级单元为基础，但后者的制图单元是农业自然灾害小区，属于自然单元，而前者完全属于行政单元；三是，前者还特别强调了城市自然灾害的风险评价。中国城市自然灾害区划图的编制，是以自然灾害系统理论为基础，以城市单元为最小空间单元，以城市群空间邻域关系及其城市化水平和自然灾害综合程度以及脆弱性和风险性评价结果的相关指数为指标，充分考虑县级界线的完整性，采用地理信息系统技术手段，按照定量与定性相结合的数字—图谱方法完成的（王静爱等，2005；王静爱等，2006）。

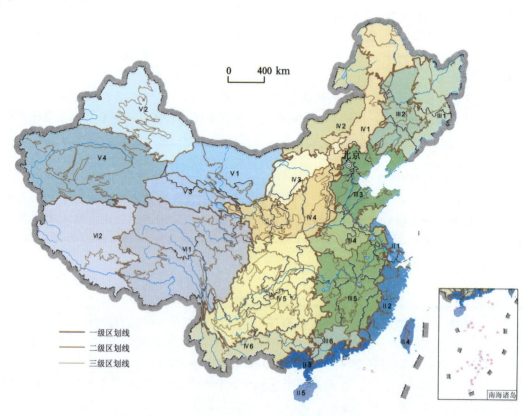

图 7-78　中国农业自然灾害区划（史培军，2011）

Ⅱ 东部沿海区　　Ⅱ1 苏沪沿海　　Ⅱ2 浙闽沿海　　Ⅱ3 粤桂沿海　　Ⅱ4 台湾岛　　Ⅱ5 海南岛
Ⅲ 东部区　　Ⅲ1 三江平原及长白山地　　Ⅲ2 松辽平原　　Ⅲ3 环渤海平原　　Ⅲ4 黄淮平原
　　　　　　Ⅲ5 长江中下游平原及江南丘　　Ⅲ6 南岭山地
Ⅳ 中部区　　Ⅳ1 大小兴安岭山脉　　Ⅳ2 内蒙古高原　　Ⅳ3 鄂尔多斯高原　　Ⅳ4 黄土高原
　　　　　　Ⅳ5 西南山地丘陵　　Ⅳ6 滇南广西山地
Ⅴ 西北区　　Ⅴ1 蒙甘高原山地　　Ⅴ2 北疆山地沙漠　　Ⅴ3 柴达木盆地　　Ⅴ4 南疆戈壁沙漠
Ⅵ 青藏区　　Ⅵ1 川西藏东山谷　　Ⅵ2 藏西高原谷地

区划的原则　一是，区划强调综合城市化水平和主要自然灾害强度的总和；二是，以城市单元为核心设计承灾体评价指标，进行城市化水平的综合分区；三是，以对城市有结构性破坏的主要致灾因子为核心设计城市自然灾害评价指标，进行城市自然灾害综合分区；四是，宏观与微观相结合，在高一级区域上凸显国家东、中、西的经济发展水平的地域差异和胡焕庸人口分布线所明确的东西人口差异，在低一级区域上凸显城市群和重要交通走廊；五是，由于城市单元是不连续的，区划过程中要参考先验知识，在定量和定性、数据和图谱的相互印证和协调中完成区划。根据以上原则设计了中国城市自然灾害区划的编制流程。

技术流程 图 7-79 给出了中国城市自然灾害区划技术流程，从中可以看出，编制这一区划的关键在于定量刻画城市化程度及其脆弱性水平、自然灾害强度及其风险性水平。

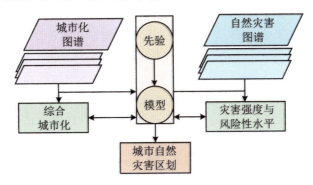

图 7-79 中国城市自然灾害区划技术流程（王静爱等，2005；王静爱等，2006）

(2) 指标体系

城市化水平指标体系 选择了反映城市人口和城市土地利用（景观）的两类指标来表征中国综合城市化水平，前者包括城市非农人口数量和城市人口密度，后者包括城市建成区面积、陆地综合通行能力指数和城市灯光指数（表 7-1）。

表 7-1 中国综合城市化水平评价指标体系（王静爱等，2005；王静爱等，2006）

城市化水平指标	代码	原数据类型/单元	年份	统一县域单元赋值方法
城市非农人口数量	c_p	663 个城市统计数据	2000 年	将城市点位数据赋值给城市所在的县，没有设市的县域则赋值为 0
城市人口密度	c_d			
城市建成区面积	c_b			
陆地综合通行能力指数	t_total	数字化地图—线路据 1:4 500 000 万中国交通图	2000 年	分县域统计，见式 7-15
城市灯光指数	c_l	遥感影像—像元	1998 年	分县域统计，见式 7-16

陆地综合通行能力指数（t_total）以县域为统计单元，铁路、高速公路、一级公路、省级公路长度之和与道路缓冲区的乘积与统计单元面积之比，无量纲，其数值越大，通行能力越强：

$$t\_total = t\_L_i \times 2d/S_i \quad \text{式 7-15}$$

式 7-15 中，t_L_i 为 i 县域内铁路、高速公路、一级公路、省级公路长度之和（km）；d 为 i 县域内的道路缓冲区半径，在此取值 1 km；S_i 为 i 县域的面积（km²）。

城市灯光指数（c_l）是以县域为统计单元的相乘灯光指数，其物理意义实际上是该县域内的灯光像元体占这个县域体的体积比。所谓灯光像元体是指县域内灯光像元为底面，以这些灯光像元的灯光相对强度为高所得到的几何体，而县域体则指以整个县域为底面，以最大可能灯光相对强度 1 为高所得到的几何体：

$$c\_l = I \times S \quad \text{式 7-16}$$

其中 $I = \dfrac{1}{N \times DN_M} \times \displaystyle\sum_{i=P}^{DN_M}(DN_i \times n_i), S = \dfrac{Area_N}{Area}$

式 7-16 中，I 为区域内实际平均灯光强度相对于最大可能平均灯光强度的比；S 为区域内灰度值大于 P 的所有灯光像元的总面积（$DN_M \geq DN \geq P$ 的像元的面积）占整个区域面积（$DN_M \geq DN \geq 0$ 的像元的面积）的比例；DN_i 为区域内第 i 等级的像元灰度值；n_i 为区域内该灰度等级的像元总数；P 为误差去除的阈值灰度值；DN_M 为最大可能灰度值，取 $VNIR$ 通道的最大值（63）；N 为区域内所有像元（$DN_M \geq DN \geq P$）总数；$Area_N$ 为区域内所有灰度值大于 P 的灯光像元的总面积；$Area$ 为整个区域面积。

中国综合城市化水平评价是对上述 5 个城市化水平指标，采用自相关分析方法，确定各个指标的权重，得出综合城市化水平指数，进而绘制综合城市化水平评价图。通过自相关分析方法，计算综合城市化水平指数的 5 个指标（城市人口、城市人口密度、城市建成区、灯光指数、陆地综合通行能力指数）各自的权重分别为 0.206、0.195、0.212、0.170、0.217，得到中国综合城市化水平指数图。

城市自然灾害脆弱性评价　脆弱性是一种社会经济的普遍现象，比如它决定了穷人和残疾人是灾害的主要受害者（Cutter，1996；Hossain，2001）。城市自然灾害脆弱性是城市自然灾害系统中致灾因子、承灾体、孕灾环境综合作用过程的状态量，它主要取决于城市的经济发达程度与社区安全建设水平。一般而言，城市化水平高的地区脆弱性水平低，恢复力水平高。因此，可以借用反映综合城市化水平的指数（CL）来进行城市综合自然灾害脆弱性评价。依据综合城市化水平指数（CL），对 CL 按公式 $e^{-0.5CL}$ 进行数学变换得到城市综合自然灾害脆弱性指数。中国城市自然灾害脆弱性水平划分为低脆弱性、较低脆弱性、中度脆弱性、较高脆弱性和高脆弱性五个等级。

城市自然灾害指标体系　中国城市自然灾害类型的选择主要考虑对城市具有结构性破坏和造成交通危害的主要灾种，包括水灾、地震、滑坡与泥石流、台风、沙尘暴等，灾种不同，定量指标各异，而且由于不同灾种指标具有不同量纲，故采用比值分级法编制数字地图，再进行等级划分（表 7-2）。

表 7-2　城市主要自然灾害指标体系（王静爱等，2005；王静爱等，2006）

灾种	代码	原数据单元	指标（代码）	含义及算法
地震	D1	点位	地震震级（M_S）	采用国际通用震级标准（里氏震级）
水灾	W1	县域	水灾频次（$w1\_pc$）	$w1\_pc = w1\_zc/y$ 其中：$w1\_zc$ 为统计时段内水灾发生的总次数 y 为时段（1949—2000 年）
滑坡与泥石流	D2	点位	点密度（$d2\_md$）	地域上多年滑坡与泥石流发生点位密度
台风	T	县域	台风次数（$t1\_zc$）	1949—2000 年发生台风的总次数
沙尘暴	S1	点位	年平均次数（$s1\_pc$）	$s1\_pc = s1\_zc/y$ 其中：$s1\_zc$ 为统计时段内沙尘暴发生的总次数 y 为时段（1951—1998 年）

城市自然灾害类型—强度分区　对 5 个灾种指标进行比值分级图编制的基础上，根据

统一量纲后灾害强度等级，参考各致灾因子的孕灾环境特点(地貌单元的连续性和气候过程演变性等)，保持县界的完整性，分别编制出水灾灾害强度分区、地震灾害强度分区、滑坡与泥石流灾害强度分区、台风灾害强度分区、沙尘暴灾害强度分区等系列图，然后将这5个图层进行叠加，形成中国城市自然灾害类型—强度分区。中国城市自然灾害类型—强度分区是中国城市自然灾害区划的主要依据之一。在图层叠加技术支持下，基于中国城市自然灾害类型—强度分区的基础，进一步对自然灾害强度进行综合定量评价(王静爱等，2005；王静爱等，2006)。

(3) 城市自然灾害风险评价

1992年，联合国有关机构公布了自然灾害风险定义及其一般表达式，如式7-17：

$$\text{风险}(Risk) = \text{危险性}(Hazard) \times \text{脆弱性}(Vulnerability) \qquad 式7-17$$

在实际的分析应用中，对自然灾害的风险评价主要是确定自然灾害风险的相对大小，多是定性、半定量化的风险评价模型。对于中国城市进行自然灾害风险评价，参照已经得到的城市脆弱性指数($Vulnerability$)和城市自然灾害综合强度指数($Hazard$)，根据式7-17可以计算得到每个县级单元的城市自然灾害风险度，其等级由脆弱性等级和城市主要自然灾害综合强度等级生成，脆弱性等级和综合强度等级都分为5级，由此得出城市自然灾害风险度等级分区矩阵(王静爱等，2005；王静爱等，2006)。

在综合考虑以上定性的自然灾害风险矩阵和半定量化计算得出的自然灾害风险度的基础上，将中国城市自然灾害风险划分为低风险区(0~0.05)、较低风险区(0.05~0.79)、中等风险区(0.05~0.79)、较高风险区(1.65~2.65)和高风险区(2.65~5.05)。高风险区主要集中在东西部过渡地带和新疆等自然灾害频发，而且经济欠发达的地区，沿海地区也有零星分布。

(4) 中国城市自然灾害区划

城市化水平与城市自然灾害强度综合评价 中国城市自然灾害区划是在城市化水平与自然灾害强度综合评价基础上，根据前述的6个区划原则划分的。为了能够综合反映城市自然灾害强度与城市化水平，构建了城市自然灾害强度与城市化水平综合指数(QC)。其中，第一位Q表示综合城市自然灾害强度，用1~4表示，分别对应县级统计单元的综合自然灾害强度指数范围；第二位C表示综合城市化水平，也用1~4表示，分别对应县级统计单元的综合城市化水平指数范围(表7-3)。然后，将中国全部县域单元综合成16种城市自然灾害强度与城市化水平综合评价单元。

表7-3 城市自然灾害强度与城市化水平综合指数(王静爱等，2005；王静爱等，2006)

指数等级	综合自然灾害强度指数范围	综合城市化水平指数范围
1	<2.5	<0.5
2	2.5~3.5	0.5~2.0
3	3.5~4.5	2.0~8.0
4	>4.5	>8.0

中国城市自然灾害区划 中国城市自然灾害区划是在前述的16种城市自然灾害强度与城市化水平综合评价单元的基础上，同时参考了城市自然灾害脆弱性与风险性水平评

价图，宏观上考虑国家东、中、西的经济发展水平地域差异和胡焕庸人口分布的东西差异，划分出 3 个一级区，包括Ⅰ沿海城市灾害区、Ⅱ东部城市灾害区、Ⅲ西部城市灾害区；二级区域上凸显灾害种类组合的相似性，划分出 15 个二级区；三级区域上主要对东部区域进行细划，凸显城市群和综合指数（QC）高值区域，划分出 22 个三级区（图 7-80）。

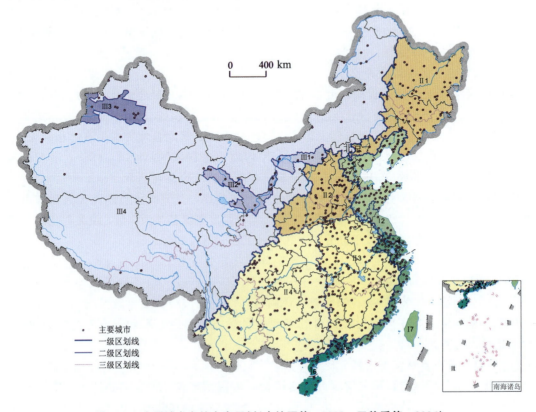

图 7-80　中国城市自然灾害区划（史培军等，2003；王静爱等，2006）

Ⅰ沿海城市灾害区　　Ⅰ1 环渤海高度城市化灾害区　　Ⅰ2 苏北中度城市化灾害区
　　　　　　　　　　Ⅰ3 长三角强烈城市化灾害区　　Ⅰ4 闽浙高度城市化灾害区
　　　　　　　　　　Ⅰ5 珠三角强烈城市化灾害区　　Ⅰ6 雷琼高度城市化灾害区
　　　　　　　　　　Ⅰ7 台湾岛高度城市化灾害区

Ⅱ东部城市灾害区　　Ⅱ1 东北高度城市化灾害区　　Ⅱ2 华北中高度城市化灾害区
　　　　　　　　　　Ⅱ3 东南中高度城市化灾害区　　Ⅱ4 西南低中度城市化灾害区

Ⅲ西部城市灾害区　　Ⅲ1 呼—包低度城市化灾害区　　Ⅲ2 河西走廊低度城市化灾害区
　　　　　　　　　　Ⅲ3 天山北麓低度城市化灾害区　　Ⅲ4 西北—青藏弱度城市化灾害区

7.3.7　中国自然灾害救助区划

(1) 自然灾害救助区划原则和技术流程

区划原则　中国自然灾害救助区划是在中国自然灾害区划基础上，突出灾前备灾，灾中应急和灾后救济、救助、恢复主题的区划，应遵循以下 6 个基本原则：第一，以社会—经济发展水平现状为基准（2000 年），建立自然灾害救助区划指标体系，从而保证自然灾害救助区划的现时性。第二,按自然灾害管理的周期性原理,突出"备灾""灾害应急""灾后重建"的阶段性,建立救助区划指标体系,从而保证救助自然灾害区划的系统性和可操作性。第三,类型或程度划分与区域划分相结合,一级区划考虑国际和国内救灾,以备灾基地为中心,保证储备物资空运 4 小时能到达,而且每个区内主要救助 2~3 种主要自然灾害类型,从而体现救助区划的综合性和基本功能。第四,体现国情和区情,遵循政治性原则,一方面在划分自然灾害救灾救济等级过程中考虑政治的区域影响,另一方面在考虑紧急救助区域划分时,处理好区划的科学性与可操作性的关系。第五,区划等级多级序,以国家与省级政府减灾管理为目标,在县域层面体现自然灾害救助的致灾灾种、灾情程度、承灾体脆弱性等指标的区域等级,从而形成多角度、多级序的区域救助体系;在隐域层面体现关键救助、重大救助、重点救助及一般救助等四级区域救助体系,从而提高国家救助管理的实效性和救助区域的针对性。第六,区划服务于国家灾害紧急救助体系,要充分考虑区域的救助方针特色、预案制订特色和救灾物资储备特色,为国家自然灾害救助管理与国家减灾规划服务(邹铭等,2004)。

技术流程 中国自然灾害救助区划是在中国农业与城市自然灾害区划的基础上,针对"救什么""怎么救""谁来救"等应用目标,设计区划程序和指标体系,设置了基于救助对象的主要自然灾种救助等级;救助过程中的灾前响应、灾中响应和灾后响应能力评价体系;以城市代储点为中心的自然灾害救助区域体系(图 7-81)。

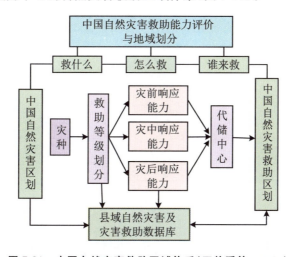

图 7-81 中国自然灾害救助区域体系(王静爱等,2006)

中国自然灾害救助区划在中国自然灾害数据库支持下,以县域为基本统计单元,对各级各类区域数据进行动态统计。最为核心的指标是区域自然灾害灾情度、单灾种救助等级、备灾能力(经济水平与社会状况)、应急能力(物资储备及物流通达水平)、恢复能力(恢复与重建)等,它们决定着救助过程的主要环节。"中国自然灾害救助区划"系统功能设计的特点:一是,各级区域的大量县域信息存储,可以提供用户所需的信息特征表;二是各级区域的适时修改,可以提供用户不同情景设计下的自然灾害救助区划图。

(2)自然灾害救助能力评价

备灾能力指数构建及其地域差异 备灾能力是灾前响应能力的综合表达。选取人均国内生产总值(GDP)、地均 GDP、第一产业产值、第二产业产值和第三产业产值(据中国各省(市、自治区)统计年鉴,2000)5 项指标,采用自相关分析方法,确定各个指标的权重,编制备灾能力指数图,它是自然灾害救助区划的重要组成部分(图 7-82)。

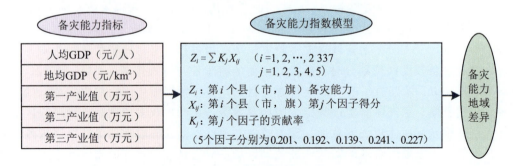

图 7-82　备灾能力指数构建体系(邹铭等,2004;王静爱等,2006)

(3)自然灾害灾中响应能力评价

灾中应急响应是自然灾害救助过程中的核心环节之一,其中交通应急响应能力强调的是在自然灾害发生的过程中,人力、物力资源的紧急调集、调动、转运能力,灾中应急响应能力区域体系的建立亦是编制中国自然灾害救助区划的基础。

交通应急响应能力体系构建　应急能力是灾中响应能力的综合表现。灾中应急响应能力体系与国家救灾物资代储点优化布局主要涉及陆地交通通行能力、通达时间和国家救灾物资代储点空间位置布局三个方面(图 7-83)。

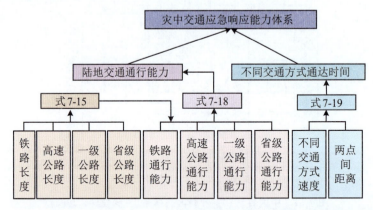

图 7-83　灾中交通应急响应能力体系构建流程(邹铭等,2004;王静爱等,2006)

陆地交通通行能力的资料主要来源于 1∶4 500 000 的中国交通图(2001 版),计算方法分为 3 个步骤:

第一步,运用 Mapinfo 软件,将地图中铁路、高速公路、一级公路和省级公路等四种陆地主要交通方式的资料进行数字化,然后分别计算其在各个县域内的长度,得到最基础的县域单元上的道路长度数据。

第二步,根据式 7-15 计算各种陆地交通方式的通行能力。

第三步,根据式 7-18 计算陆地交通通行能力。

$$A_i = \sum T_{ij} \quad (i=1,2,\cdots,2\,337; j=1,2,3,4) \qquad \text{式 7-18}$$

式 7-18 中，A_i 为 i 县(市、旗)陆地交通通行能力；T_{ij} 为 i 县(市、旗)第 j 种道路通行能力。

通达时间根据式 7-19 计算：

$$U_i = D_i/V_i \quad (i=1,2,\cdots,2\,359) \qquad \text{式 7-19}$$

式 7-19 中，U_i 为 i 县(市、旗)通达时间；D_i 为国家救灾物资代储点到 i 县(市、旗)的距离(不考虑绕行)；V_i 为运送救灾物资交通工具的时速(包括飞机、汽车和火车 3 种)。

在上述工作基础上，依据图 7-83 的流程，优化国家救灾物资代储点空间布局。考虑救灾人员、救灾物品从代储点到灾区的时间为两点间距离(不考虑绕行)与速度之比。其中，不同交通运输方式的速度分别取值为空运为 400 km/h，铁路为 60 km/h，高速公路为 80 km/h，公路(包括一级公路和省级公路)为 60 km/h。

应急响应能力与区域划分 灾中的应急响应能力在受灾地区还体现在自然灾害过程中生产自救投入的财力、物力和人力。

构建应急响应能力指数，主要选用县域救灾资金投入、救灾物资投入(折算成货币)、救灾人数投入、灾民参加生产自救人次和灾民参加生产自救投入(据中国民政部救灾救济司，1998 年)5 个指标，采用自相关分析方法，得到权重系数分别为 0.003、0.014、0.431、0.432、0.200。需要说明的是，由于数据的不完备性，在以上 5 个指标中，至少有一个指标数据的县有 1 415 个，为了弥补数据的不完备性，在数据处理过程中，如果某县只有某一项指标，那么在其他 4 个指标的确定中，选取每个指标的平均值(该指标非 0 的县域数值的平均值)，依此类推(图 7-84)。

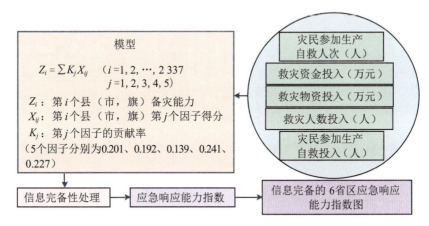

图 7-84 应急响应能力指数指标构建体系(邹铭等，2004；王静爱等，2006)

(4) 自然灾害灾后响应能力评价

灾后恢复能力指标构建 构建灾后恢复能力指数，主要选取地均粮食产量、单位面积上拥有的床位数、人均城乡居民储蓄存款余额、地均财政收入、人均财政收入、基本建设投资和综合通行能力等 7 个指标(中国各省统计年鉴，2000)，采用自相关分析法，得到权重系数分别为 0.045、0.159、0.176、0.185、0.162、0.139、0.134，计算得到全国县域单元的灾后恢复能力指数(图 7-85)。在构建灾后恢复能力指数时，受统计源数据不完备性和指标统计口径不一致性的限制，通过指标间的相关分析，确定了 7 个相关指标，

具体如下:

①地均粮食产量。当灾害发生时,灾区灾民要获得必要的粮食,以维持生存。因此,人均粮食储备可以作为重要的恢复能力因子之一。但是,由于人均粮食储备的确切数据难以获取,而地均粮食产量与人均粮食储备有一定的正相关关系,故使用"地均粮食产量"近似表达人均粮食储备指标。

②单位面积上拥有的床位数。当灾害发生时,卫生技术人员是灾民生命安全与健康的重要保障。因此,选择单位面积上的卫生技术人员数作为重要的恢复能力因子之一。但是,由于缺少各县域的准确的卫生技术人员统计数据。然而通过对现有床位数和卫生技术人员数的相关分析表明两者相关系数达 0.982,故以床位近似表达卫生技术人员数。

③人均城乡居民储蓄存款余额。充裕的消费品供应是灾区恢复正常生活的重要条件之一,选择社会消费品零售总额作为因子之一。但是,由于统计数据不完整问题,采用城乡居民储蓄存款余额代替前述表达,两者的相关系数为 0.958。

④地均财政收入和⑤人均财政收入。这两个指标代表了当地政府的救灾能力。

⑥基本建设投资。水、电、交通等基础设施的情况是灾区恢复正常生活的基本条件,这里用基本建设投资指标来表征。

⑦综合通行能力。该指标代表了当地的整体交通状况,交通状况是灾区恢复生活和生产最重要的因子之一。

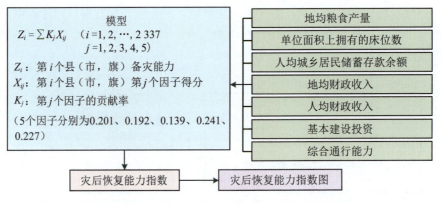

图 7-85　灾后恢复能力指数构建体系(邹铭等,2004;王静爱等,2006)

(5)技术流程

中国自然灾害救助区划分为二级区划。低一级区划单元是基于中国自然灾害区划和灾害响应评价,通过构建灾害—响应程度模型,分县域给予评价,然后自下而上合并而成二级救助区;高一级区划单元是二级救助区进一步合并的结果,是在以代储点为中心的一定运距半径范围内,自然灾害种类组合相似的地域范围。自然灾害救助区划技术流程见图 7-86。

中国自然灾害救助区划图最终成图比例尺为 1∶4 000 000,区域界线表达包含两个层次:一是面状区域层次,有 4 个尺度,区域尺度从小到大依次为县界、综合自然灾害—救助响应能力等级区界、自然灾害救助二级区界、自然灾害救助一级区界;二是点状层面,有 3 个尺度,从大到小依次为国际性储备基地、国家性储备基地、地区性储备基地(图 7-87)(李保俊等,2005;王静爱等,2006)。

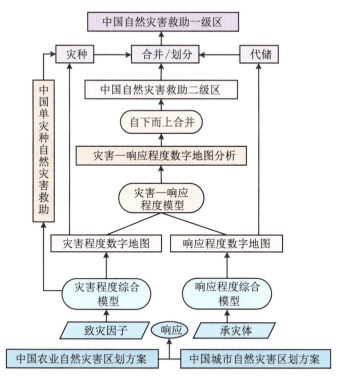

图 7-86　中国自然灾害救助区划技术流程（邹铭等，2004；王静爱等，2006）

图 7-87　中国自然灾害救助区划（史培军等，2003；王静爱等，2006）

参考文献

Shi P J, Kasperon R. World Atlas of Natural Disaster Risk [M]. Beijing BNUP and Springer, 2014.

Kreft S, Eckstern D, Junglans L, et al. Global climate risk index 2015 [J]. Germanwatch, 2014.

Beck M W, Shepard C C, Birkmann J, et al. World Risk Report 2013[R]. 2013.

Scholze M, Knorr W, Arnell N W, et al. A climate-change risk analysis for world ecosystems[J]. Proceedings of the National Academy of Sciences of the United States of America, 2006, 103(35): 13116-13120.

Shi P J. Natural Disasters in China[M], Beijing BNUP and Springer, 2014.

Shi P J, Xu Y, Fang J Y, et al. Mapping and ranking global mortality, affected population and GDP loss risks for multiple climatic hazards, Journal of Geographical Sciences, 2016a, 26(7): 878-888.

Shi P J, Xu Y, Wei X, et al. Mapping Global Mortality and Affected Population Risks for Multiple Natural Hazards[J]. International Journal of Disaster Risk Science, 2016b, 7: 54-62.

《汶川地震灾害地图集》编纂委员会. 汶川地震灾害地图集[M]. 成都: 成都地图出版社, 2008.

刘宝元, 谢云, 张科利. 土壤侵蚀预报模型[M]. 北京: 科学出版社, 2013.

马宗晋, 杨华庭. 我国自然灾害的经济特征与社会发展[J]. 科技导报, 1994, 12(7): 61-64.

慕尼黑再保险公司. 慕尼黑再保险公司2012年自然灾害结算[R]. 汉堡, 2013.

秦大河, 等. 中国极端天气气候事件和灾害风险管理与适应国家评估报告[M]. 北京: 科学出版社, 2015.

史培军. 中国自然灾害风险地图集(中英文版)[M]. 北京: 科学出版社, 2011.

史培军. 中国自然灾害系统地图集(中英文版)[M]. 北京: 科学出版社, 2003.

史培军, 孙劭, 汪明, 等. 中国气候变化区划(1961—2010年)[J]. 中国科学: 地球科学, 2014, 44(10): 2294-2306.

史培军, 王爱慧, 孙福宝, 等. 全球变化人口与经济系统风险形成机制及评估研究[J]. 地球科学进展, 2016, 31(8): 775-781.

史培军. 五论灾害系统研究的理论与实践[J]. 自然灾害学报, 2009, 18(5): 1-9.

史培军, 等. 综合风险防范——长江三角洲地区综合自然灾害风险评估与制图[M]. 北京: 科学出版社, 2014.

王静爱, 史培军, 王平, 等. 中国自然灾害时空格局[M]. 北京: 科学出版社, 2006.

王静爱, 史培军, 王瑛, 等. 中国城市自然灾害区划编制[J]. 自然灾害学报, 2005, 14(6): 42-46.

王平, 史培军. 中国农业自然灾害综合区划方案[J]. 自然灾害学报, 2000, 9(4): 16-23.

徐伟，等．综合风险防范——长江三角洲地区自然致灾因子与风险等级评估[M]．北京：科学出版社，2014．

张兰生，刘恩正．中国自然灾害地图集(中英文版)[M]．北京：科学出版社，1992．

邹铭，李保俊，王静爱，等．中国救灾物资代储点优化布局研究[J]．自然灾害学报，2004，13(4)：135-139．

第 8 章 灾害风险管理

本章阐述灾害风险管理中的灾害管理和风险管理，前者包括致灾因子管理和灾情管理，后者则依靠制度、政策、科技进步等将风险降至最低的管理。提高灾害风险管理水平是提高减灾资源利用效率和效益的关键，也是减轻灾害风险的重要保障。

8.1 灾害风险管理的基础

社会发展有着不同的阶段，以德国著名社会学家乌尔里克·贝克为代表的一批学者提出了世界正进入"风险社会"的时代。这无疑给人类社会的灾害风险管理工作带来了新的挑战。

灾害风险管理的基础是制度与政策的完善程度。不同的国家有不同的灾害风险管理制度和政策，判断其完善水平的标准就是减灾资源利用效率和效益。依法依规行政是灾害风险管理的核心，落实各项政策是灾害风险管理的关键。

灾害风险识别、监测、评估、模拟、预警等都是提高灾害风险管理水平的重要科技保障。灾害风险管理是灾害风险防范的基础。

8.1.1 风险社会与灾害风险管理

(1) 风险社会

①风险社会概述

风险社会是指一组特定的社会、经济、政治和文化情景，其特点是不断增长的人为制造的不确定性的普遍逻辑，它要求当前的社会结构、制度和联系向一种包含更多复杂性、偶然性和断裂性的形态转型(Beck，1999)。

乌尔里克·贝克认为随着现代社会的发展，社会内部及其与外部资源环境之间的矛盾日益加剧，经济、技术、文化和环境领域快速全球化，科学技术发展带来的诸多不确定性等，现代风险的性质正在发生着转变。看似局部的或偶发的风险事件，实际上都存在着一定的作用系统，在某些因素的诱导作用下，极有可能会导致一些重大社会灾难发生；更为重要的是，由于现代信息技术的高度发达，由风险和灾难所导致的恐惧感和不信任感将通过现代信息手段迅速传播到全社会，引发社会的动荡不安。

风险社会是对当代社会风险形态的一种整体性概括，也是对在当代社会中不断出现的社会风险的地位、作用和可能性影响的系统性概括。"风险社会"这一概念包含多层含义：第一，贝克提出"风险社会"这一概念，其目的是用来表征当今世界正在从传统的工业社会形态转向一种后工业社会形态，即风险社会形态。与传统社会的风险现象相比，风险社会发生了根本性的转变——"从自然风险转向人造风险，从局部风险转向全球风险，从简单的风险应对方式转向复合的风险应对方式"。第二，贝克认为风险社会是在特定文化背景下对社会风险的认识与评估，所以风险社会代表了一种对未来可能出现的社会问题的警觉。第三，风险社会是一个灾难社会，各种人类自己制造的危险正由偶然状态变成常规状态，也就是说，在当今高科技迅猛发展条件下的全球化时代，即新全球化时代,那些看似局部性的或者是突发性的事件或问题,往往容易引发和导致整体性的社会灾难。第四,风险社会的主要问题是人为因素的不确定性。如果一定要给风险社会进行一个简要的界定,那么风险社会就是指全球化背景下社会进入的一种新的发展阶段,即由于人类的行为和决策所导致的全球性社会风险占据主导地位的一种社会形态,而且各种各样的全球性风险对人类的生存和发展产生着严重威胁。

贝克的风险社会理论是对常态社会理论的一种反思和批判,也是对现代化和现代性问题进行反思和批判的一个独特视角。因此,尽管这一理论较之其他社会理论诞生得较晚,发展得还不够成熟,但是却很快成为国内外学者社会问题研究的焦点(林丹,2013)。

②与风险共存

现代风险具有更大的影响面、更强的系统性、更高的不确定性和不可预测性,风险已经不再是一次性突发事件,而是一种新的社会形态,人类已进入了"世界风险社会",到了与"风险共存"的境地(Beck,1999)。联合国减灾署也特别倡导与风险共存的观念(UNISDR,2004)。

现代风险社会的风险一旦转化为实际的灾难,它的涉及面和影响程度都将大大高于传统社会的灾难。近几年来,世界上发生的一系列大规模的灾难充分证实了这一点,如欧洲破坏性的风暴和洪水、加拿大的暴风雪、人类和动物的新发传染病(艾滋病、"非典"、埃博拉病毒、禽流感和疯牛病等)、恐怖袭击("9·11"事件、日本沙林毒气事件)、计算机病毒、高新技术风险、能源危机和金融动荡等。这些现代风险一般是多维度的社会现象,涉及自然、社会、经济、心理和管理等诸多层面。各种风险之间的相互作用和联系紧密,往往易形成相互诱发的风险链,影响范围更大、机制更复杂。高度的不确定性和复杂性经常引起公众甚至专家之间的激烈争论,风险评估和决策也因此变得更加困难。以单一学科的定量测量和专家系统为基础的传统风险管理体制的局限性已经暴露出来。"风险社会"的来临,给人类社会传统的风险管理机制带来了新的挑战(吴绍洪等,2011)。

(2)灾害风险管理

灾害风险管理是处置和适应风险及其后果的社会体系,风险防范强调多主体、多机制,而灾害风险管理强调单主体、单机制(史培军,2009)。

①灾害风险管理的制度基础

针对风险的社会特征、风险的普遍性和全球性、风险的人为性和不确定性,灾害风险管理强调系统性的制度建设。以中国为例,灾害风险管理的制度基础是相关法律、法规、条例、标准、规范、办法、规划、计划等。

广义的法律包括法律、行政法规、地方性法规和规章。中国法律遵循特别法优于一般法,新法优于旧法的原则。在法律覆盖层面上,法律>行政法规>规章>地方法规>自治条例>单行条例。法律是指国家机关制定的规范性文件,行政法规是国务院制定的,地方性法规是省、自治区、直辖市和较大的市的人民代表大会及其常务委员会制定的。条例是国家权力机关或行政机关依照政策和法令而制定并发布的,针对政治、经济、文化等各个领域内的某些具体事项而作出的,相对全面系统、具有长期执行效力的法规性公文。标准是科学、技术和实践经验的总结。规范是指群体所确立的行为标准。办法是有关机关或部门根据党和国家的方针、政策及有关法规、规定,就某一方面的工作或问题提出具体做法和要求的文件。规划是指个人或组织制订的比较长远全面的发展计划，是对未来整体性、长期性、基本性问题的思考，并设计出的未来整套行动的方案。计划在管理学中具有两重含义：一是计划工作，是指根据对组织外部环境与内部条件的分析，提出在未来一定时期内要达到的组织目标以及实现目标的方案途径；二是，计划形式，是指用文字和指标等形式所表述的组织以及组织内不同部门和不同成员，在未来一定时期内关于行动方向、内容和方式安排的管理事件。

②灾害风险管理的政策基础

以美国为例，其灾害风险管理的政策基础包括强制、提醒、恢复、技术开发、技术推广、规章、投资与费用分担、系统管理、系统优化和指导等。

强制政策由高层权力机构制定，旨在强制基层政府开展减灾活动。提醒政策旨在告诫公众、团体和政府关注灾害造成的损失，促使州、地方和个人主动采取措施，减少损失。恢复政策旨在帮助个人、家庭、村镇、州县等重建家园，恢复生产。技术开发政策致力于发展新知识和开发新技术以支持减灾工作和减灾政策。技术推广政策注重向个人、各级政府和其他对象传授减灾知识，以期将这些知识长期（如灾害分析计划）或短期（如灾害警报）应用于减灾工作。规章政策用来规范私营机构和政府机构的决策与行为，以减轻灾害的损失。这类政策也常常包括强制推行避灾、建筑物加固、场地处理等减灾措施。投资与费用分担政策是确定开展各种灾害风险管理活动的集资与费用分担的控制条件，这类政策决定何时、何地、为何目的、投入多少资金以及由谁负担费用。系统管理政策旨在明确责任、确定采用的措施，制订减灾计划所应遵循的原则等。系统优化政策旨在确保其他政策的效能，使其与系统的目标一致，并具有内在协调性。指导性政策用来指导政府执行某一政策，例如基本建设或建筑物迁移（移民）政策等。

为了执行上述灾害风险管理政策，统一行动，美国政府于1979年成立了联邦紧急事务管理局（FEMA），将原有的五个部门——国家消防管理局、联邦保险管理局、民防预备局、联邦灾害救济管理局和联邦防备局合为一体，并且指定FEMA为所有备灾及减灾计划的主要负责机构。这一灾害风险政策执行以来，在美国灾害风险管理、减灾活动中发挥了重要作用。1999年的"9·11"事件后，美国政府把联邦紧急事务管理局（FEMA）整合到国家国土安全部，更加强化了对灾害风险管理的整体协作应对能力（史培军，1993）。

8.1.2 灾害风险管理学术流派

(1) 中国模式——综合灾害风险管理学派

对灾害系统的整体管理，即广义的灾害风险管理，包括防灾、抗灾、救灾与风险的系统管理。其中，防灾管理包括灾害监测、预警、预案、教育管理；抗灾管理包括减灾工程、评估、措施、技术管理；救灾管理包括灾情、救助、救济、储备管理；风险管理包括灾害风险识别、监测、评估、模拟、预警等（史培军等，2006）。这一灾害风险管理流派的实践基础是中国的灾害风险管理，其科学基础是地理学的人—地关系、地域系统理论。

突出全面贯彻落实中央政府关于防灾减灾救灾战略部署，以"创新、协调、绿色、开放、共享"发展理念引领，统筹国内国际两个大局，以防为主、防抗救相结合，实现综合灾害风险管理（史培军，2014）。

着力构建与经济社会发展相适应的防灾减灾救灾体制机制,全面提升全社会抵御自然灾害的综合防范能力,切实维护人民群众生命财产安全,为全面建成小康社会提供坚实保障。坚持常态减灾与非常态救灾相统一,努力实现从注重灾后救助向注重灾前预防转变、从应对单一灾种向综合减灾转变、从减少灾害损失向减轻灾害风险转变。

坚持以人为本,协调发展。把保护人民群众生命财产安全和保障受灾人员基本生活作为防灾减灾救灾的出发点和落脚点,遵循自然规律,通过减轻灾害风险促进经济社会可持续发展。

坚持预防为主,综合减灾。着重加强自然灾害监测预警、风险评估、工程防御、宣传教育等预防工作,坚持防灾减灾和抗灾救灾相结合,综合运用各类资源和多种手段,统筹推进灾害管理各领域、全过程工作。

坚持依法应对,依靠科技。坚持法治思维,依法行政,提高防灾减灾救灾工作规范化、制度化和法治化水平。强化科技创新,有效提高防灾减灾救灾科技支撑能力和水平。

坚持政府主导,社会参与。坚持各级政府在防灾减灾救灾工作中的主导地位,充分发挥市场机制和社会力量的重要作用,强化政府与社会协同配合,形成合力。

分级管理,属地为主。健全中央统筹指导、地方就近指挥、分级负责、相互协同的抗灾救灾应急机制,强化地方政府在防灾减灾救灾工作中的主体责任(国务院办公厅,2011)。

(2)西方模式——**灾害风险治理学派**

灾害风险治理包括共识、可量化、透明性、有响应、平等与包容、有效率和效益、依法依规、参与性等特性(齐晔等,2010)(图8-1)。该学派强调灾害风险管理与适应气候变化治理有着明显不同(表8-1)。

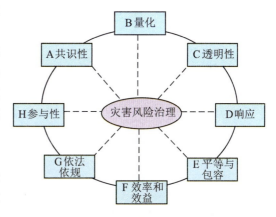

图 8-1 灾害风险治理模式图(齐晔等,2010)

表 8-1 灾害风险管理与适应气候变化治理的区别(齐晔等,2010)

项目	灾害风险管理	适应气候变化治理
目标	防灾减灾,减少灾害损失发生概率	减小气候风险,增强适应能力,开发潜在的发展机会
风险类型	自然灾害风险(地震、洪水、台风、干旱等),人为灾害风险(环境污染、工业事故、火灾等)	气候变化风险(突发的极端天气气候事件,如台风、洪水、暴雨、高温、干旱、雷电、雾霾等;渐进的长期风险,如海平面上升、荒漠化、生物多样性损失等)
风险认知特征	突发灾害、长期灾害	长期的、不可逆的、不确定性
风险构成	危险性、致灾因子、承灾体、孕灾环境	极端事件、暴露性、脆弱性

续表

项目	灾害风险管理	适应气候变化治理
时间尺度	事件应对式（事前、事中、事后），关注个别事件、静态过程	长期持续的变化，连续的动态过程，关注与可持续发展的关联
影响范围	灾害链效应（线性影响机制）	风险放大效应（非线性影响机制）
理论基础	灾害科学、灾害系统理论	社会—生态复合系统、韧性、风险社会理论
风险评估	基于历史事件的风险概率预测	基于气候情景的风险评估
主导政策	防灾减灾规划	适应气候变化规划
主管部门	应急管理部门、民政部门、气象局等	发展规划部门、气象部门、环境管理部门等

国际风险治理委员会（The International Risk Governance Council，IRGC）是灾害风险治理学派的创建者和推动者。IRGC 是一个由瑞士政府发起、组建于 2003 年的非营利的独立组织。国际风险治理委员会（IRGC）提出了一套较具系统性、操作性的风险治理框架，该框架克服传统专家治理模式中片面强调科技理性的弊端，重视把社会、文化脉络因素以及决策的民主参与纳入风险决策与治理（其内容由前期评价、风险评估、承受度与接受度判断、风险管理和风险沟通等环节组成），同时十分重视利益相关者的参与（IRGC，2005）。

IRGC 发展了一个全新的国际风险治理的理论框架，由 5 个要素组成（图 8-2）（IRGC，2016）。

风险预评估：提供一个结构化的问题，它是如何由不同的利益相关者构成的，以及如何最好地处理。

风险评估：将科学风险评估（风险及其概率）与系统关注的评估（公众关注和感知）相结合，为随后的决策提供知识库。

风险特性和评价：基于科学数据以及对风险所能造成影响的社会价值的透彻理解，来评估风险是可以接受的，可容忍的（需要减轻），或不能容忍（不可接受）。

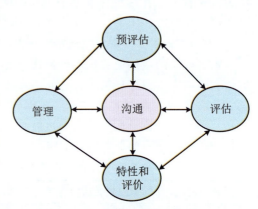

图 8-2　综合风险治理框架（IRGC，2016）

风险管理：避免、减少或保留风险所需的行动和补救措施。

风险沟通：利益相关者和社会公众如何理解风险并参与到风险管理过程中。

同时，国际风险治理的理论框架十分重视利益相关者的参与（IRGC，2005）。国际风险治理的理论框架核心内容是在尽可能早的阶段，识别潜在风险；理解风险相关的问题、风险治理的结构和过程，以及目前正在进行风险评估和管理的机构；找出阻碍现有风险治理的问题，并为克服这些问题提出建议。

灾害风险治理学派认为，中国综合风险治理战略包括以行政命令为主的条块结合机制，是在防灾减灾实践中走出来的一条具有中国特色的风险治理机制。中国应对巨灾的效率很高，但全民动员体制使得中国应对巨灾的效益并不高。中国需要在风险治理的全过程中，在坚持中国经验的同时，借鉴国际经验，完善风险治理中的市场机制和社区机制，形成由政府、企业与社区共同组成的区域综合减灾的功能体系。大量的灾害管理实践表明，灾害发生后，最初的救灾抢险主要是灾区民众的自救和相互救助。提高社会的风险意识，发挥社区在防灾减灾中的作用，在中国的风险治理中具有越来越重要的作用。市场灾害补偿机制是以市场为主体、以风险精算为手段、以商业保险为主要内容，在私人与保险企业之间形成的某种风险补偿与分散机制。市场灾害补偿机制最典型的形式是通过商业保险来实现风险保障(史培军，2014)。

8.2 中国灾害风险管理的制度建设

当代中国社会因全球化和巨大的社会变迁也正在进入"风险社会"。中国 2003 年的 SARS 事件、2004 年的禽流感爆发事件以及近年来各地频发的导致重大伤亡的灾难看上去似乎并不相关，但它们在本质上是有联系的，共同预示着一个高风险社会的来临(吴绍洪等，2011)。而且，中国的情况更加复杂，中国作为一个处于社会转型期的发展中国家和人口大国，传统风险与现代风险并存，在风险管理方面所面临的挑战更为艰巨。中国目前正进入经济社会发展的关键阶段，这个阶段既是关键发展期，同时又是矛盾凸显期(史培军，2014)。

中国需要在"风险社会"背景下，探索具有可行性的、适合现代风险社会的新型灾害风险管理体系。在中国，法律是全国人民代表大会制定的。灾害风险管理的制度基础是相关法律、法规、条例、标准、规范、办法、规划、计划标准等(史培军等，2006)。

8.2.1 中国灾害风险管理法制

(1) 法律

中国灾害风险管理法律体系日臻完善。"十一五"以来，中国制定或修订了《中华人民共和国突发事件应对法》《中华人民共和国可再生能源法》《中华人民共和国循环经济促进法》《中华人民共和国节约能源法》《中华人民共和国清洁生产促进法》《中华人民共和国水土保持法》《中华人民共和国海岛保护法》等相关法律。20 世纪 80 年代以来，中国颁布实施了《中华人民共和国气象法》《中华人民共和国水法》《中华人民共和国防洪法》《中华人民共和国防沙治沙法》《中华人民共和国森林法》《中华人民共和国水土保持法》《中华人民共和国消防法》等与灾害风险管理有关的法律 30 余部，逐步把灾害风险管理工作纳入法制化轨道，法律框架初步形成(秦大河等，2015；史培军，2014)。

(2) 条例

国务院公布并实施的行政法规主要有《自然灾害救助条例》《中华人民共和国防汛条例》《中华人民共和国抗旱条例》《中华人民共和国水文条例》《人工影响天气管理条例》《地质灾害防治条例》《森林防火条例》《森林病虫害防治条例》《草原防火条例》《军队参加抢险救灾条例》《汶川地震灾后恢复重建条例》等相关行政法规 200 余部。2008 年 6 月，温家宝总理签署的《汶川地震灾后恢复重建条例》是我国首个专门针对地方地震灾后恢复重建的行政法规，被视为我国地震灾后恢复重建工作纳入法制化轨道的重要标志。《自然灾害救助条例》正式颁布并于 2010 年 9 月 1 日起施行，填补了自然灾害救助工作的法律空白，为开展自然灾害救助提供了法律依据(秦大河等，2015；史培军，2014)。

(3) 规范

国家公布并实施的规范性文件主要有《国务院办公厅关于加强气象灾害监测预警及信息发布工作的意见》《国务院办公厅转发水利部等部门关于加强蓄滞洪区建设与管理若干意见的通知》《工业领域应对气候变化行动方案(2012—2020 年)》等(秦大河等，2015；史培军，2014)。

(4) 办法

国家有关部门出台的办法主要有《民政部关于加强自然灾害救助评估工作的指导意见》《民政部救灾应急工作规程》《民政部关于加强救灾应急体系建设的指导意见》《气象灾害预警信号发布与传播办法》《防雷减灾管理办法》《民政部办公厅关于进一步加强灾害信息员队伍建设的通知》《民政部救灾应急工作规程》《民政部关于加强救灾应急体系建设的指导意见》等(秦大河等，2015；史培军，2014)。

(5) 规划

国家有关部门出台的规划主要有《"十二五"国家综合防灾减灾规划》《"十二五"国家应对气候变化科技发展专项规划》《国家防震减灾规划(2016—2020 年)》《全国山洪灾害防治规划》《地质灾害防治规划》等(秦大河等，2015；史培军，2014)。

(6) 技术标准

主要包括灾害救助术语系列标准、社会捐助术语系列标准、灾害损失评估系列标准、灾区需求评估系列标准、灾害救助能力评估系列标准、灾民倒损房屋重建标准、灾害及灾害救助区划系列标准、灾害救助物资及救援产品系列标准、灾害信息数据系列标准、救援企业资质评定标准等。

这些制度建设大大提升了中国灾害风险管理的法制化水平，初步建立起中国灾害风险管理的法律框架(秦大河等，2015；史培军，2014)。

8.2.2 灾害风险管理体制

(1) 灾害风险管理领导体制

为加强中国灾害风险管理，结合近年来中国气候灾害的全球性和复杂性特点，中国政府强化各部门之间的统筹协调和整体部署，强调综合防御各类极端气候事件，实行"政府统一领导，部门分工负责，灾害分级管理，属地管理为主"的极端气候事件和灾害风险管理领导体制。在国务院统一领导下，中央层面设立国家应对气候变化领导小组、国家减灾委员会、国家防汛抗旱总指挥部、国家森林防火指挥部和全国抗灾救灾综合协调办公室等机构，负责极端气候事件和灾害风险管理的统筹协调工作。对于中国各单项极端气候事件，中国设立有国家发展改革委员会气候变化司、民政部救灾司、中国气象局、水利部、国土资源部、农业部、国家林业局、国家海洋局等机构，负责单项业务的组织和管理。从省级层面看，目前全国有 27 个省(自治区、直辖市)、新疆生产建设兵团和 3 个计划单列市成立了省级减灾委员会或减灾救灾综合协调机构。全国 34 个省(自治区、直辖市)和新疆生产建设兵团设立有省级防汛抗旱指挥部(秦大河等，2015；史培军，2014)。

(2) 国家灾害风险管理的核心机构和职能

应对极端气候事件和灾害风险管理的核心机构主要包括国家应对气候变化领导小组、国家减灾委员会、国务院应急管理办公室、国家发展和改革委员会气候变化司(秦大河等,2015;史培军,2014)。

①国家应对气候变化领导小组

2007年6月,国务院决定成立国家应对气候变化领导小组,作为国家应对气候变化工作的议事协调机构,国家发展和改革委员会具体承担领导小组的日常工作。领导小组的主要任务是研究制定国家应对气候变化的重大战略、方针和对策,统一部署应对气候变化工作,研究审议国际合作和谈判对案,协调解决应对气候变化工作中的重大问题;组织贯彻落实国务院有关节能减排工作的方针政策,统一部署节能减排工作,研究审议重大政策建议,协调解决工作中的重大问题。

②国家减灾委员会

经国务院批准,于1989年4月正式成立了"中国国际减灾十年委员会"。2000年,中国国际减灾十年委员会更名为中国国际减灾委员会。2004年12月,更名为国家减灾委员会,主要负责研究制定国家减灾工作的方针、政策和规划,协调开展重大减灾活动,指导地方开展减灾工作,推进减灾国际交流与合作。国家减灾委员会办公室设在民政部救灾司。

③国家防汛抗旱总指挥部

1950年6月,经中央人民政府政务院批准,正式成立中央防汛总指挥部,随后多次更名,1992年,国家防汛总指挥部更名为国家防汛抗旱总指挥部,主要职责是拟定国家防汛抗旱的政策、法规和制度等,组织拟定大江大河防御洪水方案和跨省、自治区、直辖市行政区划的调水方案,以及及时掌握全国汛情、旱情、灾情并组织实施抗洪抢险及抗旱减灾措施,统一调控和调度全国水利、水电设施的水量,做好洪水管理工作,组织灾后处置,并做好有关协调工作。同时,国家防汛抗旱总指挥部负责领导组织全国的防汛抗旱工作,办公室设在水利部。

④国务院应急管理办公室

国务院应急管理办公室履行值守应急、信息汇总和综合协调职责,发挥运转枢纽作用。

⑤国家发展和改革委员会气候变化司

职能是综合分析气候变化对经济社会发展的影响,组织拟定应对气候变化重大战略、规划和重大政策;牵头承担国家履约联合国气候变化框架公约相关工作,会同有关方面牵头组织参加气候变化国际谈判;协调开展应对气候变化国际合作和能力建设;组织实施清洁发展机制工作;承担国家应对气候变化及节能减排工作领导小组有关应对气候变化方面的具体工作。

8.2.3 灾害风险管理机制

(1) 灾情预警会商和信息共享机制

在预警信息方面,气象部门及时发布气象灾害监测预报信息,并与公安、民政、环保、国土资源、交通运输、铁道、水利、农业、卫生、安全监管、林业、电力监管、海洋等相关部门建立相应的气象及气象次生、衍生灾害监测预报预警联动机制，实现相关灾情、险情等信息的实时共享。

在极端气候事件和灾情信息会商方面，国家减灾委员会建立了由民政、水利、气象、地震、国土资源、农业、海洋、统计等部门参加的灾情信息会商机制。每年年初组织相关部门召开灾情趋势会商会，分析研判年度灾害趋势，每月月初分析评估上月灾害形势，预测本月灾害趋势，发布《月度会商公报》。为党中央、国务院进行灾害应急管理提供决策依据。

在信息公布方面，气象灾害的信息公布应当及时、准确、客观、全面。信息公布形式主要包括权威发布、提供新闻稿、组织报道、接受记者采访、举行新闻发布会等。信息公布内容主要包括气象灾害种类及其次生、衍生灾害的监测和预警，因灾伤亡人员、经济损失、救援情况等(史培军，2014)。

(2) 灾害应急响应机制

为了有效应对国家极端气候和灾害事件，根据《国家自然灾害救助应急预案》，按照自然灾害的危害程度等因素，国家减灾委员会设定四个国家自然灾害救助应急响应等级，Ⅰ级响应由国家减灾委员会主任统一组织领导，Ⅱ级响应由国家减灾委副主任(民政部部长)组织协调，Ⅲ级响应由国家减灾委秘书长组织协调，Ⅳ级响应由国家减灾委办公室组织协调。国家减灾委员会各成员单位根据不同响应等级的需要，相应履行各部门的职责。根据《国家气象灾害应急预案》，规定了台风、暴雨、暴雪、干旱、冰冻、寒潮、高温等气象灾害的预警标准，规定了Ⅰ-Ⅳ级响应的启动条件(史培军，2014)。

根据《国家防汛抗旱应急预案》，按洪涝、旱灾的严重程度和影响范围，将应急响应分为四级，规定了Ⅰ-Ⅳ级响应的启动条件。Ⅰ级响应由国家防汛抗旱总指挥部总指挥主持会商，Ⅱ级响应由国家防汛抗旱总指挥部副总指挥主持会商，Ⅲ级响应由国家防汛抗旱总指挥部秘书长主持会商，Ⅳ级响应由国家防汛抗旱总指挥部办公室常务副主任主持会商，国家防汛抗旱总指挥部各成员单位按职责分工做好有关工作。

(3) 社会力量动员与参与机制

灾害事发地的各级人民政府或应急指挥机构可根据灾害事件的性质、危害程度和范围，广泛调动社会力量积极参与灾害突发事件的处置，紧急情况下可依法征用、调用车辆、物资、人员等。灾害事件发生后，灾区的各级人民政府或相应的应急指挥机构组织各方面力量抢救人员，组织基层单位和人员开展自救和互救；邻近的省(区、市)、市(地、州、盟)人民政府根据灾情组织和动员社会力量，对灾区提供救助。鼓励自然人、法人或者其他组织(包括国际组织)按照《中华人民共和国公益事业捐赠法》等有关法律法规的规定进行捐赠和援助。审计监察部门对捐赠资金与物资的使用情况进行审计和监督。发生水旱灾害后，事发地的防汛抗旱指挥机构可根据事件的性质和危害程度，报经当地政府批准，对重点地区和重点部位实施紧急控制，防止事态及其危害的进一步扩大。必要时可通过当地人民政府广泛调动社会力量积极参与应急突发事件的处置，紧急情况下可依法征用、调用车辆、物资、人员等，全力投入抗洪抢险(史培军，2014)。

(4) 救灾应急物资储备机制

由民政部统筹协调，规划建设了17个中央救灾物资储备库，储备了帐篷、棉衣、棉被等救灾物资。地方各级民政部门进一步加强物资储备库建设，依据各地区灾害特点和居民人口分布，分别建设了省、市、县和乡镇（街道）级救灾物资储备库。目前，全国省级救灾物资仓储面积达 32×10^4 m^2，309个地、市和2 286个县（市、区）建立有救灾物资储备库点。根据地方的实际情况，结合救灾物资需求，多数地方建立了协议储备制度，与相关物资购销单位签订储备协议，需要时可以及时调运，较好地满足了受灾群众的生活安置需求（史培军，2014）。

(5) 决策指挥机制

为了应对国家极端气候事件和满足灾害风险管理的需要，建立了较为完善的决策指挥机制。国家减灾委员会是国家自然灾害救助应急的综合协调机构，负责组织、领导全国的自然灾害救助工作，协调开展特别重大和重大自然灾害救助活动，其办事机构为国家减灾委员会办公室。国家减灾委员会设立专家委员会，对国家减灾救灾工作重大决策和重要规划提供政策咨询和建议，为国家重大自然灾害的灾情评估、应急救助和灾后救助提出咨询意见（史培军，2014）。

国家防汛抗旱总指挥部负责领导、组织全国的防汛抗旱工作，其办事机构国家防总办公室设在水利部。发生跨行政区域的大范围气象灾害，并造成较大危害时，由国务院决定启动相应的国家应急指挥机制，统一领导和指挥气象及其次生、衍生灾害的应急处置工作。山洪灾害、渍涝灾害、台风风暴潮、干旱灾害等水旱灾害，由国家防汛抗旱总指挥部负责指挥应对工作。

暴雨、冰冻、低温、寒潮等灾害严重影响交通、电力、能源等正常运行，由国家发展和改革委员会启动煤电油气运保障工作部协调机制；严重影响通信、重要工业品保障、农牧业生产、城市运行等，由相关职能部门负责协调处置工作。

海上大风灾害的防范和救助工作由交通运输部、农业部和国家海洋局按照职能分工负责。气象灾害受灾群众的生活救助，由国家减灾委员会组织实施。高温、沙尘暴、雷电、大风、霜冻、大雾、霾等灾害由地方人民政府启动相应的应急指挥机制或建立应急指挥机制负责处置工作，国务院有关部门进行指导。

破坏性地震灾害发生时，依其造成的灾情严峻程度，由国务院或中国地震局组织临时应急指挥机构，开展应对工作。

(6) 责任追究机制

针对国家极端气候事件，对迟报、谎报、瞒报和漏报突发事件重要情况或者应急管理工作中有其他失职、渎职行为的有关责任人，要依法依规给予行政处分；构成犯罪的，依法追究其刑事责任。针对自然灾害救助款物的监管，建立了监察、审计、财政、民政、金融等部门参加的救灾专项资金监管协调机制。各级民政、财政部门对救灾资金管理使用，特别是基层发放工作进行专项检查，跟踪问效。各有关地区和部门要配合监察、审计部门对救灾款物和捐赠款物的管理使用情况进行监督检查。对在自然灾害救助工作中玩忽职守造成损失的，严重虚报、瞒报灾情的，依据国家有关法律法规追究当事人的责任，构成犯罪的，依法追究其刑事责任（秦大河等，2015；史培军，2014）。

8.3 中国灾害风险管理的制度建设案例

中国政府在灾害风险管理制度建设过程中，取得了一些经验和教训。《国家综合防灾减灾规划（2011—2015年）》的制定与组织实施，取得了显著的效果。2008年6月8日发布

的《汶川地震灾后恢复重建条例》，为了保障汶川地震灾后恢复重建工作有力、有序、有效地开展，积极、稳妥恢复灾区群众正常的生活、生产、学习、工作条件，促进灾区经济社会的恢复和发展，起到了决定性的作用(史培军，2014)。

8.3.1 《国家综合防灾减灾规划（2016—2020 年）》

总结"十二五"期间防灾减灾工作取得的成效，明确"十三五"时期中国防灾减灾救灾工作面临的形势、挑战和机遇，明确"十三五"时期中国防灾减灾救灾工作面临的形势，提出指导思想，明确基本原则，明确目标，明确主要任务，明确重大项目，明确保障措施等(国务院办公厅，2016)。

附件：《国家综合防灾减灾规划(2016—2020 年)》

防灾减灾救灾工作事关人民群众生命财产安全，事关社会和谐稳定，是衡量执政党领导力、检验政府执行力、评判国家动员力、彰显民族凝聚力的一个重要方面。为贯彻落实党中央、国务院关于加强防灾减灾救灾工作的决策部署，提高全社会抵御自然灾害的综合防范能力，切实维护人民群众生命财产安全，为全面建成小康社会提供坚实保障，依据《中华人民共和国国民经济和社会发展第十三个五年规划纲要》以及有关法律法规，制定本规划。

一、现状与形势

（一）"十二五"时期防灾减灾救灾工作成效。

"十二五"时期是我国防灾减灾救灾事业发展很不平凡的五年，各类自然灾害多发频发，相继发生了长江中下游严重夏伏旱、京津冀特大洪涝、四川芦山地震、甘肃岷县漳县地震、黑龙江松花江嫩江流域性大洪水、"威马逊"超强台风、云南鲁甸地震等重特大自然灾害。面对复杂严峻的自然灾害形势，党中央、国务院坚强领导、科学决策，各地区、各有关部门认真负责、各司其职、密切配合、协调联动，大力加强防灾减灾能力建设，有力有序有效开展抗灾救灾工作，取得了显著成效。

与"十五"和"十一五"时期历年平均值相比，"十二五"时期因灾死亡失踪人口较大幅度下降，紧急转移安置人口、倒塌房屋数量、农作物受灾面积、直接经济损失占国内生产总值的比重分别减少 22.6%、75.6%、38.8%、13.2%。

"十二五"时期，较好完成了规划确定的主要目标任务，各方面取得积极进展。

一是体制机制更加健全，工作合力显著增强。统一领导、分级负责、属地为主、社会力量广泛参与的灾害管理体制逐步健全，灾害应急响应、灾情会商、专家咨询、信息共享和社会动员机制逐步完善。

二是防灾减灾救灾基础更加巩固，综合防范能力明显提升。制定、修订了一批自然灾害法律法规和应急预案，防灾减灾救灾队伍建设、救灾物资储备和灾害监测预警站网建设得到加强，高分卫星、北斗导航和无人机等高新技术装备广泛应用，重大水利工程、气象水文基础设施、地质灾害隐患整治、应急避难场所、农村危房改造等工程建设大力推进，设防水平大幅提升。

三是应急救援体系更加完善，自然灾害处置有力有序有效。大力加强应急救援专业队伍和应急救援能力建设，及时启动灾害应急响应，妥善应对了多次重大自然灾害。

四是宣传教育更加普及，社会防灾减灾意识全面提升。以"防灾减灾日"等为契机，积极开展丰富多彩、形式多样的科普宣教活动，防灾减灾意识日益深入人心，社会公众自救互救技能不断增强，全国综合减灾示范社区创建范围不断扩大，城乡社区防灾减灾救灾能力进一步提升。

五是国际交流合作更加深入，"减灾外交"成效明显。与有关国家、联合国机构、区域组织等建立了良好的合作关系，向有关国家提供了力所能及的紧急人道主义援助，并实施了防灾监测、灾后重建、防灾减灾能力建设等援助项目，积极参与国际减灾框架谈判、联合国大会和联合国经济及社会理事会人道主义决议磋商等，务实合作不断加深，有效服务了外交战略大局，充分彰显了我负责任大国形象。

(二)"十三五"时期防灾减灾救灾工作形势。

"十三五"时期是我国全面建成小康社会的决胜阶段,也是全面提升防灾减灾救灾能力的关键时期,面临诸多新形势、新任务与新挑战。

一是灾情形势复杂多变。受全球气候变化等自然和经济社会因素耦合影响,"十三五"时期极端天气气候事件及其次生衍生灾害呈增加趋势,破坏性地震仍处于频发多发时期,自然灾害的突发性、异常性和复杂性有所增加。

二是防灾减灾救灾基础依然薄弱。重救灾轻减灾思想还比较普遍,一些地方城市高风险、农村不设防的状况尚未根本改变,基层抵御灾害的能力仍显薄弱,革命老区、民族地区、边疆地区和贫困地区因灾致贫、返贫等问题尤为突出。防灾减灾救灾体制机制与经济社会发展仍不完全适应,应对自然灾害的综合性立法和相关领域立法滞后,能力建设存在短板,社会力量和市场机制作用尚未得到充分发挥,宣传教育不够深入。

三是经济社会发展提出了更高要求。如期实现"十三五"时期经济社会发展总体目标,健全公共安全体系,都要求加快推进防灾减灾救灾体制机制改革。

四是国际防灾减灾救灾合作任务不断加重。国际社会普遍认识到防灾减灾救灾是全人类的共同任务,更加关注防灾减灾救灾与经济社会发展、应对全球气候变化和消除贫困的关系,更加重视加强多灾种综合风险防范能力建设。同时,国际社会更加期待我国在防灾减灾救灾领域发挥更大作用。

二、指导思想、基本原则与规划目标

(一)指导思想。

全面贯彻党的十八大和十八届三中、四中、五中、六中全会精神,深入学习贯彻习近平总书记系列重要讲话精神,落实党中央、国务院关于防灾减灾救灾的决策部署,紧紧围绕统筹推进"五位一体"总体布局和协调推进"四个全面"战略布局,牢固树立和贯彻落实新发展理念,坚持以人民为中心的发展思想,正确处理人和自然的关系,正确处理防灾减灾救灾和经济社会发展的关系,坚持以防为主、防抗救相结合,坚持常态减灾和非常态救灾相统一,努力实现从注重灾后救助向注重灾前预防转变、从应对单一灾种向综合减灾转变、从减少灾害损失向减轻灾害风险转变,着力构建与经济社会发展新阶段相适应的防灾减灾救灾体制机制,全面提升全社会抵御自然灾害的综合防范能力,切实维护人民群众生命财产安全,为全面建成小康社会提供坚实保障。

(二)基本原则。

以人为本,协调发展。坚持以人为本,把确保人民群众生命安全放在首位,保障受灾群众基本生活,增强全民防灾减灾意识,提升公众自救互救技能,切实减少人员伤亡和财产损失。遵循自然规律,通过减轻灾害风险促进经济社会可持续发展。

预防为主,综合减灾。突出灾害风险管理,着重加强自然灾害监测预报预警、风险评估、工程防御、宣传教育等预防工作,坚持防灾抗灾救灾过程有机统一,综合运用各类资源和多种手段,强化统筹协调,推进各领域、全过程的灾害管理工作。

分级负责,属地为主。根据灾害造成的人员伤亡、财产损失和社会影响等因素,及时启动相应应急响应,中央发挥统筹指导和支持作用,各级党委和政府分级负责,地方就近指挥、强化协调并在救灾中发挥主体作用、承担主体责任。

依法应对,科学减灾。坚持法治思维,依法行政,提高防灾减灾救灾工作法治化、规范化、现代化水平。强化科技创新,有效提高防灾减灾救灾科技支撑能力和水平。

政府主导,社会参与。坚持各级政府在防灾减灾救灾工作中的主导地位,充分发挥市场机制和社会力量的重要作用,加强政府与社会力量、市场机制的协同配合,形成工作合力。

(三)规划目标。

1. 防灾减灾救灾体制机制进一步健全,法律法规体系进一步完善。

2. 将防灾减灾救灾工作纳入各级国民经济和社会发展总体规划。

3. 年均因灾直接经济损失占国内生产总值的比例控制在1.3%以内，年均每百万人口因灾死亡率控制在1.3以内。

4. 建立并完善多灾种综合监测预报预警信息发布平台，信息发布的准确性、时效性和社会公众覆盖率显著提高。

5. 提高重要基础设施和基本公共服务设施的灾害设防水平，特别要有效降低学校、医院等设施因灾造成的损毁程度。

6. 建成中央、省、市、县、乡五级救灾物资储备体系，确保自然灾害发生12小时之内受灾人员基本生活得到有效救助。完善自然灾害救助政策，达到与全面小康社会相适应的自然灾害救助水平。

7. 增创5 000个全国综合减灾示范社区，开展全国综合减灾示范县(市、区)创建试点工作。全国每个城乡社区确保有1名灾害信息员。

8. 防灾减灾知识社会公众普及率显著提高，实现在校学生全面普及。防灾减灾科技和教育水平明显提升。

9. 扩大防灾减灾救灾对外合作与援助，建立包容性、建设性的合作模式。

三、主要任务

(一)完善防灾减灾救灾法律制度。

加强综合立法研究，加快形成以专项法律法规为骨干、相关应急预案和技术标准配套的防灾减灾救灾法律法规标准体系，明确政府、学校、医院、部队、企业、社会组织和公众在防灾减灾救灾工作中的责任和义务。加强自然灾害监测预报预警、灾害防御、应急准备、紧急救援、转移安置、生活救助、医疗卫生救援、恢复重建等领域的立法工作，统筹推进单一灾种法律法规和地方性法规的制定、修订工作，完善自然灾害应急预案体系和标准体系。

(二)健全防灾减灾救灾体制机制。

完善中央层面自然灾害管理体制机制，加强各级减灾委员会及其办公室的统筹指导和综合协调职能，充分发挥主要灾种防灾减灾救灾指挥机构的防范部署与应急指挥作用。明确中央与地方应对自然灾害的事权划分，强化地方党委和政府的主体责任。

强化各级政府的防灾减灾救灾责任意识，提高各级领导干部的风险防范能力和应急决策水平。加强有关部门之间、部门与地方之间协调配合和应急联动，统筹城乡防灾减灾救灾工作，完善自然灾害监测预报预警机制，健全防灾减灾救灾信息资源获取和共享机制。完善军地联合组织指挥、救援力量调用、物资储运调配等应急协调联动机制。建立风险防范、灾后救助、损失评估、恢复重建和社会动员等长效机制。完善防灾减灾基础设施建设、生活保障安排、物资装备储备等方面的财政投入以及恢复重建资金筹措机制。研究制定应急救援社会化有偿服务、物资装备征用补偿、救援人员人身安全保险和伤亡抚恤政策。

(三)加强灾害监测预报预警与风险防范能力建设。

加快气象、水文、地震、地质、测绘地理信息、农业、林业、海洋、草原、野生动物疫病疫源等灾害地面监测站网和国家民用空间基础设施建设，构建防灾减灾卫星星座，加强多灾种和灾害链综合监测，提高自然灾害早期识别能力。加强自然灾害早期预警、风险评估信息共享与发布能力建设，进一步完善国家突发事件预警信息发布系统，显著提高灾害预警信息发布的准确性、时效性和社会公众覆盖率。

开展以县为单位的全国自然灾害风险与减灾能力调查，建设国家自然灾害风险数据库，形成支撑自然灾害风险管理的全要素数据资源体系。完善国家、区域、社区自然灾害综合风险评估指标体系和技术方法，推进自然灾害综合风险评估、隐患排查治理。

推进综合灾情和救灾信息报送与服务网络平台建设，统筹发展灾害信息员队伍，提高政府灾情信息报送与服务的全面性、及时性、准确性和规范性。完善重特大自然灾害损失综合评估制度和技术方法体系。探索建立区域与基层社区综合减灾能力的社会化评估机制。

(四)加强灾害应急处置与恢复重建能力建设。

完善自然灾害救助政策,加快推动各地区制定本地区受灾人员救助标准,切实保障受灾人员基本生活。加强救灾应急专业队伍建设,完善以军队、武警部队为突击力量,以公安消防等专业队伍为骨干力量,以地方和基层应急救援队伍、社会应急救援队伍为辅助力量,以专家智库为决策支撑的灾害应急处置力量体系。

健全救灾物资储备体系,完善救灾物资储备管理制度、运行机制和储备模式,科学规划、稳步推进各级救灾物资储备库(点)建设和应急商品数据库建设,加强救灾物资储备体系与应急物流体系衔接,提升物资储备调运信息化管理水平。加快推进救灾应急装备设备研发与产业化推广,推进救灾物资装备生产能力储备建设,加强地方各级应急装备设备的储备、管理和使用,优先为多灾易灾地区配备应急装备设备。

进一步完善中央统筹指导、地方作为主体、群众广泛参与的灾后重建工作机制。坚持科学重建、民生优先,统筹做好恢复重建规划编制、技术指导、政策支持等工作。将城乡居民住房恢复重建摆在突出和优先位置,加快恢复完善公共服务体系,大力推广绿色建筑标准和节能节材环保技术,加大恢复重建质量监督和监管力度,把灾区建设得更安全、更美好。

(五)加强工程防灾减灾能力建设。

加强防汛抗旱、防震减灾、防风抗潮、防寒保备、防沙治沙、野生动物疫病防控、生态环境治理、生物灾害防治等防灾减灾骨干工程建设,提高自然灾害工程防御能力。加强江河湖泊治理骨干工程建设,继续推进大江大河大湖堤防加固、河道治理、控制性枢纽和蓄滞洪区建设。加快中小河流治理、病险水库水闸除险加固等工程建设,推进重点海堤达标建设。加强城市防洪排涝与调蓄设施建设,加强农业、林业防灾减灾基础设施建设以及牧区草原防灾减灾工程建设。做好山洪灾害防治和抗旱水源工程建设工作。

提高城市建筑和基础设施抗灾能力。继续实施公共基础设施安全加固工程,重点提升学校、医院等人员密集场所安全水平,幼儿园、中小学校舍达到重点设防类抗震设防标准,提高重大建设工程、生命线工程的抗灾能力和设防水平。实施交通设施灾害防治工程,提升重大交通基础设施抗灾能力。推动开展城市既有住房抗震加固,提升城市住房抗震设防水平和抗灾能力。

结合扶贫开发、新农村建设、危房改造、灾后恢复重建等,推进实施自然灾害高风险区农村困难群众危房与土坯房改造,提升农村住房设防水平和抗灾能力。推进实施自然灾害隐患点重点治理和居民搬迁避让工程。

(六)加强防灾减灾救灾科技支撑能力建设。

落实创新驱动发展战略,加强防灾减灾救灾科技资源统筹和顶层设计,完善专家咨询制度。以科技创新驱动和人才培养为导向,加快建设各级地方减灾中心,推进灾害监测预警与风险防范科技发展,充分发挥现代科技在防灾减灾救灾中的支撑作用。

加强基础理论研究和关键技术研发,着力揭示重大自然灾害及灾害链的孕育、发生、演变、时空分布等规律和致灾机理,推进"互联网+"、大数据、物联网、云计算、地理信息、移动通信等新理念新技术新方法的应用,提高灾害模拟仿真、分析预测、信息获取、应急通信与保障能力。加强灾害监测预报预警、风险与损失评估、社会影响评估、应急处置与恢复重建等关键技术研发。健全产学研协同创新机制,推进军民融合,加强科技平台建设,加大科技成果转化和推广应用力度,引导防灾减灾救灾新技术、新产品、新装备、新服务发展。继续推进防灾减灾救灾标准体系建设,提高标准化水平。

(七)加强区域和城乡基层防灾减灾救灾能力建设。

围绕实施区域发展总体战略和落实"一带一路"建设、京津冀协同发展、长江经济带发展等重大战略，推进国家重点城市群、重要经济带和灾害高风险区域的防灾减灾救灾能力建设。加强规划引导，完善区域防灾减灾救灾体制机制，协调开展区域灾害风险调查、监测预报预警、工程防灾减灾、应急处置联动、技术标准制定等防灾减灾救灾能力建设的试点示范工作。加强城市大型综合应急避难场所和多灾易灾县（市、区）应急避难场所建设。

开展社区灾害风险识别与评估，编制社区灾害风险图，加强社区灾害应急预案编制和演练，加强社区救灾应急物资储备和志愿者队伍建设。深入推进综合减灾示范社区创建工作，开展全国综合减灾示范县（市、区）创建试点工作。推动制定家庭防灾减灾救灾与应急物资储备指南和标准，鼓励和支持以家庭为单元储备灾害应急物品，提升家庭和邻里自救互救能力。

（八）发挥市场和社会力量在防灾减灾救灾中的作用。

发挥保险等市场机制作用，完善应对灾害的金融支持体系，扩大居民住房灾害保险、农业保险覆盖面，加快建立巨灾保险制度。积极引入市场力量参与灾害治理，培育和提高市场主体参与灾害治理的能力，鼓励各地区探索巨灾风险的市场化分担模式，提升灾害治理水平。

加强对社会力量参与防灾减灾救灾工作的引导和支持，完善社会力量参与防灾减灾救灾政策，健全动员协调机制，建立服务平台。加快研究和推进政府购买防灾减灾救灾社会服务等相关措施。加强救灾捐赠管理，健全救灾捐赠需求发布与信息导向机制，完善救灾捐赠款物使用信息公开、效果评估和社会监督机制。

（九）加强防灾减灾宣传教育。

完善政府部门、社会力量和新闻媒体等合作开展防灾减灾宣传教育的工作机制。将防灾减灾教育纳入国民教育体系，推进灾害风险管理相关学科建设和人才培养。推动全社会树立"减轻灾害风险就是发展、减少灾害损失也是增长"的理念，努力营造防灾减灾良好文化氛围。

开发针对不同社会群体的防灾减灾科普读物、教材、动漫、游戏、影视剧等宣传教育产品，充分发挥微博、微信和客户端等新媒体的作用。加强防灾减灾科普宣传教育基地、网络教育平台等建设。充分利用"防灾减灾日""国际减灾日"等节点，弘扬防灾减灾文化，面向社会公众广泛开展知识宣讲、技能培训、案例解说、应急演练等多种形式的宣传教育活动，提升全民防灾减灾意识和自救互救技能。

（十）推进防灾减灾救灾国际交流合作。

结合国家总体外交战略的实施以及推进"一带一路"建设的部署，统筹考虑国内国际两种资源、两个能力，推动落实联合国 2030 年可持续发展议程和《2015—2030 年仙台减轻灾害风险框架》，与有关国家、联合国机构、区域组织广泛开展防灾减灾救灾领域合作，重点加强灾害监测预报预警、信息共享、风险调查评估、紧急人道主义援助和恢复重建等方面的务实合作。研究推进国际减轻灾害风险中心建设。积极承担防灾减灾救灾国际责任，为发展中国家提供更多的人力资源培训、装备设备配置、政策技术咨询、发展规划编制等方面支持，彰显我负责任大国形象。

四、重大项目

（一）自然灾害综合评估业务平台建设工程。

以重大自然灾害风险防范、应急救助与恢复重建等防灾减灾救灾决策需求为牵引，建立灾害风险与损失评估技术标准、工作规范和模型参数库。研发多源异构的灾害大数据融合、信息挖掘与智能化管理技术，建设全国自然灾害综合数据库管理系统。建立灾害综合风险调查与评估技术方法，研发系统平台，并在灾害频发多发地区开展灾害综合风险调查与评估试点工作，形成灾害风险快速识别、信息沟通与实时共享、综合评估、物资配置与调度等决策支持能力。建立并完善灾害损失与社会影响评估技术方法，突破灾害快速评估和综合损失评估关键技术，建立灾害综合损失评估系统。建立重大自然灾害灾后恢复重建选址和重建进度评估技术体系，建设灾后恢复重建决策支持系统。基本形成面向中央及省级救灾决策与社会公共服务的多灾种全过程评估的数据和技术支撑能力。

（二）民用空间基础设施减灾应用系统工程。

依托民用空间基础设施建设，面向国家防灾减灾救灾需求，建立健全防灾减灾卫星星座减灾应用标准规范、技术方法、业务模式与产品体系。建设防灾减灾卫星星座减灾应用系统，实现军民卫星数据融合应用，具备自然灾害全要素、全过程的综合监测与研判能力，提高灾害风险评估与损失评估的自动化、定量化和精准化水平。在重点区域开展"天空地"一体化综合应用示范，带动区域和省级卫星减灾应用能力发展。建立卫星减灾应用信息综合服务平台，具备产品定制和全球化服务能力，为我国周边及"一带一路"沿线国家提供灾害遥感监测信息服务。

(三)全国自然灾害救助物资储备体系建设工程。

采取新建、改扩建和代储等方式，因地制宜，统筹推进，形成分级管理、反应迅速、布局合理、规模适度、种类齐全、功能完备、保障有力的中央、省、市、县、乡五级救灾物资储备体系。科学确定各级救灾物资储备品种及规模，形成多级救灾物资储备网络。进一步优化中央救灾物资储备库布局，支持中西部多灾易灾地区的地市级和县级救灾物资储备库建设，多灾易灾城乡社区视情设置救灾物资储存室，形成全覆盖能力。

通过协议储备、依托企业代储、生产能力储备和家庭储备等多种方式，构建多元救灾物资储备体系。完善救灾物资紧急调拨的跨部门、跨区域、军地间应急协调联动机制。充分发挥科技支撑引领作用，推进救灾物资储备管理信息化建设，实现对救灾物资入库、存储、出库、运输和分发等全过程的智能化管理，提高救灾物资管理的信息化、网络化和智能化水平，救灾物资调运更加高效快捷有序。

(四)应急避难场所建设工程。

编制应急避难场所建设指导意见，明确基本功能和增强功能，推动各地区开展示范性应急避难场所建设，并完善应急避难场所建设标准规范。结合区域和城乡规划，在京津冀、长三角、珠三角等国家重点城市群，根据人口分布、城市布局、区域特点和灾害特征，建设若干能够覆盖一定范围、具备应急避险、应急指挥和救援功能的大型综合应急避难场所。结合人口和灾害隐患点分布，在每个省份分别选择若干典型自然灾害多发县(市、区)，新建或改扩建城乡应急避难场所。建设应急避难场所信息综合管理与服务平台，实现对应急避难场所功能区、应急物资、人员安置和运行状态等管理与评估，面向社会公众提供避险救援、宣传教育和引导服务。

(五)防灾减灾科普工程。

开发针对不同社会群体的防灾减灾科普读物和学习教材，普及防灾减灾知识，提升社会公众防灾减灾意识和自救互救技能。制定防灾减灾科普宣传教育基地建设规范，推动地方结合实际新建或改扩建融宣传教育、展览体验、演练实训等功能于一体的防灾减灾科普宣传教育基地。建设防灾减灾数字图书馆，打造开放式网络共享交流平台，为公众提供知识查询、浏览及推送等服务。开发动漫、游戏、影视剧等防灾减灾文化产品，开展有特色的防灾减灾科普活动。

五、保障措施

(一)加强组织领导，形成工作合力。

国家减灾委员会负责本规划实施的统筹协调。各地区、各有关部门要高度重视，加强组织领导，完善工作机制，切实落实责任，确保规划任务有序推进、目标如期实现。各地区要根据本规划要求、结合本地区实际，制定相关综合防灾减灾规划，相关部门规划要加强与本规划有关内容的衔接与协调。

(二)加强资金保障，畅通投入渠道。

完善防灾减灾救灾资金投入机制，拓宽资金投入渠道，加大防灾减灾基础设施建设、重大工程建设、科学研究、人才培养、技术研发、科普宣传和教育培训等方面的经费投入。完善防灾减灾救灾经费保障机制，加强资金使用的管理与监督。按照党中央、国务院关于打赢脱贫攻坚战的决策部署，加大对革命老区、民族地区、边疆地区和贫困地区防灾减灾救灾工作的支持力度。

(三)加强人才培养，提升队伍素质。

加强防灾减灾救灾科学研究、工程技术、抢险救灾和行政管理等方面的人才培养，强化基层灾害信息员、社会工作者和志愿者等队伍建设，扩充人才队伍数量，优化人才队伍结构，提高人才队伍素质，形成一支结构合理、素质优良、专业过硬的防灾减灾救灾人才队伍。

（四）加强跟踪评估，强化监督管理。

国家减灾委员会建立规划实施跟踪评估制度，加强对本规划实施情况的跟踪分析和监督检查。国家减灾委员会各成员单位和各省级人民政府要加强对本规划相关内容落实情况的评估。国家减灾委员会办公室要制定本规划实施分工方案明确相关部门职责，并做好规划实施情况总体评估工作，将评估结果报国务院(国务院办公厅，2016)。

8.3.2 《汶川地震灾后恢复重建条例》

汶川地震发生后，中国政府应急处置和救援以及之后的恢复重建工作都取得了令世界瞩目的巨大成功。《汶川地震灾后恢复重建条例》是第一次中国在重大自然灾害发生以后，以恢复重建为内容而形成的法规；因此，以《汶川地震灾后恢复重建条例》为例，对防灾减灾法规加以介绍。

《汶川地震灾后恢复重建条例》根据《中华人民共和国突发事件应对法》和《中华人民共和国防震减灾法》制定的，是为了保障汶川地震灾后恢复重建工作有力、有序、有效地开展，积极、稳妥地恢复灾区群众正常的生活、生产、学习、工作条件，促进灾区经济社会的恢复和发展。该条例共九章，包括总则、过渡性安置、调查评估、恢复重建规划、恢复重建的实施、资金筹集与政策扶持、监督管理、法律责任和附则，共八十条（含附则）。

正是在《汶川地震灾后恢复重建条例》的框架下，汶川地震灾后恢复重建工作三年基本完成，地震灾区发生了巨大的变化，引起了世界的瞩目（中华人民共和国国国务院，2008）。

附件：汶川地震灾后恢复重建条例

第一章　总则

第一条　为了保障汶川地震灾后恢复重建工作有力、有序、有效地开展，积极、稳妥恢复灾区群众正常的生活、生产、学习、工作条件，促进灾区经济社会的恢复和发展，根据《中华人民共和国突发事件应对法》和《中华人民共和国防震减灾法》，制定本条例。

第二条　地震灾后恢复重建应当坚持以人为本、科学规划、统筹兼顾、分步实施、自力更生、国家支持、社会帮扶的方针。

第三条　地震灾后恢复重建应当遵循以下原则：

（一）受灾地区自力更生、生产自救与国家支持、对口支援相结合；

（二）政府主导与社会参与相结合；

（三）就地恢复重建与异地新建相结合；

（四）确保质量与注重效率相结合；

（五）立足当前与兼顾长远相结合；

（六）经济社会发展与生态环境资源保护相结合。

第四条　各级人民政府应当加强对地震灾后恢复重建工作的领导、组织和协调，必要时成立地震灾后恢复重建协调机构，组织协调地震灾后恢复重建工作。

县级以上人民政府有关部门应当在本级人民政府的统一领导下，按照职责分工，密切配合，采取有效措施，共同做好地震灾后恢复重建工作。

第五条　地震灾区的各级人民政府应当自力更生、艰苦奋斗、勤俭节约，多种渠道筹集资金、物资，开展地震灾后恢复重建。

国家对地震灾后恢复重建给予财政支持、税收优惠和金融扶持，并积极提供物资、技术和人力等方面的支持。

国家鼓励公民、法人和其他组织积极参与地震灾后恢复重建工作，支持在地震灾后恢复重建中采用先进的技术、设备和材料。

国家接受外国政府和国际组织提供的符合地震灾后恢复重建需要的援助。

第六条 对在地震灾后恢复重建工作中做出突出贡献的单位和个人，按照国家有关规定给予表彰和奖励。

第二章 过渡性安置

第七条 对地震灾区的受灾群众进行过渡性安置，应当根据地震灾区的实际情况，采取就地安置与异地安置，集中安置与分散安置，政府安置与投亲靠友、自行安置相结合的方式。

政府对投亲靠友和采取其他方式自行安置的受灾群众给予适当补助。具体办法由省级人民政府制定。

第八条 过渡性安置地点应当选在交通条件便利、方便受灾群众恢复生产和生活的区域，并避开地震活动断层和可能发生洪灾、山体滑坡和崩塌、泥石流、地面塌陷、雷击等灾害的区域以及生产、储存易燃易爆危险品的工厂、仓库。

实施过渡性安置应当占用废弃地、空旷地，尽量不占用或者少占用农田，避免对自然保护区、饮用水水源保护区以及生态脆弱区域造成破坏。

第九条 地震灾区的各级人民政府根据实际条件，因地制宜，为灾区群众安排临时住所。临时住所可以采用帐篷、篷布房，有条件的也可以采用简易住房、活动板房。安排临时住所确实存在困难的，可以将学校操场和经安全鉴定的体育场馆等作为临时避难场所。

国家鼓励地震灾区农村居民自行筹建符合安全要求的临时住所，并予以补助。具体办法由省级人民政府制定。

第十条 用于过渡性安置的物资应当保证质量安全。生产单位应当确保帐篷、篷布房的产品质量。建设单位、生产单位应当采用质量合格的建筑材料，确保简易住房、活动板房的安全质量和抗震性能。

第十一条 过渡性安置地点应当配套建设水、电、道路等基础设施，并按比例配备学校、医疗点、集中供水点、公共卫生间、垃圾收集点、日常用品供应点、少数民族特需品供应点以及必要的文化宣传设施等配套公共服务设施，确保受灾群众的基本生活需要。

过渡性安置地点的规模应当适度，并安装必要的防雷设施和预留必要的消防应急通道，配备相应的消防设施，防范火灾和雷击灾害发生。

第十二条 临时住所应当具备防火、防风、防雨等功能。

第十三条 活动板房应当优先用于重灾区和需要异地安置的受灾群众，倒塌房屋在短期内难以恢复重建的重灾户特别是遇难者家庭、孕妇、婴幼儿、孤儿、孤老、残疾人员以及学校、医疗点等公共服务设施。

第十四条 临时住所、过渡性安置资金和物资的分配和使用，应当公开透明，定期公布，接受有关部门和社会监督。具体办法由省级人民政府制定。

第十五条 过渡性安置用地按临时用地安排，可以先行使用，事后再依法办理有关用地手续；到期未转为永久性用地的，应当复垦后交还原土地使用者。

第十六条 过渡性安置地点所在地的县级人民政府，应当组织有关部门加强次生灾害、饮用水水质、食品卫生、疫情的监测和流行病学调查以及环境卫生整治。使用的消毒剂、清洗剂应当符合环境保护要求，避免对土壤、水资源、环境等造成污染。

过渡性安置地点所在地的公安机关，应当加强治安管理，及时惩处违法行为，维护正常的社会秩序。

受灾群众应当在过渡性安置地点所在地的县、乡(镇)人民政府组织下，建立治安、消防联队，开展治安、消防巡查等自防自救工作。

第十七条 地震灾区的各级人民政府，应当组织受灾群众和企业开展生产自救，积极恢复生产，并做好受灾群众的心理援助工作。

第十八条 地震灾区的各级人民政府及政府农业行政主管部门应当及时组织修复毁损的农业生产设施，开展抢种抢收，提供农业生产技术指导，保障农业投入品和农业机械设备的供应。

第十九条 地震灾区的各级人民政府及政府有关部门应当优先组织供电、供水、供气等企业恢复生产，并对大型骨干企业恢复生产提供支持，为全面恢复工业、服务业生产经营提供条件。

第三章 调查评估

第二十条 国务院有关部门应当组织开展地震灾害调查评估工作，为编制地震灾后恢复重建规划提供依据。

第二十一条 地震灾害调查评估应当包括下列事项：

（一）城镇和乡村受损程度和数量；

（二）人员伤亡情况，房屋破坏程度和数量，基础设施、公共服务设施、工农业生产设施与商贸流通设施受损程度和数量，农用地毁损程度和数量等；

（三）需要安置人口的数量，需要救助的伤残人员数量，需要帮助的孤寡老人及未成年人的数量，需要提供的房屋数量，需要恢复重建的基础设施和公共服务设施，需要恢复重建的生产设施，需要整理和复垦的农用地等；

（四）环境污染、生态损害以及自然和历史文化遗产毁损等情况；

（五）资源环境承载能力以及地质灾害、地震次生灾害和隐患等情况；

（六）水文地质、工程地质、环境地质、地形地貌以及河势和水文情势、重大水利水电工程的受影响情况；

（七）突发公共卫生事件及其隐患；

（八）编制地震灾后恢复重建规划需要调查评估的其他事项。

第二十二条 县级以上人民政府应当依据各自职责分工组织有关部门和专家，对毁损严重的水利、道路、电力等基础设施，学校等公共服务设施以及其他建设工程进行工程质量和抗震性能鉴定，保存有关资料和样本，并开展地震活动对相关建设工程破坏机理的调查评估，为改进建设工程抗震设计规范和工程建设标准，采取抗震设防措施提供科学依据。

第二十三条 地震灾害调查评估应当采用全面调查评估、实地调查评估、综合评估的方法，确保数据资料的真实性、准确性、及时性和评估结论的可靠性。

地震部门、地震监测台网应当收集、保存地震前、地震中、地震后的所有资料和信息，并建立完整的档案。

开展地震灾害调查评估工作，应当遵守国家法律、法规以及有关技术标准和要求。

第二十四条 地震灾害调查评估报告应当及时上报国务院。

第四章 恢复重建规划

第二十五条 国务院发展改革部门会同国务院有关部门与地震灾区的省级人民政府共同组织编制地震灾后恢复重建规划，报国务院批准后组织实施。

地震灾后恢复重建规划应当包括地震灾后恢复重建总体规划和城镇体系规划、农村建设规划、城乡住房建设规划、基础设施建设规划、公共服务设施建设规划、生产力布局和产业调整规划、市场服务体系规划、防灾减灾和生态修复规划、土地利用规划等专项规划。

第二十六条 地震灾区的市、县人民政府应当在省级人民政府的指导下，组织编制本行政区域的地震灾后恢复重建实施规划。

第二十七条 编制地震灾后恢复重建规划，应当全面贯彻落实科学发展观，坚持以人为本，优先恢复重建受灾群众基本生活和公共服务设施；尊重科学、尊重自然，充分考虑资源环境承载能力；统筹兼顾，与推进工业化、城镇化、新农村建设、主体功能区建设、产业结构优化升级相结合，并坚持统一部署、分工负责，区分缓急、突出重点，相互衔接、上下协调，规范有序、依法推进的原则。

编制地震灾后恢复重建规划，应当遵守法律、法规和国家有关标准。

第二十八条　地震灾后调查评估获得的地质、勘察、测绘、水文、环境等基础资料，应当作为编制地震灾后恢复重建规划的依据。

地震工作主管部门应当根据地震地质、地震活动特性的研究成果和地震烈度分布情况，对地震动参数区划图进行复核，为编制地震灾后恢复重建规划和进行建设工程抗震设防提供依据。

第二十九条　地震灾后恢复重建规划应当包括地震灾害状况和区域分析，恢复重建原则和目标，恢复重建区域范围，恢复重建空间布局，恢复重建任务和政策措施，有科学价值的地震遗址、遗迹保护，受损文物和具有历史价值与少数民族特色的建筑物、构筑物的修复，实施步骤和阶段等主要内容。

地震灾后恢复重建规划应当重点对城镇和乡村的布局、住房建设、基础设施建设、公共服务设施建设、农业生产设施建设、工业生产设施建设、防灾减灾和生态环境以及自然资源和历史文化遗产保护、土地整理和复垦等做出安排。

第三十条　地震灾区的中央所属企业生产、生活等设施的恢复重建，纳入地震灾后恢复重建规划统筹安排。

第三十一条　编制地震灾后恢复重建规划，应当吸收有关部门、专家参加，并充分听取地震灾区受灾群众的意见；重大事项应当组织有关方面专家进行专题论证。

第三十二条　地震灾区内的城镇和乡村完全毁损，存在重大安全隐患或者人口规模超出环境承载能力，需要异地新建的，重新选址时，应当避开地震活动断层或者生态脆弱和可能发生洪灾、山体滑坡、崩塌、泥石流、地面塌陷等灾害的区域以及传染病自然疫源地。

地震灾区的县级以上地方人民政府应当组织有关部门、专家对新址进行论证，听取公众意见，并报上一级人民政府批准。

第三十三条　国务院批准的地震灾后恢复重建规划，是地震灾后恢复重建的基本依据，应当及时公布。任何单位和个人都应当遵守经依法批准公布的地震灾后恢复重建规划，服从规划管理。

地震灾后恢复重建规划所依据的基础资料修改、其他客观条件发生变化需要修改的，或者因恢复重建工作需要修改的，由规划组织编制机关提出修改意见，报国务院批准。

第五章　恢复重建的实施

第三十四条　地震灾区的省级人民政府，应当根据地震灾后恢复重建规划和当地经济社会发展水平，有计划、分步骤地组织实施地震灾后恢复重建。

国务院有关部门应当支持、协助、指导地震灾区的恢复重建工作。

城镇恢复重建应当充分考虑原有城市、镇总体规划，注重体现原有少数民族建筑风格，合理确定城镇的建设规模和标准，并达到抗震设防要求。

第三十五条　发展改革部门具体负责灾后恢复重建的统筹规划、政策建议、投资计划、组织协调和重大建设项目的安排。

财政部门会同有关部门负责提出资金安排和政策建议，并具体负责灾后恢复重建财政资金的拨付和管理。

交通运输、水利、铁路、电力、通信、广播影视等部门按照职责分工，具体组织实施有关基础设施的灾后恢复重建。

建设部门具体组织实施房屋和市政公用设施的灾后恢复重建。

民政部门具体组织实施受灾群众的临时基本生活保障、生活困难救助、农村毁损房屋恢复重建补助、社会福利设施恢复重建以及对孤儿、孤老、残疾人员的安置、补助、心理援助和伤残康复。

教育、科技、文化、卫生、广播影视、体育、人力资源社会保障、商务、工商等部门按照职责分工，具体组织实施公共服务设施的灾后恢复重建、卫生防疫和医疗救治、就业服务和社会保障、重要生活必需品供应以及维护市场秩序。高等学校、科学技术研究开发机构应当加强对有关问题的专题研究，为地震灾后恢复重建提供科学技术支撑。

农业、林业、水利、国土资源、商务、工业等部门按照职责分工，具体组织实施动物疫情监测、农业生产设施恢复重建和农业生产条件恢复，地震灾后恢复重建用地安排、土地整理和复垦、地质灾害防治，商贸流通、工业生产设施等恢复重建。

环保、林业、民政、水利、科技、安全生产、地震、气象、测绘等部门按照职责分工，具体负责生态环境保护和防灾减灾、安全生产的技术保障及公共服务设施恢复重建。

中国人民银行和银行、证券、保险监督管理机构按照职责分工，具体负责地震灾后恢复重建金融支持和服务政策的制定与落实。

公安部门具体负责维护和稳定地震灾区社会秩序。

海关、出入境检验检疫部门按照职责分工，依法组织实施进口恢复重建物资、境外捐赠物资的验放、检验检疫。

外交部会同有关部门按照职责分工，协调开展地震灾后恢复重建的涉外工作。

第三十六条　国务院地震工作主管部门应当会同文物等有关部门组织专家对地震废墟进行现场调查，对具有典型性、代表性、科学价值和纪念意义的地震遗址、遗迹划定范围，建立地震遗址博物馆。

第三十七条　地震灾区的省级人民政府应当组织民族事务、建设、环保、地震、文物等部门和专家，根据地震灾害调查评估结果，制定清理保护方案，明确地震遗址、遗迹和文物保护单位以及具有历史价值与少数民族特色的建筑物、构筑物等保护对象及其区域范围，报国务院批准后实施。

第三十八条　地震灾害现场的清理保护，应当在确定无人类生命迹象和无重大疫情的情况下，按照统一组织、科学规划、统筹兼顾、注重保护的原则实施。发现地震灾害现场有人类生命迹象的，应当立即实施救援。

第三十九条　对清理保护方案确定的地震遗址、遗迹应当在保护范围内采取有效措施进行保护，抢救、收集具有科学研究价值的技术资料和实物资料，并在不影响整体风貌的情况下，对有倒塌危险的建筑物、构筑物进行必要的加固，对废墟中有毒、有害的废弃物、残留物进行必要的清理。

对文物保护单位应当实施原址保护。对尚可保留的不可移动文物和具有历史价值与少数民族特色的建筑物、构筑物以及历史建筑，应当采取加固等保护措施；对无法保留但将来可能恢复重建的，应当收集整理影像资料。

对馆藏文物、民间收藏文物等可移动文物和非物质文化遗产的物质载体，应当及时抢救、整理、登记，并将清理出的可移动文物和非物质文化遗产的物质载体，运送到安全地点妥善保管。

第四十条　对地震灾害现场的清理，应当按照清理保护方案分区、分类进行。清理出的遇难者遗体处理，应当尊重当地少数民族传统习惯；清理出的财物，应当对其种类、特征、数量、清理时间、地点等情况详细登记造册，妥善保存。有条件的，可以通知遇难者家属和所有权人到场。

对清理出的废弃危险化学品和其他废弃物、残留物，应当实行分类处理，并遵守国家有关规定。

第四十一条　地震灾区的各级人民政府应当做好地震灾区的动物疫情防控工作。对清理出的动物尸体，应当采取消毒、销毁等无害化处理措施，防止重大动物疫情的发生。

第四十二条　对现场清理过程中拆除或者拆解的废旧建筑材料以及过渡安置期结束后不再使用的活动板房等，能回收利用的，应当回收利用。

第四十三条　地震灾后恢复重建，应当统筹安排交通、铁路、通信、供水、供电、住房、学校、医院、社会福利、文化、广播电视、金融等基础设施和公共服务设施建设。

城镇的地震灾后恢复重建，应当统筹安排市政公用设施、公共服务设施和其他设施，合理确定建设规模和时序。

乡村的地震灾后恢复重建，应当尊重农民意愿，发挥村民自治组织的作用，以群众自建为主，政府补助、社会帮扶、对口支援，因地制宜，节约和集约利用土地，保护耕地。

地震灾区的县级人民政府应当组织有关部门对村民住宅建设的选址予以指导，并提供能够符合当地实际的多种村民住宅设计图，供村民选择。村民住宅应当达到抗震设防要求，体现原有地方特色、民族特色和传统风貌。

第四十四条　经批准的地震灾后恢复重建项目可以根据土地利用总体规划，先行安排使用土地，实行边建设边报批，并按照有关规定办理用地手续。对因地震灾害毁损的耕地、农田道路、抢险救灾应急用地、过渡性安置用地、废弃的城镇、村庄和工矿旧址，应当依法进行土地整理和复垦，并治理地质灾害。

第四十五条　国务院有关部门应当组织对地震灾区地震动参数、抗震设防要求、工程建设标准进行复审；确有必要修订的，应当及时组织修订。

地震灾区的抗震设防要求和有关工程建设标准应当根据修订后的地震灾区地震动参数，进行相应修订。

第四十六条　对地震灾区尚可使用的建筑物、构筑物和设施，应当按照地震灾区的抗震设防要求进行抗震性能鉴定，并根据鉴定结果采取加固、改造等措施。

第四十七条　地震灾后重建工程的选址，应当符合地震灾后恢复重建规划和抗震设防、防灾减灾要求，避开地震活动断层、生态脆弱地区、可能发生重大灾害的区域和传染病自然疫源地。

第四十八条　设计单位应当严格按照抗震设防要求和工程建设强制性标准进行抗震设计，并对抗震设计的质量以及出具的施工图的准确性负责。

施工单位应当按照施工图设计文件和工程建设强制性标准进行施工，并对施工质量负责。

建设单位、施工单位应当选用施工图设计文件和国家有关标准规定的材料、构配件和设备。

工程监理单位应当依照施工图设计文件和工程建设强制性标准实施监理，并对施工质量承担监理责任。

第四十九条　按照国家有关规定对地震灾后恢复重建工程进行竣工验收时，应当重点对工程是否符合抗震设防要求进行查验；对不符合抗震设防要求的，不得出具竣工验收报告。

第五十条　对学校、医院、体育场馆、博物馆、文化馆、图书馆、影剧院、商场、交通枢纽等人员密集的公共服务设施，应当按照高于当地房屋建筑的抗震设防要求进行设计，增强抗震设防能力。

第五十一条　地震灾后恢复重建中涉及文物保护、自然保护区、野生动植物保护和地震遗址、遗迹保护的，依照国家有关法律、法规的规定执行。

第五十二条　地震灾后恢复重建中，货物、工程和服务的政府采购活动，应当严格依照《中华人民共和国政府采购法》的有关规定执行。

第六章　资金筹集与政策扶持

第五十三条　县级以上人民政府应当通过政府投入、对口支援、社会募集、市场运作等方式筹集地震灾后恢复重建资金。

第五十四条　国家根据地震的强度和损失的实际情况等因素建立地震灾后恢复重建基金，专项用于地震灾后恢复重建。

地震灾后恢复重建基金由预算资金以及其他财政资金构成。

地震灾后恢复重建基金筹集使用管理办法，由国务院财政部门制定。

第五十五条　国家鼓励公民、法人和其他组织为地震灾后恢复重建捐赠款物。捐赠款物的使用应当尊重捐赠人的意愿，并纳入地震灾后恢复重建规划。

县级以上人民政府及其部门作为受赠人的，应当将捐赠款物用于地震灾后恢复重建。公益性社会团体、公益性非营利的事业单位作为受赠人的，应当公开接受捐赠的情况和受赠财产的使用、管理情况，接受政府有关部门、捐赠人和社会的监督。

县级以上人民政府及其部门、公益性社会团体、公益性非营利的事业单位接受捐赠的，应当向捐赠人出具由省级以上财政部门统一印制的捐赠票据。

外国政府和国际组织提供的地震灾后恢复重建资金、物资和人员服务以及安排实施的多双边地震灾后恢复重建项目等，依照国家有关规定执行。

第五十六条 国家鼓励公民、法人和其他组织依法投资地震灾区基础设施和公共服务设施的恢复重建。

第五十七条 国家对地震灾后恢复重建依法实行税收优惠。具体办法由国务院财政部门、国务院税务部门制定。

地震灾区灾后恢复重建期间，县级以上地方人民政府依法实施地方税收优惠措施。

第五十八条 地震灾区的各项行政事业性收费可以适当减免。具体办法由有关主管部门制定。

第五十九条 国家向地震灾区的房屋贷款和公共服务设施恢复重建贷款、工业和服务业恢复生产经营贷款、农业恢复生产贷款等提供财政贴息。具体办法由国务院财政部门会同其他有关部门制定。

第六十条 国家在安排建设资金时，应当优先考虑地震灾区的交通、铁路、能源、农业、水利、通信、金融、市政公用、教育、卫生、文化、广播电视、防灾减灾、环境保护等基础设施和公共服务设施以及关系国家安全的重点工程设施建设。

测绘、气象、地震、水文等设施因地震遭受破坏的，地震灾区的人民政府应当采取紧急措施，组织力量修复，确保正常运行。

第六十一条 各级人民政府及政府有关部门应当加强对受灾群众的职业技能培训、就业服务和就业援助，鼓励企业、事业单位优先吸纳符合条件的受灾群众就业；可以采取以工代赈的方式组织受灾群众参加地震灾后恢复重建。

第六十二条 地震灾区接受义务教育的学生，其监护人因地震灾害死亡或者丧失劳动能力或者因地震灾害导致家庭经济困难的，由国家给予生活费补贴；地震灾区的其他学生，其父母因地震灾害死亡或者丧失劳动能力或者因地震灾害导致家庭经济困难的，在同等情况下其所在的学校可以优先将其纳入国家资助政策体系予以资助。

第六十三条 非地震灾区的县级以上地方人民政府及其有关部门应当按照国家和当地人民政府的安排，采取对口支援等多种形式支持地震灾区恢复重建。

国家鼓励非地震灾区的企业、事业单位通过援建等多种形式支持地震灾区恢复重建。

第六十四条 对地震灾后恢复重建中需要办理行政审批手续的事项，有审批权的人民政府及有关部门应当按照方便群众、简化手续、提高效率的原则，依法及时予以办理。

第七章 监督管理

第六十五条 县级以上人民政府应当加强对下级人民政府地震灾后恢复重建工作的监督检查。

县级以上人民政府有关部门应当加强对地震灾后恢复重建建设工程质量和安全以及产品质量的监督。

第六十六条 地震灾区的各级人民政府在确定地震灾后恢复重建资金和物资分配方案、房屋分配方案前，应当先行调查，经民主评议后予以公布。

第六十七条 地震灾区的各级人民政府应当定期公布地震灾后恢复重建资金和物资的来源、数量、发放和使用情况，接受社会监督。

第六十八条 财政部门应当加强对地震灾后恢复重建资金的拨付和使用的监督管理。

发展改革、建设、交通运输、水利、电力、铁路、工业和信息化等部门按照职责分工，组织开展对地震灾后恢复重建项目的监督检查。国务院发展改革部门组织开展对地震灾后恢复重建的重大建设项目的稽察。

第六十九条　审计机关应当加强对地震灾后恢复重建资金和物资的筹集、分配、拨付、使用和效果的全过程跟踪审计，定期公布地震灾后恢复重建资金和物资使用情况，并在审计结束后公布最终的审计结果。

第七十条　地震灾区的各级人民政府及有关部门和单位，应当对建设项目以及地震灾后恢复重建资金和物资的筹集、分配、拨付、使用情况登记造册，建立、健全档案，并在建设工程竣工验收和地震灾后恢复重建结束后，及时向建设主管部门或者其他有关部门移交档案。

第七十一条　监察机关应当加强对参与地震灾后恢复重建工作的国家机关和法律、法规授权的具有管理公共事务职能的组织及其工作人员的监察。

第七十二条　任何单位和个人对地震灾后恢复重建中的违法违纪行为，都有权进行举报。

接到举报的人民政府或者有关部门应当立即调查，依法处理，并为举报人保密。实名举报的，应当将处理结果反馈举报人。社会影响较大的违法违纪行为，处理结果应当向社会公布。

第八章　法律责任

第七十三条　有关地方人民政府及政府部门侵占、截留、挪用地震灾后恢复重建资金或者物资的，由财政部门、审计机关在各自职责范围内，责令改正，追回被侵占、截留、挪用的地震灾后恢复重建资金或者物资，没收违法所得，对单位给予警告或者通报批评；对直接负责的主管人员和其他直接责任人员，由任免机关或者监察机关按照人事管理权限依法给予降级、撤职直至开除的处分；构成犯罪的，依法追究刑事责任。

第七十四条　在地震灾后恢复重建中，有关地方人民政府及政府有关部门拖欠施工单位工程款，或者明示、暗示设计单位、施工单位违反抗震设防要求和工程建设强制性标准，降低建设工程质量，造成重大安全事故，构成犯罪的，依法追究刑事责任；尚不构成犯罪的，对直接负责的主管人员和其他直接责任人员，由任免机关或者监察机关按照人事管理权限依法给予降级、撤职直至开除的处分。

第七十五条　在地震灾后恢复重建中，建设单位、勘察单位、设计单位、施工单位或者工程监理单位，降低建设工程质量，造成重大安全事故，构成犯罪的，依法追究刑事责任；尚不构成犯罪的，由县级以上地方人民政府建设主管部门或者其他有关部门依照《建设工程质量管理条例》的有关规定给予处罚。

第七十六条　对毁损严重的基础设施、公共服务设施和其他建设工程，在调查评估中经鉴定确认工程质量存在重大问题，构成犯罪的，对负有责任的建设单位、设计单位、施工单位、工程监理单位的直接责任人员，依法追究刑事责任；尚不构成犯罪的，由县级以上地方人民政府建设主管部门或者其他有关部门依照《建设工程质量管理条例》的有关规定给予处罚。涉嫌行贿、受贿的，依法追究刑事责任。

第七十七条　在地震灾后恢复重建中，扰乱社会公共秩序，构成违反治安管理行为的，由公安机关依法给予处罚。

第七十八条　国家工作人员在地震灾后恢复重建工作中滥用职权、玩忽职守、徇私舞弊的，依法给予处分；构成犯罪的，依法追究刑事责任。

第九章　附则

第七十九条　地震灾后恢复重建中的其他有关法律的适用和有关政策，由国务院依法另行制定，或者由国务院有关部门、省级人民政府在各自职权范围内做出规定。

第八十条　本条例自公布之日起施行。

参考文献

Beck U. World Risk Society[M]. Cambridge：Polity Press，1999.

International Risk Governance Council（IRGC）. Risk governance towards an integrative approach[R]. Geneva：IRGC，2006.

IRGC. IRGC Risk Governance Framework[EB/OL]. [2016-11-09]. https://www.irgc.org/risk-governance/irgc-risk-governance-framework/.

UNISDR. Living with Risk：A Global Review of Disaster Reduction Initiatives[EB/OL]. [2016-11-09]. http://www.unisdr.org/files/657.

国务院办公厅. 国务院办公厅关于印发国家综合防灾减灾规划(2016—2020年)的通知[EB/OL]. [2017-01-13]. http://www.gov.cn/zhengce/content/2017/01/13/content-5159459.

林丹. 乌尔里希·贝克. 风险社会理论及其对中国的影响[M]. 北京：人民出版社，2013.

齐晔，蔡琴. 可持续发展理论三项进展[J]. 中国人口·资源与环境，2010，20(4)：110-116.

秦大河，等. 中国极端天气气候事件和灾害风险管理与适应国家评估报告[M]. 北京：科学出版社，2015.

史培军. 五论灾害系统研究的理论与实践[J]. 自然灾害学报，2009，18(5)：1-9.

史培军，叶涛，王静爱，等. 论自然灾害风险的综合行政管理[J]. 北京师范大学学报(社会科学版)，2006，(5)：130-136.

史培军. 环境风险管理及其应用[J]. 管理世界，1993(4)：18-21.

史培军. 中国综合减灾25年：回顾与展望[J]. 中国减灾，2014(9)：32-35.

吴绍洪，等. 综合风险防范：中国综合气候变化风险[M]. 北京：科学出版社，2011.

中华人民共和国国务院. 汶川地震灾后恢复重建条例[EB/OL]. (2008-06-09)[2016-11-09]. http://www.gov.cn/flfg/2008-06/09/content_1011131.htm.

第 9 章 灾害应急管理与响应

本章阐述灾害应急管理的原则、体制、机制与法制，代表性国家的应急管理的模式，灾害应急响应指挥与动员、灾民转移与安置、灾害应急保障等。灾害应急管理是广义灾害管理的重要组成部分。

9.1 灾害应急管理

应急管理是指政府及其他公共机构在突发事件的事前预防、事发应对、事中处置和善后恢复过程中，通过建立必要的应对机制、体制和法制，采取一系列必要措施，应用科学、技术、规划与管理等手段，保障公众生命健康和财产安全，促进社会和谐健康发展的有关活动。

应急管理的内涵，包括预防、准备、响应和恢复四个阶段。尽管在实际情况中，这些阶段往往是相联或嵌套的，但它们中的每一部分都有自己单独的目标，并且成为下个阶段内容的一部分。

9.1.1 灾害应急管理的原则

应急管理工作在国外起步较早。在中国，2003 年以前虽有一些少量的研究，但不成体系，2003 年抗击"非典"(SARS)后，此项工作迅速开展起来。

(1) 中国灾害应急管理研究简史

萌芽时期 在 2003 年以前，关于应急管理的研究主要集中在狭义的灾害管理研究方面。自 20 世纪 70 年代中后期以来，随着地震、水旱灾害的加剧，中国学术界在单项灾害、区域综合灾害以及灾害理论、减灾对策、灾害保险等方面都取得了一批重要研究成果，而对应急管理一般规律的综合性研究成果则寥寥无几。对中国期刊网社会科学文献总库中关于应急管理的研究文章进行检索发现多数是以专项部门应对为主的灾害管理研究。目前可以检索到的最早研究应急管理的学术文章是魏加宁发表于 1994 年《管理世界》第 6 期的《危机与危机管理》，该文较为系统地阐述了现代危机管理的核心内容。此外，中国行政管理学会课题组的《我国转型期群体突发性事件主要特点、原因及政府对策研究》、薛澜的《应尽快建立现代危机管理体系》也是早期较有影响力的文章。许文惠等主编的《危机状态下的政府管理》、胡宁生主编的《中国形象战略》是较早涉及突发公共事件应急管理的力作。一些学者将应急管理的发展追溯到了新中国成立初期甚至中国古代（史培军等，1993）。

快速发展时期 在 2003 年抗击"非典"的过程中，暴露了中国政府应急管理存在的诸多问题。众所周知，2003 年"非典"事件推动了应急管理理论与实践的发展，结合事前准备不充分、信息渠道不畅通、应急管理体制、机制、法制不健全等问题，促使新一届政府下定决心全面加强和推进应急管理工作。2003 年 7 月，胡锦涛在全国防治"非典"工作会议上明确指出了中国应急管理中存在的问题，并强调要大力增强应对风险和突发事件的能力。与此同时，温家宝提出争取用 3 年左右的时间，建立健全突发公共卫生事件应急机制，提高公共卫生事件应急能力。2003年10月，中国共产党的十六届三中全会通过的《中共中央关于完善社会主义市场经济体制若干问题的决定》强调：要建立健全各种预警和应急机制，提高政府应对突发事件和风险的能力。理论和实践的需要，使得2003年成为中国全面加强应急管理研究的起步之年。因此，这一时期的研究主要受"非典"事件的影响，既有针对该事件本身的研究成果，如《非典危机中的民众脆弱性分析》《突发事件中的公共管理——"非典"之后的反思》等；同时也有从整体的角度对政府的应急管理进行反思和总结，如《浅析政府危机管理》等。

质量提升时期 2008年对中国应急管理来说是一个特殊的年份。2008年年初，南方雪灾、拉萨"3·14"事件和"5·12"汶川特大地震，为应急管理研究提出了严峻的命题。党和政府以及学界从不同角度深入总结中国应急管理的成就和经验，查找存在的问题。2008年10月，胡锦涛在党中央、国务院召开的全国抗震救灾总结表彰大会上指出"要进一步加强应急管理能力建设"。中国应急管理体系建设再一次站到了历史的新起点上。

(2) 灾害应急管理方针

"居安思危，预防为主"是应急管理的指导方针。

预防在应急管理中有着重要的地位。中国古代的先哲们在总结历史经验的基础上，提出了许多精辟的观点。《诗经》里有"未雨绸缪"的告诫；《周易》中有"安而不忘危，存而不忘亡，治而不忘乱"的思想；《左传》里有"居安思危，思则有备"的警句。《孙子兵法》讲得更明白，认为"百战百胜，非善之善也，不战而屈人之兵，善之善也"。因而，孙子提出，"上兵伐谋，其次伐交，其次伐兵，其下攻城，攻城者，不得已而为之"。应急管理也是同样的道理，最理想的境界是少发生甚至不发生突发事件，不得已发生了就要有力有序有效地加以处置。做到平时重预防，事发少损失，坚持和贯彻好这个方针是十分重要的（周武光等，2001）。

(3) 灾害应急管理原则

《中华人民共和国突发事件应对法》第一章第五条规定，"突发事件应对工作实行预防为主、预防与应急相结合的原则。国家建立重大突发事件风险评估体系，对可能发生的突发事件进行综合性评估，减少重大突发事件的发生，最大限度地减轻重大突发事件的影响"。

《国家突发公共事件总体应急预案》提出了六项工作原则，即以人为本，减少危害；居安思危，预防为主；统一领导，分级负责；依法规范，加强管理；快速反应，协同应对；依靠科技，提高素质。

以人为本，减少危害 把保障公众健康和生命安全作为首要任务。凡是可能造成人员伤亡的突发公共事件发生前，要及时采取人员避险措施；突发公共事件发生后，要优先开展抢救人员的紧急行动；要加强抢险救援人员的安全防护，最大限度地避免和减少突发公共事件造成的人员伤亡和危害。

居安思危，预防为主 增强忧患意识，高度重视公共安全工作，居安思危，常抓不懈，防患于未然。坚持预防与应急相结合，常态与非常态相结合，做好应对突发公共事件的思想准备、预案准备、组织准备以及物资准备等。

统一领导，分级负责 在党中央、国务院的统一领导下，建立健全分类管理、分级负责，条块结合、属地管理为主的应急管理体制。在各级党委领导下，实行行政领导责任制。根据突发公共事件的严重性、可控性、所需动用的资源、影响范围等因素，启动相应的应急预案。实行应急处置工作各级行政领导责任制，依法保障责任单位、责任人员按照有关法律法规和规章以及预案的规定行使权力；在必须立即采取应急处置措施的紧急情况下，有关责任单位、责任人员应视情临机决断，控制事态发展；对不作为、延误时机、组织不力等失职、渎职行为依法追究责任。

依法规范，加强管理 坚持依法行政，妥善处理应急措施和常规管理的关系，合理把握非常措施的运用范围和实施力度，使应对突发公共事件的工作规范化、制度化、法制化。处置突发公共事件所采取的措施应该与突发公共事件造成的社会危害的性质、程度、范围和阶段相适应；处置突发公共事件有多种措施可供选择的，应选择对公众利益损害较小的措施；对公众权利与自由的限制，不应超出控制和消除突发公共事件造成的危害所必要的限度，并应对公众的合法利益所造成的损失给予适当的补偿。

快速反应，协同应对 加强以属地管理为主的应急处置队伍建设，充分动员和发挥乡镇、社区、企事业单位、社会团体和志愿者队伍的作用，依靠群众力量，建立健全快速反应机制，及时获取充分而准确的信息，跟踪研判，果断决策，迅速处置，最大限度地减少危害和影响。建立和完善联动协调制度，推行城市统一接警、分级分类处置工作制度，加强部门之间、地区之间、军地之间、中央派出单位与地方政府之间的沟通协调，充分动员和发挥城乡社区、企事业单位、社会团体和志愿者队伍的作用，形成统一指挥、反应灵敏、功能齐全、协调有序、运转高效的应急管理机制。

依靠科技，提高素质 加强公共安全科学研究和技术开发，采用先进的预测、预警、预防和应急处置技术及设备，提高应对突发公共事件的科技水平和指挥能力；充分发挥专家在突发公共事件的信息研判、决策咨询、专业救援、应急抢险、事件评估等方面的作用。有序组织和动员社会力量参与突发公共事件应急处置工作；加强宣传和培训教育工作，提高公众自我防范、自救互救等能力。整合现有突发公共事件的监测、预测、预警等信息系统，建立网络互联、信息共享、科学有效的防范体系；整合现有突发公共事件应急指挥和组织网络，建立统一、科学、高效的指挥体系；整合现有突发公共事件应急处置资源，建立分工明确、责任落实、常备不懈的保障体系。

(4) 灾害应急管理体制、机制与法制

灾害应急管理体制、机制与法制与灾害管理体制、机制与法制有共同之处，也有不同之处。灾害应急管理强调"应急"，突出"以人为本"的管理原则。

《中华人民共和国突发事件应对法》第一章第四条规定，"国家建立统一领导、综合协调、分类管理、分级负责、属地管理为主的应急管理体制"。

要建立健全和完善应急管理体制，主要是建立健全集中统一、坚强有力的组织指挥机构，发挥国家的政治优势和组织优势，形成强大的社会动员体系。建立健全以事发地党委、政府为主，有关部门和相关地区协调配合的领导责任制，建立健全应急处置的专业队伍和专家队伍。必须充分发挥人民解放军、武警和民兵预备役的重要作用。

9.1.2 灾害应急管理机制

《中华人民共和国突发事件应对法》规定，"国家建立有效的社会动员机制，增强全民的公共安全和防范风险的意识，提高全社会的避险救助能力"。

国务院在总理领导下研究、决定和部署特别重大突发事件的应对工作；根据实际需要，设立国家突发事件应急指挥机构，负责突发事件应对工作；必要时，国务院可以派出工作组指导有关工作。

县级以上地方各级人民政府设立由本级人民政府主要负责人、相关部门负责人、驻当地中国人民解放军和中国人民武装警察部队有关负责人组成的突发事件应急指挥机构，统一领导、协调本级人民政府各有关部门和下级人民政府开展突发事件应对工作；根据实际需要，设立相关类别突发事件应急指挥机构，组织、协调、指挥突发事件应对工作。上级人民政府主管部门应当在各自职责范围内，指导、协助下级人民政府及其相应部门做好有关突发事件的应对工作。

所有单位应当建立健全安全管理制度，定期检查本单位各项安全防范措施的落实情况，及时消除事故隐患；掌握并及时处理本单位存在的可能引发社会安全事件的问题，防止矛盾激化和事态扩大；对本单位可能发生的突发事件和采取安全防范措施的情况，应当按照规定及时向所在地人民政府或者人民政府有关部门报告。

国家建立健全突发事件应急预案体系。国务院制定国家突发事件总体应急预案，组织制定国家突发事件专项应急预案；国务院有关部门根据各自的职责和国务院相关应急预案，制定国家突发事件部门应急预案。地方各级人民政府和县级以上地方各级人民政府有关部门根据有关法律、法规、规章、上级人民政府及其有关部门的应急预案以及本地区的实际情况，制定相应的突发事件应急预案。

国家建立健全应急物资储备保障制度，完善重要应急物资的监管、生产、储备、调拨和紧急配送体系。国家建立健全应急通信保障体系，完善公用通信网，建立有线与无线相结合、基础电信网络与机动通信系统相配套的应急通信系统，确保突发事件应对工作的通信畅通。国务院建立全国统一的突发事件信息系统，国家建立健全突发事件监测制度，国家建立健全突发事件预警制度（陈安等，2009）。

9.1.3 灾害应急管理法制

《中华人民共和国突发事件应对法》包括：总则、预防与应急准备、监测与预警、应急处置与救援、事后恢复与重建、法律责任，附则，共七章七十条。正如"总则"所述，为了预防和减少突发事件的发生，控制、减轻和消除突发事件引起的严重社会危害，规范突发事件应对活动，保护人民生命财产安全，维护国家安全、公共安全、环境安全和社会秩序，制定《中华人民共和国突发事件应对法》。突发事件的预防与应急准备、监测与预警、应急处置与救援、事后恢复与重建等应对活动，适用本法。本法所称突发事件，是指突然发生，造成或者可能造成严重社会危害，需要采取应急处置措施予以应对的自然灾害、事故灾难、公共卫生事件和社会安全事件。按照社会危害程度、影响范围等因素，自然灾害、事故灾难、公共卫生事件分为特别重大、重大、较大和一般四级。

9.1.4 灾害应急管理国家案例

选择美国、日本、德国、俄罗斯、中国五国案例，阐述不同国家灾害应急管理的制度差异，从而加深对灾害应急管理的体制、机制和法制等学术问题的理解（史培军等，2006a，2006b，2006c，2006d，2007）。

(1) 美国的应急管理

自 1974 年，美国政府组建了联邦紧急事务管理局(FEMA)以来，形成了以一个核心政府机构为中心，联合联邦 27 个相关的机构针对灾害风险的综合行政管理体系。2003 年 3 月，FEMA 整建制归入美国联邦政府新成立的国土安全部(Department of Homeland Security，DHS)，其功能和力量更为加强。目前，该系统作为美国国土安全部的 5 个核心机构，掌管国家的应急响应准备和行动工作，除在首都华盛顿设有总局机关外，还在全国建立了 10 个区域机构和 2 个地区机构，形成了以联邦和区域两级行政体系为核心、辅以联邦相关机构参与的灾害应急行政管理区域模式(块块模式)(图 9-1)。与此模式相一致的还有德国政府，即德国联邦政府管理办(BVA)下属的民防中心(ZFZ)，不过其联邦的作用只是在战时发挥作用，平时主要由各州政府负责其辖区灾害应急管理工作。法国也属这一模式，即法国政府下设的应急局(DDSL)，也如美国，以国家和地方二级为核心，辅以国家相关机构的参与。俄罗斯、意大利也与此模式相类似(史培军，2008a，2008b，2008c，2008d；Shi et al.，2010)。

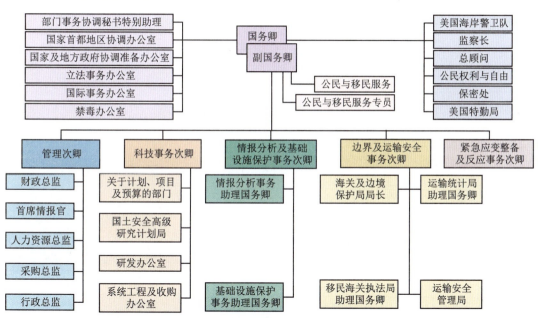

图 9-1 美国联邦紧急事务管理局(FEMA)(史培军，2008a)

(2) 日本的应急管理

日本在一整套详细的与自然灾害应急管理相关的法律框架下，构建了以首相为首的"中央防灾会议"制度，一旦发生紧急情况，指定行政机关和公共单位应对自然灾害。为了有效地进行灾害应急管理，要求中央政府、地方政府和指定的行政机关和公共单位，依据《灾害对策基本法》，制订防灾计划并予以实施。2001 年，日本中央政府机构重组，内阁府成为国家灾害管理的行政机构。内阁府灾害管理政策统括官负责防灾基本政策，如防灾计划的制订，协调各省、厅的活动以及巨大灾害的响应。此外，作为负有特殊使命的大臣，还新设立了"防灾担当大臣"职位。由此可以看出，日本式的自然灾害应急管理是以中央为核心、各省厅局机构参与的垂直管理模式(图 9-2，图 9-3)。一些国土面积相对小的国家都建立了与此模式近似的自然灾害应急行政管理体系(Li et al.，2015)。

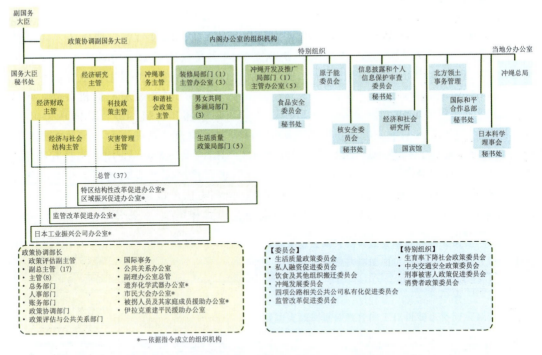

图 9-2　日本内阁府应对灾害的组织形式（Li et al.，2015）

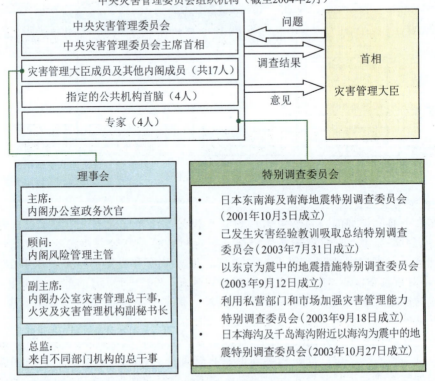

图 9-3　日本中央灾害应急管理委员会的组织形式（Li et al.，2015）

(3) 德国的应急管理

德国实施以联邦和州政府相结合的国家应急管理体制。德国联邦政府应急管理由德国人防与灾害反应联邦政府办公室(BBK)负责，由德国总理直接领导。

德国人防与灾害反应联邦政府办公室主要职责：执行德国政府的人防任务；协助协调关键设施的保护工作；收集、评估和发布所有来源的信息以确定某一个事件是否达到灾害的标准；帮助联邦政府及时通知各州政府、社团、私人部门和人们关于紧急事件规划和当前危险的信息；在遇到影响范围很大的紧急情况时，支持对部署的联邦、州的力量和其他公共的私人的资源进行管理；在遇到有大规模武装力量袭击时，协调保护人民的工作；为各个管理层次的领导人员提供应对危险的合适的培训；在欧洲整合过程的框架下，协调国家间在公民安全方面的工作；当接收国际人道任务时，协调联邦政府、各州、消防服务和私人自救组织的力量，将部队的民众的力量结合在一起。

德国人防与灾害反应联邦政府办公室组织机构：BBK 的前身是联邦管理办公室下属的人防中心。七个职能中心是：应急管理/减灾中心，紧急事件预警和规划中心，关键设施保护中心，灾害药物中心，人防核—生物—化学保护和预防研究中心，人防培训中心/应急管理、紧急事务规划和人防研究院，灾害控制、技术和设备后备中心(史培军，2008b；Shi et al., 2010)

德国各州政府与德国联邦政府应急管理相应，由德国各州政府人防与灾害反应办公室负责，由德国各州政府州长或市长直接领导。

(4) 俄罗斯的应急管理

俄罗斯实施以联邦为主的国家应急管理体制，具体由俄罗斯联邦紧急事务部负责，具体由区域性中心实施。

俄罗斯于 1994 年设立联邦紧急事务部，负责整个联邦应急救援的统一指挥和协调工作，直接对总统负责。联邦紧急事务部设有人口与领土保护司、灾难预防司、部队司、国际合作司、放射物及灾害救助司、科学与技术管理司等部门，同时下设俄罗斯联邦森林灭火机构委员会、俄罗斯联邦抗洪救灾委员会、海洋及河流盆地水下救灾协调委员会、俄罗斯联邦营救执照管理委员会等机构。俄罗斯 1995 年成立了下属的紧急事务保险公司，在发生紧急情况时向国民提供保险服务。1997 年该部成立下属的紧急事务监测和预测机构，对可能发生的紧急情况进行预测并采取预防措施。可以说，这个部门的成立很大程度上保证了本国居民的安全，为正常的生产和生活提供了保障。

在全国范围内，以中心城市为依托，下设 9 个区域性中心(莫斯科、圣彼得堡、顿河罗斯托夫、萨马拉、叶卡塔琳娜堡、诺瓦西比斯克、契塔和卡巴、洛夫斯克等)，负责 89 个州的救灾应急活动。

联邦紧急事务部及其所属应急指挥机构和救援队伍在应对突发事件、各类灾害和社会危机等方面都发挥了重要作用，成为与国防部、外交部并列的重要国家部门。

民防事务、紧急情况和消除自然灾害后果区域性中心，其辖区范围大体上与武装力量军区一致。每个区域和州设有指挥控制中心，司令部往往设在有化学工厂的城镇，下辖中央搜索分队 80 个，每个分队约由 200 名队员组成。

苏联时期及俄罗斯立国后，一直十分重视民防工程设施的修建工作，经过十几年的努力，俄已建成包括通用防护设施、防辐射掩蔽部和简易掩壕在内的庞大民防工程体系。

俄罗斯民防组织主要职能：负责俄罗斯的民防事业，在发生紧急情况时向受害者提供紧急救助。其处理的紧急事务包括人为和自然因素造成的灾难。国内发生流行性疾病也属于紧急事务部管理的范围。该部还对牲畜和农作物发生的疾病施行救助。紧急事务部负责制定国家紧急情况下的处理措施，向国民宣传并教育国民如何处理紧急情况。

俄罗斯在地方的民防组织机构按行政领导体制逐级分设，直至居民点一级，其指挥机构一般设有民防参谋部和民防勤务部。民防参谋部下辖若干混成队、分队和组。民防勤务部下设侦察、通信、医、防火、防辐射和防化、事故处理、掩蔽部服务、社会治安、运输和物资技术保障等勤务部门。

俄罗斯有关灾害应急管理的法律法规：1994年通过了《关于保护居民和领土免遭自然和人为灾害法》，对在俄生活的各国公民，包括无国籍人员提供旨在免受自然和人为灾害影响的法律保护。1995年7月，俄罗斯联邦通过了《事故救援机构和救援人员地位法》。在发生紧急情况时，联邦政府可借助该法律协调国家各机构与地方自治机关、企业、组织及其他法人之间的工作，规定了救援人员的救援权利和责任等。1997年俄罗斯颁布了民防法，明确了民防领域的任务，确立了实施民防的法律基础。1998年2月颁布的《民防法》确定，"民防是为准备保护和保护俄罗斯联邦境内的居民、物质与文化财产免遭军事行动或自然、人为灾害所采取的综合措施"（史培军，2008b；Shi et al.，2010）。

(5) **中国的应急管理**

中国政府按照《中华人民共和国突发事件应对法》和《国家突发公共事件总体应急预案》的法律规定开展的灾害应急管理工作。对于《中华人民共和国突发事件应对法》，本章已有阐述。应急管理中的应急预案是指应对突发事件的应急行动方案，是各级人民政府及其有关部门应对突发事件的计划和步骤，也是一项制度保障。各单位、部门应制定适合本单位、部门客观情况的应急预案。国家突发公共事件应急预案包括国家总体应急预案、国家专项应急预案、国务院部门应急预案和地方应急预案。

《国家突发公共事件总体应急预案》规定了自然灾害、事故灾难、公共卫生事件、社会安全事件四大类突发公共事件。总体应急预案是全国应急预案体系的总纲，是国务院应对特别重大突发公共事件的规范性文件，规定国务院是突发公共事件应急管理工作的最高行政领导机构。在国务院总理领导下，由国务院常务会议和国家相关突发公共事件应急指挥机构（以下简称"相关应急指挥机构"）负责突发公共事件的应急管理工作，在国务院办公厅设国务院应急管理办公室，履行值守应急、信息汇总和综合协调职责，发挥运转枢纽作用。

专项应急预案指国务院或者地方人民政府的有关部门、单位根据其职责分工为应对某类具有重大影响的突发公共事件而制定的应急预案。主要包括国家自然灾害救助应急预案、国家防汛抗旱应急预案、国家地震应急预案、国家突发地质灾害应急预案、国家森林火灾应急预案、国家安全生产事故灾难应急预案、国家处置铁路行车事故应急预案、国家处置民用航空器飞行事故应急预案、国家海上搜救应急预案、国家处置城市地铁事故灾难应急预案、国家处置电网大面积停电事件应急预案、国家核应急预案、国家突发环境事件应急预案、国家通信保障应急预案、国家突发公共卫生事件应急预案、国家突发公共事件医疗卫生救援应急预案、国家突发重大动物疫情应急预案、国家食品安全事故应急预案、国家粮食应急预案、国家金融突发事件应急预案、国家涉外突发事件应急预案等 21 项。

部门应急预案是国务院有关部门根据总体应急预案、专项应急预案和部门职责，为应对极端事件制定的预案，主要包括：建设系统破坏性地震应急预案，铁路防洪应急预案，铁路破坏性地震应急预案，铁路地质灾害应急预案，农业重大自然灾害突发事件应急预案，草原火灾应急预案，农业重大有害生物及外来生物入侵突发事件应急预案，农业转基因生物安全突发事件应急预案，重大沙尘暴灾害应急预案，重大外来林业有害生物应急预案，重大气象灾害预警应急预案，风暴潮、海啸、海冰灾害应急预案，赤潮灾害应急预案，三峡葛洲坝梯级枢纽破坏性地震应急预案，中国红十字总会自然灾害等突发公共事件应急预案，国防科技工业重特大生产安全事故应急预案，建设工程重大质量安全事故应急预案，城市供气系统重大事故应急预案，城市供水系统重大事故应急预案，城市桥梁重大事故应急预案，铁路交通伤亡事故应急预案，铁路火灾事故应急预案，铁路危险化学品运输事故应急预案，铁路网络与信息安全事故应急预案，水路交通突发公共事件应急预案，公路交通突发公共事件应急预案，互联网网络安全应急预案，渔业船舶水上安全突发事件应急预案，农业环境污染突发事件应急预案，特种设备特大事故应急预案，重大林业生态破坏事故应急预案，矿山事故灾难应急预案，危险化学品事故灾难应急预案，陆上石油天然气开采事故灾难应急预案，陆上石油天然气储运事故灾难应急预案，海洋石油天然气作业事故灾难应急预案，海洋石油勘探开发溢油事故应急预案，国家医药储备应急预案，铁路突发公共卫生事件应急预案，水生动物疫病应急预案，进出境重大动物疫情应急处置预案，突发公共卫生事件民用航空器应急控制预案，药品和医疗器械突发性群体不良事件应急预案，国家发展改革委综合应急预案，煤电油运综合协调应急预案，国家物资储备应急预案，教育系统突发公共事件应急预案，司法行政系统突发事件应急预案，生活必需品市场供应突发事件应急预案，公共文化场所和文化活动突发事件应急预案，海关系统突发公共事件应急预案，工商行政管理系统市场监管应急预案，大型体育赛事及群众体育活动突发公共事件应急预案，旅游突发公共事件应急预案，新华社突发公共事件新闻报道应急预案，外汇管理突发事件应急预案，人感染高致病性禽流感应急预案等 57 项。

地方应急预案具体包括：省级人民政府的突发公共事件总体应急预案、极端气候事件专项应急预案和部门应急预案；各市（地）、县（市）人民政府及其基层政权组织的突发公共事件应急预案。上述预案在省级人民政府的领导下，按照分类管理、分级负责的原则，由地方人民政府及其有关部门分别制定。

2016 年 3 月 24 日，国务院办公厅颁布了修订后的《国家自然灾害救助的应急预案》（以下简称《预案》），规定了国家应对重大突发自然灾害的工作原则、组织体系和运行机制等，并对组织指挥体系、灾害预警响应、信息报告和发布、国家应急响应、灾后救助与恢复重建、保障措施等进行了规范和完善。在《预案》指导下，地方各级政府开始制定或修订本级自然灾害救助应急预案。目前，所有省（自治区、直辖市）和地市、98% 的县、89.8% 的乡镇（街道）、55.4% 的行政村（社区）制定相应预案，全国自然灾害救助应急预案体系初步建成（陈安等，2009；史培军，2008a）。

附件：中华人民共和国突发事件应对法

(2007 年 8 月 30 日第十届全国人民代表大会常务委员会第二十九次会议通过)

第一章　总则

第一条　为了预防和减少突发事件的发生，控制、减轻和消除突发事件引起的严重社会危害，规范突发事件应对活动，保护人民生命财产安全，维护国家安全、公共安全、环境安全和社会秩序，制定本法。

第二条　突发事件的预防与应急准备、监测与预警、应急处置与救援、事后恢复与重建等应对活动，适用本法。

第三条　本法所称突发事件，是指突然发生，造成或者可能造成严重社会危害，需要采取应急处置措施予以应对的自然灾害、事故灾难、公共卫生事件和社会安全事件。按照社会危害程度、影响范围等因素，自然灾害、事故灾难、公共卫生事件分为特别重大、重大、较大和一般四级。法律、行政法规或者国务院另有规定的，从其规定。突发事件的分级标准由国务院或者国务院确定的部门制定。

第四条　国家建立统一领导、综合协调、分类管理、分级负责、属地管理为主的应急管理体制。

第五条　突发事件应对工作实行预防为主、预防与应急相结合的原则。国家建立重大突发事件风险评估体系，对可能发生的突发事件进行综合性评估，减少重大突发事件的发生，最大限度地减轻重大突发事件的影响。

第六条　国家建立有效的社会动员机制，增强全民的公共安全和防范风险的意识，提高全社会的避险救助能力。

第七条　县级人民政府对本行政区域内突发事件的应对工作负责；涉及两个以上行政区域的，由有关行政区域共同的上一级人民政府负责，或者由各有关行政区域的上一级人民政府共同负责。

突发事件发生后，发生地县级人民政府应当立即采取措施控制事态发展，组织开展应急救援和处置工作，并立即向上一级人民政府报告，必要时可以越级上报。

突发事件发生地县级人民政府不能消除或者不能有效控制突发事件引起的严重社会危害的，应当及时向上级人民政府报告。上级人民政府应当及时采取措施，统一领导应急处置工作。

法律、行政法规规定由国务院有关部门对突发事件的应对工作负责的，从其规定；地方人民政府应当积极配合并提供必要的支持。

第八条　国务院在总理领导下研究、决定和部署特别重大突发事件的应对工作；根据实际需要，设立国家突发事件应急指挥机构，负责突发事件应对工作；必要时，国务院可以派出工作组指导有关工作。

县级以上地方各级人民政府设立由本级人民政府主要负责人、相关部门负责人、驻当地中国人民解放军和中国人民武装警察部队有关负责人组成的突发事件应急指挥机构，统一领导、协调本级人民政府各有关部门和下级人民政府开展突发事件应对工作；根据实际需要，设立相关类别突发事件应急指挥机构，组织、协调、指挥突发事件应对工作。

上级人民政府主管部门应当在各自职责范围内，指导、协助下级人民政府及其相应部门做好有关突发事件的应对工作。

第九条　国务院和县级以上地方各级人民政府是突发事件应对工作的行政领导机关，其办事机构及具体职责由国务院规定。

第十条　有关人民政府及其部门作出的应对突发事件的决定、命令，应当及时公布。

第十一条　有关人民政府及其部门采取的应对突发事件的措施，应当与突发事件可能造成的社会危害的性质、程度和范围相适应；有多种措施可供选择的，应当选择有利于最大程度地保护公民、法人和其他组织权益的措施。

公民、法人和其他组织有义务参与突发事件应对工作。

第十二条　有关人民政府及其部门为应对突发事件，可以征用单位和个人的财产。被征用的财产在使用完毕或者突发事件应急处置工作结束后，应当及时返还。财产被征用或者征用后毁损、灭失的，应当给予补偿。

第十三条　因采取突发事件应对措施，诉讼、行政复议、仲裁活动不能正常进行的，适用有关时效中止和程序中止的规定，但法律另有规定的除外。

第十四条　中国人民解放军、中国人民武装警察部队和民兵组织依照本法和其他有关法律、行政法规、军事法规的规定以及国务院、中央军事委员会的命令，参加突发事件的应急救援和处置工作。

第十五条　中华人民共和国政府在突发事件的预防、监测与预警、应急处置与救援、事后恢复与重建等方面，同外国政府和有关国际组织开展合作与交流。

第十六条　县级以上人民政府作出应对突发事件的决定、命令，应当报本级人民代表大会常务委员会备案；突发事件应急处置工作结束后，应当向本级人民代表大会常务委员会作出专项工作报告。

第二章　预防与应急准备

第十七条　国家建立健全突发事件应急预案体系。

国务院制定国家突发事件总体应急预案，组织制定国家突发事件专项应急预案；国务院有关部门根据各自的职责和国务院相关应急预案，制定国家突发事件部门应急预案。

地方各级人民政府和县级以上地方各级人民政府有关部门根据有关法律、法规、规章、上级人民政府及其有关部门的应急预案以及本地区的实际情况，制定相应的突发事件应急预案。

应急预案制定机关应当根据实际需要和情势变化，适时修订应急预案。应急预案的制定、修订程序由国务院规定。

第十八条　应急预案应当根据本法和其他有关法律、法规的规定，针对突发事件的性质、特点和可能造成的社会危害，具体规定突发事件应急管理工作的组织指挥体系与职责和突发事件的预防与预警机制、处置程序、应急保障措施以及事后恢复与重建措施等内容。

第十九条　城乡规划应当符合预防、处置突发事件的需要，统筹安排应对突发事件所必需的设备和基础设施建设，合理确定应急避难场所。

第二十条　县级人民政府应当对本行政区域内容易引发自然灾害、事故灾难和公共卫生事件的危险源、危险区域进行调查、登记、风险评估，定期进行检查、监控，并责令有关单位采取安全防范措施。

省级和设区的市级人民政府应当对本行政区域内容易引发特别重大、重大突发事件的危险源、危险区域进行调查、登记、风险评估，组织进行检查、监控，并责令有关单位采取安全防范措施。

县级以上地方各级人民政府按照本法规定登记的危险源、危险区域，应当按照国家规定及时向社会公布。

第二十一条　县级人民政府及其有关部门、乡级人民政府、街道办事处、居民委员会、村民委员会应当及时调解处理可能引发社会安全事件的矛盾纠纷。

第二十二条　所有单位应当建立健全安全管理制度，定期检查本单位各项安全防范措施的落实情况，及时消除事故隐患；掌握并及时处理本单位存在的可能引发社会安全事件的问题，防止矛盾激化和事态扩大；对本单位可能发生的突发事件和采取安全防范措施的情况，应当按照规定及时向所在地人民政府或者人民政府有关部门报告。

第二十三条　矿山、建筑施工单位和易燃易爆物品、危险化学品、放射性物品等危险物品的生产、经营、储运、使用单位，应当制定具体应急预案，并对生产经营场所、有危险物品的建筑物、构筑物及周边环境开展隐患排查，及时采取措施消除隐患，防止发生突发事件。

第二十四条　公共交通工具、公共场所和其他人员密集场所的经营单位或者管理单位应当制定具体应急预案，为交通工具和有关场所配备报警装置和必要的应急救援设备、设施，注明其使用方法，并显著标明安全撤离的通道、路线，保证安全通道、出口的畅通。

有关单位应当定期检测、维护其报警装置和应急救援设备、设施，使其处于良好状态，确保正常使用。

第二十五条　县级以上人民政府应当建立健全突发事件应急管理培训制度，对人民政府及其有关部门负有处置突发事件职责的工作人员定期进行培训。

第二十六条　县级以上人民政府应当整合应急资源，建立或者确定综合性应急救援队伍。人民政府有关部门可以根据实际需要设立专业应急救援队伍。

县级以上人民政府及其有关部门可以建立由成年志愿者组成的应急救援队伍。单位应当建立由本单位职工组成的专职或者兼职应急救援队伍。

县级以上人民政府应当加强专业应急救援队伍与非专业应急救援队伍的合作，联合培训、联合演练，提高合成应急、协同应急的能力。

第二十七条　国务院有关部门、县级以上地方各级人民政府及其有关部门、有关单位应当为专业应急救援人员购买人身意外伤害保险，配备必要的防护装备和器材，减少应急救援人员的人身风险。

第二十八条　中国人民解放军、中国人民武装警察部队和民兵组织应当有计划地组织开展应急救援的专门训练。

第二十九条　县级人民政府及其有关部门、乡级人民政府、街道办事处应当组织开展应急知识的宣传普及活动和必要的应急演练。

居民委员会、村民委员会、企业事业单位应当根据所在地人民政府的要求，结合各自的实际情况，开展有关突发事件应急知识的宣传普及活动和必要的应急演练。

新闻媒体应当无偿开展突发事件预防与应急、自救与互救知识的公益宣传。

第三十条　各级各类学校应当把应急知识教育纳入教学内容，对学生进行应急知识教育，培养学生的安全意识和自救与互救能力。

教育主管部门应当对学校开展应急知识教育进行指导和监督。

第三十一条　国务院和县级以上地方各级人民政府应当采取财政措施，保障突发事件应对工作所需经费。

第三十二条　国家建立健全应急物资储备保障制度，完善重要应急物资的监管、生产、储备、调拨和紧急配送体系。

设区的市级以上人民政府和突发事件易发、多发地区的县级人民政府应当建立应急救援物资、生活必需品和应急处置装备的储备制度。

县级以上地方各级人民政府应当根据本地区的实际情况，与有关企业签订协议，保障应急救援物资、生活必需品和应急处置装备的生产、供给。

第三十三条　国家建立健全应急通信保障体系，完善公用通信网，建立有线与无线相结合、基础电信网络与机动通信系统相配套的应急通信系统，确保突发事件应对工作的通信畅通。

第三十四条　国家鼓励公民、法人和其他组织为人民政府应对突发事件工作提供物资、资金、技术支持和捐赠。

第三十五条　国家发展保险事业，建立国家财政支持的巨灾风险保险体系，并鼓励单位和公民参加保险。

第三十六条　国家鼓励、扶持具备相应条件的教学科研机构培养应急管理专门人才，鼓励、扶持教学科研机构和有关企业研究开发用于突发事件预防、监测、预警、应急处置与救援的新技术、新设备和新工具。

第三章　监测与预警

第三十七条　国务院建立全国统一的突发事件信息系统。

县级以上地方各级人民政府应当建立或者确定本地区统一的突发事件信息系统，汇集、储存、分析、传输有关突发事件的信息,并与上级人民政府及其有关部门、下级人民政府及其有关部门、专业机构和监测网点的突发事件信息系统实现互联互通,加强跨部门、跨地区的信息交流与情报合作。

第三十八条　县级以上人民政府及其有关部门、专业机构应当通过多种途径收集突发事件信息。

县级人民政府应当在居民委员会、村民委员会和有关单位建立专职或者兼职信息报告员制度。

获悉突发事件信息的公民、法人或者其他组织,应当立即向所在地人民政府、有关主管部门或者指定的专业机构报告。

第三十九条　地方各级人民政府应当按照国家有关规定向上级人民政府报送突发事件信息。县级以上人民政府有关主管部门应当向本级人民政府相关部门通报突发事件信息。专业机构、监测网点和信息报告员应当及时向所在地人民政府及其有关主管部门报告突发事件信息。

有关单位和人员报送、报告突发事件信息,应当做到及时、客观、真实,不得迟报、谎报、瞒报、漏报。

第四十条　县级以上地方各级人民政府应当及时汇总分析突发事件隐患和预警信息,必要时组织相关部门、专业技术人员、专家学者进行会商,对发生突发事件的可能性及其可能造成的影响进行评估;认为可能发生重大或者特别重大突发事件的,应当立即向上级人民政府报告,并向上级人民政府有关部门、当地驻军和可能受到危害的毗邻或者相关地区的人民政府通报。

第四十一条　国家建立健全突发事件监测制度。

县级以上人民政府及其有关部门应当根据自然灾害、事故灾难和公共卫生事件的种类和特点,建立健全基础信息数据库,完善监测网络,划分监测区域,确定监测点,明确监测项目,提供必要的设备、设施,配备专职或者兼职人员,对可能发生的突发事件进行监测。

第四十二条　国家建立健全突发事件预警制度。

可以预警的自然灾害、事故灾难和公共卫生事件的预警级别,按照突发事件发生的紧急程度、发展势态和可能造成的危害程度分为一级、二级、三级和四级,分别用红色、橙色、黄色和蓝色标示,一级为最高级别。

预警级别的划分标准由国务院或者国务院确定的部门制定。

第四十三条　可以预警的自然灾害、事故灾难或者公共卫生事件即将发生或者发生的可能性增大时,县级以上地方各级人民政府应当根据有关法律、行政法规和国务院规定的权限和程序,发布相应级别的警报,决定并宣布有关地区进入预警期,同时向上一级人民政府报告,必要时可以越级上报,并向当地驻军和可能受到危害的毗邻或者相关地区的人民政府通报。

第四十四条　发布三级、四级警报,宣布进入预警期后,县级以上地方各级人民政府应当根据即将发生的突发事件的特点和可能造成的危害,采取下列措施:

(一)启动应急预案;

(二)责令有关部门、专业机构、监测网点和负有特定职责的人员及时收集、报告有关信息,向社会公布反映突发事件信息的渠道,加强对突发事件发生、发展情况的监测、预报和预警工作;

(三)组织有关部门和机构、专业技术人员、有关专家学者,随时对突发事件信息进行分析评估,预测发生突发事件可能性的大小、影响范围和强度以及可能发生的突发事件的级别;

(四)定时向社会发布与公众有关的突发事件预测信息和分析评估结果,并对相关信息的报道工作进行管理;

(五)及时按照有关规定向社会发布可能受到突发事件危害的警告,宣传避免、减轻危害的常识,公布咨询电话。

第四十五条　发布一级、二级警报,宣布进入预警期后,县级以上地方各级人民政府除采取本法第四十四条规定的措施外,还应当针对即将发生的突发事件的特点和可能造成的危害,采取下列一项或者多项措施:

(一)责令应急救援队伍、负有特定职责的人员进入待命状态,并动员后备人员做好参加应急救援和处置工作的准备;

(二)调集应急救援所需物资、设备、工具,准备应急设施和避难场所,并确保其处于良好状态、随时可以投入正常使用;

(三)加强对重点单位、重要部位和重要基础设施的安全保卫,维护社会治安秩序;

(四)采取必要措施,确保交通、通信、供水、排水、供电、供气、供热等公共设施的安全和正常运行;

(五)及时向社会发布有关采取特定措施避免或者减轻危害的建议、劝告;

(六)转移、疏散或者撤离易受突发事件危害的人员并予以妥善安置,转移重要财产;

(七)关闭或者限制使用易受突发事件危害的场所,控制或者限制容易导致危害扩大的公共场所的活动;

(八)法律、法规、规章规定的其他必要的防范性、保护性措施。

第四十六条 对即将发生或者已经发生的社会安全事件,县级以上地方各级人民政府及其有关主管部门应当按照规定向上一级人民政府及其有关主管部门报告,必要时可以越级上报。

第四十七条 发布突发事件警报的人民政府应当根据事态的发展,按照有关规定适时调整预警级别并重新发布。

有事实证明不可能发生突发事件或者危险已经解除的,发布警报的人民政府应当立即宣布解除警报,终止预警期,并解除已经采取的有关措施。

第四章 应急处置与救援

第四十八条 突发事件发生后,履行统一领导职责或者组织处置突发事件的人民政府应当针对其性质、特点和危害程度,立即组织有关部门,调动应急救援队伍和社会力量,依照本章的规定和有关法律、法规、规章的规定采取应急处置措施。

第四十九条 自然灾害、事故灾难或者公共卫生事件发生后,履行统一领导职责的人民政府可以采取下列一项或者多项应急处置措施:

(一)组织营救和救治受害人员,疏散、撤离并妥善安置受到威胁的人员以及采取其他救助措施;

(二)迅速控制危险源,标明危险区域,封锁危险场所,划定警戒区,实行交通管制以及其他控制措施;

(三)立即抢修被损坏的交通、通信、供水、排水、供电、供气、供热等公共设施,向受到危害的人员提供避难场所和生活必需品,实施医疗救护和卫生防疫以及其他保障措施;

(四)禁止或者限制使用有关设备、设施,关闭或者限制使用有关场所,中止人员密集的活动或者可能导致危害扩大的生产经营活动以及采取其他保护措施;

(五)启用本级人民政府设置的财政预备费和储备的应急救援物资,必要时调用其他急需物资、设备、设施、工具;

(六)组织公民参加应急救援和处置工作,要求具有特定专长的人员提供服务;

(七)保障食品、饮用水、燃料等基本生活必需品的供应;

(八)依法从严惩处囤积居奇、哄抬物价、制假售假等扰乱市场秩序的行为,稳定市场价格,维护市场秩序;

(九)依法从严惩处哄抢财物、干扰破坏应急处置工作等扰乱社会秩序的行为,维护社会治安;

(十)采取防止发生次生、衍生事件的必要措施。

第五十条 社会安全事件发生后,组织处置工作的人民政府应当立即组织有关部门并由公安机关针对事件的性质和特点,依照有关法律、行政法规和国家其他有关规定,采取下列一项或者多项应急处置措施:

(一)强制隔离使用器械相互对抗或者以暴力行为参与冲突的当事人,妥善解决现场纠纷和争端,控制事态发展;

(二)对特定区域内的建筑物、交通工具、设备、设施以及燃料、燃气、电力、水的供应进行控制;

(三)封锁有关场所、道路,查验现场人员的身份证件,限制有关公共场所内的活动;

(四)加强对易受冲击的核心机关和单位的警卫,在国家机关、军事机关、国家通讯社、广播电台、电视台、外国驻华使领馆等单位附近设置临时警戒线;

(五)法律、行政法规和国务院规定的其他必要措施。

严重危害社会治安秩序的事件发生时,公安机关应当立即依法出动警力,根据现场情况依法采取相应的强制性措施,尽快使社会秩序恢复正常。

第五十一条　发生突发事件,严重影响国民经济正常运行时,国务院或者国务院授权的有关主管部门可以采取保障、控制等必要的应急措施,保障人民群众的基本生活需要,最大限度地减轻突发事件的影响。

第五十二条　履行统一领导职责或者组织处置突发事件的人民政府,必要时可以向单位和个人征用应急救援所需设备、设施、场地、交通工具和其他物资,请求其他地方人民政府提供人力、物力、财力或者技术支援,要求生产、供应生活必需品和应急救援物资的企业组织生产、保证供给,要求提供医疗、交通等公共服务的组织提供相应的服务。

履行统一领导职责或者组织处置突发事件的人民政府,应当组织协调运输经营单位,优先运送处置突发事件所需物资、设备、工具、应急救援人员和受到突发事件危害的人员。

第五十三条　履行统一领导职责或者组织处置突发事件的人民政府,应当按照有关规定统一、准确、及时发布有关突发事件事态发展和应急处置工作的信息。

第五十四条　任何单位和个人不得编造、传播有关突发事件事态发展或者应急处置工作的虚假信息。

第五十五条　突发事件发生地的居民委员会、村民委员会和其他组织应当按照当地人民政府的决定、命令,进行宣传动员,组织群众开展自救和互救,协助维护社会秩序。

第五十六条　受到自然灾害危害或者发生事故灾难、公共卫生事件的单位,应当立即组织本单位应急救援队伍和工作人员营救受害人员,疏散、撤离、安置受到威胁的人员,控制危险源,标明危险区域,封锁危险场所,并采取其他防止危害扩大的必要措施,同时向所在地县级人民政府报告;对因本单位的问题引发的或者主体是本单位人员的社会安全事件,有关单位应当按照规定上报情况,并迅速派出负责人赶赴现场开展劝解、疏导工作。

突发事件发生地的其他单位应当服从人民政府发布的决定、命令,配合人民政府采取的应急处置措施,做好本单位的应急救援工作,并积极组织人员参加所在地的应急救援和处置工作。

第五十七条　突发事件发生地的公民应当服从人民政府、居民委员会、村民委员会或者所属单位的指挥和安排,配合人民政府采取的应急处置措施,积极参加应急救援工作,协助维护社会秩序。

第五章　事后恢复与重建

第五十八条　突发事件的威胁和危害得到控制或者消除后,履行统一领导职责或者组织处置突发事件的人民政府应当停止执行依照本法规定采取的应急处置措施,同时采取或者继续实施必要措施,防止发生自然灾害、事故灾难、公共卫生事件的次生、衍生事件或者重新引发社会安全事件。

第五十九条　突发事件应急处置工作结束后,履行统一领导职责的人民政府应当立即组织对突发事件造成的损失进行评估,组织受影响地区尽快恢复生产、生活、工作和社会秩序,制订恢复重建计划,并向上一级人民政府报告。

受突发事件影响地区的人民政府应当及时组织和协调公安、交通、铁路、民航、邮电、建设等有关部门恢复社会治安秩序,尽快修复被损坏的交通、通信、供水、排水、供电、供气、供热等公共设施。

第六十条　受突发事件影响地区的人民政府开展恢复重建工作需要上一级人民政府支持的，可以向上一级人民政府提出请求。上一级人民政府应当根据受影响地区遭受的损失和实际情况，提供资金、物资支持和技术指导，组织其他地区提供资金、物资和人力支援。

第六十一条　国务院根据受突发事件影响地区遭受损失的情况，制定扶持该地区有关行业发展的优惠政策。

受突发事件影响地区的人民政府应当根据本地区遭受损失的情况，制定救助、补偿、抚慰、抚恤、安置等善后工作计划并组织实施，妥善解决因处置突发事件引发的矛盾和纠纷。

公民参加应急救援工作或者协助维护社会秩序期间，其在本单位的工资待遇和福利不变；表现突出、成绩显著的，由县级以上人民政府给予表彰或者奖励。

县级以上人民政府对在应急救援工作中伤亡的人员依法给予抚恤。

第六十二条　履行统一领导职责的人民政府应当及时查明突发事件的发生经过和原因，总结突发事件应急处置工作的经验教训，制定改进措施，并向上一级人民政府提出报告。

第六章　法律责任

第六十三条　地方各级人民政府和县级以上各级人民政府有关部门违反本法规定，不履行法定职责的，由其上级行政机关或者监察机关责令改正；有下列情形之一的，根据情节对直接负责的主管人员和其他直接责任人员依法给予处分：

（一）未按规定采取预防措施，导致发生突发事件，或未采取必要的防范措施，导致发生次生、衍生事件的；

（二）迟报、谎报、瞒报、漏报有关突发事件的信息，或者通报、报送、公布虚假信息，造成后果的；

（三）未按规定及时发布突发事件警报、采取预警期的措施，导致损害发生的；

（四）未按规定及时采取措施处置突发事件或者处置不当，造成后果的；

（五）不服从上级人民政府对突发事件应急处置工作的统一领导、指挥和协调的；

（六）未及时组织开展生产自救、恢复重建等善后工作的；

（七）截留、挪用、私分或者变相私分应急救援资金、物资的；

（八）不及时归还征用的单位和个人的财产，或者对被征用财产的单位和个人不按规定给予补偿的。

第六十四条　有关单位有下列情形之一的，由所在地履行统一领导职责的人民政府责令停产停业，暂扣或者吊销许可证或者营业执照，并处五万元以上二十万元以下的罚款；构成违反治安管理行为的，由公安机关依法给予处罚：

（一）未按规定采取预防措施，导致发生严重突发事件的；

（二）未及时消除已发现的可能引发突发事件的隐患，导致发生严重突发事件的；

（三）未做好应急设备、设施日常维护、检测工作，导致发生严重突发事件或者突发事件危害扩大的；

（四）突发事件发生后，不及时组织开展应急救援工作，造成严重后果的。

前款规定的行为，其他法律、行政法规规定由人民政府有关部门依法决定处罚的，从其规定。

第六十五条　违反本法规定，编造并传播有关突发事件事态发展或者应急处置工作的虚假信息，或者明知是有关突发事件事态发展或者应急处置工作的虚假信息而进行传播的，责令改正，给予警告；造成严重后果的，依法暂停其业务活动或者吊销其执业许可证；负有直接责任的人员是国家工作人员的，还应当对其依法给予处分；构成违反治安管理行为的，由公安机关依法给予处罚。

第六十六条　单位或者个人违反本法规定，不服从所在地人民政府及其有关部门发布的决定、命令或者不配合其依法采取的措施，构成违反治安管理行为的，由公安机关依法给予处罚。

第六十七条　单位或者个人违反本法规定，导致突发事件发生或者危害扩大，给他人人身、财产造成损害的，应当依法承担民事责任。

第六十八条 违反本法规定，构成犯罪的，依法追究刑事责任。

第七章 附则

第六十九条 发生特别重大突发事件，对人民生命财产安全、国家安全、公共安全、环境安全或者社会秩序构成重大威胁，采取本法和其他有关法律、法规、规章规定的应急处置措施不能消除或者有效控制、减轻其严重社会危害，需要进入紧急状态的，由全国人民代表大会常务委员会或者国务院依照宪法和其他有关法律规定的权限和程序决定。

紧急状态期间采取的非常措施，依照有关法律规定执行或者由全国人民代表大会常务委员会另行规定。

第七十条 本法自 2007 年 11 月 1 日起施行。

9.2 灾害应急响应

灾害应急响应指针对不同的灾害类型和强度，依据相应的法规，成立不同的应急指挥机构，组织各界力量，应对灾害。灾害应急响应包括灾害应急指挥、应急转移与安置、灾害应急保障等内容。按照应急指挥机构的总体安排，依据灾害快速评估结果，转移与安置灾民，并对遇难者妥善处理，保障灾民有住处、有水喝、有食品、有医疗、有学上等。同时，还包括稳定灾区社会秩序与治安，快速恢复灾区的生命线和生产线等。

9.2.1 灾害应急指挥

灾害应急指挥是灾害应急响应的核心，包括指挥机构的名称、组成、分工和职责，各位置的负责人等。灾害应急指挥不仅决定灾害响应的成效，而且也决定着灾害响应资源利用的效率与效益（郭济，2006；史培军，2008c；史培军等，2013a）。

<u>玉树地震灾害的应急指挥</u>

2010 年 4 月 14 日，青海省玉树藏族自治州玉树县发生 6 次地震，其中最高震级 7.1 级，发生在 7 点 49 分，地震震中位于县城附近。截至 2010 年 5 月 30 日 18 时，经青海省民政厅、公安厅和玉树藏族自治州政府按相关程序规定核准，玉树地震已造成 2 698 人遇难。其中已确认身份 2 687 人，无名尸体 11 具，失踪 270 人。已确认身份的遇难人员：男性 1 290 人，女性 1 397 人；青海玉树籍 2 537 人，省内非玉树籍 54 人，外省籍 96 人（含香港籍贯 1 人）；遇难学生 199 人（史培军，2012；史培军等，2013a）。

国务院成立抗震救灾总指挥部，紧急启动应急预案 地震发生当天，党中央、国务院和中央军委立即作出部署，国务院成立抗震救灾总指挥部，强化应急协调联动，回良玉副总理任总指挥，有关部门负责同志任副总指挥，下设 8 个工作组（图 9-4）。

青海省紧急启动应急预案，成立抗震救灾一线指挥机构，有序开展抢险救援、物资调拨、医疗救助、生活安置等抗震救灾工作。党中央、国务院高度重视玉树地震的应急响应。正在国

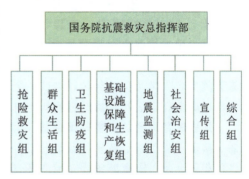

图 9-4 抗震救灾分工图（史培军等，2014a）

外访问的胡锦涛主席、温家宝总理分别作出重要指示，要求全力做好抗震救灾工作，千方百计救援受灾群众。胡锦涛主席于18日早晨乘飞机前往地震灾区，看望慰问灾区干部群众，实地指导抗震救灾工作。受胡锦涛主席和温家宝总理委托，回良玉副总理于当日率国务院有关部门和军队、武警部队负责同志紧急赶赴灾区，组织、指导、协调抗震救灾工作。

全力抢救被困人员，努力保障生命安全　组织一切力量，坚持"不放弃、不抛弃"，全力以赴、全覆盖展开拉网式的生命大搜救；解放军、武警、公安、消防、地震灾害紧急救援队、矿山救援队等救援力量冲锋在前，灾区干部群众奋勇自救和互救，最大限度地减少了人员伤亡和财产损失；截至4月23日，全国有34支、12 603名抢险救援力量投入抢险救援工作，从废墟中救出幸存者1 455人。

尽力救治伤员，开展灾区卫生防疫工作　截至4月26日，前后抵达灾区医疗卫生队达52支，3 032人，累计接诊受伤病人9 145人，及时将2 674名病人转运到西宁、兰州、成都等地医院进行诊治；合理安排防疫队伍，抓好重点地区、重要环节的防疫工作。加强灾区卫生防疫和水质监测工作，控制传染病、疫情和食物中毒事件的发生。

及时救助受灾人员，保障群众基本生活　国家减灾委员会、民政部于14日紧急从天津、沈阳、郑州、武汉、西安5个中央救灾物资储备库向青海灾区调拨5 000顶棉帐篷、5万件棉大衣、5万床棉被，帮助受灾群众解决生活困难，确保每一位受灾群众都能有基本的生活保障。截至5月1日已调拨7万余顶帐篷、36万余件（床）棉衣被和2 800余吨方便食品，妥善安置20多万名受灾群众；及时出台和实施"10元钱、1斤粮"临时救助、8 000元抚慰金和"三孤"人员救助政策，保障受灾人员基本生活；组织搭建大帐篷、活动板房，调运教学用具，帮助学校复课，保证灾区群众有地方住、有饭吃、有干净水喝、有病能医。

迅速组织抢修交通、通信、水利、电力等基础设施　地震当天就抢通了被损毁的机场跑道，确保机场起落安全；保持通往玉树灾区的214国道、309和308省道等干线公路的畅通；地震当晚就恢复了机场的通信，第二天开始恢复了玉树县的通信，地震发生第二天，灾区重点部位电力供应得到保障，部分地段供水系统得到恢复。

积极恢复生活生产秩序　灾区积极建立政府主导，市场为辅的灾区物资供应体系，设立救灾物资集散和导运中心，保证救灾物资有序发放；引导灾区尽快有序恢复商业活动；银行、邮政临时营业网点数量不断增加，商业金融秩序不断恢复；加快党政机关、医疗服务、环境卫生等日常秩序的恢复速度。

全社会支援灾区，积极开展社会捐赠募捐活动　民政部、中华慈善总会、中国红十字会、青海省积极组织开展社会捐助工作。中宣部、国家广电总局、民政部、中国红十字会和中华慈善总会举办"情系玉树　大爱无疆"——抗震救灾大型募捐活动特别节目，募善款21.75亿元。截至5月4日，全国共接收青海玉树地震救灾捐赠款物43.49亿元，包括捐款36.63亿元，物资折款6.86亿元。

加强信息沟通，开展灾害评估　建立了信息沟通与发布机制，采取报纸、电视、广播、移动广播车和定期召开新闻发布会等多种形式，及时发布救灾信息、报道救灾进展、宣传相关政策；国家减灾委员会专家委员会、地震、工信、国土、环保、住房与城乡建设、交通、水利、农业、文化、卫生、统计、林业、宗教、科学院等部门分别组织评估工作组，开展灾情信息获取和专项评估工作（史培军等，2014a）。

9.2.2 南方冰雪灾害应对（电力系统）

2008年冬春，中国中南部地区相继出现了持续的大范围灾害性冰雪天气，使电网设施遭受重大损失，部分地区供电中断，灾区人民正常生活受到了严重影响。冰雪灾害给贵州、湖南、广西、安徽、江西、广东等14个省级电网造成不同程度的损害，近570个县的用户供电受到不同程度的影响，灾民过亿。全国受灾害影响导致全站停电的500 kV 变电站15座，500 kV 电力线路119条，500 kV 杆塔倒塌678基、受损295基（谢强等，2006）。

电力系统的冰灾 电力系统的冰灾事故在世界各地都有发生，例如1998年1月，加拿大冻雨、冰灾持续一周，冰灾造成输电设施上的最大覆冰厚度达75 mm，导致116条高压输电线路破坏和1 300基输电塔倒塌。配电线路破坏350条，杆塔倒塌16 000座(个)。冰灾造成100万户用户停电，停电影响到的人口占加拿大人口总数的10%。2005年2月7—20日，中国华中地区的雨凇天气导致输电线路大范围覆冰，导致大范围的冰致电力系统灾害。这次大范围冰灾事故有3个主要特点：①杆塔倒塌严重。华中电网220 kV以上线路中电塔倒塌41处。②绝缘子串覆冰严重造成频繁冰闪。2004年12月20—28日跳闸28次，2005年2月7—20日，华中电网220 kV以上电网共发生故障跳闸80次。③大幅度的导线舞动严重。舞动使部分双串玻璃绝缘子相互碰撞，最严重的一串中破碎17片，舞动的冲击力使绝缘子球头断裂导致掉串。除了冰灾，暴雪也会对输电线路造成严重的损失。1972年12月1日，日本北海道普降暴风雪，裹雪后的导线直径最大的达18 cm。由于输电线的着雪以及风的作用，共有56基输电塔倒塌。

国家电网公司应急管理系统 贯彻国务院及有关部门关于应急管理工作的要求，紧密结合国家电网公司特点和实际，充分利用现有资源，建设以国家电网公司应急指挥中心为核心，省电网公司及重要城市应急指挥系统为组成部分，纵向贯通、横向连接、技术先进、功能完善、信息全面的应急指挥体系，满足应急协调指挥和应急管理的需要，提高国网公司应急处置能力。

应急指挥中心是对与电网生产经营活动相关的重特大自然灾害、社会安全事件和事故灾难进行应急处置的综合指挥场所，满足应急信息汇集、视频会商、辅助应急指挥、应急值班等基本功能，并能满足应急培训、演练及评估的需要。

冰雪灾害防御技术的不足 单纯靠一次系统往往无法抵御极端天气对电网的危害；电网规模庞大，运行人员难以在短时间内完成繁重的分析研究工作，很难决策；灾害发生后电网开展大量的离线分析计算，难以准确地进行仿真。

灾害发生时难以做到实时计算，对要实施的融冰方案缺少在线校核，对融冰装置状态、位置认识不明确，严重影响了灾害天气下的电网安全运行决策。

电网冰情预警及融冰总体解决方案 针对现在电网融冰管理中存在的问题以及需求，有必要建立一套统一管理、共享数据服务的融冰管理系统。将现有的天气监测信息，融冰装置信息，预警信息进行统一的管理。并结合电网数据，针对融冰期间的特殊方式，进行暂态稳定等计算校验，并进行负荷融冰计算，提出相应调整建议。在灾害来临时，进行预警以及进行设备调度，为供电公司在灾害性天气过程中的实施紧急预案提供有力的支持。

主要融冰手段 负荷融冰，对于存在较强联系的220 kV及110 kV网络，可以通过开断电源、转移负荷、停运线路等措施来达到调整潮流、增大线路电流融冰；交流融冰，

灾害风险科学

利用焦耳效应,用较低的电压提供较大的短路电流加热导线使导线上的冰融化;直流融冰,将覆冰线路作为负载,施加直流电源,用较低电压提供直流短路电流来加热导线使线路覆冰融化;机器人除冰,即机械除冰法(史培军,2008c)。

9.2.3 灾害应急转移与安置

灾害应急转移与安置是灾害应急响应的重要一环,也是国家自然灾害救助应急预案所关注的核心工作之一。灾害应急转移的基础是对灾害的快速评估,灾害应急安置的目标是保障灾民生活的基本需求(史培军,2008d;史培军等,2013a;史培军,2013b)。

(1) 灾害应急转移与安置体系

中国政府对灾害的应急转移与安置体系包含在《国家自然灾害救助应急预案》(以下简称《预案》)中,中国政府高度重视自然灾害救助工作中的灾害应急转移与安置。2005年,国务院办公厅首次印发由民政部牵头编制的《预案》,2011年,根据救灾工作需要,对《预案》进行了修订。

中国政府坚持"以防为主、防抗救相结合"的工作方针,不断健全"中央统筹指导、地方就近指挥,分级负责、相互协同"的抗灾救灾应急机制,进一步完善自然灾害救助制度,着力提高受灾群众生活救助保障水平。

进一步提高预案的针对性、实用性和可操作性 在认真总结近年来发生的四川芦山地震、甘肃岷县漳县地震、云南鲁甸地震、黑龙江松花江嫩江流域洪涝以及"威马逊"超强台风等重特大自然灾害应对工作经验和做法基础上,重点对预案适用范围、应急响应启动条件、启动程序及响应措施等进行了调整和完善,进一步提高了预案的针对性、实用性和可操作性。

一是,进一步完善应急响应启动条件。针对近年来中国灾情形势呈现的新变化,新版《预案》对国家层面四个响应等级的核心指标(因灾死亡人口、倒塌或严重损坏房屋数量、紧急转移安置人数或需紧急生活救助人口等)进行了相应调整和完善,以便更符合当前救灾工作实际,提高了《预案》可操作性,确保国家级预案与省级预案有序衔接。

二是,进一步规范应急响应程序及措施。新版《预案》对应急响应启动程序进行了优化和完善,进一步明确国家减灾委员会各有关成员单位在灾害救助工作中的具体职责,对灾情报告、灾情发布、灾害损失评估、信息共享、社会动员等内容进行了充实和完善。

三是,扩大了预案适用范围。新版《预案》增加了"当毗邻国家发生重特大自然灾害对中国境内造成重大影响时,按照本预案开展国内应急救助工作"的表述,主要考虑到近年来尼泊尔、巴基斯坦、缅甸、俄罗斯等邻国发生地震、洪涝等重特大自然灾害对中国造成了较大影响,需要对中国边境省份受灾群众实施灾害救助的情况。

及时修订地方各级相关预案,适时组织开展预案演练活动 新版《预案》颁布实施后,各地区、各有关部门重点做好以下几方面工作。

一是,组织开展贯彻学习和专题培训。将《预案》培训作为应急管理培训的重要内容,纳为领导干部培训、公务员培训、应急管理干部日常培训内容;充分做好《预案》的宣传普及工作。

二是,及时修订地方各级相关预案,确保与国家预案有序衔接,避免出现国家预案启动后省级预案还无法启动的情况。

三是,适时组织开展预案演练活动。有条件的地方要组织社区居民开展应急救灾演练，让群众知道社区应急避难场所的位置，熟悉灾害预警信号和应急疏散路径，提高社区综合防灾减灾能力。

四是，规范有序启动各级应急预案。重特大自然灾害发生后，各地区、各有关部门要客观、准确、科学评估灾情，按照本级预案规定启动程序和条件，及时启动相应等级应急响应，遵循"分级负责、相互协同"原则，切实落实灾害救助主体责任，强化区域协作和部门联动，支持引导社会力量有序参与，统筹做好灾害救助各环节工作，切实保障好受灾群众基本生活。

(2)中国《国家自然灾害救助应急预案》

中国《国家自然灾害救助应急预案》，对组织指挥体系、灾害预警响应、信息报告和发布、国家应急响应、灾后救助与恢复重建、保障措施等进行了规范和完善（具体内容见以下附件）。

附件 国家自然灾害救助应急预案

(2016年3月24日发布)

1 总则

1.1 编制目的

建立健全应对突发重大自然灾害救助体系和运行机制，规范应急救助行为，提高应急救助能力，最大程度地减少人民群众生命和财产损失，确保受灾人员基本生活，维护灾区社会稳定。

1.2 编制依据

《中华人民共和国突发事件应对法》《中华人民共和国防洪法》《中华人民共和国防震减灾法》《中华人民共和国气象法》《自然灾害救助条例》《国家突发公共事件总体应急预案》等。

1.3 适用范围

本预案适用于我国境内发生自然灾害的国家应急救助工作。

当毗邻国家发生重特大自然灾害并对我国境内造成重大影响时，按照本预案开展国内应急救助工作。发生其他类型突发事件，根据需要可参照本预案开展应急救助工作。

1.4 工作原则

坚持以人为本，确保受灾人员基本生活；坚持统一领导、综合协调、分级负责、属地管理为主；坚持政府主导、社会互助、群众自救，充分发挥基层群众自治组织和公益性社会组织的作用。

2 组织指挥体系

2.1 国家减灾委员会

国家减灾委员会(以下简称国家减灾委)为国家自然灾害救助应急综合协调机构，负责组织、领导全国的自然灾害救助工作，协调开展特别重大和重大自然灾害救助活动。国家减灾委成员单位按照各自职责做好自然灾害救助相关工作。国家减灾委办公室负责与相关部门、地方的沟通联络，组织开展灾情会商评估、灾害救助等工作，协调落实相关支持措施。

由国务院统一组织开展的抗灾救灾，按有关规定执行。

2.2 专家委员会

国家减灾委设立专家委员会，对国家减灾救灾工作重大决策和重要规划提供政策咨询和建议，为国家重大自然灾害的灾情评估、应急救助和灾后救助提出咨询意见。

3 灾害预警响应

气象、水利、国土资源、海洋、林业、农业等部门及时向国家减灾委办公室和履行救灾职责的国家减灾委成员单位通报自然灾害预警预报信息，测绘地信部门根据需要及时提供地理信息数据。国家减灾委办公室根据自然灾害预警预报信息，结合可能受影响地区的自然条件、人口和社会经济状况，对可能出现的灾情进行预评估，当可能威胁人民生命财产安全、影响基本生活、需要提前采取应对措施时，启动预警响应，视情采取以下一项或多项措施：

(1)向可能受影响的省(区、市)减灾委或民政部门通报预警信息，提出灾害救助工作要求。

(2)加强应急值守，密切跟踪灾害风险变化和发展趋势，对灾害可能造成的损失进行动态评估，及时调整相关措施。

(3)通知有关中央救灾物资储备库做好救灾物资准备，紧急情况下提前调拨；启动与交通运输、铁路、民航等部门和单位的应急联动机制，做好救灾物资调运准备。

(4)派出预警响应工作组，实地了解灾害风险，检查指导各项救灾准备工作。

(5)向国务院、国家减灾委负责人、国家减灾委成员单位报告预警响应启动情况。

(6)向社会发布预警响应启动情况。

灾害风险解除或演变为灾害后，国家减灾委办公室终止预警响应。

4 信息报告和发布

县级以上地方人民政府民政部门按照民政部《自然灾害情况统计制度》和《特别重大自然灾害损失统计制度》，做好灾情信息收集、汇总、分析、上报和部门间共享工作。

4.1 信息报告

4.1.1 对突发性自然灾害，县级人民政府民政部门应在灾害发生后 2 小时内将本行政区域灾情和救灾工作情况向本级人民政府和地市级人民政府民政部门报告；地市级和省级人民政府民政部门在接报灾情信息 2 小时内审核、汇总，并向本级人民政府和上一级人民政府民政部门报告。

对造成县级行政区域内 10 人以上死亡(含失踪)或房屋大量倒塌、农田大面积受灾等严重损失的突发性自然灾害，县级人民政府民政部门应在灾害发生后立即上报县级人民政府、省级人民政府民政部门和民政部。省级人民政府民政部门接报后立即报告省级人民政府。省级人民政府、民政部按照有关规定及时报告国务院。

4.1.2 特别重大、重大自然灾害灾情稳定前，地方各级人民政府民政部门执行灾情 24 小时零报告制度，逐级上报上级民政部门；灾情发生重大变化时，民政部立即向国务院报告。灾情稳定后，省级人民政府民政部门应在 10 日内审核、汇总灾情数据并向民政部报告。

4.1.3 对干旱灾害，地方各级人民政府民政部门应在旱情初显、群众生产和生活受到一定影响时，初报灾情；在旱情发展过程中，每 10 日续报一次灾情，直至灾情解除；灾情解除后及时核报。

4.1.4 县级以上地方人民政府要建立健全灾情会商制度，各级减灾委或者民政部门要定期或不定期组织相关部门召开灾情会商会，全面客观评估、核定灾情数据。

4.2 信息发布

信息发布坚持实事求是、及时准确、公开透明的原则。信息发布形式包括授权发布、组织报道、接受记者采访、举行新闻发布会等。要主动通过重点新闻网站或政府网站、政务微博、政务微信、政务客户端等发布信息。

灾情稳定前，受灾地区县级以上人民政府减灾委或民政部门应当及时向社会滚动发布自然灾害造成的人员伤亡、财产损失以及自然灾害救助工作动态、成效、下一步安排等情况；灾情稳定后，应当及时评估、核定并按有关规定发布自然灾害损失情况。

关于灾情核定和发布工作，法律法规另有规定的，从其规定。

5 国家应急响应

根据自然灾害的危害程度等因素，国家自然灾害救助应急响应分为Ⅰ、Ⅱ、Ⅲ、Ⅳ四级。

5.1 Ⅰ级响应

5.1.1 启动条件

某一省(区、市)行政区域内发生特别重大自然灾害，一次灾害过程出现下列情况之一的，启动Ⅰ级响应：

(1)死亡 200 人以上(含本数，下同)；

(2)紧急转移安置或需紧急生活救助 200 万人以上；

(3)倒塌和严重损坏房屋30万间或10万户以上；

(4)干旱灾害造成缺粮或缺水等生活困难，需政府救助人数占该省(区、市)农牧业人口30%以上或400万人以上。

5.1.2 启动程序

灾害发生后，国家减灾委办公室经分析评估，认定灾情达到启动标准，向国家减灾委提出启动Ⅰ级响应的建议；国家减灾委决定启动Ⅰ级响应。

5.1.3 响应措施

国家减灾委主任统一组织、领导、协调国家层面自然灾害救助工作，指导支持受灾省(区、市)自然灾害救助工作。国家减灾委及其成员单位视情采取以下措施：

(1)召开国家减灾委会商会，国家减灾委各成员单位、专家委员会及有关受灾省(区、市)参加，对指导支持灾区减灾救灾重大事项作出决定。

(2)国家减灾委负责人率有关部门赴灾区指导自然灾害救助工作，或派出工作组赴灾区指导自然灾害救助工作。

(3)国家减灾委办公室及时掌握灾情和救灾工作动态信息，组织灾情会商，按照有关规定统一发布灾情，及时发布灾区需求。国家减灾委有关成员单位做好灾情、灾区需求及救灾工作动态等信息共享，每日向国家减灾委办公室通报有关情况。必要时，国家减灾委专家委员会组织专家进行实时灾情、灾情发展趋势以及灾区需求评估。

(4)根据地方申请和有关部门对灾情的核定情况，财政部、民政部及时下拨中央自然灾害生活补助资金。民政部紧急调拨生活救助物资，指导、监督基层救灾应急措施落实和救灾款物发放；交通运输、铁路、民航等部门和单位协调指导开展救灾物资、人员运输工作。

(5)公安部加强灾区社会治安、消防安全和道路交通应急管理，协助组织灾区群众紧急转移。军队、武警有关部门根据国家有关部门和地方人民政府请求，组织协调军队、武警、民兵、预备役部队参加救灾，必要时协助地方人民政府运送、发放救灾物资。

(6)国家发展改革委、农业部、商务部、国家粮食局保障市场供应和价格稳定。工业和信息化部组织基础电信运营企业做好应急通信保障工作，组织协调救灾装备、防护和消杀用品、医药等生产供应工作。住房城乡建设部指导灾后房屋建筑和市政基础设施工程的安全应急评估等工作。水利部指导灾区水利工程修复、水利行业供水和乡镇应急供水工作。国家卫生计生委及时组织医疗卫生队伍赴灾区协助开展医疗救治、卫生防病和心理援助等工作。科技部提供科技方面的综合咨询建议，协调适用于灾区救援的科技成果支持救灾工作。国家测绘地信局准备灾区地理信息数据，组织灾区现场影像获取等应急测绘，开展灾情监测和空间分析，提供应急测绘保障服务。

(7)中央宣传部、新闻出版广电总局等组织做好新闻宣传等工作。

(8)民政部向社会发布接受救灾捐赠的公告，组织开展跨省(区、市)或者全国性救灾捐赠活动，呼吁国际救灾援助，统一接收、管理、分配国际救灾捐赠款物，指导社会组织、志愿者等社会力量参与灾害救助工作。外交部协助做好救灾的涉外工作。中国红十字会总会依法开展救灾募捐活动，参与救灾工作。

(9)国家减灾委办公室组织开展灾区社会心理影响评估，并根据需要实施心理抚慰。

(10)灾情稳定后，根据国务院关于灾害评估工作的有关部署，民政部、受灾省(区、市)人民政府、国务院有关部门组织开展灾害损失综合评估工作。国家减灾委办公室按有关规定统一发布自然灾害损失情况。

(11)国家减灾委其他成员单位按照职责分工，做好有关工作。

5.2 Ⅱ级响应

5.2.1 启动条件

某一省(区、市)行政区域内发生重大自然灾害，一次灾害过程出现下列情况之一的，启动Ⅱ级响应：

(1)死亡100人以上、200人以下(不含本数，下同)；

(2)紧急转移安置或需紧急生活救助100万人以上、200万人以下；

(3)倒塌和严重损坏房屋20万间或7万户以上、30万间或10万户以下；

(4)干旱灾害造成缺粮或缺水等生活困难，需政府救助人数占该省(区、市)农牧业人口25％以上、30％以下，或300万人以上、400万人以下。

5.2.2　启动程序

灾害发生后，国家减灾委办公室经分析评估，认定灾情达到启动标准，向国家减灾委提出启动Ⅱ级响应的建议；国家减灾委副主任(民政部部长)决定启动Ⅱ级响应，并向国家减灾委主任报告。

5.2.3　响应措施

国家减灾委副主任(民政部部长)组织协调国家层面自然灾害救助工作，指导支持受灾省(区、市)自然灾害救助工作。国家减灾委及其成员单位视情采取以下措施：

(1)国家减灾委副主任主持召开会商会，国家减灾委成员单位、专家委员会及有关受灾省(区、市)参加，分析灾区形势，研究落实对灾区的救灾支持措施。

(2)派出由国家减灾委副主任或民政部负责人带队、有关部门参加的工作组赴灾区慰问受灾群众，核查灾情，指导地方开展救灾工作。

(3)国家减灾委办公室及时掌握灾情和救灾工作动态信息，组织灾情会商，按照有关规定统一发布灾情，及时发布灾区需求。国家减灾委有关成员单位做好灾情、灾区需求及救灾工作动态等信息共享，每日向国家减灾委办公室通报有关情况。必要时，国家减灾委专家委员会组织专家进行实时灾情、灾情发展趋势以及灾区需求评估。

(4)根据地方申请和有关部门对灾情的核定情况，财政部、民政部及时下拨中央自然灾害生活补助资金。民政部紧急调拨生活救助物资，指导、监督基层救灾应急措施落实和救灾款物发放；交通运输、铁路、民航等部门和单位协调指导开展救灾物资、人员运输工作。

(5)国家卫生计生委根据需要，及时派出医疗卫生队伍赴灾区协助开展医疗救治、卫生防病和心理援助等工作。测绘地信部门准备灾区地理信息数据，组织灾区现场影像获取等应急测绘，开展灾情监测和空间分析，提供应急测绘保障服务。

(6)中央宣传部、新闻出版广电总局等指导做好新闻宣传等工作。

(7)民政部指导社会组织、志愿者等社会力量参与灾害救助工作。中国红十字会总会依法开展救灾募捐活动，参与救灾工作。

(8)国家减灾委办公室组织开展灾区社会心理影响评估，并根据需要实施心理抚慰。

(9)灾情稳定后，受灾省(区、市)人民政府组织开展灾害损失综合评估工作，及时将评估结果报送国家减灾委。国家减灾委办公室组织核定并按有关规定统一发布自然灾害损失情况。

(10)国家减灾委其他成员单位按照职责分工，做好有关工作。

5.3　Ⅲ级响应

5.3.1　启动条件

某一省(区、市)行政区域内发生重大自然灾害，一次灾害过程出现下列情况之一的，启动Ⅲ级响应：

(1)死亡50人以上、100人以下；

(2)紧急转移安置或需紧急生活救助50万人以上、100万人以下；

(3)倒塌和严重损坏房屋10万间或3万户以上、20万间或7万户以下；

(4)干旱灾害造成缺粮或缺水等生活困难，需政府救助人数占该省(区、市)农牧业人口20％以上、25％以下，或200万人以上、300万人以下。

5.3.2　启动程序

灾害发生后，国家减灾委办公室经分析评估，认定灾情达到启动标准，向国家减灾委提出启动Ⅲ级响应的建议；国家减灾委秘书长决定启动Ⅲ级响应。

5.3.3　响应措施

国家减灾委秘书长组织协调国家层面自然灾害救助工作，指导支持受灾省(区、市)自然灾害救助工作。国家减灾委及其成员单位视情采取以下措施：

(1)国家减灾委办公室及时组织有关部门及受灾省(区、市)召开会商会,分析灾区形势,研究落实对灾区的救灾支持措施。

(2)派出由民政部负责人带队、有关部门参加的联合工作组赴灾区慰问受灾群众,核查灾情,协助指导地方开展救灾工作。

(3)国家减灾委办公室及时掌握并按照有关规定统一发布灾情和救灾工作动态信息。

(4)根据地方申请和有关部门对灾情的核定情况,财政部、民政部及时下拨中央自然灾害生活补助资金。民政部紧急调拨生活救助物资,指导、监督基层救灾应急措施落实和救灾款物发放;交通运输、铁路、民航等部门和单位协调指导开展救灾物资、人员运输工作。

(5)国家减灾委办公室组织开展灾区社会心理影响评估,并根据需要实施心理抚慰。国家卫生计生委指导受灾省(区、市)做好医疗救治、卫生防病和心理援助工作。

(6)民政部指导社会组织、志愿者等社会力量参与灾害救助工作。

(7)灾情稳定后,国家减灾委办公室指导受灾省(区、市)评估、核定自然灾害损失情况。

(8)国家减灾委其他成员单位按照职责分工,做好有关工作。

5.4 Ⅳ级响应

5.4.1 启动条件

某一省(区、市)行政区域内发生重大自然灾害,一次灾害过程出现下列情况之一的,启动Ⅳ级响应:

(1)死亡20人以上、50人以下;

(2)紧急转移安置或需紧急生活救助10万人以上、50万人以下;

(3)倒塌和严重损坏房屋1万间或3000户以上、10万间或3万户以下;

(4)干旱灾害造成缺粮或缺水等生活困难,需政府救助人数占该省(区、市)农牧业人口15%以上、20%以下,或100万人以上、200万人以下。

5.4.2 启动程序

灾害发生后,国家减灾委办公室经分析评估,认定灾情达到启动标准,由国家减灾委办公室常务副主任决定启动Ⅳ级响应。

5.4.3 响应措施

国家减灾委办公室组织协调国家层面自然灾害救助工作,指导支持受灾省(区、市)自然灾害救助工作。国家减灾委及其成员单位视情采取以下措施:

(1)国家减灾委办公室视情组织有关部门和单位召开会商会,分析灾区形势,研究落实对灾区的救灾支持措施。

(2)国家减灾委办公室派出工作组赴灾区慰问受灾群众,核查灾情,协助指导地方开展救灾工作。

(3)国家减灾委办公室及时掌握并按照有关规定统一发布灾情和救灾工作动态信息。

(4)根据地方申请和有关部门对灾情的核定情况,财政部、民政部及时下拨中央自然灾害生活补助资金。民政部紧急调拨生活救助物资,指导、监督基层救灾应急措施落实和救灾款物发放。

(5)国家卫生计生委指导受灾省(区、市)做好医疗救治、卫生防病和心理援助工作。

(6)国家减灾委其他成员单位按照职责分工,做好有关工作。

5.5 启动条件调整

对灾害发生在敏感地区、敏感时间和救助能力特别薄弱的"老、少、边、穷"地区等特殊情况,或灾害对受灾省(区、市)经济社会造成重大影响时,启动国家自然灾害救助应急响应的标准可酌情调整。

5.6 响应终止

救灾应急工作结束后,由国家减灾委办公室提出建议,启动响应的单位决定终止响应。

6 灾后救助与恢复重建

6.1 过渡期生活救助

6.1.1 特别重大、重大灾害发生后,国家减灾委办公室组织有关部门、专家及灾区民政部门评估灾区过渡期生活救助需求情况。

6.1.2 财政部、民政部及时拨付过渡期生活救助资金。民政部指导灾区人民政府做好过渡期生活救助的人员核定、资金发放等工作。

6.1.3 民政部、财政部监督检查灾区过渡期生活救助政策和措施的落实，定期通报灾区救助工作情况，过渡期生活救助工作结束后组织绩效评估。

6.2 冬春救助

自然灾害发生后的当年冬季、次年春季，受灾地区人民政府为生活困难的受灾人员提供基本生活救助。

6.2.1 民政部每年9月下旬开展冬春受灾群众生活困难情况调查，并会同省级人民政府民政部门，组织有关专家赴灾区开展受灾群众生活困难状况评估，核实情况。

6.2.2 受灾地区县级人民政府民政部门应当在每年10月底前统计、评估本行政区域受灾人员当年冬季、次年春季的基本生活救助需求，核实救助对象，编制工作台账，制定救助工作方案，经本级人民政府批准后组织实施，并报上一级人民政府民政部门备案。

6.2.3 根据省级人民政府或其民政、财政部门的资金申请，结合灾情评估情况，财政部、民政部确定资金补助方案，及时下拨中央自然灾害生活补助资金，专项用于帮助解决冬春受灾群众吃饭、穿衣、取暖等基本生活困难。

6.2.4 民政部通过开展救灾捐赠、对口支援、政府采购等方式解决受灾群众的过冬衣被等问题，组织有关部门和专家评估全国冬春期间中期和终期救助工作绩效。发展改革、财政等部门组织落实以工代赈、灾歉减免政策，粮食部门确保粮食供应。

6.3 倒损住房恢复重建

因灾倒损住房恢复重建要尊重群众意愿，以受灾户自建为主，由县级人民政府负责组织实施。建房资金等通过政府救助、社会互助、邻里帮工帮料、以工代赈、自行借贷、政策优惠等多种途径解决。重建规划和房屋设计要根据灾情因地制宜确定方案，科学安排项目选址，合理布局，避开地震断裂带、地质灾害隐患点、泄洪通道等，提高抗灾设防能力，确保安全。

6.3.1 民政部根据省级人民政府民政部门倒损住房核定情况，视情组织评估小组，参考其他灾害管理部门评估数据，对因灾倒损住房情况进行综合评估。

6.3.2 民政部收到受灾省（区、市）倒损住房恢复重建补助资金的申请后，根据评估小组的倒损住房情况评估结果，按照中央倒损住房恢复重建资金补助标准，提出资金补助建议，商财政部审核后下达。

6.3.3 住房重建工作结束后，地方各级民政部门应采取实地调查、抽样调查等方式，对本地倒损住房恢复重建补助资金管理工作开展绩效评估，并将评估结果报上一级民政部门。民政部收到省级人民政府民政部门上报本行政区域内的绩效评估情况后，通过组成督查组开展实地抽查等方式，对全国倒损住房恢复重建补助资金管理工作进行绩效评估。

6.3.4 住房城乡建设部门负责倒损住房恢复重建的技术支持和质量监督等工作。测绘地信部门负责灾后恢复重建的测绘地理信息保障服务工作。其他相关部门按照各自职责，做好重建规划、选址，制定优惠政策，支持做好住房重建工作。

6.3.5 由国务院统一组织开展的恢复重建，按有关规定执行。

7 保障措施

7.1 资金保障

财政部、国家发展改革委、民政部等部门根据《中华人民共和国预算法》《自然灾害救助条例》等规定，安排中央救灾资金预算，并按照救灾工作分级负责、救灾资金分级负担、以地方为主的原则，建立完善中央和地方救灾资金分担机制，督促地方政府加大救灾资金投入力度。

7.1.1 县级以上人民政府将自然灾害救助工作纳入国民经济和社会发展规划，建立健全与自然灾害救助需求相适应的资金、物资保障机制，将自然灾害救助资金和自然灾害救助工作经费纳入财政预算。

7.1.2 中央财政每年综合考虑有关部门灾情预测和上年度实际支出等因素,合理安排中央自然灾害生活补助资金,专项用于帮助解决遭受特别重大、重大自然灾害地区受灾群众的基本生活困难。

7.1.3 中央和地方政府根据经济社会发展水平、自然灾害生活救助成本等因素适时调整自然灾害救助政策和相关补助标准。

7.2 物资保障

7.2.1 合理规划、建设中央和地方救灾物资储备库,完善救灾物资储备库的仓储条件、设施和功能,形成救灾物资储备网络。设区的市级以上人民政府和自然灾害多发、易发地区的县级人民政府应当根据自然灾害特点、居民人口数量和分布等情况,按照布局合理、规模适度的原则,设立救灾物资储备库(点)。救灾物资储备库(点)建设应统筹考虑各行业应急处置、抢险救灾等方面需要。

7.2.2 制定救灾物资储备规划,合理确定储备品种和规模;建立健全救灾物资采购和储备制度,每年根据应对重大自然灾害的要求储备必要物资。按照实物储备和能力储备相结合的原则,建立救灾物资生产厂家名录,健全应急采购和供货机制。

7.2.3 制定完善救灾物资质量技术标准、储备库(点)建设和管理标准,完善救灾物资发放全过程管理。建立健全救灾物资应急保障和征用补偿机制。建立健全救灾物资紧急调拨和运输制度。

7.3 通信和信息保障

7.3.1 通信运营部门应依法保障灾情传送网络畅通。自然灾害救助信息网络应以公用通信网为基础,合理组建灾情专用通信网络,确保信息畅通。

7.3.2 加强中央级灾情管理系统建设,指导地方建设、管理救灾通信网络,确保中央和地方各级人民政府及时准确掌握重大灾情。

7.3.3 充分利用现有资源、设备,完善灾情和数据共享平台,完善部门间灾情共享机制。

7.4 装备和设施保障

中央各有关部门应配备救灾管理工作必需的设备和装备。县级以上地方人民政府要建立健全自然灾害救助应急指挥技术支撑系统,并为自然灾害救助工作提供必要的交通、通信等设备。

县级以上地方人民政府要根据当地居民人口数量和分布等情况,利用公园、广场、体育场馆等公共设施,统筹规划设立应急避难场所,并设置明显标志。自然灾害多发、易发地区可规划建设专用应急避难场所。

7.5 人力资源保障

7.5.1 加强自然灾害各类专业救灾队伍建设、灾害管理人员队伍建设,提高自然灾害救助能力。支持、培育和发展相关社会组织和志愿者队伍,鼓励和引导其在救灾工作中发挥积极作用。

7.5.2 组织民政、国土资源、环境保护、交通运输、水利、农业、商务、卫生计生、安全监管、林业、地震、气象、海洋、测绘地信、红十字会等方面专家,重点开展灾情会商、赴灾区现场评估及灾害管理的业务咨询工作。

7.5.3 推行灾害信息员培训和职业资格证书制度,建立健全覆盖中央、省、市、县、乡镇(街道)、村(社区)的灾害信息员队伍。村民委员会、居民委员会和企事业单位应当设立专职或者兼职的灾害信息员。

7.6 社会动员保障

完善救灾捐赠管理相关政策,建立健全救灾捐赠动员、运行和监督管理机制,规范救灾捐赠的组织发动、款物接收、统计、分配、使用、公示反馈等各个环节的工作。完善接收境外救灾捐赠管理机制。

完善非灾区支援灾区、轻灾区支援重灾区的救助对口支援机制。

科学组织、有效引导,充分发挥乡镇人民政府、街道办事处、村民委员会、居民委员会、企事业单位、社会组织和志愿者在灾害救助中的作用。

7.7 科技保障

7.7.1 建立健全环境与灾害监测预报卫星、环境卫星、气象卫星、海洋卫星、资源卫星、航空遥感等对地监测系统,发展地面应用系统和航空平台系统,建立基于遥感、地理信息系统、模拟仿真、计算机网络等技术的"天地空"一体化的灾害监测预警、分析评估和应急决策支持系统。开展地方空间技术减灾应用示范和培训工作。

7.7.2 组织民政、国土资源、环境保护、交通运输、水利、农业、卫生计生、安全监管、林业、地震、气象、海洋、测绘地信等方面专家及高等院校、科研院所等单位专家开展灾害风险调查,编制全国自然灾害风险区划图,制定相关技术和管理标准。

7.7.3 支持和鼓励高等院校、科研院所、企事业单位和社会组织开展灾害相关领域的科学研究和技术开发,建立合作机制,鼓励减灾救灾政策理论研究。

7.7.4 利用空间与重大灾害国际宪章、联合国灾害管理与应急反应天基信息平台等国际合作机制,拓展灾害遥感信息资源渠道,加强国际合作。

7.7.5 开展国家应急广播相关技术、标准研究,建立国家应急广播体系,实现灾情预警预报和减灾救灾信息全面立体覆盖。加快国家突发公共事件预警信息发布系统建设,及时向公众发布自然灾害预警。

7.8 宣传和培训

组织开展全国性防灾减灾救灾宣传活动,利用各种媒体宣传应急法律法规和灾害预防、避险、避灾、自救、互救、保险的常识,组织好"防灾减灾日""国际减灾日""世界急救日""全国科普日""全国消防日"和"国际民防日"等活动,加强防灾减灾科普宣传,提高公民防灾减灾意识和科学防灾减灾能力。积极推进社区减灾活动,推动综合减灾示范社区建设。

组织开展对地方政府分管负责人、灾害管理人员和专业应急救灾队伍、社会组织和志愿者的培训。

8 附则

8.1 术语解释

本预案所称自然灾害主要包括干旱、洪涝灾害,台风、风雹、低温冷冻、雪、沙尘暴等气象灾害,火山、地震灾害,山体崩塌、滑坡、泥石流等地质灾害,风暴潮、海啸等海洋灾害,森林草原火灾等。

8.2 预案演练

国家减灾委办公室协同国家减灾委成员单位制定应急演练计划并定期组织演练。

8.3 预案管理

本预案由民政部制订,报国务院批准后实施。预案实施后民政部应适时召集有关部门和专家进行评估,并视情况变化作出相应修改后报国务院审批。地方各级人民政府的自然灾害救助综合协调机构应根据本预案修订本地区自然灾害救助应急预案。

8.4 预案解释

本预案由民政部负责解释。

8.5 预案实施时间

本预案自印发之日起实施。

9.2.4 灾害应急保障

灾害应急保障是灾害应急响应的物质基础。它以灾民为中心,其任务是确保灾区社会稳定和安全(史培军,2008c)。

(1)灾害应急保障体系

灾害应急保障主要包括指挥系统技术保障、应急队伍保障、通信保障、交通运输保障、物资保障、医疗卫生保障、治安保障、人员防护保障、应急避难场所保障、气象服务保障、资金保障、技术开发与储备、法制保障等内容。

灾害应急保障体系应包括健全的灾害应急保障机制、明确的应急保障范围、完备的应急保障法规。其基本职能是:当发生重大灾害时,保障各种生活必需物资和救灾物资的配给；在平常时期做好各种救灾抗灾物资、资金的筹集、战略储备、更新、流转工作。

建立灾害应急保障体系，可以有效保障受灾群众生活的基本稳定。一旦发生重大的灾难，可及时高效地保障生活物资的动员与配给，切实保证受灾群众有饭吃、有衣穿、居有处所，伤病能得到及时医治，疫情能及早得到预防。

建立灾害应急保障体系，有利于社会秩序的稳定。一旦发生重大的灾害，灾区群众的饮食、起居、医疗等基本生活问题必将面临巨大的困难，心理与精神也会受到沉重的打击。此时，如果没有完备的灾害应急保障体系，很容易出现一些不和谐因素，如哄抬物价，发灾难财等违法犯罪现象。相反，如果建立了完备的灾害应急保障机制，使每位受灾群众的基本生活都得到有效保障，就完全能够避免这些现象的发生，从而保证灾区社会秩序的井然有序。

建立灾害应急保障体系，可减轻整个社会的经济负担。长期以来，人们应对重大灾害、救助灾区群众的通常做法是在政府拨款之外，广泛动员（甚至强行摊派）全体非灾区群众捐款捐物。在体现民众爱心的同时，也在很大程度上加重了他们的经济负担。如果建立了完备的灾害应急保障机制，就可以在很大程度上减少社会募捐的数额，从而减轻非灾区群众的经济负担。

建立灾害应急保障体系，有利于加快灾后重建的步伐。建立健全的灾害应急保障体系，不仅可使灾区群众的基本生活得到保障，还有利于抚慰他们的心灵与精神，帮助其尽快走出灾难的阴影，鼓舞其面对灾害的勇气，树立重建家园的信心。使他们感受到身后有强大、完善的灾害应急保障体系作后盾，从而加快灾后重建的步伐(魏剑等，2012)。

(2)《北京市突发事件总体应急预案》中的灾害应急保障

中国《国家自然灾害救助应急预案》和《北京市突发事件总体应急预案》对灾害应急保障有明确的规定。中国《国家自然灾害救助应急预案》中的灾害应急保障前已阐述。

《北京市突发事件总体应急预案》包括总则，组织机构与职责，监测与预警，应急处置与救援，恢复与重建，应急保障，附则，附件八部分内容。

总则包括北京市应对突发事件的重要性，北京地区突发事件的现状，特点及发展趋势，指导思想和基本原则，目的和依据，适用范围，事件等级，北京市应急预案体系。北京地区的主要突发事件如表 9-1 所示。

表 9-1　北京地区主要突发事件

大类	分类	主要种类
自然灾害	水旱灾害	水灾
		旱灾
	气象灾害	气象灾害(暴雨、冰雪、雾霾、大风、沙尘暴、雷电、冰雹、高温等)
	地震灾害	破坏性地震
	地质灾害	突发地质灾害(滑坡、泥石流、地面塌陷等)
	生物灾害	突发林木有害生物事件
		植物疫情
		外来生物入侵
	森林火灾	森林火灾

续表

大类	分类	主要种类
事故灾难	工矿商贸企业等安全事故	危险化学品事故
		矿山事故
		建设工程施工突发事故
	火灾事故	火灾事故
	交通运输事故	道路交通事故
		轨道交通运营突发事件
		公共电汽车运营突发事件
		铁路行车事故
		民用航空器飞行事故
	公共设施和设备事故	供水突发事件
		排水突发事件
		电力突发事件
		燃气事故
		供热事故
		地下管线突发事件
		道路突发事件
		桥梁突发事件
		网络与信息安全事件（公网、专网、无线电）
		人防工程事故
		特种设备事故
	核事件与辐射事故	辐射事故
		核事件
	环境污染和生态破坏事件	重污染天气
		突发环境事件
公共卫生事件	传染病疫情	重大传染病疫情（鼠疫、炭疽、霍乱、"非典"、流感等）
	群体性不明原因疾病	群体性不明原因疾病
	食品安全和职业危害	食品安全事件
	动物疫情	职业中毒事件
	其他严重影响公众健康和生命安全的事件	重大动物疫情（高致病性禽流感、口蹄疫等）
		药品安全事件

续表

大类	分类	主要种类
社会安全事件	恐怖袭击事件	恐怖袭击事件
	刑事案件	刑事案件
	经济安全事件	生活必需品供给事件
		粮食供给事件
		能源资源供给事件
		金融突发事件
	涉外突发事件	京内涉外突发事件
		境外涉及本市突发事项
	群体性事件	上访、聚集等群体性事件
		民族宗教群体性事件
		影响校园安全稳定事件
	其他	新闻舆论事件
		旅游突发事件

组织机构与职责包括领导机构发，办事机构，专项指挥机构，专家顾问组，区、重点地区应急机构，基层应急机构（表9-2）。

表9-2 突发事件处置分工表

序号	事件类别	处置主责部门	序号	事件类别	处置主责部门
1	水灾	市水务局	10	危险化学品事故	市安全监管局
2	旱灾	市水务局	11	矿山事故	市安全监管局
3	气象灾害（暴雨、冰雪、雾霾、大风、沙尘暴、雷电、冰雹、高温等）	市水务局、市交通委、市住房城乡建设委、市市政市容委、市农委、市农业局、市公安局公安交通管理局等	12	建设工程施工突发事故	市住房城乡建设委
4	地震灾害	市地震局	13	火灾事故	市公安局消防局
5	突发地质灾害（滑坡、泥石流、地面塌陷等）	市国土局	14	道路交通事故	市公安局公安交通管理局
6	突发林木有害生物事件	市园林绿化局	15	轨道交通运营突发事件	市交通委
7	植物疫情	市农业局	16	公共电汽车运营突发事件	市交通委
8	外来生物入侵	市农业局	17	供水突发事件	市水务局
9	森林火灾	市园林绿化局	18	排水突发事件	市水务局

续表

序号	事件类别	处置主责部门	序号	事件类别	处置主责部门
19	电力突发事件	市发展改革委	35	职业中毒事件	市卫生计生委
20	燃气事故	市市政市容委	36	重大动物疫情（高致病性禽流感、口蹄疫等）	市农业局
21	供热事故	市市政市容委	37	药品安全事件	市食品药品监督局
22	地下管线突发事件	市市政市容委	38	恐怖袭击事件	市公安局
23	道路突发事件	市交通委	39	刑事案件	市公安局
24	桥梁突发事件	市交通委	40	生活必需品供给事件	市商务委
25	网络与信息安全事件（公网、专网、无线电）	市经济信息化委、市通信管理局	41	粮食供给事件	市粮食局
26	人防工程事故	市民防局	42	能源资源供给事件	市发展改革委
27	特种设备事故	市质监局	43	金融突发事件	市金融局
28	辐射事故	市环保局	44	涉外突发事件	市政府外办
29	核事件	市国防科工办	45	上访、聚集等群体性事件	市维稳办
30	重污染天气	市环保局	46	民族宗教群体性事件	市民委
31	突发环境事件	市环保局	47	影响校园安全稳定事件	市委教育工委
32	重大传染病疫情（鼠疫、炭疽、霍乱、"非典"、流感等）	市卫生计生委	48	新闻舆论事件	市委宣传部
33	群体性不明原因疾病	市卫生计生委	49	旅游突发事件	市旅游委
34	食品安全事件	市食品药品监管局			

监测与预警包括监测，预警和监测与预警支持系统。

应急处置与救援包括信息报送，先期处置，指挥协调，处置措施，现场指挥部，响应升级，社会动员，信息发布和新闻报道、应急结束。

恢复与重建包括善后处置，社会救助与抚恤，保险和调查与评估。

应急保障包括指挥系统技术保障，应急队伍保障，通信保障，交通运输保障，物资保障，医疗卫生保障，治安保障，人员防护保障，应急避难场所保障，气象服务保障，资金保障，技术开发与储备，法制保障，应急产业发展保障，宣传教育，培训和应急演练。

附则包括名词术语、缩写语的说明，监督检查与奖惩和预案管理。

附件包括市级专项应急预案目录（表9-3），市级部门应急预案目录（表9-4）和北京市应急管理组织体系框架图（图9-5）。

表 9-3　市级专项应急预案目录

序号	名称	牵头编制部门
自然灾害类		
1	北京市地震应急预案	市地震局
2	北京市突发地质灾害应急预案	市国土局
3	北京市防汛应急预案	市水务局
4	北京市抗旱应急预案	市水务局
5	北京市雪天道路交通保障应急预案	市交通委
6	北京市森林火灾扑救应急预案	市园林绿化局
事故灾难类		
7	北京市危险化学品事故应急预案	市安全监管局
8	北京市矿山事故应急救援预案	市安全监管局
9	北京市轨道交通突发事件应急预案	市交通委
10	北京市道路突发事件应急预案	市交通委
11	北京市桥梁突发事件应急预案	市交通委
12	北京市人防工程事故应急预案	市民防局
13	北京市火灾事故应急救援预案	市公安局消防局
14	北京市建设工程施工突发事故应急预案	市住房城乡建设委
15	北京市城市公共供水突发事件应急预察	市水务局
16	北京市地下管线抢修预案	市政市容委
17	北京地区电力突发事件应急预案	市发展改革委
18	北京市燃气突发事件应急预案	市政市容委
19	北京市供热突发事件应急预案	市政市容委
20	北京市突发环境事件应急预案	市环保局
21	北京市空气重污染应急预案	市环保局
22	北京市核应急预案	市国防科工办
23	北京市网络与信息安全事件应急预案	市经济信息化委
公共卫生类		
24	北京市突发公共卫生事件应急预案	市卫生计生委
25	北京市应对流感大流行准备计划和应急预案	市卫生计生委
26	北京市食品药品安全事件应急预案	市食品药品监管局
27	北京市重大动物疫情应急预案	市农业局
28	北京市高致病性禽流感应急预案	市农业局
社会安全类		
29	北京市处置恐怖袭击事件和重大刑事案件应急预案	市公安局
30	北京市群体性事件应急预案	市维稳办
31	北京市民族宗教群体性事件应急预案	市民委
32	北京市影响校园安全稳定事件应急预案	市委教育工委

续表

序号	名称	牵头编制部门
社会安全类		
33	北京市涉外突发事件应急预案	市政府外办
34	北京市突发公共事件新闻发布应急预案	市委宣传部
35	北京粮食供给应急预案	市粮食局
36	北京市金融突发事件应急预案	市金融局
应急保障类		
37	北京市应急通信保障预案（专网）	市经济信息化委
38	北京市气象应急保障预案	市气象局
39	北京市突发事件应急救助预案	市民政局
40	北京市突发事件医疗救援应急预案	市卫生计生委
41	北京市通信保障应急预案（公网）	市通信管理局

表9-4 市级部门应急预案目录

序号	预案名称	编制主责部门
自然灾害类		
1	北京市住房和城乡建设委员会防汛应急预案	市住房城乡建设委
2	北京市建设系统破坏性地震应急预案	市住房城乡建设委
3	北京市交通行业安全迎汛应急预案	市交通委
4	北京市交通行业雪天交通保障工作实施方案	市交通委
5	北京市农业重大自然灾害应急预案	市农委
6	北京市永定河防御洪水方案	市水务局
7	北京市潮白河防御洪水方案	市水务局
8	北京市北运河防御洪水方案	市水务局
9	北京市密云水库防御洪水方案	市水务局
10	北京市官厅水库防御洪水方案	市水务局
11	北京市小清河分洪区运用预案	市水务局
12	首都机场周边应急排水预案	市水务局
13	北京市突发林木有害生物事件应急预案	市园林绿化局
14	北京市沙尘暴灾害应急预案	市园林绿化局
15	北京市人防工程防汛应急预案	市民防局
16	北京市地震系统应急预案	市地震局
17	北京市民政局突发事件应急预案	市民政局
18	北京市国土资源局汛期突发地质灾害应急预案	市国土局
19	北京铁路局防洪应急预案	北京铁路局
20	北京铁路局破坏性地震应急预案	北京铁路局

续表

序号	预案名称	编制主责部门
事故灾难类		
21	北京市800兆无线政务网应急预案	市经济信息化委
22	北京市电子政务网络应急预案	市经济信息化委
23	北京市电子政务信息安全应急预案	市经济信息化委
24	北京国防科技工业生产安全事故应急预案	市国防科工办
25	北京市无线电管理应急预案	市无线电管理局
26	北京市轨道工程施工突发事故应急预案	市住房城乡建设委
27	北京市城镇房屋安全突发事故应急预案	市住房城乡建设委
28	北京市户外广告设施突发事件应急预案	市市政市容委
29	北京市城市照明设施突发事件应急预案	市市政市容委
30	北京市生活垃圾处理设施突发事件应急预案	市市政市容委
31	北京市公共停车场突发事件应急预案	市交通委
32	北京市汽车租赁突发事件应急预案	市交通委
33	北京市公共电汽车突发事件应急预案	市交通委
34	北京市水域游船安全应急预案	市交通委
35	北京市城市排水突发事件应急预案	市水务局
36	北京市农村供水突发事件应急预案	市水务局
37	北京市城市水源系统突发事件应急预案	市水务局
38	北京市烟花爆竹生产安全事故应急预案	市安全监管局
39	北京市尾矿库事故灾难应急预案	市安全监管局
40	北京市环境保护局辐射污染事件应急预案	市环保局
41	北京市环境保护局突发环境事件应急处置实施办法	市环保局
42	北京市环境保护局突发环境事件应急监测预案	市环保局
43	北京市特种设备事故应急预案	市质监局
44	北京市广播电视安全播出保障方案	市新闻出版广电局
45	北京市道路交通事故处置救援应急预案	市公安局公安交通管理局
46	北京市互联网网络安全应急预案	市通信管理局
47	北京首都国际机场应急救援计划手册	首都国际机场有限公司
48	北京铁路局处置铁路交通事故应急预案	北京铁路局
49	北京铁路局火灾事故应急预案	北京铁路局
50	北京铁路局危险化学品运输事故应急预案	北京铁路局
51	北京铁路局动车组行车事故应急处理预案	北京铁路局

续表

序号	预案名称	编制主责部门
公共卫生类		
52	北京市鼠疫控制应急预案	市卫生计生委
53	北京市突发食物中毒事件应急预案	市卫生计生委
54	北京市突发生活饮用水污染事件应急预案	市卫生计生委
55	北京市霍乱疫情应急预案	市卫生计生委
56	北京市突发急性职业中毒事件应急预案	市卫生计生委
57	北京市高温中暑事件卫生应急预案	市卫生计生委
58	北京市医疗机构突发药品和医疗器械不良事件应急预案	市卫生计生委
59	北京市突发陆生野生动物疫情应急预案	市园林绿化局
60	北京市突发重大动物疫情应急实施方案	市农业局
61	北京市农业重大有害生物及外来有害生物入侵突发事件应急预案	市农业局
62	北京市农业转基因生物安全突发事件应急预案	市农业局
63	北京市水生动物疫病应急预案	市农业局
64	北京铁路局突发公共卫生事件应急预案	北京铁路局
65	北京出入境检验检疫局国境口岸突发公共卫生事件应急处理预案	北京出入境检验检疫局
66	北京口岸《进出境重大动物疫情应急处理预案》实施方案	北京出入境检验检疫局
67	北京地区进出境重大植物疫情应急处置预案	北京出入境检验检疫局
68	北京出入境检验检疫局进出口危险货物事故预防和应急预案	北京出入境检验检疫局
69	高致病性禽流感疫情进出境检验检疫应急预案的实施细则	北京出入境检验检疫局
70	北京出入境检验检疫局应对口岸流感大流行实施方案	北京出入境检验检疫局
71	北京出入境检验检疫局炭疽监测与控制应急实施方案	北京出入境检验检疫局
72	北京出入境检验检疫局霍乱防治方案	北京出入境检验检疫局
社会安全类		
73	北京市市场价格异常波动预警和应急监测工作实施办法	市发展改革委
74	北京市反恐怖处置行动工作规范	市公安局
75	北京市公安局处置爆炸恐怖袭击事件工作预案	市公安局
76	北京市公安局处置枪击恐怖袭击事件工作预案	市公安局
77	北京市公安局处置撞击恐怖袭击事件工作预案	市公安局
78	北京市公安局处置劫持人质恐怖袭击事件工作预案	市公安局
79	北京市地铁突发恐怖袭击事件处置工作方案	市公安局
80	北京市处置航空器撞击地面目标和被击落事件预案	市公安局
81	北京市配合处置在北京地区机场内劫机事件预案	市公安局
82	北京市处置辐射恐怖袭击预案	市公安局

续表

序号	预案名称	编制主责部门
	社会安全类	
83	北京市建筑业农民工群体性事件应急预案	市住房城乡建设委
84	北京市房屋拆迁纠纷群体性事件应急预案	市住房城乡建设委
85	北京市出租汽车维稳应急预案	市交通委
86	北京市水务反恐怖袭击应急预案	市水务局
87	北京市生物恐怖袭击防范工作方案	市卫生计生委
88	北京市处理涉台突发事件应急预案	市台办
89	北京市教育系统突发事件应急预案	市教委
90	北京市国家安全局处置突发事件工作预案	市安全局
91	北京市司法行政系统应急预案	市司法局
92	北京市涉及劳动保障方面群体性事件处置工作方案	市人力社保局
93	北京市公共文化场所和大型社会文化活动突发公共事件应急预案	市文化局
94	市政府外办涉外突发事件应急保障预案	市政府外办
95	北京市境外领事保护应急预案	市政府外办
96	北京市工商行政管理系统市场监管应急预案	市工商局
97	北京市文物局处置突发事件应急预案	市文物局
98	北京市大型体育赛事及群众体育活动突发事件应急预案	市体育局
99	北京市旅游突发事件应急预案	市旅游委
100	北京市信访办信访突发情况应急预案	市信访办
101	天安门城楼毛主席画像受损应急工作处置预案	天安门地区管委会
102	西站地区处置铁路旅客大量滞留专项应急预案	北京西站地区管委会
103	北京市处置大规模恐怖袭击事件应急通信专项预案	市通信管理局
104	北京保险业突发事件应急预案	北京保监局
105	北京铁路局处置群体性事件应急预案	北京铁路局
106	北京铁路局突发大客流及旅客列车大面积晚点应急预案	北京铁路局
107	北京市邮政业突发事件应急预案	市邮政管理局
108	北京海关突发事件应急处理预案	北京海关
	应急保障类	
109	北京市货物运输应急保障预案	市交通委
110	北京市客运应急保障预案	市交通委
111	北京市突发事件殡葬应急处置预案	市民政局
112	北京市财政应急资金保障预案	市财政局
113	北京市生活必需品市场供应应急预案	市商务委

续表

序号	预案名称	编制主责部门
应急保障类		
114	成品粮油应急投放方案	市粮食局
115	北京市突发公共卫生事件医药物资供应保障预案	市食品药品监管局
116	北京市突发事件国防动员应急预案	市国动委综合办
117	北京市红十字会突发事件应急预案	市红十字会
118	北京市重大活动气象保障应急预案	市气象局

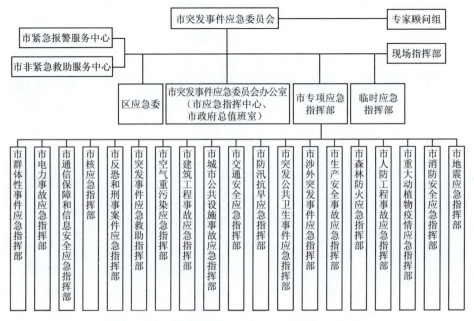

图 9-5　北京市应急管理组织体系框架图（史培军，2014c）

9.3　深圳市自然灾害应急管理体系研究

深圳位于中国南部海滨，毗邻香港，地处广东省南部，珠江口东岸，东临大亚湾和大鹏湾，西濒珠江口和伶仃洋，南边深圳河与香港相连，北部与东莞、惠州两城市接壤，辽阔海域连接南海及太平洋。深圳位于北回归线以南，地理位置为 113°46′E～114°37′E，22°27′N～22°52N。深圳于 1979 年建市，1980 年设立经济特区（李积勋等，1997），截至 2014 年底，深圳下辖 6 个行政区和 4 个新区，下辖 57 个街道办事处、790 个居民委员会。2014 年年末全市常住人口为 1 077.89 万人。2015 年，深圳本地生产总值 17 502.99 亿元，人均生产总值 157 985 元，按 2015 年平均汇率折算为 25 365 美元。30 多年来，深圳凭借特有的区位优势，进行全方位城市建设，从一个边陲小城镇逐渐发展为集工业、贸易、旅游、金融于一体的初具规模的现代化城市。深圳的城市灾害应急管理与应对体系的建设对保障其可持续发展有着重要的作用。

9.3.1 深圳市自然灾害系统

深圳市位于广东省中南沿海地区,所处纬度较低,属亚热带海洋性气候。深圳市依山临海,有大小河流 160 余条,但集雨面积和流量不大。深圳地处热带与亚热带过渡地区,又临海,自然灾害频繁,灾种也较多,自然灾害类型主要有气象灾害、地质灾害、海洋灾害、生物灾害,还有各类生产事故等。深圳市人口稠密、经济发达、城市化程度高(深圳市人民政府,2014)。

(1) 孕灾环境

深圳地处东南沿海,低山与丘陵交错,基岩与淤泥海岸交替。由于深受季风的影响,夏季盛行偏东南风,高温多雨,其余季节盛行东北季风,天气较为干燥,气候温和,年平均气温 22.4 ℃,最高气温 38.7 ℃(1980 年 7 月 10 日)、最低气温 0.2 ℃(1957 年 2 月 11 日)。深圳降水量充足,每年 4—9 月为雨季,年均降雨量 1 933.3 mm,年降雨量最多纪录为 2 662 mm(1957 年),年降雨量最少纪录为 913 mm(1963 年),平均每年受热带气旋(台风)影响 4~5 次,日照时间长,平均年日照时数为 2 120.5 h。

春季影响深圳的冷空气势力开始减弱,天气多变,常出现"乍暖乍冷"的天气。初春仍有较强的冷空气影响,少数年份在 2 月下旬仍可出现寒潮天气,且雨水较少,多数年份会出现不同程度的干旱。夏季在副热带高压的稳定控制下,常出现炎热天气,是极端最高气温出现的时期。同时,夏季也是深圳降水最为丰沛的季节,深圳的降水各地区差异很大,容易出现局地性的洪涝灾害和短时雷雨大风天气。秋季是深圳的少雨干旱时期,多是秋高气爽的晴好天气。由于雨水少,蒸发大,因而秋旱容易发生且发展迅速,深圳几乎每年都有不同程度的秋旱发生。冬季是深圳市最冷的季节,经常处于干冷气流的控制之下,气温达全年最低,降水稀少。

深圳市流域面积大于 100 km² 的河流有深圳河、茅洲河、龙岗河、观澜河和坪山河等 5 条。深圳现有水库 24 座,其中中型水库 9 座,总库容 5.25×10^8 m³。位于市区东部的深圳水库,总库容 4 000 多万立方米,是深圳与香港居民生活用水的主要来源。地下水资源总量 6.5×10^8 m³/a,年可开采资源量 1×10^8 m³。天然淡水资源总量 19.3×10^8 m³,人均水资源拥有量仅 500 m³,约为全国和广东省的 1/3 和 1/4。

深圳耕地资源总面积为 2 446.7 hm²,水果种植面积 9 946.7 hm²,林业用地 7.97×10^4 hm²。栖息、繁衍的国家级野生保护动物有虎纹蛙、蟒蛇、猕猴、大灵猫、金钱豹和穿山甲等。经济价值较大的两栖类动物 5 种、爬行类动物 23 种、鸟类 30 种、兽类 33 种。

(2) 承灾体

人文与社会环境 1979 年 3 月,国务院撤销宝安县设深圳市。1982 年,恢复宝安县建制,受辖于深圳市。1992 年,宝安县再度被撤销,分治为深圳市的一个市辖区。至此,深圳市辖宝安、龙岗、南山、福田、罗湖五区,其中罗湖、福田、南山为经济特区,龙岗、宝安为非特区,并以"二线关"将"特区"与"非特区"分割管辖。

1998 年 3 月,以沙头角为中心的区域从罗湖区析出,设盐田区,仍属于特区。2007 年 5 月,光明新区成立,管辖公明、光明两个街道,地处深圳西部。2009 年 6 月,深圳市委市政府为推进以大工业区为中心的东部片区统筹发展,促进深圳市区域协调发展,全面提升城市化水平,将原深圳市大工业区和原龙岗区坪山街道、坑梓街道,整合为坪山新区。2010年7月起，深圳经济特区范围延伸至龙岗、宝安。2011年12月，深圳市委、市政府在宝安和龙岗新增两个功能新区，分别为龙华新区和大鹏新区。

1980年深圳特区建立前，广九铁路以东主要是客家人，广九铁路以西主要是广府人。2014年全市年年末常住人口1 077.89万人，比上年末增加15万人，增长1.4%。其中，户籍人口332.21万人，占常住人口比重30.8%；非户籍人口745.68万人，占比重69.2%（表9-5）。

表9-5 深圳辖区概况（2014年）（深圳市人民政府，2014）

类别	名称	面积/km²	常住人口/万人	户籍人口/万人	非户籍人口/万人	邮政编码
行政区	福田区	78.66	135.71	83.35	52.36	518000
	罗湖区	78.76	95.37	55.92	39.46	518001
	南山区	185.49	113.59	71.03	42.56	518000
	盐田区	74.64	21.65	5.87	15.78	518000
	宝安区	398.38	273.65	42.13	231.52	518101
	龙岗区	387.82	197.52	42.49	155.03	518116
功能区	光明新区	155.45	50.42	6.17	44.25	518107
	龙华新区	175.58	143.45	16.51	126.95	518109
	坪山新区	167.01	33.15	4.44	28.72	518118
	大鹏新区	295.06	13.37	4.31	9.06	518116
	全市	1 996.85	1 077.89	332.21	745.68	—

运输体系 深圳公路交通发达，可通过高等级公路网方便地到达珠三角各城市。截至2011年年底，深圳市长途客运班线覆盖省内各区，辐射香港、澳门及内地20多个省（自治区、直辖市）。随着珠三角区域交通一体化和高速公路联网的实现，深圳作为国家级交通枢纽城市的地位得到进一步巩固。2012年2月，深圳市汽车保有量达到200万辆，次于北京，在全国排名第2位，机动车保有量排名第8位。深圳道路车辆密度已经突破300辆/千米，超过了国际上270辆/千米的警戒值。国家发展改革委与交通运输部联合发布《城镇化地区综合交通网规划》，其中深中通道被编为G2518国家高速公路。深中通道是连接广东省深圳市和中山市的大桥。计划采用东隧西桥的线位方案，路线起于广深沿江高速机场互通立交，与深圳侧连接线对接，向西跨越珠江口（图9-6）。

图9-6 深圳湾跨海大桥（深圳市人民政府，2014）

深圳铁路四通八达，贯穿中国大陆的两条主要铁路干线——京广铁路和京九铁路在深圳交会，有直达北京、上海、长沙、福州、桂林、九江、衡阳、武昌、岳阳、郑州、常德、西安、沈阳、济南等城市的长途旅客列车。截至 2011 年年底，广深铁路股份有限公司日开行旅客列车 231 对，其中广九直通车 13 对，广深城际"和谐号"动车组 110 对，在客流高峰期每 10 min 开行一对"和谐号"动车组。铁道线路有广九铁路、京九铁路、厦深铁路。火车站有深圳站、深圳北站、深圳西站、深圳东站（原布吉火车站）、深圳坪山站、光明城站等。贵广高铁与南广高铁已于 2014 年 12 月开通，深圳已开通前往南宁、贵阳等地的动车，待远期成贵高铁通车后，成都、乐山等地也将开行至深圳的动车。

深圳宝安国际机场位于深圳市宝安区（图 9-7），机场飞行等级为 4F 级，是区域性枢纽机场，中国第四大航空港，仅次于上海浦东国际机场、北京首都国际机场和广州白云国际机场，是世界百强机场之一，于 1991 年正式通航。深圳宝安国际机场是中国境内第一个实现海、陆、空联运的现代化国际空港，通航城市 92 个，通航航线 167 条，基地航空公司 9 家，城市候机楼 26 座。机场二跑道已于 2011 年 7 月建成并投入使用，标志着深圳空港进入双跑道运营时代。深圳机场综合实力排名连续十年位居中国内地城市第 4 位。深圳机场 T3 候机楼已在 2013 年 11 月投入使用，进一步增强了深圳机场的运输能力，提升深圳机场的竞争力。

图 9-7　深圳宝安国际机场（深圳市人民政府，2014）

深圳港拥有港口主要有蛇口码头、福永码头、盐田码头、赤湾码头、妈湾码头、内河码、东角头码头、下桐沙渔涌码头、大铲湾码头。（截至 2011 年年底，深圳港共拥有各类泊位 172 个，其中万吨级以上泊位 69 个，集装箱专用泊位 45 个，港口综合吞吐能力约 $2×10^8$ t，集装箱吞吐能力 1 925 万标准箱。有 47 家国际班轮公司在深圳港开辟集装箱国际班轮航线 238 条，是中国国际班轮航线密度最高的城市之一。深圳港集装箱吞吐量连续九年居世界集装箱港口第 4 位。）

深圳海陆空铁口岸俱全，是中国拥有口岸数量最多、出入境人员数量最多、车流量最大的口岸城市。深圳海关直属中华人民共和国海关总署领导，业务管辖区域包括深圳市及惠州市。深圳海关是全国任务最繁重的海关之一，为企业提供"24小时预约通关"等个性化服务。深圳已建成各类口岸18个，其中包括中国客流量最大的旅客出入境陆路口岸——罗湖口岸，24小时通关的皇岗口岸等。罗湖口岸、福田口岸均有深圳地铁罗宝线与香港地铁东铁线接驳。深圳市边境口岸有罗湖口岸、深圳湾口岸、福田口岸、皇岗口岸、文锦渡口岸、沙头角口岸、蛇口码头口岸。

2004年12月，深圳地铁一期工程建成通车，是中国大陆地区继北京、天津、上海、广州后第5个拥有地铁系统的城市。（2011年6月，地铁二期五条线路全面开通，深圳形成总长178 km，覆盖深圳市主要发展轴的城市轨道交通运营网络。轨道二期开通后地铁日均客流量达284.04万人次，最高日客运量达394.34万人次。截至2013年，深圳地铁已开通1号罗宝线、2号蛇口线、3号龙岗线、4号龙华线、5号环中线。目前深圳地铁的总体规划已到32条线路。）

2010年11月，交通运输部与深圳市人民政府签订了《共建国家"公交都市"示范城市合作框架协议》，全面启动公交都市建设。截至2010年年底，深圳市共有公交线路756条，公交车1.25万辆，全年公共交通客流量达24.43亿人次。

经济 深圳是中国经济中心城市，经济总量长期属于中国大陆城市第4位，是中国大陆经济效益最好的城市之一，英国《经济学人》2012年"全球最具经济竞争力城市"榜单上，深圳位居第二。深圳地处珠江三角洲前沿，是连接香港和内地的纽带和桥梁，是华南沿海重要的交通枢纽，在中国高新技术产业、金融服务、外贸出口、海洋运输、创意文化等多方面占有重要地位。深圳在中国的制度创新、扩大开放等方面承担着试验和示范的重要使命。

2015年，深圳本地生产总值17 502.99亿元。其中，第一产业增加值5.66亿元，第二产业增加值7 205.53亿元，第三产业增加值10 291.80亿元。2015年，全年蔬菜产量6.30×10^4 t，水果产量0.40×10^4 t，全年水产品总产量3.98×10^4 t。2015年，深圳全年规模以上工业增加值排名前五行业依次为通信设备、计算机及其他电子设备制造业，电气机械和器材制造业，石油和天然气开采业，电力、热力生产和供应业，专用设备制造业。

深圳是全国证券资本市场中心之一。全国两家证券交易所之一的深圳证券交易所进入规模化、市场化发展新阶段。2014年，深圳证券交易所上市公司1 618家，上市股票1 657只。上市公司市价总值128 572.94亿元，上市公司流通市值95 128.44亿元（图9-8）。全年证券市场总成交金额444 708.19亿元。深圳是中国第三大保险城市，也是第一个保险改革试点城市。保险公司总部7家，分支机构29家，保险从业人员达约3.5万人。2014年，保险机构原保险保费收入548.66亿元，其中，财产险215.73亿元，人身险332.93亿元。各项赔付支出155.76亿元，其中，财产险业务支出101.05亿元，人身险业务支出54.71亿元。深圳拥有外资金融机构38家。2009年，深圳有300多家律师事务所、近6 000名职业律师和286家会计师事务所、5 000余名注册会计师。

图 9-8　深圳证券交易所(深圳市人民政府，2014)

2015 年，深圳全年社会消费品零售总额 5 017.84 亿元。其中，批发和零售业零售额 4 448.14 亿元，住宿和餐饮业零售额 569.69 亿元。全年商品销售总额 23 490.77 亿元。2015 年，深圳全年外贸进出口总额 27 516.58 亿元。

社会与文化　截至 2015 年年末，深圳全市各级各类学校总数达 2 196 所，在校学生数 187.68 万人；全市有幼儿园 1 489 所，在园幼儿 43.85 万人；有小学 334 所，在校学生 86.48 万人；有普通中学 335 所，在校学生 38.52 万人。2015 年年末，深圳全市有卫生医疗机构 2 946 个，其中医院 123 个；卫生机构拥有床位 33 771 张，其中医院病床 31 425 张。全市有卫生技术人员 74 884 人。深圳体育经营场地面积超过 $1\,200 \times 10^4$ m²，群众性体育设施面积近 400×10^4 m²。深圳是中国内地著名会展城市。

深圳市的主要语言是普通话，本地方言主要是粤语和客家话。截至 2015 年年末，深圳全市有各类公共图书馆 620 座，公共图书馆总藏量 3 282.12 万册(件)。全市拥有博物馆、纪念馆 41 座，拥有广播电台 1 座，电视台 2 座，广播电视中心 3 座，有线广播电视站 20 座，广播、电视人口覆盖率达 100%(深圳市城市总体规划，2014)。

(3) 致灾因子

深圳主要自然致灾因子如表 9-6 所示，其特征如表 9-7 所示，分级标准如表 9-8 所示。

表 9-6　深圳主要自然致灾因子(黄湘岳，2014)

类型	灾种
气象灾害	洪涝、台风、暴雨、寒潮、干旱、高温等
地质灾害	地震、崩塌、滑坡、泥石流、地裂缝、地面沉降、水土流失、土壤污染等
海洋灾害	海啸、海浪、赤潮、海水入侵、海岸侵蚀、海平面上升、海洋污染等
生物灾害	生物病虫害、物种入侵、森林火灾等

表 9-7　深圳主要自然致灾因子特征（黄湘岳，2014）

特征	表现
数量大	2006—2010 年，深圳市共发生各类自然灾害 992 起，较"十五"期间增加近一倍，数量呈逐年上升趋势。其中，2008 年自然灾害异常严重，共发生 835 起
灾情重	1993 年"6·16"和"9·26"两次洪水，共造成直接经济损失 14 亿元。2008 年是自然灾害多灾之年，全年共造成 100 万人受灾，11 人死亡，7 人失踪，倒塌房屋 198 间，转移安置 14.5 万人，直接经济损失约 10 亿元
影响广	自然灾害造成的损失形式已由工程灾害扩大到社会灾害领域，造成的间接经济损失比直接经济损失更加严重，如生命线系统中断、商业中断、社会功能瘫痪、环境污染等次生、衍生灾害
人祸多	深圳市 99% 的崩塌、山体滑坡等地质灾害系人类工程活动造成；由于城市开发建设和地面硬化面扩大，水库、河道、排水管网淤堵造成排洪不畅，造成局部地区严重内涝；城市郊野公园、林地等建设施工中的用火不慎，人们野外郊游时违规抽烟、取火等，成为城市森林火灾的主要人为诱发因素

表 9-8　深圳主要自然致灾因子分级标准（黄湘岳，2014）

级别	分级标准（同时满足以下两种情况）	
	灾害成因（符合以下之一）	灾害损失（符合以下 6 项以上）
特大自然灾害	(1) 干旱连续 90 d 以上 (2) 12 级以上风暴潮达 50 年一遇 (3) 24 小时降雨 300 mm 或 50 年一遇以上大洪水 (4) 7 级以上地震	(1) 受灾人口占全市常住人口的 50% 以上 (2) 倒塌房屋占市属房屋总数的 3% 以上 (3) 死亡 20 人以上 (4) 农作物受灾面积占农作物播种面积的 50% 以上 (5) 通信中断、停电 2 d 或设施直接损失 5 000 万元以上 (6) 交通瘫痪 (7) 直接经济损失占上年全市国内生产总值 30% 以上 (8) 造成国内影响
重大自然灾害	(1) 干旱连续 60~90 d (2) 强热带风暴（中心风力 10~11 级）、风暴潮达 20 年一遇 (3) 24 小时降雨 200~300 mm 或 20 年一遇以上大洪水 (4) 6~7 级地震等	(1) 受灾人口占全市常住人口的 30% 以上 (2) 倒塌房屋占市属房屋总数的 1% 以上 (3) 死亡 20 人以下 (4) 农作物受灾面积占农作物播种面积的 30% 以上 (5) 通信部分中断、停电 1~2 d 或设施直接损失 3 000 万~5 000 万元 (6) 交通中断 (7) 直接经济损失占本市上年国民生产总值 20% 以上 (8) 造成省内影响
较大自然灾害	(1) 干旱连续 60 d (2) 热带风暴（中心风力 8~9 级）、风暴潮达 10 年一遇 (3) 24 小时降雨 150~200 mm 或 10 年一遇以上大洪水 (4) 5~6 级地震等	(1) 受灾人口全市占常住人口的 20% 以上 (2) 倒塌房屋占市属房屋总数的 0.5% 以上 (3) 死亡 10 人以下 (4) 农作物受灾面积占农作物播种面积的 15% 以上 (5) 通信供电间断影响 (6) 铁路、公路短期无法使用 (7) 直接经济损失占市属上年国内生产总值 10% 以上 (8) 形成市内影响

续表

级别	分级标准（同时满足以下两种情况）	
	灾害成因（符合以下之一）	灾害损失（符合以下6项以上）
一般自然灾害	(1) 干旱30 d内累计降雨量在40 mm以下 (2) 热带低气压造成影响，风暴潮达5年一遇 (3) 24小时降雨150 mm或5年一遇洪水以下 (4) 5级以下地震	(1) 死亡人口不到5人 (2) 受灾人口低于常住人口的20% (3) 倒塌房屋数量低于市属房屋总数的20% (4) 直接经济损失低于市属上年国内生产总值的10% (5) 农作物受灾面积低于农作物播种面积的15% (6) 交通一度受影响；灾害使局部地方受到影响

暴雨灾害 深圳市年平均降水量1 830 mm，汛期（4—10月）降雨量占全年降水的85%。1960—2012年暴雨平均每年发生6.7次，大暴雨平均每年发生1.9次，特大暴雨平均每年发生0.3次（表9-9；图9-9，图9-10）。

表9-9 深圳暴雨（黄湘岳，2014）

暴雨 （日≥50 mm）	暴雨最多出现在8月，平均暴雨日数有1.9 d，其次为7月，平均暴雨日数1.7 d，其后依次为5月、9月、4月
大暴雨 （日≥100 mm）	大暴雨最多出现在7月、9月，其后依次为8月、6月、5月、10月
特大暴雨 （日≥200 mm）	特大暴雨共出现9次，其中8月出现3次，5月出现2次，4月、6月、7月、10月各出现1次

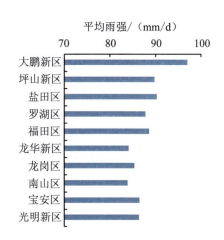

图9-9 深圳市平均雨强统计图
（1960—2012年）（黄湘岳，2014）

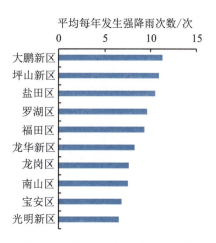

图9-10 深圳市强降雨频次统计图
（1960—2012年）（黄湘岳，2014）

洪涝灾害 洪涝灾害是深圳市自然灾害中发生频率较高、危害程度较严重的灾害之一。年际分布特点（60年间共受灾111次）（图9-11，图9-12），季节分布特征如图9-13所示。

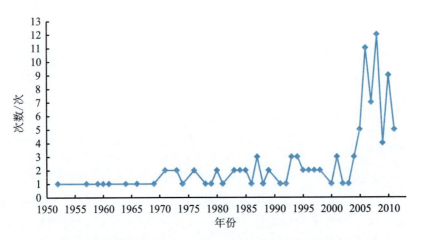

图 9-11　深圳市洪涝灾害次数趋势图(1952—2011 年)(黄湘岳，2014)

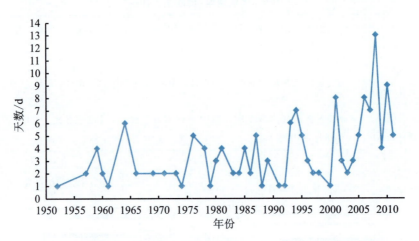

图 9-12　深圳市洪涝灾害天数趋势图(1952—2011 年)(黄湘岳，2014)

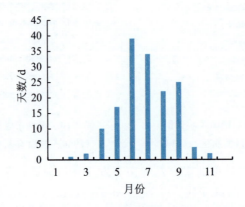

图 9-13　深圳市逐月洪涝灾害天数统计图(1952—2011 年)

干旱灾害 深圳市水资源来自于天然降水和境外东江引水,其中境外东江引水占深圳市供水水源的 80%。一旦东江流域出现特别干旱年份,或深圳市本地遭遇特别干旱,将可能影响深圳市供水安全(表 9-9,表 9-10,表 9-11)。

表 9-9 深圳市干旱发生概率表(1987—2011 年)(黄湘岳,2014)

项目	轻度	中度	重度	合计
次数	26	24	15	65
概率	0.40	0.37	0.23	1.00

表 9-10 深圳市东江境外取水时间统计表(1963—2009 年)(黄湘岳,2014)

足额取水天数/d	完全不能取水天数/d	能够部分取水天数/d
10 170	5 583(4703)	307

表 9-11 深圳市干旱频次统计表(1987—2011 年)(黄湘岳,2014)

季节	秋冬春	秋冬旱	冬春旱	春旱3—5月	夏旱	秋旱	冬旱	春夏旱
次数	7	14	9	22	2	5	5	1

根据深圳市气象局数据,东江年际间降水相差大,其中少雨年出现频率为 4~6 年一遇。根据深圳市水务局统计数据,44 年间东江水源水遭遇严重破坏的年份为 5 年,表明平均每隔 10 年左右,东部水将遭遇一次严重破坏。

地质灾害 深圳市地质灾害主要分为突发性地质灾害(斜坡类地质灾害、岩溶塌陷地质灾害、塌岸)和缓变性地质灾害(海水入侵地质灾害、地面沉降地质灾害、断裂活动性地质灾害)。斜坡类地质灾害(滑坡、崩塌、泥石流、不稳定边坡)是深圳地质灾害的主要类型之一。斜坡类地质灾害主要发生在汛期(4—9 月),与降雨周期及降雨量紧密相关(表 9-12)。

表 9-12 深圳市地质灾害统计(2005—2012)(黄湘岳,2014)

年份	灾害时间	灾害数量/起	占全年斜坡类地质灾害量的百分比/%
2005	8 月 20 日前后	208	100
2006	5—9 月	81	100
2007	6 月 10 日前后	20	87
2008	6 月 13—14 日	569	68.8
2009	5—9 月	18	100
2010	7 月 19 日、9 月 15 日	7	100
2011	4—7 月	5	100
2012	6—8 月	12	100

深圳市滑坡大部分布在海拔 40~80 m,占总数的 69.4%,崩塌大部分布在海拔 20~70 m,占总数的 67.3%(图 9-14,图 9-15)。滑坡多发生在 40°~70°坡,占总数的 94.2%。崩塌多发生在 50°~80°坡,占总数的 73.8%(图 9-16,图 9-17)。

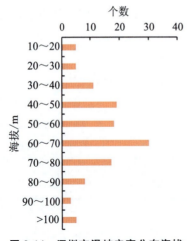

图 9-14 深圳市滑坡灾害分布海拔
(黄湘岳,2014)

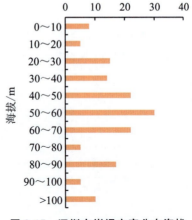

图 9-15 深圳市崩塌灾害分布海拔
(黄湘岳,2014)

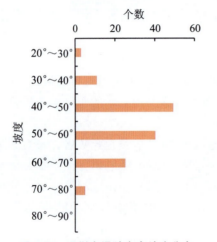

图 9-16 深圳市滑坡灾害坡度分布
(黄湘岳,2014)

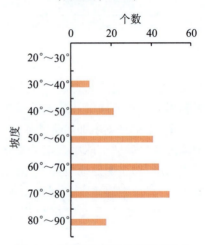

图 9-17 深圳市崩塌灾害坡度分布
(黄湘岳,2014)

深圳市滑坡主要发生在砂岩、花岗岩、第四系残坡积土、泥岩、板岩和填土岩性条件上,崩塌主要发生在花岗岩、砂岩、第四系残坡积土、片麻岩、泥岩、变粒岩和板岩岩性条件上(图 9-18,图 9-19)。

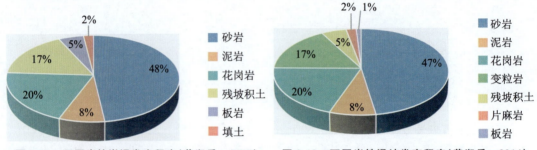

图 9-18 不同岩性崩塌发育程度(黄湘岳,2014)　　图 9-19 不同岩性滑坡发育程度(黄湘岳,2014)

根据深圳市规划和国土资源委员会 2006—2012 年地质灾害统计数据，深圳市各年度斜坡类地质灾害在全市范围内都有发生，主要发生在宝安、龙岗两区（表 9-13）。

表 9-13　深圳各区地质灾害分布（黄湘岳，2014）

区域	滑坡	崩塌	泥石流
福田区	7	28	0
罗湖区	9	21	1
南山区	3	59	0
盐田区	8	13	1
宝安区（含龙华新区）	44	692	4
龙岗区（含大鹏新区）	216	179	2
光明新区	19	22	0
坪山新区	0	1	0
合计	306	1 015	8

森林火灾　深圳市现有林业用地面积为 782.03 km^2，占深圳面积的 40.0%。全境降雨时空分布不均，平均相对湿度为 71%，平均风速为 2.2 m/s，雷暴、高温天气频繁。气候、森林植被、地理环境和人类活动等多种自然和社会因素易引发森林火灾。2007—2011 年深圳市共发生森林火灾 91 起，大部分为一般性森林火灾，过火面积为 131 hm^2，森林受害面积为 53.52 hm^2，森林面积受害率为 0.1‰，森林火灾主要发生在冬季（图 9-20）。龙岗区、罗湖区、坪山新区和龙华新区森林火灾发生次数较多，占森林火灾的 70%。

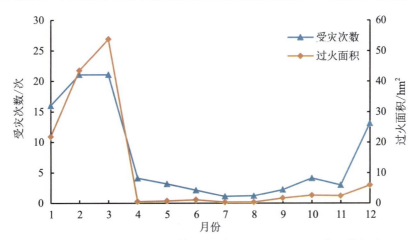

图 9-20　深圳市森林火灾次数和过火面积月变化图（2007—2011 年）（黄湘岳，2014）

(4) 灾情

总体灾情　深圳自然灾害灾情总体不重，但呈增长态势（图 9-21），各区也有明显差异（图 9-22）。

1993 年的"9·26"洪灾：受"9318"号台风影响，深圳水库 24 小时降雨量 338.5 mm，水库库尾三日降雨量达 429 mm；深圳市 8 座水库蓄水均高于防洪限制。深圳河、布吉河洪水漫堤，建设路、和平路水深 2 m 多。全市受灾人口达 13 万人，死亡 14 人，受浸面积 12.41 km^2，直接经济损失 7.64 亿元，间接经济损失 5.64 亿元，使来访的尼泊尔国王被困富临大酒店。

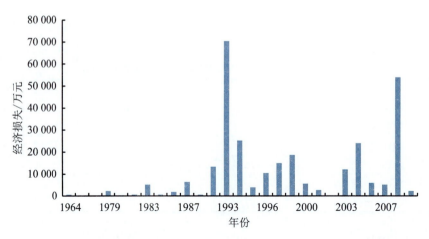

图 9-21 深圳市洪涝灾害经济损失统计图(1964—2011 年)(黄湘岳,2014)

2008 年的"6·13"特大暴雨:2008 年 6 月 12—13 日深圳遭遇超 50 年一遇特大暴雨,宝安区石岩水库雨量观测站录得 24 小时暴雨极值为 636 mm,全市受灾人口 100 万人,死亡 5 人,倒塌房屋 70 间,发生斜坡类地质灾害 569 起,航空、公路、铁路各交通部门受到不同程度影响,直接经济损失 4.9 亿元。

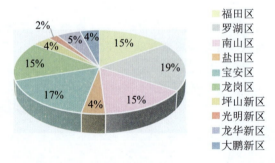

图 9-22 深圳市各区洪涝灾害损失统计图(1952—2011 年)(黄湘岳,2014)

人为或人为诱发灾害加剧 2015 年 12 月 20 日 11 时 40 分左右,深圳市光明新区凤凰社区恒泰裕工业园发生山体滑坡(图 9-23),附近西气东输管道发生爆炸。

图 9-23 深圳大滑坡位置图(新华社,2015)
(a)红色点处为大滑坡位置;(b)大滑坡为建筑采料矿坑(受纳场)

截至 2016 年 1 月 12 日 22 时，事故现场发现 69 名遇难者，经核实全部为失联人员，医院共收治 17 人，已出院 11 人，其余 6 人正在留院治疗康复中。滑坡覆盖的面积达 6×10^4 m²，平均厚度 6 m 左右。掩埋及损坏的民宅及厂房多达 33 栋，包括 14 栋厂房、2 栋办公楼、1 间饭堂、3 间宿舍和 13 栋低矮民房。现已初步认定，这是一起特别重大生产安全责任事故，导致事故发生的直接原因是建设、经营者没有在该受纳场修建导排水系统，且没有排除受纳场底部（原为一个石料矿坑）的大量积水就开始堆填建筑渣土，加之周边泉水和降水的不断加入，致使堆填体内部含水过饱和，在底部形成软弱滑动层；在严重超量超高加载渣土的重力作用下，大量渣土沿南高北低的山势滑动，形成了破坏力巨大的高势能滑坡体，加之事发时应急处置不当，造成了重大人员伤亡和财产损失（图 9-24，图 9-25）。

图 9-24　深圳大滑坡现场（新华社，2015）

图 9-25　深圳大滑坡救援现场（新华社，2015）

未发生强降雨，山体为何滑坡？据当地群众反映，滑坡发生前，深圳并未发生大规模强降雨，只是 12 月 20 日上午下过小雨。事发地红坳村群众反映，冲击工业园区、造成垮塌的泥土并非自然山体，而是近两年附近施工挖土后，在山体上堆积的渣土，山谷两旁的山高约 100 m。渣土冲出山体涌向了附近的工业园区。网民提供的卫星照片显示，2005 年，此处是采石场；2013 年，采石场停用，裸露的山谷开始复绿，山谷中明显可见大量积水；2014 年，废弃的采石场山谷"变身"渣土填埋场，山谷的出口正对着工业园区。有群众曾反映，这个临时渣土受纳场一天几百车次泥头车拉泥土、建筑废料上山堆填，堆填泥土过高。根据《深圳市建筑废弃物受纳场运行管理办法》，作为主管单位的城管部门应该定期抽查配套设施状况，督促受纳单位按要求定期检查维护，并应定期开展安全生产检查。

9.3.2 深圳市灾害应急管理与响应体系

深圳市灾害应急体系覆盖自然灾害、生产事故、公共卫生和社会治安等公共安全的全部内容。作为特大城市，深圳市有比较完善的灾害应急体系。

(1) 灾害应急预案

深圳市灾害类专项预案，包括《深圳市自然灾害救助应急预案》《深圳市防汛应急预案》《深圳市防台风应急预案》《深圳市气象灾害应急预案》《深圳市地震应急预案》《深圳市突发性地质灾害应急预案》《深圳市海洋灾害应急预案》《深圳市处置森林火灾应急预案》《深圳市台风暴雨等恶劣天气交通保障应急预案》《深圳市环境空气质量异常应急预案》《深圳港防热带气旋应急预案》等。深圳预案、体系、存在的问题有预案体系的科学性、实用性、前瞻性、衔接性不强；预案的功能定位不明确；不同预案的框架和内容雷同；预案编制前缺少风险和能力评估；应急预案的管理缺乏规范性等。

(2) 灾害应急管理机构与组织体系

图 9-26 是深圳市应急管理组织机构图，从中可以看出深圳市灾害应急管理体系的全貌。

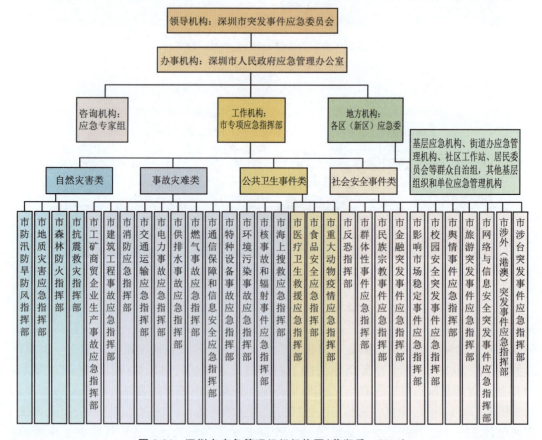

图 9-26 深圳市应急管理组织机构图(黄湘岳，2014)

深圳市主要应急平台系统如表 9-14 所示,深圳市应急物资储备类别如表 9-15 所示。

表 9-14 深圳市主要应急平台系统(黄湘岳,2014)

名称	建设部门
市应急平台	深圳市应急办
110 指挥系统	深圳市公安局
三防应急指挥信息系统	深圳市三防办
海事指挥系统	深圳海事局
气象信息决策服务支持系统	深圳市气象局
数字化城管系统	深圳市城管局
民防通信指挥系统	深圳市民防办
城市燃气管网运行监控系统	深圳市燃气集团
林火监控监测预警指挥系统	深圳市森林防火办
区应急平台	各区政府

表 9-15 深圳市应急物资储备类别表(黄湘岳,2014)

物资类别	储备部门	物资名称
重要战略物资	发展改革委员会、经贸信息部门	粮食、猪肉、食盐、天然气等
抢险救灾物资	三防办、森林防火、环保、卫生、民政等部门	救生衣、编织袋、土工布、橡皮艇、灭火弹、救灾防寒衣物、雨衣、口罩、胶鞋、通用急救药品和器械等
基本生活物资	经贸信息等部门	衣服、棉被、矿泉水等商业储备

(3)城市灾害应急管理与响应模式

基于对深圳灾害应急管理与响应体系的实证分析,图 9-27 给出了城市灾害应急管理与响应模式。

为了完善城市灾害应急管理与响应体系,需要扩大灾害应急管理范围,强化应急管理部门综合协调职能。①值守应急:建立各级 24 小时值班系统,及时获取各类灾害信息,提高处置效率;②资源整合:整合单灾种应急部门的救援队伍、物资、资金、技术等资源,实现资源的高效利用;③综合协调:协调单灾种应急部门的力量,建立联动机制,形成综合应对合力。

需要强化基层应急管理体制建设,即市区街道社区应急机构职能分设。①市应急管理机构:负责应急规划、培训、预案编制与管理等职能;②区应急管理机构:负责组建救援队伍、监测预警、应急处置等职能;③街道/社区应急管理机构:负责先期处置、风险排查、公众宣传、信息报送等职能。

需要规范自然灾害应急机制。①规范应急信息传播:政府对内信息报送方面,统一全市信息报送标准,加强信息整合力度,提升信息报送的电子化水平,实现信息共享;

政府对外新闻发布方面，完善新闻发言人制度，及时、公开发布自然灾害信息。②规范现场应对：各专项应急指挥部负责人担任现场指挥官。由应急管理部门负责人参与现场指挥部，担任协调官。制定完善自然灾害现场处置工作规范。③规范区域合作：加快建立与香港特区政府应急联动机制。加强与东莞、惠州、河源等周边城市应急管理合作。加强与发达国家和地区应急管理合作。④规范宣传培训：面向公众开展多种形式的自然灾害应急宣传活动。重点针对公众和学生，采用喜闻乐见的宣传内容和形式。同时，扩大公众参与应急演练的机会。面向应急管理人员开展多种形式的自然灾害应对培训。重点针对应急管理人员、救援队伍和社会志愿者队伍。⑤规范善后工作：发挥商业保险在自然灾害善后恢复中的作用，鼓励保险机构开发自然灾害险种，号召公众购买自然灾害保险，实现自然灾害风险社会共担。

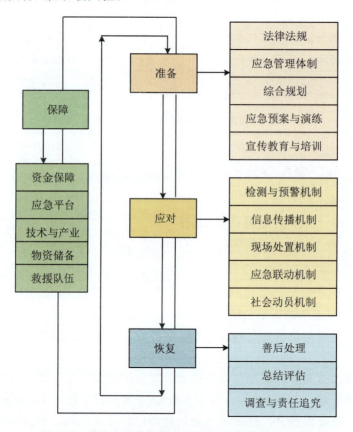

图 9-27　城市灾害应急管理体系流程（黄湘岳，2014）

需要健全灾害应急预案法制。①优化应急预案：评估本地区、本行业的风险隐患和致灾因子，以及自身的应对能力，在此基础上，借鉴发达国家和香港地区经验，优化应急预案，细化操作措施。解决预案相互抄袭、预案内容重复度高、预案之间衔接性较差等问题，避免重"量"轻"质"。②完善预案体系：从全面开展城市自然灾害风险评估入手，建立城市"一风险一预案"的应急预案体系，即以评估城市台风、暴雨、洪涝等自然灾害风险的高低等级为序，制定城市相应的自然灾害应急预案，避免"大而全、小而全"和"上下一般粗"的问题。特别是地震等巨灾，应制定全市统一的应急预案，因为深圳地域面积不大，一旦发生地震，不可能是一个区、一个部门的事，必须是全市统一的应对行动，集中全市各方力量共同应对。

需要加强自然灾害应急保障。①整合应急救援队伍：整合政府应急救援队伍，强化核心救援能力。发展社会应急志愿者队伍，提高社会参与度。②加强应急资金保障：设立政府应急专项资金。鼓励公民、法人和其他组织提供资金捐赠。加强商业保险在自然灾害应急领域的应用。③完善应急物资储备：建立自然灾害应急物资储备制度。以政府名义向单位和个人征用设备、设施和物资。鼓励公民、法人和其他组织捐赠物资和装备。④加快避难场所建设：统一规划、建设全市应急避难场所。规范应急避难场所标识、标志和后勤保障等管理问题，为避难人员提供必要的基本生活保障。

需要关注城市灾害应急管理与响应的深层次问题。①分类管理与综合管理：分部制分类管理和大部制综合管理在职能定位、内设机构、人员、工作效率等方面存在差距；②条条管理与块块管理：坚持"以块为主、条块结合"把握基本职责，做到各有侧重，加强综合协调；③应急管理与风险管理相结合：树立风险管理的理念，以风险为前提和基础，开展应急预案编制、物资储备、队伍组建和培训、公众逃生自救能力培养等工作。

参考文献

Li M, Ye T, Shi P, et al. Impacts of the global economic crisis and Tohoku earthquake on Sino-Japan trade: a comparative perspective[J]. Natural Hazards, 2015, 75(1): 1-16.

Shi P, Li N, Ye Q, et al. Research on integrated disaster risk governance in the context of global environmental change[J]. International Journal of Disaster Risk Science, 2010, 1(1): 17-23.

陈安, 陈宁. 现代应急管理理论与方法[M]. 北京: 科学出版社, 2009.

郭济. 政府应急管理实务[M]. 北京: 中央党校出版社, 2006.

黄湘岳. 城市灾害应急管理体系研究[D]. 北京: 北京师范大学, 2014.

李积勋, 史培军. 区域环境管理的理论与实践[M]. 北京: 中国科学技术出版社, 1997.

深圳市人民政府. 深圳概貌[EB/OL]. (2014-08-12)[2016-05-12]. http://www.sz.gov.cn/cn/wzdh/

深圳市规划和国土资源委员会. 深圳市城市总体规划(2010—2020)[EB/OL]. (2014-08-12). [2016-05-12] http://www.szpl.gov.cn/xxgk/csgh/csztgh/201009/t20100929_60694.htm.

史培军, 刘婧, 徐亚骏. 区域综合公共安全管理模式及中国综合公共安全管理对策[J]. 自然灾害学报, 2006, 15(6): 9-16.

史培军, 邵利铎, 赵智国, 等. 中国大型企业综合风险管理战略与模式[J]. 自然灾害学报, 2008, 17(1): 9-14.

史培军, 叶涛, 王静爱, 等. 论自然灾害风险的综合行政管理[J]. 北京师范大学学报(社会科学版), 2006(5): 130-136.

史培军, 李宁, 刘婧, 等. 探索发展与减灾协调之路——从2006年达沃斯国际减灾会议看中国发展与减灾协调对策[J]. 自然灾害学报, 2006(6): 1-8.

史培军, 刘婧. 突发公共安全事件与应急管理对策[J]. 城市与减灾, 2006(6): 2-6.

史培军, 邵利铎, 赵智国, 等. 论综合灾害风险防范模式——寻求全球变化影响的适应性对策[J]. 地学前缘, 2007, 6(14): 43-53.

史培军, 袁艺. 重特大自然灾害综合评估[J]. 地理科学进展, 2014a, 33(9): 1145-1151.

史培军, 张欢. 中国应对巨灾的机制——汶川地震的经验[J]. 清华大学学报(哲学社会科学版), 2013a, 28(3): 96-113.

史培军. 创新制度提高综合减灾能力[J]. 瞭望, 2008(10): 112.

史培军. 从应对巨灾看国家综合防灾减灾能力建设[J]. 中国减灾, 2012(11): 12-14.

史培军. 环境风险管理及其应用[J]. 管理世界, 1993(4): 18-21.

史培军. 论政府在综合灾害风险防范中的作用——基于中国的实践与探讨[J]. 中国减灾, 2013b, 11: 11-14.

史培军. 应加强全民对灾害的常规应急能力建设[J]. 科技导报, 2008(10): 10.

史培军. 制定国家综合减灾战略 提高巨灾风险防范能力[J]. 自然灾害学报, 2008, 17(1): 1-8.

史培军. 中国综合减灾25年: 回顾与展望[J]. 中国减灾, 2014b, (9): 32-35.

魏剑. 构建重大灾害应急保障机制的设想[J]. 时代经贸, 2012(8): 50.

谢强, 李杰. 电力系统自然灾害的现状与对策[J]. 自然灾害学报, 2006, 15(4): 126-131.

周武光, 史培军. 我国洪泛区可持续发展与公共政策[J]. 北京师范大学学报: 社会科学版, 2001(2): 110-117.

第 10 章 综合灾害风险防范

本章阐述综合灾害风险防范的结构体系与优化、功能体系与优化、范式与凝聚力模式。综合灾害风险防范需要通过发挥政府、企事业单位、社区和家庭等多方面的作用，"凝心聚力"，构建凝聚力模式。这一模式是由全球、区域、国家和地方相结合的多尺度适应，设防、救助、响应与转移相结合的多过程减缓，工程、非工程、工程与非工程相结合的多措施设防共同构成。仿真模拟结果表明，综合灾害风险防范的凝聚力模式，可大大提高防灾减灾资源利用的效率和效益。

10.1 综合灾害风险防范的结构体系与优化

综合灾害风险防范的宏观结构就是区域发展与公共安全建设相互协调的区域可持续运行的能力体系，综合灾害风险防范的微观结构体系包括区域安全建设、救灾救济、应急管理、风险转移，结构体系优化就是实现其在资源利用中的高效率和高效益。

10.1.1 区域灾害风险与防范的宏观结构体系

区域发展是由区域发展政策、区域发展资源与区域发展规划所构成的综合经济和社会体系，区域安全建设是由区域防灾、抗灾与救灾系统所构成的减灾体系。区域减灾就是发展，保护生产力也就是发展生产力。区域发展与减灾体系共同组成了区域综合灾害风险防范的宏观结构体系。

(1) 区域灾害风险

中国是世界上自然灾害较为严重的国家之一。伴随着全球气候变化以及中国经济快速发展和城镇化进程不断加快，中国的资源、环境和生态压力加剧，灾害风险形成过程更加复杂，灾害应对与风险防范形势更加严峻。中国的自然灾害及其风险具有以下几个主要特点。

灾害种类多，分布地域广 中国的主要自然灾害有气象灾害、地质灾害、海洋灾害、生物灾害和森林草原火灾等，大小灾种100多个。近25年来，除现代火山活动外，地震、台风、洪涝、干旱风沙、风暴潮、崩塌、滑坡泥石流、风雹、寒潮、热浪、病虫鼠害、森林草原火灾、赤潮等几乎所有重要灾害都在中国发生过。中国各省(自治区、直辖市)均不同程度受到自然灾害影响。2/3以上的国土面积受到洪涝灾害威胁，东部、南部沿海地区以及部分内陆省份经常遭受热带气旋侵袭，东北、西北、华北等地区旱灾频发，西南、华南等地的严重干旱时有发生。各省(自治区、直辖市)均发生过5级以上的破坏性地震，约占我国国土面积69%的山地、高原因地质构造复杂，滑坡、泥石流、崩塌等地质灾害频繁发生。海域风暴潮和赤潮多见，森林和草原火灾易发。全国70%以上的城市、50%以上的人口分布在气象、地质、海洋等自然灾害严重的地区。

发生频率高，造成损失大 中国受季风影响十分强烈，气象灾害频繁，局地性或区域性干旱灾害几乎每年都会发生，东部沿海地区平均每年约有7个热带气旋登陆。中国位于欧亚、太平洋及印度洋三大板块交会地带，新构造运动活跃，地震活动十分频繁，大陆地震占全球陆地破坏性地震的1/3,是世界上大陆地震最多的国家。中国多山,崩塌、滑坡泥石流在山地、丘陵区年均发生数千处。森林和草原火灾也时有发生。1989年以来的25年间(统计数据不含2008年巨灾年),中国年均受灾人口近4亿人次,因灾死亡失踪4 000多人,紧急转移安置约1 000万人次,倒塌房屋280万间,直接经济损失约2 300亿元(表10-1)。特别是1998年夏季发生在长江、松花江和嫩江流域的特大洪涝灾害,2008年1月月末到2月中下旬发生在中国南方地区的特大低温雨雪冰冻灾害,2008年5月12日发生在汶川的里氏8.0级特大地震,均造成重大损失。中国自然灾情造成的人员伤亡的绝对数量与总人口的相对数量均呈下降趋势,而直接经济损失的绝对数量整体呈上升趋势,但其占国家GDP的比例则呈下降趋势。最近20年来,年平均因灾遇难人口达8 547人;年均直接经济损失为2 381.4亿元,占全国GDP的2.21%,与世界发达国家相比,中国自然灾害灾情仍处在较为严重的水平。从巨灾造成的损失来看,除人员伤亡有明显减少外,造成的直接经济损失绝对值明显增加,相对于GDP的比例也没有明显减少。

表 10-1　中国自然灾害灾情(1978—2015年)

年份	受灾人口/万人次	因灾死亡人口含失踪人口/人	紧急转移人口/万人	直接经济损失/亿元	倒塌房屋/万间	农作物受灾面积/10⁴ hm²
1978		4 965.0			73.1	4 844.0
1979		6 962.0			152.1	3 937.0
1980		6 821.0			137.3	5 003.0
1981	2 6710.0	7 422.0			261.5	3 979.0
1982	22 900.7	7 935.0			320.3	3 313.0
1983	22 439.0	10 952.0		260.9	345.4	3 741.0
1984	20 894.0	6 972.0			274.7	3 189.0
1985	23 466.0	4 394.0	290.5	410.4	224.9	4 437.0
1986	29 928.0	5 410.0	345.8		209.7	4 714.0
1987	23 512.0	5 495.0	348.0	326.3	180.0	4 207.0
1988	36 169.0	7 306.0	582.9		258.0	5 087.0
1989	34 569.0	5 952.0	365.3	525.0	194.1	4 699.0
1990	29 348.0	7 338.0	579.2	616.0	247.4	3 847.0
1991	41 941.0	7 315.0	1 308.5	1 215.1	581.5	5 547.0
1992	37 174.0	5 741.0	303.6	853.9	196.6	5 133.0
1993	37 541.0	6 125.0	507.7	933.2	271.6	4 867.0
1994	43 799.0	8 549.0	1 054.0	1 876.0	512.1	5 504.0
1995	24 215.0	5 561.0	1 064.0	1 863.0	439.3	4 587.0
1996	32 305.0	7 273.0	1 216.0	2 882.0	809.0	5 975.0
1997	47 886.0	3 212.0	511.3	1 975.0	288.0	5 343.0
1998	35 216.0	3 511.0	2 082.4	3 007.4	821.4	2 229.0
1999	35 319.0	2 966.0	664.8	1 952.4	174.5	4 998.0
2000	45 652.3	5 014.0	467.1	2 045.3	147.3	5 469.0
2001	37 255.9	2 583.0	211.1	1 942.0	92.2	5 215.0
2002	37 841.8	2 840.0	471.8	1 717.4	175.7	4 711.9
2003	49 745.9	2 259.0	707.3	1 884.2	343.0	5 438.6
2004	33 920.6	2 250.0	563.1	1 602.3	155.0	3 710.6

续表

年份	受灾人口/万人次	因灾死亡人口含失踪人口/人	紧急转移人口/万人	直接经济损失/亿元	倒塌房屋/万间	农作物受灾面积/10^4 hm^2
2005	40 653.7	2 475.0	1 570.3	2 042.1	226.4	3 881.8
2006	43 453.3	3 186.0	1 384.5	2 538.1	193.3	4 109.1
2007	39 777.9	2 325.0	1 499.1	2 363.0	146.7	4 899.3
2008	47 795.0	88 928.0	2 682.2	11 752.4	1 097.7	3 999.0
2009	47 933.5	1 528.0	709.9	2 523.7	83.8	4 721.6
2010	42 610.2	7 844.0	1 858.4	5 339.9	273.3	3 742.6
2011	43 290.0	1 126.0	939.4	3 096.4	93.5	3 247.1
2012	29 421.7	1 530.0	1 109.6	4 185.5	90.6	2 496.2
2013	39 000.0	2 242.0	1 200.0	5 929.6	87.0	3 808.6
2014	24 653.7	1 583.0	601.7	3 373.8	45.0	24 890.7
2015	18 620.3	819.0	644.4	2 704.2	24.8	21 769.8

设防水平低，城乡差异大　中国广大城市整体设防水平偏低，除个别大城市外，一般城市抗震设防水平低于Ⅷ度烈度；抗台风与防洪水平大部分低于100年一遇。中国广大农村对地震、台风与洪水几无设防，从而造成"小灾大害"的局面。设防水平低是中国自然灾害形成的主要原因。中国自然灾害的时空演变比较复杂，主要依赖于各种自然致灾因子与社会经济系统相互之间的作用，以及各级政府、企业和公民社会对自然灾害风险的认识水平与防御能力，快速城市化提高了许多城市化地区的灾害风险水平。就全球而言，中国处在北半球中纬度与环太平洋多灾地带，叠加较为稠密的人口密度和区域经济社会水平发展的巨大差异，再加上设防水平低，从而形成在全球尺度上偏重的灾情和较高的脆弱性；特别是由于中国城乡在防范自然灾害风险水平上的巨大差异，从而形成广大农村牧区较高的脆弱性。与此同时，在广大城镇地区，特别是县城及其所属乡镇，由于快速的景观城市化，也使脆弱性明显升高，形成高脆弱性城镇连片分布的现象。

灾害风险高，东西差异大　在全球气候变化背景下，极端天气气候事件发生的概率增大，预报难度也有所增加，出现超强台风、强台风及其引发的风暴潮、暴雨洪灾的可能性增大，降水分布不均衡、气温异常变化等因素导致的水旱灾害、高温热浪、低温雨雪冰冻也可能增加。局部强降雨引发的山洪、滑坡和泥石流等地质灾害仍然频繁发生。随着地壳运动的变化，地震灾害的风险也有所增加。森林草原火灾、农林病虫鼠害等有增无减。城镇化速度加快、人口和财富的暴露集中，全国自然灾害高致灾区域与中东部经济社会发达地区相叠加，不仅使这些地区的灾害风险增高，而且也使灾害风险防范任务变得非常艰巨。

从中国因自然灾害造成的年国内生产总值损失期望值来看，东部高风险区的大部分地区都可达到0.85%，小部分地区可达1.0%以上。在现状设防水平条件下，高风险区的面积占全国陆地总面积的2.14%，中风险区的面积占11.6%，低风险区的面积占53.83%，几乎无风险或极低风险区的面积占32.41%，显示出中国整体风险水平较高。中国自然灾害整体上受带状的活动构造体系、西高东低的地势、东亚季风控制下不稳定的河川水文以及由东北向西南延伸、自东南向西北有序更递的地表覆盖等区域环境因素所影响。

为了全面地了解中国综合自然灾害风险,考虑区域致灾因子的种类、频率与强度,区域综合自然灾害造成的转移安置人数,区域自然致灾因子造成的人员遇难数量,以及区域综合自然灾害造成的直接经济损失,确定区域综合灾害风险等级划分的具体数值,编绘了中国综合年均期望自然灾害风险等级图(图1-15)(史培军等,2015),结果显示:中国高风险等级区域(8~10级3个等级)主要分布在京津唐地区、长江三角洲地区、珠江三角洲地区、汾渭平原地区、两湖平原地区、淮河流域、四川盆地及其西部边缘山区、云南高原地区、东北平原地区、河西走廊和天山北坡地区等。这些地区综合自然灾害风险等级高值区比例相对较高,一方面显示其自然致灾因子的种类多、影响频次高、相对强度大;另一方面也显示由于这些地区人口密度和地均财富相对较高,如果对自然灾害设防水平不高,则因灾造成的遇难人数就会较多或直接经济损失量就会较大。据此,中国综合自然灾害风险区划可划分为以下6个一级区。

①华北综合自然灾害风险区:从根据综合自然灾害风险等级的大小,北京、天津处在相对高风险区,河北、山西、内蒙古依次处于低风险区;根据遇难人口风险转移、安置人口风险和直接经济损失风险来看,相对顺序为北京、天津偏高,河北、山西及内蒙古依次风险降低;根据倒塌房屋风险来看,相对顺序为北京、天津、河北偏高,山西次之,内蒙古较低。

②东北综合自然灾害风险区:根据综合自然灾害风险等级的大小,辽宁偏高,其次为黑龙江和吉林。根据遇难人口风险、转移安置人口风险和直接经济损失风险来看,辽宁、吉林、黑龙江三省基本相当;根据倒塌房屋风险来看,辽宁偏高,吉林与黑龙江相当。

③华东综合自然灾害风险区:根据综合自然灾害风险等级大小,上海、江苏偏高,安徽、江西、福建次之,山东、浙江偏低。根据遇难人口与直接经济损失风险来看,上海、江苏、山东偏高,安徽、浙江次之,江西和福建偏低。根据转移安置人口风险和倒塌房屋风险来看,上海、江苏偏高,安徽、福建次之,山东、江西偏低。

④中南综合自然灾害风险区:根据综合自然灾害风险等级的大小,湖南、湖北、海南偏高,广西、河南偏低。根据遇难人口风险来看,中南各省区基本相当,均处在中等风险等级,仅湖南洞庭湖区、广东珠三角和雷州半岛及海南北部沿海处在相对高风险区。根据转移安置人口风险、倒塌房屋风险和直接经济损失风险来看,湖北、湖南、广东、海南偏高,河南、广西偏低。

⑤西南综合自然灾害风险区:根据综合自然灾害风险等级的大小,四川偏高,云南次之,贵州、重庆和西藏偏低。根据遇难人口风险来看,四川、云南偏高,重庆次之,贵州、西藏偏低。根据转移安置人口风险、倒塌房屋风险和直接经济损失风险来看,四川偏高,云南、重庆次之,贵州、西藏偏低。

⑥西北综合自然灾害风险区:根据综合自然灾害风险等级的大小,陕西、宁夏偏高,新疆、甘肃次之,青海偏低。根据遇难人口风险来看,宁夏、陕西偏高,甘肃、新疆次之,青海偏低。根据转移安置人口风险、倒塌房屋风险和直接经济损失风险来看,陕西偏高,宁夏、甘肃次之,新疆、青海偏低。

(2)气候变化区划

在根据气候要素平均状况进行区划的基础上,以气候要素的变化特征(趋势和波动)

为核心，完成了中国气候变化区划方案（史培军等，2014a；Shi et al.，2014）。该区划基于中国 752 个气象站 1961—2010 年日降水和气温观测数据，以平均值以及波动水平随时间的变化特征为核心区划指标，划分为 5 个变化趋势带，即东北—华北暖干趋势带、华东—华中湿暖趋势带、西南—华南干暖趋势带、藏东南—西南湿暖趋势带以及西北—青藏高原暖湿趋势带；二级区划根据气温和降水量的波动特征，在一级区划基础上划分为 14 个波动特征区（图 10-1）。

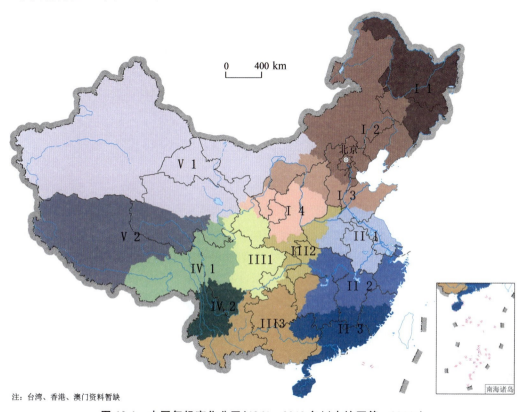

图 10-1　中国气候变化分区（1961—2010 年）（史培军等，2014a）

Ⅰ 东北—华北暖干趋势带　　Ⅰ1 小兴安岭—长白山—三江平原　气温波动增强、降水量波动减弱区

　　　　　　　　　　　　　Ⅰ2 大兴安岭—辽西山地—科尔沁沙地　气温波动减弱、降水量波动增强区

　　　　　　　　　　　　　Ⅰ3 华北山地—平原—山东半岛　气温波动减弱、降水量波动减弱区

　　　　　　　　　　　　　Ⅰ4 黄土高原—汾河谷地　气温波动增强、降水量波动减弱区

Ⅱ 华东—华中湿暖趋势带　　Ⅱ1 淮河流域—长江下游平原　气温波动减弱、降水量波动减弱区

　　　　　　　　　　　　　Ⅱ2 长江下游沿江平原—浙江—赣北—湘东　气温波动增强、降水量波动减弱区

　　　　　　　　　　　　　Ⅱ3 南陵东部丘陵山地　气温波动减弱、降水量波动减弱区

Ⅲ 西南—华南干暖趋势带　　Ⅲ1 秦岭西部山地—四川盆地　气温波动增强、降水量波动减弱区

　　　　　　　　　　　　　Ⅲ2 秦岭东部—鄂西山地　气温波动增强、降水量波动减弱区

　　　　　　　　　　　　　Ⅲ3 云贵高原—南陵西部山地丘陵　气温波动增强、降水量波动增强区

Ⅳ 藏东南—西南湿暖趋势带　Ⅳ1 藏东南山地—高原　气温波动增强、降水量波动增强区

　　　　　　　　　　　　　Ⅳ2 横断山区山地岭谷　气温波动增强、降水量波动增强区

Ⅴ 西北—青藏高原暖湿趋势带　Ⅴ1 新疆山地—祁连山—内蒙古高原　气温波动减弱、降水量波动增强区

　　　　　　　　　　　　　Ⅴ2 青藏高原　气温波动增强、降水量波动增强区

(3) 发展与减灾一体化

坚持兴利除害结合、防灾减灾并重、治标治本兼顾、政府社会协同,全面提高对自然灾害的综合防范和抵御能力。要加强防灾减灾领域及国际人道主义援助等方面的国际交流合作,为人类防范和抵御自然灾害作出积极贡献。实现发展与减灾一体化(图10-2)(史培军等,2007)。

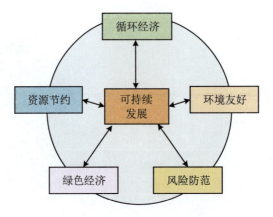

图10-2 风险防范与可持续发展(史培军等,2007)

图10-3给出了区域发展与减灾关系模式图。应建立发展与减灾相协调模式,把发展速度与控制灾害风险的能力一致起来;建立协调发展与减灾的管理体制,建立和完善发展规划的综合灾害风险评价制度,以及辖区综合减灾绩效评估制度;建立协调发展与减灾的运行机制,制定灾害风险区划,明确不同灾害风险区域协调发展与减灾的对策。积极推进保险、金融与证券业涉足灾害风险管理机制的建立,落实"纵向到底"和"横向到边"的综合灾害风险管理机制。加强各级政府减灾委员会在综合减灾管理结构中的行政职能,发挥各级减灾委员会在区域综合灾害风险防范结构体系中的作用(史培军,2007)。

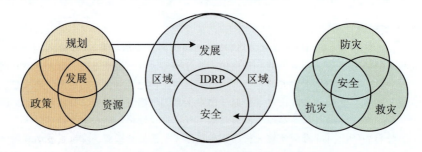

图10-3 区域发展与减灾关系模式(史培军等,2007)

从提高减灾资源利用效率和效益的角度,全面优化协调各级各类减灾规划,形成综合减轻灾害风险的工程与非工程体系。从完善减灾体制、机制和法制的角度,明确政府、企业、社会和公民在减灾工作中所担负的责任和享有的权利,建立国家综合减灾政策法规体系。从突出解决减灾薄弱环节的角度,明确中央和地方减轻灾害风险的重点领域和重点地区,解决巨灾风险转移的制度设计和运行机制,提出防范巨灾风险的措施(史培军等,2005a,2005b)。

强化国家减灾委员会的综合协调职能，建立健全地方各级综合减轻灾害风险的协调机制，完善条块结合，以块为主的综合减灾管理体制。充分发挥国务院和地方各级政府已经成立的有关减轻灾害风险的部门协调机构的作用，完善部门信息共享和协调联动机制。强化以防为主，防、抗、救相结合的综合减轻灾害风险的运行机制，形成总体规划、资源优化、各负其责、系统联动的运行功能。明确政府、企业、社会和公民各负其责的综合减轻灾害风险的系统法制，加快推进综合减轻灾害风险法制的调研和起草，加强对已有单一性减轻灾害风险法律的修订，为全面提高综合减轻灾害风险能力，提供坚实的政策法规保障。

调整土地利用格局，建立生态安全条件下的区域土地利用模式，改善生态系统的服务能力；建立适应气候变化的区域发展模式，调整产业结构，节约资源，提高自然资源利用效率与效益；高度重视流域生态系统综合管理，全面规划流域内可更新资源的保护开发，调整流域开发模式，建立适应流域灾害风险的发展范式；高度关注重大自然灾害的保险与再保险机制的建立，推进巨灾保险与再保险，发展巨灾风险转移债券（史培军等，2006a，2006b）。

依据国家自然灾害救助区划，建立国家和区域减灾物资储备基地；全面提高国家和地区防御自然灾害的工程建设能力，高度重视提高高灾害风险社区的设防能力。

建设辖区减灾实时信息共享平台，普及各种实用减灾的科学知识与技术；研发综合减灾所需的实时涉灾信息的获取技术，提高区域"综合减灾实时信息共享平台"间的联网服务能力。筛选已有的各种减轻灾害风险的实用技术和开发高新技术；充分利用各种灾害风险管理的中介机构，形成对各种灾害风险识别、评估、模拟与沟通的标准体系；通过国家科技发展计划，全面推进区域和行业综合灾害风险防范技术支撑体系的建立。

整合各行业和部门有关灾害风险信息系统，形成分布式且可调用的虚拟实体系统；编制不同比例尺的灾害风险地图，建立灾害风险定期评估体系；利用各种网络传播系统，为政府、企业、社会和公民提供有效的灾害风险信息。

强调学校减灾教育与公众防灾意识养成相结合，学校减灾教育要注重实践，如最基本的应急避灾常识和技能的掌握；减灾意识的养成需要普及风险与避险知识，整合各种传媒渠道，建设和完善不同文化环境区域的"安全文化"推进设施。

制定全国综合灾害风险区划，在高灾害风险地区，整合政府、企业和社区减灾资源，形成集发展与减灾为一体的减灾模式（史培军等，2008b）。

对于城镇与农村的最基本单元——社区，应推进政府救助和社区自救自助相结合的综合灾害风险管理模式。推广山东济南市槐荫区青年公园街道办事处"安全社区"建设经验，重视塑造社区安全文化，建立减灾社团，推进安全社区建设，提高社区备灾、应急、恢复与重建能力，以及综合风险适应能力。构建多元参与的组织架构，开展特色带动的社区干预，促进动态定位的运转机制（史培军等，2006c）。

发展与全球气候变化多样性共生存的气候变化风险防御模式（图10-4），推进和建设适应性的生产、生活与生态体系，把创新发展、协调发展、绿色发展、开放发展、共享发展与综合减灾相协调，推进建立"除害兴利并举"的双赢模式（史培军，2008c）。

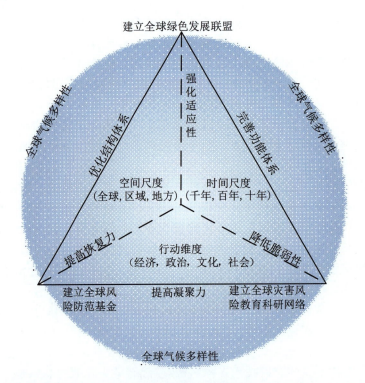

图 10-4　与全球气候变化多样性共生存发展战略下的气候变化风险防御（史培军等，2009a）

10.1.2　综合灾害风险防范的微观结构体系与优化

区域灾害风险安全设防、救灾救济、应急管理、风险转移共同构成综合灾害风险防范的微观结构体系。微观结构体系的优化是提高减灾资源利用效率与效益的关键（史培军，2009）。

(1) 区域灾害风险防范的微观结构体系

安全设防　安全设防是综合灾害风险防范微观结构体系的基础。区域灾害风险设防有不同的标准和措施，如结构设防与工程措施、非结构设防与非工程措施。

提升对极端天气气候事件的监测预警能力，加强气象灾害监测早期预警系统的建设；继续加强国家防汛抗旱指挥系统的建设；建立暴雨洪涝和干旱风险评估系统，注重提升城市应对暴雨灾害等极端天气的能力。

继续大力推动农田水利等基础设施建设，提升农业综合生产能力；加快推进良种培育、繁殖、推广一体化进程；推动大规模旱涝保收标准农田建设，推广农田节水技术，提高灾害应对能力，并建立和完善农业气象监测与预警系统。

建设一批流域性防洪重点工程，加强流域管理，明确流域治理开发与保护的重要目标和任务；建立健全水资源管理制度体系。

加强海洋气候观测网络建设，形成对海洋关键气候要素的观测能力，积极构建典型海洋生态系统对气候变化响应监测评价的指标体系，开展海域海岸带和重点海岛整治修复，开展风暴潮、海浪、海啸和海冰等海洋灾害的观测预警，建成海洋环境立体化观测网络。

建立中国第一代短期气候预测模式系统,研发新一代全球气候系统模式,开展气候变化对国家粮食安全、生态安全、人体健康安全等多方面的影响评估。

救灾救济 救灾救济是综合灾害风险防范微观结构体系的底线。确定基本救灾救济水平,提高社会保障能力,确保灾区稳定和社会安全。

在现有救灾物资储备库的基础上,新建或改扩建一批救灾物资储备库;多灾易灾地区政府,按照实际需要建设本级生活类救灾物资储备库,形成符合国情的中央、省、地、县四级救灾物资储备库体系;保证灾后 12 小时之内受灾群众的基本生活得到初步救助。

应急管理 应急管理是综合灾害风险防范微观结构体系的核心。制订应急预案和建设应急指挥平台,提高应急保障能力,确保灾民的生命安全,把灾害损失降至最低水平。

明确水旱灾害、气象灾害、生物灾害等自然灾害卫生应急工作的目标和原则,确立自然灾害卫生应急工作体制、响应级别和响应措施。在北京、天津、河北等雾霾重点多发省(直辖市)组织开展雾霾天气对人群健康影响监测和公共场所室内 $PM_{2.5}$ 监测试点工作。

风险转移 风险转移是综合灾害风险防范微观结构体系的关键。建立风险转移的财政、保险和金融制度,提高社会资本在减灾投入中的比例,完善综合灾害风险防范的社会动员体系。

成立巨灾再保险公司,研究和完善巨灾保险制度,设计和出台符合国情的巨灾保险和风险转移机制;建立国家巨灾风险准备金制度,发行巨灾彩票,总结农业保险经验,全面推进农业保险工作(史培军等,2011)。

(2) **区域灾害风险防范微观结构体系优化**

图 10-5 给出了区域综合灾害风险防范微观结构体系优化模式。在中国城乡差异明显,区域综合灾害风险防范微观结构体系优化需要分别进行。

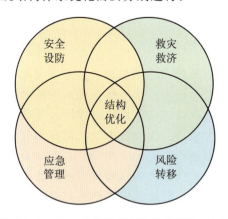

图 10-5 区域综合灾害风险防范的微观结构优化模式(史培军,2009)

这一模式将各级政府所采取的"安全设防、救灾救济、应急管理、风险转移"整合优化,形成四位一体的区域综合灾害风险防范的"结构优化模式"。在这一模式中,首先,要针对区域经济和社会发展水平,确定安全设防水平,例如在中国大江大河两岸的省会城市,防洪设防水平应达到 50~100 年一遇;在省会城市和直辖市,抗震设防水平应达到抗Ⅷ度地震烈度水平等。其次，要明确各级政府在本级财政支出中，救灾救济的支出比例，在广大东部沿海地区应达到1.0%，在中部地区应达到0.8%~1.0%，在西部和东北老工业基地应达到0.6%~0.8%；再次，各级政府都应制定行之有效的辖区应急预案，并建立满足应急预案要求的应急指挥体系，特别是信息共享平台和应急响应的体制、机制与法制。最后，建立在上述安全设防水平条件下的灾害保险与再保险体系，特别是房屋巨灾(地震、洪水、台风)保险体系，发挥保险与再保险在巨灾风险转移中的作用。

(3) 优化目标与原则

政府在灾害风险防范中财政投入的首要目标是最大限度地减轻灾害风险，即在单位财政投入的条件下，使灾害风险得到最大限度减少。依据福利经济学的相关原理，将政府在综合灾害风险防范财政投入的原则归纳为3条。

效益原则 效益原则是指政府在综合灾害风险防范中的投入必须是成本—效益的，即单位货币的成本投入必须带来单位货币以上的效益，或效益—成本比应大于1。如果减轻1元人民币的灾害损失所需要的成本比1元人民币本身还要大，那减轻损失的投入是没有意义的。当然，这一原则更多体现了经济学的思路，然而从社会学与伦理学的视角来看也许并不合适。

效率原则 经济学中的效率是指帕累托效率，即有限稀缺资源的分配无法在不损失其他人福利水平的前提下提高某人的福利水平，这种提高也被称为帕累托改进。存在帕累托改进的资源分配是不符合效率原则的，并未实现社会福利的最大化。相应地，在综合灾害风险防范方面，财政投入达到帕累托效率的最优点的条件是，政府对财政资金在综合灾害风险防范的各种方式和渠道上，无法在不降低某一方式或渠道取得的灾害风险防范效益的前提下，提高另一方式和渠道所能够取得的灾害风险防范的效益。

公平原则 公平原则是指政府在针对综合灾害风险防范进行财政投入的过程中，应兼顾不同人群(收入、职业、年龄等阶层)、不同区域(中国的东、中、西部地区)、不同时间(当代与后代之间)所能享受的灾害风险防范带来的效益。财政投入优化带来的帕累托效率不能保证公平性，因此在投入过程中应以效率优先、兼顾公平(武宾霞，2015)。

(4) 结构优化体系

综合灾害风险防范政府财政投入的结构体系是指政府在安全设防、救灾救济、应急管理与风险转移四个方面的财政投入。结构体系是系统基本模块的组成与功能实现的底层依托。政府综合灾害风险防范的结构体系的具体构成是政府在针对综合灾害风险防范的机构设置，安全设防、救灾救济、应急管理与风险转移分别是机构设置的四大类。其中，安全设防在中国主要是指进行防灾能力建设与基础设施建设类的相关职能部门，他们主要使用由国家发改委安排的计划类项目经费；救灾救济在中国主要针对国家减灾委员会和民政部门，他们主要使用由财政部安排的中央救灾资金以及各级地方政府准备的救灾救济资金。应急管理工作主要由国务院应急办综合协调各部委工作，统一部署安排；风险转移工作主要针对金融系统，包括银监会、证监会和保监会，使用各类金融工具实现环境风险的有效转移(武宾霞等，2013a)。

在综合灾害风险防范的"结构优化模式"中，政府可从安全设防、救灾救济、应急管理和风险转移四个方面，通过财政资金的投入，加强区域综合灾害风险防范的能力。首先，要根据区域的经济和社会发展水平，确定其安全设防水平；其次，要明确政府救灾救济的支出在本级财政支出中的比例;再次,应制定行之有效的辖区应急预案,并建立满足应急预案要求的应急指挥体系;最后,建立在上述安全设防水平条件下的灾害保险与再保险体系,发挥保险与再保险在巨灾风险转移中的作用(史培军,2009)。该模式的核心是对四类作用各不相同的财政投入方式进行结构优化,从而达到在政府财政支出意义上的减灾资源的高效(效率与效益)利用。

(5) 城市化地区灾害风险防范结构优化案例(广东深圳市)

优化目标 针对城市化地区的结构破坏型自然灾害风险防范的政府财政投入的优化目标仍然是在有限财政资金投入的限制条件下,最大限度减轻自然灾害风险。然而,在城市化地区,结构破坏型自然灾害的损失与风险主要体现在人员伤亡与经济损失两个方面。因此,针对此类自然灾害进行风险防范的政府财政投入是双目标的,即尽可能减少人员伤亡,同时尽可能减少因灾造成的经济损失。由于对人类生命的价值评估在经济学中本身存在争议,而在社会学层面则更强调生命无价,因此上述两个重要目标难以统一到一个维度,而必须采用多目标优化模型予以实现。

优化变量与路径 针对城市化地区的结构破坏型自然灾害风险的结构优化路径可用图 10-6 表示。

安全设防类:政府财政的资金投入基础设施建设,如建筑加固、城市防洪、给排水设施、避难所建设等方面。此类投入的成本是相关工程建设中的财政投入资金,效益应分别以减少的经济损失(万元)和人员伤亡(人)分别计量。

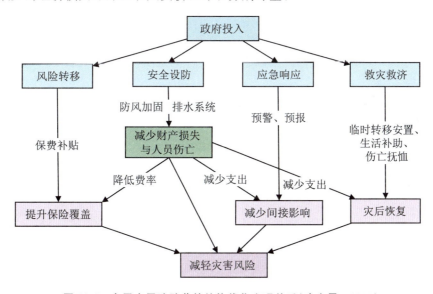

图 10-6 台风灾风险防范的结构优化实现关系(武宾霞,2015)

风险转移类:当前中国政府仍然在讨论自然灾害保险的方案。当自然灾害保险方案出台,政府予以财政资金对保费进行补贴后,补贴所能带动的自然灾害保险市场为城镇居民提供风险保险(灾后及时的保险赔付金额)。保险作为一种灾前安排、灾后补偿的措施,无法减少人员伤亡,因此其效益主要以保险的损失进行计量。

救灾救济类:在城市化地区发生自然灾害后,民政部门亦会安排灾民紧急转移、安置，并在一定时间内提供生活必需品与救灾资金，帮助灾民渡过难关。这一点与农村地区的种植业自然灾害类似。其成本是由民政部门提供相应救灾支出，其效益与其成本等价。

应急响应类：城市化地区结构破坏性自然灾害中，应急响应在挽回经济损失、挽救人员生命方面有着十分重要的作用，这一点与种植业自然灾害应急响应有着显著区别。有效的灾中应对与应急响应可以极大程度地减轻间接经济损失，并且有效地挽救人员生命。应急响应的成本应以在灾中应急时期政府的财政投入计量。其效益较为复杂，针对经济损失，应急响应的效果应以挽回的间接经济损失为计量；针对人员伤亡，应以应急响应时间挽救的人员生命计量。

深圳市台风灾害风险建模　深圳地处珠江三角洲，属亚热带海洋性气候。深圳市常年主导风向为东南偏东风，平均每年受热带气旋（台风）影响4～5次。据统计，2003年9月，台风"杜鹃"号称为24年来对珠江三角洲地区影响最大的台风。台风正面袭击了深圳市，共造成22人死亡，全市直接经济损失2.5亿元。

为了能够定量地评估综合风险防范结构性投入的效益—成本，首先利用台风风险模型对深圳市台风大风引起的建筑物损害进行了模拟和仿真。

①致灾因子危险性建模：利用北京师范大学减灾与应急管理研究院研发的西北太平洋随机台风事件集，挑选了影响到深圳的历史台风路径，利用参数风场模型在1 km格网上对历次台风的过程极大风速进行了模拟；取各县区所辖所有格网模拟风速的中位数作为该区（县）的台风风灾致灾强度。

②建筑物暴露数据：深圳市房地产评估发展中心提供的深圳市各区各类建筑类型、层高和占用类型的面积数据。在此基础上，依据各类型的重置成本（表10-2）的物理损失折算为经济损失（单位：元）。

表10-2　不同建筑结构类型的重置成本（武宾霞，2015）

建筑类型	占用类型	层高	重置成本（元/m²）
钢	全部	所有	937
钢混	工业	10	1 829
钢混	民居	10	1 623
钢混	商业	10	1 623
钢混	公共	10	1 560
钢混	其他所有	10，5	1 282
钢混	所有	2	953
混合	所有	10	922
混合	所有	5	750
混合	所有	2	582
砖木	所有	10	875
砖木	所有	5	700
砖木	所有	2	526
其他	所有	所有	326

③承灾体脆弱性曲线：由于国内缺乏相应关键数据，使用美国联邦应急管理局（FEMA）提出的环境风险评估模型 HAZUS-HURRICANE 中关于建筑物飓风脆弱性的预设曲线，依据建筑结构（钢结构、钢混结构、混合结构、砖木结构、其他）、层高（2 层、5 层和 10 层以上）以及占用类型（工业、商业、民居等）设定了脆弱性的经验参数，从而得出了不同结构类型的物理损失（单位：m^2）。

利用上述模型及数据，评估了深圳市台风建筑损失风险（图 10-7），作为本底风险曲线，用于进一步开展成本—效益分析和系统结构优化。

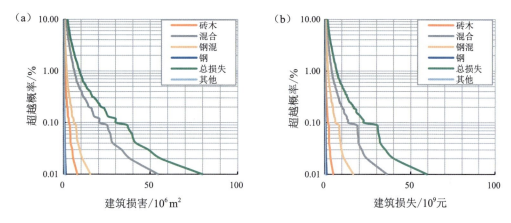

图 10-7 深圳市台风灾害风险评估结果（武宾霞，2015）
（a）建筑物损害；（b）建筑损失

风险防范结构性投入的成本—效益分析 在图 10-6 的框架下：

$$总效益＝不采取措施时的风险－采取措施后的风险 \qquad 式 10\text{-}1$$

$$总成本＝政府直接财政支出 \qquad 式 10\text{-}2$$

结构优化的目标是使环境风险最小化。

①安全设防

假定深圳市政府通过提高建筑物的强度以降低其对台风大风致灾因子的脆弱性。共设定五种情景（表 10-3）。其中，强化的单位成本以重置成本的差额计算。总成本为各类型总面积与对应单位成本的乘积；总效益以能够减产的期望经济损失计算（武宾霞，2015）。

表 10-3 提高建筑物防风能力的情景表（武宾霞，2015）

情景编号	措施
情景Ⅰ	将其他结构强化为砖木结构
情景Ⅱ	将其他结构强化为砖木结构
	将砖木结构强化为混合结构
情景Ⅲ	将其他结构与砖木结构均强化为混合结构
情景Ⅳ	将其他结构强化为砖木结构
	将砖木结构强化为混合结构
	将混合结构强化为钢混结构
情景Ⅴ	将其他结构、砖木结构和混合结构全部强化为钢混结构

依据情景设置与重置成本参数，利用台风模型分别计算了情景Ⅰ~Ⅴ对应的总损失情况(表10-4，表10-5)。

表10-4　不同情景下深圳市台风灾害损害与防风加固效益、成本情况(武宾霞，2015)

情景	总暴露/km²	年期望损害/km²	损害率/%	加固/升级成本/万元	减少年期望损害/km²
0	899.124	0.989	0.110 0	/	/
Ⅰ	899.124	0.986	0.109 6	29 700 000	0.002 3
Ⅱ	899.124	0.983	0.109 3	63 490 000	0.006 0
Ⅲ	899.124	0.982	0.109 2	67 800 000	0.007 0
Ⅳ	899.124	0.813	0.090 4	2 922 940 000	0.176 5
Ⅴ	899.124	0.789	0.087 7	3 312 100 000	0.200 5

表10-5　不同情景下深圳市台风灾害损失(重置成本)变化(武宾霞，2015)

情景	总暴露/万元	年期望损失/万元	损失率/%	减少年期望损失/万元
0	78 982 100.0	75 497	0.095 7	/
Ⅰ	79 279 100.0	75 913	0.095 6	−470
Ⅱ	79 617 000.0	75 740	0.095 2	−275
Ⅲ	79 660 100.0	75 717	0.095 1	−248
Ⅳ	108 211 500.0	84 933	0.078 6	−10 671
Ⅴ	112 103 100.0	86 096	0.076 9	−11 986

仿真结果确认了防风加固的作用，随着加固等级不断上升，建筑物的总体脆弱性也在逐渐降低(以损失面积为测量的年期望物理损失逐渐降低)。深圳市建筑的主体以混合结构、钢混结构为主，因此情景Ⅰ~Ⅲ中的加固效果并不是很明显，而情景Ⅳ和Ⅴ则十分明显。从现有情况加固到情景Ⅴ可以使总体物理损失率降低0.03%。

然而，从以重置成本衡量的经济损失变化来看，防风加固反而可能导致更高的经济损失——尽管加固使得脆弱性降低，但相应建筑物重置成本会上升，暴露总价值升高。二者综合作用下，年期望经济损失略有上升，而经济损失率则仍然有所下降。

在其他工程性防灾措施研究中，通常会考虑的重要收益是挽救生命。在本研究中，由于台风模型本身难以支持对人员伤亡的概率估计，因此，只能利用历史数据进行概算。2000—2007年，深圳市年均因台风死亡人口3.125人。若防风加固可以将死亡人口风险降低一半，则相当于挽救生命1.56人/年。利用文献中提供的统计生命价值，分别取最低7.5万美元/人和最高600万美元/人，可知对应的挽救生命效益约为最低72万元/年或最高5 800万元/年。然而，即使将这一收益与减少建筑物经济损失的收益共同考虑，也难以使其变回正数。

通过仔细分析各个情景下的损失结构可知，通过建筑物加固或重置，可以有效地降低建筑物风灾的脆弱性，从而降低损害率(表10-4)；然而，在加固或重置后，原有建筑结构升级为重置成本更高的其他建筑结构，致使暴露增加(表10-5，总暴露)。在当前情景设置下，二者综合作用的结果恰恰使得风险在整体上没有非常显著的增加，甚至略有减少。

②风险转移

假定深圳市政府通过提供台风保险补贴用于增强台风风险转移的效果。根据灾害保险需求的一般规律,当有政府提供的保费补贴时,居民购买灾害保险的意愿会升高,因而参保率会相应上升,相应地会有更多建筑和居民获得保险提供的风险保障。而此部分新增的风险保险所对应的期望保险赔付即可视作政府保费补贴的效益。

由于防风加固可以降低台风灾害的物理损失率,在公平费率的假定条件下,设防水平提高会相应使保险公司调低纯费率水平,从而获得与政府提供保险补贴类似的效果。而由于纯费率降低引起的新增风险保障则应视作政府防风加固投资的溢出效益。

依据随机效用理论,居民参加台风保险的概率(参保率)由参加保险后的间接效用决定:$\Pr(par)=\exp v_I/(1+\exp v_I)$;而参保的间接效用是由保险合同条款所规定的具体风险保障决定的:$v_I=C+\beta_1 \cdot cov+\beta_2 \cdot subr+\beta_3 \cdot premr$,包括保险的保额 cov、补贴率 $subr$ 以及保险费率 $premr$。C、β_i 均为模型参数。利用课题组成员的相关研究成果,设定参数 $C=-1.355$,$\beta_1=0.003$,$\beta_2=0.008$,$\beta_3=-0.050$。

根据设定参数可知,在给定防风加固情景、建筑类型、政府补贴力度的前提下,有保险保障的台风建筑物损失的期望值增量为

$$E\Delta IL = \sum_c \begin{bmatrix} premr_{c,s} \cdot AE_{c,s} \cdot \Pr(cov_c, premr_s, subr) \\ - premr_{c,b} \cdot AE_{c,b} \cdot \Pr(cov_c, premr_b, 0) \end{bmatrix} \qquad 式10\text{-}3$$

式 10-3 中,AE 为总暴露水平。至此,在特定加固情景条件下政府的保费补贴取得的收益即为 $E\Delta IL(subr|premr)$,而特定补贴力度条件下政府防风加固取得的效益则为 $E\Delta IL(premr|subr)$。

将防风加固各情景的物理损失率以及各项参数代入式 10-3,即可相应获得两类措施取得的效益(图 10-8)。

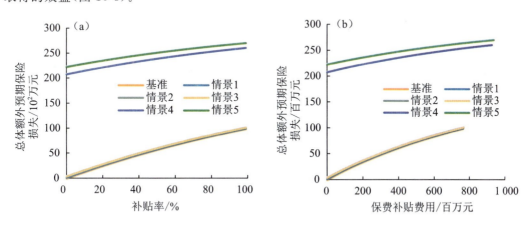

图 10-8 不同防风加固情景下期望保险赔付增加值与补贴率(a)和补贴支出(b)之间的关系(武宾霞,2015)
(a)赔付增加值与补贴率的关系;(b)赔付增加值与补贴支出的关系

③救灾救济

依据我国现行民政救灾制度的规定,灾害发生后,民政部门要及时下拨救灾应急资金,调运救灾应急物资,确保受灾群众的生活安排。根据中央自然灾害生活救助对一般

受灾地区倒塌房屋补助 1 万元，假设每户按 100 m² 计算，则政府救灾救济补贴为 100 元/m²。此部分的救灾支出与灾民获得的救助完全相同，因此其效益—成本比始终为 1。

然而，在另一方面，由于防风加固可以降低房屋破坏率，进而减少需要转移安置的灾民，降低救灾救济支出。加固至情景 I～V，救灾救济支出可相应减少 20 万～2 005 万元/年。

综合效益—成本分析 政府的最优风险防范投入取决于三类投资措施的效益—成本分析。对于防风加固而言，投资是一次性的，但是其效果会在相对较长的时间内发挥作用。按照文献中的惯例，在计算此类措施的效益时，必须要考虑其中长期作用，并利用现值分析进行累计。相对而言，保费补贴和救灾救济则均是在年度基础之上直接进行核算。与此同时，前述分析中已经明确，防风加固除了可以减轻物理和经济损失外，还会对风险转移和救灾救济产生溢出效应，而这些年度效应也必须纳入防风加固的效益中，以计算其综合效益。

基于这一框架，将三类措施的效益—成本分析结果列入表 10-6。其中，防风加固措施的综合效益是在 25 年时间尺度上进行贴现的求和值。

表 10-6 各项措施的效益—成本比（武宾霞，2015）

情景	防风加固			保费补贴效益—成本比[c]	救灾救济效益—成本比
	直接效益/万元	溢出效益[a]/万元	综合效益—成本比[a,b]		
本底	/	/	/	[1.129, 1.190]	1
I	−470	[109, 167]	[−0.018, −0.015]	[1.114, 1.147]	1
II	−275	[364, 485]	[0.002, 0.005]	[1.127, 1.188]	1
III	−248	[346, 471]	[0.002, 0.005]	[1.127, 1.187]	1
IV	−10 671	[17 974, 22 554]	[0.004, 0.006]	[1.057, 1.085]	1
V	−11 986	[19 199, 24 312]	[0.003, 0.006]	[1.051, 1.075]	1

注：a 溢出效益和综合效益—成本比是建议在 25 年时间尺度上的折现和值。数值范围中的最大值与对新增期望保险损失的最大值对应（此时的补贴率为 0%），最小值与新增期望保险损失的最小值对应（此时的补贴率为 99%）；

b 因挽救生命折算的经济效益估计较为粗略，故未列入表中；

c 由于补贴效果边际递减，其最大值出现在补贴率=1%时，而最小值出现在补贴率=99%时。

从综合效益—成本分析的结果来看，在防风加固措施的效益中考虑了其对其他两项措施的溢出效应显得至关重要，使得其经济效益从负值转为正值。然而，这并不能带来很高的效益—成本比，即使在 25 年（甚至更长）的时间尺度上进行了贴现求和，其效益—成本比值仍然很低，最高也只能到 1.5%。换言之，防风加固的成本远高于其收益。即使在这一基础之上考虑挽救生命的效益（在 25 年时间尺度上的累积效益为 1 110 万～85 800 万元不等），也难以使效益—成本比上升到 1∶1。因此，单纯从经济的逻辑来理解，在深圳地区进行防风加固投入是不划算的。

相比之下，保费补贴则是效益—成本的。保费补贴的基本功能是收入转移，即在政府对保费进行补贴的同时，相当于替居民缴纳相应的保费。而与此同时，保费补贴还能够提升参保率,将更多居民纳入保险的风险保障范畴之内。其效益—成本比因不同的防风加固情景而有所差异。在无加固或加固投入较低的情况下,纯费率较高,保险补贴能够取得更高的效益—成本比;而在加固投入较高的情况下,纯费率较低,保险补贴能够取得的效益—成本比相应也更低。最后,无论何种情况下,救灾救济的效益—成本比均恒定为 1。

通过对三种不同的台风风险防范投入措施进行综合效益成本分析,认为在深圳这一设防水平已经较高的城市化地区,应坚持以风险转移优先、救灾救济辅助,在有余力的情况下进行防风加固的风险防范投资策略。上述综合效益—成本分析没有包括应急管理。

(6) 农村地区种植业灾害风险防范结构优化案例(湖南常德市)

优化目标 农村地区种植业自然灾害风险防范政府财政投入的优化目标是在有限财政资金投入的限制条件下,最大限度减轻种植业自然灾害风险。最大限度减轻种植业自然灾害在国家与种植业生产者两个层面的优化目标不尽相同。对于国家和区域而言,种植业自然灾害风险防范以减少因灾粮食减产、保障粮食安全为首要目标。该目标一般以降低粮食减产的实物量(kg)为计量。对于种植业生产者而言,种植业自然灾害风险防范以减少粮食减产带来的收入波动为首要目标。该目标既可以挽回粮食减产的实物量(kg)为计量,也可以向生产者提供风险保障的货币单位(元)为计量。上述两个目标在本质上是一致的,可依据实际情况在模型中进行统一,以简化为单目标优化问题进行求解。

优化路径与变量 针对农村地区种植业生产中的自然灾害,中国政府目前在综合风险防范中的财政投入途径及其交互影响可用图 10-9 表示。

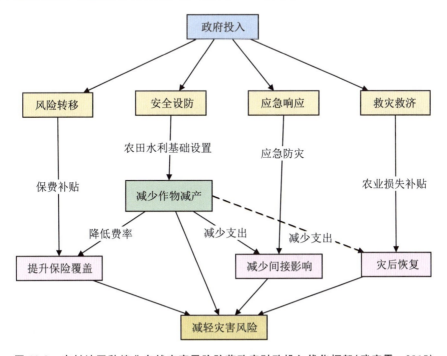

图 10-9 农村地区种植业自然灾害风险防范政府财政投入优化框架(武宾霞,2015)

具体措施如下。

安全设防类：政府财政资金投入农田水利基本建设与防汛抗旱工程、装备，从而有效防御种植业自然灾害风险。此类投入的成本即为相关工程建设的财政投入资金，效益应为工程建设后较未建设前所能够减少的粮食减产量(kg)。

风险转移类：当前中国政府在农业保险上投入大量资金用于保费补贴，鼓励农民参加农业保险，从而在自然灾害发生后获得相应保险赔偿，实现风险的有效转移。此类投入的成本即为政府在农业保险中投入的补贴资金，而效益可分为两部分：一是，由于政府财政补贴资金的投入带动投保积极性从而新增保户；二是，由于政府财政补贴使每位保户在购买农业保险时的支出减少。

救灾救济类：当前民政部门针对因灾粮食减产区域推行的"冬令春荒"救济制度，可帮助灾民因灾损失粮食后在缺粮时期渡过难关。

应急响应类：种植业自然灾害应急响应的主要方式是临时修缮和新增种植业防灾能力，如临时性给水或排水设施，主要由农业、水利以及国土等部门完成。此外，针对灾民主要采取临时转移安置和下拨救灾救济资金等措施进行应急，由民政部门完成。因此，农村地区种植业自然灾害风险防范中的应急响应措施在本质上是由安全设防投入和救灾救济投入共同完成。

常德市水稻因灾减产风险评估 综合自然灾害风险防范政府财政投入优化分析的基础是对研究区域风险特征的分析与风险的定量评估。为了针对研究区域晚稻生产风险进行评估，整理了 2000—2011 年《湖南农村统计年鉴》中"各市、州、县粮食作物播种面积和产量"中关于常德市鼎城区粮食作物总产量的数据。在此基础之上，利用实际单产占预测单产的百分比（$\bar{y}_t / \hat{y}_t$）作为随机误差，再利用下式计算无趋势单产：

$$y_t^{\text{det}} = \frac{\bar{y}_t}{\hat{y}_t} \hat{y}_{2011} \qquad \text{式 10-4}$$

式 10-4 中，y_t^{det} 为研究区第 t（$t=2000$，2002，…，2011）年的无趋势晚稻单产；$\bar{y}_t$ 为第 t 年作物的实际晚稻单产；$\hat{y}_t$ 为第 t 年的预测晚稻单产，即由去趋势模型预测的晚稻单产；$\hat{y}_{2011}$ 为 2011 年的预测晚稻单产。通过式 10-4，将 2011 年以前的历史单产都调整为 2011 年生产技术水平和自然环境条件下的晚稻单产，所得就是去趋势晚稻单产。

依据无趋势单产数据，利用参数估计的方法对县域单产的减产概率分布进行了拟合。所考虑到的备选拟合模型包括正态分布、对数正态分布、贝塔分布和韦伯分布。将各单产序列分别用四种函数进行拟合，再进行 Kolmogorov-Smirnov（K-S）检验；选取通过检验且标准误最小的函数作为最优拟合函数，最终得到该区域晚稻单产（kg/hm²）服从（$6.22e^{+3.173}$）的正态分布，平方误为 9.41^{e-2}，K-S 检验值为 0.246，P 值大于 0.15，通过检验。在此基础之上，利用 MATLAB 软件随机生成 10 000 年鼎城区单产减产量，绘制鼎城区晚稻单产减产量的超越概率曲线以及单产减产率的超越概率曲线（图 10-10，图 10-11）。

依据产量数据求解得到的减产为正的超越概率约 50%，说明拟合结果计算正确（图 10-10）。研究区 10 年一遇重现期的晚稻单产减产约为 220 kg/hm²，对应减产率为 3.2%；50 年一遇重现期的晚稻单产减产可达到 400 kg/hm²，对应减产率为 6.4%。期望减产量为 70.8 kg/hm²，对应期望减产率为 1.1%。以鼎城区 2011 年晚稻播种面积 59.6×10³ hm² 计，鼎城区晚稻期望减产总损失约为 4 219 t/年（图 10-11）（武宾霞，2015）。

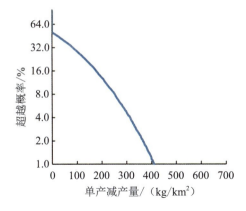

图 10-10 常德市鼎城区晚稻单产减产量的超越概率曲线(武宾霞，2015)

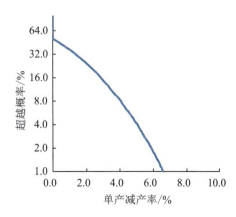

图 10-11 常德市鼎城区晚稻单产减产率的超越概率曲线(武宾霞，2015)

结构性投入措施的效益—成本分析

①安全设防

基于常德市当地政府提供的历史小农水事业费和政府防汛抗旱岁修费，以及历年因灾粮食减产数据，使用时间序列有限滞后分布模型进行了回归。在进行模型估计的过程中，考虑了某年政府投入(在实际模型中取按惯例取对数值)及其滞后项。分别考虑了一阶至四阶有限滞后分布模型，即在回归变量中加入 $t-1$，$t-2$，$t-3$，$t-4$ 年的财政投入作为回归变量。同时，当年水旱灾害的强度也必须作为解释当年因水旱灾害造成粮食减产的重要因素。故而，依据历史气象数据分别计算了研究区历年旱、涝指数，也作为解释变量进入模型。

采用最小二乘法，对 1991—2004 年数据进行线性回归，采用 backward 方法逐步剔除不显著变量。在进行回归的过程中，分别考虑了一阶至四阶有限滞后分布模型，即在回归变量中加入 $t-1$，$t-2$，$t-3$，$t-4$ 年的财政投入作为回归变量。回归结果与 F 统计量显示，选取一阶有限滞后模型的解释效果最佳(表 10-7)。

表 10-7 有限分布滞模型回归结果(武宾霞，2015)

变量	未标准化参数		显著性
	参数	标准误差	
常数项(constant)	0.597	0.482	0.247
政府防汛抗旱投入(万元)对数值($\ln\_inv_t$)	0.116	0.062	0.091
前一年政府防汛抗旱投入(万元)对数值($\ln\_inv_{t-1}$)	−0.180	0.067	0.025
年暴雨指标平均值(f_index)	0.005	0.002	0.036

回归模型同时反映了政府防汛抗旱投入对因旱涝灾害减产损失率的滞后效应，以及因旱涝灾害减产损失率对同年政府防汛抗旱投入的反馈作用，其累计效果应为 0.116−0.181=−0.064，即政府在防汛抗旱投入上每增加 10%(原来的 1.1 倍)，因灾减产率可相应下降约 0.006 4(0.64 个百分点)。政府投入的边际成本是上升的。

依据模型,在假定上一年度防汛抗旱投入为固定(已发生)前提下,本年度预算新增防汛抗旱投入可带来的粮食减产率减少为

$$\Delta 减产率 = 0.116 \cdot (\ln(\Delta inv_t + inv_t) - \ln inv_t) \qquad 式10\text{-}5$$

依据研究区实际情况,以近年来政府年防汛抗旱投入为 1 500 万元为基准值,并代入 2011 年鼎城区晚稻播种面积 59.6×10^3 hm² 与多年鼎城区晚稻平均单产每公顷 6 220 kg(依据历史数据测算),代入式 10-5 可计算得出常德市鼎城区进行防汛抗旱投入的主目标贡献(图 10-12)。在此基础之上,假定挽回的水稻减产率占所有自然灾害造成的水稻减产率的一半,可知保险费率将相应降低 Δ 减产率/2,从而对农民参保率与总风险保障产生影响。在现行保险条款下,费率变化对参保率以及总保额的影响估算得到,并将结果绘制成图 10-12。

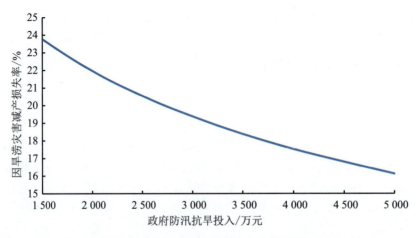

图 10-12　常德市政府防汛抗旱投入的效益—成本分析(武宾霞,2015)

② 保费补贴

政府进行种植业保险保费补贴的重要目的是加强种植业保险的吸引力,进而提升农民参保率,为更多农民提供风险保障。因此,种植业保费补贴所获得的效益是补贴后新增投保农户被转移的风险,即对应的保险赔款的期望值进行度量。在给定保险条款(保额、保费与费率)的前提下,每个投保农民从保险公司获得的期望赔付(或参保的期望收益 r_{IN})可计为

$$r_{IN} = \int_{\iota}^{I} x \cdot f(x) \mathrm{d}x, s.t.\ x \in X \qquad 式10\text{-}6$$

式 10-6 中,x 是农民面临的随机损失(产量单位或货币单位),$f(x)$ 是随机损失的概率密度函数,X 是所有满足保险条款规定条件的损失 x 的集合。积分的上、下限 I 和 ι 分别表达了保险的启赔额度与封顶额度(保额)。对于整个区域而言,水稻生产者整体获得的期望赔付(即风险转移量)可表示为 r_{IN} 与参保人数 n_{IN} 的乘积,而参保人数是总人数与参保率之间的简单乘积关系:

$$n_{IN} = N \cdot \rho_{IN}(I, \pi, \sigma, \cdots) \qquad 式10\text{-}7$$

一般认为,参保率 ρ_{IN} 由保额 I、保费水平 π 与保费补贴率 σ 以及其他保险产品特征共同决定。在此情况下,政府财政投入的总成本可计为

$$c_{IN} = N \cdot \rho_{IN}(I, \pi, \sigma, \cdots) \cdot \pi \cdot \sigma \qquad 式10\text{-}8$$

即总参保人数乘以每人需缴纳保费再乘以补贴率。至此，保费补贴的效益—成本关系可表示为以补贴率为变量、保险产品属性为参数的函数：

$$R_{IN} = c_{IN}(\sigma; I, \pi, \cdots) \quad \text{式 10-9}$$

由此可知，求解保费补贴效益—成本函数的关系是理清政府补贴力度 σ 与参保率产生的影响，并获取相应的参数。为了揭示这一关键关系，采取了在交通规划与市场调查领域广泛使用的选择实验方法，通过在现行水稻保险条款上构建虚拟条款与产品并进行选择实验的方式，获取研究区水稻种植者对不同保险条款的偏好程度与边际支付意愿。通过分层抽样的方式在湖南省选取 7 个县市，共获取 1 004 份有效样本。在此基础之上，使用 Conditional Logit 对数据进行了估计。分析结果（表 10-8）表明，水稻保险对于水稻生产者是有益的风险转移工具；水稻保险的保额、免赔水平、补贴力度与保费水平均对农民的参保意愿有显著影响。

表 10-8 基于 Conditional Logit 分析的水稻保险产品属性对参保意愿的影响（武宾霞，2015）

	回归参数	标准误	Z 值	$P>z$	[95% 置信区间]	
都不选	−0.993	0.414	−2.400	0.017	−1.805	−0.181
保额	0.002	0.000	5.710	0.000	0.001	0.003
理赔（秋后赔付）	−0.171	0.147	−1.170	0.242	−0.459	0.116
免赔（15% 起赔）	0.337	0.156	2.160	0.031	0.031	0.643
补贴	0.031	0.005	6.070	0.000	0.021	0.041
费率	−0.220	0.049	−4.480	0.000	−0.316	−0.124

上述结果中给出了参保率与补贴力度之间的关系，相应确定政府补贴效益和成本。其中，政府总补贴效益应为开展保费补贴后的新增风险保障（收益＝补贴后新增投保面积×单一农户投保期望收益）。新增投保面积由总播种面积和新增参保率共同确定。政府总补贴支出则由总承保面积、单位面积保费水平和补贴率共同决定。在求出上述参数随补贴力度变化的响应之后，即可最终获得政府补贴支出与对应收益的关系（图 10-13）。

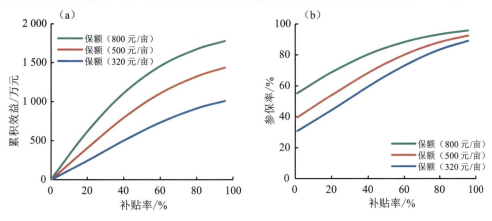

图 10-13 政府水稻保险补贴的效益—成本关系（武宾霞，2015）

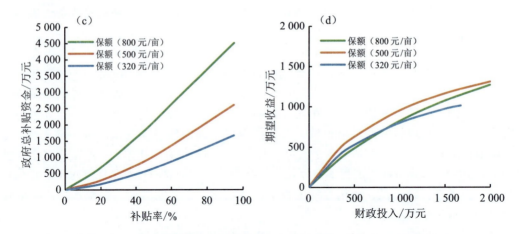

图 10-13 政府水稻保险补贴的效益—成本关系(武宾霞,2015)(续)

(a)不同保额情况下补贴率和累积效益的关系;(b)不同保额情况下补贴率和参保率的关系;(c)不同保额情况下补贴率和政府总补贴资金的关系;(d)不同保额情况下财政投入和期望收益的关系

③救灾救济

民政救灾通常被认为是减轻灾害风险的"事后"措施,因此在大多数情况下不能实现如保险或防灾措施等的"杠杆"作用,难以通过较小的投入而减少更大的风险。民政救灾工作是由政府直接出资向灾民提供一定的保障,此种转移的本质是将灾民承受的一部分损失直接转移至政府。因此,每向灾民提供1元的救助(款或物),相应地政府也必须要付出1元的成本(款或物)。从此种意义上讲,民政救灾的成本与效益为1∶1,且边际效益—成本为0(图10-14)。

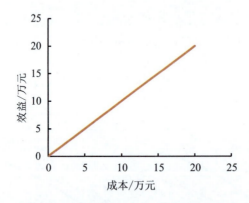

图 10-14 民政救灾救济的效益—成本曲线示意图(武宾霞,2015)

优化求解与决策 农业自然灾害风险防范政策优化问题可以描述成以下一个双目标优化问题:

$$\max_{X}[g_1(X), g_2(X)]^T, \qquad \text{式 10-10}$$

其中,$X=[x_1, x_2, x_3]$ 为投资分配方案,x_1 为区政府防汛抗旱投入,x_2 为区政府水稻保险补贴投入,x_3 为区政府救灾救济投入;X 须满足约束条件

$$x_1 \geqslant 0, \ x_2 \geqslant 0, \ x_3 \geqslant 0, \ x_1+x_2+x_3 \leqslant \overline{X},$$

$\bar{X}$ 为总投资额；g_1 为衡量"挽回农业减产"的目标函数，g_2 为衡量"新增保险保障"的目标函数，具体计算如下：

$$g_1(X) = g_{1,1}(x_1) + g_{1,2}(x_2) + g_{1,3}(x_3), \qquad \text{式 10-11}$$

$$g_2(X) = g_{2,1}(x_1) + g_{2,2}(x_2) + g_{2,3}(x_3), \qquad \text{式 10-12}$$

$g_{i,j}(x_j)$ 计算区政府第 j 项投入对第 i 项目标的贡献，$g_{i,j}(x_j)$ 由 3 个效益—成本图（图 10-12，图 10-13）中的相关曲线拟合而得。

农业自然灾害风险防范政策优化问题是一个双目标优化问题。通常不存在一种方案，可以同时最大化两个目标 g_1 和 g_2。大多数情况是，当调整投资分配方案使 g_1 增加时，g_2 很可能会减小，反之亦然。所以，传统单目标最优的概念在这里并不适用。求解多目标优化问题的基本目的是寻找 Pareto 最优解。假设 X^* 是一个 Pareto 最优解，那么，它必须满足以下条件：对解空间里的任意其他解 X，必存在一个 $i \in [1, \cdots, N_{obj}]$（$N_{obj}$ 是目标函数的个数；在本农业自然灾害风险防范政策优化问题中，$N_{obj} = 2$），使得

$$g_i(X) < g_i(X^*) \qquad \text{式 10-13}$$

成立。对一个多目标优化问题，通常存在多个不同的 Pareto 最优解。Pareto 最优解之间没有优劣之差。所有的 Pareto 最优解就构成了该问题的 Pareto 最优面。Pareto 最优面是帮助解决多目标优化决策问题的关键。

利用结构—功能优化中的多目标算法，对常德实例进行了求解。图 10-15 给出了各种总投资额条件下的 Pareto 最优面。显而易见，在总投资额给定的条件下，位于 Pareto 最优面上的分配方案才是决策者应该考虑的。对于任何非 Pareto 最优面上的分配方案，即图 10-15 中的星点，总可以找到至少一个 Pareto 最优点，能够在同样的总投资额条件下，至少提高"挽回农业减产"和"新增保险保障"中的一项指标，而另一指标至少保持同样好。

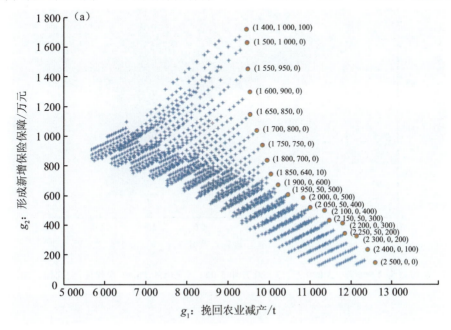

图 10-15　总投资为 2 500 万、3 000 万、3 500 万和 5 000 万元时的 Pareto 最优面（武宾霞，2015）

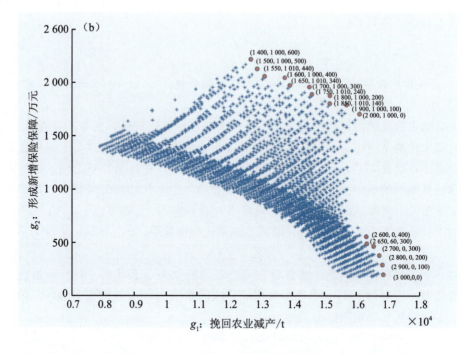

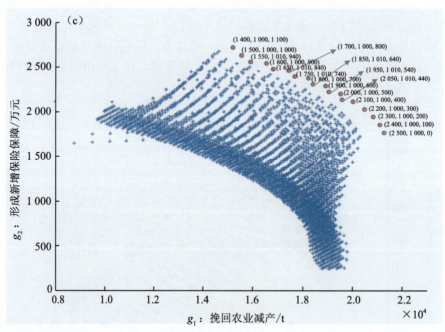

图 10-15　总投资为 2 500 万、3 000 万、3 500 万和 5 000 万元时的 Pareto 最优面（武宾霞，2015）（续 1）

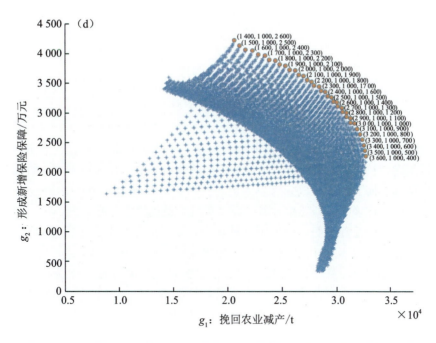

图 10-15 总投资为 2 500 万、3 000 万、3 500 万和 5 000 万元时的 Pareto 最优面(武宾霞，2015)(续 2)
(a)2500 万元；(b)3000 万元；(c)3500 万元；(d)5000 万元

虽然多基于目标优化的 Pareto 最优面比单目标优化的结果给出了更加丰富的决策支持信息，但往往单目标优化的结果更加简洁明了，人们通常更习惯于用一个综合的单目标来帮助理解和决策。显然，利用基于目标优化的 Pareto 最优面可以更加科学、灵活、有效地求解综合单目标最优方案。假设有如下一个综合单目标函数

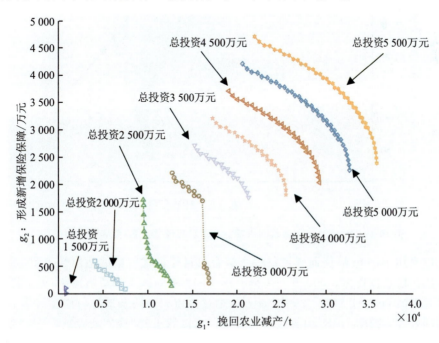

图 10-16 各种总投资情景下的 Pareto 最优面(武宾霞，2015)

$$g_{综合} = w_1 g_1 + w_2 g_2 \qquad 式10\text{-}14$$

式 10-14 中，w_1 和 w_2 是综合"挽回农业减产"与"新增保险保障"，即 g_1 和 g_2 两个原始单目标函数的权重。令 $w_1 g_1 = w_2 g_2$，可得

$$g_1 = -\frac{w_2}{w_1} g_2 = \alpha g_2 \qquad 式10\text{-}15$$

式 10-15 中，α 为折合率，即每吨"挽回农业减产"可折合成多少万元"新增保险保障"，它能够反映现实的经济环境。投资分配方案显然应该根据实际的经济环境来优化。当经济环境给定，折合率 α 也就可以通过相关经济数据确定。有了折合率 α 的数值后，就可以在目标函数平面上画一条以 α 为斜率的，且与 Pareto 最优面相切的直线。相应的切点就是在给定经济环境下，即给定 α 值的综合单目标最优投资分配方案。

以 5 000 万元总投资为例，给出了三种经济环境下的综合单目标最优投资分配方案。其中，当折合率 $\alpha=0.06$ 万时，综合单目标最优投资分配方案为（1 400，1 000，2 600），即 A 点；其中当折合率 $\alpha=0.15$ 万时，综合单目标最优投资分配方案为（2 400，1 000，1 600），即 B 点；其中当折合率 $\alpha=5.00$ 万时，综合单目标最优投资分配方案为（3 600，1 000，400），即 C 点。当农产品越值钱时，投资分配方案越应该向能直接减小农业损失的方案倾斜（图 10-17）。

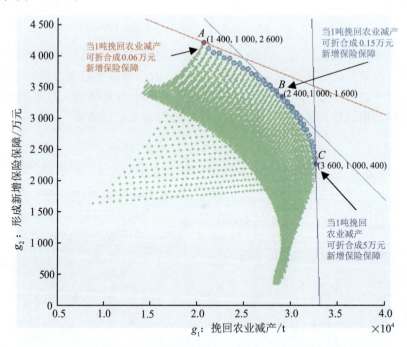

图 10-17 利用 Pareto 最优面求解综合单目标最优方案（武宾霞，2015）

还可以利用 Pareto 最优面来评估一个综合单目标最优方案的适用性。图 10-16 给出了一个示例，以总投资为 3 000 万元为例。图 10-18 中的圆点为所有的 Pareto 最优方案。假设选取方案（2 000，1 000，0），即 A 点。通过该点，画两条最早与任意其他 Pareto 最优点相切的直线，即图 10-18 中的红线和紫线，可以算出其"挽回农业减产"与"新增保险保障"之间的折合率 α 分别为 0.25 万和 1.80 万。这就说明，对任何折合率 α 处于 0.25 万

和1.8万之间的情景，方案(2000，1 000，0)都是最优的，从而可以评估出方案(2 000，1 000，0)的在综合单目标考量下的适用性。当所有Pareto最优方案的适用性都求得后，我们就可以通过比较而更好地决策投资分配方案。不难发现，在图10-18总投资为3 000万元的情况下，方案(2 000，1 000，0)的适用性是最好的，应最先考虑。

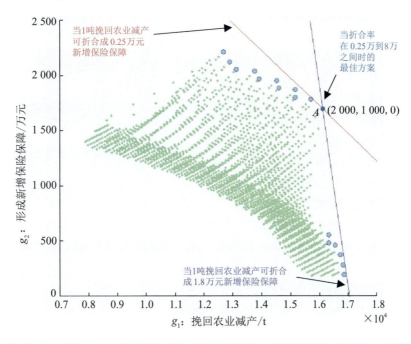

图10-18 利用Pareto最优面评估综合单目标最优方案的适用性(武宾霞，2015)

需要指出的是，目前的研究工作主要还是集中在相关方法的研究上。关于利用Pareto最优面来评估农业自然灾害风险防范政策优化问题中的一个综合单目标最优方案的适用性，目前还没有开展全面深入的研究，但这将是我们随后应用研究工作的重要内容之一。在对优化方法的充分熟悉和掌握的情况下，随后的应用研究工作必将能事半功倍地开展。

10.2 综合灾害风险防范的功能体系与优化

由备灾、应急、恢复、重建共同构成综合灾害风险防范的功能体系。综合灾害风险防范功能体系的优化不仅是针对次灾害的综合灾害风险防范的关键，也是防范巨灾风险的核心措施。

10.2.1 区域综合灾害风险防范的功能体系与协调

备灾、应急、恢复、重建是综合灾害风险管理循环周期的重要组成环节。备灾、应急、恢复、重建也是针对次灾害综合风险防范的一个完整的过程。在UNISDR仙台框架下，把综合灾害风险防范的功能体系划分为备灾、应急、安置、恢复、重建。在本书中，把安置归入恢复之中。

(1) 综合灾害风险防范的功能体系

备灾 备灾是综合灾害风险防范的功能体系的基础(图 10-19)。备灾包括区域综合灾害风险防范战略、政策、法律、预案、规划、区划、工程、标准,以及区域灾害设防体系作用的发挥等。

应急 应急是综合灾害风险防范的功能体系的核心(图 10-19)。应急包括灾害监测、预报、预警、信息共享、评价、响应、救助、救援,以及区域救灾救济体系作用的发挥等。

恢复 恢复是综合灾害风险防范的功能体系的关键(图 10-19)。恢复包括灾情评估、转移、安置、保险赔付、捐赠,以及区域灾害应急管理体系作用的发挥等。

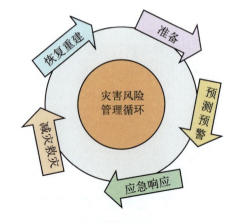

图 10-19 灾害管理循环周期(Carter,1991)

重建 重建是综合灾害风险防范的功能体系的目标(图 10-19)。重建包括区域承载力评价、规划与设计、教育与研究、标准修订、资金筹措,以及区域灾害风险转移体系作用的发挥等。

(2) 综合灾害风险防范功能体系的协调

图 10-20 给出了区域综合灾害风险防范功能间的关系,其协调包括纵向、横向和综合协调(图 10-21)。区域综合灾害风险防范功能间的协调需要强有力的制度保障,如区域综合灾害风险防范体制、机制与法制,以及安全文化与教育和科技体系的支撑(图 10-20,图 10-21)。

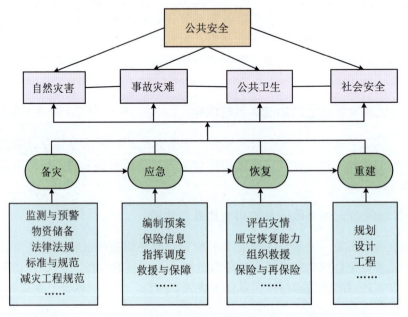

图 10-20 区域综合灾害风险防范功能间的关系(史培军等,2007)

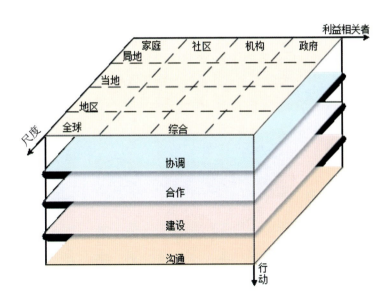

图 10-21　区域综合灾害风险防范功能协调（史培军，2009）

综合灾害风险防范在国家和地方层面所形成的协调机制、协同行动以及协同效果表现为以下三点。

中央与地方以及地方间的协同　通过体制建设实现中央与地方、地方间在综合防灾减灾政策中，形成协调和沟通机制，或是制订区域性的目标和计划。

国家层面灾害风险管理政策与部门间的协同　国家层面灾害风险管理政策的协同主要体现在宏观政策对两方面问题的综合阐述和多重目标的结合，在共同目标下制订各领域各部门的行动计划，充分兼顾其他领域和部门的标准和能力，在目标上实现共识的协同，在技术上实现手段的协同，在行动上实现效果的协同。国家层面的政策协同要考虑制度体系的系统性、完整性和兼容性，一是从机制上建设领域和部门间的协同能力，二是从监测、预警、评估等方面形成硬件和软件间的协同发展，三是从有效管理灾害风险的效果角度形成国家中长期目标的协同实现。

部门间的协同　部门综合防灾减灾政策中通过政策的表达形成部门间的协调与沟通机制，在监测、预警、救灾、重建等功能上实现上、中、下游的协同运作（史培军等，2011）。

10.2.2　区域综合灾害风险防范的功能体系优化

政府综合灾害风险防范财政投入的功能体系是指政府在备灾、应急、恢复与重建等灾害风险防范的四个环节上分别进行财政投入。

功能体系是系统输出的体现，是系统结构所决定的。功能体系与结构体系之间存在着联系，但二者差异也较大。例如，备灾环节就分别涉及安全设防与风险转移（风险转移的灾前安排）；应急环节主要针对应急管理；恢复与重建环节至少同时涉及救灾救济和风险转移（风险转移的资金支付）。一个系统功能的实现需要一个到多个系统模块共同执行，因此，在上述综合环境风险防范的环节与功能中，通常都涉及一个或若干个政府职能部门。

综合灾害风险防范的"功能优化模式",将各级政府采取的"备灾、应急响应、恢复与重建"整合优化(图 10-22)。在这一模式中,政府首先应建立和完善辖区的灾害监测预警体系;其次,要建立应急响应的各项体系(灾情的快速评估体系、救援体系、社会捐助体系等);最后,要建立灾区生命线和生产线的快速恢复体系,以及整体重建规划体系。

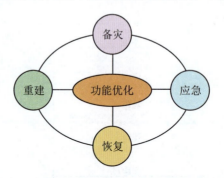

图 10-22　综合灾害风险防范的功能优化模式(史培军,2009)

中国的综合风险防范是由"安全设防、救灾救济、应急管理与风险转移"构成的结构优化模式,以及"备灾、应急响应、恢复与重建"构成的功能优化模式,以及共同形成的综合风险防范的"结构与功能优化模式",并在此模式(表 10-9)下依据结构和功能制定完善的综合风险防范政策与法规,并开展综合风险防范的行动。

表 10-9　综合灾害风险防范的结构与功能优化内容(史培军,2009)

功能＼结构	安全设防	救灾救济	应急管理	风险转移
备灾	风险评价 安全建设	装备开发 物资储备	应急预案 技能训练	防灾防损 发展保险
应急	监测预警 加强防护	资源配置 转移安置	信息保障 决策指挥	抗灾迁安 勘灾定损
恢复	灾害评估 建设规划	物资调配 生命线保障	统筹协调 调整机制	快速理赔 借机展业
重建	就地达(超)标 异地达(超)标	资金筹集 生产线保障	完善体制 健全法制	风险教育 发展科技

在纵向上,使中央与地方之间的结构与功能优化相协调,即完善体制;在横向上,使辖区各个部门之间的结构与功能优化相协调,即完善机制;在纵向横向上,使政府、企事业单位、社区及家庭和个人之间的结构与功能相协调,即完善法制。综合灾害风险防范模式是可持续发展模式的重要组成部分。

10.2.3　综合灾害风险防范结构与功能体系优化

(1)结构与功能协同优化的方法

政府灾害风险防范财政投入的功能优化需要回答的关键问题是,在备灾、应急、恢复与重建等各项功能(或各个阶段)上,政府有限的财政资源应如何投入才能最大限度地减轻灾害风险?

本书研究了社会—生态系统综合灾害风险防范的优化方法，从风险防范的结构和功能构建了系统动力学模型，定义了结构—功能转换矩阵和功能—效益转换矩阵，提出了新的针对离散和连续两类问题的多目标优化求解方法。

系统"结构—功能"优化基本模型 结合综合防灾减灾体系的建立，构建了系统"结构—功能"优化的基本模型。这里的结构为安全设防、救灾救济、应急管理和风险转移四大结构，功能为备灾、应急、恢复和重建4大功能所构建系统动力模型为

$$X(t+1)=AX(t)+BU(t) \quad \text{式 10-16}$$

$$\begin{pmatrix} x_1 \\ x_2 \\ x_3 \\ x_4 \end{pmatrix} = \begin{pmatrix} a_{11} & a_{12} & a_{13} & a_{14} \\ a_{21} & a_{22} & a_{23} & a_{24} \\ a_{31} & a_{32} & a_{33} & a_{34} \\ a_{41} & a_{42} & a_{43} & a_{44} \end{pmatrix}_t \begin{pmatrix} x_1 \\ x_2 \\ x_3 \\ x_4 \end{pmatrix}_t + \begin{pmatrix} b_{11} & b_{12} & b_{13} & b_{14} \\ b_{21} & b_{22} & b_{23} & b_{24} \\ b_{31} & b_{32} & b_{33} & b_{34} \\ b_{41} & b_{42} & b_{43} & b_{44} \end{pmatrix}_t \begin{pmatrix} u_1 \\ u_2 \\ u_3 \\ u_4 \end{pmatrix}_t \quad \text{式 10-17}$$

式 10-16 中，X 为系统功能矩阵，A 为系统功能衰减矩阵，B 为结构—功能转换矩阵，U 为系统结构矩阵。

设置系统优化目标模型：

$$Y(t)=CX(t) \quad \text{式 10-18}$$

$$Y(t)=\{y_1(t) \cdots y_i(t)\} \quad \text{式 10-19}$$

Y 为优化目标矩阵，C 为功能—效益转换矩阵。如以年期望 GDP 损失和人员伤亡为两个优化目标，则：

$$\begin{pmatrix} y_1 \\ y_2 \end{pmatrix} = \begin{bmatrix} c_{11} & c_{12} & c_{13} & c_{14} \\ c_{21} & c_{22} & c_{23} & c_{24} \end{bmatrix} \begin{pmatrix} x_1 \\ x_2 \\ x_3 \\ x_4 \end{pmatrix} \quad \text{式 10-20}$$

多目标优化的过程即为找出从 t 到 $(t+k)$ 时刻的一系列决策方案 $U(t),\cdots,U(t+k)$，使得：

$$\min_{U(t),\cdots,U(t+k)} \sum_{n=1}^{k} y_i(t+n), i=1,\cdots,N_{Obj} \quad \text{式 10-21}$$

$$s.t. \quad U(t+j) \in \Omega_U, \quad j=0,\cdots,k \quad \text{式 10-22}$$

这里的关键在于通过建立成本效益模型，构建矩阵 A、B、C，最终通过多目标优化方法进行求解。

(2) 系统"结构—功能"优化求解方法

在涟漪扩散模型和算法的理论基础上，提出了一套全新、有效的求解多目标优化问题的完整 Pareto 最优面的方法（现有方法都只能求解近似的 Pareto 最优面），这项工作不仅是对优化理论和决策支持研究领域的创新拓展，而且对实现在有众多利益相关者博弈的综合风险防范中的结构和功能优化的应用研究具有重要的现实意义。该方法以求解前 k 最好单目标解为突破口，在理论上和可操作性上同时保证找到完整的 Pareto 最优面。该方法不仅在离散的多目标优化问题上得以成功应用，而且还可被拓展到连续的多目标优化问题上。不管综合风险防范中的结构和功能优化是离散问题还是连续问题，该方法都具有应用的潜能。一旦求解出完整 Pareto 最优面，决策者就可以进行更加科学细致的决

策。在目前的综合风险防范的决策实践中，给不同指标专家打分加权重比较普遍，然而却带有很大的主观性和不确定性。有了完整 Pareto 最优面后，就可以清楚地知道对于不同范围的不确定性，哪个解才是最理想的。这种决策支持能力是以往求解近似 Pareto 最优面的方法所不具备的。

图 10-23 给出了具体问题的描述模型，图 10-24 展示了多目标求解的问题转化为涟漪扩散模型的过程，这是一个综合风险防范投资组合优化问题的完整 Pareto 求解，预期回报和预期风险是这个多目标优化问题的两个指标。传统的做法是：决策者给出一个预期回报与预期风险之间的折算率（代表了决策者的风险承受能力），然后找出与其风险承受能力相对应的唯一 Pareto 最优解（图10-25）。然而，风险承受能力是一个很主观的因素，决策者不可能给出一个100%确定无疑的折算率，但通常可以合理地给出一个折算率的范围。有了完整 Pareto 前沿，就能精确无误地计算出每个 Pareto 最优解所适用的折算率范围。这样一来，决策者就可以根据自己能接受的折算率范围来准确地选取最理想的一个 Pareto 最优解。以图 10-25 为例，当折算率在 0.34 到 3.79 时，图中绿圆点所对应的 Pareto 最优解都是最理想的。显然，决策支持能力是必须基于完整 Pareto 前沿的，是传统方法中寻找近似 Pareto 前沿的理论和方法所无法保障和实现的。所以，在不确定性为主导要素的综合风险防范的优化问题中，此方法有明确且实际的应用价值。

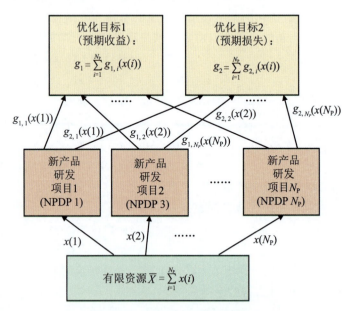

图 10-23　多目标问题构建的示例

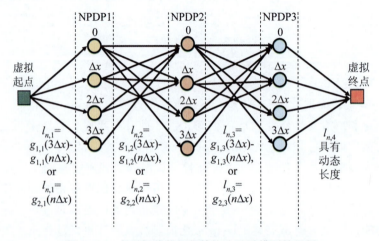

图 10-24　多目标优化问题转换为涟漪模型的示例

第10章 综合灾害风险防范

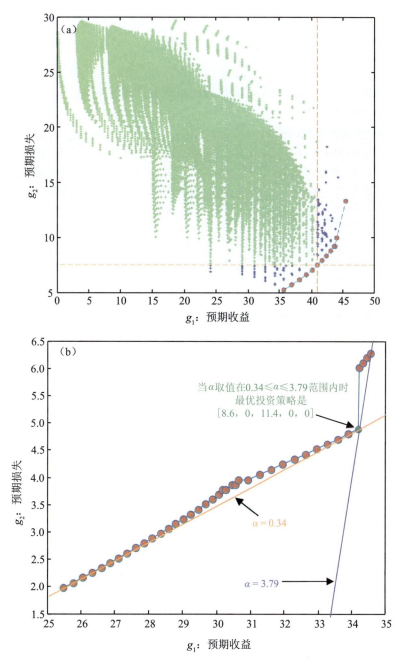

图 10-25　多目标优化问题的完整 Pareto 最优面的示例

10.3　综合灾害风险防御范式

综合灾害风险防范就是从全球、区域和全灾种、全过程、全方位、全社会的视角将政治、经济、文化和社会等各要素统筹进行的灾害风险防范，强调政府、企业、社区、公众等的协调互动和国家与区域合作，从而实现安全设防、救灾救济、应急响应和风险转移的结构综合，备灾、应急、恢复和重建的功能综合(史培军等，2012)。

10.3.1 区域综合灾害风险防范的行政管理体系

区域自然灾害风险防范的综合行政管理体系，即"和则""合则"与"谐则"共存，"和度""合度"与"谐度"合一，纵向协调、横向协调与政策协调集成为一体，减灾资源高效利用的"三维矩阵管理"模式。

(1) 国家自然灾害风险防范行政管理模式案例

美国模式 美国政府形成了以联邦和区域两级行政体系为核心，辅以联邦相关机构参与的灾害风险行政管理区域模式(块块模式)。与此模式类似的还有德国政府的模式，即德国联邦政府管理办(BVA)下属的民防中心(ZFZ)，不过其联邦的作用只在战时发挥作用，平时主要由各州政府负责其辖区自然灾害的风险管理工作，即以政府灾害风险管理为基础的区域模式。法国也属这一模式，即法国政府下设的应急局(DDSL)，以国家和地方二级为核心，辅以国家相关机构的参与。俄罗斯、意大利也与此类模式相似。

日本模式 日本在一整套详细的与自然灾害风险管理相关的法律框架下，构建了以首相为首的"中央防灾会议"制度。2001年，日本中央政府机构重组，内阁府成为国家灾害管理的行政机构。内阁府灾害管理政策统括官负责防灾基本政策，如防灾计划的制订，协调各省、厅的活动以及巨大灾害的响应。此外，作为负有特殊使命的大臣，还新设立了"防灾担当大臣"职位。日本式的自然灾害风险管理是以中央为核心、各省厅局机构参与的垂直管理模式。一些国土面积相对小的国家都建立了与此模式相类似的自然灾害风险行政管理体系。

中国模式 中国各类自然灾害风险的行政管理，依自然致灾因子划分，由与此相关的部委局负责管理，例如中国地震局负责地震灾害的风险管理，中国气象局负责气象灾害的风险管理，水利部负责水旱灾害的风险管理，国土资源部负责滑坡、泥石流灾害的风险管理，海洋灾害的风险管理由国家海洋局负责，森林火灾由国家林业局负责，农业部负责农业病虫鼠害及草原火灾等。为了加强对一些影响较大的自然灾害的风险行政管理，国务院还特别设立了一些自然灾害管理的领导小组，如国务院防汛抗旱领导小组、国务院抗震领导小组等。与政府设置的有关自然灾害风险管理机构相对应，还在全国各级地方政府设置了相应的机构。中国政府目前运行的是以部门为主、结合地方政府的"垂直与区域相结合的自然灾害风险行政管理模式"。与此模式相一致的还有比利时、挪威等国家。

上述三种自然灾害风险行政管理模式都包括灾前的监测、预报和预警，以及各种减灾工程建设；灾中的应急响应；灾后的灾情评估、救助救济、恢复与重建，通常都形成一种循环的模式。这三种自然灾害风险行政管理模式，都呈现出"条与块"结合的特点，或以"条"为主，或以"块"为主，或"条"与"块"并重。美国式管理突出了"块"的重要性，强调了联邦和州、县三级政府的作用，辅以妥善协调联邦政府下设部门的功能；日本式管理突出了"条"的重要作用，强调中央政府各相关部门各负其责，辅以协调发挥都道府的作用；中国式管理则是"条块"并重，发挥其整体功能的作用并不显著。因此，应从系统和综合的角度着眼，突出"块块"的核心作用，并协调"条条"的专业职能。

(2) 区域自然灾害风险防范综合行政管理模式

借鉴前面已有的三种自然灾害风险管理的行政模式，参考 Okada 提出的"综合灾害风险管理"的塔式模式，席酉民等提出的"和谐管理"模式，本书提出整合纵向协调、横向协调、政策协调为一体，减灾资源高效利用的自然灾害风险的综合行政管理——"三维矩阵模式"。

Okada 在其倡导的综合灾害风险管理模式中，强调协调社会各方面与减灾相关力量的能动性，重视发展与风险控制相平衡，并通过系统的营养动力过程，实现整体管理的优化。前述自然灾害风险管理的"日本模式"，在很大程度上体现了 Okada 提出的综合灾害风险管理模式的思想，这强调以纵向协调为主，辅以横向协调的综合管理模式。

席酉民认为，对以人与物两类不同性质的基本要素构成的系统，其在复杂和不确定的状况下，维持持续发展的基本途径，在于充分地发挥系统内有差异个体各自的能动作用。而这种能动作用的发挥系于系统内的两种基本秩序，即系统内各种互动关系的本质就是人类行为的两种基本秩序——和与谐，其中前者表征了系统内演化的方式，后者表征了基于人类理性设计的建构方式。"和谐管理"理论的终极目标是对复杂多变环境下的充满不确定性的一系列管理问题，提出一种较为全面的解决方法（史培军等，2006a）。

由于区域自然灾害系统的复杂性及链性特征，实施对其进行综合行政管理，就必须首先强调对现有行政管理方式的纵向协调，即充分发挥中央政府与地方各级政府的作用，特别是要强调基层社区在自然灾害风险管理中的作用。

中国政府在处理 2003 年 SARS 公共卫生事件的过程中，强调以属地为核心的行政管理就是强调了基层组织在社区水平上的重要作用，收到了显著的效果。这种中央政府与地方各级政府的纵向协调，就是强调了各级政府的主要负责人在管理自然灾害风险的组织中，协调好不同行政区域间的关系，突出"和"的原则。例如发生水灾时，流域上、中、下游之间的防洪减灾协调，就要突出涉及各级行政区之间的协调，通过实现"和"的原则形成"合意"的"嵌入"，实现减灾资源利用的最大效率化和效益化。

在强调纵向协调的同时，遵循区域自然灾害系统所具有的链性特征，对其实行综合行政管理，就必须同时强调对现有行政管理方式的横向协调，即充分发挥各级政府设置的与减灾相关的机构的能动作用。这正如 Okada 所阐述的"螃蟹"行走模式，多条腿协调一致向前走的作用，这也正是体现自然灾害风险综合行政管理"和"的原则基础上，形成"合力"的一种具体体现。

中国政府在同一级政府中所设置的与减灾相关部门间的协调机构，就是对这一横向协调机制的具体实践，如国家减灾委员会、国务院防汛抗旱领导小组均由多个国家部委局的负责人组成。要想充分发挥纵向协调和横向协调的再协调，则必须通过制定各类标准、规范、指标体系，以实现自然灾害风险管理信息的共建和共享，以发挥灾前、灾中、灾后减灾信息资源的高效利用，以最大限度地发挥获取这些信息资源装备和设备的使用效率。

制定各种与自然灾害风险管理相关的法律，以规范纵向与横向协调过程中的组织和个人行为，并以此来充分调动各种减灾力量的积极性（如政府减灾资源和社会减灾资源等）。这就是通过对区域自然灾害风险管理相关政策的协调，实现对自然灾害风险的综合行政管理。因此，从管理学的角度，就是寻找发挥所有减灾要素在区域自然灾害风险管理中的"合理"的投入，这就是要遵循席酉民等提出的"谐则"。

"谐"是指一切要素在组织中的"合理"的投入，是一种客观、被动的状态，"谐则"是指在"谐"的概念基础上，概括那些系统中任何可以被最终要素化的管理问题，系统中的这个方面是可以通过数学量化处理模式且根据目标需求得以解决的。我们通常说的优化系统结构，就是寻求系统整体功能作用的最大化，就是要在区域自然灾害风险综合行政管理过程中，通过协调各类与减灾相关的政策，使之从系统的整体角度，发挥纵向与横向减灾资源的功效，通过非线性系统优化模拟实现纵横之间的优化配置，如区域发展与减灾规划之间的协调，平原城市规划与河网格局之间的协调，土地开发规划与生态建设间的协调，以及水旱灾害与水土保持间的协调等。本书将上述区域自然灾害风险综合行政管理模式中的纵向、横向和政策协调概括为如图10-26所示框架，并称其为"灾害风险行政管理的系统综合模式"，即一个"三维矩阵模式"（史培军等，2006a）。

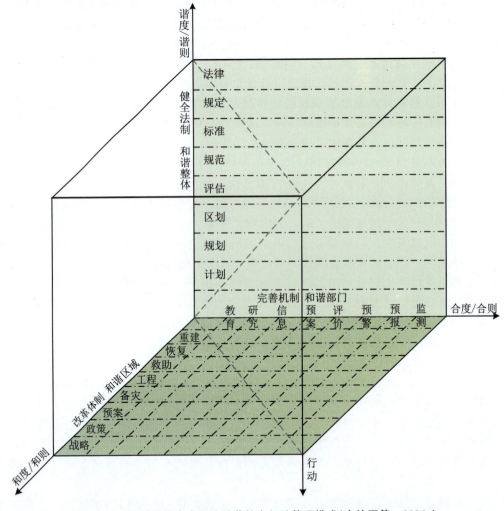

图10-26　区域自然灾害风险防范综合行政管理模式（史培军等，2006a）

在图10-26中，"和度"对应"和则"，"谐度"对应"谐则"。与席酉民等提出的"和谐管理"理论体系中的"和"和"谐"、"和则"与"谐则"的含意是一致的；考虑到区域灾害系统所具有的链性特征，在此模式中，增加了"合度"和"合则"，即在同级行政管理体系中，强调各个与减灾相关部门之间应形成合力，即在席酉民等强调"人与物要素的互动关系"的基础上，关注物与物之间、人与人之间的互动关系的优化与和谐。

10.3.2 区域政府在综合灾害风险防范中的作用

基于中国的实践,综合灾害风险防范涉及多方面的资源保障、技术支撑与管理工作。政府作为公共事业的管理者,必然在这一复杂的公共管理体系中,在政治、经济、文化与社会建设等方面发挥着极其重要的作用(史培军,2013b)。

(1) 系统主导作用

在政治方面,做好制度设计,包括体制、机制与法制;在经济方面,强化资源保障,包括协调发展与减灾的关系、促进设防水平的提高、加快减灾产业的发展;在文化方面,提高风险意识,包括减灾知识教育与普及、应急技能培训与演练,灾害风险研究与技术开发;在社会方面,完善综合管理,包括灾害管理、风险管理、应急管理。

在不同的政治与经济制度下,政府的作用是不同的。但对于灾害风险防范这一公共事务来说,无论是像美国这样的联邦制的资本主义市场经济国家,还是像中国这样的社会主义市场经济(计划经济向市场经济转型)国家,政府都起着极其重要的作用,尽管在灾害管理的不同阶段,政府在综合灾害风险防范中所起的作用不完全相同。人类在灾害面前,正像人类在法律面前一样是平等的,一个以民生为本的政府,就必须承担起对灾害风险管理的主体责任。在寻求科学发展的时代,政府必须担当综合灾害风险防范的主导作用,同时也是民众赋予政府的权力(史培军等,2009b)(图10-27)。

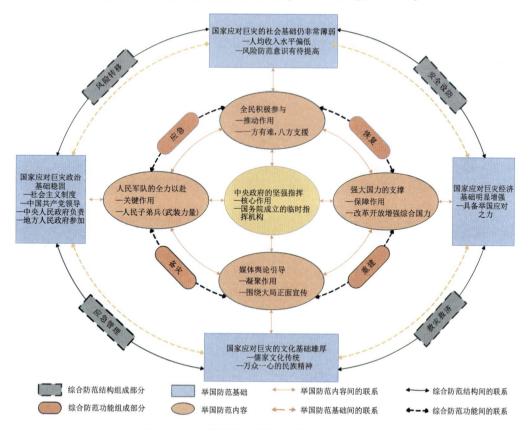

图 10-27　中国举国应对模式(史培军等,2009b)

综合灾害风险管理的主导者 从政治建设方面考虑，综合灾害风险管理需要一整套完善的制度设计，政府应主导综合灾害风险管理的体制、机制与法制的制定。目前，美国、日本、德国、英国等资本主义市场经济国家已有了一整套关于综合灾害风险管理的法规，并在综合灾害风险防范中起到了重要作用。中国作为一个自然灾害种类多、灾情严重的国家，历来重视对各种自然灾害管理的法制建设，在国务院法制办的具体组织下，全国人民代表大会常务委员会通过了多部涉及综合灾害风险管理的法规，特别是在救灾与应急管理方面，已形成了一整套以体现各级政府为主导作用的法律和规章。从应急管理的制度设计来看，《中华人民共和国突发事件应对法》中，明确"国家建立统一领导、综合协调、分类管理、分级负责、属地管理为主的应急管理体制""国家建立有效的社会动员机制，增强全民的公共安全和防范风险的意识，提高全社会的避险救助能力""县级人民政府对本行政区域内突发事件的应对工作负责，或者由各有关行政区域的上一级人民政府共同负责""国务院在总理领导下研究、决定和部署特别重大突发事件的应对工作；根据实际需要，设立国家突发事件应急救援机构，负责突发事件应对工作；必要时，国务院可以派出工作组指导工作""国务院和县级以上地方各级人民政府是突发事件应对工作的行政领导机关，其办事机构及具体职责由国务院规定"。由此，可以看出政府在综合灾害风险管理中承担着全面责任，既是责任者，又是组织领导者。

综合灾害风险管理的规划者 从经济建设方面考虑，在明确了政府为综合灾害风险管理工作中的责任者和组织领导者后，另一项重要的工作就是依据有关法规，制定辖区综合灾害风险管理的各项规划。中国政府在从社会主义计划经济体制向社会主义市场经济体制转变的过程中，始终关注涉及公共事务的总体规划，并从以人为本的角度，完善科学发展的模式，这一点与西方资本主义市场经济制度有着明显的区别。21世纪以来，中央政府明确了把防灾减灾规划纳入国民经济和社会发展总体规划，并逐渐加大投入力度；地方各级政府，也逐渐加大了对防灾减灾的投入，以切实提高社会经济系统对各种灾害的防御水平和适应能力。2003年全国爆发SARS疫情之后，中国各级政府加强了应急管理工作，全国人民代表大会常务委员会不仅迅速制定了《中华人民共和国突发事件应对法》，国务院还制定了《国家突发公共事件总体应急预案》。在近几年几次重特大自然灾害发生以后，国务院相继制定了《低温雨雪冰冻灾后恢复重建规划指导方案》《汶川地震灾后恢复重建总体规划》《玉树地震灾后恢复重建总体规划》《舟曲灾后恢复重建总体规划》。由此可以看出，政府在综合灾害风险管理中，承担着协调发展与减灾、强化资源保障、促进设防水平提高、加快减灾产业发展规划者的责任。

综合灾害风险管理的推广者 从文化建设方面考虑，提高全民风险防范意识、完善全民灾害安全逃生技能、建立灾后自救与互救组织、充分发挥志愿者的作用，均是提高综合灾害风险防范的重要途径。近年来，各种重大灾害频发引起了全世界的关注。为此，联合国国际减灾战略等有关国际机构，高度重视安全文化建设。各国政府也对加强公众防灾减灾与风险防范意识予以高度重视。联合国国际减灾战略协调组织（ISDR/UN）率先于1989年设立了国际减灾日（International Disaster Reduction Day）（每年10月的第二个星期三），并从1991年正式以国际减灾日主题的方式开展相关活动，旨在全球范围内增加人类的防灾减灾意识。中国政府于2008年汶川大地震后，将每年的5月12日定为"国家防灾减灾日"，并开展了一系列防灾减灾的宣传工作，使全社会防灾减灾意识有了显著提高。与此同时，为了加强对防灾减灾的教育，中国各级政府还组织了形式多样的灾害应急演练，切实提高公众的灾害安全逃生技能；在汶川地震发生后，中国政府决定为汶川地震设立为期3天的地震哀悼日，降半旗致哀，举行国家层级的集体祭奠活动，这是中国历史上从未有过的事情，它寄托执政者对遇难者的尊重，是以人为本、人性化执政、关注民生、尊重民意的民主政治的具体体现，也是政府对全民树立安全意识、提高防灾减灾能力、提高风险防范意识、加强减灾知识教育与普及、加强应急技能培训与演练、重视灾害风险防范技术与产品开发等方面工作的全面推动。据此可以认为，政府在综合灾害风险管理中承担着促进综合灾害风险管理文化建设推广者的责任。

综合灾害风险管理的组织者　从社会建设方面考虑，综合灾害风险管理是社会管理的重要组成部分。能否调动全社会的力量，对提高综合灾害风险管理水平有着举足轻重的作用。社会力量在综合灾害风险管理体系中，包括志愿者组织在灾区的志愿帮助，不同机构、组织和个人的各种救灾捐助和恢复重建援助，以及风险分担体系的建立，对口援助机制的建立等。就综合灾害风险管理本身来说，首先是在社会管理体系中，突出灾害管理、风险管理和应急管理的核心地位。中国政府在加强综合灾害风险管理工作中，响应联合国的号召，于1989年4月成立了有多个政府机构和社会团体参加的"中国国际减灾十年委员会"，此后，随时代的变化，相继调整为"中国国际减灾委员会""中国国家减灾委员会"，全面组织和协调中国政府与社会力量开展防灾减灾工作。为动员全社会的力量，由全国人大常委会于1999年9月1日制定了《中华人民共和国公益事业捐赠法》，政府各部门还制定了一系列相关的规章制度。国务院、中央军事委员会于2008年7月1日制定了《中华人民共和国军队参加抢险救灾条例》；民政部于2008年4月28日制定了《救灾捐赠管理办法》，对其2000年5月12日制定的《救灾捐赠管理暂行办法》进行了修订；财政部、海关总署、国家税务总局于2005年3月7日发布了《关于救助打捞单位税收优惠政策的通知》；国家税务总局于1998年12月17日发布了《关于中国福利赈灾彩票征免个人所得税的通知》，于1998年9月22日发布了《关于企业向灾区捐赠所得税前扣除问题的通知》，于1994年6月1日发布了《关于社会福利有奖募捐发行收入税收问题的通知》；海关总署于1998年8月5日发布了《关于印发〈关于救灾捐赠物资免征进口税收的暂行办法〉的通知》等。为了加强对志愿者队伍的组织和管理，由民政部批准于2011年4月26日成立了"中华志愿者协会"。由此可以看出，为了调动社会各界力量在综合灾害风险管理中的作用，各级政府不仅在灾害风险与应急管理中承担着组织者的作用，而且在促进这些社会力量在防灾减灾工作中各显身手，还承担着全面动员的组织者的作用。

政府通过主导、规划、推广和组织综合灾害风险管理，在加强政治、经济、文化和社会建设的进程中，全面强化自身功能，践行着对综合灾害风险防范的系统主导作用，实现着对广大公众的服务和对公共事业的领导。

(2) 协同整合作用

在政治方面，协同好政府与非政府组织的作用；在经济方面，整合好政府力量与社会力量；在文化方面，发挥好主流文化与辅助文化的功能；在社会方面，协调好强势群体与弱势群体的作用。

在当代全球化与网络社会的推动下，政府在综合灾害风险防范中不仅起着系统主导作用，还要通过制度的设计，创造一个让全社会各个灾害风险利益相关者发挥其最大效能的宽松环境，通过创新体制与机制，协调各方力量，形成合力，应对各类不同危害水平的灾害风险，以实现减灾资源利用效益最大化。与此同时，还要通过完善法制，整合各方资源，形成凝聚力，使应对灾害风险的各个环节无缝连接，即"纵向到底，横向到边"，以实现减灾资源利用效率最大化。面对各种灾害风险，一个将人民利益和国家利益至上的政府，就必须把防范灾害风险的各种资源利用效率与效益最大化，单纯追求效率优先，或效益优先，都不能够很好地发挥政府在综合灾害风险防范中的协同整合作用。在寻求包容性发展的时代，政府必须发挥综合灾害风险防范的协同整合作用，从而贯彻"一方有难，八方支援""除害与兴利并举"的综合灾害风险防范的指导方针。

政府与非政府组织的一体化 从政治建设的角度看，虽然政府有关组织，在综合灾害风险防范中发挥着极为重要的作用，但大量非政府组织，在综合灾害风险防范中，也同样起着非常重要的作用。这些非政府防灾减灾与风险管理组织，不仅在灾害风险研究领域做出了许多重要的成果，对实施科学防灾减灾也起了重要的支撑作用，还在灾害应急救援中有着不可替代的作用。如前所述，作为非政府组织的大量志愿者组织，在灾区管理中起着政府组织难以起到的作用，如发放救灾物资、护理灾害致伤致残人员、清理灾害现场、参与和援助灾区恢复重建等。在世界各地，大量非政府组织在社区综合灾害风险管理中所承担的工作，正在与日俱增，已成为社区防灾减灾不可缺少的力量。国际红十字会与红新月会等非政府组织，已成为灾害应急救助、社区防灾减灾的中坚力量，在世界各国受灾地区享有着崇高的荣誉。我国近年发展起来的一大批慈善组织，在中国防灾减灾，特别是近年多起重特大灾害救援过程中，发挥了不可估量的作用。因此，只有把政府与非政府相关组织整合在一起，实现一体化，才能最大限度地发挥政府与非政府组织在综合灾害风险防范中的功效。

政府资源与社会资源一体化 从经济建设的角度看，虽然政府在安全设防、救灾救济、应急响应及风险转移方面投入了大量的资源，使辖区综合灾害风险防范能力逐年提高。但是，从备灾、应急、恢复和重建的全过程着手，各国各地区政府资源仍然难以满足日益高涨的综合防灾减灾与风险防范需求，一方面灾害设防水平不高，救灾投入力度不够，应急能力薄弱；另一方面，对防灾减灾与灾害风险管理可使用的社会资源缺乏系统管理。事实上，从发达国家经验来看，通过创设灾害保险制度，全面调动了社会各界的积极性，可使灾害风险转移的能力大幅度提升。此外，通过巨灾债券和巨灾彩票等多种手段，全面调动了社会资源，积极投入防灾减灾与灾害风险防范行动。在备灾工作中，除了政府建设不同规模的应急与救灾物资储备库外，社会各机构以及各家庭针对所在地灾害种类和灾害风险水平适当储备一定的救灾物资，可以缓解各级政府应急与救灾物质保障的压力。建立一个与政府应急储备制度相配合的社会储备制度，必将大大提高区域的应急响应能力。因此，实现政府资源与社会资源一体化，必将全面提高综合灾害风险防范的资源保障能力，大幅度提高政府用于防灾减灾与应急救助资源的利用效益，这点对以"举国应对巨灾"为特色的中国政府来说，是至关重要的。

主流文化与辅助文化一体化 从文化建设的角度看，由各国政府和联合国相关机构倡导的安全文化建设，一直是综合灾害风险防范的主流文化。然而，由于世界各国社会经济发展的不平衡，传统文化差异显著，即使在同一个国家，这种社会经济发展的不平衡、传统文化的地域差异仍然非常突出。因此，在弘扬全球安全文化建设的同时，发挥世界各国传统防灾减灾与风险管理文化的作用已势在必行。中国传统文化中有"天地人和"与"天人合一"的思想,对中华民族建立"一方有难,八方支援""除害与兴利并举"等防灾减灾与灾害风险防范文化起着极为重要的指导作用。把作为主流的学校防灾减灾教育与作为辅助的大众防灾减灾教育融为一体,可大大提高全社会防范灾害风险的意识和灾害逃生技能。为此,把作为安全文化建设的主流文化与作为世界各国具有民族防灾减灾文化特色的辅助文化整合在一起,使防灾减灾与风险防范上层文化与底层文化一体化,必将大大加快一个"自上而下"与"自下而上"的综合灾害风险防范文化体系的形成,从而构成一个全民与全社会防范灾害风险的良好文化氛围。

强势群体与弱势群体一体化 从社会建设角度来看,社会经济落后的地区,特别是贫困地区的广大人民,通常就是面对灾害的弱势群体,而社会经济发达地区,特别是其中安全设防水平高的地区的人员,则通常是面对灾害的强势群体。此外,当重、特大灾害发生时,灾区的各个社区就是相对的弱势群体,而非灾区群体显然就成为相对强势群体。在中国,2008年初南方雨雪冰冻灾害发生时,由于京珠高速因灾被堵,在湖南境内京珠高速上行进的各种车辆均困在路上,60多万人饥寒交迫。为此,中国政府果断决策,对这些受灾人员予以了救助。这在中国的救灾史上还是第一次,即第一次对收入水平较高的对象,在特殊情况下提供救助。由此可以看出,在面对灾害时,一是,政府对所有处在灾害危险状态中的强势群体(收入水平较高)和弱势群体(收入水平较低)必须同等看待,给予同样的救助措施;二是,政府应努力创造良好的环境,建立起非灾区对灾区的救援和重建援助机制。中国汶川地震后,建立的对口重建援助机制,在汶川地震快速恢复重建中发挥了极为重要的作用。面对灾害,创造弱势群体(包括灾区社区和低收入群体)与强势群体(非灾区社区和相对高收入群体)一体化的社会管理模式,不仅对灾区应急救援和恢复重建起着重要的作用,而且对整个辖区稳定和保障经济持续发展都起着双向支撑的作用。

政府通过组织资源、文化传承与社会管理一体化,协同整合各方用于灾害风险管理的资源,在政治、经济、文化与社会建设进程中,充分调动每个参与者的积极性,践行着对综合灾害风险防范的协同整合作用,实现着提高资源利用效率和效益的共同目标。

(3)国际人道主义作用

在政治方面,做好减灾外交工作;在经济方面,强化巨灾金融保障体系;在文化方面,完善世界安全文化教育与科技保障体系;在社会方面,提高国际救灾援助与志愿者服务能力。

在全球化日渐加快的今天,灾害特别是巨灾对全球的影响剧增。如何防范灾害风险对全球的影响?国际社会应该制定何种防灾减灾战略?应该采取什么样的防灾减灾措施?所有这些与综合灾害风险密切相关的重大议题,都促使各国政府要更加发挥国际人道主义的作用,加强全世界防范灾害风险,特别是巨灾风险的工作力度,加大对深受灾害困扰灾区的救援和援建投入,为实现全世界的可持续发展做出更多的贡献。

做好减灾外交工作 在政治建设中,把减灾外交作为其中的一项重要任务。由于互联网与物联网的快速普及,经济全球化规模加大与速度加快,跨国生产的进一步扩容,使得当今世界各国之间的相互依赖性明显增强(图10-28)。

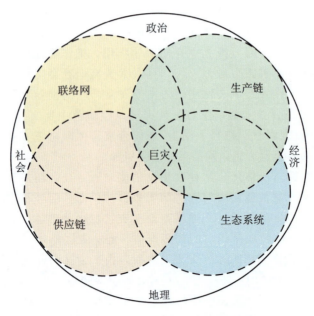

图 10-28　巨灾影响的全球性网络图

由于各种政治、经济、文化和社会原因，恐怖组织、海盗组织、邪教组织的存在，以及以全球变暖为标志的全球气候变化的影响和局部冲突甚或战争爆发，使当今世界受到各种灾害风险的影响在不断加剧，一旦全球某个地区或某个国家发生重大灾难事件，很快将殃及其周边地区，并迅速在全世界蔓延开来，使防范的难度和广度都在加大（Li et al.，2015）。因此，在当今世界的外交中，包括应对气候变化、打击恐怖组织等在内的减灾外交逐渐进入世界各国外交视野之中，并迅速成为重要工作。各种双边交流机制、地区性国际组织、联合国等在协调减灾工作的同时，要通过加强各国减灾外交的政治建设，建立双边、多边的互信机制，本着为全人类谋福祉的战略目标，着眼于发挥人道主义的作用，倡议联合国推动全球综合灾害风险防范体系的建立，扫除不利于提高全世界综合防灾减灾水平的政治障碍，全面做好减灾外交工作（图 10-29）。

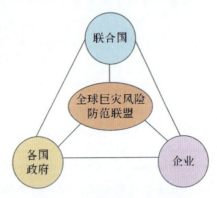

图 10-29　建立联合国全球巨灾风险防范联盟

强化巨灾金融保障体系　在经济建设中，把巨灾金融保障体系的建设作为其中的一项重要任务。世界许多国家开展的巨灾金融工作，充分证明了在政府的支持下，实施巨灾保险、巨灾债券和巨灾彩票，是行之有效的灾害风险防范的金融措施。当前迫切需要解决的是，要从人道主义的角度，加强政府对强化巨灾金融保障体系建立的财政、税收、信贷、担保等财政金融的政策支持力度，使各种经营灾害风险产品的企业，能够做到"收支相抵、略有盈余、以备大灾"。中国政府吸取世界各国已开展的巨灾金融工作的经验，在政府财政的大力支持下，加强农业灾害保险工作，已取得初步成效，在 2009 年，参与农业保险的保额已达 3 810 亿元，收缴的保险费已达 134 亿元。经过近年来的实践，中国政府实施的"政府支持、市场运作"的农业灾害保险模式，逐渐得到了社会的广泛认可。

巨灾保险模式，就是社区、政府（地方和中央）、保险公司、全球再保险公司、全球资本市场等所有减灾资源为一体的，灾区减灾能力达到一定水平下的综合灾害风险分担机制（图 10-30）。

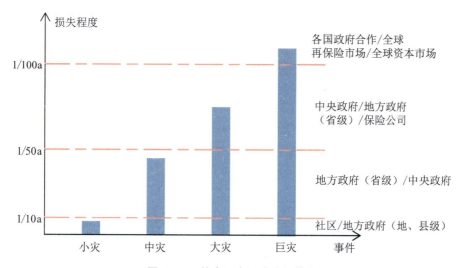

图 10-30　综合巨灾风险分担模式

加强综合灾害风险防范教育与研究　　在文化建设中，把防灾减灾及灾害风险防范文化建设作为重要建设任务，从弘扬国际人道主义精神出发，加强对灾害救援捐助和志愿者文化的宣传与建设，全面建立"一方有难，八方支援"的灾害风险防范文化；全面树立"发展与减灾并重"的可持续发展意识，提高全人类防范灾害风险的教育水平。加强对灾害风险的综合研究，国际社会已启动了两个具有全球性的综合灾害风险研究的科学计划，即 IHDP 等组织实施的"综合风险防范"计划（IHDP—Integrated Risk Governance Project），ICSU 等组织实施的"灾害风险综合研究"计划（ICSU—Integrated Research on Disaster Risk）。在加强对综合灾害风险防范研究的同时，大力推动综合灾害风险防范知识的共享，一系列相关的门户网站建设并投入使用，如中国科技部支持建设的"中国风险网"（www.irisknet.cn），联合国国际减灾战略建设的国际减灾网（www.PreventionWeb.net；www.relief.int）等。据此可以认为，在人道主义精神的指引下，世界各国政府都应加强对综合灾害风险防范意识的普及、教育和科学研究工作。

提高国际灾害援助能力　　在社会建设中，把提高国际救灾援助能力作为重要建设任务。国际救援是国际人道主义精神的具体体现，也是世界各国提高对综合灾害风险防范能力的一项重要任务，还是实现"一方有难，八方支援"的具体行动。由于世界各国的社会经济发展水平不同，人均收入水平差异很大，在一定程度上制约了国际救援能力的提高。然而，对一些经济发达的国家，在遭受灾害打击时，是否予以救援仍有不同的看法。一如前述，即使是经济发达国家，一旦遇到巨灾袭击，例如日本遭受"3·11"地震海啸重创，仍需世界各国提供援助。对于社会经济欠发达的国家，一旦遭灾，就更需世界其他国家和地区伸出人道主义之手，予以救援，从而体现以人为本的人类高尚精神。提高志愿者服务能力，已成近年世界各国迅速发展起来的一项社会建设工程，也成为各国政府加强社会管理工作中的一项重要而富有挑战性的工作。中国近年广泛学习世界志愿者组织建设的经验，不仅在举办奥运会和世博会等大型公共活动中，充分发挥了志愿者服务作用，而且在应对近年几次重、特大灾害中，也充分发挥了志愿者服务的功能，广大志愿者为灾区应急救援取得胜利做出了突出的贡献。

政府通过做好减灾外交工作，强化巨灾金融保障体系，加强对综合灾害风险防范的教育与研究，以及提高国际灾害救援能力，在政府、经济、文化与社会建设的进程中，全面发挥各方面的积极性，完善各相关行动的功能，践行着对综合灾害风险防范中的国际人道主义作用，实现着与世界各国和平相处，对世界各国友好帮助、包容发展的共同目标。

10.3.3 大型企业在综合灾害风险防范中的作用

从大型企业可持续发展的战略高度，构建由政府、企业与社区共同组成的综合风险管理体系，建立集安全建设、应急管理、风险控制与风险金融为一体的大型企业综合风险管理模式。大型企业综合风险，包括财务、投资、产销、人力资源、技术、生态环境、灾害与决策风险。大型企业综合风险管理模式涉及完善企业财务风险管理体系投融资风险管理体系与灾害风险管理体系。大型企业实施综合风险管理的主要措施，包括制定综合安全规划、编制综合应急预案和制订综合风险响应计划（史培军等，2008a）。

(1) 大型企业综合风险管理研究与实践进展

大型企业，特别是一些大型基础产业所属企业，作为一个国家或地区经济和社会发展的基础，一旦遭遇任何灾害事件，不仅对其自身造成巨大损失，导致停工停产，甚或引发系列灾难，使区域经济和社会发展出现混乱，例如电力企业供电中断、交通运输和邮电通信出现故障、企业瘫痪等，均会引致社会动荡，甚至出现巨大的社会动乱。高度关注大型企业的安全运行、全面提高大型企业防范风险的能力，是大型企业贯彻科学发展观的重要战略举措，同时也是大型企业建立和谐社会的历史责任。大型企业建立综合风险防范体系，不仅可促进企业可持续发展，而且还可以促进大型企业推动技术创新，全面降低大型企业的安全成本；大型企业建立综合风险防范体系，有利于推动整个行业应急管理体系的完善，更有助于促进行业安全建设能力的提高；大型企业建立综合风险防范体系，可大大增强大型企业所在社区的安全建设能力，全面带动大型企业所在区域的综合减灾能力建设，进而促进区域及国家的可持续发展。

大部分国家和地区，企业灾害保险和再保险的开展都面临着较大的困难：一方面是，因为一些国家和地区抵御自然灾害的设防水平偏低，灾害风险发生频率太高，导致商业性保险与再保险公司难以介入；另一方面是，准确的灾害风险水平测算因资料缺少的限制，以及灾后勘查定损技术的不发达，也在一定程度上限制了企业灾害保险与再保险的开展。针对我国洪涝、地震、台风等自然灾害频发、灾情严重的情况，有关研究机构提出应考虑建立由国家财政、保险公司、再保险公司、投保人共同参与和负担的巨灾风险转移分担机制，一方面应采取有效的政策措施积极促进巨灾保险的实施，以便使足够多的企业参加保险计划；另一方面，通过再保险在更大地域范围内分散风险，实现风险分散的最优化，从而在合理的价格条件下提高承保能力和安全保障。

大型企业合理地运用金融与保险、再保险手段，能够有效地转移灾害风险，降低灾害损失，这一点已成为国际减灾领域的共识。有些国家相继通过发行巨灾债券、推广灾害保险等方式，在时间空间上转移了企业灾害风险，如美国较早开展的洪泛区灾害保险，德国慕尼黑再保险公司推出的农作物与畜牧业气候指数保险，土耳其开展的国家地震合作保险基金，以及瑞士再保险公司提出的巨灾债券等。世界银行曾组织有关专家，开展了广泛的关于通过灾害保险，转移企业风险方面的研究工作，倡导在社区一定的安全水平条件下，开展企业巨灾保险，使企业、社区与政府在防范风险方面，整合资源，提高效益。与此同时，世界银行还为了帮助投资者了解世界各地区灾害风险状况，专门编制了全世界的风险地图。

中国政府自从加入 WTO 以来，高度重视提高全社会的抗风险能力，完善中央企业风险防范体系。由于中国市场经济的发展已达到相当水平，据有关专家估算，截至 2005 年，中国市场化程度已超过 70%。中国的国际化大型企业集团，应加强综合风险管理，以适应与世界大型企业集团的合作与交流。

企业综合风险管理包括事前防范、事中控制与事后补偿，企业风险防范包括企业风险的识别与分类、风险评价、风险模拟、风险响应与风险适应等环节。就具体企业来说，企业风险管理策略则包括风险评价、风险处置、风险控制与风险管理政策等。

(2) 大型企业综合风险分析

大型企业作为所属产业系统的重要组成部分，具有复杂的物流与产品流、能流与信息流、价格与资金流、资本与风险流体系。大型企业风险通常包括决策风险、财务风险、投资风险、产销风险、技术风险和人力资源风险，以及大型企业所在地的生态环境风险和灾害风险等(图 10-31)。从风险金融管理的角度来看，大型企业风险分为运营(过程)风险、商业风险、市场风险 3 个体系，并进一步划分为过程可控制风险、信息系统风险、雇员关系风险；网络风险、商务事件风险、信用风险、服务联盟风险、法律风险；公平风险、金融风险、产品风险、竞争风险。在这些风险中，企业通常对生态环境风险与灾害风险认识不足。

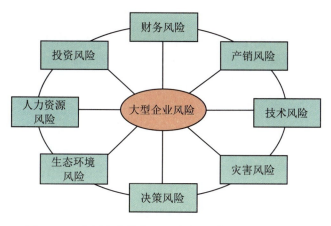

图 10-31　大型企业的主要风险类型(史培军等，2008a)

生态环境风险一般包括全球环境变化、全球化与区域化,以及能源与水源的短缺。在灾害风险中,则一般包括自然灾害、生产事故、公共卫生和社会治安事件。因此,大型企业综合风险管理就是针对大型企业所面临的各种各样的风险,所制定的包括风险识别与诊断、风险评价、风险模拟、风险响应与风险适应为一体的管理体系。在大型企业风险响应子体系中,一般包括风险控制和风险金融两个方面,前者包括避开风险和减轻风险,后者为存留风险和转移风险。企业的风险管理与资本管理事实上正如一个硬币的两面,只有从企业可持续发展的角度,将安全建设、应急管理和风险防范一体化,才能实现综合风险防范的目标。

(3) 大型企业综合风险管理战略

基于上述对大型企业综合风险管理内容的阐述,企业综合风险管理战略如图 10-32 所示。大型企业所面临的根本风险就是资本风险(图 10-32)。为此,需要从企业保险、企业投资与金融活动以及企业所在社区政府用于安全建设的财政投入来系统、全面构建大型企业综合性合作风险管理战略。这一战略体系包括金融安全体系、产销安全体系和社区安全体系 3 方面内容(图 10-33)。

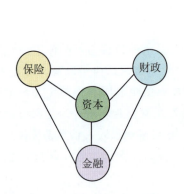

图 10-32 大型企业综合风险管理战略概念模式图(史培军等,2008a)

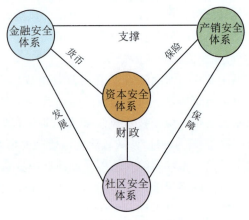

图 10-33 大型企业综合风险管理战略体系(史培军等,2008a)

构建社区安全体系 大型企业通常本身就是一个较大的社区,即使是这样,仍然需要与其所在地的社区政府紧密合作,形成社区安全体系。这一安全体系应包括生态与环境安全、能源与水源安全、灾害安全、生产安全、公共卫生安全和社会治安安全等。通过社区安全建设水平的不断提高,实现综合风险防范的目的。图 10-34 给出了大型企业综合巨灾风险管理战略体系。

构建企业金融安全体系 大型企业金融主要包括投资、债券、股票、存贷利息与利率、汇率以及企业财务等。大型企业金融安全体系指的是在地区和国家,乃至国际金融政策框架中,利用金融衍生工具,构筑大型企业资本高效利用与安全体系。在这一体系中,作为具有国际化水准的大型企业,资本投入回报率与国际货币汇率与利率密切相关,且与产品市场竞争力密切相关,同时也与企业文化和技术创新能力组成的核心竞争力密切相关。

构建企业产销安全体系 大型企业产销安全体系包括企业产品生产安全体系和企业产品销售安全体系。企业产品生产安全是指企业产品生产全过程的安全,即原料保障、生产线畅通、产品质量可靠且稳定;企业产品销售安全是指网络与信息保障有力、产品物流畅通和价格与市场稳定。

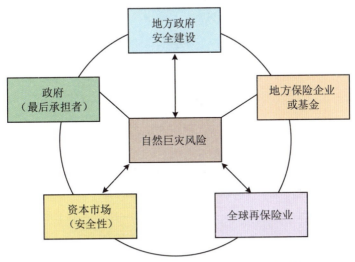

图 10-34　大型企业综合巨灾风险管理战略体系(史培军等,2008a)

(4) 大型企业综合风险管理模式

大型企业的风险管理者在大型企业综合风险管理模式中起着举足轻重的作用。通常来说,企业的风险管理者具体包括总裁、财务总监、投资总监、财长。由于企业所面临的风险与年俱增,近年来企业大大加强了对风险的管理,因此,又产生了一位专司企业的风险管理工作者——企业风险总监。为了加强对企业所面临的各种风险的综合管理,在国际跨国集团,企业风险总监通常被提格为企业副总裁,全面整合企业对风险管理的力量和资源,形成企业综合性合作风险管理模式(图 10-35)。

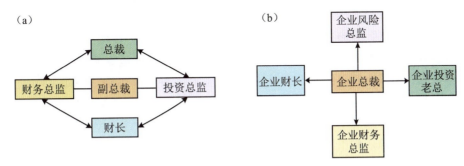

图 10-35　企业风险管理者关系(史培军等,2008a)
(a)旧模式;(b)新模式

大型企业综合风险管理模式包括以下三个方面的内容(图 10-36)。

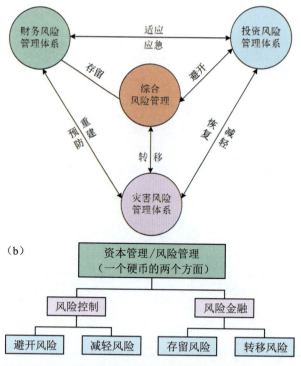

图 10-36 大型企业综合风险管理模式（史培军等，2008a）
(a)宏观模式；(b)微观模式

完善企业财务风险管理体系 大型企业财务风险管理的核心是严密的企业财务预算、严格的企业财务审计、翔实的企业财务决算。在执行相关法律与规定的同时，企业财务总监要严格执行企业董事会批准的年度企业预算，并与企业投资总监、财长和风险总监配合，提高企业资金的使用效率和效益。

完善企业投融资风险管理体系 大型企业投融资风险管理的核心是严格论证投资项目计划、严控购买债券和发行股票等环节。在这一体系中，要充分依靠专业技术人员周密的科学与技术论证，进而全面诊断和分析可能遇到的风险，并明确响应与适应风险的措施，与企业财长、财务总监和风险总监密切配合，最大限度地降低企业投融资风险。

完善企业灾害风险管理体系 大型企业将会面临各种灾害风险，例如全球环境变化、全球化与区域化、能源与水源短缺、技术发明与市场变化以及传统的自然灾害、生产安全、公共卫生和社会安全等。鉴于此，大型企业还必须考虑企业所面对的各种灾害风险，全面诊断和评价风险，提出响应与适应措施。一方面要加强企业安全建设，完善企业的应急预案，另一方面要通过购买灾害保险转移风险。为此，企业应科学地测量所面临的各种灾害风险水平，合理购买灾害保险，建立企业风险预警体系，完善灾害应急管理体系，提高恢复和重建能力，并通过技术进步，提高灾害风险管理水平，降低产品成本，进而提高企业竞争力，实现可持续发展。

(5)大型企业实施综合风险管理的主要措施

大型企业为了实现上述综合风险管理战略和建立综合风险管理模式，要通过以下三个方面的措施,达到预期的目标(图 10-37)。

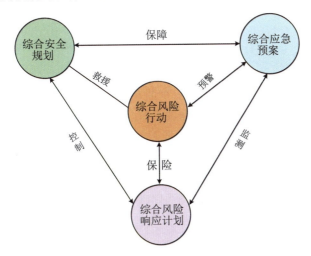

图 10-37 大型企业实施综合风险管理的主要措施(史培军等,2008a)

制定企业的综合安全规划 与企业所在地社区共同制定企业安全规划,这主要是指资源保障规划、生态环境安全规划和减灾规划。在资源保障规划中,要更加突出能源与水源保护规划;在生态环境规划中,要加强环境安全规划;在减灾规划中,要重视减轻自然灾害规划。

编制企业的综合应急预案 针对企业可能遇到的各类公共安全事件,详细编制企业应急预案。高度重视企业风险监测与诊断体系建设,特别是企业灾害与生产事故风险的监测与预警体系的完善;细化企业应急要素,做到"纵向到底,不留空白,横向到边,不留死角";完善企业应急管理的体制、机制和法制。

制订企业的综合风险响应计划 针对企业可能面临的各种风险,周密论证、详细规划企业综合风险响应体系,即企业风险控制体系和金融体系。据此制订企业的避险行动和减轻风险行动,以及存留风险的程度和转移风险的规模。

与此同时,大型企业必须高度重视对巨灾风险防范体系建设,特别是对地震、海啸、台风与暴雨、洪水与滑坡和泥石流灾害风险的防范。

10.3.4 气候变化风险综合防范

应对气候变化已成为世界各国政要、科学家、政府和公众高度关注的全球性问题。气候变化对人类可持续发展的影响有其有利的一面,也有其不利的一面(Shi et al., 2010)。如何从气候变化的本质评价其不利的一面并寻求综合防御的措施?这一问题受到 IPCC 的高度关注(IPCC,2012),并且 IPCC 于 2012 年年初发表了特别报告——《管理极端事件与灾害以加强气候变化的适应能力(*Managing the risks of extreme events and disasters to advance climate change adaptation*,SREX)》专门讨论这个问题。

(1)气候变化风险的理解

全球气候变化与灾害损失 在全球变化领域中,全球变暖和大西洋飓风运动之间是否有联系一直存在争议,但是新研究已有 98% 的确切性表明两者之间存在联系,这一研究结果来自于北京师范大学全球变化与地球系统科学研究院首席科学家 John Moore 教授与其合作者对相关天气事件自 1923 年以来的相关数据的整理分析。这一成果以 *Homogeneous record of Atlantic hurricane surge threat since 1923* 为题，于 2012 年 10 月 16 日发表于《美国科学院院刊》上(Grinsted et al.，2012)。

据 Moore 教授介绍，关于全球变暖和飓风运动之间关系争议的主要原因在于前人所做研究的可靠数据来源于 40 年前开始的卫星的观测，但这不足以为研究提供足够的数据支持。所以，与合作者们将该纪录向前推进了 50 年——基于六台检潮仪从 1923 年以来记录的数据，在排除了其他影响因素之后，通过统计学的方法得出结论。该结论表明，与气温较低的年份相比，气温较高年份的大西洋热带气旋更为频繁，规模更大。他还进一步说明，热带气旋带来的强风、强低压会突然提升海平面，而提升的高度会根据到风暴中心的距离不同而不同。自 1923 年以来，中型和大型风暴潮的数量有大幅度增高。比起较冷的年份，温暖的年份会有两倍的概率发生类似卡特里娜飓风强度的天气事件，这便表明全球变暖和飓风活动之间有潜在的联系。Moore 教授展示了他们的验证方法——研究者对 2005 年数据分析的结果，该结果与该年度的实际情况非常吻合。这篇论文是 Moore 教授的研究团队关于全球变暖和大西洋飓风运动之间关联研究的第一部分，讨论的是有关过去和方法论的问题，而该研究的第二部分，是关于飓风的预测和地球系统模式(Grinsted et al.，2013)。全球气候变化与灾害损失如图 10-38 所示，其关系如何，仍需研究(史培军等，2012)。

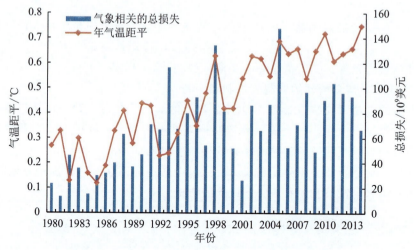

图 10-38　全球气候变化与灾害损失(史培军等，2012)

资料来源：年气温距平来自美国国家航空航天局哥达德太空研究所；与气象相关的总损失数据来自慕尼黑再保险公司。

(2)气候变化风险综合防御范式

针对气候变化的本质，提出气候变化风险是由气候在特定时期的极端事件、特征波动和变化趋势共同引起且不利于人类可持续性发展的影响总和(Climate Change Risk，CCR)，即极端天气气候事件风险(Extreme Risk，ER)、超过人类承受能力的降水或温度等气候特征值波动风险(Fluctuation Risk，FR)和趋向风险(Tendency Risk，TR)，即

$CCR = ER + FR + TR (IPCC,2012)$。

IPCC-SREX 所关注的极端气候事件和灾害不能够全面地揭示气候变化风险的系统性特征，对政府制订全面的防御措施可能有一定误导。ER 是一类确定性风险，FR 是一类不确定性风险，TR 是一类得失不定风险。

人类必须针对气候变化风险的综合性特征，制订相应的防御措施，对 ER 要提高减缓能力；对 FR 要提高设防能力；对 TR 要提高适应能力。只有逐渐提高人类应对气候变化的减缓、设防与适应能力，并形成综合防范气候变化风险的凝聚力，才能够全面促进在气候变化背景下的地方、区域和全球的可持续性能力（图 10-39）（史培军等，2012；史培军等，2011）。

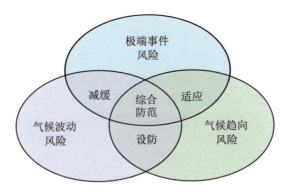

图 10-39　气候变化风险综合防御范式（史培军等，2012）

10.3.5　巨灾风险综合防范

互联网、世界贸易组织、世界交通网以及全球通的发展，使全球化进程加快，并且跨国集团的生产链与供应链的网络化，也使全球化的进程速度加快、覆盖范围扩大。因此，在当今全球人口流动频繁，网络化进程加快的知识经济的世界里，地球上任何一个地方发生极端事件，都会迅速影响到整个世界，有研究者将此称为"蝴蝶效应"。巨灾的发生，正是通过影响全球各种交通、通信、互联网，以及物资生产、供应链等途径，进而影响到全球的。由于巨灾影响的全球性，就要求我们必须从全球的角度寻求防御巨灾风险的对策（史培军，2008c；史培军等，2012）。

(1) 巨灾影响的全球性

巨灾影响的全球性主要表现在以下 3 个方面。

一是，巨灾发生地区的经济社会与生态在全球的重要性程度决定其影响范围与水平。巨灾发生在世界经济大国，尽管其设防水平较高、应对与处置及恢复重建的资源较为丰富，有利于较快控制巨灾的影响；但是，由于其在全世界所处的经济地位显赫，进而可以影响全世界的经济。2005 年发生在美国的卡特里娜飓风，不仅对美国造成很大影响，而且对与美国有经济往来的国家，特别是承担灾区保险的国际保险和再保险公司，以及在灾区建厂的国际跨国公司，例如承担再保险的瑞士再保险公司和慕尼黑再保险公司以及灾区的英国石油公司等也造成了巨大的损失。在全球社会问题的热点地区，例如地中海沿岸社会冲突激烈的埃及、叙利亚、利比亚等地区，遇到 2008 年的冬季大雪，使这一地区公众雪上加霜，给国际社会援助带来极大的困难。在生态系统的关键区域，如处在太平洋海流关键区的日本东部海域，由于日本东北沿海地震—海啸引发的福岛核电站放射性核素泄漏事故，对这一地区的陆地及海洋生态系统产生了巨大的影响，这种影响将持续多久，目前仍难以作出科学的判断。

二是，巨灾发生地区在全球交通网、通信网、互联网的重要性程度决定其影响的范围与水平。冰岛火山爆发，影响到作为世界航空运输网密集的欧洲大部，特别是枢纽机场——英国希思罗机场。据统计，火山爆发致使全球6万航班取消，百万人受影响，IATA指出冰岛火山事件对航班造成的损失每天以2亿美元计。2008年中国南方发生低温雨雪冰冻灾害，导致中国最核心的南北铁路、公路交通运输动脉——京广铁路和京珠高速公路中断，造成全国性的电煤和旅客运输紧张，进而影响到中国通过广东口岸进出口的大量物资，殃及东南亚诸多国家，以及日本、美国和欧盟等与中国有着紧密联系的贸易伙伴。中国台湾集地震导致横跨太平洋的地下电缆中断，不仅影响到中国大陆与北美等地的通信，而且还影响到中国大陆与北美大陆互联网信息的交流，这一年中国大陆许多拟申请北美大陆高校的学生错过了申请的时限。2011年3月11日发生在日本东北海域的大地震，几乎切断了灾区与世界通信与互联网的联络，大大影响了国际金融和学术交流等。

三是，巨灾发生地区在全球生产链与供应链的重要性程度决定其影响范围与水平。2008年5月12日发生在中国四川的汶川大地震，摧毁了中国央企东方汽轮机厂，由于该厂生产世界2/3以上的大型发电装置汽轮机，致使世界许多在建发电企业受到影响。2011年3月11日发生在日本东北海域的大地震严重破坏了这一沿海地带的日本汽车工业和精细化工业，从而影响到与日本汽车工业和精细化工业有密切贸易往来的全球性相关企业。中国深受日本东北海域大地震的影响，其中山东、辽宁和天津的一些汽车和精细化工企业影响最为显著，造成近百亿元的损失。

巨灾影响的全球性，与巨灾发生区在全球政治、经济、社会与生态位置中的重要性有着密切关系(图10-28)。一个网络化的世界，一个全球化的地球，巨灾影响全球性已经成为全球可持续发展的重大障碍，寻求其综合防范对策已势在必行。

(2) 综合巨灾防御的范式

由于巨灾形成的复杂性及其造成后果的严重性，必须采取综合防御的对策。然而，如何进行巨灾的综合防御，目前无论在政界、产经界、社会界和科技界还没有达成共识。一般而言，政界期望动员全社会的力量，应对巨灾，且主要关注在应急状态下，如何有效处置巨灾，稳定政局。产经界期望通过建立公私(含政府)合作模式，建立巨灾风险防范的转移机制，且主要关注在灾前建立诸如巨灾保险和再保险、巨灾债券、巨灾彩票、巨灾基金等。社会界期望逐渐提高全社会防范风险的能力，弘扬安全文化，提高整个社会的安全水平，特别关注防灾减灾的教育与知识普及和灾难逃生技能训练。科技界期望加深理解巨灾形成机理与发展过程，提高巨灾预测、预报、预警的水平，高度关注工程与非工程防灾减灾措施的整合，提高承灾体防范巨灾的能力。针对各界对综合巨灾防范的不同认识，本书提出巨灾防御的"结构与功能优化"的四维模式(史培军，2009)，采取"三项关键措施"，即建立"举国应对巨灾的模式""建设预警信息集成平台"和"建立巨灾风险金融管理体系"(史培军等，2009a)，以及充分发挥政府在巨灾风险防范中的作用，即"在政治、经济、文化与社会建设中，政府通过发挥系统主导、协同整合和国际人道主义作用"(史培军，2013b)，以此实现对巨灾的综合防范。为此，作者曾倡导建立了在全球环境变化条件下，实现综合风险防范的国际科学计划(IHDP-IRG)(史培军等，2012)。在这些工作的基础上，针对巨灾所造成的全球性影响，提出巨灾应对体系(图10-40)。

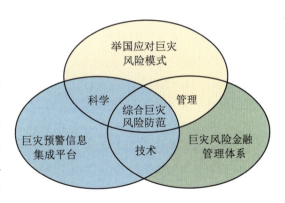

图 10-40　巨灾应对体系(史培军等，2009a)

巨灾防御的凝聚力模式是在提出的综合灾害风险防范的凝聚力模型基础上(史培军，2014b)进一步形成的，其模型如图10-41所示。从中可以看出，通过"凝练"政府、事业、企业、个人在综合巨灾防御中的政治、社会、经济和文化等核心作用，"聚合"政府、事业、企业和个人协调、合作、建设和沟通等关键功能，形成综合系统的防范巨灾的行动体系。

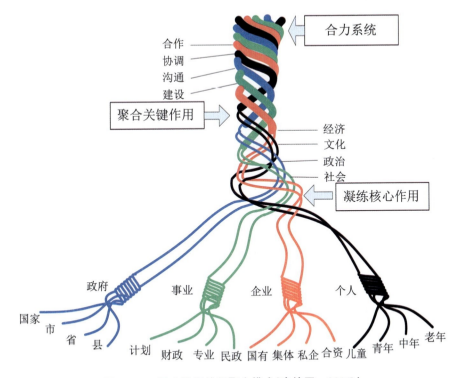

图 10-41　巨灾防御的凝聚力模式(史培军，2014b)

基于上述综合巨灾应对体系和防御的凝聚力模式，对巨灾防御提出以下对策。

一是，从政府的角度，在全球尺度上，应充分发挥联合国作用，在目前实施的

UN-ISDR战略的基础上,组建全球巨灾防范联盟。从"一方巨灾,殃及九方"的实际出发,构建"八方来风,惠及一方"("一方有难,八方支援")的政府援助体系;在国家和地区的尺度,建立"举国应对巨灾"的体系,全面提高巨灾防御的备灾、应急和恢复重建能力。在这一方面,可以借鉴中国应对巨灾的经验,例如"对口援助""举全国之力,调动一切可以利用的资源,全面应对巨灾"。

二是,从企业,特别是跨国企业的角度,要在不断提高设防能力的基础上,积极参加巨灾保险,科学确定可接受的巨灾风险、可控制的巨灾风险和必须转移的巨灾风险的比例。对于所有企业来说,要把防范各种风险作为企业生产产品的基本成本,像提高企业自主创新能力一样,全面提高企业防范风险的能力。

三是,从事业发展的角度,特别是对从事防灾减灾研究工作的广大科研院所、高等院校的科技人员来说,要加强对巨灾的深入研究,力争在预测、预报、预警水平和能力上有所提高,使信息服务体系更加完善,各种防御巨灾工程和非工程技术的开发等方面有里程碑式的突破,为造福全人类做出更大的贡献。

四是,从个人的角度,通过各种教育、宣传和演习等多种手段,全面提高防灾减灾意识,掌握基本的防灾减灾常识和灾难逃生技能,全面培育安全文化,系统提高自救与互救的能力与水平。

10.3.6 综合减灾示范社区建设(中国)

随着全球气候变化,极端天气气候事件频发成为近年来中国自然灾害的一个显著特征。作为重要社会基层组织形式的社区,人口和财产密集,是人民群众生活的物质载体,在自然灾害危机管理中处于基础性地位,具有重要的应急职责和防灾减灾功能。扎实开展社区综合防灾减灾工作,是深入贯彻落实科学发展观,坚持以人为本理念和"以防为主,防、抗、救相结合"的救灾工作方针的具体体现(史培军等,2009b)。

(1) 社区综合减灾

近年来,国家减灾委员会、民政部以提升城乡社区综合减灾能力建设为重点,在全国范围内大力推进社区综合减灾工作(图10-42)。2011年6月,经国务院同意,国家减灾委员会印发了《关于加强城乡社区综合减灾工作的指导意见》,提出社区综合减灾工作的总体要求、主要目标和任务;同年11月,《国家综合防灾减灾规划(2011—2015年)》颁布实施,明确提出"十二五"期间创建5 000个全国综合减灾示范社区的总体目标。2007年以来,国家减灾委员会、民政部组织开展了全国综合减灾示范社区创建活动,并不断推动全国综合减灾示范社区创建工作的规范化、标准化建设;制定出台《全国综合减灾示范社区标准》,提出创建全国综合减灾示范社区的3个基本条件和10个基本要素;2012年,印发了《全国综合减灾示范社区创建管理暂行办法》,进一步规范了示范社区创建各环节工作。截至2013年11月月底,国家减灾委员会、民政部已命名全国综合减灾示范社区4 116个。

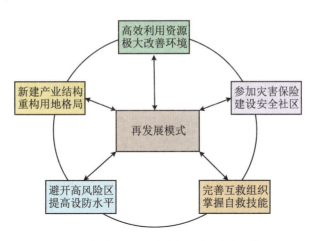

图 10-42　全面提高社区防灾减灾能力(史培军等，2012)

(2) 社区综合减灾案例(湖南省临澧县)

在李嘉诚基金会、联合国开发计划署、联合国妇女署、亚洲基金会等有关方面的大力支持下，民政部相继在四川省彭州市、广元市和宣汉县，浙江省宁波市和杭州市，山东省青岛市，湖南省临澧县，江西省抚州市等地开展了社区减灾项目试点，各试点区在项目支持下，形成了具有本地特色的社区减灾模式，项目所形成的成果和经验值得其他省市借鉴(李振炎，2010)。

湖南省临澧县位于湖南省常德市西北部，是湖南省洞庭湖区多灾频发的严重县之一。在全国"综合防灾减灾示范社区"建设中，临澧县在实践中打造了具有地方特色的社区减灾模式。

创建理念　以服务国民经济和社会发展为宗旨，以尊重自然规律和经济规律为前提，依据可持续发展理论，以政府组织为主导，社会广泛参与为主体，坚持依法治灾、科技减灾，切实增加投入，力争实现综合防治的最佳效益，确保人民生命财产安全和社会稳定，全面实现临澧县经济和社会发展目标。

具体措施　建立社区减灾组织。2003 年成立了县减灾委员会，2004 年成立乡镇(区)减灾协调委员会。2009 年 3 月，在安福镇朝阳社区、农丰村先行试点，建立村级减灾协调领导小组，由社区组织成员、辖区内机关、事业单位、企业单位、社会组织的负责人组成，负责社区减灾领导与协调。至今全县 339 个村(居)委会均成立有协调领导小组。

制订社区减灾规划　2009 年 7 月起，全县以县和乡级的减灾规划为依据，结合本社区的自然地理现状，自然灾害概况、社会经济发展情况，制订了 2009—2010 年减灾规划，其主要内容包括减灾机构、农业综合减灾、应急预案的编制、减灾教育培训、应急避难场所等。全县 339 个社区(村)制定了减灾规划。

建立应急预案体系　2008 年 5 月起，由县应急管理办公室和县减灾委员会办公室组织各灾害管理部门人员深入乡、村进行调研，帮助编审 2 个乡镇(水、旱、森林火灾重灾区)和 10 个村应急预案样本。

制订教育培训计划　建立专家数据库，确定减灾宣传队伍，编写减灾志(丛)书。培训灾害信息人员，落实减灾培训制度。制定安全管理规章，落实灾害管理制度。开展多渠道宣传活动，实现减灾宣传立体化。

建立应急避灾场所 以公园、广场、福利院为重点，建立城镇区域应急避难场所。以中小学校、敬老院为依托，建立乡镇区域指定应急避难场所。以社区、企（事）业单位为基础，建立村级、单位区域应急避难点。2009年，县政府将全县共划定168所学校、18个敬老院和18个乡（镇、区）人民政府机关为指定应急避难场所。

建立专业救援队伍 2009年以来，以单位和社区为主体的救灾志愿者队伍人数达到15 000人。其中，建立了由公安局、检察院、法院为主体的130人的应急队伍，县消防大队80人的专业队伍，县人民武装部200人的专业应急队伍，全县100个机关事业单位共计1 200人的应急队伍，各乡镇建立30人的应急队伍，各村（居）委会建立20人的应急队伍，各企业建立10～30人的应急队伍。

建立减灾资金投入制度 建立政府减灾投入机制，县财政在"十一五"期间内，每年投入100万～200万元，灾害管理部门每年投入10万～20万元，其他部门每年投入1万～3万元，乡级政府每年投入1万～2万元，村级政府每年投入（或劳力折款）0.5万～1.0万元。健全社会参与机制，各类社会组织每年投入约1万元，企业单位根据规模，每年投入2万～6万元。

取得成效 通过综合减灾示范社区创建活动，临澧县实现了减灾组织体系化、社区减灾目标化、应急备灾网络化、应急救援专业化、场所建设社会化、资金筹措社会化和减灾宣传立体化。在综合减灾实践中，进一步增强了全县人民的防灾减灾意识，提高了民众自救互救能力，最大限度地降低灾害事故带来的损失和人员伤亡。

存在问题 在综合减灾示范社区创建过程中，中国城乡基层综合减灾能力不断提升，全民防灾减灾意识不断增强，防灾减灾社会氛围逐步形成，成效逐渐凸显。但与严峻的灾害形势相比，仍存在许多薄弱环节，主要包括：一是，社区减灾工作区域和城乡发展不平衡，中西部地区与东部地区存在着较大差距，农村地区不如城市；二是，缺乏社区减灾长效工作机制，社区减灾活动内容较单一，且主要集中在全国防灾减灾日、国际减灾日等固定时间节点；三是，社区减灾工作无经费保障，目前主要依靠地方各级政府和社区自筹，民政部无资金支持渠道；四是，社区灾害预警系统建设滞后，社区灾害风险评估体系不完善，仅有部分社区开展了试点工作；五是，社区减灾基础设施建设薄弱，应急避难场所、城市地下管网、农村抗旱设施、民居抗震性能等均有待完善；六是，社区减灾工作缺乏专业指导，基本处于摸索中前进，群众参与社区减灾工作的积极性还不够高。

建议和对策 社区防灾减灾将面临一个更为复杂的环境，社区减灾能力建设工作也更为艰巨和紧迫。针对目前综合减灾示范社区创建过程中存在的问题，国家减灾委员会、民政部将进一步推动开展社区综合减灾工作，指导各地区建立社区减灾工作长效机制，加强社区灾害预警体系建设，完善社区灾害风险评估，引导社会多元主体参与社区减灾工作，对社区中的妇女、儿童、残疾人士等群体给予更多的关注，继续推动社区减灾领域的国际交流合作，分享社区减灾经验，提高全社会整体抗灾能力。

10.3.7 综合灾害风险防范范式

完善条块结合,以块为主的综合灾害管理体制;发挥国务院和地方各级政府有关减轻灾害部门协调机构的作用,完善灾害信息共享和协调联动机制;强化以防为主,防、抗、救相结合的综合减轻巨灾风险运行机制,形成总体规划、资源优化、各负其责、系统联动的运行功能;明确政府、企业、社会和公民各负其责的综合减轻巨灾风险制度设计,加快推进防范巨灾法制建设,为防范巨灾提供制度保障,全面提高综合减轻巨灾风险的能力。

(1) 综合灾害风险防范理论基础

为什么要综合? 灾害系统具有随机性、不确定性、复杂性、多样性、全球性等特征。

综合什么? 多学科(科学,技术,管理)、多尺度(大尺度,中尺度,微观尺度)、多利益相关者(政府,社区,组织,家庭)、多阶段(灾前,灾中,灾后)、多措施(工程/非工程)、系统的系统(尺度,组分,过程,行动)。通过对"天""地""人"三个子系统及其相互关系的理解,寻求人—地系统优化的有效途径,实现天地人和与天人合一(图10-43)。

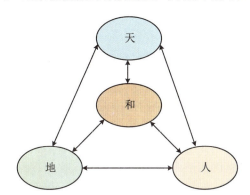

图10-43 天地人和与天人合一(史培军等,2012)

如何综合? 通过研讨会、小型会谈、论坛、大型会议,如 WDRC、IIASA-DPRI Forum、IRGC、IDRC;风险信息共享平台,如 GP/DRR(Global Platform for Disaster Risk Reduction)(S. Brinceno et al.,ISDR-UN),DRH(Disaster Reduction Hyperbase)(H. Kemada et al.,KU,Japan),I Risk Net(Integrated Risk Governance Net);风险制图与风险区划,如 GRIP(Global Risk Identification Program)(Dally et al.,UC/UNDP,USA/UN),ANDSC(Atlas of Natural Disasters System of China);风险模型与模拟,如 AGORA(Alliance for Global Open Risk Analysis)(C. Scrawthon et al.,KU,Japan),SOS(System of System)(A. V. Gheorghe,ODU,USA),SAND(Systematic Analysis Tool for Disasters)(D. Fundter)(UAR,Netherland),Critical Zone(R. Kasperson,CU,USA),IRGP(Integrated Risk Governance Paradigm)(IRG Program,China)等实现。

"多灾种叠加损失"的评估 近年来,已有不少学者提出要关注多灾种风险的评估问题。这里所指的多灾种叠加通常是在一个特定地区和时段,多种自然致灾因子并存或并发的情况。通常被称为"灾害群聚与群发现象"。其中灾害群发与环境演变敏感区有关,例如在海陆过渡带、中国北方农牧交错带以及城乡过渡带,灾害发生的种类与次数偏多;灾害群聚既与环境演变敏感区有关,也与一些地区的孕灾环境有关,例如中国川滇地区,地震频发,又由于处在山区和侵蚀切割明显的高原,易发生崩塌、滑坡与泥石流等次生灾害;而且还由于降水较多,与山区地势相遇,常常还导致泥石流、滑坡等频繁发生;又由于这一地区处在云贵高原西侧,地势较高,还常常引致雨雪冰冻灾害等。对于"多灾种叠加风险"的评估,不仅可以利用致灾与成害的矩阵方法,进行相互比较分析,分灾种进行评价,再通过加权的办法,形成综合评价结果(史培军等,2006),还可以通过利用"投入—产出"分析的办法,将各种致灾因子都视为对形成"灾情"的一种投入,而将造成的各种灾害损失都视为由于各种致灾因子形成"灾情"的一种产出。这是因为一些损失通常可能是由多种致灾因子叠加造成的,难以将其分开计算,例如汶川地震及其引致的滑坡造成北川县城部分被毁,且又由于后来的泥石流进一步造成破坏,三种致灾因素在空间上的叠加,使北川县城几乎全部被毁。2005年美国卡特里娜飓风后,就有学者利用"投入—产出"模型评价其造成的直接和间接经济损失(Hallegatte,2008)。

"灾害链损失"的评估 "灾害链风险"与"多灾种叠加风险"不同,其一,灾害链之间一般存在着因果关系,而多灾种叠加通常不存在着因果关系;其二,灾害链涉及的各种自然致灾因子在空间范围上有所不同,而多灾种叠加通常指发生在一个给定的地区;其三,灾害链影响的承灾体在时间和空间上都有所不同,而多灾种叠加所影响的承灾体在一个给定地区是一样的。正因为如此,近年学术界开始关注对"灾害链风险评估"的方法探讨,特别是每遇重大自然灾害,其造成的灾害评估通常都属于"灾害链风险评估"问题。

(2)综合灾害风险防范模式

图10-44给出了综合灾害风险管理模式,图10-45给出了综合灾害风险管理体系。在这一体系中,科学基础是关键(图10-46)。中央和各级地方间的纵向协调同一区域各部门间的横向协调通过法律、规划、标准、规范等手段实施的纵向与横向间综合协调面向目标的系统管理体系(史培军等,2007)。

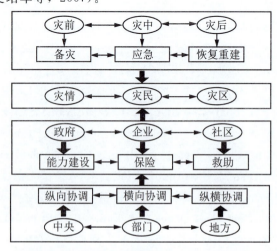

图10-44 综合灾害风险管理模式(史培军等,2007)

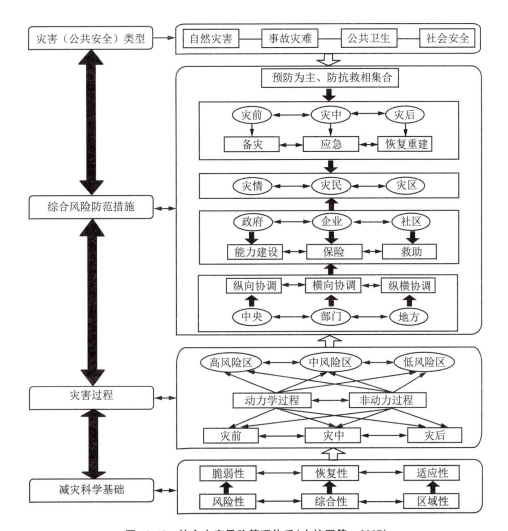

图 10-45　综合灾害风险管理体系(史培军等，2007)

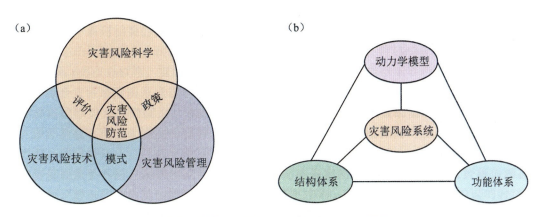

图 10-46　综合灾害风险防御模式的科学基础(史培军等，2007)

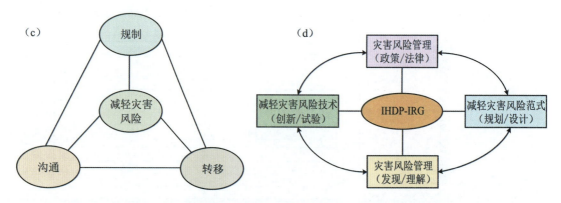

图 10-46　综合灾害风险防御模式的科学基础(史培军等,2007)(续)

(a)灾害风险科学组成；(b)灾害风险系统组成；(c)减轻灾害风险组成；(d)综合灾害风险防范内容

综合灾害风险防范强调三个维度的综合。

中央与地方的综合　主要是各级政府在防范极端气候事件与气候变化风险时,如何通过政策、法规、科技、管理、教育、宣传等综合手段实现共同目标。

部门功能间的综合　主要是各级政府中各职能部门在防范极端气候事件与气候变化风险时,如何通过各种功能的协调提升综合行动的有效性。

利益相关者的综合　主要是个人、社区、企业、非政府组织、政府等不同利益相关者在防范极端气候事件与气候变化风险时,如何通过多种合作手段、多样组合模式和多尺度协同以实现风险的综合防范。

在中国,采用中央与地方综合、多部门功能综合、利益相关者综合的方式进行综合灾害风险防范,取得了积极的效果。在中央与地方政府引导、各个职能部门分工、行业与企业广泛参与、社会公众积极行动的应对灾害与气候变化的综合体系,初步实现了"纵向到底""横向到边"的分工负责一体化,集成政府、企业、社区的行动一体化综合灾害风险防范体系。

10.4　社会—生态系统综合灾害风险防御的凝聚力模式

为了加深对于人类社会对地球系统影响的理解,以及应对人类面临的与年俱增的各类风险,我们发现"综合"一词愈来愈被不同的科学领域所使用,如"天—地—人"系统的"综合"、社会—生态系统的"综合"、区域与全球经济发展的"综合"、防灾减灾与可持续发展的"综合"、防范风险对策中"科学—技术—管理"的"综合"等。毋庸置疑,"综合"一词的使用,不仅强调"综合"理解地球系统的复杂性,而且更加强调从"综合"的视野寻找提高资源利用的效率和效益及防范风险的对策,即什么样的"综合"可以提高我们认识地球系统复杂性的能力? 如何"综合"就可以明显提高资源利用的效率和效益? 为什么"综合"就可以提高人类防范社会—生态系统风险的水平? (史培军等,2014b；胡小兵等,2014)

10.4.1　社会—生态系统灾害风险防御的凝聚力理论框架

近 10 年来,学术界开始关注"社会—生态系统"和"人地复合系统"的复杂性、异质性、动态性和高度关联性,并探讨这些特征对系统可持续性所造成的挑战。在全球变化科学领域,IHDP率先提出了综合风险防范(Integrated Risk Governance,IRG)的科学计划,指出"社会—生态系统"的风险研究需从多尺度、多维度、多利益相关者角度开展综合的研究,这种综合超越了原有的"多灾种—灾害链"的研究,以及单一尺度下的成本效益和成本分摊的研究,而强调致灾因子、孕灾环境和承灾体的一体化,危险性、敏感性(稳定性)和暴露性的一体化,脆弱性、恢复性和适应性的一体化,地方性、区域性和全球性的一体化,这样反映在防范风险、应对灾害的主体身上,强调的是上下左右协同的运作机制,以及系统结构和功能的多目标优化。然而,如何实现这一目标,如何从科学严谨的角度阐释"综合",这就需要提出新的模式(史培军等,2014b)。

(1) 社会—生态系统凝聚力理论基本概念

"社会—生态系统" "社会—生态系统"在传统意义上也被称为"复合人—地系统""人与自然复合系统",它是地理学以及可持续发展科学的重要研究对象。社会生态系统被定义为社会子系统(人类子系统)、生态子系统(自然子系统)以及二者的交互作用构成的集合,并被认为是可持续发展科学最理想的研究单元。灾害与风险系统是典型的社会—生态系统(以下简称"系统"),是风险防范研究的对象,包括社会子系统、经济子系统、制度子系统和生态子系统,各子系统相互关联,且紧密互动(图10-47)(史培军等,2012)。

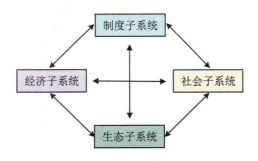

图 10-47 社会—生态系统(史培军等,2012)

人类并不是孤立存在的,而是复杂的社会—生态系统的一部分。社会—生态系统涵盖了所有尺度——从当地住户与其所在环境共同构成的地方到居住在地球上的人类社会。在社会—生态系统中人类与生态(或环境或自然或自然地理)的子系统相互作用,对于综合风险防范来说,是非常重要的,因为风险不仅影响人类,而且也影响与人类相关联的环境子系统,进而影响人类应对风险的能力。

本书曾专门讨论了区域灾害系统的结构体系与功能体系。灾害系统的结构体系阐述了系统要素的构成,即孕灾环境、致灾因子、承灾体与灾情。其中,孕灾环境是区域灾害发生的综合地球表层环境,对应着社会—生态系统的全部,而致灾因子与承灾体均是其子集。致灾因子是孕灾环境中不稳定的,可在一定扰动条件下突破阈值并对承灾体形成潜在威胁的自然要素。这种扰动可以是内源性的,或是外源性的,也可以是内外互动性的。承灾体是致灾因子影响和打击的对象。灾情是打击和破坏的结果。灾害系统的功能体系阐明了灾害风险形成的过程,即灾害风险的大小由孕灾环境的不稳定性、致灾因子危险性以及承灾体脆弱性(广义)共同决定(图 10-48)。由于孕灾环境不稳定性与致灾因子危险性在很大程度上由社会—生态系统中生态子系统的内在属性决定综合地球表层环境中的物理、化学、生物与人文过程决定,综合风险防范的核心问题在于如何有效提升孕灾环境的稳定性并降低承灾体子系统的脆弱性(史培军等,2014b)。

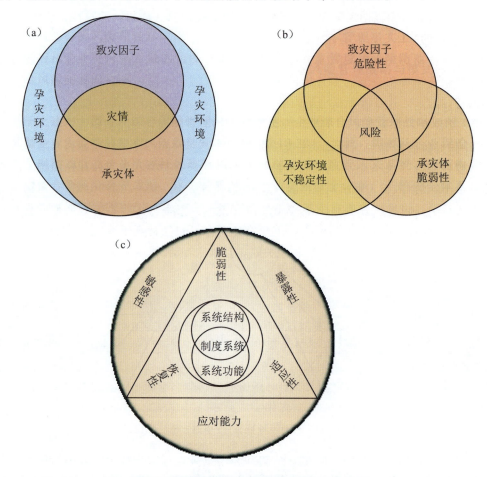

图 10-48 区域灾害系统(史培军等,2014b)
(a)结构体系;(b)功能体系;(c)与承灾体脆弱性的内涵与外延

凝聚力的提出 近年来,若干重要概念被用于描述社会—生态系统的可持续能力,包括脆弱性(Vulnerability)、恢复性(Resilience)与适应性(Adaptation)。这些概念之间彼此交叉,在不同具体的研究领域具有不同的侧重与界定。脆弱性最早源自经济学、人类学、心理学等多个学科,而人文地理学家则构建了针对环境变化的脆弱性,以及针对灾害与风险的脆弱性理论。恢复性最早源自生态学领域,曾被一些学者定义为系统应对外部压力与扰动的能力,因而也被认为与脆弱性是同一事物的两个方面,并在一些文献中被等价地使用。然而,从系统科学角度来看,恢复性是重点表达系统从动态变化中,特别是在受到扰动和外部压力后,在一定吸引域内维持或"恢复"其结构和行动的能力,与脆弱性有着重要的区别。适应性表达系统针对外部环境特征的演变(如条件、压力、致灾因子、风险或机遇)进行自我学习、调整与演化的能力,最早源自 20 世纪初的人类学研究,而在近年来成为气候变化与应对领域研究热点。

与此同时,灾害风险以及全球变化风险领域的研究进展丰富了承灾体脆弱性的内涵与外延。在描述承灾体内在属性的指标中,狭义的脆弱性表达系统丧失结构和功能的能力,可用作承灾体在不同致灾因子强度条件下的损失程度计量,恢复性用于表达系统从其动态变化中恢复的能力,可用承灾体在遭受打击后恢复的速度与程度计量;适应性用于表达系统针对外部环境特征进行自我学习、调整与演化的能力。

然而,这三者之间到底是怎样的关系在当前的研究中仍然存在许多争论。系统的脆弱性、恢复性和适应性表达的是同一概念的不同方面,还是存在互相包含的关系?全球变化研究领域倾向于将恢复性的概念广义化,即恢复性包含了系统应对和承受打击的能力(脆弱性)以及从打击中恢复的能力,并特别强调系统恢复性的动态特征。在区域灾害系统研究中,本书更倾向于将脆弱性的概念广义化,即承灾体的广义脆弱性包含了狭义脆弱性、恢复性与适应性三者,其中既包含系统的动力特征,也伴随着系统的非动力特征。

敏感性、暴露性与应对能力分别是承灾体广义脆弱性在孕灾环境、致灾因子与承灾体三个方面的外延。承灾体对应某一特殊种类的致灾因子的敏感性受到局地孕灾环境特征的显著影响,也就是通常所说的局地孕灾环境对灾情产生的放大/缩小作用。暴露性是孕灾环境中的扰动形成的致灾因子在承灾体子系统表面的投影,承灾体对致灾因子的暴露是损失形成的前提。承灾体的敏感性与暴露性通常被用于结构化的定量评估狭义脆弱性;敏感性与应对能力能够很好地表达承灾体子系统从扰动中恢复的能力,即恢复性。应对是一种承灾体在灾害发生时采取的短期与临时性的系统功能改变。应对能力与适应性的关系相对较为复杂。承灾体对致灾因子的应对往往通过改变系统的暴露性实现,而同时也会影响扰动本身,如强度(Intensity)和作用时长(Duration)等属性。以洪水为例,在洪水来临时临时性垒堤坝、转移安置群众等应对措施可以降低承灾体暴露性,但这是暂时的。一旦洪水超越这种临时设防能力、措施失效,被人为增高水位的洪水将更加具有破坏性,而堤坝周边的承灾体的敏感性(如房屋抵抗洪水冲击能力)却并未改变。应对是承灾体子系统针对外部扰动的及时性反馈,而当这种反馈得以不断重复并被系统学习从而导致长期性的结构与功能变化时,就形成了适应。同以洪水为例,将堤坝临时性增高改为永久性增高,将转移安置更改为洪泛区退出,应对措施就变成了适应措施。应对能力与适应能力本身存在一定的差别,此处仅强调二者在时间尺度上的区分:长时间尺度的应对能力可被视作适应能力。

承灾体广义脆弱性的内涵与外延决定了主动防范风险需要在多个维度有效减轻系统脆弱性,而减轻的能力决定于构成系统的经济、社会与制度子系统的要素,要素之间、要素与子系统之间以及子系统的关系(系统结构),以及由这种结构所实现的系统功能。其核心是制度系统对系统结构和功能的设计,决定着承灾体系统的内涵(脆弱性、恢复性、适应性)和外延(敏感性、暴露性和应对能力),这样构成了系统应对由孕灾环境和致灾因子交互作用而产生的灾害事件以及风险的整体能力。

在澄清以上概念后,一个极为重要的问题由此提出:承灾体子系统的结构与功能应如何设计,实现经济、社会、制度等子系统内要素之间的协同运作,从而有效地改变脆弱性、恢复性、适应性,降低敏感性、暴露性并提升应对能力,进而有效地防范风险?如何评价系统的此类结构与功能调整与优化并降低脆弱性(广义)的能力?笔者认为,目前仍然缺乏一种概念或模式来阐释这种效果或能力。应该有另一驱动力(因素)来决定整个系统是否能有效和有序地进行协同运作、实现防范风险的目标。为此,本书提出,这种促使系统协同运作的驱动力为系统的"凝聚力",其英文为"Consilience"。"Consilience"一词最早出现于1847年Whewell所著的 *The Philosophy of the Inductive Sciences* 一书中。在1998年由Wilson所著的 *Consilience: The Unity of Knowledge* 一书中,更为清晰地用"Consilience"一词解释知识的一体化。系统的"凝聚力"表达了系统中的各子系统、各要素、各行为主体达成共识("凝心")和形成合力("聚力")的能力,"凝聚力"的大小是针对凝心和聚力的过程而言,即该过程产生的效果、效率和效益。

"凝聚力"是对系统"凝心"和"聚力"能力的一种测量和表达。"凝聚力"也是系统内在的状态属性,它与系统的"结构和功能"有关。"凝聚力"概念中"凝心"指的是系统中各相应单元达成共识的过程,而"聚力"指的是各单元形成合力的过程,达成共识和形成合力均是针对系统综合防御风险、抵抗外在打击(渐发型和突发型)而言。

凝聚力的概念模型如图10-41所示。政府、事业、企业和个人四个均为防范风险的主体,各自在自己的维度上需进行单主体的综合,然后四个主体进一步综合,作用于社会子系统、经济子系统、生态子系统和制度子系统上,这些子系统进一步综合,形成合作、协作、沟通和共建,这样一种凝聚后的综合系统,才能更好地协同运作。

(2)凝聚力基本原理

凝聚力概念本质是"综合",具体表现为系统协同运作的能力或协同性,凝聚力也是系统的一种内在属性。系统的其他属性,如脆弱性、恢复性等在提出之初,为了更好地加以解释,并与不同领域的概念进行结合,它们的概念描述往往借助力学的问题表达方式。我们提出凝聚力的四个基本原理,也同样借用结构工程和力学中的相应表述方法,对凝聚力原理进行阐释(史培军等,2014b)。

协同宽容原理 系统面临风险时,各响应单元必须产生有别于常态时的宽容性,这种宽容性使得系统作为应对风险的整体,获得比常态时更高的抗性和恢复性。如图10-49所示,当多股钢绞线拧在一起时,不仅使得工作性能提升,而且比单根使用获得了更多的延展性,从而整体上能够容忍更大变形,且获得更强的抗冲击能力。当社会—生态系统向灾害状态转入时,各个响应单元需合理地提高宽容性,容许常态时所不能接受的运作规则和合作方式,这样才能围绕系统整体的优化目标,在灾害"转入"时能产生更高的设防能力和调整空间;同样,在灾害"转出"时,对资源分配原则、成本效益目标和区域平衡方式等的协同宽容,能让系统整体上更有效地应对灾情,并快速得以恢复。协同宽容的原理还体现在各子系统和响应主体对灾害风险"转入"和"转出"模式转换所需的宽容度,这样,实现系统整体在防范风险上效率和效益的双重优化。协同宽容原理对应凝聚力中的"凝心",它也是在系统防范风险中实现结构和功能优化的前提。

协同约束原理 由于系统应对风险的总体资源有限,每个响应单元都不可能任意地使用资源而达到局部效果的最优。从系统的角度,为了达到有限资源条件下的整体最优,往往需要对局部的单元进行资源或行为的约束,在一定的协同配置下,这种约束会对系统整体产生更为优化的风险防御能力。其原理还以结构工程和力学表述说明,柱体由于在与竖直方向垂直的平面上进行了有效约束,使得柱体的极限承载能力得以提升(图10-49)。这种约束可以很容易拓展到社会—生态系统的响应单元中,当防范风险成为系统整体的目标时,单元的行为和资源在抵御风险时需进行必要的调整(约束),经济子系统和社会子系统的一些短期目标和资源需求进行必要的约束,以缓解对生态子系统的压力,这种约束虽然会抑制一些短期或局部的发展,但是从整体系统的角度而言,其可持续发展的能力得以提升,从长期角度来看,反而会促进经济等其他子系统长足发展。协同约束原理强调约束措施的实现,而这种调整是系统达成"共识"的结果。所以,协同约束原理也对应凝聚力中的"凝心"。

协同放大原理 当响应单元间产生合力,那么共同应对风险时可形成协同放大的效果。当构件间产生足够的摩擦力,组合后的结构的承载能力得以极大提升,而提升的效果成 n^2 倍数增加,达到"1+1>2"的放大效果(图10-50)。系统通过协同性的设计和优化,能极大提升系统整体防范风险能力,体现各单元间通过协同机制而形成相互促进效果,从而使整体的效益得以放大,各单元间在资源配置上的协同可促进系统整体资源利用效率的提升,各单元在结构与功能优化的过程中,通过协同设计增强相互间的正向耦合作用,使有限的资源能在多个功能实现下达成协同增强的效果,这样能放大系统整体应对灾害风险以及从灾害事件中恢复的能力。协同放大原理对应凝聚力中的"聚力"。

协同分散原理 由于复杂系统中各单元间存在着一定的联通性,某一子系统中的缺陷可能会形成引发系统性的风险而导致系统崩溃,协同分散的目的是将这种局部的缺陷放到整个系统中来评估,从系统的角度来转移和分摊它带来的风险。风险分散的本质就是通过时间的长度和空间的广度来化解风险在某一特定时空的聚集,而协同分散原理在此基础上增加风险在各系统单元中的分散,具体体现在系统设计时避免风险在各系统单元间的传递和扩散,同时形成系统单元间的协同力,对局部的风险源加以有效控制。所有的响应单元都存在着缺陷或薄弱点,在应对风险和外在打击时,如果每个单元都单独应对,那么每个单元中潜在的缺陷就会暴露,一旦破坏,有可能形成系统的链式破坏反应。当系统B的四个单元形成合力,那么在不同的截断下,某一单元中存在的缺陷会被其他没有缺陷的单元共同分担;这样从系统整体的角度来说,系统中可能的缺陷带来的风险被有效分散了,从而使其抵御风险的能力得以提升。协同分散原理也对应凝聚力中的"聚力"。

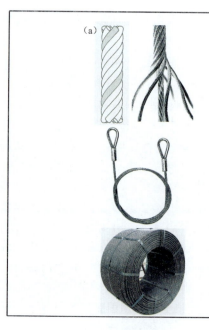

工程中,为了使钢制绳索满足大变形、抗冲击和易成卷捆扎等需求,多股钢丝以一定的规则绞合成钢绞线,钢绞线的力学原理体现了本文所述的"协同宽容"内涵。

具体表现在:所有钢丝遵循统一原则进行绞合,体现对规则的宽容;在对规则宽容的前提下,整体钢绞线形成对大变形和冲击荷载更高的宽容性;钢绞线拥有单根钢丝所不具备的良好的工作性能,极大提升其包装、运输、应用方面的宽容性。

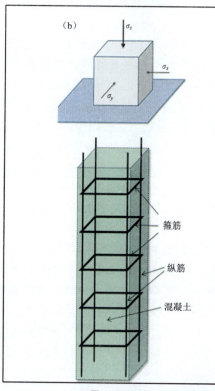

由广义胡克定律可知,z 方向的应变不仅取决于 z 方向的应力,x 和 y 方向的应力同样会在 z 方向产生作用。如果在 x 和 y 方向进行一定约束,将可提升 z 方向抵抗荷载的能力。在结构工程中,这一原理广为使用,例如混凝土柱体往往在水平面上设置箍筋,对水平面内的形变进行约束,从而极大提升了柱体竖向的荷载承载能力。

协同约束的原理体现在:不同维度或构件上的一定约束会促进系统整体抵抗能力的提升;约束可能会降低局部性能或自由度,但在一定范围内对整体有利。

图 10-49 协同宽容原理与协同约束原理示意图(史培军等,2014b)
(a)协同宽容原理;(b)协同约束原理

资料来源:http://www.hnhfgl.com/ps124.htm。

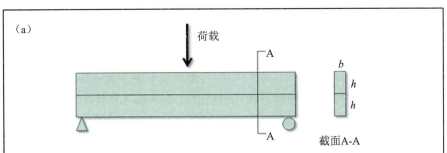

结构工程中,常常通过组合结构的协同性设计实现结构性能的优化。单根的简支梁的抗弯性能与 $W=bh^3/6$ 成正比。当两根梁之间没有任何协同性(无摩擦)时,极限抗弯性能与 $W=2bh^3/6$ 成正比;当两根梁之间存在协同性(完全连接)时,极限抗弯性能与 $W=b(2h)^3/6$ 成正比。当 n 根梁协同时,其性能提升为 n^2 倍,不是简单的 n 倍。

协同放大的原理体现在:子系统间因为协同性的存在,使得系统整体抵抗能提升,这种提升超过了因为子系统数目的增加带来的简单增量,而是形成了额外的放大效能;协同放大的实现需要通过子系统间的协同性设计来完成。

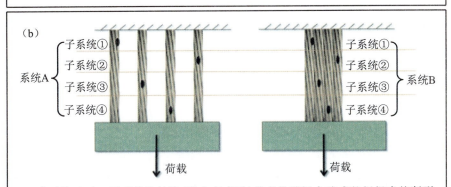

在系统 A 中,子系统的缺陷(黑色点表示)带来的破坏会造成整根绳索的断裂,荷载进行重新分配而引发"灾害链"的传递会使整个系统崩溃。系统 B 中的子系统协同受力,有效分散系统中存在的随机缺陷。假设每个绳索在无缺陷时的承载力为100,有缺陷时的承载力为50,那么系统 A 的极限承载力为 200,而系统 B 的极限承载力为 300~450。

协同分散的原理体现在:通过子系统间的协同,原本存在于系统中的随机风险得以降低,从而提升整体系统的抵抗能力;子系统中的风险在协同后的系统中得以分散,系统作为整体分摊了子系统中的风险,这种分散的效果取决于系统协同性的设计。

图 10-50 协同放大原理与协同分散原理示意图(史培军等,2014a,2014b)

(a)协同放大原理;(b)协同分散原理

(3)凝聚力形成中的协同效能

凝聚力 4 个基本原理均提及"协同",那么应用到系统风险防范中,"宽容""约束""放大"和"分散"均对应的"协同"效能分别是什么呢(史培军等,2014b)?

"协同宽容"原理强调系统通过协同运作,形成系统整体共识的统一,共识的形成快慢好坏？应对是否得力？是否把可能的资源都用在刀刃上？决定着防范风险具体政策和措施实行的效率和效果，即"人心齐，泰山移""民齐者强"。协同宽容的目的是整体的共识最高。

"协同约束"原理强调通过系统的协同运作，在约束一些子系统的资源、资本和行为时，使得系统整体抵抗风险的能力增强。虽然约束的内容往往是具体的资金、资本等，但是约束的前提是各子系统或行为主体对实施约束的认知和接受程度。所以，从制度设计的角度，更多反映出的是共识的问题。协同约束的目的是系统整体防范风险目标实现的条件下所需的成本或费用最低，即"舍卒保车""上下同欲者胜"。例如，巨灾之后的恢复重建，虽然从各行业和地区的角度有着各自的期望和目标，但是，为了实现灾区整体的目标，各行业和地区必须在各方面做出必要的约束。

"协同放大"原理强调通过系统的协同运作，使得系统抵抗外在打击的能力增强，并且产生"1＋1＞2"的效果。从宏观角度来讲，协同放大的目的是使得系统中整体社会福利的最大化。例如，在农业风险防范中，政府、保险企业和农户的协同运作，通过政策性推动、财政资金补贴、农户的广泛参与以及保险资本杠杆效应，最终实现农户风险保障的极大提升，这是协同运作而产生的社会福利的放大效果，即"众人拾柴火焰高"。

"协同分散"原理强调通过系统的协同运作，使得系统成为一个协作的整体后，原本各子系统所面临的风险在这个整体面前得以有效分散，使整体风险降低。协同分散的目的是使得系统整体的风险最小化。例如，在防范气候变化引致的环境风险时，各行业均面临着未来气候变化可能产生的不良影响，如农业、能源产业、供水业、健康服务业等各自风险的规模和特征差异明显，那么，当各行业协同运作共同防范风险，使得各自的风险在时间和空间上得以分散。同时，行业间的资源、资本和技术的连通与共享，可以使得原本在某一行业凸显的风险得以减缓，但更重要的是作为协作整体风险的降低，即"一根筷子轻折断，十双筷子抱成团"。

凝聚力理论的4个协同原理，是针对社会—生态系统综合风险防范而提出的，具有一定的普适性，是对生态系统中的"共存"，制度系统中的"共识"，社会系统中的"共生"，以及经济系统中的"共赢"的阐释，但更加强调"共存、共识、共生、共赢"这些结果产生的过程，即"凝心"和"聚力"形成的过程。这里需要强调的是，协同的目的是为了提升系统的凝聚力，以有效防范风险。然而，协同的过程中各子系统或响应单元需要一定程度上进行结构和功能的调整。这种调整可能会在局部产生新的风险因素，进而在高度关联和紧密互动的社会—生态系统中得以传递、累积和放大，最终可能引起系统性的灾难。这种过程往往会是潜在的、渐变的和长期性的，在短时间难以显现，所以更需要关注这种协同过程中的新风险因素，以提升系统的可持续能力。

(4) 凝聚力优化对提高系统抗打击能力的作用

正如前文就指出的：凝聚度的概念源于对研究一个社会—生态系统抗打击能力的需要。在这里我们要通过简单的仿真试验，来研究凝聚力对提高系统抗打击能力的效果，以期回答"当诸如社会—生态系统这样的复杂网络系统的凝聚力增强时，是否能更好地抵御外来打击所造成的灾害风险"这一重要问题(胡小兵等,2014)。

为研究系统抵抗外来打击的能力,需要定义在外来打击下,网络系统结点间的相互作用。本研究中,定义了两类系统结点间的相互作用——相互救助模式和相互替代模式。在相互救助模式下,当一个结点受到外来打击时,其原有功能将全部丧失,这时和其连接的其他未受打击的结点会向其输送资源已帮助其恢复部分功能,其他未受打击的结点在输送资源的同时,自身的原有功能将会相应衰减。在相互替代模式下,当一个结点受到外来打击时,其原有功能也将会全部丧失,这时和其连接的其他未受打击的结点不会帮助其恢复功能,而是会相应提高自身功能,以便弥补系统因受外来打击而丧失的部分功能。无论是相互救助模式还是相互替代模式,施援结点所给予受灾结点的援助量,都需要乘以两结点间的凝聚度函数值,才能转换成受灾结点实际接收到的援助(对于两个相互冲突的结点,受灾结点实际接收到的将是来自施援结点的干扰或破坏)。受打击结点的比例由 RofF 表示,体现了外来打击的强度,比如 RofF=0.5 表示外来打击直接使 50% 的结点丧失原有功能。

首先研究各类网络系统抗打击能力的差异。为此,构造了六类网络系统。其中,两类是基于传统联结度的网络模型,分别是随机连接网络模型(简称"NDRC")和选择性连接网络模型(简称"NDPA")。另外四类系统,都是我们研究中提出的凝聚度网络模型,分别为基于结点间功能状态差的网络模型(简称"CDPD")、凝聚度选择性连接网络模型(简称"CDPA")、凝聚度全局优化网络模型(简称"CDGO")和凝聚度局部优化网络模型(简称"CDLO")。关于这些网络模型的细节,读者可参考相应文献(Liu et al.,2007)。简单地说,模型 NDRC 和 NDPA 没有考虑凝聚度,所生成的网络平均凝聚度基本为零。而模型 CDPD、CDPA、CDGO 和 CDLO 都进行了凝聚度设计,因而它们所生成的网络系统的平均凝聚度都比较大。只是它们各自的设计方法不一样,其中模型 CDGO 和 CDLO 的平均凝聚度总体来说比 CDPD 和 CDPA 还要大。实验中,每类网络模型各生成 100 个网络系统。每个网络系统的结点总数为 100,结点间联结总数为 400。然后,对各个网络系统分别在相互救助模式和相互替代模式下施以不同程度的外来打击,并观察记录系统受打击后的结点总体功能水平。相关仿真实验的平均结果相互救助模式下,各类网络模型的系统抗打击能力如图 10-51 所示;相互替代模式下,各类网络模型的系统抗打击能力如图 10-52 所示。可见,不论在相互救助模式下,还是在相互替代模式下,不论在何种外来打击的强度下,凝聚度网络模型的抗打击能力都比传统联结度网络模型好,其中凝聚度优化模型 CDGO 和 CDLO 的抗打击能力是最好的。同时,不论在相互救助模式下,还是在相互替代模式下,在外来打击的强度越强的情况下,凝聚度网络模型相对于传统联结度网络模型而言,提高系统抗打击能力的效果就越明显,其中凝聚度优化模型 CDGO 和 CDLO 对提高系统抗打击能力的程度是最高的。

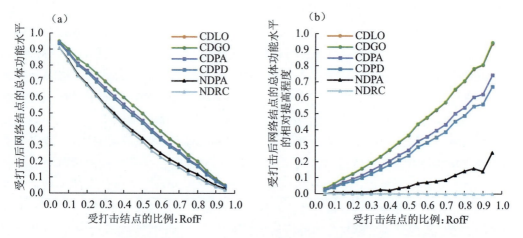

图 10-51　相互救助模式下，各类网络模型的系统抗打击能力（史培军等，2014b）
(a) 各类网络模型的抗打击能力；(b) 凝聚力网络模型提高系统抗打击能力的程度

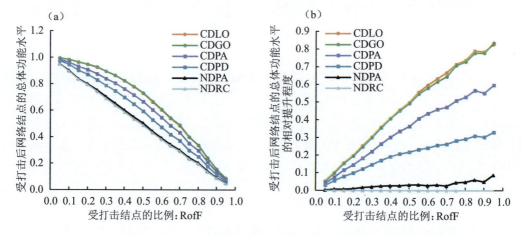

图 10-52　相互替代模式下，各类网络模型的系统抗打击能力（史培军等，2014b）
(a) 各类网络模型的抗打击能力；(b) 凝聚力网络模型提高系统抗打击能力的程度

　　接下来进一步研究在凝聚度局部优化网络模型（CDLO）中，不同的优化设计程度对系统抗打击能力的影响。这里优化设计程度是按凝聚力优化的结点的比例来表示的。该比例为 0 表示没有进行凝聚力优化设计，与传统联结度网络模型完全没有区别；该比例为 1 表示所有结点都进行了凝聚力优化设计。所以，该比例越接近于 1，表示用 CDLO 生成的网络系统的凝聚度越高。对按不同优化设计程度生成的网络系统，我们再施加不同程度的外来打击。然后，比较研究各网络系统受打击后的总体功能水平，其仿真结果如图 10-53 和图 10-54 所示。

　　显而易见，不论在相互救助模式下，还是在相互替代模式下，不论在何种外来打击的强度下，随着优化设计程度的提高，所生成的网络系统的抗打击能力也均得到稳步提高。凝聚力优化设计对提高系统抵抗高强度外来打击的能力极其重要，因为其对提高系统抗打击能力的程度是最显著的（例如在相互救助模式下，当 90% 的结点都直接受到外来

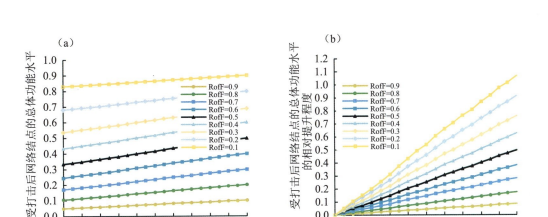

图 10-53 相互救助模式下，凝聚力优化设计对提高系统抗打击能力的影响（史培军等，2014b）
(a)受打击后网络结点的总体功能水平；(b)总体功能水平的相对提升高程度

打击时，凝聚力优化设计可以将系统总体功能水平在传统联结度网络模型的基础上提高1倍以上（图 10-53，图 10-54），这就客观解释了抵御社会—生态系统应对巨灾更需要整合资源，突出优势，形成凝聚力。

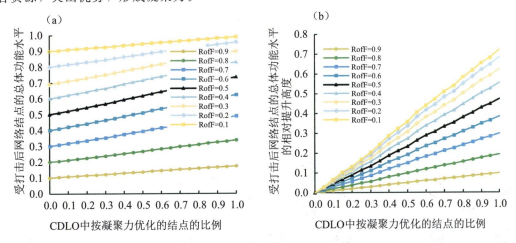

图 10-54 相互替代模式下，凝聚力优化设计对提高系统抗打击能力的影响（史培军等，2014b）
(a)受打击后网络结点的总体功能水平；(b)总体功能水平的相对提升高程度

需要强调指出的是，虽然本节仿真实验中使用的是抽象的网络系统，但很容易将其对应或扩展到实际物理系统。例如具有不同功能状态的结点反映了社会—生态系统的个体多样性。在结点功能状态给定的前提条件下，不同的网络模型生成的系统具有不同的网络凝聚度，这就说明，即使在个体多样性相同的条件下，应用不同的机制和体制来设计或调整社会—生态系统的结构与功能，最终所达到的系统抗干扰能力是大不相同的。通过本节的仿真实验研究，可以看出，一个社会—生态系统如果达到较高"凝心聚力"状态与特性，就能具有较强的综合风险防范的能力。

10.4.2 凝聚力理论在社会—生态系统灾害风险防范的应用

运用凝聚度(CSD)理论研究动态网络系统以理解和探索凝聚力理论的应用潜力和价值，是非常重要的。许多自然和社会生态系统都是协同进化系统，其每个结点通常会根据周围环境不断地改变其自身状态和与其他结点的链接。因此，关于凝聚力理论应用潜力的一个基础性的问题是能否构建凝聚度(CSD)模型以模拟现实世界的协同进化网络系统？此外，凝聚度在这种协同进化网络系统中将扮演什么样的角色？为了回答这两个问题，设计了一种基于凝聚度(CSD)的协同进化网络模型，模型的结点状态和结点间的链接会自主动态调整变化，模型的结点是基于两个非常现实的规则下进行协同进化的，即利己规则和从众规则。此外，为了认识新模型的性能，还会在抗打击实验中对基于凝聚度(CSD)的协同进化模型进行测试。

(1)凝聚力与协同进化的关系

基本上，在自然和社会生态系统中有两种非常重要的协同进化规则，主导着每一个结点活动状态的改变和链接，即利己规则和从众规则。凝聚度(CSD)的概念可以很好地描述这两个规则。在利己规则下，一个结点会根据邻近同类结点(假设同类结点会相互支持)的状态而改变它自己的状态，也会断开与邻近异类结点(假设异类结点会相互干扰)的链接，转而链接到同类结点上去。在从众规则下，一个结点的所有邻近结点被分为两组——同类集和异类集。哪个集合的结点数量越多，该结点就越容易参照该集合改变其自身的状态，并且该结点也更有可能断开与结点数量少的集合的链接，转而链接到结点数量多的集合中的结点上。无论在协同进化的哪一个规则下，该结点的凝聚度(CSD)都会随时间而增加，这意味着为实现某种特定系统的功能和目的，系统中结点的协同进化能更好地利用可用的系统资源。假设每个结点的功能都是服务于某种特定的宏观系统功能和目的，那么协同进化系统的性能将逐渐或最终得到提高。图10-55演示了基于利己规则和从众规则的凝聚度(CSD)基本思想(史培军等，2016)。

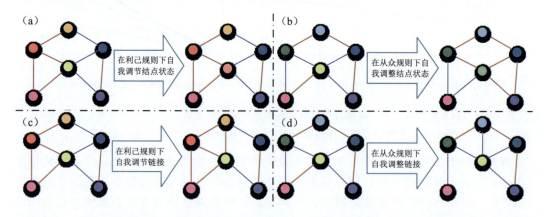

图10-55 两种协同进化规则(利己规则和从众规则)下，改变结点的状态和链接(史培军等，2016)
(a)在利己规则下自我调节结点状态；(b)在从众规则下自我调整结点状态；(c)在利己规则下自我调节链接；(d)在从众规则下自我调整链接

仿真实验表明，如果一个动态网络系统按照图10-56a所演示的利己规则和从众规则进行协同进化,那么即便初始网络系统没有任何凝聚力设计(初始网络系统的凝聚力水平很低),只要协同进化过程进行足够长的时间,网络系统就会自动达到较高的网络凝聚力水平(图10-56b)。鉴于协同进化在现实中的普遍性,凝聚度(CSD)是一种内在的系统属性,而不是一个人为臆造的概念,这奠定了凝聚度(CSD)理论在现实世界复杂网络系统(如社会生态系统(SES))研究中的重要性。

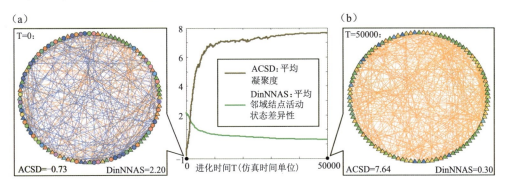

▲/●:凝聚度为正/负的结点(结点颜色与结点活动状态值相关;相近结点活动状态值具有相近结点颜色)

——/——:具有正/负效应的链接(链接颜色越红/蓝,则链接的正/负效应越强)

图 10-56　协同进化机制促进系统的平均凝聚力(ACSD)增加(史培军等,2016)

(2)凝聚力与多样性理论和 May-Wigner 理论的关系

多样性理论是在自然和社会系统中被广泛认可的事实。通常,多样性理论强调个体差异对一个系统适应动态环境的重要作用。然而,也有观点,如 May-Wigner 理论认为,个体间的相似性可以使系统更好地应对外部变化影响。乍一看,有人可能认为凝聚力理论在某种意义上与该理论具有相似性。那么,凝聚力理论、多样性理论和 May-Wigner 理论到底有什么关系?正确地回答这个问题将进一步揭示凝聚力理论的重要性。在这里,将先通过 Monte Carlo 仿真实验来研究上述三个理论对理解网络系统抗外部打击能力的作用和意义。在仿真中,假设网络系统中的一个结点受到直接外来打击,而其相邻结点没有受到直接打击,那么这些相邻结点对受到打击的结点可以有支持或干扰作用(从而减小或加剧外来打击的影响),并且对外来打击后结点的恢复也有支持或干扰作用。本研究中,对不同类型的系统(非多样化系统,没有凝聚力设计的多样化系统,有凝聚力设计的多样化系统)实施各种类型外来打击。打击类型主要基于空间尺度和状态谱来定义,可以有4种类型的打击:空间全局—状态谱局域(SGSSL)打击、空间全局—状态谱全局(SGSSG)打击、空间局域—状态谱局域(SLSSL)打击和空间局域—状态谱全局(SLSSG)打击(图 10-57)。然而,在这项研究中,主要只考虑两种类别(SGSSL 和 SLSSG 打击),因为 SGSSG 打击(如世界末日)是小概率事件,而 SLSSL 打击不大会形成灾难(例如某种传染性疾病只会影响某些罕见遗传突变的个体)。SGSSL 和 SLSSG 打击具有更现实的意义。

图 10-57 给出了对不同类型的系统实施抗 SGSSL 和 SLSSG 打击的仿真实验结果,可以得出以下结论:①非多样化的系统(如一个 May-Wigner 理论中的简单系统)可能比一个多样化的系统(一个 May-Wigner 理论中复杂的系统)具有更好的短视表现,但从长期运行来看,它是缺乏稳定性的(会崩溃);②没有凝聚力设计的多样化系统在长期运行中可以保持稳定(不会崩溃),但系统的平均功能水平很低;③多样性加上凝聚力设计,就可以

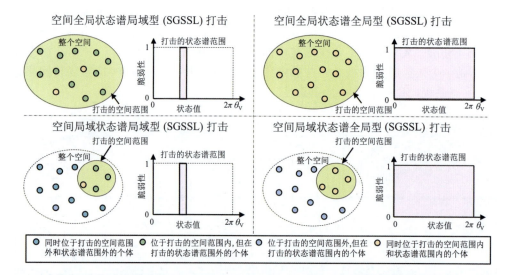

图 10-57　根据空间尺度和状态谱而定义的四种不同打击类别（史培军等，2016）

使系统既有良好的稳定性，又有很高的功能水平。基于图 10-57 所展示的结果，May-Wigner 理论、多样性理论和凝聚力理论之间的关系也变得清晰：①May-Wigner 理论关注于小时间尺度上的系统功能水平；②多样性理论有助于大时间尺度上的系统稳定性；③凝聚力理论则同时保证了大时间尺度上的系统稳定性和系统功能水平。因此，凝聚力理论与多样性理论丝毫不冲突。相反，凝聚力理论是对多样性理论的必要补充，使得多样性理论更加完善。

如果考虑到网络系统的协同进化动力学，还可以获得关于凝聚力理论的重要性以及与多样性理论和 May-Wigner 理论关系的更深入认识。图 10-58 给出三个网络系统的抗打击仿真实验结果，图 10-58a 显示的系统没有任何凝聚力设计，图 10-58b 显示的系统是一个协同进化模型（一种自下而上的、分散式的、基于 Agent 的仿真模型，模型中的每个结点都在利用局部信息进化以提高自身的 CSD），图 10-58c 显示的系统是一种自上而下的凝聚力设计模型（假设有一个中央决策者使用全局信息来建立结点之间的链接关系，以期获得良好的网络凝聚度）。可以看出，随着网络凝聚力水平增加，系统的抗打击性能得到提高。显然，利用全局信息的系统比协同进化系统（图 10-58b）具有更好的抗打击性能，因为图 10-58b 显示的系统只使用局域信息来指导进化。然而，这并不意味着协同进化模型就没有价值和意义，因为有许多自然系统以及许多分散式的社会生态系统（如市场驱动的经济系统），并没有明确的/强大的中央管理决策者，机构和个体之间的竞争主要是基于有限的局域信息。对研究这些真实的网络系统而言，基于 CSD 的协同进化模型是非常有用的。当然，现代科学技术的进步，如信息通信技术，可使许多社会系统都能感知，然后利用全局信息进行决策。因此，如果一个具有中央管理机构的社会体系能很好地制定和实施中央政策/战略，自上而下地适用于系统中的多样化个体，就能实现比在自然状态下的、分散式的、协同进化的多样化系统所能达到的更好的系统功能水平。如何改进和完善基于 CSD 的协同进化网络模型显然是值得进一步研究的，因为现实世界中的许多网络系统是协同进化动力学所驱动的，而如何制定一个恰当的、中央式的、自上而下的策略/政策也是凝聚力理论的重要应用研究领域。

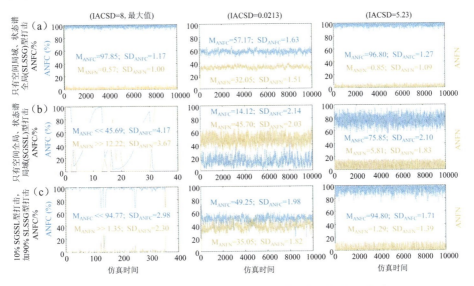

图 10-58　在 9 个对比试验中，ANFC(平均结点功能水平)和
ANFN(平均失效结点数)随时间的变化情况(史培军等，2016)

(a)结点状态无多样化；(b)结点状态多样化；无凝聚力设计；(c)结点状态多样化；有凝聚力设计

10.4.3　社会—生态系统综合风险防范的凝聚力模式

综合风险防范应围绕构建社会—生态系统"凝聚力"(史培军等，2014b；Shi et al.，2012)。凝聚力概念本质是"综合"，具体表现为系统协同运作的能力或协同性。如同当前气候变化与灾害风险研究领域提出的脆弱性、恢复性、适应性、敏感性、应对能力、适应能力等相关术语一样，凝聚力也是系统的一种内在属性。

(1)凝聚力模式

围绕社会—生态系统综合风险防范的目标，应用系统协同宽容、协同约束、协同放大和协同分散原理，通过社会认知普及化、成本分摊合理化、组合优化智能化、费用效益最大化等一系列手段，实现系统综合风险防范达成共识的最高化、成本最低化，以及福利最大化、风险最小化(图 10-59)。这一过程的完成，必须通过系统结构和功能的改变，并采取相应的适应措施来实现，而这些措施得益于制度结构和功能的调整。凝聚力是评价社会—生态系统综合风险防范的基本变量，并在一定范围内可计算和可比较(史培军等，2014b)。凝聚力的最大化提升是综合风险防范、协同运作以及系统结构和功能优化的目标，而制度设计是实现这一过程和完成这一目标的核心。

在此模式中，从协同的目标到产出并非单一的过程，以制度设计为核心产出的综合风险防范，需要不断再回到提升社会—生态系统凝聚力的目标上，构建再调整与优化的流程，以评价整体和局部的协同效能和效果，同时关注制度调整后可能产生的新的风险因素及其对调整与优化后的社会—生态系统的影响。这一循环模式强调的是社会—生态系统动态的自我完善和演化，进而更好适应自然、人文等因素的变化，特别是这一过程中不断涌现的传统的和新兴的风险因素，尤其是各种突发的或渐发的极端事件。

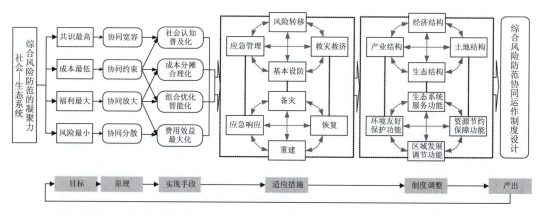

图 10-59　社会—生态系统综合灾害风险防范的凝聚力模式(史培军等，2014b；Shi et al., 2012)

(2) 凝聚力理论在综合灾害风险防范研究中的展望

传统的灾害风险理论中，缺乏一种表达系统通过自身结构和功能的调整以有效防范风险能力的表述方法，这里说的调整是个动态的过程，与传统理论中的脆弱性、恢复性、适应性等紧密相连。本书提出了凝聚力的原理，用以阐释社会—生态系统综合防范风险时达成共识和产生聚力的过程，以及达到"凝心"和"聚力"目标的能力。凝聚力模式的提出，进一步揭示了促使社会—生态系统有效和有序协同运作的驱动力。协同宽容、协同约束、协同放大和协同分散四个基本原理揭示了系统凝聚力在协同运作上的四种表现。综合风险防范理论体系强调了以制度设计为核心的系统结构与功能的优化，凝聚力模式将四个协同原理及其优化目标转化为社会认知普及化、成本分摊合理化、组合优化智能化、费用效益最大化等一系列手段，以实现综合风险防范产生的共识最高化、成本最低化、福利最大化以及风险最小化。这一过程的完成，必须通过社会—生态系统结构和功能的改变，需要采取相应的适应措施，这些措施得益于制度结构和功能调整的保障，也得益于该模式中强调的从"目标"到"产出"再到"目标"的循环调整与优化过程。

社会—生态系统凝聚力是复杂系统自身的一种属性，它阐释的是社会—生态系统进行协同运作的能力，在灾害风险系统中，表现出的是系统综合风险防范的能力，强调的是综合的过程及效果。凝聚力模式的提出，为社会—生态系统综合风险防范中的"综合"与"协同"寻找出一种可量化的途径和一种进行复杂问题探究的新思路。

社会—生态系统是一个复杂网络系统，受其中综合灾害风险管理实践中"凝心聚力，共度时艰"现象的启发，本书提出一个全新的网络系统属性——凝聚度。凝聚度是一个基础性、普适性的网络属性。凝聚度不仅可以描述社会—生态系统抵抗干扰的能力，还有着更广泛的实际意义，比如由于信号同步程度、设备的兼容性、合作意愿、社会价值、个人态度或文化差异等因素引起的系统性能差异。基于凝聚度概念，本书又拓展提出了一系列的网络系统新属性和新模型，从而形成了一套研究复杂系统的全新理论体系。本书证明了：基于凝聚度的网络系统所描述的内容，是完全不同于传统复杂系统研究中所用的基于联结度的理论体系。换言之，基于联结度的网络系统属性和模型不能涵盖或替代基于凝聚度的网络系统属性和模型。事实上，凝聚度是被普遍化了的联结度，而联结度只是凝聚度的一种特例。凝聚度的新体系为研究者提供了一个认识复杂系统的全新视角，这个视角是现有网络属性和模型所缺失的，比如社会—生态系统中的"凝心聚力"现象就是现有的网络理论和方法所不能描述和测度的。基于凝聚度的网络系统属性和模型的新体系，不仅可以描述和测度这种"凝心聚力"现象，而且还能为实现系统最强的"凝心聚力"效果提供优化工具。

当然，本书所提出的网络系统凝聚度新体系还只是一个理论雏形，还需要开展大量的理论和应用研究工作。以下是几个推进凝聚度研究工作的重要方向。将凝聚度概念具体落实到各种实际复杂系统中去，计算分析实际系统的凝聚度，检验凝聚度与系统实际性能之间的关系。像研究联结度分布一样，探寻实际系统中凝聚度分布的规律。从网络系统结构和功能优化的角度出发，设计和应用基于凝聚度的模型和方法，例如在综合灾害风险管理研究中，应用基于凝聚度的模型和方法，以帮助实现一个社会—生态系统在防灾、抗灾和救灾过程中，以及在制定综合风险防范对策过程中的结构和功能优化（史培军等，2014b；Shi et al.，2012）。

参考文献

Carter N W. Disaster management: A disaster manager's handbook [C]. Asian Development Bank，1991.

Grinsted A，Moore J C，Jevrejeva S. Homogeneous record of Atlantic hurricane surge threat since 1923[J]. Proceedings of the National Academy of Sciences，2012，109(48)：19601-19605.

Grinsted A，Moore J C，Jevrejeva S. Projected Atlantic hurricane surge threat from rising temperatures[J]. Proceedings of the National Academy of Sciences，2013，110(14)：5369-5373.

Hallegatte S. An adaptive regional input-output model and its application to the assessment of the economic cost of Katrina[J]. Risk Analysis，2008，28(3)：779-799.

IPCC SREX. Managing the Risks of Extreme Events and Disasters to Advance Climate Change Adaptation[M]. London：Cambridge University Press，2012.

Li M，Ye T，Shi P，et al. Impacts of the global economic crisis and Tohoku earthquake on Sino-Japan trade：a comparative perspective[J]. Natural Hazards，2015，75(1)：1-16.

Liu J，Dietz T，Carpenter S R，et al. Complexity of coupled human and natural systems[J]. Science，2007，317：1513-1516.

Shi P J，Shao S，Ming W，et al. Climate change regionalization in China(1961—2010)[J]. Science China Earth Sciences，2014，57(11)：2676-2689.

Shi P，Li N，Ye Q，et al. Research on integrated disaster risk governance in the context of global environmental change [J]. International Journal of Disaster Risk Science，2010，1(1)：17-23.

胡小兵，史培军，汪明，等. 凝聚度——描述与测度社会生态系统抗干扰能力的一种新特性[J]. 中国科学：信息科学，2014，44(11)：1467-1481.

李振炎. 临澧县社区综合减灾模式探讨[J]. 中国减灾，2010(3)：26-27.

史培军, 杜鹃, 冀萌新, 等. 中国城市主要自然灾害风险评价研究[J]. 地球科学进展, 2006c, 21(2): 170-177.

史培军, 李宁, 叶谦, 等. 全球环境变化与综合灾害风险防范研究[J]. 地球科学进展, 2009a, 24(4): 428-435.

史培军, 刘燕华. 巨灾风险防范的中国范式[J]. 美中公共管理, 2009b, (6): 18-28.

史培军, 邵利铎, 赵智国, 等. 论综合灾害风险防范模式——寻求全球变化影响的适应性对策[J]. 地学前缘, 2007, 14(6): 43-53.

史培军, 邵利铎, 赵智国, 等. 中国大型企业综合风险管理战略与模式[J]. 自然灾害学报, 2008a, 17(1): 9-14.

史培军, 孙劭, 汪明, 等. 中国气候变化区划(1961—2010年)[J]. 中国科学: 地球科学, 2014a, (10): 2294-2306.

史培军, 汪明, 胡小兵, 等. 社会—生态系统综合风险防范的凝聚力模式[J]. 地理学报, 2014b, 69(6): 863-876.

史培军, 杜鹃, 叶涛, 等. 加强综合灾害风险研究, 提高迎对灾害风险能力——从第6届国际综合灾害风险管理论坛看我国的综合减灾[J]. 自然灾害学报, 2006b, (5): 1-6.

史培军, 黄崇福, 叶涛, 等. 建立中国综合风险管理体系[J]. 中国减灾, 2005b, (1): 37-39.

史培军, 黄崇福, 叶涛, 等. 建立中国综合风险管理体系[J]. 中国减灾, 2005a, (2): 34-36.

史培军, 李曼. 巨灾风险转移新模式[J]. 中国金融, 2014c, (5): 48-49.

史培军, 五论灾害系统研究的理论与实践[J]. 自然灾害学报, 2009, 18(5): 1-9.

史培军, 叶涛, 王静爱, 等. 论自然灾害风险的综合行政管理[J]. 北京师范大学学报(社会科学版), 2006a, (5): 130-136.

史培军, 叶谦, 卡罗·耶格. 综合风险防范: IHDP综合风险防范核心科学计划与综合巨灾风险防范研究[M]. 北京: 北京师范大学出版社, 2012.

史培军. 环境风险管理及其应用[J]. 管理世界, 1993(4): 18-21.

史培军. 制定国家综合减灾战略 提高巨灾风险防范能力[J]. 自然灾害学报, 2008b, 17(1): 1-8.

史培军. 建立巨灾风险防范体系刻不容缓[J]. 求是, 2008c, (8): 47-49.

史培军. 论政府在综合灾害风险防范中的作用——基于中国的实践与探讨中国减灾, 2013b, (11): 11-14.

史培军. 中国综合减灾25年: 回顾与展望[J]. 中国减灾, 2014d, (9): 32-35.

史培军, 等. 综合风险防范: 科学、技术与示范[M]. 北京: 科学出版社, 2011.

史培军. 中国自然灾害风险地图集[M]. 北京: 科学出版社, 2011.

史培军, 孙建奇, 李宁, 等. 综合风险防范: 全球变化与环境风险关系及其适应性范式[M]. 北京: 科学出版社, 2016.

武宾霞, 宋昕沂, 叶涛, 等. 论政府综合灾害风险防范的优化[J]. 保险职业学院学报, 2013a, 27(5): 34-36.

武宾霞. 综合自然灾害风险防范政府财政投入优化研究[D]. 北京: 北京师范大学, 2015.

附录 作者指导的与灾害风险科学相关的研究生毕业论文题目

硕士学位论文题目（按获得学位时间先后顺序排列）

1. 张素娟．陕西省佳县环境演变及其影响分析（导师：张兰生、史培军）．北京师范大学硕士学位论文，1990．
2. 陈晋．内蒙古农牧交错带农业自然灾害灾情研究（导师：张兰生、史培军）．北京师范大学硕士学位论文，1992．
3. 陈浩．湖南农业自然灾害区域规律及其区划研究（导师：张兰生、史培军）．北京师范大学硕士学位论文．1993
4. 文立玲．山东聊城地区棉花种植雹灾风险研究（导师：张兰生、史培军）．北京师范大学硕士学位论文，1993．
5. 朱骊．山西省农业自然灾害系统综合区划研究（导师：张兰生、史培军）．北京师范大学硕士学位论文，1994．
6. 龚道溢．中国环境演变信息管理（导师：史培军、仪垂祥）．北京师范大学硕士学位论文，1995．
7. 索秀芬．全新世内蒙古农牧交错带环境考古研究（导师：张兰生、史培军）．北京师范大学硕士学位论文，1995．
8. 张远明．湖南省农业气象灾害时空分异规律及对粮食生产的影响（导师：张兰生、史培军）．北京师范大学硕士学位论文，1995．
9. 孔健．陕西省关中地区水资源平衡研究（导师：史培军、梁进社）．北京师范大学硕士学位论文，1996．
10. 王平．陕西省农业旱灾系统及农业旱灾灾情模型研究（导师：张兰生、史培军）．北京师范大学硕士学位论文，1996．
11. 张慧远．吉林省农业自然灾害灾情区域分异规律研究（导师：张兰生、史培军）．北京师范大学硕士学位论文，1996．
12. 刘新立．水灾风险管理的理论与方法——以湖南省农村种植业水灾为例（导师：史培军、黄崇福）．北京师范大学硕士学位论文，1997．
13. 李才兴．区域减灾预案编制理论与实践探讨——以湖南省常德市区洪水减灾预案编制为例（导师：史培军）．北京师范大学硕士学位论文，1997．
14. 聂文东．计算机网络系统中的灾害风险管理技术与应用——湖南省财产保险公司灾害系统的建设与应用（导师：史培军）．北京师范大学硕士学位论文，1998．
15. 苏筠．内蒙古乌兰察布盟农业土地利用变化对农业自然灾害灾情影响机制的研究（导师：史培军）．北京师范大学硕士学位论文，1999．
16. 陈志军．土地利用变化遥感监测的方法研究（导师：史培军、潘耀忠）．北京师范大学硕士学位论文，2000．
17. 范一大．基于NOAA/AVHRR数据的区域沙尘暴检测研究（导师：史培军、潘耀忠). 北京师范大学硕士学位论文, 2001.

18. 卓莉. 基于DMSP/OLS非辐射定标夜间灯光数据的中国城市化时空差异研究(导师: 史培军、陈晋). 北京师范大学硕士学位论文, 2002.

19. 周海丽. 深圳城市化过程与水环境质量变化研究(导师: 史培军). 北京师范大学硕士学位论文, 2002.

20. 丁燕. 台风灾害的模糊风险评估模型(导师: 史培军). 北京师范大学硕士学位论文, 2002.

21. 辜智慧. 中国农作物复种指数的遥感估算方法研究——基于SPOT/VGT多时相NDVI遥感数据(导师: 史培军). 北京师范大学硕士学位论文, 2003.

22. 顾松刚. 海冰厚度的测算研究——以渤海辽东湾海冰为例(导师: 史培军、顾卫). 北京师范大学硕士学位论文, 2004.

23. 徐伟. 中国城市地震危险度评价(导师: 史培军). 北京师范大学硕士学位论文, 2004.

24. 郑璟. 快速城市化地区土地利用变化的水文响应模拟研究——以深圳布吉河流域为例(导师: 史培军). 北京师范大学硕士学位论文, 2007.

25. 蒲秋. 基于SWMM模型的城市内涝洪水模拟研究(导师: 史培军). 北京师范大学硕士学位论文, 2008.

26. 程鸿. 基于历史观测数据的中国台风致灾因子过程重建与蒙特卡洛模拟(导师: 史培军、方伟华). 北京师范大学硕士学位论文, 2009.

27. 杨曦. 基于地表温度－植被指数特征空间的干旱遥感监测方法及尺度效应分析(导师: 史培军、武建军). 北京师范大学硕士学位论文, 2009.

28. 钱洁凡. 北京市城市居民风险认知水平研究(导师: 史培军、孟耀斌). 北京师范大学硕士学位论文, 2009.

29. 关妍. 基于巨灾案例分析的政府应急管理模式比较研究(导师: 史培军). 北京师范大学硕士学位论文, 2009.

30. 周美琴. 湖南省政策性水稻与棉花保险需求及农户支付意愿研究(导师: 史培军、叶涛). 北京师范大学硕士学位论文, 2010.

31. 徐宏. 中国城市化对地面气温观测记录影响的评价与分析(导师: 史培军、方伟华). 北京师范大学硕士学位论文, 2010.

32. 冯亚平. 我国救灾捐赠管理体系研究——以汶川地震和玉树地震为例(导师: 史培军). 北京师范大学硕士学位论文, 2011.

33. 聂建亮. 基于产量统计模型的水稻多灾种产量险精算研究(导师: 史培军、叶涛). 北京师范大学硕士学位论文, 2012.

34. 潘红梅. 全球火山灾害人口死亡风险评价与制图(导师: 史培军、徐伟). 北京师范大学硕士学位论文, 2016.

35. 李梦婕. 中国小麦种植区变化对小麦旱灾损失的影响(导师: 史培军). 北京师范大学硕士学位论文, 2016.

36. 杨旭. 综合自然灾害风险评价权重研究(导师: 史培军). 北京师范大学硕士学位论文, 2016.

37. 李孟阳. 全球高温热浪人口死亡风险评价和中国长三角地区霾变化时空差异及

成因分析(导师：史培军)．北京师范大学硕士学位论文，2017．

38．刘凡．水文资料稀缺地区洪水淹没范围及深度模拟——以湘江支流洣水流域为例(导师：史培军，陈波)．北京师范大学硕士学位论文，2017．

博士学位论文题目（按获得学位时间先后顺序排列）

39．潘耀忠．区域农业自然灾害研究的理论与实践——以湖南省农业自然灾害研究为例(导师：张兰生、史培军)．北京师范大学博士学位论文，1997．

40．蒲淳．中国粮食生产的自然灾害风险研究(导师：张兰生、史培军)．北京师范大学博士学位论文，1999．

41．王平．中国农业自然灾害综合区划研究的理论与实践(导师：张兰生、史培军)．北京师范大学博士学位论文，1999．

42．刘新立．区域水灾风险评估的理论与实践(导师：史培军、黄崇福)．北京师范大学博士学位论文，2000．

43．周武光．中国水灾风险管理研究(导师：史培军)．北京师范大学博士学位论文．2000

44．商彦蕊．区域农业旱灾脆弱性系统分析——以河北省农业旱灾脆弱性综合研究为例(导师：史培军)．北京师范大学博士学位论文，2000．

45．周涛．气候变化对陆地生态系统碳循环的影响及其反馈关系研究(导师：史培军)．北京师范大学博士学位论文，2002．

46．于云江．风沙流对植物生态生理影响的研究(导师：史培军)．北京师范大学博士学位论文，2002．

47．孔建国．大型企业集团安全建设与风险管理模式研究(导师：史培军)．北京师范大学博士学位论文，2002．

48．刘硕．土地利用/覆盖变化及其对生态安全的影响研究——以北方农牧交错带内蒙古扎鲁特旗为例(导师：史培军，康慕谊)．北京师范大学博士学位论文，2002．

49．范一大．沙尘灾害遥感监测模式及其形成机制的研究——以中国北方沙尘暴灾害形成过程为例(导师：史培军)．北京师范大学博士学位论文，2003．

50．何春阳．北京地区城市化过程中土地利用/覆盖变化动力学研究(导师：史培军)．北京师范大学博士学位论文，2003．

51．袁艺．深圳地区土地利用变化及其生态响应机制研究(导师：史培军)．北京师范大学博士学位论文，2003．

52．刘臻．基于对象相似度的高分辨率影像自动变化检测方法研究(导师：史培军、宫鹏)．北京师范大学博士学位论文，2004．

53．徐小黎．区域城市化及其对环境影响机制的研究——以深圳市为例(导师：史培军)．北京师范大学博士学位论文，2004．

54．邹铭．区域自然灾害救助的理论与实践(导师：史培军)．北京师范大学博士学位论文，2004．

55．王瑛．中国农村地震灾害系统脆弱性分析(导师：史培军、王静爱)．北京师范大学博士学位论文，2005．

56．周俊华．中国台风灾害综合风险评估研究(导师：史培军)．北京师范大学博士学位论文，2005.

57. 郭卫平．中国海洋灾害综合风险管理机制（导师：史培军）．北京师范大学博士学位论文，2005.

58. 李保俊．中国自然灾害备灾管理的理论与实践（导师：史培军）．北京师范大学博士学位论文，2005.

59. 李苏楠．高寒地区生态安全与生态环境建设工程研究——以西藏自治区曲松县为例（导师：史培军、高尚玉）．北京师范大学博士学位论文，2005.

60. 卓莉．基于DMSP/OLS非辐射定标夜间灯光数据的中国城市化时空差异研究（导师：史培军、陈晋）．北京师范大学博士学位论文，2005.

61. 葛怡．洪水灾害的社会脆弱性评估研究——以湖南省长沙地区为例（导师：史培军）．北京师范大学博士学位论文，2006.

62. 辜智慧．基于植被对气候响应机制的草地退化程度评价研究（导师：史培军、陈晋）．北京师范大学博士学位论文，2006.

63. 聂文东．基于信息技术的灾害财产保险管理体系研究（导师：史培军）．北京师范大学博士学位论文，2006.

64. 田玉刚．应用"3S"技术提取低湿地区域高精度水灾致灾因子的理论与方法（导师：史培军）．北京师范大学博士学位论文，2006.

65. 张国明，环渤海地区海冰水农业灌溉及综合利用试验研究（导师：史培军；顾卫），北京师范大学博士学位论文，2006.

66. 冀萌新．中国突发公共事件管理研究（导师：史培军）．北京师范大学博士学位论文，2006.

67. 冯文利．生态安全条件下的土地利用规划研究——区域生态红线区的引入与土地资源管理（导师：史培军）．北京师范大学博士学位论文，2007.

68. 何萍．海河流域河流生态修复研究（导师：史培军、刘树坤）．北京师范大学博士学位论文，2007.

69. 王志强．基于自然脆弱性评价的中国小麦旱灾风险研究（导师：史培军、方伟华）．北京师范大学博士学位论文，2008.

70. 刘婧．区域水灾恢复力及其对策研究——以湖南省洞庭湖区为例（导师：史培军）．北京师范大学博士学位论文，2009.

71. 杜鹃．湖南综合洪水灾害风险评价及防范对策（导师：史培军）．北京师范大学博士学位论文，2010.

72. 何飞．区域农业旱灾系统研究——以湖南蒸水流域水稻旱灾为例（导师：史培军）．北京师范大学博士学位论文，2010.

73. 邵利铎．中国财产保险业信息技术风险管理研究（导师：史培军）．北京师范大学博士学位论文，2010.

74. 赵智国．灾害保险信息集成系统研究——以湖南省为例（导师：史培军）．北京师范大学博士学位论文，2010.

75. 杜士强．土地利用变化对水文过程影响的模拟及其对洪水的管理启示（导师：史培军）．北京师范大学博士学位论文，2013.

76. 张卫星．巨灾损失评估及救助模式研究——以我国近年来巨灾为例（导师：史培军). 北京师范大学博士学位论文，2013.

77. 黄湘岳. 城市自然灾害应急管理体系研究——以深圳市为例（导师：史培军）. 北京师范大学博士学位论文，2014.

78. 帅嘉冰. ENSO对中国主要粮食产量影响的研究（导师：史培军）. 北京师范大学博士学位论文，2014.

79. 杨旭东. 区域地质灾害时空格局变化及其相关因素研究（导师：史培军、武建军）. 北京师范大学博士学位论文，2014.

80. 王俊. 区域种植业自然灾害保险综合区划研究——以湖南省晚稻为例（导师：史培军）. 北京师范大学博士学位论文，2014.

81. 陈文方. 区域多灾种风险评估研究——以长三角地区多灾种受灾人口风险为例（导师：史培军）. 北京师范大学博士学位论文，2015.

82. 方建. 多尺度洪水灾害变化与评价研究（导师：史培军）. 北京师范大学博士学位论文，2015.

83. 吕丽莉. 寒潮低温灾害风险研究（导师：史培军）. 北京师范大学博士学位论文，2015.

84. 杨文涛. 基于遥感技术的区域滑坡灾害系统研究——以汶川地震灾区为例（导师：史培军）. 北京师范大学博士学位论文，2015.

85. 孔锋. 区域暴雨时空格局变化及其相关因素研究（导师：史培军）. 北京师范大学博士学位论文，2016.

86. 李曼. 中国开展彩票和保险筹集社会资金分散灾害风险的研究（导师：史培军）. 北京师范大学博士学位论文，2016.

87. 孙劭. 全球多尺度气候变化区域分异规律及区划研究（导师：史培军）. 北京师范大学博士学位论文，2016.

88. 王铸. 气候趋势、波动和极端事件对湖南省早稻单产影响研究（导师：史培军）. 北京师范大学博士学位论文，2017.

89. 孟永昌. 重大自然灾害的全球性经济影响研究（导师：史培军）. 北京师范大学博士学位论文，2017.

90. 刘钊. 城市人群在高温热浪中的中暑风险研究（导师：史培军）. 北京师范大学博士学位论文，2017.

91. 栾一博. 非洲粮食安全问题研究（导师：史培军、崔雪锋）. 北京师范大学博士学位论文，2017.

后 记

前后准备了25年的《灾害风险科学》一书即将付印了，好像肩上的一副重担总算卸了，从来没有的轻松油然而生。自1986年秋季学期开始，我师从周廷儒学部委员（现称院士）攻读地理学博士学位，1988年10月毕业，至今在北京师范大学已度过了30多个春秋。其间我先后给学生开设了"灾害学概论""资源与环境科学导论""资源科学导论""灾害风险科学"等本科生和研究生课程，并撰写了这些课程的讲义。

"灾害学概论"在陈颙院士的鞭策下，以及方伟华博士的帮助下，成为由陈颙院士和我共同编著的《自然灾害》一书的少部分内容，此书由北京师范大学出版社出版（2007年第一版，2010年第二版，2014年第三版）；"资源科学导论"在周涛博士的支持下，成为由我和周涛、王静爱共同编著的《资源科学导论》一书的主要内容，已由高等教育出版社出版，目前已第三次印刷；"资源与环境科学导论"因学校地理学科建设机构多次调整，部分内容归入"资源科学导论"，部分内容作为个人"存本"；"灾害风险科学"讲义，经过20多年一次又一次地修改，在老师和同学们的督促和帮助下，总算完成了它的第一版。正如我在"灾害风险科学"系列专著型教材的"序"中所写："感谢30年来指导、支持、关心北京师范大学建立和发展'灾害风险科学'的所有尊敬的专家、老师、同行和媒体朋友，以及友好合作的相关单位。"

在此，作为本书的作者，我要感谢的老师、同事和同学及合作单位很多。除在本套丛书"序"中感谢的老师和同事及相关单位外，我要特别感谢听过我讲课、报告、汇报的数以万计的学生、听众、专家和领导，是他们的许多评论、问题、质疑、建议以及尖锐的意见，促使我下决心完成这本专著；为了让不同的读者阅读，我以学术探讨与通俗易读相结合的方式完成这本专著型的教材。在本书中，我试图回答老师们、同行们、领导们、同学们、媒体朋友们所提出的一些普遍性的问题；我也试图用我和同事们、特别是同学们共同完成的多项相关研究成果，以及在中国文化背景下吸收的中国丰富的减灾实践，阐述"灾害风险科学"的基本理论、核心技术与管理模式。为了能够让读者更深入地了解本书中一些理论、技术与管理问题，作为附录，我列举了与本书相关且由我和张兰生先生等老师共同指导的硕士和博士生完成的硕士学位与博士学位论文。

我也要特别感谢30多年来给我们开展研究提供资助的科技部、国家自然科学基金委员会、教育部、国土资源部、环境保护部、保监会、中国人保财险公司、中国再保险公司。同时感谢北京市、陕西省、青海省、云南省、四川省、内蒙古自治区、湖南省、广东省、广西壮族自治区、新疆维吾尔自治区、西藏自治区、湖北省、江苏省、浙江省、上海市、福建省、辽宁省、河北省、深圳市、大连市等地方政府予以的人力、物力和财力的支持。

我还要特别感谢正在攻读硕士和博士学位的方佳毅、张钢锋、张杰、胡畔、应卓蓉、何研、韩钦梅、陈彦强等同学，是他们多次帮助校对、修改图件等，才使本书能够顺利完成交稿、清稿和定稿工作，直至付印。

我更要特别感谢我最好的大学同学、我亲爱的妻子、国家级教学名师、北京师范大学地理科学学部的王静爱教授。作为同行，她参加了诸多由我本人主持的相关项目，为本书的顺利完成提供了她和她的学生已完成的硕士、博士学位论文中还没有公开发表和已公开发表的部分成果。当然，我还要感谢远在国外的宝贝女儿史秦青、女婿王向锋和小外孙王湘京。

本书是对一个全新的多学科交叉领域的探讨，存在问题和不足、甚至错误在所难免，恳请广大读者，特别是老师们、同行们、同学们、领导们、媒体朋友们等批评指正，以便在再版时修改、完善和提高。期望本书的出版能引起更多关心减灾与灾害风险防范这一伟大事业的专家学者、管理者、企业家等各界有识之士，支持"灾害风险科学"的健康发展，以此为人类生活在一个更少风险、更多安全的和谐世界，作出更大的贡献。

2017 年 8 月 20 日于北京师范大学